Rita Faria Alves

BIOLOGIA DOS VERTEBRADOS

5.ª edição

Robert T. Orr, Ph.D.
CALIFORNIA ACADEMY OF SCIENCES
SAN FRANCISCO, CALIFORNIA

Traduzido do original
Vertebrate Biology – fifth edition

ISBN 0-03-057959-7

ISBN 85-7241-004-X

Tradução:
Dirceu Eney
Maria Christina de Oliveira Viana
Maria Eugênia de Oliveira Viana

Revisão Científica:
Dra. Erika Schlenz

Capa:
Nelson Mielnik

EDITORA ROCA LTDA.
Rua Dr. Cesário Mota Jr., 73
CEP 01221-020 – São Paulo – SP
Tel.: (011) 221-8609 – FAX: (011) 220-8653

Impresso no Brasil
Printed in Brazil

Prefácio para a 5.ª edição

Desde que o livro foi publicado, pela primeira vez, em 1961, continuei a atualizar e ampliar os capítulos, a cada edição deste livro, discutindo os vertebrados de um ponto de vista universal. Na 4.ª edição, foi acrescentado um capítulo novo, A Linhagem dos Vertebrados. Nesta edição, foram incluídas mais informações sobre a origem do homem. O capítulo sobre a distribuição foi ampliado, de modo a incluir os fatores ecológicos, que governam os vertebrados, nas primeiras regiões do mundo. Foram feitas maiores considerações às grandes comunidades de animais e plantas e aos fatores responsáveis por sua distribuição atual. Foram resumidas as aquisições recentes sobre tectônica e deriva continental e seu efeito na história dos vertebrados. O capítulo anteriormente chamado de Território e seu Raio de Ação foi revisto e modificado para Território e Comportamento Social. Os resultados de muitos estudos etológicos sobre a interação entre indivíduos da mesma espécie, resultante da interação espacial, foram abordados e foram citados alguns exemplos selecionados. Foi dada ênfase aos vários tipos de comunicação. Também foram acrescentadas informações sobre nosso conhecimento atual da orientação migratória.

Em cada edição deste livro, inclui, cada vez mais, ilustrações de vertebrados, suas adaptações e habitats de várias regiões do mundo. É muito mais fácil compreender a estrutura, a função, a relação social, a corte, a relação entre predador e presa, a dinâmica populacional e vários outros aspectos dos animais, se houver uma apresentação visual dos temas em discussão. Na 5.ª edição, foram acrescentadas 47 ilustrações novas. Cada uma delas foi selecionada cuidadosamente para acompanhar o texto e torná-lo mais compreensível para o estudante.

A maioria das ilustrações usadas é original. Muitos dos desenhos foram feitos por Edward Robertson e alguns foram feitos por Jacqueline Schonewald. O esquema dos bicos das aves foi feito por Gene Christman. Por terem permitido a reprodução de certas ilustrações, sou grato a: Academic Press, Nova York; The American Museum of Natural History, Nova York; Dr. Steven C. Anderson; Dr. Luis F. Baptista; Dr. Laurence C. Binford; Dr. David Caldwell; California Academy of Sciences, São Francisco; California Department of Fish and Game; David Cavagnaro; The Clarendon Press, Oxford; The Cleveland Museum of Natural History; Dr. Nathan W. Cohen; The Condor; Copeia; Arthur D. Cushman; Doubleday and Co., Inc., Garden City, Nova York; Ecology; Dr. W. I. Follett; Dr. Raymond M. Gilmore; Fritz Goro, Life magazine; Dr.

Bruce Halstead; Dr. G. Dallas Hanna (falecido) e senhora; Hanover House, Garden City, Nova York; Harper and Brothers, Nova York; Ed. N. Harrison; Holt, Rinehart and Winston, Inc., Nova York; Houghton-Mifflin Co., Boston; The Idaho Fish and Game Department; Richard Jennings; Journal of Mammalogy; Journal of Wildlife Management; Karl W. Kenyon; Dr. John Koranda; Dr. George E. Lindsay; Longmans, Green, and Co., Londres; The Los Angeles County Museum of Natural History; Dr. George H. Lowery, Jr.; Eric Lundberg; The Macmillan Co., Nova York; Bruce Markham; Marineland of the Pacific, Palos Verdes Peninsula, California; Dr. James A. Mattison, Jr.; McGraw-Hill Book Co., Inc., Nova York; Dr. Charles F. Mohr; C. F. W. Muesebeck; Dr. Dietland Müller-Schwarze; The National Audubon Society, Nova York; The New York Zoological Society; Margaret C. Orr; Oxford University Press, Nova York; The Peabody Museum of Natural History; Yale University, New Haven, Connecticut; Dr. E. T. Pengelley; Dr. Gayle Pickwell (falecido); Ronald Press Co., Nova York; Dr. Edward S. Ross; W. B. Saunders Co., Philadelphia; Dr. Arthur C. Smith; L. L. Snyder; Stanford University Press, Stanford, California; Dr. Tracy I. Storer (falecido); Cecil Tose (falecido); U. S. Bureau of Entomology and Plant Quarantine; U.S. Fish and Wildlife Service; U. S. Forest Service; U. S. National Park Service; U. S. Navy; U. S. Soil Conservation Service; University of California Press, Berkeley; The Wildlife Management Institute, Washington, D.C.; John Wiley and Sons, Inc., Nova York; The Wyoming Game and Fish Commission.

Muitos amigos contribuíram para este trabalho. Gostaria de mencionar a equipe do Saunders College Publishing, particularmente Michael Brown; Butler O'Hara (falecido); Rollin D. Hemens e Carroll G. Bowen da University of Chicago Press; Joy Bailey Osborn; Toshio Asaeda (falecido); Barbara Boneysteele Bortin; Lilian e Robert P. Dempster; Dr. W. I. Follett; Dr. Earl S. Herald (falecido); Dr. John Hopkirk; Dr. Alan E. Leviton; Dr. John R. Arnold; Jacqueline Schonewald. A estas pessoas e a outros associados da California Academy of Sciences e da University of San Francisco das quais participei, outrora, gostaria de expressar meus agradecimentos sinceros pelos conselhos úteis e crítica construtiva. Sou especialmente grato a Diana Stammerjohn por ter datilografado cuidadosamente este texto.

ROBERT T. ORR
São Francisco

Índice

Capítulo 1

Introdução

Como ciência, a Biologia tem atravessado muitas fases desde seu início, há vários milhares de anos atrás. Durante séculos, sua meta foi puramente descritiva — descrever várias formas de vida e suas partes constituintes. A relação e a função eram pouco compreendidas. Após o surgimento do Darwinismo, a biologia sistemática começou a se desenvolver e substituir o que fora ciência nomenclatória, e a anatomia descritiva foi gradualmente ampliada pela anatomia funcional. Estes foram grandes avanços que levaram a uma compreensão sobre a origem das espécies, sua inter-relação e desempenho funcional dos vários sistemas biológicos dentro do próprio organismo.

Atualmente, muitos biólogos entraram no campo molecular, procurando entender as minuciosas diferenças bioquímicas de animais e plantas. Suas contribuições para o esclarecimento dos mecanismos, que geraram mudanças evolutivas, têm sido grandes. Contudo, o estudo dos organismos como um todo, comumente chamado de "biologia organismal", em contraste com a "biologia molecular", é vital. Pouco significa conhecer a estrutura de uma molécula de proteína, que corresponde a um gene, se o organismo, cujos cromossomos contêm este gene, não for identificado. Tanto o estudo do organismo, como o estudo molecular são vitais para a biologia e devem ser conduzidos em conjunto, complementando-se mutuamente.

O estudo da relação dos organismos com seu meio ambiente, a Ecologia, é uma abordagem mais ampla e moderna da Biologia, mas não é um assunto novo. Cursos de ecologia foram ministrados em universidades já no início dos anos vinte. Todavia, o homem está percebendo agora sua grande importância em virtude não apenas do avanço do conhecimento, mas também em função da sobrevivência dos seres vivos, incluindo o próprio homem.

Além de todo o conhecimento básico que adquirimos sobre a estrutura e classificação de plantas e animais, é necessário conhecer suas necessidades ambientais. Isto envolve muitas coisas para muitos tipos de organismos. A temperatura ambiental, tanto diária, como sazonal, a umidade, precipitação atmosférica, limitações de altitude, tipos de solo, disponibilidade de água, associações de plantas e animais, condições de alimentação, parasitas, inimigos e doenças são apenas alguns dos tópicos que necessitam de investigação. As condições ecológicas de algumas espécies são tão limitadas, que a mudança de um destes fatores ambientais poderia significar sua extinção, como estamos rapidamente aprendendo.

Biologia dos Vertebrados não tenciona ser um texto sobre ecologia, mas sua abordagem sobre os animais vertebrados é ecológica, em vez de morfológica. Nos primeiros capítulos, dá-se um breve relato sobre os sistemas de órgãos de cada classe de vertebrados, em proveito dos estudantes que não estudaram anatomia comparada dos vertebrados. É dada ênfase, em cada um destes capítulos, às características especiais. A maioria delas refere-se às adaptações do sistema tegumentar e dos anexos ou a aparelhos especiais de percepção sensorial. A parte principal deste livro refere-se a princípios da biologia sistemática, fatores que governam a distribuição, os métodos usados pelos vertebrados para resolver problemas ambientais, comportamento e fisiologia da reprodução e a dinâmica populacional.

A procura de pessoas treinadas neste campo tem crescido muito nas últimas décadas, e a necessidade será ainda maior no futuro. Os vertebrados têm desempenhado um importante papel na economia humana. Eles têm suprido o homem de alimentos, esportes e vestuário. Sua utilização para estes propósitos se intensifica constantemente com o enorme crescimento da população humana, que continua sendo intenso, ano após ano. Quanto tempo poderemos continuar a matar incontroladamente quaisquer vertebrados vivos é problemático, mas, seguramente, não por muito tempo. Há mais de um século atrás, tomou-se conhecimento de que animais como focas, leões-marinhos, elefantes-marinhos, bisões, antílope americano, pombo-migrador e muitas outras espécies, que pareciam em número ilimitado, puderam resistir à matança cruel de suas populações apenas por um curto período de tempo. O resultado para muitos foi a exterminação definitiva ou quase definitiva. Ainda hoje estamos abatendo as baleias de tal modo que a própria existência das maiores criaturas da terra está ameaçada. Continuamos a praticar a pesca marítima em excesso, porque a maior parte do mar está fora de águas territoriais e a diminuição de sua população parece estar bem distante para muitos. Estima-se que, desde 1600, 36 espécies de mamíferos tenham sido extintas e, pelo menos, 120 estejam, atualmente, em perigo de extinção. Durante o mesmo período, foram extintas 94 espécies de aves e 187 correm o risco de serem exterminadas completamente. Causas naturais têm sido responsáveis por parte disto, mas a extinção de cerca de três quartos destas aves e mamíferos, em pouco menos de 400 anos, foi, direta ou indiretamente, causada pelo homem.

São necessários biólogos para estudar todos os aspectos da vida dos vertebrados. Muitas investigações intensivas já foram conduzidas e outras estão a caminho, porém são necessárias mais informações sobre as condições ambientais, comportamento e atividade reprodutora da maioria dos vertebrados. O próprio homem, através da poluição do ar, terra e água, está alterando muitos ambientes a tal ponto e tão rapidamente, que espécies nativas estão sendo eliminadas numa proporção alarmante. Para sabermos os efeitos da poluição, devemos conhecer a composição natural do meio ambiente. Isto tem-se tornado cada vez mais difícil, porque há atualmente poucas regiões da Terra, se houver, que não tenham sido afetadas pela atividade humana, até certo ponto.

Foram feitos mais estudos sobre vertebrados terrestres e de água doce do que sobre as formas marinhas, pois entre aqueles estão os animais de caça mais importantes, bem como os que entram em conflito com as atividades agrícolas. Poucas investigações dizem respeito à transmissão de doenças. A fim de controlar peixes, aves e mamíferos de caça convenientemente, é essencial um conhecimento muito detalhado sobre suas vidas. O valor destes animais, em termos de dólares, é enorme. Isto torna-se óbvio, se nos dermos conta de que dezenas de milhões de pessoas caçam e pescam nos Estados Unidos todos os anos. O equipamento, bem como o custo das viagens e alojamentos chegam a bilhões de dólares anualmente. A caça e a pesca, com suas atividades associadas, são um grande negócio. Como conseqüência, os governos nacionais bem como os estados individuais e províncias montaram escritórios especiais para se ocuparem do controle da vida selvagem e realizarem pesquisas, assim como recomendarem uma legis-

Figura 1.1. Um dique e lago de castor no Parque Nacional das Montanhas Rochosas.

lação a fim de proteger a vida selvagem adequadamente. Dezenas de milhares de biólogos estão somente a serviço do governo dos Estados Unidos.

Além do valor dos vertebrados para o comércio e o esporte, eles representam uma importante parte do valor recreacional de campo. Estes são bens intangíveis, que são difíceis de serem medidos em dólares e centavos. Em nossos parques nacionais e estaduais e em áreas despovoadas e reservas de vida selvagem, tem-se a chance de ver segmentos da terra, relativamente intocados, com seres vivos e seu meio natural. A visão de um cisne selvagem com sua prole num lago ou de um carneiro selvagem na encosta de uma montanha é uma emoção para ser recordada por muito tempo. Cervos, alces, renas, antílope americano, ursos negros e até mesmo ursos pardos estão entre os mamíferos mais dramáticos nestas reservas, mas espécies menores, como os castores e seus diques, ratos-almiscarados, águias, falcões, aves de caça e aves aquáticas são igualmente agradáveis de se contemplar em um ambiente impoluto, onde parecem saber que têm pouco a temer desta espécie bípede, estranha e alta, que parece significar, alhures, o seu fim.

Capítulo 2

A Linhagem dos Vertebrados

ORIGEM DOS INVERTEBRADOS

Para compreender a ascendência dos vertebrados, devemos regressar a meio bilhão de anos atrás, na época em que surgiu uma grande divisão no mundo dos invertebrados. A maioria dos estudiosos acredita, atualmente, que duas linhas de desenvolvimento surgiram de uma linhagem primitiva semelhante aos celenterados, que parecia, de alguma forma, com as hidras e anêmonas-do-mar. De uma, originaram-se os vermes segmentados ou anelídeos, os moluscos e os artrópodos, enquanto a outra, deu origem aos briozoários, braquiópodos, às estrelas-do-mar e a outros equinodermos e, finalmente, aos cordados, que incluem os vertebrados. Estas duas linhas divergentes, cada uma com diferentes tipos de organismos, diferem fundamentalmente quanto à clivagem dos ovos fertilizados bem como em algumas características do desenvolvimento embrionário (Fig. 2.1).

A linha dos anelídeos, moluscos e artrópodos é caracterizada por *clivagem espiral* do ovo, de maneira que os blastômeros tenham uma disposição espiral (Fig. 2.2). O mesoderma desenvolve-se como uma massa sólida de células, e as cavidades do corpo originam-se por separação dentro destes sólidos blocos mesodérmicos. Os grupos dos equinodermos e cordados, ao contrário, têm uma *clivagem radial*, em que os primeiros planos de clivagem estão em ângulo reto ou paralelamente ao eixo polar (Fig. 2.3). Mais tarde, surge o mesoderma do corpo nos equinodermos e cordados inferiores como "evaginações" da parede mesodérmica superior do intestino primitivo. A cavidade ou as cavidades originalmente formadas a partir destas evaginações mesodérmicas permanecem e dão origem às futuras cavidades celomáticas. Há também variações no desenvolvimento posterior das larvas, que tende a diferenciar estes dois grandes grupos.

Duas outras teorias que explicam a origem dos vertebrados são a teoria dos artrópodos, baseada na semelhança superficial entre os antigos ostracodermos e alguns aracnídeos, como *Limulus*, e a teoria dos anelídeos, que considera que, se invertêssemos um anelídeo, o resultado seria um corpo semelhante a um vertebrado. A linha de desenvolvimento equinodermo-celenterado é a mais aceitável. Mesmo os estudos sobre proteínas

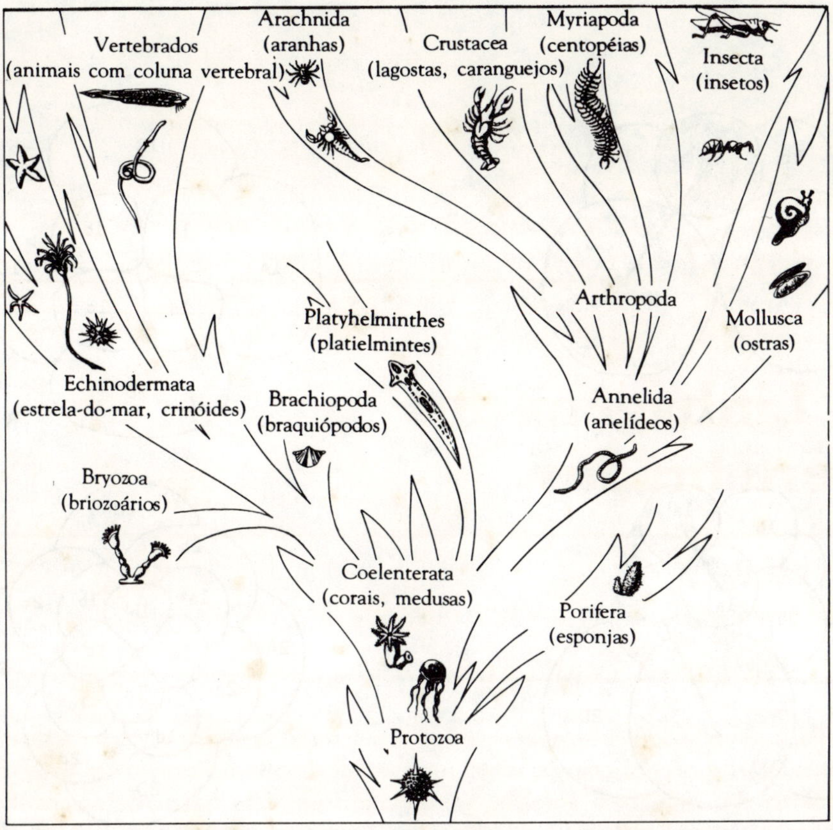

Figura 2.1. Uma árvore genealógica simplificada do Reino Animal, para mostrar os prováveis parentescos dos vertebrados. (Romer, A.S.: The Vertebrate Story, Chicago, University of Chicago Press, 1971.)

séricas indicam que os cordados inferiores estão mais próximos dos equinodermos do que de qualquer outro grupo de invertebrados.

CORDADOS INFERIORES

Antes que possamos compreender a filogenia, ou história ancestral dos vertebrados, é necessário saber alguma coisa sobre os membros inferiores do filo Chordata, ao qual eles pertencem. As principais características dos cordados são: presença de notocorda, uma estrutura flexível semelhante a uma vara, que representa o esqueleto axial primitivo, estendendo-se da região anterior à região posterior do corpo, dorsalmente ao intestino; um tubo nervoso dorsal, acima da notocorda e fendas branquiais na laringe, pelo menos, durante a vida embrionária. Os Vertebrata, ou vertebrados, representam apenas um dos quatro subfilos. Os outros são: Hemichordata, Urochordata e Cephalochordata.

O subfilo Hemichordata inclui vermes que vivem em substrato lodoso intertidal. Ainda que vermiformes, não existe nenhuma semelhança maior com os vermes segmentados. Estes cordados têm fendas branquiais na faringe, do mesmo modo que os vertebrados inferiores; um tubo nervoso dorsal curto, e uma bolsa pequena e espessa na base de uma probóscide conspícua, que alguns acreditam representar uma possível estrutura notocordal.

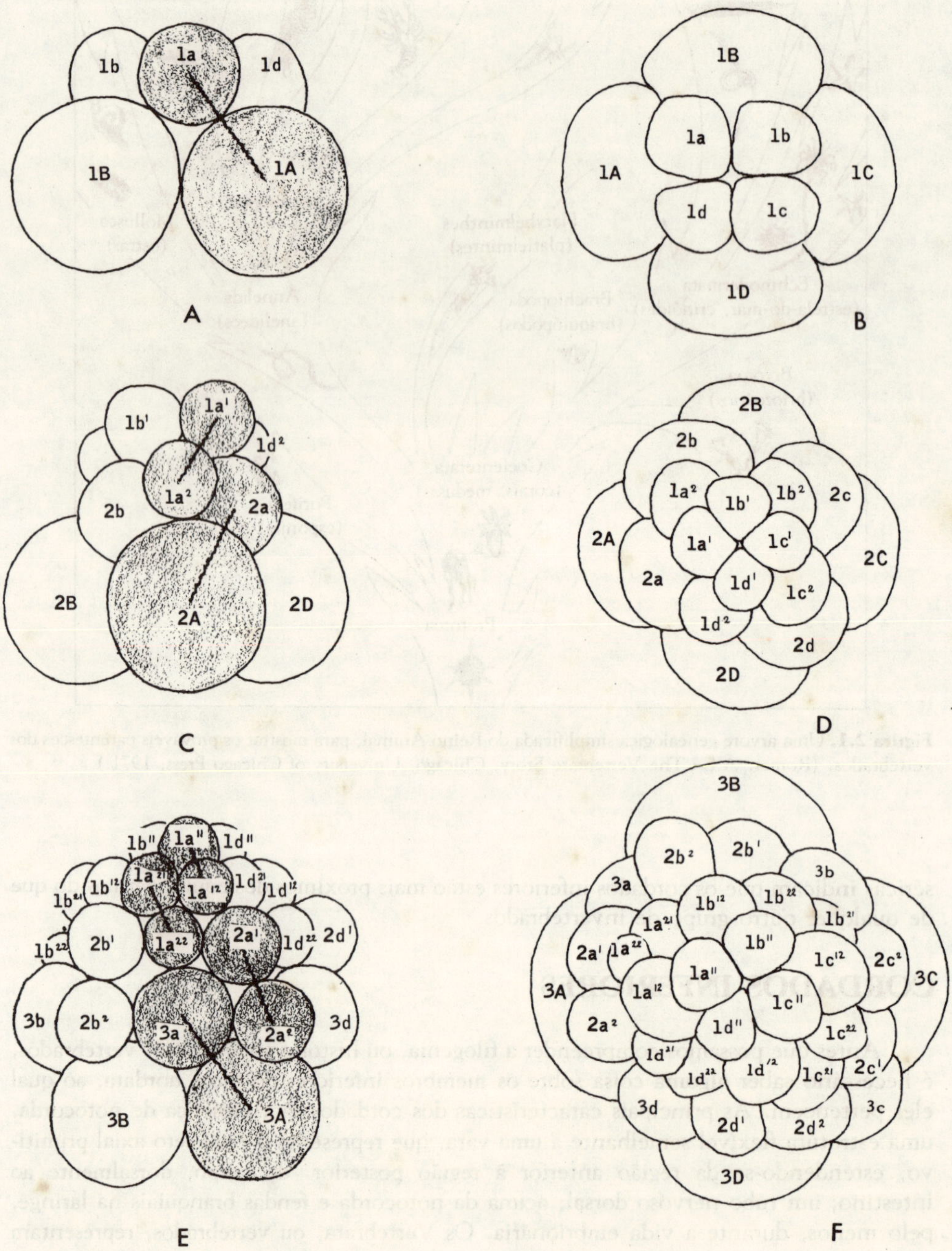

Figura 2.2. *A*, *C* e *E*, clivagem espiral (vistas laterais). Todas as células derivadas do blastômero A estão sombreadas. As linhas onduladas pretas indicam a orientação dos fusos em cada divisão. (Segundo Villee, Walker and Smith). *B*, *D* e *F*, os mesmos estágios vistos do pólo animal. (Segundo Hyman) (Barnes, R.D.: Invertebrate Zoology 4th. Ed. Philadelphia, Saunders College Publishing, 1980).

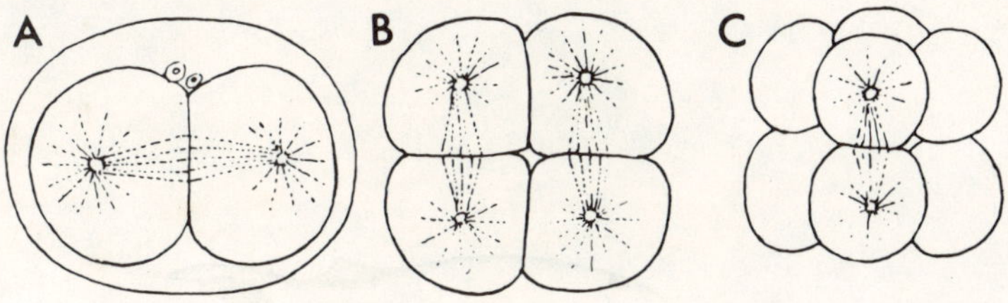

Figura 2.3. Clivagem radial da holotúria *Synaptia*. A, vista polar; B e C, vistas laterais. (Segundo Salenka. In Balinsky, B.I.: An Introduction to Embryology, 5th Ed., Philadelphia, Saunders College Publishing, 1981.)

O subfilo Urochordata compreende os tunicados, organismos sésseis ou livre-flutuantes, que são muitas vezes, coloniais (Fig. 2.4). Como os hemicordados, eles são filtradores, com fendas branquiais na faringe, abrigadas dentro de uma cobertura resistente, em forma de barrica ou túnica, de onde o nome tunicados. Ainda que um urocordado adulto não mostre nenhuma evidência de notocorda ou de um tubo nervoso dorsal, muitas espécies passam por uma fase larval livre-natante, semelhante a um girino. As larvas desenvolvem-se, até que, em idade adulta, a cauda, que fornecia um meio de locomoção, é absorvida. Entretanto, enquanto existente, a cauda apresenta uma notocorda bem desenvolvida, que dá origem ao nome Urochordata; apresentam também um tubo nervoso dorsal.

O subfilo Cephalochordata é constituído de um pequeno grupo de organismos chamados anfioxo. A relação destes animais com os vertebrados é muito mais óbvia que a dos hemicordados ou tunicados. O formato do anfioxo é semelhante ao de um peixe, com uma notocorda bem desenvolvida, que se estende ao longo de todo o corpo. Sobre a notocorda há um tubo nervoso dorsal longo. As fendas branquiais na faringe são numerosas, sendo utilizadas tanto para filtrar alimentos como para a respiração. Estas fendas branquiais são de suma importância, porque estes animais vivem em águas marinhas rasas, onde eles se escondem dentro da areia, deixando apenas a parte anterior de seu corpo exposta para a entrada de água, que contém diminutas partículas de alimento e oxigênio. A água sai através das fendas branquiais da faringe. Ainda que algumas características do corpo dos cefalocordados sejam diferentes das características dos vertebrados, como ocorre com o sistema excretor e os órgãos reprodutivos, eles se parecem com as lampréias (no seu estágio larval), que são vertebrados verdadeiros, em muitos aspectos.

FÓSSEIS

Nosso conhecimento sobre esta seqüência ordenada de aparições de vida na Terra está enormemente baseado nos restos fósseis de organismos antigamente viventes. Os fósseis são formados de diferentes maneiras, ainda que as chances de qualquer organismo fossilizar-se sejam extremamente pequenas. A maior parte dos restos fósseis é de animais que possuíam partes duras, tais como concha ou ossos. Também é necessário, na maioria dos casos, que o organismo morto seja enterrado rapidamente na areia, lodo ou qualquer outro depósito sedimentar, que, com o tempo, endurecerá, tornando-se uma matriz pétrea. Finalmente, em circunstâncias favoráveis, as partes do esqueleto tornam-se petrificadas e os minerais repõem as partes ósseas ausentes para reproduzir uma réplica completa.

Contramoldes e moldes representam outros tipos de restos fósseis. Muitos fósseis de moluscos e braquiópodos são deste tipo. As conchas encaixadas em arenito, finalmente, podem dissolver-se, deixando um contramolde perfeito que mostra a forma e marcas da estrutura original. As estruturas de plantas, como folhas, são, na maioria das vezes, conservadas através de carbonização, processo em que a parte orgânica é prensada com

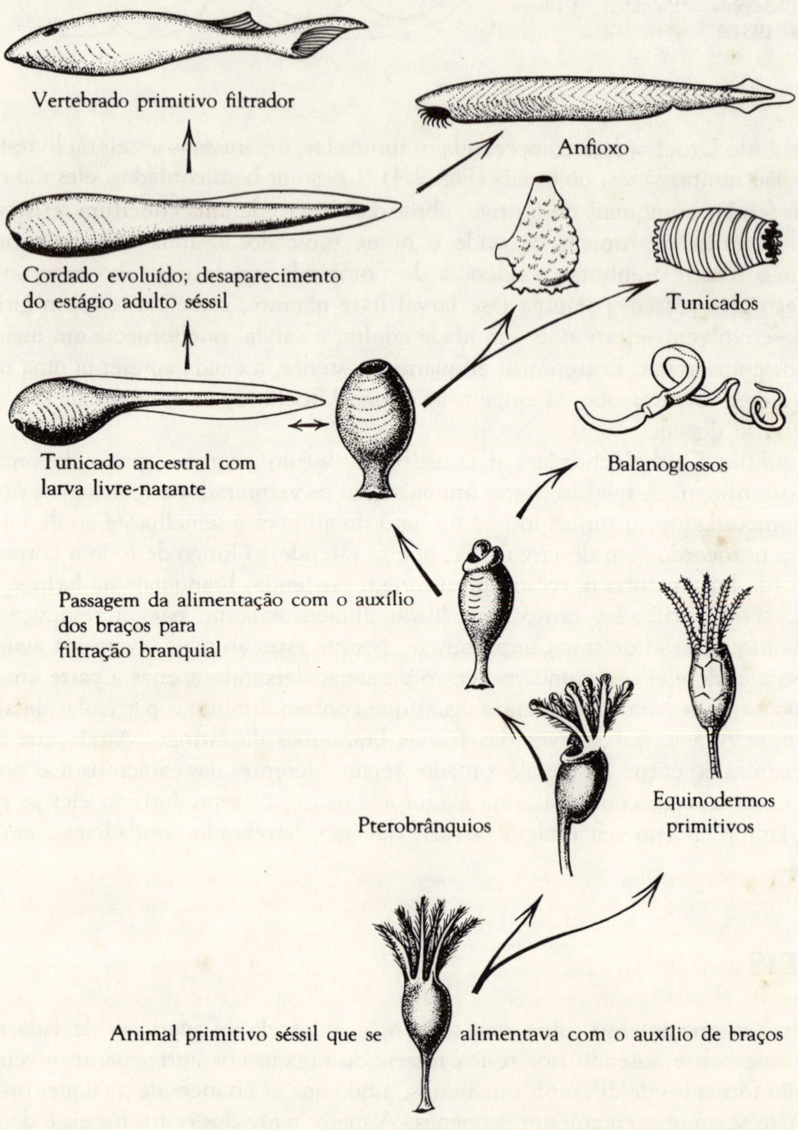

Figura 2.4. Árvore genealógica esquematizada, sugerindo a possível origem dos vertebrados. Os equinodermos podem ter-se originado de formas não muito diferentes dos pequenos pterobrânquios; os balanoglossos, dos descendentes de pterobrânquios que desenvolveram um sistema branquial, mas que evoluíram um pouco mais em outros aspectos. Os tunicados representam um estágio no qual, no adulto, o dispositivo branquial desenvolveu-se bastante para a alimentação; mas o ponto importante é o desenvolvimento, em alguns tunicados, de uma larva livre-natante, com características evoluídas como notocorda, tubo nervoso e hábito livre-natante. Continuando a evolução, para o anfioxo e os vertebrados, o antigo estágio adulto séssil foi abandonado e foi o tipo larval que iniciou a evolução. (Romer, A.S.: The Vertebrate Story, Chicago, University of Chicago Press, 1971.)

tanta intensidade, que os conteúdos líquidos e gasosos são expelidos e apenas uma fina camada, consistindo principalmente de carbono, permanece. Os detalhes das nervuras da folha e seu formato são muitas vezes conservadas com beleza, deste modo. As pegadas de animais, deixadas na lama, podem endurecer-se em circunstâncias favoráveis e serem recobertas por sedimentos, que se transformam em pedra. Muitas pegadas de dinossauros têm sido preservadas desta maneira.

Ainda que a maioria dos fósseis sejam encontrados em rochas sedimentares, há outros meios de fossilização. Numerosos animais foram presos em poças de alcatrão na região oeste da América do Norte durante o Pleistoceno, fornecendo uma excelente visão da fauna terrestre dos vertebrados daquele tempo. Restos de animais congelados, conservados no gelo durante milhares de anos, têm sido encontrados em regiões árticas. O âmbar, que é uma resina fossilizada, fornece um meio perfeito de preservar insetos.

REGISTRO GEOLÓGICO

As rochas mais antigas conhecidas datam de 3,5 bilhões de anos, ainda que haja evidências de que a idade da terra seja de cerca de 4,5 bilhões de anos. Apesar da maior parte de nossos conhecimentos sobre a vida, através de registros fósseis, se referir a pouco mais de 5 bilhões de anos, durante muito tempo pensou-se que a vida tivesse surgido há mais de 3 bilhões de anos. Recentemente, paleobiólogos descobriram células perfeitamente preservadas em rochas do Arqueozóico na Austrália, que datam de 3,5 bilhões de anos. Estas células parecem ser semelhantes a bactérias.

Para compreender a história da Terra, os geólogos dividiram-na em várias unidades de tempo. As maiores unidades são chamadas de *eras*. As eras são divididas em *períodos*, e os períodos são divididos em unidades menores, conhecidas como *épocas* (Tabela 2.1).

A idade destas unidades que compõem a escala do tempo geológico tem sido determinada por geólogos e paleontólogos de várias maneiras. A medição da taxa anual de sedimentação é um método importante. Freqüentemente, os depósitos refletem um ciclo anual, mais evidente onde houve mudanças sazonais marcantes com períodos alternados de congelamento e degelo. A neve e o gelo derretidos produzem escoamento rápido de água em direção a lagos e lagoas, com rápida deposição de sedimentos grosseiros. Quando ocorre o congelamento no inverno, a deposição é reduzida a uma pequena quantidade de partículas finas que afundam juntamente com certos materiais orgânicos. Rochas sedimentares desse tipo contam uma história, assim como os anéis de crescimento de uma árvore. Estes depósitos são importantes nas geleiras, revelando muito sobre sua idade. A sedimentação nos mares pode ser contínua ou sujeita a mudanças sazonais. Na terra, ela ocorre continuamente. As estruturas das primeiras civilizações de idade conhecida, presentemente cobertas pelo solo, dão alguma indicação da taxa de deposição.

Nosso conhecimento sobre a desintegração radioativa de certos elementos, pela qual eles são transformados, numa velocidade conhecida e definida, em outros elementos, tem proporcionado os meios mais importantes para a determinação da idade de vários depósitos geológicos. Todos os elementos radioativos estão sujeitos à desintegração desde o tempo em que foram formados. Isto pode requerer bilhões de anos ou apenas uma fração de segundo. Durante o processo, eles desprendem raios alfa, beta e gama. Como a velocidade da deterioração dos elementos radioativos é conhecida, a proporção entre tal elemento e a substância em que ele se está transformando proporciona um meio de informação sobre a idade dos depósitos geológicos que contenham tais materiais. Os principais métodos de datação são: os do potássio-argônio, do urânio-chumbo, do rubídio-estrôncio e o método do carbono-14. Por exemplo, a meia-vida do urânio 238 é de 4,5 bilhões de anos; isto significa que no fim deste período, a metade de

Tabela 2.1. TABELA DO TEMPO GEOLÓGICO DESDE O PALEOZÓICO

Era	**Período**	**Época**	**Tempo, desde o início do período até o presente (em milhões de anos)**	**Vida animal**
Cenozóico	Quaternário	Holoceno (Recente)	0,011	Diferenciação subespecífica de muitas espécies modernas de vertebrados, especialmente de mamíferos e aves; homem dominante.
		Pleistoceno	2-3	Extinção de muitos mamíferos grandes e de aves, provavelmente devido à glaciação e ao aparecimento de quase todas as espécies modernas; restos de hominídeos com ferramentas.
	Terciário	Plioceno	7	Aparecimento da maioria dos gêneros modernos de mamíferos e aves; restos prováveis de hominídeos primitivos.
		Mioceno	23	Aparecimento de subfamílias modernas de mamíferos e evolução de espécies pastadoras; quase todas as famílias modernas e muitos gêneros modernos de aves presentes.
		Oligoceno	36	Surgimento de muitas famílias modernas de mamíferos; alguns gêneros modernos bem como a maioria das famílias de aves presentes.
		Eoceno	53	Aparecem muitas ordens modernas de mamíferos e aves; mamíferos arcaicos extintos.
		Paleoceno	65	Últimos mamíferos arcaicos; peixes teleósteos tornando-se abundantes no mar.
Mesozóico	Cretáceo		136	Répteis dominantes extingüiram-se antes do final do período; mamíferos arcaicos abundantes; aparecimento de marsupiais, de placentários primitivos, bem como de algumas aves modernas; Holostei abundantes, porém excedidos pelos Teleostei; amonites extingüiram-se.
	Jurássico		190-195	Dinossauros, tanto os semelhantes a répteis como os semelhantes a aves, dominantes; desenvolvimento de répteis voadores e das primeiras aves; mamíferos mais arcaicos; Holostei tornando-se dominantes.
	Triássico		225	Répteis dividiram-se em muitos grupos e ocuparam muitos habitats; aparecimento de tecodontes, provavelmente ancestrais de outros arcossauros e das aves; aparecem os ictiossauros, plesiossauros e primeiros dinossauros; primeiros mamíferos.

	Permiano	280	Répteis tornaram-se dominantes e os anfíbios entraram em declínio; primeiros répteis semelhantes a mamíferos; Chondrostei tornando-se mais dominantes que os Sarcopterygii.
	Carbonífero	345	Anfíbios abundantes no ambiente terrestre; peixes cartilaginosos e ósseos numerosos; aparecimento dos primeiros répteis.
Paleozóico	Devoniano	395	Ostracodermos extingüiram-se; foram sucedidos por peixes mandibulados primitivos, peixes cartilaginosos primitivos, muitos tipos de peixes ósseos, sendo os Sarcopterygii dominantes; primeiros anfíbios.
	Siluriano	430-440	Ostracodermos mais abundantes; os artrópodos invadem o ambiente terrestre; escorpiões aquáticos foram os primeiros predadores marinhos.
	Ordoviciano	500	Ostracodermos mais numerosos; braquiópodos e cefalópodos (amonites) dominantes; trilobitos, briozoários, celenterados e equinodermos abundantes.
	Cambriano	600	Aparecimento dos primeiros vertebrados; trilobitos e braquiópodos dominantes.

qualquer massa de urânio será chumbo. Estudando-se as proporções desses dois elementos, em um depósito, sua idade pode ser aproximada.

O método de datação pelo carbono-14 é muito importante para materiais orgânicos com menos de 40.000 anos de idade. O carbono-14 é um isótopo radioativo do carbono comum, criado na atmosfera por radiação cósmica. Está sendo constantemente usado nos sistemas de organismos vivos em vários compostos orgânicos, ou ainda, como dióxido de carbono nas plantas. Tão logo ele se deteriore a carbono comum, ele é reposto no corpo vivo, mas isto cessa após a morte. Como sua meia-vida é de apenas 5.700 anos, ele torna-se útil para datar madeira, ossos, sementes, tecidos, carvão vegetal e outros materiais orgânicos. É especialmente útil para datar certos materiais arqueológicos de natureza orgânica.

A primeira grande era, o Arqueozóico, abrange o período em que se acredita que a vida tenha começado. É seguida pelo Proterozóico, o tempo de vida precoce, quando os organismos primitivos se ramificaram. Sabemos muito pouco sobre a vida nestas duas eras, que compreendem, pelo menos, 4 bilhões de anos. Nosso conhecimento sobre a vida na Terra, acumulado a partir de evidências fósseis, restringe-se essencialmente às três últimas eras: o Paleozóico ou vida antiga, que começou há cerca de 570 milhões de anos e durou cerca de 340 milhões de anos; o Mesozóico, ou vida intermediária, mais conhecida como Idade dos Répteis, que começou há cerca de 230 milhões de anos e durou cerca de 165 milhões de anos; e o Cenozóico, ou vida recente, a Idade dos Mamíferos, que começou há cerca de 65 milhões de anos.

A Era Paleozóica está dividida em seis períodos, o mais antigo é o Cambriano. Os restos fósseis de algas, grupos de invertebrados e dos primeiros vertebrados têm sido encontrados em depósitos que datam deste período. Os trilobitos e os braquiópodos parecem ter sido os organismos dominantes. Este período foi seguido pelo Ordoviciano, quando os vertebrados primitivos (sem mandíbulas), conhecidos como ostracodermos, aumentaram. Os trilobitos (Fig. 2.5) alcançaram seu maior pico, em abundância; surgiram os briozoários, que foram aumentando em número; os corais e os equinodermos crinóides tornaram-se mais comuns, e os animais dominantes foram os braquiópodos e cefalópodos, representados pelos amonites, cujas conchas com câmaras eram, de certa maneira, semelhantes às do náutilo vivente (Fig. 2.6). O terceiro período do Paleozóico foi o Siluriano, quando as plantas e os artropódos invadiram a Terra, os gigantescos euripterídeos ou escorpiões aquáticos se tornaram os maiores predadores dos mares e os peixes arcaicos se tornaram mais abundantes. No Período Devoniano, as plantas na Terra aumentaram em número, e as florestas desenvolveram-se. Este período é conhecido como Idade dos Peixes. Os arcaicos ostracodermos, semelhantes aos peixes, finalmente, extingüiram-se e foram sucedidos pelos peixes primitivos (com mandíbulas), conhecidos como Placodermi, os tubarões primitivos, e muitas espécies de peixes ósseos, incluindo os peixes de nadadeiras lobadas. Antes do fim do período, desenvolveram-se os anfíbios mais primitivos, presumivelmente, a partir dos peixes crossopterígios de nadadeiras lobadas. O Devoniano foi sucedido pelo Período Carbonífero, ou Idade dos Anfíbios, quando floresceu este grupo de vertebrados terrestres. As plantas terrestres eram abundantes, especialmente as pteridófilas e foram formados grandes depósitos de carvão. Os tubarões, que parecem ter surgido após os peixes ósseos, eram abundantes nos mares; aproximadamente no meio do Período Carbonífero, os primeiros répteis surgiram. No final da Era Paleozóica, no período Permiano, os répteis tornaram-se mais abundantes e substituíram os anfíbios, como vertebrados terrestres dominantes. Um evento importante foi o aparecimento de répteis semelhantes a mamíferos, os terapsidos, a partir dos quais os mamíferos evoluíram.

Figura 2.5. Um "trilobito" do Cambriano do oeste de Utah.

Figura 2.6. Uma "ammonite" do Cretáceo, encontrada perto de Fort Worth, Texas. (Fotografia de Lloyd E. Ullberg.)

A Era Mesozóica, freqüentemente chamada de Idade dos Répteis, consistiu de três períodos: Triássico, Jurássico e Cretáceo. No final do Triássico, os primeiros mamíferos verdadeiros surgiram; os primeiros fósseis de aves datam do Jurássico. Os répteis, que dominaram os anfíbios no fim do Paleozóico, ramificaram-se em muitos tipos diversificados no Mesozóico, ocupando habitats terrestres, aquáticos e marinhos. Os mais espetaculares, talvez, tenham sido os dinossauros, que floresceram no Jurássico e Cretáceo, e extinguiram-se subitamente, antes do começo do Terciário. Os mamíferos tornaram-se mais numerosos no fim do Cretáceo, com a aparição dos marsupiais e dos primeiros placentários.

A Era Cenozóica, mais conhecida como Idade dos Mamíferos, é dividida em dois períodos: o Terciário e o Quaternário. Cada um destes é subdividido em épocas. A primeira época do Terciário é o Paleoceno, marcado pela ausência de grandes grupos de répteis dominantes durante o Mesozóico. Entretanto, muitos grupos arcaicos de mamíferos ainda existiam. Na época seguinte, o Eoceno, quase todas as ordens modernas dos mamíferos fizeram suas aparições e, no Oligoceno, que se seguiu, muitas famílias atuais de mamíferos surgiram. Os mamíferos radiaram rapidamente no Mioceno e no Plioceno, quando já existiam muitos gêneros modernos. O Quaternário começou com a época do Pleistoceno, caracterizado por sucessivos períodos de glaciações, o que ocasionou a extinção de muitos mamíferos grandes. Foi também o período em que surgiu a maioria das espécies modernas de mamíferos e aves. A última época, ou Recente, é caracterizada pelo domínio do homem, que, segundo se acredita, tenha surgido primeiramente no Plioceno.

PEIXES E VERTEBRADOS SEMELHANTES A PEIXES

Os ciclóstomos são os vertebrados mais primitivos existentes, representados pelas lampréias e peixes-bruxa (Fig. 2.7). Eles não possuíam mandíbulas, possuíam língua raspadora para dilacerar peixes vivos ou mortos, uma única narina, conectada ao canal

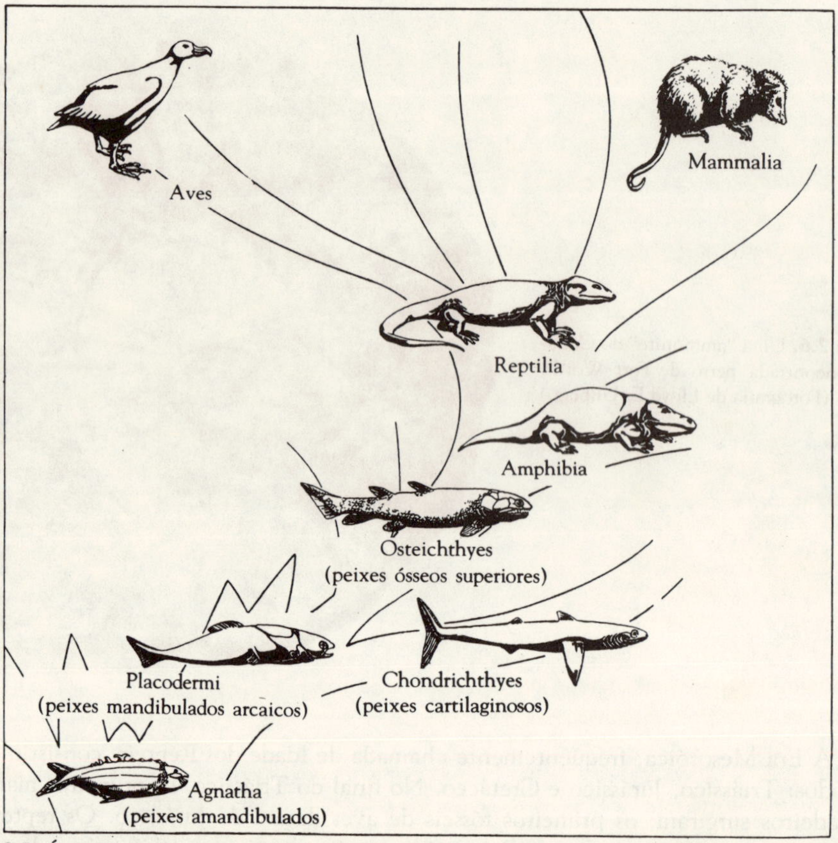

Figura 2.7. Árvore genealógica simplificada das classes dos vertebrados. (Romer, A.S.: The Vertebral Story, Chicago, University of Chicago Press, 1971.)

da hipófise, uma notocorda bem desenvolvida, um tubo nervoso dorsal, fendas branquiais com uma câmara esférica, esqueleto cartilaginoso e apêndices ímpares. As lampréias marinhas, que desovam em água doce, passam por um estágio larval que, em alguns aspectos, é parecido com o anfioxo.

Acredita-se que os primeiros membros dos Agnatha foram os ostracodermos, que apareceram, primeiramente, nos registros fósseis do Cambriano e tornaram-se extintos antes do final do Devoniano. Como os ciclóstomos os ostracodermos não possuíam mandíbulas e a maioria não apresentava apêndices locomotores pares, havia apenas uma abertura nasal, com exceção dos Heterostraci, que possuíam um par de narinas e fendas branquiais circulares na faringe. Diferentemente dos ciclóstomos modernos, eles possuíam uma armadura óssea e não possuíam língua raspadora para a predação. Muitos possuíam um endoesqueleto ósseo, fornecendo evidências à teoria de que osso precedeu a cartilagem nos vertebrados inferiores. Os ostracodermos eram habitantes de água doce.

Antes que os ostracodermos se tornassem extintos no Devoniano, surgiram os primeiros peixes com mandíbulas, os Placodermi. Estes peixes primitivos possuíam nadadeiras pares, o que marcava um grande avanço, mas, como os ostracodermos, seus corpos eram protegidos por uma armadura óssea. Não se acredita que os placodermas sejam ancestrais diretos dos peixes superiores, mas podem ter dado origem aos peixes cartilaginosos pela perda da pesada armadura óssea e do endoesqueleto ósseo (Fig. 2.8).

Os primeiros tubarões, representando a classe dos Chondrichthyes, surgiram no final do Devoniano. O exemplo mais clássico é *Cladoselache* que, provavelmente, representa o ancestral dos peixes cartilaginosos posteriores. Diferentemente dos tubarões e raias

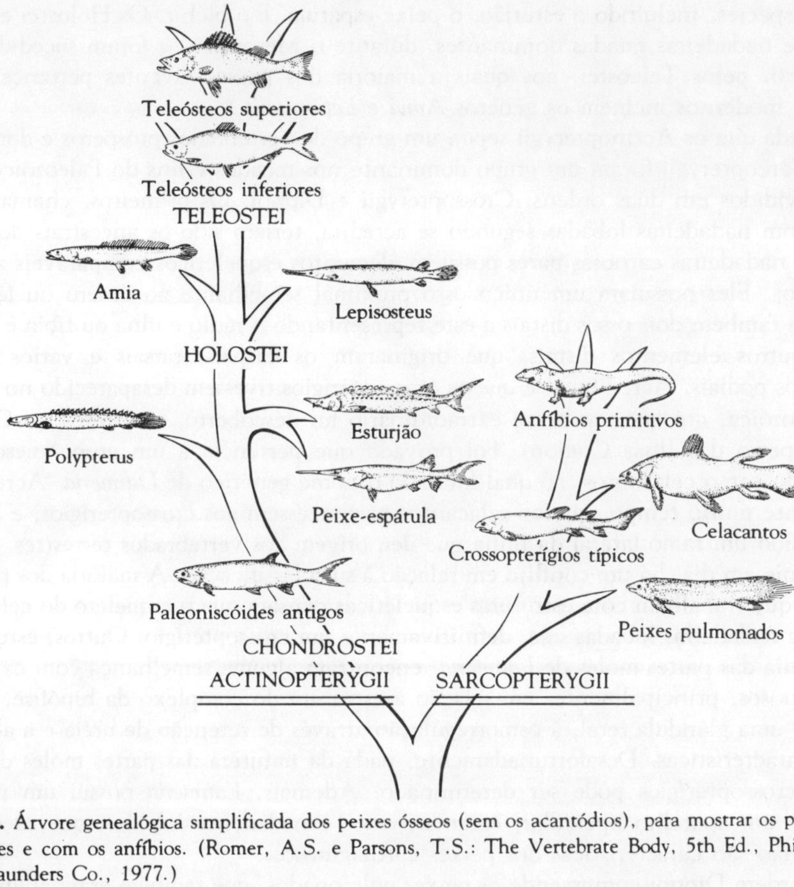

Fig. 2.8. Árvore genealógica simplificada dos peixes ósseos (sem os acantódios), para mostrar os parentescos entre eles e com os anfíbios. (Romer, A.S. e Parsons, T.S.: The Vertebrate Body, 5th Ed., Philadelphia, W.B. Saunders Co., 1977.)

modernos, *Cladoselache* possui uma boca terminal com as narinas no topo do focinho, em vez de se situarem inferiormente, clásperes pélvicos ausentes, e as nadadeiras peitorais não tinham uma constricção na base. As primeiras raias são conhecidas desde o Mesozóico, e acredita-se que derivaram dos primitivos tubarões Paleozóicos. A origem dos Holocephali, ou quimeras, é incerta mas as evidências paleontológicas disponíveis sugerem que possam ter evoluído independentemente dos placodermos primitivos.

Os peixes ósseos da classe Osteichthyes, provavelmente, originaram-se de ancestrais do Siluriano. O início de sua história, entretanto, é obscuro. Os primeiros restos fósseis desta classe são conhecidos desde o final deste período, o Siluriano; antes do término deste período, eles eram abundantes, ainda que a maioria dos achados seja de depósitos de água doce. De grande significado para a história evolutiva é o fato de que, não muito tempo depois desta classe ter-se diferenciada, ela dividiu-se em duas linhas de desenvolvimento. Uma delas levou ao grupo mais sucedido, os Actinopterygii, ou peixes de nadadeiras raiadas, cujo número atualmente excede ao de todos os vertebrados reunidos. A outra linha, os Sarcopterygii (algumas vezes, chamados de Choanichthyes), peixes com nadadeiras carnosas, deu origem aos vertebrados terrestres.

Os Actinopterygii são classificados em três superordens: a) os Chondrostei, ou peixes ganóides cartilaginosos; b) os Holostei, ou peixes ganóides ósseos e c) os Teleostei ou peixes ósseos superiores. Restos dos Chondrostei são abundantes em depósitos Paleozóicos de água doce, especialmente, no fim desta era, quando eles, finalmente, superaram os Sarcopterygii. Em seguida, eles entraram em declínio no Mesozóico, quando os Holostei os tornaram dominantes. Hoje, os Chondrostei são representados por poucas espécies, incluindo o esturjão, o peixe-espátula e o bichir. Os Holostei eram os peixes de nadadeiras raiadas dominantes, durante o Mesozóico, e foram sucedidos, no Cenozóico, pelos Teleostei, aos quais a maioria dos peixes viventes pertencem. Os Holostei modernos incluem os gêneros *Amia* e *Lepisosteus*.

Ainda que os Actinopterygii sejam um grupo de vertebrados prósperos e dominantes, os Sarcopterygii foram um grupo dominante nos meados e fins do Paleozóico. Eles estão divididos em duas ordens: Crossopterygii e Dipnoi. Os primeiros, chamados de peixes com nadadeiras lobadas, segundo se acredita, teriam sido os ancestrais dos anfíbios. As nadadeiras carnosas pares possuem elementos esqueléticos comparáveis aos dos tetrápodos. Eles possuíam um único osso proximal semelhante ao úmero ou fêmur e possuíam também dois ossos distais a este, representando o rádio e ulna ou tíbia e fíbula. Havia outros elementos distais, que originaram os carpais, tarsais e vários outros elementos podiais. Acreditava-se que os crossopterígios tivessem desaparecido no fim da Era Mesozóica, até que um peixe extraordinário foi descoberto, em 1938, no Oceano Índico, perto das Ilhas Comoro. Foi provado que pertencia a um grupo mesozóico, conhecido como celacantos, ao qual foi dado o nome genérico de *Latimeria*. Acreditou-se, durante muito tempo, que os celacantos pertencessem aos crossopterígios, e que tivessem sido um ramo lateral da linha que deu origem aos vertebrados terrestres. Entretanto, hoje em dia, há um conflito em relação à sua classificação. A maioria dos paleontólogos, que trabalham com estruturas esqueléticas pensam que o esqueleto do celacanto com suas nadadeiras lobadas seja definitivamente um crossopterígio. Outros, estudando a anatomia das partes moles de *Latimeria*, encontram alguma semelhança com os peixes cartilaginosos, principalmente em relação à estrutura do complexo da hipófise, à presença de uma glândula retal, à osmorregulação através de retenção de uréia e a algumas outras características. Desafortunadamente, nada da natureza das partes moles dos fósseis de crossopterígios pôde ser determinado. Ademais, *Latimeria* possui um pulmão vestigial, um aparelho opercular, escamas, ossos e nadadeiras lobadas, que, decididamente, não são características dos peixes cartilaginosos.

A ordem Dipnoi compreende os peixes pulmonados, que também eram abundantes na Era Paleozóica, mas que agora são representados por apenas três gêneros viventes: *Neoceratodus* da Austrália, *Lepidosiren* da América do Sul e *Protopterus* da África. Ainda que eles tenham uma bexiga natatória modificada em uma estrutura semelhante a um pulmão, o tipo de nadadeira arquipterígia dificilmente poderia ter dado origem às extremidades pares dos tetrápodos.

ANFÍBIOS

Parece haver poucas dúvidas de que os anfíbios (Fig. 2.9) tenham surgido de peixes ósseos com nadadeiras lobadas, pertencentes à ordem Crossopterygii. A evidência disto baseia-se nas características do esqueleto, como a presença de membros ósseos semelhantes aos dos tetrápodos, indícios da presença de pulmões devido à existência de coanas em algumas formas. Os primeiros anfíbios eram habitantes de água doce e os peixes crossopterígios da subordem Rhipidistia também eram mais de água doce que marinha. Em muitos aspectos, os ripidístios foram uma transição entre os peixes com nadadeiras lobadas e os anfíbios primitivos. Eles abundavam nas águas rasas, durante o Devoniano e o Carbonífero, com alguns sobreviventes até o começo do Permiano (Fig. 2.10).

Os primeiros anfíbios pertenciam à família Ichthyostegidae, que surgiram no Devoniano Superior. Como nos seus ancestrais primitivos crossopterígios, o esqueleto axial do tronco e da região caudal era, principalmente a notocorda, com uma coluna verte-

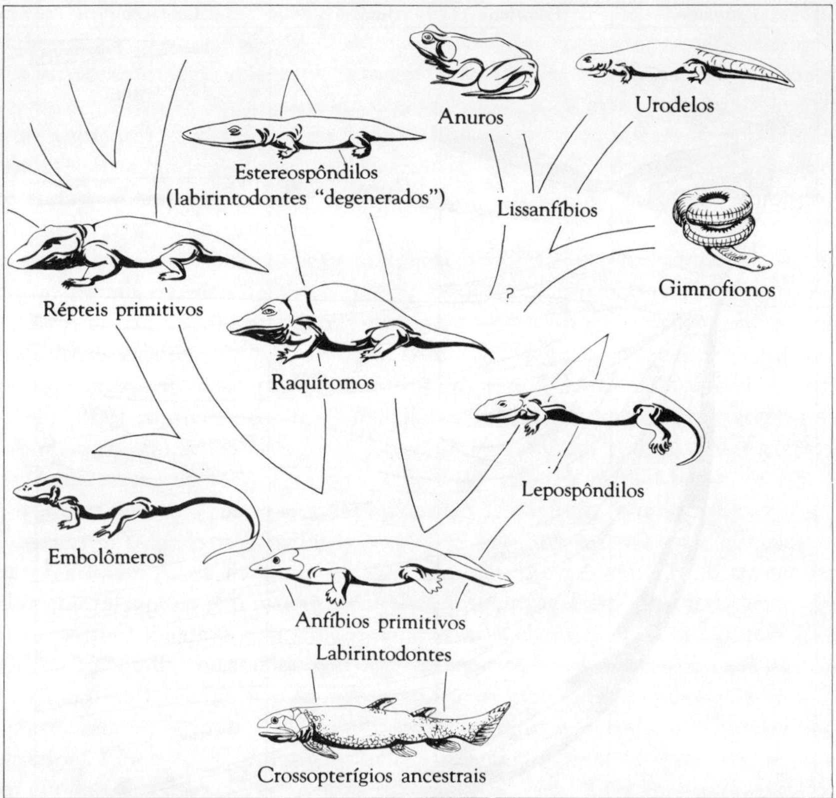

Figura 2.9. Uma "árvore genealógica" dos Amphibia. Os grupos sobreviventes são mostrados na parte superior, à direita. Eles, provavelmente, têm uma origem comum, mas, se esta origem, no final do Paleozóico, era a partir dos labirintodontes raquítomos ou dos lepospôndilos paleozóicos, é ainda incerto. (Romer, A.S. e Parsons, T.S.: The Vertebrate Body. 5th Ed., Philadelphia, W.B. Saunders Co., 1977.)

bral incompletamente ossificada. As vértebras, diferentemente daquelas dos peixes com nadadeiras lobadas, eram conectadas através de zigapófises, processos pares de articulação entre arcos neurais sucessivos. Ademais, a apófise neural anterior era aumentada pela inserção dos músculos que sustentavam a cabeça, ainda que o desenvolvimento de tais músculos não fosse necessário para a vida aquática. Outra característica tetrápodo é a presença de costelas, com uma articulação vertebral dupla. A maior diferença é o desenvolvimento de um membro pentadáctilo nos anfíbios. Como os crossopterígios, muitos dos anfíbios primitivos tinham sulcos nos dentes, que representavam dobramentos da superfície semelhante a esmalte. Isto foi responsável pelo nome dado a eles, Labyrinthodontia.

As opiniões sobre a classificação dos Amphibia variam, mas, geralmente, três ou quatro subclasses são reconhecidas. A mais antiga é a subclasse Labyrinthodontia, que abrange anfíbios extintos com vértebras *apsidospôndilas* cujos centros, se presentes, são derivados de antecessores cartilaginosos formados por pleurocentros e intercentros. Os labirintodontes originaram-se no Devoniano dos crossopterígios e existiram até o Triássico. A segunda subclasse é a dos Lepospondyli, um grupo dos anfíbios do fim do Paleozóico, cuja coluna vertebral se originou diretamente pela deposição óssea ao redor da notocorda e não era precedida de cartilagem. Estas vértebras, freqüentemente, tinham a forma de carretel. Os lepospôndilos eram muito menores que os labirintodontes e parecem representar um ramo que se extinguiu antes do Mesozóico.

A origem e as relações com os anfíbios modernos são obscuras. Eles são classificados por alguns na subclasse Lissamphibia, com três ordens: a) ordem Anura, rãs e sapos;

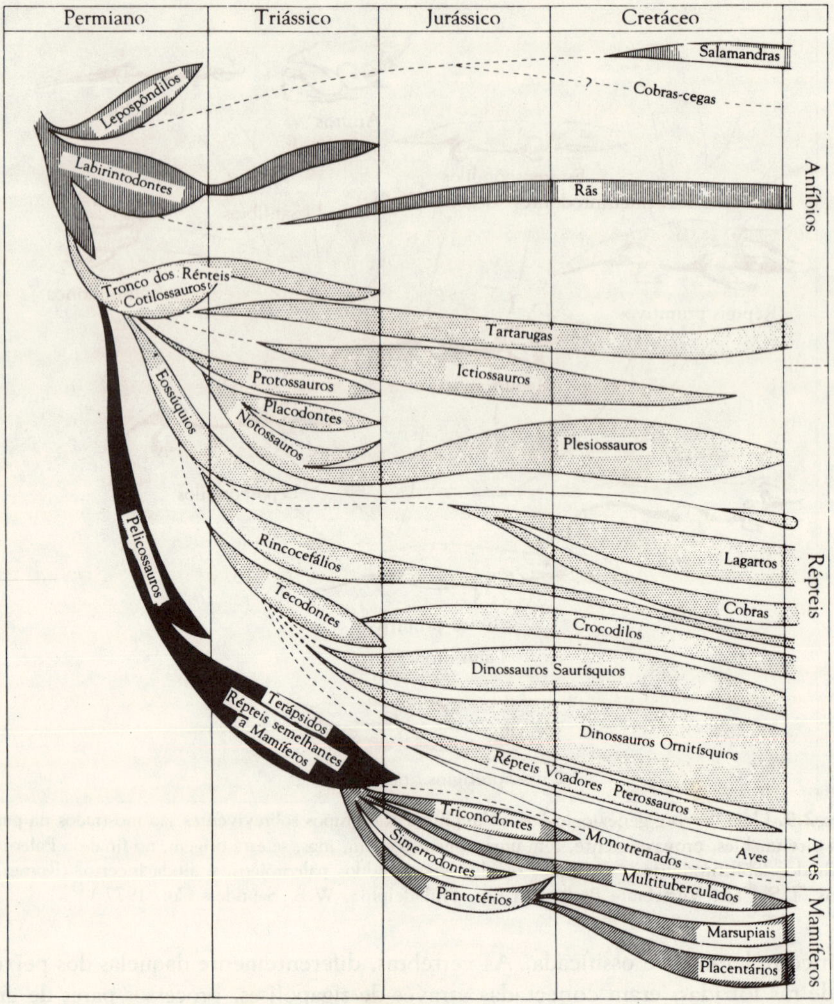

Figura 2.10. Uma filogenia dos tetrápodos do final do Paleozóico e do Mesozóico. (Colbert, E.H.: The Age of Reptiles. New York, W.W. Norton and Co., Inc., 1966.)

b) ordem Urodela (ou Caudata), que compreende as salamandras; e c) ordem Apoda (ou Gymnophiona), composta pelas cobras-cegas.

RÉPTEIS

Os répteis, obviamente, evoluíram a partir dos anfíbios. Eles apareceram no Carbonífero e, antes do final daquele período, eram representados por duas ordens distintas, que atualmente são colocadas em subclasses diferentes. Uma destas, Therapsida, acredita-se ter dado origem, posteriormente, aos mamíferos. Os terápsidos eram membros da subclasse Synapsida, com uma única fossa temporal lateral, uma em cada lado do crânio. A outra ordem era a dos Cotylosauria, contendo o "tronco dos répteis". Estes eram membros da subclasse Anapsida, um grupo que não tinha aberturas na região temporal. Os cotilossauros não eram especializados, e acredita-se que deram origem a todos os grupos de répteis subseqüentes, ainda que uma recente sugestão é a de que os répteis tocodontes tenham surgido dos varanossaurídeos sinápsidos.

O fóssil *Seymouria* do Permiano Inferior mostra mais de perto a transição dos caracteres de anfíbios a répteis. *Seymouria* é classificado como um anfíbio labirintodonte da ordem Anthracosauria, mas, naquela época, os répteis estavam bem estabelecidos. Pode-se concluir, como certos paleontólogos, que as formas *Seymouria* sejam remanescentes de um grupo que, muito mais cedo, deu origem ao tronco dos répteis. Entretanto, este ponto de vista não é aceito universalmente. Se apenas fosse sabido se as formas *Seymouria* possuíam um ovo amniótico, os problemas de origem e relacionamento seriam muito mais facilmente resolvidos.

Uma vez que os répteis se estabeleceram como vertebrados terrestres, eles aumentaram rapidamente e, antes do final do Paleozóico, eram os vertebrados dominantes. O Mesozóico é conhecido como a Idade dos Répteis por sua diversidade e abundância. Ainda que os mamíferos tenham surgido no fim do Triássico e as aves no Jurássico, os répteis foram dominantes até perto do fim do período Cretáceo.

Os répteis, tanto viventes como extintos, são classificados como base nas fossas temporais do crânio. Geralmente, são reconhecidas seis subclasses: Anapsida, Synapsida, Lepidosauria, Archosauria, Euryapsida (Synaptosauria) e Ichthyopterygia.

Os Anapsida consistem de répteis cujos crânios não possuem nenhuma fossa temporal. Este é o grupo ao qual pertenceram os arcaicos representantes do tronco dos répteis, os cotilossauros. Eles apareceram no fim do Carbonífero e existiram até o Triássico, e acredita-se terem dado origem a vários outros grupos. Remanescentes do antigo grupo anápsido são as tartarugas, os cágados e os jabutis, que pertencem à ordem Chelonia (Testudinata).

A subclasse Synapsida consiste de répteis com uma única fossa temporal lateral. Eles apareceram como um ramo precoce do tronco dos répteis e acredita-se serem os ancestrais dos mamíferos. São reconhecidas duas ordens: os Pelycosauria que compreendiam répteis primitivos, semelhantes a mamíferos, que viveram do final do Carbonífero ao princípio do Permiano; e os Therapsida, que compreendiam répteis mais evoluídos semelhantes a mamíferos, que sucederam os pelicossauros e continuaram até o Triássico. Eles aproximavam-se dos mamíferos na ação dos membros, dentição, redução dos ossos cranianos, redução da maioria dos ossos da mandíbula, no aumento de tamanho e na importância do osso dental.

A subclasse Lepidosauria consiste de répteis com o crânio diápsido, caracterizado por duas fossas temporais atrás das órbitas, uma acima da outra. A primeira ordem, Eosuchia, era primitiva e viveu no Permiano e Triássico. A tuatara (*Sphenodon*), um réptil semelhante a um lagarto encontrado, atualmente, em algumas ilhas ao longo da costa da Nova Zelândia, é o único representante vivente da ordem Rhynchocephalia. A terceira ordem é a dos Squamata que abrange os lagartos e as cobras. Entretanto, o crânio dos Squamata foi modificado de sua forma primitiva, perdendo a barra ventral que fecha a fossa temporal inferior e, desse modo, deixando apenas uma abertura. Nas lagartixas e nas cobras, mesmo a barra superior foi perdida.

A subclasse Archosauria abrange os crocodilos e a maioria dos famosos répteis fósseis que dominaram a terra durante a maior parte do Mesozóico. O crânio dos arcossauros é basicamente diápsido. São reconhecidas cinco ordens, sendo a primeira a dos Thecodontia. Este grupo viveu no Triássico e é considerado ancestral dos outros arcossauros, como também das aves.

A ordem Crocodilia, que inclui os jacarés, crocodilos e gaviais, é um pequeno grupo sobrevivente que se originou de arcossauros primitivos. Os répteis voadores do Mesozóico pertencem à ordem Pterosauria, que se extinguiu antes do final do Cretáceo. Sua habilidade aérea dependia de uma asa membranosa, sustentada distalmente por um quarto dedo muito alongado, no membro anterior. Alguns tinham uma envergadura de asas de até cerca de 7 metros.

Os répteis mais dominantes no Mesozóico, os dinossauros, compreendiam duas ordens: a dos Saurischia ou dinossauros semelhantes a répteis e a dos Ornithischia, ou dinossauros semelhantes a aves. Os saurísquios eram em sua maioria répteis bípedes carnívoros, com três elementos radiais na cintura pélvica. Ainda que muitos fossem de tamanho pequeno ou médio, outros, como *Allosaurus* e *Tyrannosaurus*, atingiram tamanhos enormes, e foram os maiores carnívoros a habitar a terra. Os membros do grupo de saurísquios eram quadrúpedes e herbívoros. Alguns, como *Diplodocus*, que atingiram tamanho gigante, provavelmente, foram presas dos imensos répteis carnívoros. Os ornitísquios possuíam uma pelve com extensões anterior e posterior dos ossos púbicos produzindo uma condição tetrarradiada, semelhante à de uma ave. Todos eram herbívoros. Alguns, como o dinossauro-de-bico-de-pato, eram bípedes, mas havia também alguns quadrúpedes, muitas vezes com uma grande armadura protetora, como *Triceratops* e os *Stegosaurus*. Todos os animais do grande grupo dos dinossauros floresceram durante o Jurássico e extingüiram-se antes do final do Cretáceo. A razão disto não é conhecida, mas presume-se que os responsáveis tenham sido as grandes mudanças climáticas e geológicas.

A subclasse Euryapsida continha um grupo de répteis do Mesozóico, que possuía uma única fossa temporal. No crânio dos euriápsidos, diferentemente do crânio dos répteis sinápsidos, esta abertura era alta, limitando-se, acima, com o osso parietal e, abaixo, com os ossos pós-orbital e esquamosal. Das duas ordens, a menos conhecida é a dos Araeoscelidia ou Protorosauria. A outra é a dos Sauropterygia, que abrangia os plesiossauros. Os plesiossauros tinham corpo grande e achatado, membros em forma de remo e pescoço longo, semelhante a uma cobra. Como os dinossauros, todos os répteis euriápsidos tornaram-se extintos antes do final do Mesozóico. Os Ichthyopterygia ou ictiossauros adaptaram-se completamente à vida marinha, tendo o corpo a forma de um golfinho, com um focinho alongado, uma nadadeira dorsal, pequenas nadadeiras laterais e uma poderosa cauda para propulsão através da água. Seus crânios eram do tipo parápsido com elementos pós-orbital e esquamosal não se limitando com a fossa supratemporal.

AVES

Os ossos das aves são leves e ocos e assim não são adequados para a conservação fóssil, como os de certos outros vertebrados. Entretanto, felizmente para os estudantes de história evolutiva, a mais importante ave ancestral foi preservada nas ardósias da Bavária, do período Jurássico. A primeira descoberta foi feita em 1861; a segunda, em 1877 e a terceira, em 1959, tendo sido chamada de *Archaeopteryx lithographica* (Fig. 2.11). Fornece evidências definitivas de que as aves evoluíram a partir de ancestrais répteis. O crânio era muito semelhante ao dos primitivos arcossauros tecodontes dos quais, acredita-se, tenham surgido os dinossauros e as aves. Possuíam dentes e costelas abdominais e havia uma longa cauda óssea; os dedos dos membros anteriores possuíam garras. *Archaeopteryx* possuía penas, e a forma das asas e das pernas era essencialmente semelhante às das aves modernas. Basicamente, não têm havido grandes mudanças durante 150 milhões de anos. Estas aves ancestrais, por conseguinte, tinham uma forma aerodinâmica para planar e, provavelmente, para voar. Um apoio adicional para a teoria de que fossem capazes de manter o vôo, é fornecido pela observação da estrutura da cintura peitoral, que possuía um ponto de origem adequado para o músculo peitoral, que dá força às asas. *Archaeopteryx* é classificado numa subclasse diferente da de todas as outras aves, conhecida como Archaeornithes.

Ainda que *Archaeopteryx* tenha vivido há cerca de 150 milhões de anos, muito pouco se sabe sobre a evolução das aves até cerca de 30 milhões de anos mais tarde, no

Figura 2.11. Uma restauração de *Archaeopteryx*, baseada no segundo espécime descoberto. As partes do corpo foram arranjadas na mesma posição ocupada pelos ossos torcidos do fóssil. A foto é uma cortesia do American Museum of Natural History. (Welty, J.C.: The Life of Birds, 3rd Ed., Philadelphia, Saunders College Publishing, 1982.)

Cretáceo. Nos depósitos deste período, foram identificados *Hesperornis*, uma ave semelhante a uma alca, que possuía dentes cônicos em ambas as mandíbulas, e o *Ichthyornis*, semelhante a uma gaivota moderna em todos os aspectos. Antes do final do Cretáceo, surgiram aves semelhantes a garças, biguás e gansos. Todas estas, como também as que se desenvolveram subseqüentemente, estão na subclasse Neornithes.

Foi apenas no começo do Terciário que as aves começaram a se ramificar em diversos tipos diferentes. Dos depósitos do Ecoceno, são conhecidos representantes de, pelo menos, 27 famílias modernas, que incluem falcões, urubus, tetrazes, surucuás, picanços, andorinhões, corujas e muitas espécies aquáticas, como pingüins e aves vadeadoras. Uma das aves mais surpreendentes deste período foi uma ave gigante-predadora terrestre, não voadora, chamada *Diatryma*. Esta ave enorme tinha quase 2 metros de altura, possuía uma cabeça enorme e um bico imenso, curvo na extremidade.

No Oligoceno, evoluíram albatrozes, pelicanos, cagarras, pássaros canoros do Velho Mundo, pardais e, ainda, alguns gêneros modernos. Durante o Mioceno, evoluíram quase todas as famílias e alguns gêneros de aves modernas. No final do Plioceno, provavelmente, quase todos os gêneros modernos estavam presentes. Durante os períodos de glaciação, no Pleistoceno, muitas espécies extingüiram-se, quando as condições climáticas se tornaram muito severas. Algumas destas eram aves enormes, como *Teratornis*, um urubu com 4,5 metros de envergadura, encontrado nos poços de alcatrão de La Brea, no sul da Califórnia; as aves-elefantes do gênero *Aepyornis*, que viveram em Madagáscar, pesavam mais de 450 kg; algumas espécies de Moas da Nova Zelândia atingiam mais de 3,6 metros de altura (Fig. 2.12). As espécies, que sobreviveram, são essencialmente aquelas encontradas nos dias de hoje, consistindo de 27 ordens e quase 8.700 espécies.

MAMÍFEROS

Geralmente, concorda-se que os primeiros mamíferos tenham surgido de répteis terápsidos, semelhantes a mamíferos, que pertenciam a uma subclasse dos Synapsida (Fig. 2.13). Os terápsidos tornaram-se numerosos no final do Permiano e sobreviveram durante a maior parte do Triássico. Eles mostraram o desenvolvimento de um par de

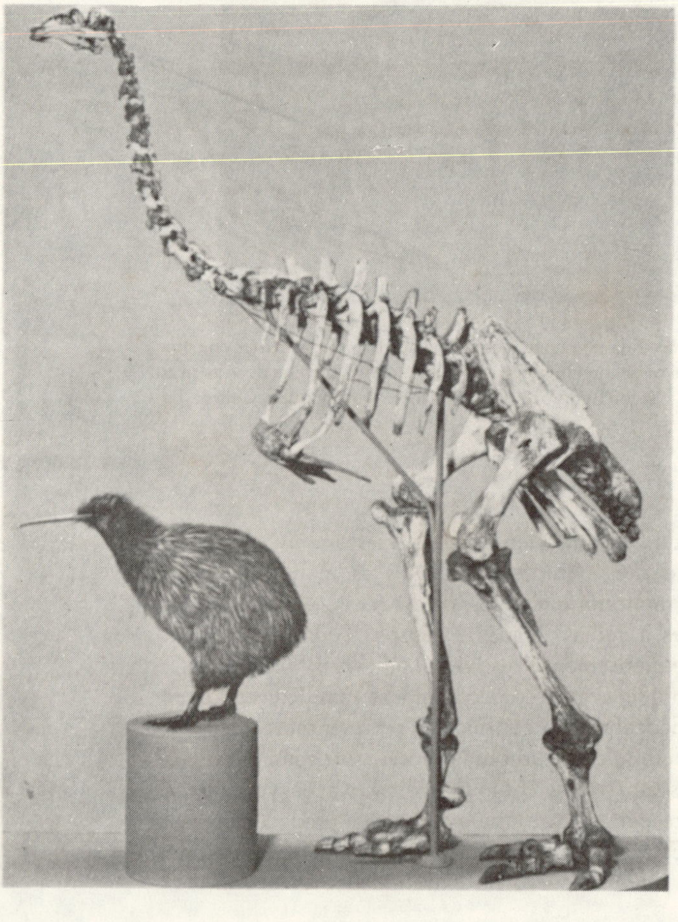

Figura 2.12. O esqueleto de uma pequena moa da Nova Zelândia, comparado a um parente vivo, o quivi. As moas extingüiram-se em tempos históricos. A fotografia é uma cortesia do American Museum of Natural History. (Welty, J.C.: The Life of Birds, 3rd Ed. Saunders College Publishing, 1982.)

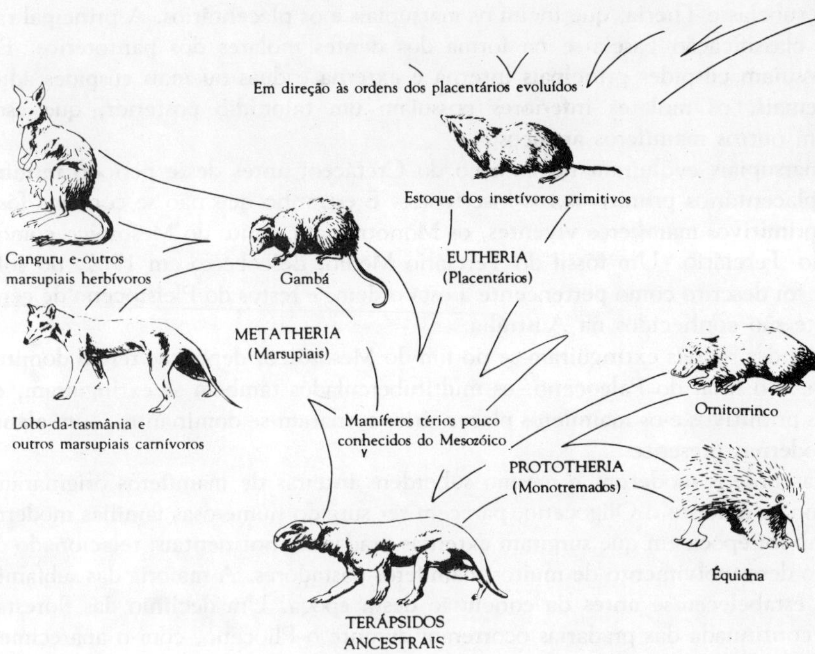

Figura 2.13. Árvore genealógica esquemática, para mostrar a evolução e os parentescos entre os principais grupos de mamíferos. (Romer, A.S.: The Vertebrate Body, 4th Ed., Philadelphia, W.B. Saunders, 1970.)

côndilos occipitais, um palato secundário, um deslocamento na origem da musculatura da mandíbula para a caixa craniana e o arco zigomático, um aumento no tamanho e importância do osso dental de mandíbula com um decréscimo correspondente ao tamanho de outros elementos, e uma tendência notável para uma dentição heterodonte. Alguns dos últimos répteis semelhantes a mamíferos e a mamíferos primitivos são difíceis de serem classificados quanto à classe.

Os restos dos primeiros mamíferos conhecidos datam do fim do Triássico. Estão classificados na ordem Triconodonta, caracterizada por dentes molariformes com três cúspides por fileira. Não se acredita que os mamíferos superiores tenham surgido dos triconodontes, mas eles sobreviveram até o Cretáceo. Outra ordem, que surgiu nos fins do Triássico e sobreviveu até o final do Jurássico, foi a dos Docodonta, um grupo antigamente incluído na ordem Pantotheria.

De grande importância no Mesozóico foi a ordem Multituberculata. Estes mamíferos, semelhantes a roedores, com um par de incisivos, um espaço ou diástema entre estes dentes e os molares que, normalmente, apresentavam fileiras paralelas de cúspides, existiram desde o Jurássico até o começo do Terciário. Viveram durante um período superior a 100 milhões de anos e, então, extingüiram-se. Tem sido sugerido que eles fossem incapazes de competir com os roedores, que se expandiram rapidamente no começo do Terciário.

A ordem Symmetrodonta é um grupo imperfeitamente conhecido, principalmente do Jurássico, que pode ter evoluído como um ramo precoce dos Pantotheria. Seus dentes molariformes eram caracterizados por uma cúspide central alta, com cúspides menores anteriores e posteriores. As cúspides menores eram externas no maxilar superior e internas na mandíbula.

A ordem Pantotheria é conhecida, principalmente, desde o Jurássico Médio e Superior e é lembrada como uma possível fonte da qual surgiram marsupiais e placentários primitivos do Cretáceo. Simpson (1945) classificou-os, assim como os Symmetrodonta, na subclasse Theria, que inclui os marsupiais e os placentários. A principal razão para esta classificação baseia-se na forma dos dentes molares dos pantotérios. Estes dentes possuíam cúspides principais interna e externa e duas ou mais cúspides adicionais. Ademais, os molares inferiores possuíam um talonídio posterior, que estava ausente em outros mamíferos arcaicos.

Os marsupiais evoluíram no começo do Cretáceo; antes deste período terminar, surgiram placentários primitivos, os insetívoros. É estranho que não se conheça fósseis dos mais primitivos mamíferos viventes, os Monotremata, tanto do Mesozóico como do começo do Terciário. Um fóssil do Terciário Médio, descoberto em 1967, no sul da Austrália, foi descrito como pertencente a esta ordem, e restos do Pleistoceno de gênero do Recente são conhecidos na Austrália.

Os grandes répteis extingüiram-se no fim do Mesozóico, depois de terem dominado aquela era. No final do Paleoceno, os multituberculados também se extingüiram, e os marsupiais primitivos e os mamíferos placentários tornaram-se dominantes, com algumas ordens modernas presentes.

Muitas ordens modernas e mesmo subordens inteiras de mamíferos originaram-se no Ecoceno, e durante o Oligoceno, parecem ter surgido numerosas famílias modernas. O Mioceno foi época em que surgiram extensas pradarias continentais; relacionado com isto, está o desenvolvimento de muitos mamíferos pastadores. A maioria das subfamílias modernas estabeleceu-se antes da conclusão desta época. Um declínio das florestas e expansão continuada das pradarias ocorreram durante o Plioceno, com o aparecimento de gêneros modernos, mas não de espécies modernas.

Quase todas as espécies modernas já existiam no Pleistoceno. Entretanto, esta época foi caracterizada por períodos sucessivos de glaciação. As severas condições climáticas causaram grandes transformações na vegetação e, com isso, muitos herbívoros grandes extingüiram-se; conseqüentemente, os carnívoros, que deles se alimentavam, também desapareceram na América do Norte, Europa e Ásia, muito embora a África permanecesse como uma reserva para muitos mamíferos grandes. Esta também foi uma época de consideráveis migrações entre a Eurásia e América do Norte através da ponte do Estreito de Bering. Alguns gêneros, como *Ursus, Gulo, Bison, Rangifer, Oreamnos, Alces* e *Ovis*, não eram conhecidos na América do Norte, antes do Pleistoceno Médio e Superior. Com a recessão da última Idade do Gelo, o Holoceno foi caracterizado por um clima mais quente, uma extensão rumo ao norte das florestas boreais e decíduas bem como das pradarias, além de extensivas subespeciações de vertebrados, especialmente entre as aves e os mamíferos.

A própria história do homem vem de muito longe, ainda que muito de nosso conhecimento sobre ela tenha sido adquirido há poucas décadas, a partir de estudos realizados principalmente na África do Sul, na Caverna Sterkfontein e Taung, na Tanzânia em Olduvai Gorge, no Kênia, ao redor do Lago Turkana (Rudolf), e na Etiópia, em Hadar. Os principais, entre os muitos cientistas que contribuíram para o nosso conhecimento sobre a evolução do homem, são: Robert Broom, Raymond A. Dart, Louis S. B. Leakey e sua mulher Mary, Richard Leakey, Phillip V. Tobias, Desmond Clark e Donald Johanson, bem como muitos de seus discípulos (Fig. 2.14).

Os primeiros primatas conhecidos datam do Paleoceno. Os primeiros hominóides, que incluem a família Hominidae, à qual o homem pertence, e a família Pongidae, que contém os grandes macacos, são encontrados em depósitos do Mioceno Superior, sendo representados pelo gênero *Ramapithecus* da Turquia, Eurásia e África. Se *Ramapithecus* foi ancestral dos australopitecinos, ou não, não está muito claro. Entretanto, o primeiro hominídeo, um australopitecino de encéfalo pequeno, *Australopithecus afarensis*, foi descoberto no Rift Valley na Etiópia, em depósitos do Plioceno, com 3 a 4 milhões de anos. Pensa-se que este homem-macaco seja ancestral dos hominídeos posteriores e possivelmente do *Australopithecus robustus africanus* encontrado na África do Sul. Este úl-

Figura 2.14. Fotografias de Robert Broom com um crânio de *Australopithecus*, no Museu Robert Broom, na Caverna Sterkfontein, África do Sul.

timo deu origem a um grupo que se tornou extinto há cerca de um milhão de anos. *Homo habilis* viveu há cerca de 2 milhões de anos, desenvolveu ferramentas de pedra e desenvolveu as mãos e os olhos para fazer uso dessas mesmas ferramentas. *Homo erectus* sucedeu a *Homo habilis*, há cerca de 1,5 milhão de anos. *Homo sapiens*, o homem moderno, desenvolveu-se nas últimas centenas de milhares de anos. Pensa-se que a modificação do *Homo erectus* em *Homo sapiens* seja mais cultural do que puramente física. O homem começou a enterrar seus mortos há 100.000 anos, o que facilitou para os antropólogos a obtenção de esqueletos completos para fins comparativos.

Acredita-se que a rápida evolução na família Hominidae, que conduziu ao homem moderno, tenha sido muito mais o resultado da postura *ereta* do que do aumento do encéfalo. Este último ocorreu depois do desenvolvimento da postura ereta e o forâmen magno moveu-se de uma posição posterior para uma posição ventral. Os primeiros hominídeos eram pequenos; uma vez que ocorreu o desenvolvimento de ferramentas, eles passaram a depender de seus encéfalos para serem mais espertos que seus inimigos. Hoje, *Homo sapiens*, agora distribuído por todo o mundo, com uma população próxima de 4 bilhões, é o único representante da família.

REFERÊNCIAS BIBLIOGRÁFICAS

Colbert, E. H. 1955. Evolution of the Vertebrates. New York, John Wiley & Sons, Inc.

Colbert, E. H. 1965. The Age of Reptiles. New York, W. W. Norton and Co.

Feduccia, A., and Tordoff, H. B. 1979. Feathers of *Archaeopteryx*: Asymmetric vanes indicate aerodynamic function. Science, *203*:1021–1022.

Gregory, W. K. 1951. Evolution Emerging: A Survey of Changing Patterns from Primeval Life to Man. New York, Macmillan Publishing Co., Inc.

Heilmann, G. 1926. The Origin of Birds. London, H. F. and G. Witherby.

Hopson, J. A., and Crompton, A. W. 1969. Origin of mammals. Evolutionary Biology, *3*:15–72.

Jepsen, G. L., et al., Eds. 1949. Genetics, Paleontology and Evolution. Princeton, Princeton University Press.

Johanson, D., and Edey, M. A. 1981. Lucy: The Beginnings of Humankind. New York, Simon and Schuster.

Kirsch, J. A. W. 1977. The six-percent solution: Second thoughts on the adaptedness of the Marsupialia. American Scientist, *63*:276–288.

Leakey, L. S., Savage, R. J., and Coryndon, S. C., Eds. 1973. Fossil Vertebrates of Africa, Vol. 3. New York, Academic Press, Inc.

Leakey, M. D., Ed. 1972: Olduvai Gorge, Vol. 3: Excavations in Beds I and II, 1960–63. London, Cambridge University Press.

McCosker, J. E., and Lagios, M. D., Eds. 1979. The biology and physiology of the living coelacanth. Occas. Pap. Calif. Acad. Sci., no. 134.

Olson, S. L., and Feduccia, A. 1979. Flight capability and the pectoral girdle of *Archaeopteryx*. Nature, *278*:247–248.

Peyer, B. 1968. Comparative Odontology. Zangerl, R., translator and editor. Chicago, University of Chicago Press.

Romer, A. S. 1966. Vertebrate Paleontology. Chicago, University of Chicago Press.

Schmalhausen, I. I. 1967. Origin of Terrestrial Vertebrates. Kelso, L., translator. New York, Academic Press, Inc.

Scott, W. B. 1937. A History of Land Mammals in the Western Hemisphere. New York, Macmillan Publishing Co., Inc.

Simpson, G. G. 1945. The Principles of Classification and a Classification of Mammals. Bull. Am. Mus. Nat. Hist., Vol. 85, New York.

Simpson, G. G. 1953. The Major Features of Evolution. New York, Columbia University Press.

Vaughan, T. A. 1978. Mammalogy. 2nd Ed. Philadelphia, W. B. Saunders Co.

Capítulo 3

Peixes e Vertebrados Semelhantes a Peixes

CARACTERÍSTICAS GERAIS

Por conveniência, as quatro classes conhecidas de peixes e vertebrados semelhantes a peixes são consideradas em conjunto, neste capítulo. São incluídos os Agnatha, ou vertebrados desprovidos de mandíbulas, representados pelos ostracodermos extintos e pelos ciclóstomos (viventes), as (lampréias e peixes-bruxa); os peixes primitivos com mandíbulas ou Placodermi; os Chondrichthyes ou peixes cartilaginosos, tais como tubarões, raias e quimeras; e os Osteichthyes ou peixes ósseos.

Na realidade, há mais peixes no mundo do que animais de qualquer outro grupo de vertebrados, tanto em termos individuais, como em número de espécies. Cohen (1970), em sua revisão sobre espécies recentes, fornece as seguintes cifras: 50 Agnatha, de 515 a 555 Chondrichthyes e de 19.135 a 20.980 Osteichthyes. O número total supera o número de todos os grupos de vertebrados juntos, o que não nos espanta, se considerarmos que aproximadamente quatro quintos da superfície terrestre é coberta por água.

Como grupo, os peixes apresentam tamanhos bastante variados. O maior é o tubarão-baleia (*Rhineodon typus*), que pode atingir mais de quinze metros de comprimento. O menor peixe conhecido é uma espécie de gobião encontrada nas Ilhas Filipinas, que foi chamado de *Pandaka pygmea* pelo Dr. Herre da Universidade de Stanford, em 1929. Mede um pouco mais de oito milímetros de comprimento. A maioria dos peixes se encontra no mar, mas há muitas espécies que são encontradas na água doce. Entre estas, os maiores são os peixes-espátula, certos bagres e os esturjões. Segundo relatos, o grande peixe-espátula (*Psephurus gladius*) do rio Yangtze, na China, pode atingir quase sete metros de comprimento e alguns bagres da Europa e da Ásia chegam a medir até pouco mais de três metros. Já os esturjões do rio Volga podem ter até mais de quatro metros de comprimento e chegam a pesar pouco mais de uma tonelada. Até na costa do Pacífico dos Estados Unidos, foram observados esturjões com quase quatro metros de comprimento. Não existe nenhum peixe de água doce na Groenlândia nem na Antártica, por causa do gelo que recobre, permanentemente, a maior parte destas terras.

Algumas espécies são estritamente confinadas à água doce e são classificadas como *peixes primários de água doce*, como por exemplo, os peixes pulmonados e muitas percas de água doce. Outras espécies podem penetrar no mar ou em água salobra, por curtos períodos de tempo, e são chamadas de *peixes secundários de água doce*, como os lúcios e alguns ciclídeos. Existem, ainda, as espécies diádromas, que migram regularmente entre as águas doce e salgada, em certos períodos de seu ciclo de vida, tais como o salmão do Pacífico e as enguias de água doce. Cohen (1970) calcula que 58,2% das espécies viventes de peixes são marinhas e 41,2% são de água doce. Destas, 33,1% são primárias, 8,1% são secundárias e 0,6% são espécies diádromas.

Os peixes toleram grandes variações de temperatura. Algumas espécies sobrevivem em fontes de águas termais, onde a água pode atingir mais de 42ºC. Outras podem viver a temperaturas muito próximas da congelação. Contudo, numa mesma espécie, o limite de tolerância, geralmente, é muito restrito. Como outros *pecilotermos*, ou vertebrados de sangue frio, os peixes são *ectotérmicos*. Com isso, queremos dizer que a temperatura do corpo depende da do ambiente e, conseqüentemente, é bem próxima da temperatura deste. Em razão disso, uma truta que viva num rio, onde a temperatura da água seja de 10ºC, apresentará uma temperatura do corpo essencialmente igual à da água.

Embora a maioria dos peixes esteja confinada à água, existem alguns como *Periophthalmus*, que podem caminhar na terra e até mesmo subir em galhos mais baixos das árvores; outros, como certos dipnóicos, podem cobrir-se de lama e viver meses sem água; outros, ainda, como os peixes-voadores, conseguem planar no ar.

Sistema Esquelético

Nos ciclóstomos, o crânio é cartilaginoso e bastante incompleto. Nos peixes-bruxa, ele é formado por uma placa de cartilagem, sobre a qual repousa o encéfalo. As cápsulas óticas, que abrigam os ouvidos internos, estão ligadas à parte posterior desta placa. O crânio da lampréia (Fig. 3.2) é mais complexo, com as faces laterais presentes, mas é desprovido de teto, de forma que, dorsalmente, o encéfalo está protegido apenas por tecido conjuntivo fibroso. Os ciclóstomos não possuem mandíbulas. A boca circular é

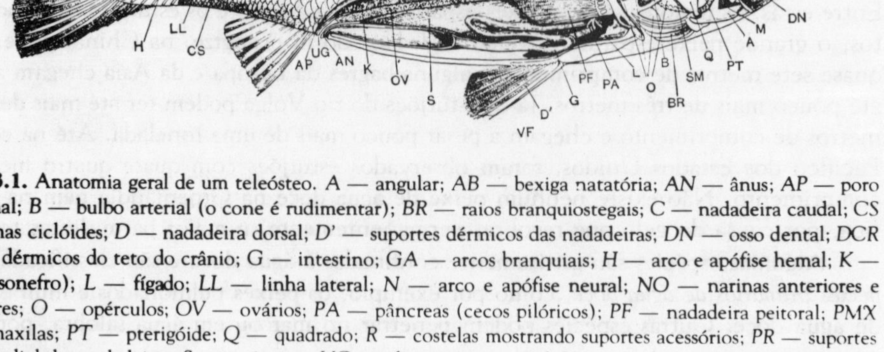

Figura 3.1. Anatomia geral de um teleósteo. *A* — angular; *AB* — bexiga natatória; *AN* — ânus; *AP* — poro abdominal; *B* — bulbo arterial (o cone é rudimentar); *BR* — raios branquiostegais; *C* — nadadeira caudal; *CS* — escamas ciclóides; *D* — nadadeira dorsal; *D'* — suportes dérmicos das nadadeiras; *DN* — osso dental; *DCR* — ossos dérmicos do teto do crânio; *G* — intestino; *GA* — arcos branquiais; *H* — arco e apófise hemal; *K* — rim (mesonefro); *L* — fígado; *LL* — linha lateral; *N* — arco e apófise neural; *NO* — narinas anteriores e posteriores; *O* — opérculos; *OV* — ovários; *PA* — pâncreas (cecos pilóricos); *PF* — nadadeira peitoral; *PMX* — pré-maxilas; *PT* — pterigóide; *Q* — quadrado; *R* — costelas mostrando suportes acessórios; *PR* — suportes basal e radial das nadadeiras; *S* — estômago; *UG* — abertura urogenital; *V* — vértebra (centro); *VF* — nadadeira ventral. (De Dean, Bashford, 1895).

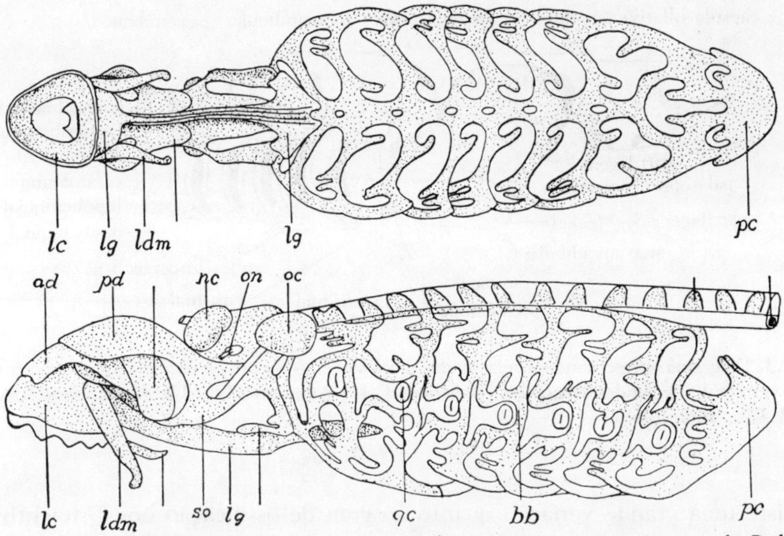

Figura 3.2. Vistas ventral e lateral do crânio da lampréia (*Petromyzon marinus*), segundo Parker. *ad* — cartilagem dorsal anterior; *bb* — cesto branquial; *gc* — fenda branquial; *lc* — cartilagem labial; *ldm* — mandíbula lateral distal; *lg* — cartilagem lingual; *nc* — cápsula nasal; *oc* — cápsula ótica; *on* — nervo óptico; *pc* — cartilagem pericárdica; *pd* — cartilagem dorsal posterior. (Kingsley, J.S.: Outlines of Comparative Anatomy of Vertebrates. 3rd Ed. New York, The Blakiston Division, McGraw-Hill Book Co., Inc., 1926, com permissão).

sugadora. O disco de sucção assim como a língua podem apresentar ou não estruturas semelhantes a dentes, que permitem a estes animais raspar a carne da presa, à qual se fixam. A área das brânquias é sustentada por um complicado cesto cartilaginoso que, dificilmente, pode ser considerado homólogo dos suportes branquiais de outros vertebrados.

Os Chondrichthyes possuem um crânio cartilaginoso completo, que é conhecido como *condrocrânio* (Fig. 3.3). Tanto as cápsulas olfativas, como as óticas foram incorporadas por esta estrutura. Embora o crânio possa ser parcialmente calcificado, não existe nenhum osso verdadeiro nos peixes cartilaginosos viventes, o que não é considerado uma condição primitiva. Acredita-se que alguns vertebrados agnatos primitivos, representados pelos ostracodermos, tivessem possuído um exoesqueleto de ossos dérmicos. Este formava a couraça externa, que envolvia estes vertebrados desprovidos de mandíbulas. O exoesqueleto dos ostracodermos era semelhante, em muitos aspectos, aos dentículos encontrados na pele dos elasmobrânquios viventes. Consistia de uma camada externa dura, semelhante, em parte, ao esmalte dos dentes dos vertebrados, que recobria uma outra camada, semelhante à dentina, sob a qual havia uma camada de osso esponjoso; debaixo desta, havia osso compacto.

Nos modernos ciclóstomos, todos os traços destes componentes do exoesqueleto desapareceram. Nos elasmobrânquios, contudo, existem vestígios da parte externa da couraça ostracodérmica sob a forma de escamas placóides (veja p. 48).

O primeiro arco branquial ou mandibular transforma-se para dar origem às maxilas superior e inferior, conhecidas respectivamente como *cartilagem palatoquadrada* e *cartilagem de Meckel.* A maxila superior liga-se frouxamente ao crânio nos tubarões e raias e é sustentada, na parte posterior, por um elemento do segundo arco, ou hiomandibular. Este tipo de suspensão da mandíbula é chamado de *hiostilia.* Nas quimeras aberrantes, a maxila superior está firmemente fundida ao crânio cartilaginoso e é, portanto, *autostílica.*

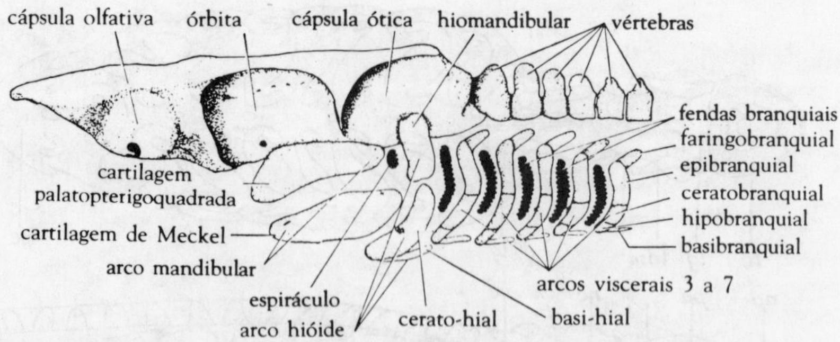

Figura 3.3. Diagrama apresentando a relação dos arcos viscerais de um elasmobrânquio com o condrocrânio, a coluna vertebral e as fendas branquiais (Weichert, C.K.: Anatomy of the Chordates. New York, McGraw-Hill Book Co., Inc., 1958).

Existe uma grande variação quanto ao grau de ossificação nos Osteichthyes. Nos ganóides inferiores, como os esturjões, o condrocrânio é fundamentalmente não-ossificado, de forma que ossos de substituição inexistem. Entretanto, existem vários ossos dérmicos ou de membrana, presumivelmente derivados de escamas que penetraram abaixo da superfície, e que cobrem o teto do crânio. Nos peixes ósseos superiores, os ossos dérmicos são muito numerosos, formando uma couraça ao redor do crânio, e partes do condrocrânio são substituídas por ossos, nas regiões etmoidal, ótica, esfenoidal e occipital (Fig. 3.4). A suspensão da mandíbula, nos peixes ósseos, pode ser hiostílica, como nos Holostei e Teleostei, ou autostílica, como nos Dipnoi.

Nos peixes ósseos, a cartilagem mandibular ou seus derivados são revestidos por ossos dérmicos. Estes são mais numerosos nas formas fósseis antigas, especialmente nos crossopterígios. O osso dental, portador de dentes, ocupa a superfície anterior e dorsal da mandíbula, havendo um ou mais espleniais, um angular, um supra-angular e um coronóide. Além disso, a cabeça da cartilagem de Meckel pode ser substituída por um osso chamado articular, que se articula com o quadrado.

Não existe uma verdadeira coluna vertebral nos ciclóstomos; o esqueleto axial é constituído basicamente de notocorda. Nos peixes-bruxa, existem pequenos elementos cartilaginosos na região caudal e, nas lampréias, encontram-se dois pares de elementos cartilaginosos em ambos os lados da medula espinhal, em cada segmento do corpo. Entretanto, eles não se encontram superiormente para formar um arco neural.

Em alguns dos peixes ósseos inferiores, como o esturjão, a notocorda persiste essencialmente sem alteração e, embora os arcos neural e hemal estejam presentes, inexiste um centro. As quimeras e os peixes dipnóicos apresentam apenas um pequeno desenvolvimento em relação a esta condição: cartilagem começa a invadir a bainha da notocorda. Na maioria dos peixes, contudo, há um centro bem desenvolvido. Geralmente, as vértebras dos peixes podem ser divididas em dois grupos: do tronco, ou pré-anais, e caudais, ou pós-anais. Estas últimas são reconhecíveis pela presença de um arco hemal na parte inferior do centro ou da notocorda. As faces anterior e posterior dos centros, na maioria dos peixes, são côncavas, uma disposição chamada de *anficélica*.

Os ciclóstomos não possuem nadadeiras pares, mas sim nadadeiras medianas ímpares, sustentadas por raios cartilaginosos. Como será discutido mais adiante, neste capítulo, há uma grande variação tanto nas nadadeiras pares como nas medianas. Em geral, a estrutura dos apêndices pares anteriores ou peitorais é mais complicada do que a dos apêndices posteriores ou pélvicos. Nos tubarões, a cintura que sustenta as nadadeiras peitorais é formada por uma barra cartilaginosa curva. A parte ventral, entre as bases das nadadeiras, é chamada de *barra coracóide* e os processos, que se estendem dorsal-

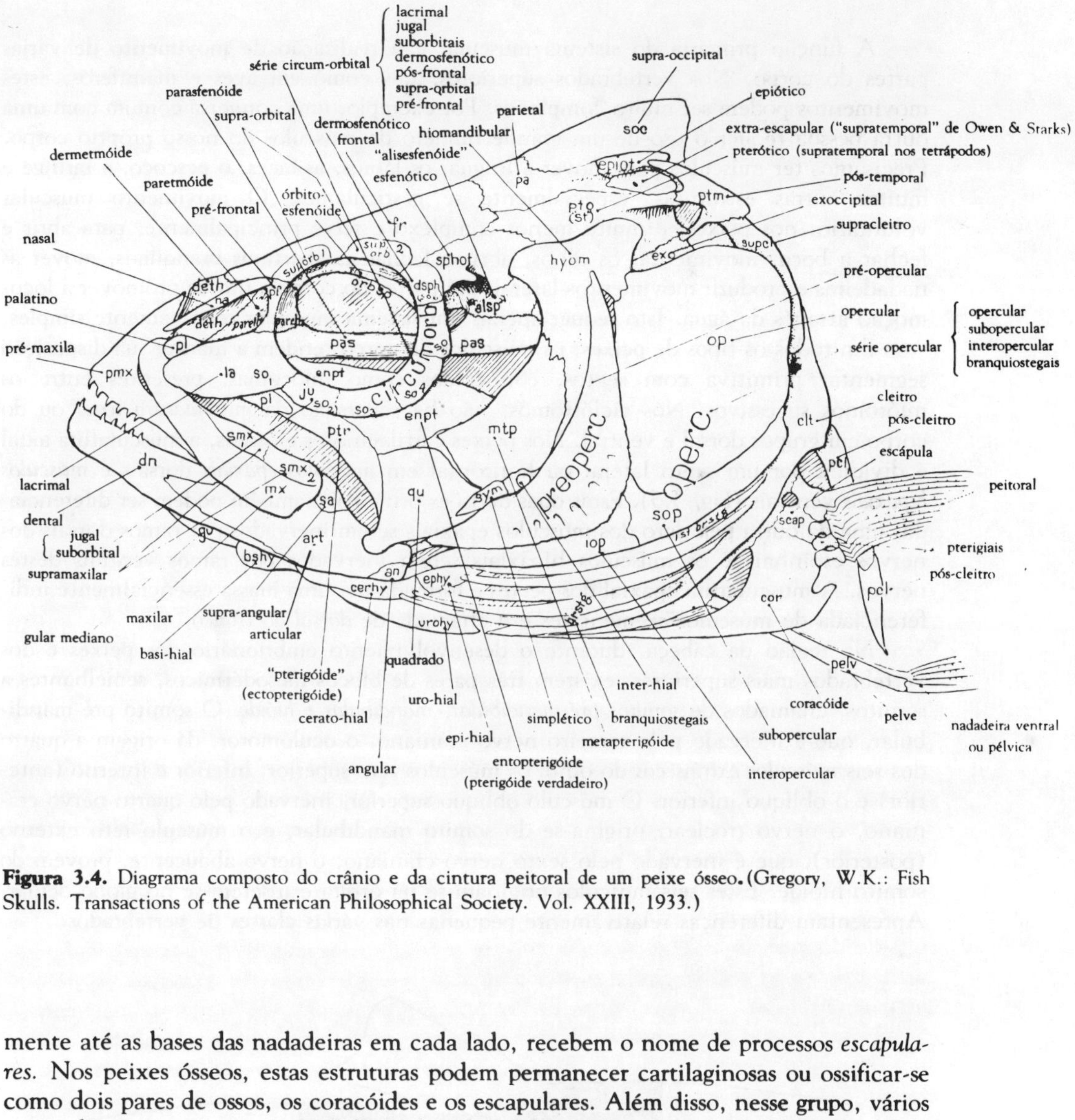

Figura 3.4. Diagrama composto do crânio e da cintura peitoral de um peixe ósseo. (Gregory, W.K.: Fish Skulls. Transactions of the American Philosophical Society. Vol. XXIII, 1933.)

mente até as bases das nadadeiras em cada lado, recebem o nome de processos *escapulares*. Nos peixes ósseos, estas estruturas podem permanecer cartilaginosas ou ossificar-se como dois pares de ossos, os coracóides e os escapulares. Além disso, nesse grupo, vários ossos dérmicos, supostamente derivados de escamas dérmicas, podem participar do complexo da cintura peitoral. Estes ossos pares são os pós-temporais, os *supracleitros*, os *cleitros* e as *clavículas*. Os pós-temporais, quando presentes, são os mais dorsais e ligam-se, em ambos os lados, à parte posterior do crânio. Estendem-se para frente, acima da câmara branquial. Este tipo de cintura peitoral é altamente desenvolvido nos dipnóicos e crossopterígios. Os peixes superiores, de nadadeiras sustentadas por raios, perderam alguns dos ossos dérmicos (Fig. 3.4).

A cintura pélvica dos peixes é menos complicada do que a cintura peitoral. Em contraposição aos vertebrados superiores, nos peixes, a cintura pélvica nunca está ligada à coluna vertebral. Nos tubarões, é constituída de uma barra ventral *pubo-isquiática*, que se estende pelo corpo, entre as bases das nadadeiras, e de um pequeno *processo ilíaco* de cada lado, que se projeta dorsalmente, acima do ponto de articulação com as nadadeiras. Nos peixes ósseos superiores, a cintura pélvica freqüentemente é reduzida ou inexistente.

Sistema Muscular

A função primária do sistema muscular é a realização de movimento de várias partes do corpo. Nos vertebrados superiores, tais como em aves e mamíferos, estes movimentos podem ser muito complexos. Por exemplo, uma conversa comum com uma outra pessoa requer o uso de um grande número de músculos do nosso próprio corpo. Precisamos ter músculos para mover a língua, os lábios, as faces, o pescoço, a laringe e muitas outras estruturas, especialmente se gesticulamos. O movimento muscular voluntário, nos peixes, é muito menos complexo e serve principalmente, para abrir e fechar a boca, movimentar os olhos, abrir e fechar as aberturas branquiais, mover as nadadeiras e produzir movimentos laterais em partes do corpo a fim de promover a locomoção através da água. Isto requer apenas um sistema muscular relativamente simples.

Em todos os tipos de peixes, os músculos do corpo tendem a manter sua disposição segmentar primitiva com septos, conhecidos como miocomas, presentes entre os miótomos sucessivos. Nos ciclóstomos, não há separação da *musculatura axial* ou do corpo em grupos dorsal e ventral. Nos peixes cartilaginosos e ósseos, a musculatura axial é dividida por um septo lateral ou horizontal em *músculos epaxiais* dorsais e *músculos hipaxiais* ventrais (Fig. 3.5). Estas duas divisões principais também podem ser diferenciadas uma da outra pelo fato dos músculos epaxiais serem inervados por ramos dorsais dos nervos espinhais e os músculos hipaxiais serem inervados por ramos ventrais destes nervos. A musculatura epaxial dos peixes é formada por uma massa essencialmente indiferenciada de músculos segmentares e é chamada de *dorsal do tronco*.

Na região da cabeça, durante o desenvolvimento embrionário dos peixes e dos vertebrados mais superiores, existem três pares de blocos mesodérmicos, semelhantes a somitos, chamados de *somitos pré-mandibular, mandibular* e *hióide*. O somito pré-mandibular, que é inervado pelo terceiro nervo craniano, o oculomotor, dá origem a quatro dos seis *músculos extrínsecos* do olho: os músculos reto superior, inferior e interno (anterior) e o oblíquo inferior. O músculo oblíquo superior, inervado pelo quarto nervo craniano, o nervo troclear, origina-se do somito mandibular, e o músculo reto externo (posterior), que é inervado pelo sexto nervo craniano, o nervo abducente, provém do somito hióide. Estes seis músculos originam-se na órbita e inserem-se no globo ocular. Apresentam diferenças relativamente pequenas nas várias classes de vertebrados.

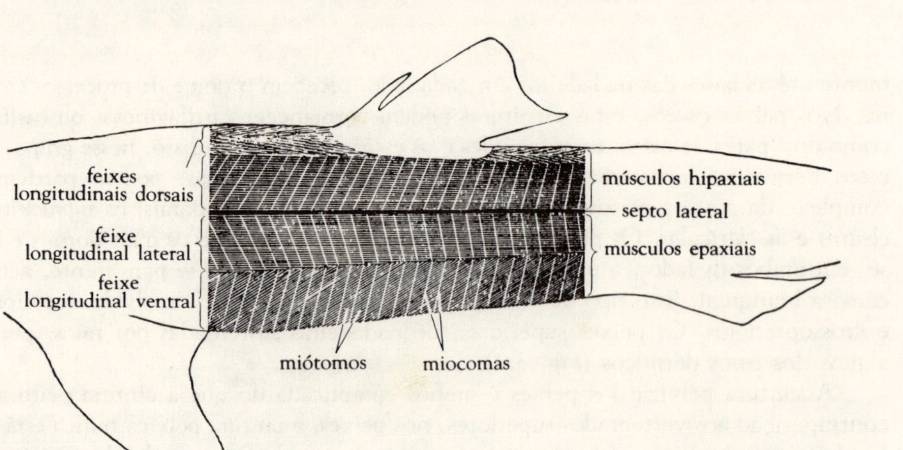

Figura 3.5. Vista lateral da porção da parede do corpo de um cação (*Squalus acanthias*), mostrando a disposição em zigue-zague dos miótomos. A pele foi removida para expor as fibras musculares subjacentes. (Weichert, C.K.: Anatomy of the Chordates, New York, McGraw-Hill Book Co., Inc., 1958.)

O abrir e fechar das aberturas branquiais e da boca é controlado pelo que se chama de *músculos branquiais.* Consistem, principalmente, em *músculos constritores* (tanto dorsais, como ventrais) e *músculos elevadores.* Estes músculos diferem dos músculos axiais e apendiculares por serem inervados por nervos cranianos, em vez de nervos espinhais.

Há um outro grupo de músculos, chamados *hipobranquiais*, que se estendem para a frente, sob as brânquias da região coracóide até a mandíbula e região ventral dos arcos branquiais. Estes são verdadeiros músculos axiais, embora estejam na região branquiomérica e são inervados por nervos espinhais. A musculatura das nadadeiras da maioria dos peixes é constituída por *extensores dorsais* e *flexores ventrais.*

Sistema Circulatório

Dos ciclóstomos aos teleósteos, com exceção dos dipnóicos, o sistema circulatório dos peixes é essencialmente um sistema simples, em que apenas o sangue não-oxigenado passa pelo coração (Fig. 3.6). Daí, ele é bombeado para as brânquias, oxigenado e, então, distribuído para o corpo. O coração possui quatro câmaras, mas somente duas delas (o átrio e o ventrículo) correspondem às quatro câmaras (átrios pares e ventrículos pares) dos vertebrados superiores. A primeira câmara do coração de um peixe, ou câmara receptora, é chamada de *seio venoso.* Tem uma parede fina como a câmara seguinte, o *átrio,* para o qual o sangue passa. Do átrio, o sangue passa para o *ventrículo,* que tem paredes espessas, e é bombeado para fora, passando do *cone arterioso* para a aorta ventral. O sangue da aorta ventral vai para a região branquial para ser oxigenado, passando pelos *vasos branquiais aferentes*, depois disso, sai das brânquias através das *alças coletoras eferentes* e vai para a aorta dorsal. Estes vasos são derivados dos *arcos aórticos*, que ligam as aortas ventral e dorsal. No desenvolvimento embrionário da maioria dos vertebrados viventes, existem seis pares de arcos aórticos, embora possam, mais tarde, ser reduzidos ou modificados.

Há vários sistemas venosos importantes nos peixes. Entrando no *seio venoso* de cada lado, há um vaso conhecido como *veia cardinal comum* ou *ducto de Cuvier*, que é formado pela fusão das cardinais anteriores e posteriores. O sangue da cabeça é coletado pelas *cardinais anteriores* e o sangue dos rins e das gônadas é coletado pelas *cardinais posteriores.* As *veias abdominais laterais* pares, que recebem o sangue da parede do corpo e dos apêndices pares, também entram nos ductos de Cuvier. O *sistema porta-renal* é formado

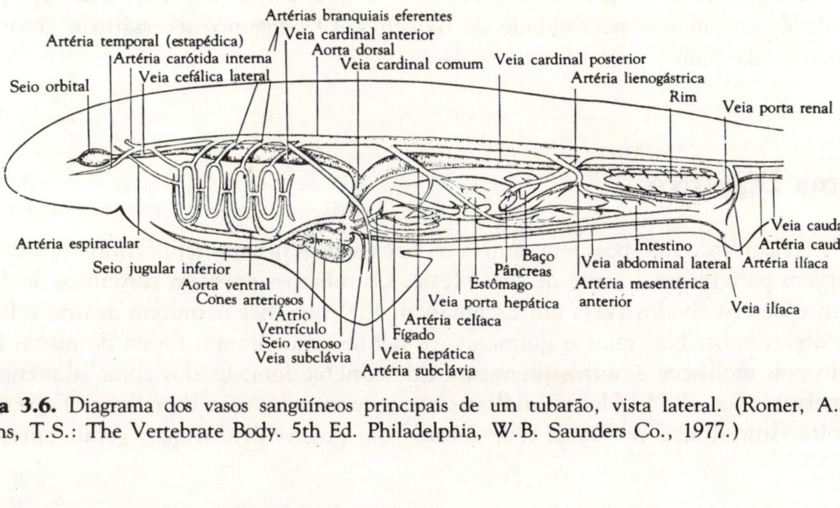

Figura 3.6. Diagrama dos vasos sangüíneos principais de um tubarão, vista lateral. (Romer, A.S., and Parsons, T.S.: The Vertebrate Body. 5th Ed. Philadelphia, W.B. Saunders Co., 1977.)

pela veia caudal e pelas duas veias porta-renais, situadas lateralmente aos rins. O sangue da região caudal passa da veia caudal para as veias porta-renais e entra nos capilares dos rins. O *sistema porta-hepático* coleta o sangue do estômago e do intestino e devolve-o ao fígado, de onde, depois de atravessar uma série de sinusóides, ele passa para o seio venoso por meio das *veias hepáticas* pares.

Nos diferentes grupos de peixes, encontram-se certas modificações do sistema circulatório. Nos peixes cartilaginosos, o cone arterioso tem vários conjuntos de válvulas, que impedem o fluxo sangüíneo de volta para o coração. Estas são reduzidas a um único conjunto nos peixes ósseos. Nos dipnóicos, há um septo, que divide o átrio em uma câmara direita e outra esquerda, e que está relacionado com o uso da bexiga natatória como um órgão respiratório. Representa o primeiro passo para o desenvolvimento do sistema circulatório do tipo duplo, no qual tanto o sangue oxigenado, como o não-oxigenado entram no coração e são mantidos separados. Nos peixes dipnóicos, o sangue do átrio direito passa para o lado direito do ventrículo de onde é bombeado para a primitiva bexiga natatória semelhante a um pulmão através das *artérias pulmonares*, que se originam do sexto par de arcos aórticos. O sangue oxigenado retorna ao átrio esquerdo pelas veias pulmonares, do mesmo modo que nos anfíbios.

Nos ciclóstomos, o número de pares de arcos aórticos corresponde ao número de pares de bolsas branquiais. Embora se considere que seis seja o número básico de arcos aórticos para os peixes, este número é reduzido a cinco até mesmo nos tubarões e raias, com a perda do primeiro par. Na maioria dos teleósteos, o segundo par de arcos aórticos também desapareceu. Da mesma forma, nos teleósteos, as veias abdominais laterais não existem, de forma que o sangue das *subclávias*, que drenam os apêndices peitorais, entra diretamente no seio venoso e o sangue proveniente das *veias ilíacas*, que drenam os apêndices pélvicos, passa para as pós-cardinais. Os dipnóicos, que apresentam muitas características intermediárias entre peixes e anfíbios, têm uma única *veia abdominal ventral*, supostamente derivada da fusão das abdominais laterais. Esta veia recebe o sangue das ilíacas por meio das *veias pélvicas* pares e entra no ducto de Cuvier direito. Além disso, do sistema pós-cardinal direito, surge, nos dipnóicos, uma nova veia, que se torna da maior importância nos vertebrados superiores: a veia *pós-cava*. Ela se liga à veia caudal e segue, através do fígado, para o seio venoso.

Nos peixes e espécies aparentadas, assim como nos vertebrados superiores, o oxigênio é transportado para os tecidos por meio de um pigmento sangüíneo vermelho, chamado *hemoglobina*. Esta substância está contida nas hemácias, ou *eritrócitos*, e é transportada no plasma para todos os tecidos do corpo. Bem recentemente, descobriu-se que o peixe antártico *Chaenocephalus aceratus* não possui eritrócitos e, conseqüentemente, não possui hemoglobina. Estes peixes vivem em águas frias e profundas, onde há pouca oscilação de temperatura, e o alimento é abundante. Por isso, eles têm pouca atividade e uma menor necessidade de oxigênio. O oxigênio necessário é absorvido, lentamente, da água.

Sistema Digestivo

Os ciclóstomos não possuem dentes na boca sugadora, mas têm cristas cornificadas, que servem para rasgar a carne de suas presas. Os tubarões possuem conjuntos de dentes altamente desenvolvidos (veja em Escamas, p. 48), que lhes permitem agarrar e lacerar outros organismos. Nas raias e quimeras, os dentes assumiram a forma de placas largas que trituram moluscos e outros organismos de concha dura, usados como alimento por esses peixes (Fig. 3.7). Placas análogas são encontradas nos dipnóicos. Peixes com nadadeiras sustentadas por raios têm dentes bem desenvolvidos que, geralmente, são

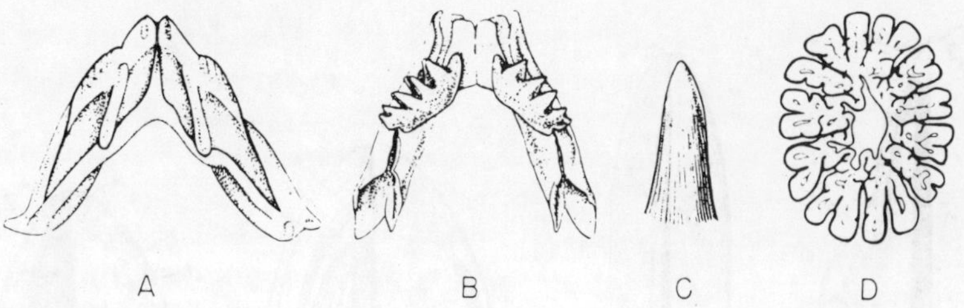

Figura 3.7. *A* — Vista dorsal da mandíbula inferior de uma quimera, mostrando os locais dos dentes; *B* — Vista dorsal da mandíbula inferior de um dipnóico com placas dentárias em forma de leque; C — Vista externa de um dente de crossopterígio; *D* — Um corte transversal de um dente de crossopterígio, mostrando a estrutura labiríntica. (*A* segundo Dean; *B* segundo Watson; C e *D* segundo Bystrow. In Romer, A.S., and Parsons, T.S.: The Vertebrate Body. 5th Ed., Philadelphia, W.B. Saunders Co., 1977.)

cônicos. Nas formas superiores, estes dentes freqüentemente são palatinos ou faríngeos, em vez de maxilares, e, em sua base, pode haver uma substância semelhante a cimento.

As glândulas orais, tão necessárias para umedecer os alimentos, nos vertebrados terrestres, inexistem nos peixes. Há, contudo, algumas glândulas mucosas na boca. O esôfago, geralmente, é muito curto e quase não se diferencia do estômago. Os ciclóstomos têm um intestino, que é, essencialmente, um tubo reto com uma válvula espiral. Nos elasmobrânquios, o intestino é dividido em duas porções. A primeira caracteriza-se pela presença de uma válvula espiral, que aumenta muito a superfície de absorção. Existe uma válvula espiral no intestino delgado de alguns dos mais primitivos peixes ósseos, mas não nas formas superiores, nos quais a superfície de absorção é aumentada pelo alongamento e enovelamento do intestino.

Sistema Respiratório

O sistema respiratório com *brânquias internas* é uma característica dos peixes. Embrionariamente, as fendas branquiais desenvolvem-se a partir de uma série de evaginações da faringe, que crescem para fora e vão ao encontro de invaginações correspondentes vindas de fora para dentro. Em cada ponto de junção, forma-se uma fenda ou abertura, de forma que a água, que entra da boca para a faringe, possa passar para fora. As divisões entre as passagens, contêm suportes ósseos ou cartilaginosos para os filamentos branquiais localizados em cada lado. Cada brânquia ou *holobrânquia*, portanto, é dividida em duas partes, ou *hemibrânquias*.

As *lamelas branquiais* são constituídas por pregas finas, recobertas por epitélio respiratório que se situa sobre redes vasculares ligadas aos arcos aórticos, de modo que o dióxido de carbono do sangue pode ser trocado por oxigênio dissolvido na água.

Existem muitas variações do aparelho branquial, nos diferentes tipos de vertebrados semelhantes a peixes (Fig. 3.8). Nos ciclóstomos, as lamelas branquiais situam-se em bolsas, em número de 6 a 14 pares, dependendo da espécie. Cada bolsa possui uma abertura interna e outra externa. A primeira abre-se diretamente na faringe ou num tubo, que se comunica com a faringe. As aberturas externas abrem-se diretamente para fora ou são ligadas por tubos a uma única abertura externa. Quando as lampréias e os peixes-bruxa estão fixados à presa por meio de seu aparelho sugador, são incapazes de fazer entrar água pela boca. Conseqüentemente, para respirar em tais períodos, a água pode entrar nas bolsas branquiais por intermédio das aberturas branquiais externas, e ser expelida do mesmo modo.

Os tubarões e raias possuem de cinco a sete pares de fendas branquiais funcionais e um par de aberturas anteriores não-respiratórias, chamadas de *espiráculos*. As hemibrân-

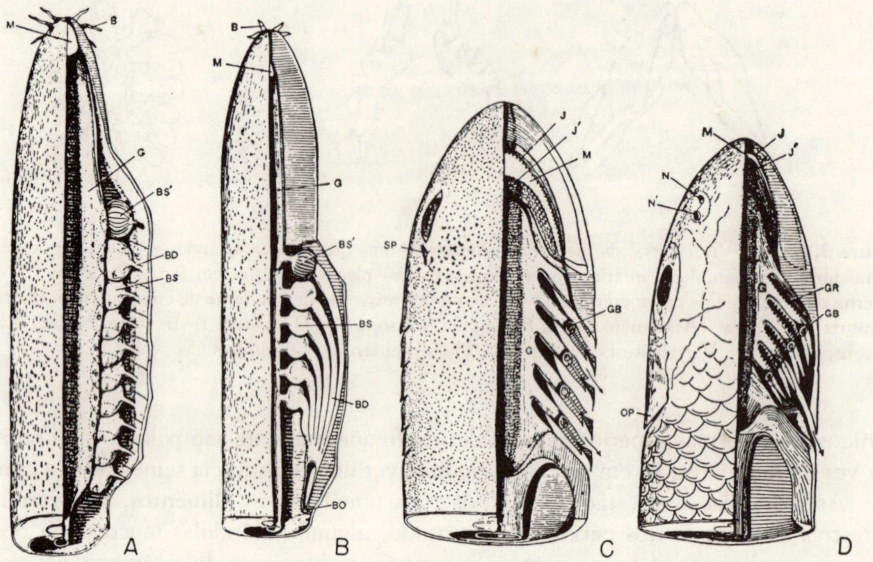

Figura 3.8. Cabeças de vários peixes, apresentando a disposição das brânquias: A — *Bdellostoma*; B — Peixe-bruxa, *Myxine*; C — um tubarão; *D* — um teleósteo. A metade direita de cada um é seccionada horizontalmente através da faringe. Abreviações: *B*, barbilhões ao redor da boca; *BD*, ductos das bolsas branquiais; *BO*, aberturas externas comuns das bolsas branquiais; *BS*, sacos branquiais; *BS'*, sacos seccionados para mostrar as pregas internas das brânquias; G, tubo digestivo (faringe); *GB*, arco branquial cortado; *GR*, rastelos branquiais, *J e J'*, maxilares superior e inferior; *M*, boca; *N e N'*, aberturas anterior e posterior das câmaras nasais; *OP*, opérculo; *SP*, espiráculo. (De Dean) (Romer, A.S., and Parsons, T.S.: The Vertebrate Body. 5th Ed., Philadelphia, W.S. Saunders Co., 1977.)

quias são separadas umas das outras por um septo interbranquial bem desenvolvido, que se estende do arco cartilaginoso para fora (Fig. 3.9). Distalmente, cada um destes septos interbranquiais forma uma aba ou uma cobertura para a abertura branquial posterior seguinte. Assim, cada abertura branquial abre-se, separadamente, para o meio exterior.

Nos peixes ósseos superiores, o septo interbranquial inexiste, de forma que as hemibrânquias das partes anteriores e posterior de cada arco branquial não são mais separadas uma das outras. Além disso, verificamos que, com a perda dos septos interbranquiais, nestes peixes, as aberturas branquiais não mais se abrem separadamente para o exterior. Em vez disso, as brânquias estão encerradas em uma única câmara e cobertas externamente por um *operáculo* ósseo, que se abre e se fecha atrás para permitir à água passar para o exterior. Na maioria dos peixes ósseos, há quatro pares de brânquias funcionais, mas o número varia de dois até seis pares.

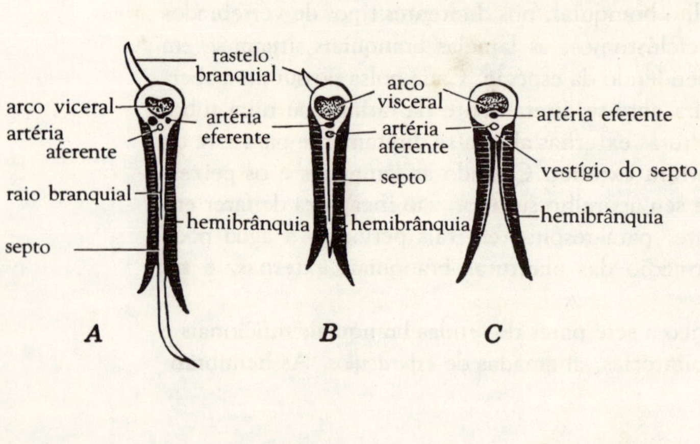

Figura 3.9. Tipos de brânquias de peixes; *A*, elasmobrânquio; *B*, quimera; C, teleósteo. (Weichert, C.K.: Anatomy of the Chordates. New York, McGraw-Hill Book Co., Inc., 1958.)

Figura 3.10. O tubarão-leopardo do Pacífico Americano (*Triakis semifasciata*) possui cinco pares de fendas branquiais funcionais, além dos espiráculos localizados atrás de cada olho (Fotografado no Aquário Steinhart, São Francisco).

As larvas dos dipnóicos possuem *brânquias externas* muito semelhantes às das larvas dos anfíbios. São estruturas filamentosas, ligadas às bordas externas dos arcos branquiais e não são homólogas às brânquias internas. Nos adultos, contudo, elas desaparecem.

Acredita-se que os peixes ósseos primitivos tenham desenvolvido estruturas semelhantes a pulmões, das quais surgiu o sistema respiratório dos tetrápodos. A existência do bichir africano (*Polypterus*) (Fig. 3.11), que é um retrato vivo dos primitivos condrósteos, apóia esta teoria. Em *Polypterus*, existem pulmões ventrais pares que possibilitam a esses peixes sobreviver durante os períodos de seca.

Os peixes dipnóicos, membros da subclasse Sarcopterygii, que se originaram dos Actinopterygii depois que os peixes ósseos se estabeleceram, também apresentam uma estrutura semelhante a um pulmão. Em todos os peixes dipnóicos viventes, o pulmão é dorsal ao intestino, embora ligado à face ventral do esôfago por um tubo. É bilobado nas espécies africana (*Protopterus*) e sul-americana (*Lepidosiren*), porém é ímpar no peixe dipnóico australiano. O pulmão dos dipnóicos, ao contrário do pulmão de *Polypterus*, contém câmaras ou bolsas internas para aumentar a superfície respiratória e é bastante vascularizado por ramos das veias e artérias pulmonares.

Não há nenhuma estrutura semelhante a um pulmão nos peixes agnatos, nem nos cartiloginosos. Na maioria dos peixes ósseos, exceto em *Polypterus*, nos dipnóicos e, presumivelmente, nos crossopterígios, o pulmão primitivo transformou-se numa bexiga natatória ou *órgão hidrostático* (Fig. 3.12), que pode ou não estar ligado ao esôfago por meio de uma conexão dorsal. Por intermédio de glândulas, a quantidade de gás na bexiga natatória pode ser aumentada ou diminuída, de modo a manter o corpo em vários níveis dentro da água. Geralmente, não existem ou elas degeneram nas espécies que vivem no fundo do oceano, como os linguados. Existem alguns peixes teleósteos pelágicos, que não possuem bexiga natatória. Visto que o peso específico dos corpos de alguns destes peixes é maior do que o da água do mar, a flutuabilidade deve ser realizada pela natação. Em várias espécies, as nadadeiras peitorais são estendidas para produzir uma força de sustentação semelhante à de um avião. Isto é visto regularmente

Figura 3.11. O bichir Africano (*Polypterus ornatipennis*), um condrósteo relito, que possui pulmões centrais pares e nadadeiras pares carnosas lobadas. (Fotografado no Aquário Steinhart, São Francisco).

nos peixes elasmobrânquios. Em algumas espécies de peixes, as bexigas natatórias podem ter uma função de recepção ou produção de som. Alguns peixes, como as carpas, percebem as vibrações da água por meio da bexiga natatória e transmitem-nas ao ouvido interno através de uma cadeia de ossículos derivados das vértebras anteriores, conhecidos como *ossículos de Weber*. Certos peixes usam a bexiga natatória direta ou indiretamente para produzir sons. As corcorocas e as miraguaias, membros da família Sciaenidae, possuem músculos ligados à bexiga natatória, que produzem um estalido amplificado pela câmara cheia de gás. A bexiga natatória também serve como câmara de

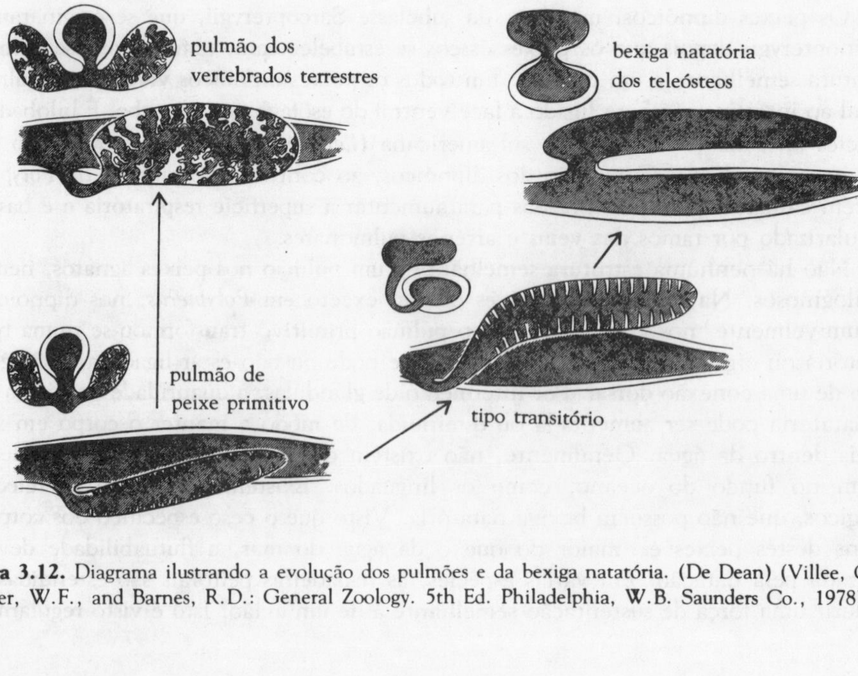

Figura 3.12. Diagrama ilustrando a evolução dos pulmões e da bexiga natatória. (De Dean) (Villee, C.A., Walker, W.F., and Barnes, R.D.: General Zoology. 5th Ed. Philadelphia, W.B. Saunders Co., 1978).

ressonância para as corcorocas (família Pomadasyidae), que produzem sons, rangendo os dentes faríngeos. Estes sons são, às vezes, audíveis, quando os peixes são retirados da água, porém, na água, eles podem ser detectados por um hidrofone.

Sistema Urogenital

Nos peixes, como em outros vertebrados, o sistema excretor serve a vários propósitos. Regula o conteúdo de água do corpo, mantém o equilíbrio salino adequado e elimina os resíduos nitrogenados, resultantes do metabolismo protéico. Para isto, os vertebrados desenvolveram três tipos de rins, que são comumente chamados pelos seus nomes embriológicos: *pronefro, mesonefro* e *metanefro* (Fig. 3.13), embora, talvez incorretamente. Todos os três são fundamentalmente semelhantes, diferindo na sua relação com o sistema sangüíneo em grau de complexidade e eficiência.

O pronefro é o mais primitivo e, embora presente no desenvolvimento embrionário de todos os vertebrados, não é funcional no adulto de nenhum deles. Alguns ciclóstomos larvais, entranto têm um rim, que, em parte, parece ser homólogo ao pronefro embrionário dos vertebrados superiores.

O rim funcional dos peixes, algumas vezes chamado de *opistonefro*, para distingui-lo do mesonefro embrionário dos amniotas, é do tipo mesonéfrico. Este consiste de uma série de túbulos renais, que apresentam, no desenvolvimento inicial, uma disposição segmentar, que desaparece posteriormente. Cada túbulo é enrolado ou convoluto, tanto na porção proximal como na distal, e dirige-se para um ducto coletor longitudinal comum, chamado de *ducto arquinéfrico*. Este, por sua vez, comunica-se com o meio exterior, em geral, pela *cloaca*, ou câmara comum, recebendo produtos dos sistemas digestivos e urogenital. A porção proximal de cada túbulo termina numa cápsula hemisférica, conhecida como *cápsula de Bowman*, na qual existe um novelo vascular ou *glomérulo* do sistema circulatório. A cápsula e o glomérulo juntos formam o *corpúsculo renal*. Água, sais e produtos de excreção da corrente sangüínea passam para o interior da cápsula e podem fluir pelo túbulo para o ducto arquinéfrico e, finalmente, para fora do corpo. Este sistema, porém, como veremos, está sujeito a uma considerável modificação para satisfazer as necessidades dos vários grupos de peixes. Isto é particularmente evidente no caso do ducto arquinéfrico dos machos. Nos tubarões, ele funciona como um ducto gonadal e os rins desenvolveram novos ductos urinários acessórios.

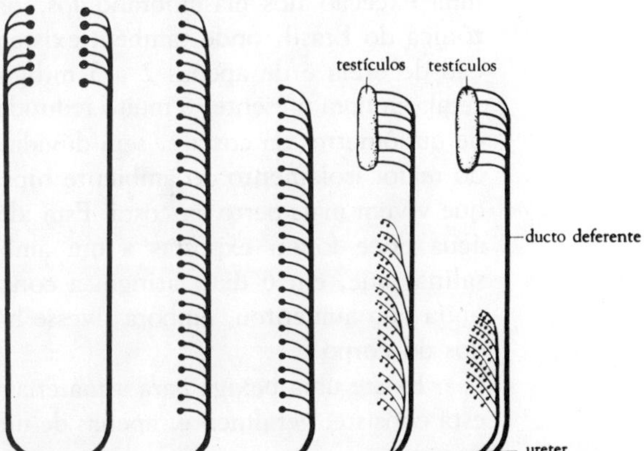

Figura 3.13. Diagrama dos tipos de rins: *A*, pronefro (embrionário); *B*, holonefro teórico (cada segmento do tronco com um único túbulo), como nos peixes-bruxa jovens ou anfíbios ápodos; *C*, opistonefro primitivo; pronefro reduzido ou especializado, túbulos segmentarmente dispostos, como nos peixes-bruxa; *D*, opistonefro típico; multiplicação de túbulos nos segmentos posteriores, testículo, geralmente, ocupando a parte anterior do sistema, tendência para o desenvolvimento de ductos renais adicionais (maioria dos anamniotas); *E*, metanefro de amniotas: um opistonefro com um ducto adicional único, o ureter, drenando todos os túbulos. Em A, ambos os lados do corpo estão inclusos; de *B* a *E*, apenas um lado. (Romer, A.S., and Parsons, T.S.: The Vertebrate Body. 5th Ed., Philadelphia, W.B. Saunders Co., 1977).

O problema de manter um equilíbrio salino e hídrico adequado é importante nos peixes, porque eles vivem num meio líquido, que pode ser salgado ou doce. A água salgada tende a desidratar o corpo, que é apenas ligeiramente salino e também provoca o aumento da concentração salina no corpo. A água doce tem o efeito oposto. O rim dos peixes, portanto, tem de desempenhar um papel importante na manutenção do equilíbrio adequado para o corpo. Alguns peixes ósseos marinhos têm glândulas excretoras de sal, nas brânquias, o que auxilia a eliminação do sal em excesso. Isto ocorre nas espécies *euri-halinas*, que se movimentam entre a água salgada e a doce e toleram grande variação de concentração salina. Entretanto, a maioria dos peixes marinhos, com exceção dos elasmobrânquios, possui corpúsculos renais muito pequenos, a fim de reduzir a perda de água. Como o corpúsculo é o filtro, quanto menor ele for, tanto menos filtrado passa. Na maioria dos tipos de rim, contudo, o excesso de água e muitos produtos valiosos são filtrados através dos corpúsculos renais. Os túbulos convolutos desempenham aqui, um papel importante na conservação. Nestas regiões dos túbulos renais, os produtos desejáveis, incluindo grande volume de água, que, de outra forma, seriam perdidos, são reabsorvidos para a corrente sangüínea. Os corpúsculos renais são muito maiores nos peixes de água doce do que nas espécies marinhas. Isto significa uma maior eliminação de líquido, que é necessária para evitar a diluição excessiva dos fluidos do corpo.

Os elasmobrânquios, ao contrário da maioria dos peixes marinhos, possuem corpúsculos renais grandes, e a eliminação de água é relativamente maior, como nos peixes de água doce. Dois fatores são responsáveis pela manutenção de um equilíbrio hídrico adequado. Primeiro, eles possuem a capacidade de manter, na corrente sangüínea, uma concentração muito alta de resíduos nitrogenados, sob a forma de uréia que chega a alcançar a concentração de 300 a 1300 miligramas por 100 mililitros de líquido. Assim, embora a concentração salina, nos tubarões, não seja maior do que a encontrada em outros peixes, a presença de uma grande quantidade de uréia torna a pressão osmótica do corpo aproximadamente igual à da água salgada e não há perigo de desidratação. Isto ocorre também no celacanto (*Latimeria chalumnae*) e no peixe dipnóico africano (*Protopterus aethiopicus*). Segundo, há uma glândula, conhecida como *glândula retal*, que se liga à região posterior do intestino e funciona como órgão excretor de sal. É interessante notar que estudos recentes em *Carcharhinus leucas* (cabeça-chata), do Lago Nicarágua, mostraram que estas glândulas apresentam mudanças regressivas e são hipofuncionais, quando comparadas a de indivíduos da mesma espécie de águas marinhas. Embora o conteúdo de uréia nos tubarões de água doce do Lago Nicarágua, bem como da Malásia, seja de apenas 25 a 35 por cento do conteúdo existente nas espécies marinhas, este valor ultrapassa valores encontrados em outros tipos de vertebrados. Entretanto existe uma exceção nos elasmobrânquios, nas raias do gênero *Potamotrygon* da bacia Amazônica do Brasil, onde também existem tubarões cabeça-chata. Nestes peixes, a retenção de uréia é de apenas 2 a 3 miligramas por 100 mililitros de líquido, e a glândula retal, embora presente, é muito reduzida. Estas raias de água doce vivem a vários milhares de quilômetros da costa e, sem dúvida, perderam a capacidade de reter uréia, por causa do maior isolamento do ambiente hipertônico, ao contrário dos tubarões cabeça-chata, que vivem mais perto da costa. Esta idéia é apoiada por experiências, em que as raias de água doce foram expostas a um ambiente com aumentos graduais da concentração salina, que, em 6 dias, atingiu a concentração da água do mar. Sua concentração de uréia não aumentou, embora tivesse havido um aumento de cloreto de sódio nos líquidos do corpo.

Existe uma bexiga para armazenamento temporário de urina em alguns peixes, mas esta consiste, geralmente, apenas de um alargamento da extremidade inferior dos ductos excretores.

O hermafroditismo é relativamente raro nos vertebrados, mas ocorre nos ciclóstomos e, apesar de raro, ocorre também nos peixes ósseos, em, pelo menos, 13 famílias. Nos peixes-bruxa, a parte anterior da gônada produz óvulos e a parte posterior, espermatozóides. Em qualquer indivíduo, contudo, a gônada madura funciona ou como um ovário ou um testículo, mas não simultaneamente. As gônadas não são pares nos ciclóstomos e não existem ductos. Os óvulos ou espermatozóides passam diretamente para dentro do celoma e para o meio exterior pelos poros genitais. A maioria dos peixes ósseos, que é funcionalmente hermafrodita, é marinha, embora algumas espécies de água doce, como o neotropical *Rivulus marmoratus* e o simbranquídeo asiático *Monopterus albus*. Alguns são como os peixes-bruxa; funcionam primeiramente como um sexo e depois transformam-se no sexo oposto. Outros possuem ovotestes, nos quais os óvulos maduros são fertilizados por espermatozóides produzidos dentro do mesmo órgão, antes da postura (veja Hermafroditismo, p. 428).

Os peixes cartilaginosos e os ósseos têm gônadas pares e os sexos, geralmente, são distintos (Figs. 3.14 e 3.15). A fêmea tem, normalmente, dois ovidutos. Nos elasmobrânquios, as extremidades superiores destes ovidutos são fundidas, de forma que existe uma única abertura infundibular ou *óstio*, pela qual podem sair os óvulos do ovário. Também neste grupo, cada oviduto possui uma glândula da casca, visto que os ovos são fertilizados internamente e depois encerrados numa casca córnea. Alguns elasmobrânquios são *ovíparos* e depositam seus ovos na água, enquanto outros são *ovovivíparos* e incubam-nos internamente, numa região dilatada da extremidade inferior do oviduto, chamada de *útero*.

Na maioria dos vertebrados, o ovário não é ligado diretamente ao oviduto, de modo que, teoricamente, os óvulos passam para o celoma de onde vão para o óstio. Na realidade, a relação entre estas duas estruturas é tão estreita, que há pouca chance dos óvulos entrarem livremente na cavidade do corpo. Em alguns peixes ósseos, porém,

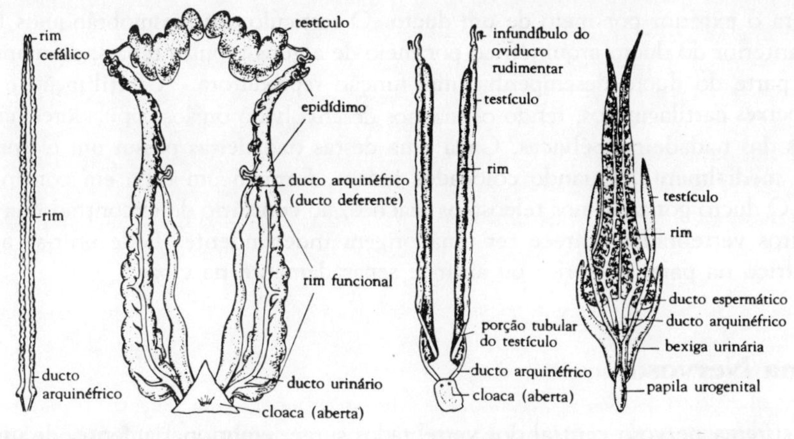

Figura 3.14. Sistemas urogenitais de machos visão ventral; *A*, *Bdellostoma; B*, elasmobrânquio, *Torpedo*; C, peixe dipnóico, *Protopterus; D*, teleósteo, cavalo-marinho (*Hippocampus*). Em A, o testículo, não apresentado, pende de um mesentério situado entre os dois rins e não possui conexão com eles. Em *B*, o testículo apropriou-se da parte anterior do rim como epidídimo, como na maioria dos vertebrados terrestres e utiliza todo o comprimento do ducto arquinéfrico como um ducto espermático. Em C, os ductos do testículo, ao contrário, drenam apenas para dentro da parte posterior do rim e daí para o ducto arquinéfrico. Em *D*, o ducto espermático é inteiramente independente do sistema renal. (A, segundo Conel; *B*, segundo Borcea; C, segundo Kerr, Parker; *D*, segundo Edwards. In Romer, A.S. and Parsons, T.S.: The Vertebrate Body, 5th Ed. Philadelphia, W.B. Saunders Co., 1977.)

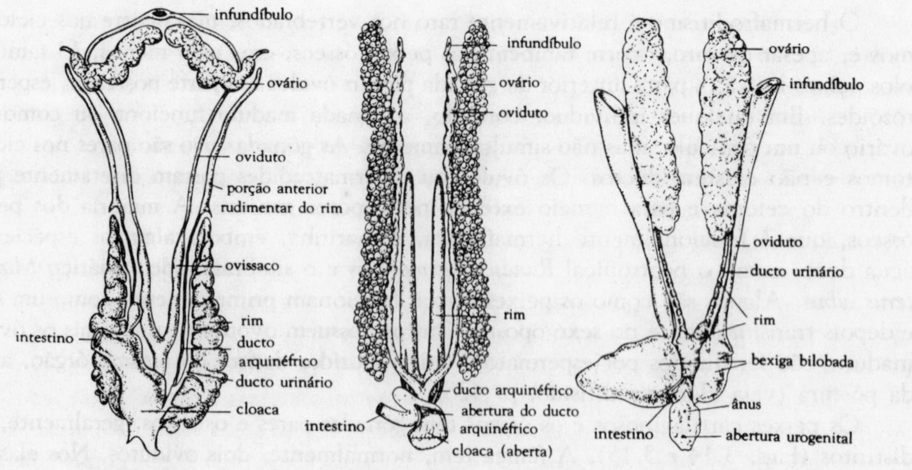

Figura 3.15. Sistema urogenital de fêmeas, em vista ventral. *A*, o elasmobrânquio *Torpedo; B*, o peixe dipnóico *Protopterus*; e *C*, o actinopterígio primitivo, *Amia*. (Em *Torpedo*, a glândula da casca não é desenvolvida.) (*A*, segundo Borcea; *B*, segundo Parker, Kerr; *C*, segundo Hyrtl, Goodrich. In Romer, A.S., and Parsons, T.S.: The Vertebrate Body. 5th Ed., Philadelphia, W.B. Saunders Co., 1977.)

onde enormes quantidades de óvulos são produzidos durante a curta estação de reprodução, os ovários são contínuos aos ovidutos, a fim de evitar que os óvulos escapem para dentro do celoma. Da mesma forma, em muitos teleósteos, as regiões inferiores dos ovidutos pares são fundidas. A maioria dos peixes ósseos é ovípara, mas há alguns, em que os ovos eclodem internamente.

Em todos os vertebrados acima dos ciclóstomos, os espermatozóides saem do testículo para o exterior por meio de um ducto. O testículo dos elasmobrânquios liga-se à região anterior do ducto arquinéfrico por meio de alguns túbulos renais, de maneira que grande parte do ducto desempenha uma função reprodutora. A fertilização é interna nestes peixes cartilaginosos, tendo os machos desenvolvido órgãos copuladores nas partes internas das nadadeiras pélvicas. Cada uma destas nadadeiras possui um clásper que é sulcado medialmente. Quando colocados juntos, formam um tubo em continuação à cloaca. O ducto gonadal, nos teleósteos machos, ao contrário do encontrado na maioria dos outros vertebrados, parece ter uma origem independente. Pode unir-se ao ducto arquinéfrico na parte posterior ou abrir-se separadamente na cloaca.

Sistema Nervoso

O sistema nervoso central dos vertebrados surge, embrionariamente, de uma faixa dorsal de ectoderma, que é conhecida como *placa medular*. No início do desenvolvimento, esta placa, que é paralela ao eixo longo do corpo, invagina-se para formar um tubo oco ou tecido nervoso potencial, chamado *tubo neural*. A extremidade anterior cresce muito mais rapidamente do que o restante e logo dá origem a um encéfalo primitivo, constituído de três vesículas primárias. A vesícula anterior é conhecida como encéfalo anterior ou *prosencéfalo*, atrás do qual está o encéfalo médio ou *mesencéfalo*. A vesícula posterior é o encéfalo posterior ou *rombencéfalo* que, na parte posterior, é contínua ao resto do tubo neural que dá origem à medula espinhal e a grande parte do restante do sistema nervoso. Mesmo nos vertebrados viventes mais primitivos semelhantes a peixes os encéfalos anterior e posterior subdividem-se em duas partes, de modo que existem cinco vesículas encefálicas. Partindo da anterior para a posterior, estas são conhecidas como *telencéfalo, diencéfalo, mesencéfalo, metencéfalo* e *mielencéfalo* (Fig. 3.16).

A importância de cada uma destas cinco divisões do encéfalo varia nos diferentes grupos de vertebrados. Se partimos das formas inferiores para as superiores, observamos um aumento marcante no tecido nervoso, que necessita de se preguear. Estas pregas, que são necessárias para acomodar o encéfalo dentro da cavidade craniana, são chamadas de *flexuras*.

Em todos os vertebrados, o telencéfalo dá origem aos lobos olfativos e ao cérebro. Todavia, a importância relativa destes dois derivados da vesícula encefálica mais anterior muda marcadamente, ao seguirmos a escala filogenética. Nos peixes, o telencéfalo tem uma função principalmente olfativa e os lobos olfativos são grandes, especialmente nos elasmobrânquios. Os hemisférios cerebrais mal são indicados nos ciclóstomos, mas são melhores desenvolvidos nos peixes ósseos e cartilaginosos. Entretanto o cérebro, nos peixes, é formado por uma massa ganglionar basal, conhecida como *corpo estriado*, e por uma fina camada epitelial, dorsal, chamada de *pálio*. É o pálio que, nos vertebrados superiores, é invadido por substância cinzenta e se torna o centro da atividade mental. Nos peixes, o pálio é essencialmente composto de tecidos não nervosos e o centro da atividade cerebral é posterior, no mesencéfalo.

O diencéfalo dá origem ao *tálamo*, que serve principalmente como um centro de relés para impulsos olfativos e visuais e está associado a várias estruturas glandulares e sensoriais. Da parede dorsal, podem surgir duas estruturas medianas em forma de olhos. A anterior é chamada de *corpo parietal* e a posterior, *corpo pienal*. Ambas as estruturas estão presentes nos ciclóstomos, porém, na maioria dos peixes, existe apenas o corpo pineal. A *melatonina* foi identificada na glândula pineal de certos peixes. Parece ser um agente semelhante a um hormônio, que possui um efeito inibidor sobre a atividade gonadal. Nos salmões imaturos do Pacífico (gênero *Oncorhynchus*), o conteúdo de melatonina é seis vezes maior que o existente nos adultos. A parte ventral do diencéfalo dá origem ao pedúnculo da hipófise, ou infundíbulo, e ao lobo posterior. Como as camadas sensoriais e pigmentares da retina surgem como resultado do crescimento para fora, das paredes do diencéfalo, os pedúnculos ópticos ligam-se ventralmente a esta parte do encéfalo. No local, onde eles se encontram, certas fibras de cada nervo óptico cruzam para o lado oposto, formando o que se chama de *quiasma óptico*.

O mesencéfalo sofre uma mudança relativamente pequena na série dos vertebrados, mas sua importância é muito maior nas formas inferiores que nas superiores. Nos peixes, o mesencéfalo é o centro da coordenação nervosa. Dorsalmente, desenvolvem-se duas proeminências, conhecidas como *lobos ópticos*, que se referem à recepção visual. Em alguns peixes ósseos, estes lobos ultrapassam o resto do encéfalo em tamanho.

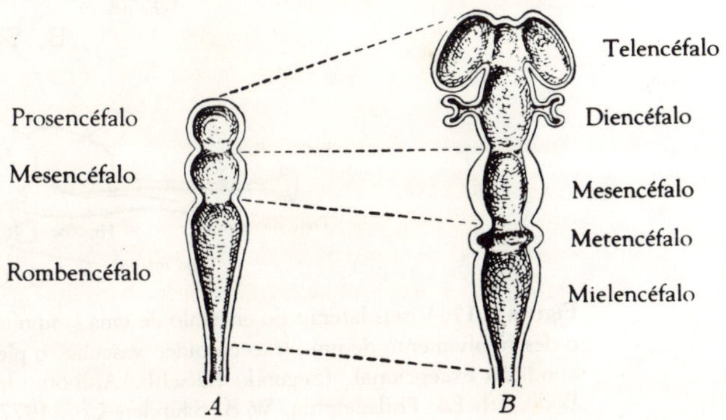

Figura 3.16. Subdivisões do encéfalo; *A*, estágio das três vesículas; *B*, estágio das cinco vesículas. (Arey, L.B.: Developmental Anatomy. 7th Ed., Philadelphia, W.B. Saunders Co., 1965.)

O metencéfalo dá origem, dorsalmente, ao *cerebelo*. Como o cerebelo é um centro de coordenação muscular, seu grau de desenvolvimento é coordenado pela atividade do corpo. Os ciclóstomos e os dipnóicos, que são lentos e de poucos movimentos, possuem um cerebelo muito pouco desenvolvido. Por outro lado, os tubarões, que são peixes de movimentos rápidos, possuem um cerebelo relativamente grande.

O mielencéfalo forma o *bulbo* do encéfalo, que, em muitos aspectos, se assemelha à medula espinhal, à qual é contígua na parte posterior. O bulbo é extremamente importante em todos os vertebrados, já que serve como um centro de muitas atividades vitais do corpo, incluindo respiração, ação cardíaca e metabolismo. Serve também como um centro de relés e, nos peixes, é o centro do sistema da linha lateral e do ouvido interno.

Os peixes, como os anfíbios, possuem apenas 10 nervos cranianos. Os nervos espinhais dos ciclóstomos diferem dos de outros vertebrados, porque nesses, as raízes sensitivas e motoras tendem a não se unir para formar um tronco comum. Nas lampreias, eles permanecem separados e emergem, alternadamente, da medula espinhal, enquanto, nos peixes-bruxa, pode haver uma união incompleta. Em todos os outros peixes, a raiz sensitiva é dorsal e a raiz motora, ventral. As duas unem-se para formar um tronco comum. Esta união, contudo, ocorre por fora da coluna vertebral.

Pouco se sabe sobre o sistema nervoso autônomo dos ciclóstomos, embora existam gânglios simpáticos. O sistema digestivo e o circulatório são inervados pelo nervo vago.

Nos elasmobrânquios, existe uma série irregular de gânglios simpáticos ao longo da parede do corpo. As fibras destes gânglios ligam-se tanto à medula espinhal como à musculatura lisa dos sistemas digestivo e circulatório. O sistema autônomo dos peixes ósseos é mais desenvolvido; os gânglios simpáticos dispõem-se em cadeia, estendendo-se para a frente até o nervo trigêmeo.

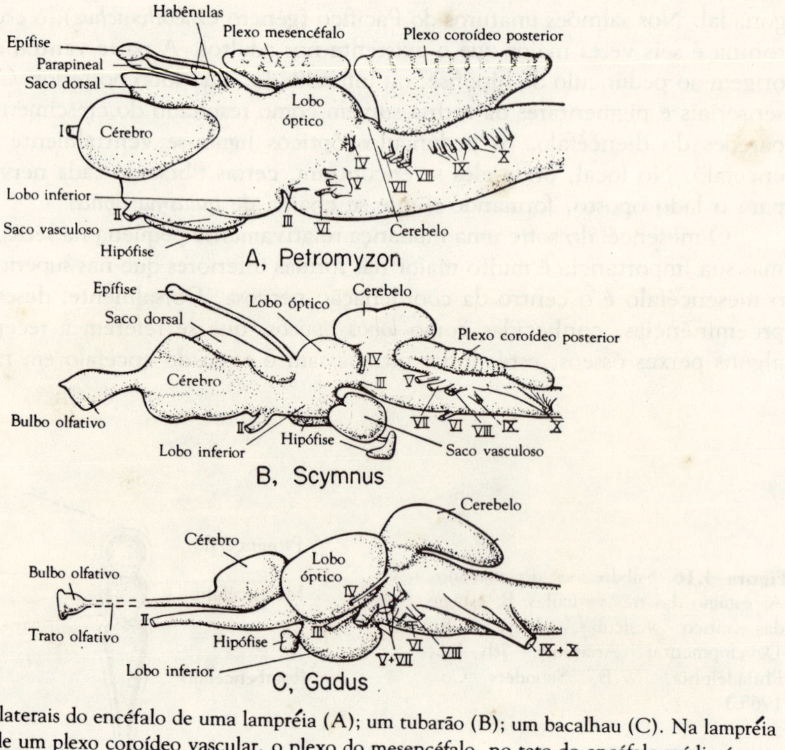

Figura 3.17. Vistas laterais do encéfalo de uma lampréia (A); um tubarão (B); um bacalhau (C). Na lampréia o desenvolvimento de um plexo coroídeo vascular, o plexo do mesencéfalo, no teto do encéfalo médio é uma condição excepcional. (Segundo Bütschli, Ahlborn. In Romer, A.S., and Parsons, T.S.: The Vertebrate Body. 5th Ed. Philadelphia, W.B. Saunders Co., 1977.)

Órgãos dos Sentidos

O sistema sensorial consiste de células receptoras periféricas e neurônios integradores no encéfalo, que fornecem ao organismo uma imagem biologicamente relevante do ambiente. Os receptores variam de células isoladas, como os corpúsculos tácteis, a estruturas complexas, como os olhos.

Os peixes, por habitarem num meio aquático, possuem quimiorreceptores altamente desenvolvidos para detectar "sabores" e "odores". Os corpúsculos gustativos são estimulados por produtos químicos em solução; conseqüentemente, nos vertebrados terrestres, estes restringem-se necessariamente à mucosa da boca e da faringe. Nos peixes, contudo, que vivem num meio líquido, a localização dos órgãos gustativos não é limitada. Por isso, embora os corpúsculos gustativos sejam encontrados mais freqüentemente nas regiões da cabeça e na boca, neste grupo, eles podem estar espalhados por outras partes da superfície externa do corpo, incluindo as nadadeiras.

Na maioria dos peixes, os órgãos olfativos são constituídos de um par de cavidades, revestidas por pregas ou cristas de epitélio sensitivo (Fig. 3.18). Os ciclóstomos diferem dos outros vertebrados por terem um único órgão olfativo mediano. Nas lampréias, este órgão é uma cavidade de fundo cego, mas, nos peixes-bruxa, ele se abre na faringe. Os dipnóicos assemelham-se aos vertebrados superiores, por terem vias nasais pares, que se abrem na faringe por meio de coanas. As vias nasais, portanto, possuem aberturas tanto internas como externas. Dentro dos canais propriamente ditos, o epitélio olfativo aparece sob a forma de pregas.

Não há uma diferença básica entre os olhos dos peixes e os de outros vertebrados. Tais diferenças, geralmente, dizem respeito aos métodos de acomodação ou a adaptações especiais a um modo de vida particular, ou são resultantes de degeneração. A acomodação, ou a capacidade do olho se ajustar à visão de perto e de longe, é realizada, nos peixes, pelo movimento do cristalino para frente e para trás, a fim de alterar a distância da retina sensitiva. Os tubarões, animais predadores com movimentos rápidos, geralmente, possuem visão à distância e precisam mover o cristalino para frente ou para longe da retina, a fim de ver os objetos de perto. O contrário ocorre com os teleósteos, cujos olhos geralmente são ajustados à visão de perto, do modo que o cristalino precisa ser movido para trás em direção à retina, quando a visão à distância é necessária.

Figura 3.18. Vista ventral da cabeça de uma raia-viola (*Rhinobatos productus*), apresentando as fossas olfativas com pregas de epitélio sensorial.

Os olhos de alguns peixes são altamente especializados, como adaptação a um modo de vida específico. O tipo de olho mais notável e um dos mais famosos, talvez, é o do "peixe-de-quatro-olhos" sul-americano (*Anableps*). Este peixe vive em águas calmas, onde flutua com a metade superior dos olhos acima da superfície. Como ele pode ver tanto no ar como na água, supostamente ao mesmo tempo seu cristalino é dividido em duas partes, cada uma das quais está a uma distância diferente da retina. Outro peixe de quatro olhos é o blênio de Galápagos (*Dialommus fuscus*) (Fig. 3.19), um ágil saltador de pedras, que passa considerável parte do tempo fora da água. Ao contrário do *Anableps*, o olho deste peixe não apresenta nenhuma divisão interna, mas sua córnea é dividida. Além disso, a divisão toma a forma de uma secção anterior para a visão no ar e de uma secção posterior para a visão sob a água. Muitos peixes de águas profundas possuem olhos muito grandes, que parecem necessários para a visão em regiões com baixa intensidade de luz. Outros peixes de águas profundas, assim como espécies, que habitam cavernas, perderam o poder da visão, como resultado da degeneração dos olhos.

O ouvido de um peixe, se podemos usar o termo ouvido num sentido amplo, é muito diferente do ouvido de um mamífero. Nosso próprio ouvido consiste de um pavilhão auricular, que conduz as ondas sonoras para o canal auditivo externo. Nas extremidades interna deste canal, estas ondas atingem o tímpano e são transmitidas através do ouvido médio, ou cavidade timpânica, e desta para a cóclea, por meio de ou parte ventral do ouvido interno, uma cadeia de ossículos. Desta complexa estrutura, os impulsos sensitivos passam ao encéfalo por meio do nervo auditivo. A parte dorsal do nosso ouvido interno é formada principalmente por três canais semicirculares, que são essencialmente órgãos de equilíbrio ou orientação. O ouvido dos peixes, todavia, não é adequado para a recepção de som, com a qual costumamos associar os nossos ouvidos. Não há ouvido externo, nem médio e nem uma cóclea. O ouvido interno dos peixes é formado por um *utrículo* dorsal, que se liga aos canais semicirculares, e por uma dilatação ventral, conhecida como *sáculo*. É a partir do sáculo que a lagena dos anfíbios, répteis e aves, bem como a cóclea dos mamíferos, surge para permitir a audição, no verdadeiro sentido da palavra. Embora certos peixes sejam capazes de detectar vibrações na

Figura 3.19. O olho dividido do blênio-de-quatro-olhos de Galápagos (*Dialommus fuscus*).

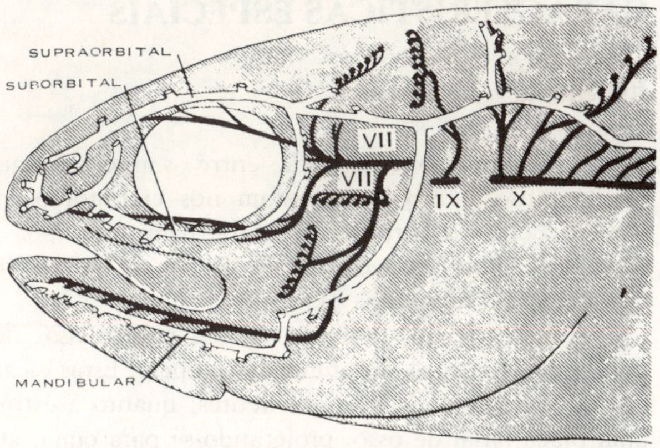

Figura 3.20. Distribuição dos canais da linha lateral e seus nervos em *Amia.* (Ballard, W.B.: Comparative Anatomy and Embryology. New York, The Ronald Press, 1964. Segundo E. P. Allis, 1888.)

água, algumas das quais podem ser produzidas por membros de sua própria espécie, o ouvido dos peixes é principalmente um órgão de equilíbrio, capacitando-o a manter sua estabilidade.

Os peixes e as larvas aquáticas de anfíbios possuem um outro tipo de sistema de órgãos sensoriais, que não é encontrado nos vertebrados terrestres. Este é conhecido como *sistema da linha lateral* e parece funcionar como meio de determinação das mudanças de pressão e correntes, na água. Os receptores consistem em papilas sensoriais ou *neuromastes*, que são dispostos em fileiras, sobre o corpo. Na maioria dos peixes, há uma fileira de cada lado do corpo, que se ramifica em três partes, na face lateral da cabeça. Os neuromastes podem estar na superfície da pele ou em canais cobertos, que se abrem para o exterior através de pequenos poros (Fig. 3.20).

Glândulas Endócrinas

As glândulas endócrinas são *glândulas sem ductos*, cujos produtos entram diretamente na corrente sangüínea. Estes produtos, que são chamados de *hormônios*, são reguladores químicos do corpo. Funcionam essencialmente como agentes catalisadores, estimulando outras glândulas, regulando o crescimento, controlando a atividade metabólica e mantendo o equilíbrio químico do corpo, sem sofrer mudanças em si mesmos.

A maioria das glândulas endócrinas encontradas nos mamíferos está presente nos vertebrados primitivos semelhantes aos peixes. As glândulas paratireóides, contudo, representam uma exceção. Estas glândulas, que são tão importantes para regular o metabolismo do cálcio nos vertebrados superiores, não existem nos ciclóstomos, peixes ósseos e cartilaginosos. O pâncreas, que é tanto uma glândula exócrina como endócrina, não é definitivamente representado nos ciclóstomos, mas existe nos peixes ósseos e cartilaginosos e possui ilhotas de Langerhans bem definidas, que produzem insulina. As glândulas adrenais dos peixes diferem das dos vertebrados superiores por apresentarem as partes correspondentes ao córtex e à medula dos mamíferos, inteiramente separadas uma da outra.

Os vertebrados semelhantes aos peixes possuem tireóide e hipófise bem desenvolvidas. As gônadas dos peixes, como as de outros vertebrados, são parcialmente endócrinas em relação a seu funcionamento. São ainda, responsáveis por várias características sexuais secundárias, que, geralmente, se manifestam durante a estação de reprodução. Já foram mencionados os vários tipos de hermafroditismo, inclusive a inversão sexual, que podem ocorrer tanto nos ciclóstomos como nos peixes teleósteos. Sem dúvida, estas alterações funcionais da atividade gonadal estão sob controle hormonal.

CARACTERÍSTICAS ESPECIAIS

Escamas

As escamas externas estão entre os aspectos mais característicos dos peixes ósseos e cartilaginosos, embora inexistam nos ciclóstomos modernos. As escamas, em geral, servem como cobertura protetora para o corpo. Sua origem, estrutura e função, contudo, variam nos diferentes grupos de peixes, de modo que são importantes na classificação (veja Cap. 8).

A pele de um tubarão ou raia parece lisa, devido à presença de numerosas e minúsculas escamas, aprofundadas na pele. Estas escamas, chamadas de *escamas placóides* são essencialmente iguais aos dentes, quanto à estrutura. Cada escama é composta de uma placa basal de osso; projetando-se para cima, através da pele, e voltado para trás, há um espinho de dentina. Exatamente como no dente, há uma cavidade central, a polpa, na qual estão vasos sangüíneos. O espinho é coberto por uma camada de material mais duro, que alguns acreditam ser semelhante ao esmalte dentário, embora haja considerável questionamento a este respeito. Não há nenhuma diferença essencial entre os dentes e as escamas de um tubarão, exceto que os primeiros são maiores (Fig. 3.21). Ambos estão sujeitos à perda e substituição. Nas raias, contudo, os dentes freqüentemente se transformam em placas achatadas e largas, justapostas, a fim de permitir que estes peixes triturem as conchas de moluscos. As escamas placóides variam consideravelmente em relação à forma e à disposição, nos diferentes tipos de tubarões e raias. Nas quimeras, eles estão presentes durante a vida embrionária, mas, nos adultos, são muito reduzidos em número e limitados a algumas áreas determinadas da pele.

Alguns dos peixes mais primitivos com raios nas nadadeiras, possuem o que se chama de *escamas ganóides*. As escamas deste tipo são melhor vistas em *Lepisosteus* (Fig. 3.22). Têm a forma rombóide e são bem comprimidas umas às outras e dispostas em

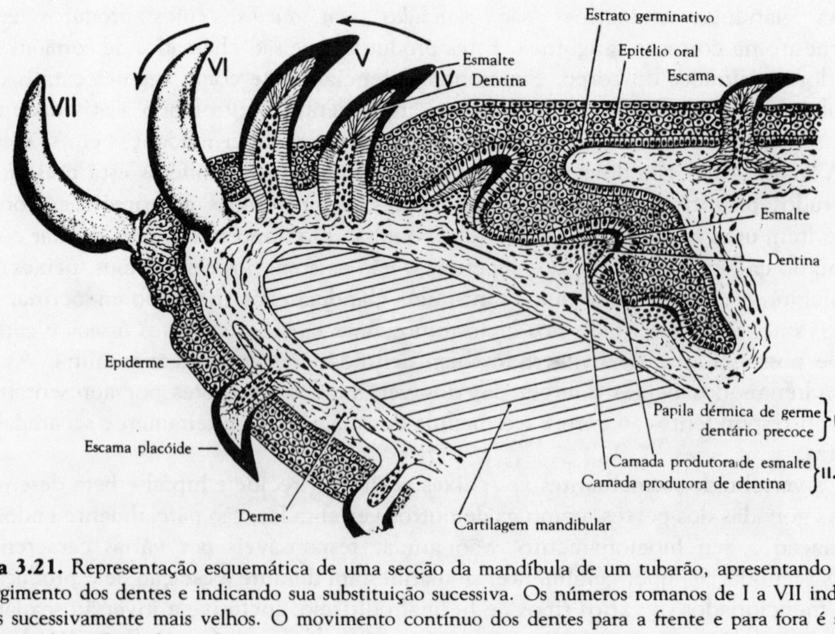

Figura 3.21. Representação esquemática de uma secção da mandíbula de um tubarão, apresentando o modo de surgimento dos dentes e indicando sua substituição sucessiva. Os números romanos de I a VII indicam os dentes sucessivamente mais velhos. O movimento contínuo dos dentes para a frente e para fora é sugerido pelas setas. V e VI são dentes funcionais completamente desenvolvidos na borda da mandíbula. VII sugere um dente prestes a cair. (Rand, H.W.: The Chordates. New York, McGraw-Hill Book Co., Inc., 1950.)

Figura 3.22. As escamas de *Lepisosteus spatula*, um dos ganóides ósseos habitantes de ribeirões e rios, que desaguam no Golfo do México, são cobertas por uma camada externa dura de ganoína e não são imbricadas. (Fotografado no Aquário Steinhart, São Francisco).

fileiras diagonais sobre o corpo. Revestindo a placa basal de cada escama, há camadas de uma substância brilhante, semelhante ao esmalte, conhecida por *ganoína.* Por causa da ganoína nas escamas de alguns Chondrostei e Holostei, os membros destes grupos são freqüentemente chamados de peixes ganóides. Em alguns dos chamados ganóides modernos, contudo, não há mais ganoína presente. As grandes escamas, semelhantes a placas, dos esturjões não têm ganoína, e o peixe-espátula não possui quaisquer escamas no corpo.

As escamas da maioria dos peixes ósseos superiores estão embutidas, pela parte anterior, em bolsas na pele, com bordas posteriores livres, sobrepondo-se à escama seguinte. Ao contrário das escamas placóides, estas escamas sobrepostas ou *imbricadas* não são substituídas, quando perdidas. Sua estrutura é inteiramente dérmica, sem a cobertura epidérmica do material semelhante ao esmalte, ou ganoína. As *escamas ciclóides* (Fig. 3.23) são essencialmente circulares e aumentam de tamanho com o crescimento do peixe. Como conseqüência, em certas espécies, elas são marcadas por anéis de crescimento, em parte, comparáveis aos anéis de crescimento das árvores. Estes anéis são mais visíveis na parte embutida das escamas nas espécies cujo crescimento é retardado durante o inverno, como resultado da diminuição da temperatura e do suprimento de alimento.

As *escamas ctenóides* (Fig. 3.23) são essencialmente iguais às escamas ciclóides em relação à estrutura e disposição nos peixes ósseos superiores, mas diferem em suas bordas livres ou posteriores, que possuem várias projeções em forma de um pente. Em algumas espécies, estas escamas podem estar reduzidas a um único espinho. As escamas ctenóides são encontradas mais freqüentemente nos peixes, que possuem nadadeiras dorsais com raios duros.

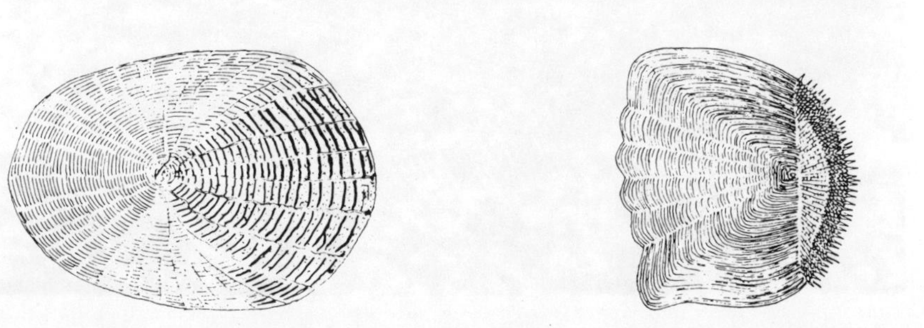

Figura 3.23. Diagrama apresentando, à esquerda, escama ciclóide de um papa-terra e, à direita, escama ctenóide de uma perca.

Cor

Algumas das mais belas cores dos vertebrados são encontradas entre os peixes e as aves. Nestas, a cor está limitada às penas, que, quando totalmente desenvolvidas, são estruturas tegumentares sem vida. As mudanças de cor nas aves podem ser causadas apenas por desgaste, oxidação ou muda. Nos peixes, a cor, em grande parte, resulta da presença de células pigmentares, chamadas *cromatóforos*, que se localizam na derme. Os cristais de guanina, localizados nas células chamadas *iridócitos*, que estão associadas com as escamas, podem ser responsáveis pela iridescência.

Alguns peixes ósseos, como certos répteis, são capazes de mudar de cor muito rapidamente, sob o controle do sistema nervoso. Mudanças de cor muito mais lentas ocorrem em alguns peixes cartilaginosos e em anfíbios, como resultado de hormônios liberados pela hipófise. Nos peixes, as mudanças resultantes, qualquer que seja a causa, podem ocorrer em conseqüência do movimento dos grânulos de pigmento no interior dos cromatóforos, ou de uma mudança de forma dos próprios cromatóforos. Se estes grânulos de pigmento estiverem uniformemente distribuídos por todas estas células, a cor torna-se muito evidente. Em contraposição, as células aparecem totalmente sem cor, se o pigmento estiver concentrado em um só ponto.

Os principais pigmentos encontrados nos peixes são as *melaninas*, que produzem o marrom, o cinza ou preto e os *carotenóides*, que são responsáveis pelas cores amarela, laranja e vermelha. Os cromatóforos, que contêm melaninas, são chamados de *melanóforos* e os que contêm carotenóides, são às vezes, coletivamente chamados de *lipóforos*. Em alguns tipos de peixes, ocorrem mudanças de cores marcantes na estação de reprodução. Estas podem, em parte, servir como um meio de reconhecimento do sexo. Na maioria dos peixes, porém, a cor parece ser uma adaptação ao ambiente para capacitá-los a se tornarem pouco visíveis no seu ambiente. As espécies, que habitam recifes de corais, têm, geralmente, um colorido brilhante; as encontradas em algas marinhas possuem, freqüentemente, faixas alternadas de claro e escuro sobre o corpo. A superfície superior dos peixes de hábitos bentônicos iguala-se, às vezes, extraordinariamente bem com o substrato circundante (Fig. 3.24).

Apêndices e Locomoção

Não há indicações de nadadeiras pares nos ciclóstomos viventes. Todavia, existem dobras de nadadeiras dorsais e ventrais medianas ímpares, assim como uma nadadeira

Figura 3.24. O linguado marinho *Citharichthys stigmaeus* do Pacífico Norte freqüentemente é difícil de ser individualizado do substrato, por causa de seu colorido protetor. (Fotografado no Aquário Steinhart, São Francisco.)

caudal. Esta última é arredondada e possui notocorda, que se estende em linha reta até a extremidade posterior. Este tipo de cauda é conhecido como *protocerca* (Fig. 3.25). As duas nadadeiras, a mediana e a caudal, são sustentadas por delicados raios cartilaginosos, nos ciclostómos.

Tanto os peixes cartilaginosos como os ósseos possuem, basicamente, apêndices peitorais e pélvicos pares, além de nadadeiras caudal e medianas ímpares. Nos tubarões e raias, tanto as nadadeiras pares como as ímpares são sustentadas por raios cartilaginosos. Todas as nadeiras, porém, são cobertas por uma densa pele, de modo que os elementos individuais de suporte não podem ser vistos. Nos tubarões, existem, geralmente, duas nadadeiras dorsais, mas, em algumas espécies, este número é reduzido a um. Existe uma nadadeira anal única. A cauda dos tubarões, geralmente, é descrita como *heterocerca* (Fig. 3.25), consistindo de um grande lobo dorsal, para dentro do qual se estende a extremidade distal do esqueleto axial, e de um lobo ventral menor. Nos peixes com forma de raia, as nadadeiras peitorais são muito maiores e estendem-se desde a cabeça até as nadadeiras pélvicas, ao longo de todo o tronco. Na raia elétrica, ou treme-treme elas são até mesmo confluentes ao redor da boca. A maioria das raias possui duas nadadeiras dorsais medianas, situadas bem na cauda, mas estas inexistem nas raias de espinho. Não existe nadadeira anal. Embora inexista uma nadadeira caudal na maioria das raias, esta é bem desenvolvida na cauda da raia elétrica. As partes internas das nadadeiras pélvicas dos tubarões e raias machos são transformadas em clásperes, que servem como meio de transferência do espermatozóide para a fêmea

Nos peixes ósseos, há uma considerável diversidade na forma, posição e número de nadadeiras (Fig. 3.26). Geralmente, há nadadeiras peitorais e pélvicas pares, uma ou duas nadadeiras dorsais medianas ímpares, uma nadadeira anal ventral mediana e uma nadadeira caudal. Em algumas espécies, contudo, como o peixe-lua, alguns blênios e outras, as nadadeiras pélvicas estão completamente ausentes. Em outras espécies, as nadadeiras pélvicas são tão anteriores, que parecem estar diretamente sob as nadadeiras peitorais, ou até mesmo anteriores a elas. Nas moréias, tanto as nadadeiras peitorais como as pélvicas estão ausentes e as nadadeiras caudal, anal e dorsal podem estar escondidas sob a pele e são dificilmente discernidas. A nadadeira dorsal pode ser pequena em alguns peixes ou pode estender-se da cabeça à cauda e até ser contínua com a nadadeira caudal. Existem, freqüentemente, duas nadadeiras dorsais. Em algumas espécies, há duas nadadeiras anais, embora um seja o número usual. Como a nadadeira

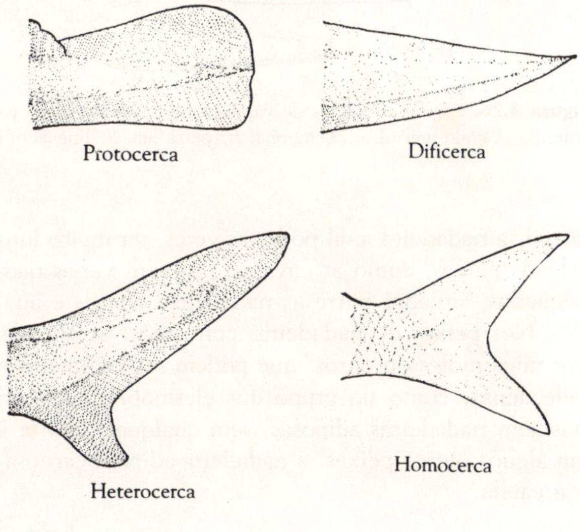

Figura 3.25. Quatro tipos de caudas de peixes. (Weichert, C.K.: Anatomy of the Chordates, New York, McGraw-Hill Book Co., Inc., 1958.)

Figura 3.26. Alguns exemplos de variação na forma do corpo e na estrutura das nadadeiras: *A*, salmão; *B*, atum; *C*, cavalo-marinho; *D*, moréia; *E*, peixe-lua; *F*, linguado; *G*, tubarão; *H*, raia.

dorsal, a nadadeira anal pode, às vezes, ser muito longa, como na maioria dos linguados. Alguns peixes, como as cavalas, possuem várias nadadeiras ventrais e dorsais medianas pequenas, situadas entre as nadadeiras dorsais e anal e a nadadeira caudal.

Nos peixes de nadadeiras com raios, as nadadeiras geralmente são sustentadas ou por raios moles ou duros, que podem ser facilmente vistos, já que não são cobertos por pele densa, como no grupo dos elasmobrânquios. Há algumas espécies, contudo, que possuem nadadeiras adiposas, sem qualquer suporte interno. Nas trutas, nos salmões e em alguns outros peixes, a nadadeira adiposa carnosa localiza-se entre a nadadeira dorsal e a cauda.

Os membros viventes da subclasse Sarcopterygii possuem nadadeiras pares, que diferem acentuadamente das nadadeiras com raios. Elas são completamente carnosas ou possuem uma base carnosa. Este segundo tipo de apêndice era uma característica dos crossopterígios primitivos e é observado no único representante vivente, que, segundo se acredita, pertence a este grupo, o celacanto *Latimeria* (Fig. 3.27 e 3.28). O lobo basal da nadadeira dos crossopterígios contém elementos ósseos, que se acredita serem homólogos aos dos membros dos tetrápodos. Proximalmente, existe um elemento grande, que parece representar o úmero ou fêmur, e que se liga à cintura. Distalmente a este, estão outros dois ossos, que correspondem aos do antebraço ou da perna dos vertebrados terrestres superiores. Ainda mais distalmente, existem séries de elementos menores, que poderiam ser interpretados como ossos do pulso e do tornozelo. Em *Latimeria*, a nadadeira anal, bem como a mais posterior das duas nadadeiras dorsais, possuem lobos basais.

Nos dipnóicos, as nadadeiras peitorais e pélvicas carnosas possuem um eixo esquelético, segmentado e central, de cujos lados se estendem elementos de suporte adicionais. Esta é conhecida como nadadeira arquipterígia. Em *Neoceratodus* da Austrália, as nadadeiras arquipterígias são bem largas, enquanto em várias espécies de dipnóicos africanos do gênero *Protopterus* (Figs. 3.29 e 3.30), as nadadeiras são mais delgadas e muito alongadas. No dipnóico sul-americano (*Lepidosiren*), os apêndices peitorais e pélvicos são muito pequenos e um pouco degenerados (Fig. 3.31). Por muitos anos, pensou-se que os dipnóicos fossem ancestrais dos vertebrados terrestres superiores. Seria muito difícil, contudo, um membro de tetrápodo originar-se de uma nadadeira arquipterígia, enquanto, em relação aos anexos pares dos crossopterígios esta dificuldade inexiste.

A nadadeira caudal, em alguns dos peixes ósseos mais primitivos, como os esturjões, é heterocerca, como nos tubarões. Nos dipnóicos, a cauda é chamada de *dificerca*, e o esqueleto axial estende-se quase até a ponta, de modo muito semelhante ao que ocorre na cauda protocerca dos ciclóstomos (veja Fig. 3.25). Acredita-se, porém, que ela tenha surgido, possivelmente, de um tipo heterocerco, com a perda do lobo ventral. A grande maioria dos peixes ósseos possui uma cauda homocerca, na qual os raios de suporte são distais à extremidade do esqueleto axial, e os lobos dorsal e ventral são simétricos (veja Fig. 3.25).

É lógico associar os apêndices peitorais e pélvicos pares com a locomoção; todavia, na maioria dos peixes estas estruturas servem principalmente para orientar o corpo. As nadadeiras peitorais são usadas essencialmente para a direção, enquanto as pélvicas, as dorsais e anal promovem a estabilidade e ajudam a manter o corpo em posição correta

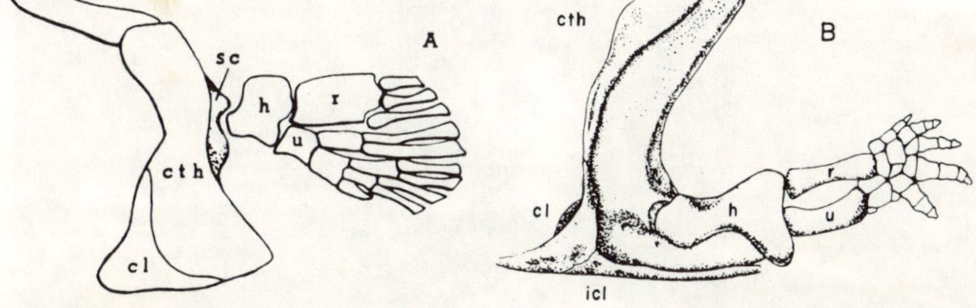

Figura 3.27. *A*, cintura escapular e nadadeira peitoral de um crossopterígio; *B*, as mesmas estruturas em um anfíbio fóssil primitivo, colocados numa posição comparável para demonstrar a semelhança básica no padrão dos membros. Abreviações: *h*, *r* e *u*, úmero, rádio e ulna do tetrápodo e homólogos óbvios na nadadeira do peixe; *cl*, clavícula; *cth*, cleitro; *icl*, interclavícula; *sc*, escápula; *scth*, supracleitro. (A segundo Gregory. In Romer, A.S., and Parsons, T.S.: The Vertebrate Body. 5th. Ed., Philadelphia, W.B. Saunders Co., 1977.)

Figura 3.28. Um modelo do celacanto (*Latimeria chalumnae*) (Cortesia de David K. Caldwell, Los Angeles County Museum.)

na água. O movimento rápido para a frente, geralmente, é produzido pelo movimento lateral da parte posterior do corpo e da nadadeira caudal. Em muitos peixes, que nadam rapidamente, como o atum, a albacora e o merlim, a cauda é de forma de meia-lua, o pedúnculo caudal é estreito e o corpo é hidrodinâmico. Há, porém, certos peixes lerdos, que contam inteiramente com suas nadadeiras para se locomover. Tais espécies, geralmente, são protegidas por um denso revestimento tegumentar ou por espinhos, ou coloração simuladora. Os cavalos-marinhos, pesadamente encouraçados, por exemplo, nadam, principalmente, pelo movimento da nadadeira dorsal, com alguma assistência das nadadeiras peitorais. O mesmo ocorre com seus parentes, os trombetinhas. Os baiacus e *Pterois* nadam por meio das nadadeiras, mas são protegidos por espinhos que,

Figura 3.29. O peixe dipnóico Australiano (*Neoceratodus forsteri*) é o maior dos dipnóicos viventes (Fotografado no Aquário Steinhart, São Francisco.)

Figura 3.30. Uma das várias espécies conhecidas de dipnóicos Africanos, pertencente ao gênero *Protopterus*. Observe-se as nadadeiras arquipterígias grandes e alongadas. (Fotografado no Aquário Steinhart, São Francisco.)

neste último, são venenosos. Muitas raias nadam por meios dos movimentos ondulatórios das grandes nadadeiras peitorais. O colorido dorsal, nestas espécies, geralmente, é semelhante ao fundo do mar circundante, onde o peixe descansa, e muitas espécies possuem espinhos venenosos ou órgãos elétricos, que podem também servir de proteção. A maioria das enguias e peixes semelhantes não contam nem com as nadadeiras, nem com a cauda para se locomoverem, mas o fazem por meio de ondulações laterais do corpo inteiro, como a cobra d'água.

Figura 3.31. O peixe dipnóico Sul-ameriano (*Lepidosiren paradoxa*) possui nadadeiras carnosas muito pequenas. (Fotografado no Aquário Steinhart, São Francisco.)

Alguns peixes são capazes de saltar distâncias consideráveis para fora da água. O merlim e o espadarte são conhecidos por isto. Os salmões dão saltos notáveis para subir pequenas quedas d'água, quando estão retornando ao seu rio de origem para procriar (Fig. 3.32). As trutas, freqüentemente, saltam para fora da água a fim de apanhar insetos no ar. Outros peixes, como as taínhas, saltam no ar, quando assustadas. Os mais notáveis são os peixes-voadores, encontrados na maior parte das águas oceânicas quentes do mundo. Estes peixes não voam realmente, mas são capazes de planar pelo ar por grandes distâncias (até mais de 350 metros). Eles adquirem grande velocidade sob a água, como resultado dos movimentos laterais da cauda e da parte posterior do corpo, e sobem repentinamente à superfície. Quando o peixe sai da água, as nadadeiras peitorais muito grandes, que estavam premidas contra o corpo na água, são abertas para formar uma superfície planadora. Embora os peixes-voadores sejam principalmente marinhos, há um peixe de água doce na Venezuela, que é capaz de planar.

Existem vários peixes, que usam suas nadadeiras para caminhar. Alguns peixes dipnóicos parecem literalmente, caminhar no fundo, por meio das nadadeiras. *Periophthalmus* usa suas nadadeiras para subir nas margens, raízes e galhos inferiores das árvores do mangue. As assim chamadas percas-caminhadoras podem viver um dia fora da água por causa da presença de uma câmara respiratória suplementar, acima das brânquias, que lhes permite usar o ar. Na Tailândia, soube-se que elas caminham consideráveis distâncias por terra, à noite, usando suas nadadeiras como pernas.

Uma das modificações mais interessantes das nadadeiras é encontrada nas rêmoras (família Echeneidae), que são membros dos teleósteos superiores, de nadadeiras com raios espinhosos (Fig. 3.33). Nestes peixes, os raios espinhosos da nadadeira dorsal anterior são separados em duas fileiras, dispostas horizontalmente, que foram dobras transversais no disco de sucção, no topo da cabeça. Estes peixes usam este aparelho para se afixar a outros peixes maiores e, através disto, ser levado pelo hospedeiro e alimentar-se das várias sobras. Levantando ou abaixando as dobras, as rêmoras podem aumentar ou diminuir o vácuo, pelo qual se fixam aos seus hospedeiros.

Figura 3.32. Salmão (*Oncorhynchus nerka*), subindo uma queda d'água para alcançar as áreas de desova (Brooks River, Alaska.)

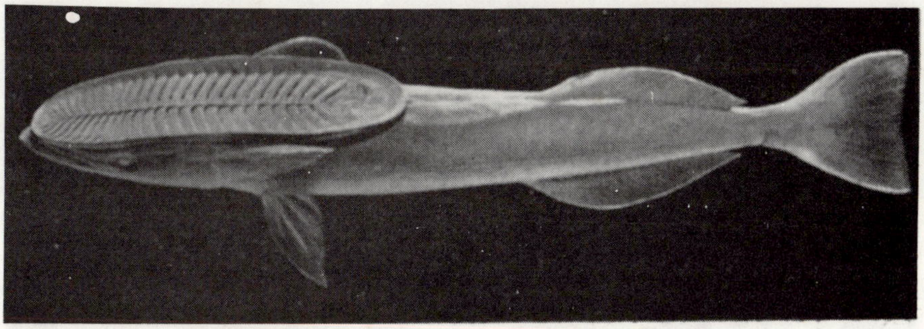

Figura 3.33. A rêmora (*Remilegia australis*) mostrando o disco de sucção dorsal, parcialmente derivado dos raios da nadadeira dorsal anterior. (Fotografia de W.I. Follett.)

Peixes Tóxicos e Venenosos

Doenças graves e até mesmo a morte podem ser causadas por certas espécies de peixes, o que pode ser provocado de duas maneiras diferentes. O ferimento causado por *peixes venenosos* resulta da injeção de veneno na vítima por meio de um espinho ou qualquer outro tipo de mecanismo picador. Os *peixes tóxicos*, por outro lado, causam doenças ou morte, quando sua carne ou certos sistemas de órgãos são ingeridos.

Várias espécies de tubarões e raias, bem como as quimeras, possuem espinhos no dorso associados a glândulas de veneno (Figs. 3.34 e 3.35). Estas localizam-se, às vezes no epitélio, nos sulcos ventrais ou posteriores do espinho ou na bainha tegumentar, ao redor do espinho. Algumas das espécies mais venenosas são encontradas entre as raias-de-espinho. Muitas mortes humanas resultaram do contato acidental com estes elasmobrânquios.

Entre os peixes ósseos, as espécies mais venenosas pertencem à família Scorpaenidae. Entre estes, deve-se salientar os peixes-pedra (*Synanceja verrucosa*), cuja picada pode causar a morte no intervalo de algumas horas, e várias espécies do gênero *Pterois*, (Fig. 3.36), os mangangás assim como outras espécies. Nestes peixes, os espinhos das nadadeiras dorsal, ventral e anal são ferrões, e o veneno é produzido por secreção glandular, na bainha epitelial dos espinhos. O peixe-pedra, contudo, é uma das poucas espécies, em que existe, um ducto que vai da glândula de veneno até a extremidade do sulco glandular do espinho. O mangangá *Scorpaena guttata*, tão comum ao longo da Costa Pacífica dos Estados Unidos, possui glândulas de veneno semelhantes, que podem provocar ferimentos dolorosos. Certos bagres, como *Galeichthys felis*, uma espécie marinha, que ocorre até certo ponto em água doce, são capazes de causas ferimentos dolorosos por meio de espinhos peitorais e dorsais.

Os peixes tóxicos são encontrados em todas as águas mais quentes do mundo, mas são mais abundantes no Oceano Pacífico tropical e no Caribe. O mais conhecido talvez seja o baiacu (*Arothron hispidus*). O índice de mortalidade por ingestão de carne desta espécie é estimado em cerca de 60%, e sabe-se que houve casos em que a morte ocorreu em 20 minutos. Sabe-se que muitas centenas de outras espécies são tóxicas, em certas épocas, embora a causa exata ainda seja desconhecida. Em regiões tropicais, foram registrados envenenamentos por ingestão de espécies comestíveis, como palombetas, vermelhos, labros, atuns e cavalas. Estas toxinas, mais freqüentemente, concentram-se em órgãos viscerais, como o fígado e gônadas, e, em algumas espécies, sua presença parece relacionada com a estação de reprodução. Experiências com *Scorpaenichthys marmoratus*, um grande peixe da família Cottidae, comum ao longo da Costa Pacífica da América do Norte, mostraram que as ovas das fêmeas maduras causam doenças

Figura 3.34. O tubarão-de-espinho da Califórnia *Heterodontis francisci* recebeu seu nome de um espinho protetor localizado ao longo da base anterior de cada uma das nadadeiras dorsais. (Fotografado no Aquário Steinhart, São Francisco.)

acentuadas, enquanto a carne dos mesmos indivíduos é inofensiva. O ato de cozinhar não possui aparentemente nenhum efeito sobre estas toxinas.

Autoridades em *ictiossarcotoxismo*, termo técnico para a intoxicação resultante da ingestão de peixes tóxicos, são da opinião de que estes peixes podem adquirir suas propriedades venenosas através de seu alimento. Plantas marinhas podem ser a fonte

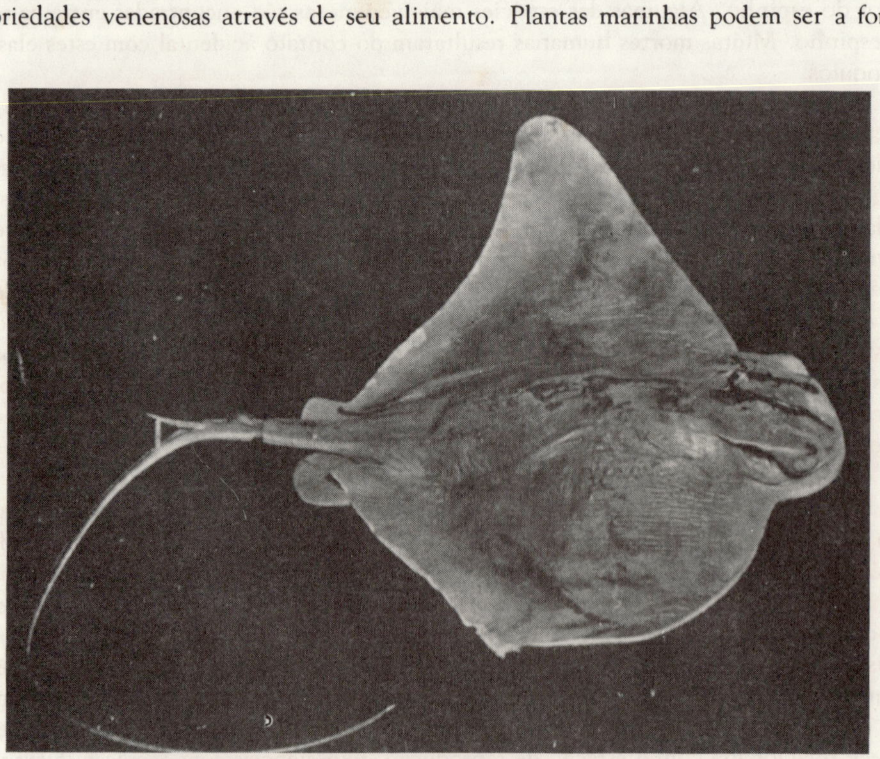

Figura 3.35. Uma raia (*Myliobatis californica*) com o espinho venenoso elevado, para mostrar sua posição na superfície dorsal da cauda.

Figura 3.36. O peixe *Pterois volitans*. Os membros do gênero *Pterois* são encontrados em águas rasas, ao redor de recifes de corais em mares tropicais. Suas belas nadadeiras em forma de renda possuem espinhos venenosos, que podem provocar ferimentos graves e dolorosos. (Fotografia cortesia do Dr. Bruce Halstead, World Life Research Institute.)

destes venenos. Em tais circunstâncias, quase qualquer peixe de uma região onde existam peixes tóxicos, pode ser tóxico aos seres humanos.

Bioluminescência

A *bioluminescência* tem sido descrita como a emissão de luz por certos organismos, resultante da oxidação de algum substrato, na presença de uma enzima. O substrato é um composto termoestável, conhecido como *luciferina*, e a enzima sensível ao calor, que serve como elemento catalisador para provocar esta oxidação, que resulta em *luz fria*, chama-se *luciferase*.

A bioluminescência é produzida por certas bactérias, fungos e muitos animais invertebrados. Entre os vertebrados, porém, só os peixes são capazes de produzir luz. Órgãos luminescentes foram encontrados em alguns tubarões, na raia elétrica (*Benthobatis moresbyi*) e em vários peixes ósseos, especialmente nas espécies, que vivem nas profundezas do oceano.

A presença de órgãos luminescentes parece ser importante para os organismos do fundo do mar, que vivem em total ou quase total escuridão. Foi sugerido que sirvam para atrair presas, confundir inimigos, iluminar o ambiente ou para atrair membros do sexo oposto. Parece provável, contudo, que sua principal função seja a de servir como meio de reconhecimento entre os indivíduos da mesma espécie.

Os órgãos luminescentes podem ocorrer no interior de qualquer estrutura do corpo (Fig. 3.37) ou sobre elas. Em algumas espécies, estão na superfície ou próximos a ela,

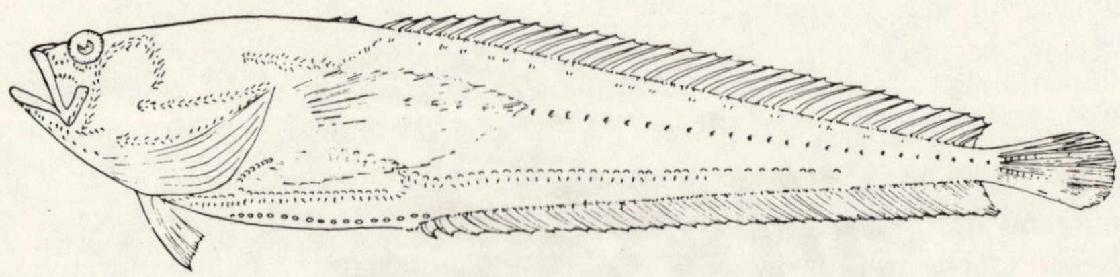

Figura 3.37. Desenho de um mamangá (*Porichthys notatus*). Note-se as fileiras de fotóforos na cabeça e no corpo.

enquanto, em outras espécies, situam-se mais profundamente. Nas fêmeas de todos os peixes-pescadores, de águas profundas, o primeiro raio da nadadeira dorsal transforma-se numa estrutura em forma de isca, que pode estender-se para a frente, sobre a cabeça. A extremidade bulbosa da isca contém um órgão luminescente que, presumivelmente, atrai vários organismos marinhos para dentro do alcance das mandíbulas do peixe-pescador. A cor da luz varia nos diferentes tipos de peixes. A luz pode ser contínua, pode aumentar ou diminuir de intensidade ou pode acender e apagar.

A bioluminescência é produzida de duas maneiras nos peixes: ou por fotóforos autoluminosos ou por órgãos especiais, nos quais são cultivadas bactérias luminosas simbióticas (Fig. 3.38). Há vários meios pelos quais a intensidade de luz destes órgãos luminosos pode ser aumentada ou diminuída. Um dos métodos depende da expansão e contração dos cromatóforos suprajacentes na pele. Estas células pigmentares estão diretamente sob o controle do sistema nervoso simpático , ou reagem à adrenalina secre-

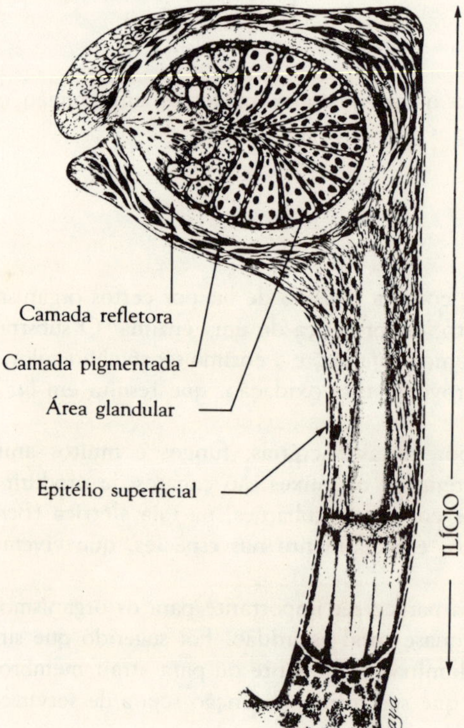

Figura 3.38. Secção sagital teórica através do órgão luminescente do *Melanocetus murrayi.* (Cortesia de Hulet and Musil, Copeia, 1968.)

tada pelas glândulas adrenais, que também são controladas pelo sistema simpático. Os órgãos, que contêm bactérias luminosas simbióticas, podem ter a emissão de luz regulada por músculos que movem o próprio órgão ou movem uma tela opaca que os reveste. Os pescadores das Ilhas Banda fazem uso dos órgãos luminosos de *Photoblepharon* e *Anomalops* para atrair outros peixes. Nestes, como na maioria dos peixes, a luz é produzida por inúmeras bactérias simbióticas (Fig. 3.39).

Recentemente, um pequeno peixe, com um grande órgão bioluminescente sob cada olho foi redescoberto no Caribe. O primeiro espécime, descoberto em 1908 e chamado de *Kryptophanerom alfredi*, ficou perdido por muitos anos. A luz esverdeada desta espécie também é produzida por bactérias e pode ser vista até mais de 15 metros de distância.

Órgãos Elétricos

Entre as estruturas singulares desenvolvidas pelos vertebrados estão os órgãos elétricos, que são encontrados em vários grupos de peixes. Em algumas espécies, a corrente elétrica produzida é bem fraca, porém, em outras, é muito forte. A descarga máxima registrada para o poraquê (*Electrophorus electricus*) é de 550 volts; para o bagre elétrico (*Malapterurus electricus*), 350 volts; e para a raia elétrica (*Torpedo nobiliana*), 220 volts.

Os órgãos elétricos (Fig. 3.40) são compostos de *electroplacas*, que são agregações de células em forma de disco, dispostas de maneira que todas fiquem voltadas para a mesma direção. Conseqüentemente, um órgão elétrico parece compor-se de colunas prismáticas paralelas. Cada uma delas consiste de um grande número de placas elétricas, separadas, umas das outras, por tecido conjuntivo. Há uma rede de tecido nervoso em um dos lados de cada eletroplaca que é multinucleada, como o tecido muscular. O órgão elétrico inteiro é semitransparente e, conseqüentemente, parece algo gelatinoso. O sentido da corrente varia nos diferentes tipos de peixes elétricos. No poraquê, ele passa da cauda em direção à cabeça, enquanto, na raia elétrica, o sentido da corrente é da superfície ventral para a dorsal do corpo.

Não é bem compreendido como os peixes-elétricos não se eletrocutam. Duas explicações parciais foram apresentadas. O sistema nervoso, nestas espécies, é inusitadamente bem isolado por camadas de gordura, e as linhas da corrente ficam em ângulos retos em relação às estruturas excitáveis.

Figura 3.39. O peixe-lanterna (*Photoblepharon palpebratus*) do Oceano Índico, Mar Vermelho e Oceano Pacífico Ocidental. O órgão luminescente sob o olho emite luz continuamente, mas o piscar é efetuado levantando-se a parte negra inferior. (Fotografia de David Powell, Aquário Steinhart, Califórnia Academy of Sciences.)

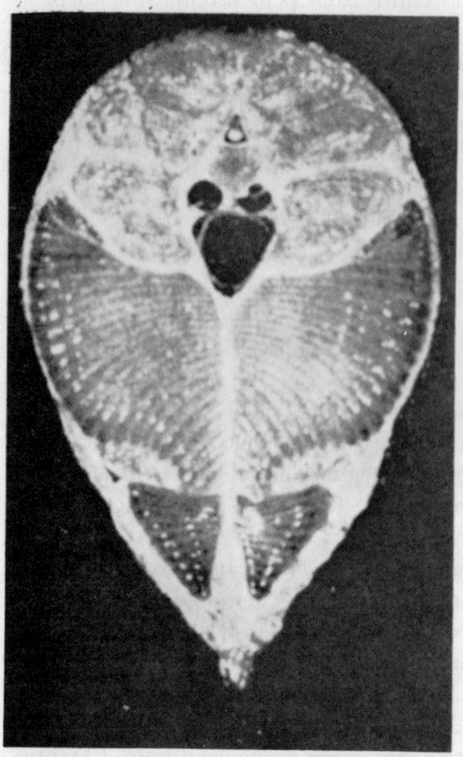

Figura 3.40. Secção transversal da cauda do poraquê, mostrando as duas divisões principais dos órgãos elétricos pares e as placas (electroplacas), das quais são compostos. (Segundo Keynes. In Smith, H.M.: Evolution of Chordate Structure. New York, Holt, Rinehart and Winston, Inc., 1960.)

Visto que os órgãos elétricos estão limitados a relativamente poucas espécies de raias e peixes ósseos, a origem filogenética de tais estruturas é um tanto obscura. Embriologicamente, contudo, parece que podem surgir do tecido muscular. Isto torna-se lógico se se pensa que a atividade muscular é capaz de produzir eletricidade. Foi demonstrado que os potenciais de ação muscular podem ser detectados na água, a alguma distância do peixe não-elétrico. Lissmann (1958) sugere que isto represente o ponto de partida evolutivo para os órgãos elétricos.

Os órgãos elétricos parecem exercer várias funções; os que produzem uma carga relativamente fraca, parecem servir como meio de orientação. Objetos próximos, cuja condutibilidade elétrica seja diferente da da água ao redor do peixe, distorcem o padrão do fluxo da corrente elétrica e, com isso, são reconhecidos. Mesmo objetos com a mesma forma, mas com condutibilidade elétrica diferente podem ser diferenciados. Isto é particularmente útil aos peixes habitantes de águas turvas, onde a visibilidade é insuficiente. Acredita-se que o sistema da linha lateral possibilite aos peixes detectar objetos próximos, como resultado de mudanças de pressão, mas isto não os capacitaria a distinguir objetos com a mesma forma, mas compostos de materiais diferentes, como parece ocorrer com os órgãos elétricos. Experiências feitas por Lissmann demonstraram que *Gymnarchus niloticus* e *Gymnotus carapo* podem detectar a presença de um ímã, situado fora do aquário, e indivíduos da segunda espécie foram condicionados a se alimentar apenas quando um ímã estivesse presente. Nas espécies, cujos órgãos elétricos são capazes de produzir um choque potente, a função destas estruturas parece servir como arma de defesa e como meio de atordoar presas.

Muito permanece para ser aprendido sobre o aparelho receptor, que permite aos peixes com órgãos elétricos detectar mudanças do campo elétrico ao redor deles.

Descobriu-se que certos peixes elétricos possuem órgãos receptores especiais, chamados *mormiomastes*, que estão ligados ao sistema nervoso dos órgãos da linha lateral. Foi sugerido que os mormiomastes funcionem como eletrorreceptores. Além disso, os peixes com órgãos elétricos mostram, geralmente, um aumento acentuado do cerebelo.

CLASSIFICAÇÃO DOS PEIXES E VERTEBRADOS SEMELHANTES A PEIXES

CLASSE AGNATHA (*Peixes desprovidos de mandíbulas*)

Vertebrados primitivos, semelhantes a peixes, desprovidos de mandíbulas verdadeiras com suporte endoesquelético; apêndices pares inexistentes nas espécies viventes; uma abertura nasal mediana única; do Cambriano ao Recente; duas subclasses.

Subclasse Ostracodermi (Ostracodermos)

Peixes agnatos primitivos com exoesqueleto de dentículos ou placas dérmicas que, freqüentemente, formam um pesado escudo cefalotorácico; pregas das nadadeiras peitorais e pélvicas presentes em algumas formas, com algum indício de apêndices pares; do Cambriano ao Devoniano; cinco ordens.

Subclasse Ciclostomata (Lampréias e Peixes-bruxa)

Vertebrados agnatos modernos, com boca sugadora circular; língua com "dentes" córneos raspadores; exoesqueleto inexistente; pele coberta com glândulas mucosas; crânio cartilaginoso, sem teto; esqueleto axial composto principalmente de notocorda, com alguns elementos vertebrais presentes; Recente; duas ordens.

ORDEM PETROMYZONIFORMES (Lampréias). Ciclóstomos de água doce, marinhos ou anádromos; crânio cartilaginoso com faces laterais; canal naso-hipofisário sem penetrar no teto da boca; elementos vertebrais cartilaginosos presentes ao longo de toda a notocorda; regiões costeiras da Europa e Ásia, na bacia do Mar Cáspio e em ambas costas da América do Norte; oito gêneros.

ORDEM MYXINIFORMES (Peixes-bruxa). Ciclóstomos marinhos com um crânio muito reduzido; canal naso-hipofisário penetrando no teto da boca; elementos vertebrais cartilaginosos presentes apenas na região caudal da notocorda; águas temperadas e mais frias dos Oceanos Atlântico e Pacífico; três a quatro gêneros reconhecidos.

Nota — Cyclostomata é usado por alguns como nome de classe para todos os peixes agnatos, com cinco subclasses: Pteraspides, Cephalaspides, Paleospondyli, Myxini e Petromyzones.

CLASSE PLACODERMI (*Peixes primitivos com mandíbulas*)

Vertebrados semelhantes a peixes com o primeiro arco branquial modificado, formando o maxilar superior (palatoquadrado cartilaginoso) e uma mandíbula inferior (cartilagem de Meckel); crânio parcialmente ossificado; segundo arco (ou hióide) não modificado para sustentar a mandíbula; do Siluriano ao Permiano; cinco subclasses importantes.

Subclasse Antiarchi

Placodermos de cintura peitoral, que é essencialmente a parte anterior do escudo peitoral, como em alguns ostracodermos; ossos mandibulares dérmicos presentes.

Subclasse Arthrodira

Placodermos de cintura peitoral composta de partes basal e anterior do escudo peitoral; ossos mandibulares dérmicos presentes.

Subclasse Acanthodii

Placodermos com dermocrânio e endocrânio parcialmente ossificado; cintura peitoral presente.

Subclasse Macropetalichthyida

Placodermos com dermocrânio e endocrânio bem ossificados; nadadeiras peitorais e pélvicas semelhantes às de tubarão.

Subclasse Rhenanida

Placodermos com largas nadadeiras peitorais; forma do corpo intermediária entre a de tubarões e raias.

Nota — Os peixes primitivos com mandíbulas são classificados por algumas autoridades como série Aphetohyoidea (Acanthodii) e série Placodermi (Arthrodira, Euarthrodira, Macropetalichthyida, Rhenanida e Pterichthyes), na classe Pisces.

CLASSE CHONDRICHTHYES (*Tubarões, Raias e Quimeras*)

Peixes mandibulados com esqueleto cartilaginoso; bexiga natatória ausente; válvula espiral presente no intestino; nadadeiras pélvicas modificadas, formando clásperes, nos machos; Devoniano Superior a Recente; oceanos do mundo; alguns habitam a água doce ou salobra; duas subclasses.

Subclasse Elasmobranchii (Tubarões e Raias)

Peixes cartilaginosos, de pequenos a muito grandes, com esqueleto externo em forma de escamas (ou espinhos) placóides; suspensão da mandíbula anfistílica ou hiostílica; de cindo a sete fendas branquiais, não cobertas por opérculos; cauda, geralmente, heterocerca; Devoniano a Recente; três ordens; apenas uma delas é representada hoje no mundo.

ORDEM CLADOSELACHIFORMES (Tubarões marinhos primitivos). Nadadeiras peitorais não com constricção basal, como nos modernos tubarões; boca terminal; centros vertebrais ausentes; notocorda persistente; nadadeira anal ausente; cauda heterocerca, Devoniano Superior ao Carbonífero Superior.

ORDEM XENACANTHIFORMES (Tubarões de água doce primitivos). Nadadeiras peitorais do tipo arquipterígio; suspensão da mandíbula anfistílica; cauda dificerca; Carbonífero.

ORDEM SELACHIFORMES (Tubarões e raias viventes). Peixes cartilaginosos de moderadamente pequenos a muito grandes (0,25 até mais de 15 m)*; nadadeiras pares não do tipo arquipterígio; suspensão da mandíbula anfistílica ou hiostílica; boca ventral, não terminal exceto em *Chlamydoselachus*; cauda heterocerca; Carbonífero Inferior ao Recente; oceanos do mundo, algumas espécies de estuários e de água doce; quatro subordens.

Subordem Hexanchoidei. Tubarões de tamanho médio a grande, com seis a sete pares de fendas branquiais; membrana nictitante ausente; notocorda persistente; centros vertebrais simples ou degenerados; nadadeira dorsal única; nadadeira anal presente; Jurássico ao Recente; em baías, assim como em águas profundas dos oceanos; duas famílias viventes.

Subordem Heterodontoidei. Pequenos tubarões com cinco fendas branquiais; duas nadadeiras dorsais, cada uma tem um forte espinho ao longo da margem anterior; nadadeira anal presente; centros vertebrais bem desenvolvidos nas espécies viventes; Carbonífero ao Recente; amplamente distribuídos em águas temperadas e tropicais, mas ausentes das áreas do Atlântico e Mediterrâneo; uma família vivente.

Subordem Selachoidei (Tubarões modernos). Tubarões de pequenos a muito grandes, com cinco ou seis fendas branquiais, situadas em cada lado da cabeça; espiráculo presente ou ausente; pálpebra superior presente; duas nadadeiras dorsais presentes; notocorda ausente no adulto; centros vertebrais bem desenvolvidos; nadadeira anal presente ou ausente; Jurássico ao Recente; distribuição geográfica, a mesma da ordem; três superfamílias.

Nota — Há vários métodos de classificação dos peixes cartilaginosos. Neste texto, foi adotado o sistema de Nikol'skii (1954).

SUPERFAMÍLIA CARCHARINOIDEA (Tintureiras, cações-frango, tubarões-baleia, cabeça-chata, cações-martelo e grupos afins). Tubarões pequenos a muito grandes, com vértebras asteropôndilas (centros vertebrais reforçados por placas longitudinais calcificadas, irradiando para fora de um cilindro central circundando a notocorda); nadadeira anal presente; espiráculo ausente ou muito pequeno; distribuição geográfica, a mesma da ordem; cerca de vinte famílias viventes.

SUPERFAMÍLIA SQUALOIDEA (Cação-bagre e seus afins). Tubarões muito pequenos a grandes com vértebras ciclospôndilas (um único cilindro calcificado circundando a notocorda em cada centro vertebral); nadadeira anal ausente; espiráculo geralmente grande; distribuição ampla nas águas oceânicas; três ou quatro famílias viventes.

SUPERFAMÍLIA SQUATINOIDEA (Cações-anjo). Tubarões de tamanho pequeno a médio, com nadadeiras peitorais grandes, semelhantes às das raias e um corpo achatado dorso-ventralmente; aberturas branquiais nos lados do corpo; espiráculo bem desenvolvido; nadadeira anal ausente; nadadeiras dorsais situadas na cauda; Oceanos Atlântico e Pacífico; uma família.

Subordem Batoidei (Raias). Peixes cartilaginosos pequenos a muito grandes, com corpo achatado dorso-ventralmente, nadadeiras peitorais muito grandes, ligadas na parte anterior, aos lados da cabeça; cinco pares de fendas branquiais ventrais; um par de grandes espiráculos dorsais; pálpebra superior ausente; Jurássico ao Recente; distribuição geográfica, a mesma da ordem; 7 a 10 famílias reconhecidas.

* As medidas dadas nesta classificação representam o comprimento total.

Subclasse Holocephali (Quimeras)

Peixes cartilaginosos moderadamente pequenos (até 1,5 m), sem escamas placóides; suspensão da mandíbula autostílica; quatro aberturas branquiais, cobertas por um único opérculo dérmico; Carbonífero ao Recente; duas ordens.

ORDEM CHONDRENCHELYIFORMES (Holocéfalos primitivos). Centros vertebrais bem desenvolvidos; nadadeiras peitorais arquipterígias; conhecidos apenas do Carbonífero.

ORDEM CHIMAERIFORMES (Holocéfalos modernos). Não possuem centros vertebrais, apenas anéis calcificados; nadadeiras peitorais não do tipo arquipterígio; águas profundas dos oceanos; três famílias viventes.

CLASSE OSTEICHTHYES (Peixes Ósseos)

Peixes com um esqueleto, pelo menos, parcialmente ossificado; bexiga natatória geralmente presente; uma válvula espiral presente no intestino apenas das formas mais primitivas; nadadeira pélvica sem clásperes, nos machos; brânquias cobertas por um único opérculo ósseo; Devoniano ao Recente; todos os oceanos, bem como também quase todos os rios, ribeirões e lagos; duas subclasses.

Nota — Há várias opiniões divergentes sobre a classificação dos peixes ósseos, especialmente com respeito aos taxa superiores. Berg (1947) considera os Dipnoi como uma classe distinta dos Teleostomi, que ele divide em duas subclasses: os Crossopterygii e os Actinopterygii. Nikol'skii (1954) modifica ligeiramente este sistema considerando os Dipnoi e os Teleostomi como subclasses da série Osteichthyes. A classificação de Romer (1962), até as superordens, é seguida aqui, embora Greenwood, Rosen, Weitzman e Myers (1966) tenham proposto uma alteração no que se refere aos peixes teleósteos.

Subclasse Actinopterygii (Peixes de nadadeiras com raios)

Peixes que, geralmente, não possuem coanas, nem uma base carnosa nas nadadeiras pares; cinco superordens.

Superordem Paleonisci (Paleoniscóides). Primitivos peixes de nadadeiras com raios, com corpo semelhante ao dos tubarões; cauda geralmente heterocerca; uma única nadadeira dorsal presente; vértebras com centros muito rudimentares ou sem centros; Devoniano ao Cretáceo; depósitos de água doce e marinhos; cerca de onze ordens.

Superordem Polypteri. Tamanho médio (até 1 m), alongados, nadadeiras com raios, sem coanas, porém possuem uma base carnosa nas nadadeiras peitorais; nadadeira caudal simétrica; nadadeira dorsal subdividida em numerosas nadadeiras pequenas; escamas ganóides presentes; bexiga natatória funcionando como um pulmão e ligada ao lado ventral do tubo digestivo; uma válvula espiral presente no intestino; Eoceno ao Recente; uma ordem.

ORDEM POLYPTERIFORMES (Bichirs). Características da superordem; rios e lagos da África; uma família, Polypteridae, representada por dois gêneros viventes, *Polypterus* e *Calamoichthys*.

Superordem Chondrostei (Ganóides cartilaginosos). Peixes de nadadeiras com raios, primitivos, de grandes a muito grandes (até 9 m), com corpo semelhante ao dos tubarões e com cauda heterocerca; boca subterminal; escamas ganóides presentes apenas na região caudal; a maior parte do esqueleto é cartilaginosa; pouca ossificação do condrocrânio, que é circundado por ossos dérmicos; vértebras sem centros; bexiga natatória internamente lisa e surgindo da face dorsal do tubo digestivo; válvula espiral presente no intestino; Jurássico ao Recente; uma ordem.

ORDEM ACIPENSERIFORMES (Esturjões e Peixes-espátula). Características da superordem; três famílias, os extintos Chondrosteidae (Jurássico ao Cretáceo), Acipenseridae ou esturjões (grandes rios do Hemisfério Norte), e Polyondontidae ou peixes-espátula (dois gêneros viventes, *Polyodon* dos Grandes Lagos e do Vale do Missíssipi da América do Norte e *Psephurus* do Rio Yangtze da China).

Superordem Holostei (Ganóides Ósseos). Peixes de nadadeiras com raios, de tamanho médio a grande (0,7 a 3 m), com cauda heterocerca encurtada e um esqueleto que, em muitos aspectos, se assemelha ao dos Teleostei; escamas ganóides ou ciclóides; bexiga natatória funcionando como um órgão respiratório acessório, contendo numerosas pregas em sua superfície interna e ligada à face dorsal do tubo digestivo; uma válvula espiral presente no intestino; água doce e marinha; quatro ordens extintas (Jurássico ao Eoceno) e duas ordens viventes.

ORDEM AMIIFORMES. Pequeno holósteo com mandíbulas não salientes e uma cabeça transversalmente arredondada; nadadeira dorsal longa e sem espinhos; cabeça coberta com placas ósseas; escamas ciclóides; lagos e ribeirões do leste dos Estados Unidos; uma espécie, *Amia calva.*

ORDEM LEPISOSTEIFORMES. Holósteos de tamanho médio a grande, com boca alongada; nadadeira dorsal em posição posterior; escamas ganóides rombóides; vértebras opistocélicas, diferentes das de outros peixes; lagos e rios das Américas do Norte e Central e Cuba; um gênero vivente, *Lepisosteus.*

Superordem Teleostei (Peixes Ósseos Superiores). Peixes de nadadeiras com raios, muito pequenos a grandes, com centros vertebrais bem desenvolvidos e ossificação craniana considerável; escamas sem ganoína nas espécies viventes, geralmente ciclóides ou ctenóides; cauda, geralmente, homocerca; bexiga natatória, surgindo da parede dorsal do tubo digestivo, embora, às vezes, a conexão desapareça com a maturidade; intestino sem válvula espiral, mas, geralmente, alongado e convoluto; água doce e marinha; aparecendo primeiro no Triássico; cerca de 41 ordens viventes reconhecidas por alguns (Berg, 1947).

Nota — Vinte e cinco ordens principais dos teleósteos viventes são fornecidas aqui, seguindo essencialmente a classificação de Nikol'skii (1954).

ORDEM CLUPEIFORMES (Sardinhas, arenques, tarpões, salmonídeos e seus afins). Teleósteos primitivos, pequenos a bem grandes (0,035 até 2,4 m), com nadadeiras de raios moles; centros vertebrais com uma abertura central; cintura pélvica não unida à cintura peitoral; bexiga natatória; geralmente, ligada ao tubo digestivo; distribuição ampla, água doce e marinha; várias subordens e muitas famílias.

ORDEM SCOPELIFORMES (Peixes-lanterna). Peixes principalmente pequenos (0,025 até 1,0 m) com nadadeiras de raios moles; geralmente, sem bexiga natatória; muitos possuem órgãos luminescentes; uma pequena nadadeira dorsal adiposa, geralmente presente no pedúnculo caudal; habitando principalmente profundezas consideráveis do oceano; distribuição ampla.

ORDEM SACCOPHARYNGIFORMES. Teleósteos semelhantes a enguias, alongados (até 2 m), com mandíbulas enormes, que podem ser muitas vezes maiores que o comprimento do crânio; nadadeiras pélvicas, costelas, escamas e bexiga natatória inexistentes; fotóforos presentes no corpo; encontram-se a grandes profundidades do mar; duas ou três famílias.

ORDEM GALAXIIFORMES (Galaxiídeos). Teleósteos sem escamas, pequenos (até 0,6 m), com nadadeiras dorsais e anais situadas em posição bem posterior; nadadeira adiposa ausente; águas doce, salobra e marinha do Hemisfério Sul, ocorrendo dentro e ao redor da América do Sul, África do Sul, Nova Zelândia e Austrália; uma família.

ORDEM ESOCIFORMES (Lúcios). Peixes de nadadeiras com raios moles, de tamanho pequeno e médio (menos de 0,05 até 1,5 m), sem mesocoracóide na cintura escapular; bexiga natatória ligada ao tubo digestivo; escamas ciclóides; habitantes de água doce do Hemisfério Norte; três famílias viventes. (A ordem Esociformes é considerada uma subordem da ordem Clupeiformes por alguns).

ORDEM MORMYRIFORMES (Mormirídeos). Peixes de nadadeiras com raios moles, tamanho pequeno a médio-grande (até 1,5 m), com cerebelo muito desenvolvido; mesocoracóide presente; boca, freqüentemente, alongada; órgãos elétricos, geralmente, presentes na cauda; água doce da África tropical; uma ou duas famílias.

ORDEM CYPRINIFORMES (Cipriniformes). Peixes de nadadeiras com raios moles; pequenos a grandes, com uma cadeia de ossículos, chamada de aparelho de Weber, que se estende da bexiga natatória ao ouvido interno; bexiga natatória, geralmente, ligada ao tubo digestivo; nadadeiras pélvicas normalmente atrás das nadadeiras peitorais; encontrados somente nas águas doces do mundo; quatro subordens principais, numerosas famílias.

Subordem Characinoidei (Caracídeos). Cipriniformes com escamas, sem barbilhões e, geralmente, com uma nadadeira adiposa.

Subordem Gymnotoidei (Poraquês). Cipriniformes com corpo anguiliforme e abertura anal na "garganta".

Subordem Cyprinoidei (Carpas). Cipriniformes com boca protrátil e dentes faríngeos; abertura anal, não na "garganta".

Subordem Siluroidei (Bagres). Cipriniformes com boca não protrátil e sem escamas, possuindo barbilhões.

ORDEM ANGUILLIFORMES (Enguias). Peixes de tamanho pequeno a médio (até 2 m), com corpo alongado, nadadeiras dorsais e anal contínuas com a nadadeira caudal; nadadeiras pélvicas ausentes; escamas pequenas ou inexistentes; mesocoracóide ausente; bexiga natatória ligada ao tubo digestivo, quando presente; marinhos, exceto uma família; mais de 20 famílias reconhecidas.

ORDEM CYPRINODONTIFORMES (Ciprinodontídeos e seus afins). Peixes de nadadeiras com raios moles, pequenos (geralmente menos de 0,3 m), sem linha lateral; uma nadadeira dorsal; mesocoracóide ausente; uma bexiga natatória presente, mas não ligada ao tubo digestivo, no adulto; habitantes primordialmente de água doce das Américas do Norte e do Sul, Europa, África e partes da Ásia, embora algumas formas apareçam em água salobra ou no mar; cerca de sete famílias.

ORDEM BELONIFORMES (Peixes-agulha e peixes-voadores). Peixes de nadadeiras com raios moles, alongados, de tamanho pequeno a médio (até 1,2 m), cuja linha lateral se situa inferiormente no corpo; escamas ciclóides de tamanho pequeno ou médio; mesocoracóide ausente; bexiga natatória não ligada ao tubo digestivo, no adulto; na maior parte, marinhos, em vários oceanos do mundo, embora algumas espécies sejam encontradas em água doce; quatro famílias.

ORDEM GADIFORMES (Bacalhaus e merlúcios). Peixes de nadadeiras com raios moles, pequenos a razoavelmente grandes (0,1 até 2,0 m), cujas nadadeiras pélvicas são anteriores às nadadeiras peitorais; escamas ciclóides; mesocoracóide ausente; bexiga natatória não ligada ao tubo digestivo no adulto; águas marinhas dos Hemisférios Norte e Sul, quatro famílias; uma espécie de água doce, *Lota lota*, que é holártica.

ORDEM MACRURIFORMES. Peixes de tamanho médio (até 1 m), aparentados com os Gadiformes, porém com a nadadeira caudal contínua com as nadadeiras dorsais e anal; um espinho, ocasionalmente, associado à primeira nadadeira dorsal; nadadeiras pélvicas anteriores às nadadeiras peitorais; escamas ciclóides ou ctenóides; Oceanos Atlântico, Pacífico e Índico a consideráveis profundidades; uma família.

ORDEM PERCOPSIFORMES. Peixes pequenos (0,075 a 0,15 m), com características intermediárias entre os teleósteos primitivos de nadadeiras com raios moles e as espécies mais evoluídas de nadadeiras com raios duros; nadadeiras pélvicas posteriores às nadadeiras peitorais; nadadeiras dorsais, pélvicas e anal com um ou mais espinhos, precedendo os raios moles; duas das três espécies conhecidas possuem uma nadadeira adiposa no pedúnculo caudal; mesocoracóide ausente; bexiga natatória não ligada ao tubo digestivo no adulto; águas doces da América do Norte; uma família (três espécies).

ORDEM BERYCIFORMES. Peixes pequenos (0,075 a 0,6 m), aparentados com os Perciformes, porém mantendo algumas características mais primitivas; nadadeiras pélvicas ligeiramente posteriores às nadadeiras peitorais ou abaixo delas; nadadeira dorsal precedida por uma série de raios espinhosos; espinhos presentes nas nadadeiras peitorais; orbitosfenóide, geralmente, presente; bexiga natatória pode ser ligada, ou não, ao tubo digestivo no adulto; escamas ctenóides; águas temperadas e tropicais dos Oceanos Atlântico, Pacífico e Índico; 15 a 16 famílias reconhecidas.

ORDEM PERCIFORMES (Percas). Peixes de nadadeiras com raios espinhosos, muito pequenos a muito grandes (0,01 a 5 m), com cintura pélvica ligada à cintura peitoral por um ligamento; nadadeiras pélvicas anteriores às nadadeiras peitorais ou sobelas; geralmente, possuem duas nadadeiras dorsais, a anterior com raios espinhosos; mesocoracóide e orbitosfenóide ausentes; bexiga natatória não ligada ao tubo digestivo, no adulto; escamas, geralmente, ctenóides; mundialmente encontrados tanto no mar, como na água doce; cerca de 20 subordens e mais de 125 famílias.

ORDEM ECHENEIFORMES (Rêmoras). Peixes perciformes, médio-pequenos (até 1 m), cuja nadadeira dorsal anterior com raio espinhoso modifica-se para formar uma série de pregas transversais pares sobre um disco de sucção, situado no topo da cabeça; bexiga natatória ausente; mundialmente, nos mares tropicais ou temperados; uma família com cerca de oito espécies.

ORDEM ZEIFORMES. Peixes de corpo alto, lateralmente comprimido, de tamanho médio (até 1 m), estreitamente aparentados aos Perciformes; uma nadadeira dorsal de raios espinhosos presente; um a quatro espinhos anteriores à nadadeira anal; distribuição ampla nos mares do mundo a profundidades médias; três famílias.

ORDEM PLEURONECTIFORMES (Linguados). Peixes assimétricos, pequenos a grandes (0,15 até mais de 3 m), com corpo lateralmente comprimido e ambos os olhos no mesmo lado da cabeça; um lado do corpo sem pigmentação e usado para repousar sobre o substrato; nadadeiras dorsais e anal estendendo-se ao longo de quase todo o comprimento do corpo; bexiga natatória, geralmente, ausente; distribuição ampla, bentônicos e na maior parte marinhos; duas subordens e cinco famílias.

ORDEM GASTEROSTEIFORMES (Esgana-gatas). Peixes de nadadeiras com raios espinhosos, muito pequenos (0,04 a 0,15 m), com três a 15 espinhos livres anteriores à nadadeira dorsal; um grande espinho na extremidade anterior de cada nadadeira pélvica; águas doce e do mar, frias e temperadas do Hemisfério Norte; duas ou três famílias, dependendo da inclusão, ou não, da família Indostomatidae (representada por uma única espécie de água doce em Burma).

ORDEM SYNGNATHIFORMES (Cavalos-marinhos e afins). Peixes pequenos (0,03 a 0,7 m) com boca alongada, em forma de tubo; nadadeira dorsal anterior, quando presente, possuindo raios espinhosos; costelas ausentes; bexiga natatória não ligada ao tubo digestivo, no adulto; principalmente em águas dos mares tropicais e subtropicais; duas subordens e sete famílias.

ORDEM OPHIOCEPHALIFORMES. Peixes semelhantes aos Perciformes, tamanho pequeno a médio (0,15 a 1 m), cujas nadadeiras pélvicas são posteriores às nadadeiras peitorais; cinturas peitoral e pélvica ligadas por um ligamento; mesocoracóide ausente; nadadeiras ímpares sem espinhos; bexiga natatória não ligada ao tubo digestivo no adulto; uma câmara suprabranquial presente acima das brânquias para a respiração de ar; habitantes das águas doces da África e Ásia; uma família.

ORDEM MUGILIFORMES (Barracudas, Tainhas e afins). Peixes de nadadeiras com raios espinhosos, tamanho pequeno a moderadamente grande (0,13 a 2 m), com nadadeiras pélvicas situadas atrás do abdome; nadadeira dorsal anterior, com raios espinhosos, separada da nadadeira dorsal posterior de raios moles; nadadeira pélvica composta por cinco raios precedidos por um espinho; cintura pélvica ligada à cintura peitoral por um ligamento; primordialmente, águas marinhas tropicais e subtropicais, porém algumas espécies de água doce são encontrados em lugares tão separados como Índias Ocidentais e Orientais, Nova Guiné e América; duas subordens e três famílias.

ORDEM PHALLOSTETHIFORMES (Falostetídeos). Peixes muito pequenos (geralmente menos de 0,04 m), com nadadeiras pélvicas rudimentares ou inexistentes; duas nadadeiras dorsais presentes, a anterior com raios espinhosos; bexiga natatória não ligada ao tubo digestivo no adulto; aberturas anal e genital na "garganta"; águas doce, salobra e do mar das Filipinas para oeste até a Índia; uma família.

ORDEM LOPHIFORMES (Diabos-marinhos). Peixes de tamanho pequeno a médio (0,05 a 1,3 m), cujas nadadeiras peitorais se transformam de maneira que possam ser usadas para caminhar; nadadeiras pélvicas localizadas na "garganta"; primeiro raio da nadadeira dorsal, modificado como isca para atrair outros peixes; mesocoracóide e costelas ausentes; bexiga natatória não ligada ao tubo digestivo, no adulto; Oceanos Atlântico, Pacífico e Índico; duas subordens e cinco famílias.

ORDEM TETRAODONTIFORMES (Baiacus, peixes-cofre, peixe-lua e seus afins). Peixes pequenos a muito grandes (até 3,7 m), com uma boca relativamente pequena e pequenas aberturas branquiais; corpo, geralmente, coberto com placas ou espinhos; águas tropicais e temperadas dos Oceanos Atlânticos, Pacífico e Índico, quatro subordens e oito famílias.

Subclasse Sarcopterygii (Peixes de nadadeiras carnosas)

Peixes que geralmente possuem coanas e nadadeiras pares, que têm uma base carnosa, sobre um esqueleto ósseo; duas ordens (veja NOTA sob Osteichthyes, p. 66).

ORDEM CROSSOPTERYGII (Peixes de nadadeiras lobadas). Peixes com um lobo carnoso na base das nadadeiras; geralmente, duas nadadeiras dorsais; coanas internas geralmente presentes; dentes com pregas labirintinas de esmalte; dois grupos, os osteolepídios e os celacantos (considerados por alguns como pertencentes a ordens diferentes, Osteoleipiformes e Coelacanthiformes); Devoniano ao Recente; duas espécies viventes estreitamente aparentadas, *Latimeria chalumnae* e *Malania anjouanae*, do Oceano Índico próximo às Ilhas Comoro. (Há alguns que consideram os celacantos como um grupo distinto, originado de um ancestral comum com os Chondrichthyes. Veja capítulo 2).

ORDEM DIPNOI (Peixes dipnóicos). Peixes com nadadeiras carnosas do tipo arquipterígio; coanas internas presentes; dentes sob a forma de duas grandes placas; bexiga natatória ligada ao lado ventral do tubo digestivo e funcionando, pelo menos parcialmente, como um órgão respiratório; representantes viventes geralmente divididos em duas subordens, Ceratodoidei, contendo o gênero *Neoceratodus* da Austrália, e Lepidosirenoidei, representada por *Lepidosiren* da América do Sul e *Protopterus* da África.

REFERÊNCIAS BIBLIOGRÁFICAS

Arnott, H. J., Maciolek, N. J., and Nicol, J. A. C. 1970. Retinal Tapetum Lucidum: A novel reflecting system in the eye of teleosts. Science *169:*478–480

Barrington, E. J. W., 1961. Metamorphic processes in fishes and lampreys. Am. Zool. *1:*97–106.

Berg, L. S. 1947. Classification of Fishes Both Recent and Fossil (English and Russian). Ann Arbor, Mich., J. W. Edwards, Publisher, Inc.

Bond, C. E. 1979. Biology of Fishes. Philadelphia, W. B. Saunders Co.

Brown, M. E., Ed. 1957. The Physiology of Fishes. New York. Academic Press, Inc., 2 Vols.

Carlander, K. D. 1977. Handbook of Freshwater Fishery Biology. The Iowa State Univ. Press, Ames, Iowa. 431 pp.

Clemens, W. A., and Wilby, G. V. 1961. Fishes of the Pacific Coast of Canada. Bull. 68, Fisheries Res. Board of Canada, 2nd Ed.

Cohen, D. M. 1970. How many Recent fishes are there? Proc. Calif. Acad. Sci. (4) *38:*341–346.

Daniel, J. F. 1928. The Elasmobranch Fishes. Berkeley, University of California Press.

Fish, J. F., and Cummings, W. C. 1972. A 50-dB increase in sustained ambient noise from fish *(Cynoscion xanthulus).* J. Acoust. Soc. America *52:*1266–1270.

Follett, W. I. 1961. The fresh-water fishes—their origins and affinities. Syst. Zool. *9:*212–232.

Giese, A. C. 1979. Cell Physiology. 5th Ed. Philadelphia, W. B. Saunders Co.

Greenwood, P. H., Rosen, D. E., Weitzman, S. H., and Myers, G. S. 1966. Phyletic studies of teleostean fishes, with a provisional classification of living forms. Bull. Amer. Mus. Nat. Hist. *131:*339–456.

Gregory, W. K. 1951. Evolution Emerging. New York, The Macmillan Co., 2 Vols.

Halstead, B. W. 1953. Some general considerations of the problems of poisonous fishes and ichthyosarcotoxism. Copeia *1953:*31–33.

Halstead, B. W. 1967. Poisonous and Venomous Marine Animals of the World. Vol. 2, Vertebrates. Washington, D. C., U.S. Govt. Printing Office.

Halstead, B. W., Chitwood, M. J., and Modglin, F. R. 1955. The venom apparatus of the California scorpionfish, *Scorpaena guttata* Girard. Trans. Am. Microscopical Soc. *74:*145–158.

Halstead, B. W., and Lively, W. M. 1954. Poisonous fishes and ichthyosarcotoxism. U.S. Armed Forces Med. J. *5:*157–175.

Haneda, Y., and Tsuji, F. I. 1971. Light production in the luminous fishes *Photoblepharon* and *Anomalops* from the Banda Islands. Science *173:*143–145.

Harder, W. 1964. Anatomie der Fische. *In* Wunch, H. H., Ed. Handbuch der Binnenfischerie Mitteleuropas. Berlin, Schweizerbart'sche.

Harvey, E. N. 1952. Bioluminescence. New York, Academic Press, Inc.

Heiligenberg, W. 1973. Electrolocation of objects in the electric fish, *Eigenmannia* (Rhamphichthyidae, Gymnotoidei). J. Comp. Physiol. *87:*137–164.

Hopkins, C. D. 1974. Electric communication in fish. American Scientist *62:*426–437.

Hubbs, C. L., and Lagler, K. F. 1947. Fishes of the Great Lakes region. Bull. Cranbrook Inst. Sci. *26:*1–186.

Hubbs, C. L., and Wick, A. N. 1951. Toxicity of the roe of the cabezon, *Scorpaenichthys marmoratus*. Calif. Fish and Game *37:*195–196.

Hulet, W. H., and Musil, G. 1968. Intracellular bacteria in the light organ of the deep sea angler fish, *Melanocetus murrayi.* Copeia *1968:*506–512.

Johnson, F. H., Ed. 1955. The Luminescence of Biological Systems. Wash., D. C., American Association for the Advancement of Science.

Jordan, D. S. 1905. A Guide to the Study of Fishes. New York, Henry Holt and Co., Inc., Vol. 1.

Jordan, D. S., and Evermann, B. W. 1896. The fishes of North and Middle America; A descriptive catalogue of the species of fish-like vertebrates found in the waters of North America, north of the Isthmus of Panama. Bull. U. S. Nat. Mus. *47:*1–3313.

Jordan, D. S., Evermann, B. W., and Clark, H. W. 1930. Check List of the Fishes and Fish-like Vertebrates of North and Middle America North of the Northern Boundary of Venezuela and Colombia. Rept. U.S. Comm. Fish. 1928.

Kleerekoper, H. 1969. Olfaction in Fishes. Bloomington, Indiana Univ. Press.

Knowles, F. G. W. 1963. Animal colour changes and neurosecretion. Triangle, *6*(1):2–10.

Lissmann, H. W. 1958. On the function and evolution of electric organs in fish. J. Exper. Biol. *35:*156–191.

Lissmann, H. W., and Machin, K. E. 1958. The mechanism of object location in *Gymnarchus niloticus* and similar fish. J. Exper. Biol. *35:*451–486.

Magnuson, J. J. 1970. Hydrostatic equilibrium of *Euthynnus affinis,* a pelagic teleost without a gas bladder. Copeia *1970:*56–85.

McCosker, J. E., and Lagios, M. D., Eds. 1979. The biology and physiology of the living coelacanth. Occas. Pap. Calif. Acad. Sci., no. 134, 175 pp.

Myers, G. S. 1963. Fresh-water fishes. Pacific Discovery, *16*(4):36–39.

Nelson, G. J. 1969. Origin and diversification of teleostean fishes. Ann. New York Acad. Sci. *167:*18–30.

Nikol'skii, G. V. 1961. Special Ichthyology. (Chastnaya Ikhtiologia. 1954, Moscow, Gos. Izd. "Sovetskaia Nauka.") Translated by J. I. Lengy and A. Krauthamer. Published by the Israel Program for Scientific Translations for the National Science Foundation. (Available at Office of Technical Services, U.S. Department of Commerce.)

Norman, J. R. 1931. A History of Fishes. London, Ernest Benn Ltd.

Norman, J. R., and Fraser, F. C. 1949. Field Book of Giant Fishes. New York, G. P. Putnam's Sons, Inc.

Oguri, M. 1964. Rectal glands of marine and fresh-water sharks: comparative histology. Science *144:*1151–1152.

Rand, H. W. 1950. The Chordates. Philadelphia, The Blakiston Co.

Romer, A. S. 1945. Vertebrate Paleontology. 2nd Ed. Chicago, University of Chicago Press.

Romer, A. S., and Parsons, T. S. 1977. The Vertebrate Body. 5th Ed. Philadelphia, W. B. Saunders Co.

Schrenkeisen, R. 1938. Field Book of Freshwater Fishes of North America, North of Mexico. New York, G. P. Putnam's Sons, Inc.

Schultz, L. P. 1936. Keys to the fishes of Washington, Oregon and closely adjacent regions. Univ. Wash. Publ. Zool. *2:*103–228.

Schultz, L. P., and Stern, E. M. 1948. The Ways of Fishes. Toronto, New York, and London, D. Van Nostrand Co., Inc.

Tavolga, W. N., Ed. 1976. Sound Reception in Fishes. Bloomington, Indiana, Indiana University Press.

Thorson, T. B. 1967. Osmoregulation in fresh-water elasmobranchs, pp. 265–270. *In* Gilbert, P. W., Mathewson, R. F., and Rall, D. P., Eds. 1967. Sharks, Skates, and Rays. Baltimore, Johns Hopkins Press.

Thorson, T. B. 1972. The status of the bull shark, *Carcharhinus leucas,* in the Amazon River. Copeia *1972:*601–605.

Thorson, T. B. 1974. Occurrence of the sawfish, *Pristis perotteti,* in the Amazon River, with notes on *P. pectinatus.* Copeia *1974:*560–564.

Thorson, T. B., Cowan, C. M., and Watson, D. E. 1967. *Potamotrygon spp.:* elasmobranchs with low urea content. Science *158:*375–377.

Thorson, T. B., Cowan, C. M., and Watson, D. E. 1973. Body fluid solutes of juveniles and adults of the euryhaline bull shark *Carcharhinus leucas* from freshwater and saline environments. Physiol. Zool. *46:*29–42.

Thorson, T. B., and Gerst, J. W. 1972. Comparison of some parameters of serum and uterine fluid of pregnant, viviparous sharks *(Carcharhinus leucas)* and serum of their near-term young. Comp. Biochem. Physiol. *42A:*33–40.

Thorson, T. B., Wotton, R. M., and Georgi, T. A. 1978. Rectal gland of freshwater stingrays, *Potamotrygon* spp. (Chondrichthyes: Potamotrygonidae). Biol. Bull., *154:*508–516.

Yapp, W. B. 1965. Vertebrates; Their Structure and Life. New York, Oxford University Press.

Capítulo 4

Anfíbios

CARACTERÍSTICAS GERAIS

Existem aproximadamente 3.000 espécies de anfíbios, vivendo no mundo, hoje. Comumente, os anfíbios são divididos em três ordens: a ordem Anura (rãs e sapos), a ordem Caudata ou Urodela (salamandras) e a ordem Gymnophiona ou Apoda (cobras-cegas). Existem aproximadamente apenas 60 espécies desta última ordem e aproximadamente 200 espécies diferentes de salamandras, de modo que a maioria dos anfíbios é representada pelas diversas espécies de rãs e sapos.

O termo "anfíbio" é empregado para os membros desta classe, porque a maioria deles vive as fases iniciais de seu ciclo vital dentro da água, sob a forma de larvas com brânquias, comumente chamadas de girinos. Mais tarde, as larvas transformam-se em indivíduos adultos terrestres com respiração pulmonar. Entretanto, isto não é verdadeiro para todos os anfíbios, porque existem algumas espécies que nunca abandonam a água, permanecendo no estágio larval, enquanto outras não vivem na água, em nenhuma fase de seu ciclo vital. Neste último caso, o indivíduo eclode do ovo completamente formado. Além disso, algumas espécies, quando adultas, não têm pulmões e respiram apenas pela pele que é úmida e glandular.

Como grupo, os anfíbios representam os primeiros vertebrados a viverem na terra. Basicamente, não *pentadáctilos* (cinco dedos), apesar do número de dedos freqüentemente ser reduzido.

Como os peixes e répteis, eles são ectotérmicos, dependendo do ambiente como fonte de calor. Como a maioria dos anfíbios coloca seus ovos em lagoas e córregos e nenhum deles pode deslocar-se por grandes distâncias no ambiente terrestre, poucas espécies vivem longe da água.

Sistema Esquelético

Os anfíbios têm um crânio proporcionalmente largo e achatado, em contraste com o da maioria dos peixes. Entretanto, os anfíbios das eras Paleozóica e Mesozóica

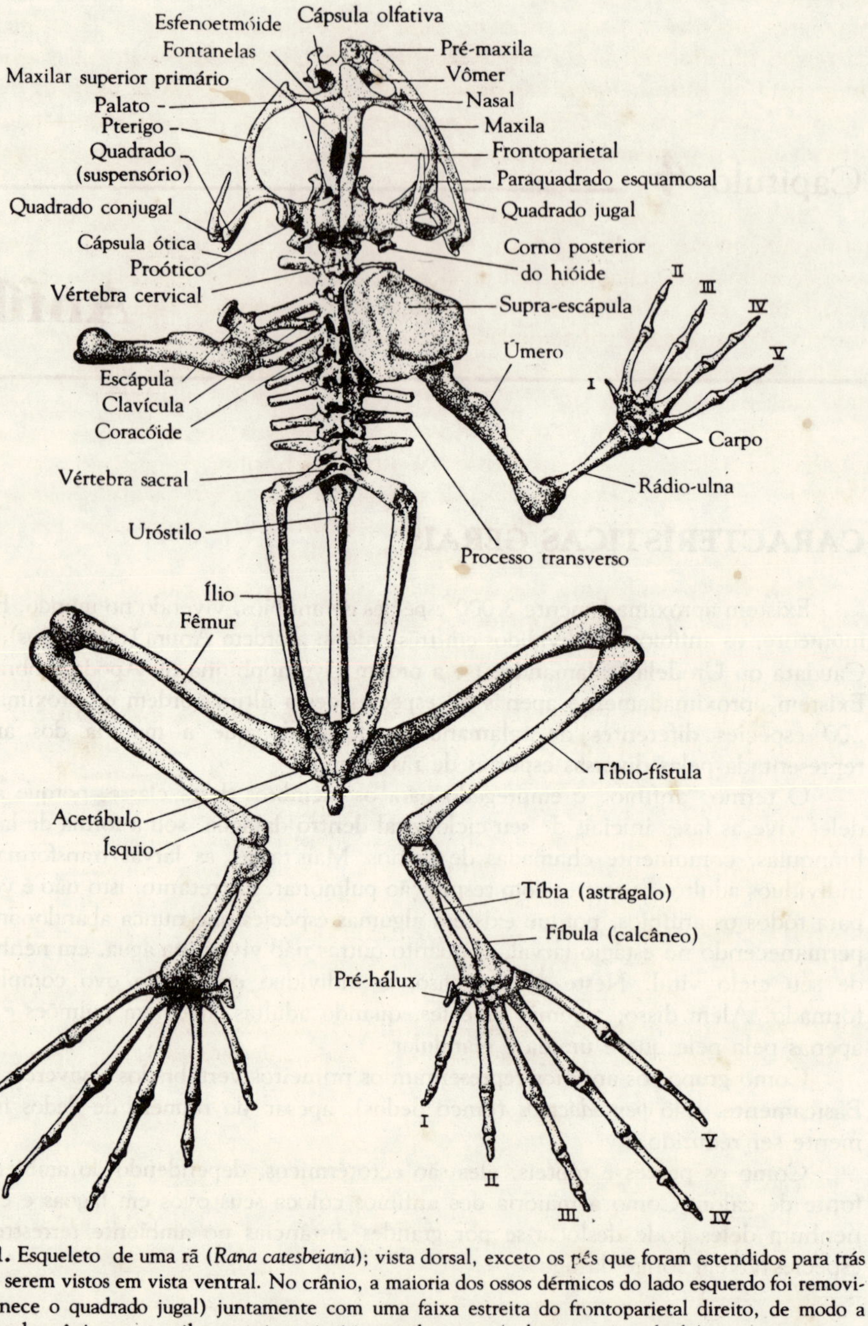

Figura 4.1. Esqueleto de uma rã (*Rana catesbeiana*); vista dorsal, exceto os pés que foram estendidos para trás de modo a serem vistos em vista ventral. No crânio, a maioria dos ossos dérmicos do lado esquerdo foi removida (permanece o quadrado jugal) juntamente com uma faixa estreita do frontoparietal direito, de modo a expor o condrocrânio e o maxilar superior primário cartilaginoso (palatopterigoquadrado) contínuo com a cápsula olfativa cartilaginosa na frente e com a cápsula ótica atrás. O osso proótico é a única região ossificada da cápsula ótica e, nas rãs adultas, funde-se com o exoccipital adjacente. À direita, o suspensório foi omitido de modo a expor o anel timpânico, sobre o qual está apoiada a membrana timpânica do "ouvido médio" (Rand, H.W.: The Chordates. New York; McGraw-Hill Book Co., Inc., 1950).

conservaram muitas das características cranianas dos seus ancestrais crossopterígeos, incluindo um grande número de ossos dérmicos. Estes são bastante reduzidos no crânio dos anfíbios modernos, sendo representados principalmente por um par de pré-maxilares, maxilares, nasais, frontais, parietais e esquamosais (Fig. 4.2). A maior parte da região superior da cabeça não é recoberta por ossos, o que é particularmente verdadeiro para os anuros. Partes do condrocrânio permanecem sem se ossificar. Na região occipital, apenas os exoccipitais ossificam-se; cada um destes possui um côndilo que se articula com a primeira vértebra. Os alisfenóides, o pré-esfenóide e o basisfenóide são cartilaginosos.

Não existe palato secundário em anfíbios; conseqüentemente, as coanas se abrem na região anterior do teto da boca. A face inferior da caixa craniana é recoberta por um osso de membrana, chamado parasfenóide, que é muito largo nas cobras-cegas. Em cada lado deste osso, existem grandes orifícios. O epipterigóide, que representa a parte anterior da cartilagem palatoquadrada dos peixes, nunca se ossifica nos anfíbios e até o quadrado se ossifica incompletamente nos urodelos. Este último é imóvel, estando fundido com a região ótica.

Apesar de existirem numerosos ossos na mandíbula dos anfíbios primitivos, este número foi reduzido acentuadamente nas espécies viventes. A cabeça da cartilagem de Meckel é substituída pelo osso articular nos anfíbios da ordem Caudata, mas permanece cartilaginosa nos anfíbios da ordem Anura. Um osso dental, assim como um osso esplenial e um osso angular posteriores podem estar presentes.

Pode haver dentes nos ossos pré-maxilares, maxilares, palatinos, vômer, parasfenóide e dental. Em alguns anfíbios, pode não haver nenhum dente e, em outros, eles podem estar ausentes apenas na mandíbula.

O número de vértebras, nos anfíbios, varia de 10, nos Salientia, até aproximadamente 200, na ordem Gymnophiona. Além disso, existe uma maior diferenciação das vértebras do que a encontrada em peixes. O crânio articula-se com uma única vértebra cervical. Atrás desta, encontram-se as vértebras do *tronco*. A cintura pélvica, exceto nas cobras-cegas, liga-se ao esqueleto axial por intermédio de uma vértebra *sacral* única. O número de vértebras *caudais* é variável. Nos Salientia, existe apenas um elemento alongado, chamado *uróstilo*, que se estende do sacro à extremidade posterior da pelve.

Os anfíbios são os primeiros vertebrados em que aparece o esterno. Entretanto, as costelas são pouco desenvolvidas e, em nenhum caso, têm contato com o esterno, como ocorre na maioria dos répteis e em aves e mamíferos.

A maioria dos anfíbios apresenta dois pares de pernas; na perna anterior, existem quatro dedos e na posterior, cinco. Em algumas espécies, o número de dedos pode ser reduzido a apenas dois. As pernas posteriores estão ausentes em certas espécies de sala-

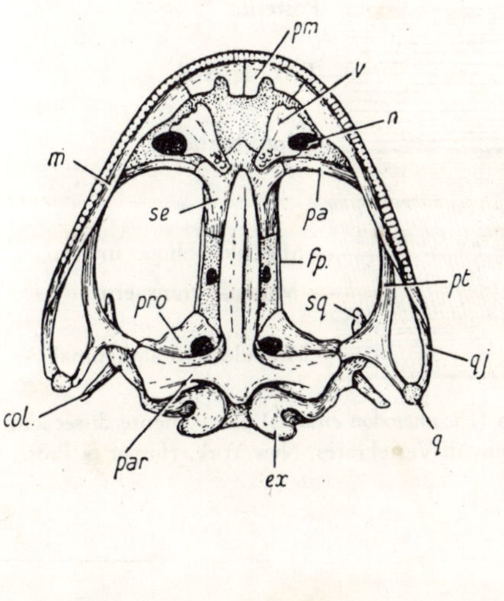

Figura 4.2. Vista ventral do crânio de uma rã. *Columella auris*; *ex*, exoccipital; *fp*, frontoparietal; *m*, maxila; *n*, narina; palatino; *par*, parasfenóide; *pm*, pré-maxila; *pro*, proótico; *pt*, pterigóide; *q*, quadrado; *qj*, quadradojugal; *se*, esfenoetmóide; *sq*, esquamosal; *v*, vômer (Young, J.Z.: The Life of Vertebrates, Oxford, Clarendon Press, 1950. Segundo Marshall: The Frog. New York, The Macmillan Co., 1912.)

mandras, semelhantes a enguias; no caso das cobras-cegas, ambas as pernas estão ausentes, o que representa mais uma degeneração do que uma condição primitiva. Geralmente, não existem garras nas pernas. Entretanto, pode haver protuberâncias córneas ou discos adesivos nos dedos. As adaptações dos membros, em anfíbios, são discutidas em outra secção deste capítulo.

Sistema Muscular

O sistema muscular dos anfíbios, assim como muitos outros sistemas neste grupo, mostram-se como uma transição interessante entre peixes e répteis. Nos peixes, o sistema muscular relaciona-se primariamente à movimentação lateral do corpo, à abertura e ao fechamento da boca e das brânquias e a movimentos relativamente simples das nadadeiras. A vida terrestre exigiu algumas modificações desta organização. A musculatura do tronco dos anfíbios ainda é primariamente metamérica, como nos peixes, mas existem algumas diferenças marcantes (Fig. 4.3). O septo horizontal, que separa os músculos dorsais e ventrais, situa-se numa posição mais dorsal. Esta alteração resultou numa redução do tamanho dos músculos epaxiais ou dorsais do tronco. Partes deste sistema muscular, assim como a musculatura original das brânquias, efetuam movimentos da cabeça, um movimento que os peixes são incapazes de fazer. A musculatura hipaxial ou ventral apresenta modificações ainda mais acentuadas. Os miosseptos ou miocomas, que são tão evidentes, separando os feixes musculares de cada segmento do corpo dos peixes, são reduzidos ou estão ausentes na musculatura ventral do corpo de muitos anfíbios. Além disso, os músculos ventrais são separados em camadas, formando os músculos oblíquo externo, oblíquo interno e transverso. O músculo oblíquo externo ainda pode ser subdividido em duas partes: uma profunda e a outra, superficial. O músculo reto abdominal, que está presente em alguns peixes, é bem desenvolvido nos anfíbios (Fig. 4.4). Essencialmente, os músculos dérmicos são ausentes.

A descrição dos músculos apendiculares ultrapassa o objetivo deste trabalho. Mesmo nos tetrápodos mais primitivos, a locomoção na terra envolve muitos fatores que não são encontrados nos vertebrados mais inferiores. Nos peixes, os músculos que movem as nadadeiras, situam-se essencialmente dentro do corpo e, portanto, são extrínsecos a elas. São constituídos simplesmente por grupos dorsais e ventrais. O primeiro grupo é responsável pela elevação ou extensão das nadadeiras e o último grupo é responsável pela adução ou abaixamento das mesmas. A realização dos vários movimentos, que as diferentes espécies de anfíbios devem executar para nadar, andar

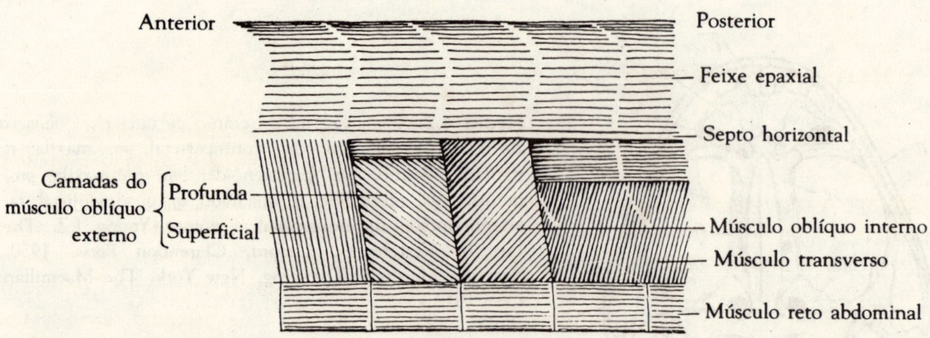

Figura 4.3. Músculos da parede do corpo de uma salamandra (*Dicamptodon ensatus*) parcialmente dissecada; lado esquerdo. (Eaton, Theodore H., Jr.: Comparative Anatomy of Vertebrates. New York, Harper & Bros., 1960.)

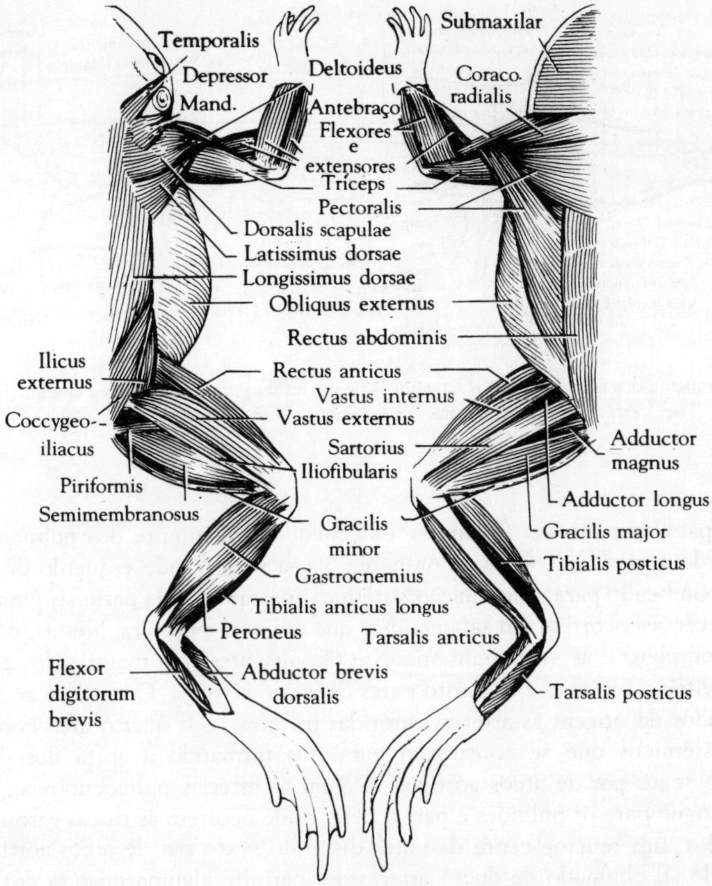

Figura 4.4. Músculos esqueléticos superficiais da rã, numa vista dorsal (à esquerda) e ventral (à direita). (Villee, C.A.; Walker, F.W., Jr. and Barnes, R.D.: General Zoology. 5th Ed. Philadelphia, W.B. Saunders Co., 1978.)

saltar e trepar exigiu o desenvolvimento de muitos outros tipos de músculos. Alguns deles localizam-se inteiramente dentro dos membros e, por esta razão, são chamados de músculos *intrínsecos.*

Sistema Circulatório

Nos peixes em que a respiração é exclusivamente branquial, apenas o sangue não-oxigenado vai para o coração, que o bombeia para as brânquias. A maioria dos anfíbios tem um problema diferente para resolver, porque, nesta classe, o coração recebe tanto o sangue oxigenado, proveniente dos pulmões, como o sangue não-oxigenado, proveniente do corpo. Isto também é verdadeiro para os peixes dipnóicos. Por esta razão, para impedir a mistura excessiva destes dois tipos de sangue, ambos os grupos começaram a desenvolver um sistema circulatório duplo (Fig. 4.5). Isto foi conseguido pela formação de um septo inter-atrial, de bolsas profundas na cavidade ventricular e pela divisão do cone arterioso em vasos sistêmicos e pulmonares. O sangue proveniente do corpo entra no átrio direito, vindo do seio venoso, passa para o lado direito do ventrículo, de onde é

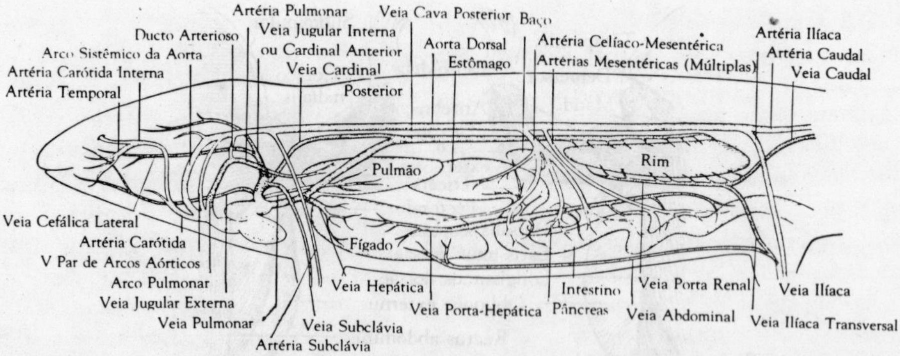

Figura 4.5. Esquema dos principais vasos sangüíneos de um anfíbio urodelo, em vista lateral. (Romer, A.S., e Parsons, T.S.: The Vertebrate Body. 5th Ed. Philadelphia, W.B. Saunders Co., 1977.)

bombeado para os pulmões. O sangue oxigenado, proveniente dos pulmões, entra no átrio esquerdo através das veias pulmonares, passa para o lado esquerdo do ventrículo, de onde é bombeado para a circulação sistêmica, passando pela parte sistêmica do cone. Algumas exceções ocorrem em salamandras que não têm pulmões; Nestas, o septo interatrial é incompleto e as veias pulmonares estão ausentes. Na maioria dos anfíbios, faltam o primeiro, o segundo e o quinto pares de arcos aórticos. O terceiro arco aórtico de ambos os lados dá origem às artérias carótidas internas, e o quarto arco constitui o par de arcos sistêmicos que se continuam para trás formando a aorta dorsal. Da parte proximal do sexto par de arcos aórticos, surgem as artérias pulmocutâneas. Elas transportam o sangue para os pulmões e para a pele, onde ocorrem as trocas gasosas. Em anfíbios caudados, um remanescente da parte distal do sexto par de arcos aórticos persiste em cada lado. É chamado de ducto arterioso e permite alguma mistura entre o sangue oxigenado e o não-oxigenado.

O sistema venoso dos anfíbios assemelha-se muito ao dos peixes dipnóicos, exceto pelo fato da veia abdominal entrar no sistema porta hepático e não no seio venoso. As veias cardinais comuns, que entram no seio venoso de cada lado, são chamadas de veias pré-cavas, e a veia pós-cava, que é derivada de vários sistemas cardinais, assume maior importância.

Sistema Digestivo

Os anfíbios aquáticos têm pouca necessidade de glândulas orais, porque, geralmente, sua alimentação provém da água. De qualquer maneira, eles têm poucas glândulas mucosas, dispersas pela boca. Estas glândulas são mais numerosas nos anfíbios terrestres, especialmente na língua, que é usada para capturar alimento pelos sapos e rãs. Os anfíbios terrestres também possuem uma glândula intermaxilar no teto da boca, que produz uma secreção viscosa. Existem alguns anfíbios que não têm língua, ou se a têm, ela é imóvel. De qualquer maneira, a maioria dos anfíbios tem uma língua protrátil e, em alguns sapos e rãs, ela pode estar dobrada sobre si mesma para trás, quando não está sendo usada. Nestes animais, encontra-se um esôfago curto, que geralmente pode ser distinguido do estômago. O intestino apresenta variações consideráveis. Nas cobras-cegas, ele apresenta poucas voltas e não há separação entre o intestino delgado e intestino grosso. Por outro lado, nos sapos e rãs, existe um intestino delgado relativamente longo e convoluto, e um intestino grosso, curto e reto, que se abre na cloaca.

Sistema Respiratório

Durante a fase larval, a maioria dos anfíbios respira por intermédio de brânquias. Estas brânquias não são do tipo interno, como na maioria dos peixes; são externas. São estruturas filamentosas, recobertas por um epitélio ciliado e, parcialmente, cobertas por um opérculo grande, que termina por envolvê-las completamente (Fig. 4.6). Elas se assemelham às brânquias das larvas de peixes dipnóicos em muitos aspectos e são reabsorvidas ou degeneram durante a metamorfose. Num pequeno número de anfíbios da ordem Caudata, as brânquias das larvas são conservadas durante toda a vida.

Algumas adaptações fisiológicas são necessárias, juntamente com a metamorfose, para os anfíbios que mudam de uma vida larval aquática para uma vida adulta terrestre. As larvas aquáticas, geralmente, apresentam um menor conteúdo de hemoglobina, como resultado de uma menor quantidade de eritrócitos circulantes. Parece que as brânquias funcionam mais eficientemente para as trocas respiratórias e, geralmente, existe uma menor atividade no meio aquático que no terrestre.

Os pulmões dos anfíbios são estruturas simples e saculiformes (Fig. 4.7). Em algumas espécies aquáticas, a superfície interna pode ser lisa, mas, na maioria dos sapos e rãs, as paredes contêm numerosas dobras com alvéolos, de modo a aumentar a superfície respiratória. Muitos anfíbios da ordem Caudata possuem uma traquéia curta, sustentada por cartilagem, que se bifurca em dois brônquios, que se abrem nos pulmões. A extremidade superior da traquéia é alargada, especialmente em sapos e rãs, para formar a *laringe*, onde se localizam as cordas vocais. O limite entre a faringe e a laringe é uma abertura chamada *glote*. Geralmente, o ar é bombeado para os pulmões dos anfíbios através de um simples processo de deglutição.

A maioria dos anfíbios respira parcialmente através da pele e alguns deles, por exemplo as salamandras da família Plethodontidae, que não têm pulmões nem brânquias nos adultos, respiram exclusivamente pela pele e pelo epitélio oral. Isto significa que a pele deve ser mantida úmida. Nos anfíbios terrestres, isto é obtido por intermédio das numerosas glândulas mucosas, distribuídas sobre a superfície do corpo.

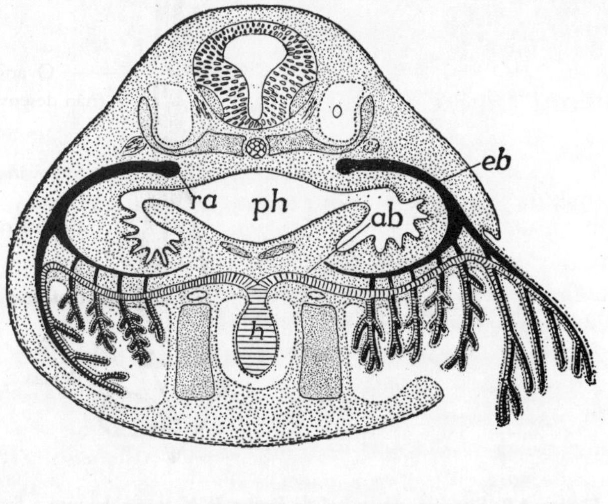

Figura 4.6. Esquema das relações entre as brânquias externas e internas, num girino da ordem Anura: *ab* e *eb*: artérias branquiais aferentes e eferentes; *h*: coração; *o*: cavidade ótica; *ph*: faringe; *ra*: raízes aórticas. (Segundo Maurer, cortesia de Kingsley, J.S.: Outlines of Comparative Anatomy of Vertebrates. 3rd Ed. New York, The Blakiston Division, McGraw-Hill Book, Inc., 1926, com autorização.)

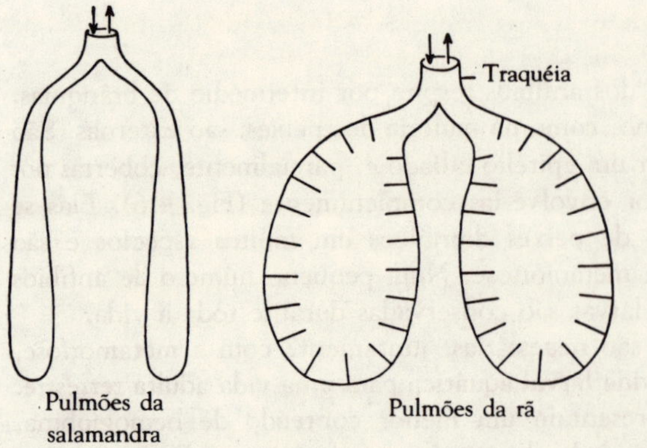

Figura 4.7. Pulmões de um anfíbio da ordem Caudata (*Necturus*) e da ordem Anura (*Rana*). (Villee, C.A.: Biology, 7th Ed. Philadelphia, W.B. Saunders Co., 1977.)

Sistema Urogenital

Os anfíbios apresentam, como os peixes, rins do tipo opistonéfrico. Nos anfíbios caudados, os rins são estruturas bastante alongadas, como nos elasmobrânquios, mas, nos anfíbios da ordem Anura, existe uma tendência para que estas estruturas sejam curtas e compactas. Como muitos anfíbios vivem, parcialmente ou inteiramente, na água doce, eles desenvolveram grandes corpúsculos renais para auxiliar a eliminação de água e, deste modo, impedir a diluição excessiva dos líquidos do corpo.

Em alguns anfíbios, o ducto arquinéfrico desempenha um papel excretor e reprodutor nos machos, enquanto, em outros, o ducto arquinéfrico desempenha

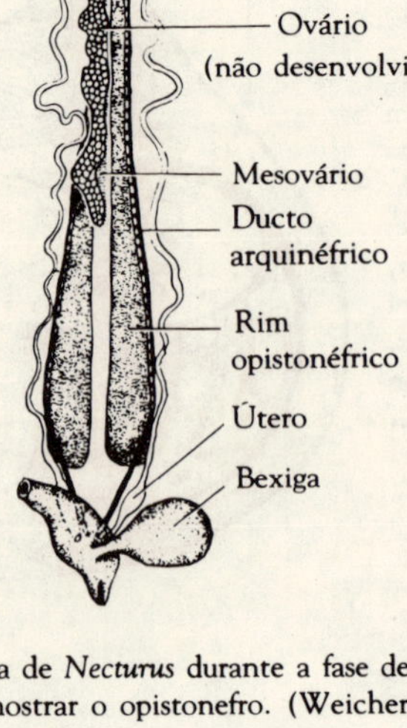

Figura 4.8. Sistema urogenital da fêmea de *Necturus* durante a fase de não-procriação, em vista ventral. O ovário esquerdo foi removido para se mostrar o opistonefro. (Weichert, C.K.: Anatomy of the Chordates. New York, McGraw-Hill Book Co., Inc., 1958.)

exclusivamente a função de transporte do esperma, e o rim é drenado por um novo ducto comparável ao ureter dos vertebrados superiores.

Os anfíbios desenvolveram uma bexiga que difere da encontrada freqüentemente em peixes. Nestes, a bexiga geralmente resulta do alargamento da extremidade inferior do ducto arquinéfrico. A bexiga dos anfíbios representa uma estrutura nova que se desenvolve como uma evaginação do soalho da cloaca. Por esta razão, a urina deve passar primeiramente dos ductos dos rins para a cloaca, de onde ela passa para a bexiga, para se armazenada. Em certos anfíbios terrestres, parte da água da urina armazenada é reabsorvida para o sistema, em determinadas épocas, para compensar a umidade perdida pela pele.

Os anfíbios que passam uma grande parte do ano enterrados, como os sapos do gênero *Scaphiophus*, podem absorver água do solo, contanto que a pressão osmótica dos líquidos do corpo seja maior que a tensão de água do solo. Para isto, os sapos, que vivem na terra com pouca disponibilidade de água, produzem uréia numa velocidade maior do que aqueles que vivem num solo mais úmido.

Os ovários dos anfíbios são estruturas pares e contêm uma cavidade em seu interior, que é preenchida por linfa. Os ovidutos também são pares, apesar das extremidades inferiores serem fundidas em algumas espécies. Freqüentemente, a extremidade inferior de cada oviduto é alargada, constituindo uma estrutura semelhante a um útero, que serve para o armazenamento temporário dos óvulos, antes deles serem expelidos ou, em algumas espécies que são ovovivíparas, para o desenvolvimento dos filhotes. As glândulas, que secretam uma substância gelatinosa, que recobre os ovos, geralmente estão situadas ao longo dos ovidutos.

Os testículos, assim como os ovários, são pares e estão ligados aos ductos arquinéfricos diretamente ou através dos túbulos mesonéfricos; os ductos arquinéfricos abrem-se na cloaca. Não existe nenhum órgão copulador especial. Em algumas espécies de sapos, existe uma estrutura chamada órgão de Bidder que se localiza na frente de cada testí-

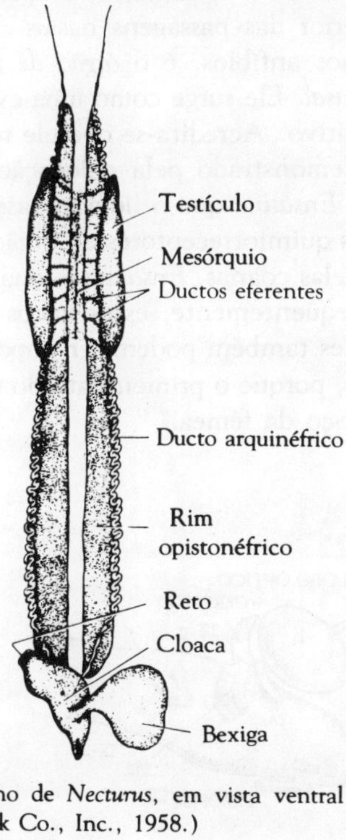

Figura 4.9. Sistema urogenital do macho de *Necturus*, em vista ventral (Weichert, C.K.: Anatomy of Chordates. New York, McGraw-Hill Book Co., Inc., 1958.)

culo. Em certas circunstâncias, este órgão pode vir a desenvolver-se num ovário. Mais estranho ainda, talvez, é o fato de que fêmeas velhas possam produzir, às vezes, espermatozóides.

Sistema Nervoso

O sistema nervoso dos anfíbios, é basicamente, semelhante ao dos peixes (Fig. 4.10). O centro da atividade encefálica permanece na região dorsal do mesencéfalo, onde as células cinzentas se concentram numa região chamada teto. O telencéfalo tem uma natureza predominantemente olfatória, mas, pela primeira vez em vertebrados, encontram-se células nervosas, invadindo o pálio. Apesar destas células se localizarem internamente, o resultado é um aumento dos hemisférios cerebrais. A glândula pineal é encontrada em todos os anfíbios, mas apenas os da ordem Anura possuem um órgão pineal terminal ou parietal. Como os membros desta classe de vertebrados apresentam movimentos notavelmente lentos e vagarosos, o cerebelo é muito pequeno. Exceto nas cobras-cega, não ocorrem flexuras no encéfalo dos anfíbios. Existem apenas 10 pares de nervos cranianos. As raízes dorsais e ventrais dos nervos espinhais unem-se na passagem pelo forâmen intervertebral, em vez de ocorrer fora deste forâmen, como na maioria dos peixes, ou dentro do canal neural, como nos amniotas.

Órgãos dos Sentidos

Os botões gustativos dos anfíbios, diferentemente do que ocorre nos peixes, são restritos ao teto da boca, à língua e à mucosa que recobre as maxilas. As aberturas nasais não são mais exclusivamente olfativas, mas também servem como passagem para o ar, visto que já existem as coanas. Nos anfíbios, o epitélio olfativo, geralmente, é liso e restringe-se à região superior das passagens nasais. Uma outra estrutura olfativa, que surge pela primeira vez nos anfíbios, é o *órgão de Jacobson*, ou como ele também é conhecido, *órgão vomeronasal*. Ele surge como uma evaginação da passagem nasal e está revestido com epitélio olfativo. Acredita-se que ele represente um auxílio para a gustação dos alimentos. Foi demonstrado pela colocação de líquidos coloridos nos sulcos nasolabiais da salamandra *Ensatina* que o líquido passa rapidamente para as narinas, de onde vai para a região dos quimiorreceptores do órgão de Jacobson e, a seguir, dirige-se para a faringe, passando pelas coanas. *Ensatina* é uma salamandra da família Plethodontidae, sem pulmões; conseqüentemente, estes sulcos parecem desempenhar um importante papel na olfação. Eles também podem ser importantes para o comportamento no que se refere à reprodução, porque o primeiro ato do macho durante a corte é esfregar o focinho na cabeça e pescoço da fêmea.

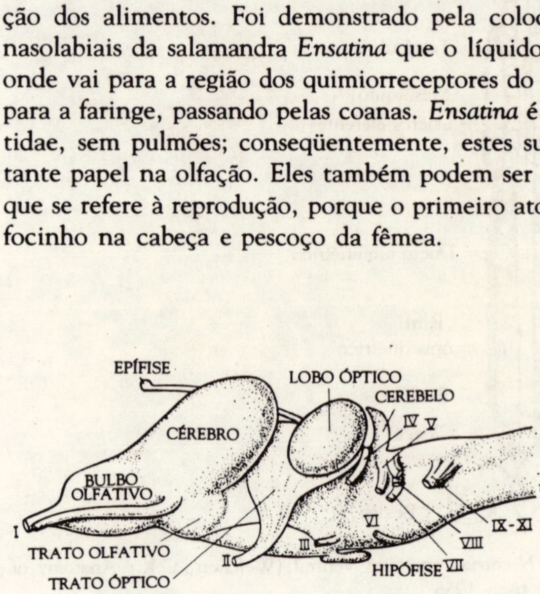

Figura 4.10. Vista lateral do sistema nervoso de uma rã (*Rana*). (Romer, A.S. and Parsons, T.S.: The Vertebrate Body, 5th Ed., Philadelphia, W.B. Saunders Co., 1977.)

O olho dos anfíbios é basicamente igual ao de outros vertebrados. O cristalino é adaptado para uma visão relativamente distante, mas pode mover-se para frente, em direção à córnea, para ver objetos próximos, por intermédio de pequenos músculos de acomodação. A abertura pupilar pode ser vertical, horizontal ou apresentar três ou quatro ângulos. As pálpebras são rudimentares nas espécies aquáticas, mas são bem desenvolvidas em muitas espécies terrestres. Geralmente, a pálpebra inferior é mais móvel que a superior. Como a córnea dos vertebrados terrestres ressecaria, como resultado da evaporação, é necessário que seja banhada por um líquido. As glândulas *lacrimais* são encontradas em muitos anfíbios, apesar de serem pouco desenvolvidas. Entretanto, o olho mantém-se úmido por uma secreção oleosa de um outro tipo de glândula, conhecida como *glândula de Harder*.

Sabe-se que tanto o corpo pineal, como o parietal, funcionam como fotorreceptores, sendo sensíveis a comprimentos de onda e à intensidade da luz. Foi sugerido que eles possam desempenhar um papel na termorregulação, na orientação espacial e no ritmo circadiano. Também existem outros fotorreceptores na pele de algumas rãs e salamandras, que são sensíveis a comprimentos de onda.

Existe uma variação considerável em relação ao aparelho auditivo dos anfíbios. As salamandras e as espécies aparentadas não têm ouvido médio, apesar de se acreditar que elas possam detectar vibrações. A maioria das rãs e dos sapos, entretanto, tem um ouvido médio e uma membrana timpânica externa (Fig. 4.11). Os sons são transmitidos da membrana timpânica, pela cavidade timpânica, para o ouvido interno através de um osso chamado *columela*, que é homólogo ao elemento hiomandibular dos arcos branquiais dos peixes cartilaginosos. A cavidade timpânica comunica-se com a faringe pela trompa de Eustáquio por ser derivada embriologicamente da primeira bolsa faríngea. Isto permite igualar a pressão externa e a pressão interna à membrana timpânica. Da região ventral do sáculo do ouvido interno, existe uma evaginação ventral, chamada *lagena*, que representa o precursor da cóclea dos mamíferos. Acredita-se que esteja relacionada com a recepção de vibrações sonoras.

O sistema da linha lateral, semelhante ao dos peixes, é encontrado nas larvas dos anfíbios e até na fase adulta de certas espécies aquáticas.

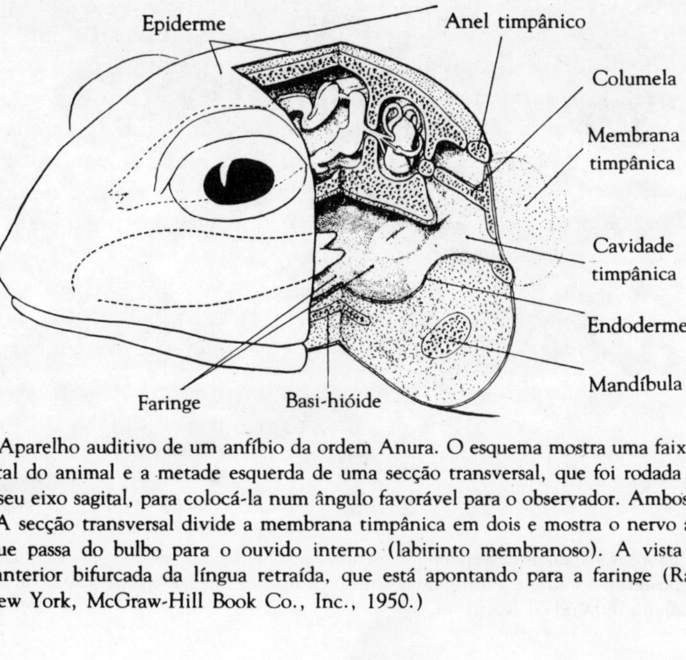

Figura 4.11. Aparelho auditivo de um anfíbio da ordem Anura. O esquema mostra uma faixa vertical estreita do plano sagital do animal e a metade esquerda de uma secção transversal, que foi rodada vários graus para trás, segundo seu eixo sagital, para colocá-la num ângulo favorável para o observador. Ambos os cortes passam pela faringe. A secção transversal divide a membrana timpânica em dois e mostra o nervo acústico esquerdo (VIII par), que passa do bulbo para o ouvido interno (labirinto membranoso). A vista sagital mostra a extremidade anterior bifurcada da língua retraída, que está apontando para a faringe (Rand, H.W.: The Chordates, New York, McGraw-Hill Book Co., Inc., 1950.)

Glândulas Endócrinas

Basicamente, o sistema endócrino dos anfíbios é semelhante ao dos vertebrados superiores. As glândulas paratireóides, que não existem nos peixes, estão presentes e servem para regular o cálcio do sistema. Os dois componentes das adrenais, o córtex e a medula, aparecem unidos em vez de estarem separados como nos peixes. A glândula tireóide, que é uma estrutura par nos anfíbios adultos, regula não apenas a atividade metabólica do corpo, mas também, segundo se acredita, é importante para a muda das camadas mais externas da pele.

CARACTERÍSTICAS ESPECIAIS

Pele e Glândulas

A pele dos anfíbios é mais importante para a respiração e proteção. Em algumas cobras-cegas, existem pequenas escamas aprofundadas sob a superfície, mas, em todos os outros anfíbios, não existem escamas.

A pele permanece úmida e lisa em decorrência da presença de numerosas glândulas mucosas. Mesmo em espécies aquáticas, o muco serve para lubrificar o corpo. Alguns anfíbios desenvolvem glândulas no focinho e no dorso antes da eclosão, e a secreção serve para romper a cápsula do ovo por ocasião da eclosão.

Muitos anfíbios possuem glândulas granulosas, além das glândulas mucosas. Apesar de ambas serem bastante semelhantes em muitos aspectos, as primeiras podem produzir secreções venenosas, que protegem estes animais contra inimigos. As grandes glândulas parotóides, situadas de cada lado do pescoço dos sapos, representam aglomerações de glândulas de veneno (Fig. 4.12).

Figura 4.12. Numerosas glândulas de veneno são espalhadas sobre o corpo de *Bufo boreas*. A glândula paródia grande e oval, é posterior ao olho e a membrana timpânica situa-se imediatamente abaixo de sua extremidade anterior.(Fotografia de Edward S. Ross.)

A toxicidade dos vários venenos dos anfíbios varia enormemente. No caso de *Bufo marinus* dos trópicos americanos, o veneno é descrito como suficientemente tóxico para causar a morte de cachorros. A secreção das glândulas de alguns sapos e rãs podem produzir uma irritação da pele, se se manusear estes animais. Estudos com rãs neotropicais da família Dendrobatidae, muitas das quais têm cores vivas e são venenosas, mostraram que as toxinas da pele são alcalóides de esteróides, que afetam as atividades musculares e neurais. A coloração destas espécies provavelmente representa uma advertência. Os outros tipos de venenos dos anfíbios são neurotoxinas, alucinógenos, vasoconstritores, drogas hemolíticas e irritantes locais. Eventualmente, quando se colocam diferentes espécies de anfíbios juntos, num pequeno recipiente, algumas espécies sucumbem em pouco tempo, em decorrência do veneno secretado por outras espécies.

Tanto as glândulas mucosas como as glândulas de veneno são classificadas como *glândulas alveolares*. Entende-se por glândulas alveolares as glândulas, que terminam em sacos esféricos de fundo cego, cujas paredes são secretoras. Além das glândulas alveolares, entretanto, alguns anfíbios possuem *glândulas tubulares*. Freqüentemente, elas são encontradas nos polegares de alguns sapos e rãs e eventualmente no tórax. Elas tornam-se funcionais durante a época de reprodução e produzem uma secreção viscosa que auxilia o macho a abraçar a fêmea, durante o amplexo. Mesmo em algumas salamandras, existem glândulas tubulares no queixo dos machos cujas secreções parecem atrair as fêmeas, durante a fase de reprodução.

Coloração

Os anfíbios mostram uma grande diversidade em relação à coloração. Não é incomum encontrar-se várias tonalidades brilhantes de verde, amarelo, laranja e ouro. O azul e o vermelho são vistos menos freqüentemente. Naturalmente, existem também muitas espécies que têm cores pouco vistosas. Do mesmo modo que em relação às cores das penas das aves, algumas cores dos anfíbios são estruturais, enquanto outras são produzidas por pigmentos ou são resultado de ambos os fatores. Em anfíbios, como em peixes, os pigmentos localizam-se nos cromatóforos, na pele, e estas células geralmente são denominadas de acordo com o tipo de pigmento que elas contêm. Os *melanóforos* contêm vários pigmentos marrons e pretos e os *lipóforos* contêm pigmentos vermelhos, amarelos e cor de laranja (Fig. 4.13). Os anfíbios também possuem células chamadas de *guanóforos*, que são um pouco comparáveis aos iridóforos dos peixes, e que contêm cristais de guanina, que podem produzir tanto um efeito iridescente, como um efeito branco. Geralmente, os lipóforos são os que se situam mais próximos da superfície da pele. Abaixo destes, situam-se os guanóforos; os melanóforos são os mais profundos.

Os cromatóforos apresentam uma forma amebóide com processos protoplasmáticos, que se estendem a partir do corpo da célula. Além disso, o citoplasma pigmentado de um cromatóforo pode migrar, de modo a concentrar ou diluir a cor. Algumas células pigmentares, especialmente os lipóforos, são capazes de realizar movimentos amebóides e podem migrar tanto na direção da superfície da pele, como na direção oposta. Freqüentemente, como nas rãs arborícolas, a mudança do verde para o amarelo é o resultado da contração dos melanóforos e da migração dos lipóforos para uma posição entre os guanóforos ou abaixo deles.

Recentemente, foi demonstrado que muitos anfíbios tornam-se mais claros, quando colocados num ambiente escuro, como resultado da estimulação da glândula pineal pela falta de quantidades suficientes de luz ou por comprimentos de onda inadequados. Isto resulta na produção de uma substância semelhante a um hormônio, chamada *melatonina*. Esta se contrapõe ao hormônio cromatotrófico da hipófise, que levaria a uma expan-

Figura 4.13. Cabeça de uma salamandra arborícola (*Aneides lugubris*) que mostra um retículo de melanóforos ao redor de numerosas glândulas mais claras, na pele.

são dos melanóforos. Como resultado, os melanóforos se contraem e produzem como efeito uma cor de pele mais clara. Isto ocorre mesmo nos anfíbios que tiveram a visão prejudicada. Entretanto, os indivíduos, que se submetem à exérese da glândula pineal, não se tornam mais claros quando colocados num ambiente escuro. Muitos anfíbios exibem uma coloração protetora acentuada, enquanto algumas espécies, que habitam cavernas, perderam todos os traços de pigmentos (Figs. 4.14 e 4.15).

Figura 4.14. Tanto a cor, como a forma permitem que certos anfíbios, como o sapo-pipa (*Pipa pipa*), confundam-se com o meio e, deste modo, evitem que seus inimigos o encontrem. (Fotografia de Edward S. Ross.)

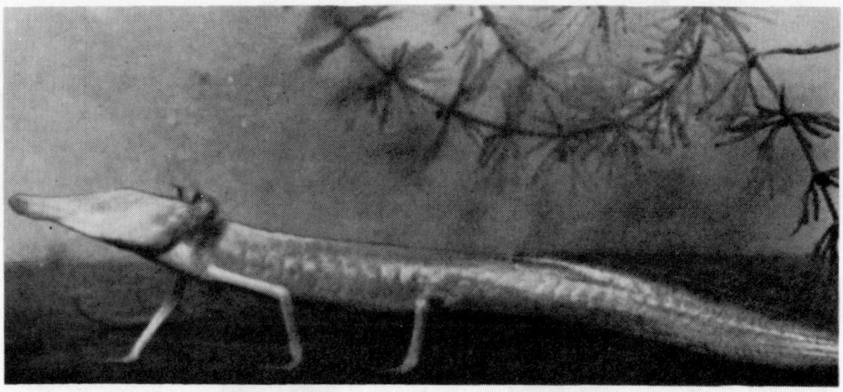

Figura 4.15. Certas salamandras, como *Typhlomolge rathbuni*, que vivem em cavernas no Texas, não têm olhos funcionais, nem pigmentos na pele. (Fotografia de Edward S. Ross.)

Muda

A superfície externa de toda a pele é trocada periodicamente pelos anfíbios. Parece que este processo de muda esteja sob controle hormonal, porque é inibido em indivíduos hipofisectomizados. A camada externa da pele não é trocada inteira, como em certos répteis, mas em fragmentos, apesar da pele dos membros geralmente permanecer intacta e virar do avesso por ocasião da muda. A freqüência das mudas varia com diferentes espécies. A rã arborícola *Hyla cinerea* da região central e sul dos Estados Unidos parece apresentar uma muda por dia. Em outros anfíbios, o intervalo entre as mudas pode ser de um mês ou mais.

Membros

Apesar de se acreditar que os anfíbios ancestrais primitivos possuíssem dois pares de membros pentadáctilos, existe uma variação considerável nas espécies modernas, como resultado de sua adaptação à vida terrestre, aquática, arborícola e subterrânea. As cobras-cegas, que são confinadas às regiões tropicais do mundo, hoje, são desprovidas de membros. Seus corpos são superficialmente semelhantes aos de um verme e são modificados para cavar no humo e em madeiras podres (Fig. 4.16).

A maioria dos anfíbios caudados modernos tem quatro membros relativamente frágeis, que não são adaptados para a movimentação rápida na terra. Geralmente, as pernas anteriores têm quatro dedos e as posteriores, cinco. Entretanto, algumas espécies mostram uma redução acentuada dos membros. As espécies do gênero *Siren* do sudeste dos Estados Unidos e do vale do Mississipi possuem apenas os membros peitorais. O gênero *Pseudobranchus*, próximo a ele, não tem os membros posteriores, e os dedos anteriores encontram-se reduzidos, de quatro para três. Em certas salamandras do sul dos Estados Unidos, os membros são extremamente pequenos em relação ao tamanho de seu corpo, e os dedos podem ser reduzidos a dois ou três. Apesar da maioria das salamandras serem terrestres ou aquáticas, algumas espécies são arborícolas. Pelo menos duas espécies do gênero *Aneides* no oeste da América do Norte podem trepar em árvores. Nestas espécies, os dedos são expandidos e truncados, de modo a capacitá-los a se agarrarem aos troncos e a cauda é preênsil.

Os membros dos sapos e rãs são, em geral, muito mais especializados que os das salamandras. O número usual de dedos dos membros anteriores é quatro. Os membros

Figura 4.16. Uma cobra-cega, pertencente à ordem Gymnophiona, desenterrada de um tronco de árvore podre das ilhas Seychelles, Oceano Índico.

posteriores são alongados e adaptados ao salto. A maioria dos sapos e rãs possui cinco dedos posteriores e um dedo adicional, conhecido como pré-hálux, na face interna do pé. Em algumas espécies, este pré-hálux forma a base óssea de um tubérculo cortante, usado para cavar o solo. É interessante observar que estes anfíbios cavam o solo para trás.

Muitas pererecas têm as pontas dos dedos alargadas e discos adesivos na sua superfície inferior (Fig. 4.17). Apesar de existir um certo número de anfíbios que apresentam

Figura 4.17. Perereca da costa Pacífica da América do Norte (*Hyla regilla*), como muitos anfíbios arborícolas ou semi-arborícolas da ordem Anura, tem discos adesivos nas extremidades dos dedos.

espessamentos epidérmicos córneos na ponta dos dedos, garras comparáveis às dos lagartos são muito raras. Elas ocorrem na rã africana, que tem garras, e em poucas salamandras que vivem em córregos de montanhas.

Existe uma variação considerável em relação à membrana natatória que existe entre os artelhos dos anfíbios da ordem Anura. Em algumas espécies, ela é completa e se estende até a extremidade dos artelhos, enquanto, em outras, ela pode assumir outras dimensões ou até não existir. Os anfíbios da ordem Anura não são incapazes de regenerar os membros ou dedos perdidos, embora as salamandras o sejam.

CLASSIFICAÇÃO DOS ANFÍBIOS

CLASSE AMPHIBIA (*Anfíbios*)

Vertebrados de sangue frio, que respiram por meio de pulmões, brânquias, pele ou revestimento da boca e passam por um estágio larval, na água ou no ovo, num meio úmido; crânio incompletamente ossificado (exceto na maioria das espécies antigas) possuindo um par de côndilos occipitais (exceto nas formas mais primitivas); pele geralmente úmida, com glândulas mucosas; geralmente, faltam escamas nas espécies recentes ou, se presentes, são pequenas e aprofundadas na pele. Devoniano a Recente.

Subclasse Apsidospondyli (Apsidospôndilos)

Centros das vértebras ossificados, quando presentes, derivados de arcos ou blocos cartilaginosos e compostos de um intercentro anterior e de um pleurocentro (se presente) posterior. Devoniano a Recente; geralmente, distinguem-se duas superordens.

Superordem Labyrinthodonta (Labirintodontes). Anfíbios apsidospôndilos antigos; caixa craniana bem ossificada; entalhes óticos presentes; membros geralmente bem desenvolvidos.

ORDEM TEMNOSPONDYLI (Temnospôndilos). Labirintodontes que possuem centros vertebrais nos quais os pleurocentros, apesar de freqüentemente presentes, nunca são dominantes e nunca formam discos completos; os intercentros constituem os elementos vertebrais dominantes; tabulares e parietais, não mantêm contato entre si; freqüentemente, existe um par de côndilos occipitais. Devoniano e Triássico.

ORDEM ANTHRACOSAURIA (Antracossauros). Labirintodontes com centros vertebrais cujos pleurocentros são iguais ou maiores do que os intercentros e formam discos completos, envolvendo a notocorda; tabulares e parietais mantêm contato entre si; côndilo occipital único. Carbonífero a Permiano.

Superordem Salientia. Geralmente, anfíbios modernos especializados que não apresentam centros vertebrais verdadeiros; o corpo da vértebra é formado geralmente das partes ventrais dos arcos neurais que envolvem a notocorda; o intercentro e o pleurocentro são rudimentares, quando presentes; caixa craniana não bem ossificada; costelas geralmente ausentes. Triássico a Recente.

ORDEM PROANURA. Anfíbios primitivos que possuem cauda e costelas; crânio semelhante ao dos anuros modernos; membros não especializados para saltar; Triássico.

ORDEM ANURA (Rãs e sapos). Anfíbios sem cauda, possuindo membros posteriores modificados para o salto; costelas, geralmente, ausentes. Jurássico a Recente — 18 famílias. [1]

[1] Apenas famílias, gêneros e espécies viventes estão incluídos aqui.

FAMÍLIA LEIOPELMIDAE (Leiopelmídeos). Pequenas (aproximadamente 50 mm)[1] rãs com dois pares de costelas ósseas livres; nove vértebras pré-sacrais; vértebras anficélicas; noroeste da América do Norte e Nova Zelândia; dois gêneros: *Leiopelma* e *Ascaphus* e quatro espécies.

FAMÍLIA PIPIDAE (Sapos-pipa). Tamanho pequeno a moderado (50 a 200 mm), com costelas ósseas (livres na fase larval e fundidas aos processos transversos nos adultos); vértebras opistocélicas; sem língua; cintura peitoral firmisterna ou parcialmente arcífera; América do Sul e África, cinco gêneros.

FAMÍLIA DISCOGLOSSIDAE. Pequenos (50 a 75 mm), com costelas nas vértebras 2 a 4; vértebras opistocélicas; língua em forma de disco e não extensível; cintura peitoral arcífera; Europa, Ásia (incluindo Filipinas) e norte da África; quatro gêneros.

FAMÍLIA RHINOPHRYNIDAE. Relativamente pequenos (até aproximadamente 60 mm); anuros semelhantes a um sapo, sem costelas ossificadas livres; vértebras procélicas; língua livre na parte anterior; pupila vertical; ouvido externo e dentes ausentes; cintura peitoral arcífera; México e Guatemala; um gênero e uma espécie, *Rhinophrynus dorsalis*.

FAMÍLIA PELOBATIDAE. Pequenos (35 a 75 mm) anuros semelhantes a um sapo, sem costelas ossificadas livres; oito vértebras pré-sacrais; vértebras geralmente procélicas; cintura peitoral arcífera; Europa, norte da África, sul da Ásia e América do Norte; quatro gêneros.

FAMÍLIA LEPTODACTYLIDAE. Muito pequenos a muito grandes (de 20 a 215 mm); anuros sem costelas ossificadas livres; vértebras procélicas; cartilagem intercalar ausente; dentes presentes; cintura peitoral arcífera; região tropical das Américas, Índias Ocidentais, Austrália, Nova Guiné e Tasmânia; aproximadamente 43 gêneros.

FAMÍLIA BUFONIDAE (Sapos). Muito pequenos a muito grandes (30 a 200 mm); anuros corpulentos sem costelas ossificadas livres; vértebras procélicas; glândulas parótidas presentes; dentes ausentes; língua livre na parte posterior; pupilas horizontais; cintura peitoral arcífera; regiões temperadas e tropicais do mundo, com exceção da Austrália (*Bufo marinus*, introduzido na América do Norte) e Madagascar; cinco gêneros.

FAMÍLIA RHINODERMATIDAE. Pequenos (30 mm); anuros sem costelas ossificadas livres; vértebras procélicas; focinho alongado; saco vocal do macho bastante grande para abrigar as larvas; cintura peitoral firmisterna; sul da América do Sul; um gênero e uma espécie, *Rhinoderma darwinii* (alguns incluem-na na família Dendrobatidae).

FAMÍLIA DENDROBATIDAE. Muito pequenos a pequenos (12 a 50 mm); sem costelas ossificadas livres; vértebras procélicas; dentes presentes ou ausentes; um par de escudos dérmicos achatados nas extremidades dos dedos; pele com numerosas glândulas de veneno; cintura peitoral parcial ou completamente firmisterna; América do Sul e América Central; nove gêneros.

FAMÍLIA ATELOPIDAE. Pequenos (até 50 mm); sem costelas ossificadas livres; vértebras procélicas; dedos sem discos ou escudos dérmicos; pele com numerosas glândulas de veneno; cintura peitoral firmisterna; América do Sul e América Central, um gênero, *Atelopus*, numerosas espécies.

---

[1] As medidas citadas referem-se ao comprimento do corpo.

FAMÍLIA HYLIDAE (Pererecas). Pequenas ou de tamanho médio (25 a 115 mm); anuros delgados com membros longos; sem costelas ossificadas livres; vértebras procélicas; cartilagem intercalar presente; dentes geralmente presentes; artelhos com almofadas adesivas nas extremidades; pupilas verticais, horizontais ou triangulares; cintura peitoral arcífera; distribuição bastante ampla nas regiões tropicais e temperadas, exceto na região Indo-malaia, ao sul do Saara e em Madagascar; aproximadamente 27 gêneros.

FAMÍLIA CENTROLENIDAE. Pequenos (20 a 60 mm); semelhantes aos hilídeos, sem costelas ossificadas livres; vértebras procélicas; ossos do tarso fundidos numa só estrutura; cintura peitoral arcífera; do sul do México ao Equador e Brasil; três gêneros.

FAMÍLIA HELEOPHRYNIDAE. Pequenos (até 65 mm); anfíbios semelhantes aos sapos, sem costelas ossificadas livres; vértebras procélicas; com dentes vomerianos; cintura peitoral arcífera; sul da África; um gênero, *Heleophryne*.

FAMÍLIA PSEUDIDAE. Pequenos (50 a 75 mm); sem costelas ossificadas livres; vértebras procélicas; dedos com uma falange adicional; polegar oponível; larvas desproporcionalmente grandes em comparação com os adultos; cintura peitoral arcífera; América do Sul e ilha de Trinidad; um gênero, *Pseudis*.

FAMÍLIA RANIDAE (Rãs verdadeiras). Variam de muito pequenas a muito grandes (12 a 250 mm); anuros com membros longos, sem costelas ossificadas livres; vértebras 1 a 7 procélicas e oitava vértebra anficélica; sem cartilagem intercalar; língua livre na parte posterior; dentes maxilares presentes; etmóide, geralmente, único; pupilas horizontais ou verticalmente ovais; cintura peitoral firmisterna; membros posteriores geralmente com palmouras; praticamente cosmopolitas; ausentes na Nova Zelândia e nas Índias Ocidentais, aproximadamente 32 gêneros.

FAMÍLIA RHACOPHORIDAE. Pequenos (30 a 75 mm); sem costelas ossificadas livres; vértebras 1 a 7 procélicas; oitava vértebra anficélica; cartilagem intercalar presente; etmóide geralmente único; dedos com expansões nas extremidades; cintura peitoral arcífera; África, Madagascar e sudeste da Ásia; aproximadamente 17 gêneros.

FAMÍLIA MICROHYLIDAE. Pequenos (8 a 100 mm); sem costelas ossificadas livres; vértebras 1 a 7 procélicas; oitava vértebra anficélicas; cartilagem intercalar ausente; etmóide par; dentes presentes ou ausentes; pupilas geralmente horizontais; cintura peitoral firmisterna; América do Norte e do Sul, África, Madagascar e regiões Asiáticas e Indo-Australiana; aproximadamente 53 gêneros.

FAMÍLIA PHRYNOMERIDAE. Pequenos (aproximadamente 38 mm); Anuros sem costelas ossificadas livres; vértebras 1 a 7 procélicas; oitava vértebra anficélica; etmóide par; cartilagem intercalar presente; extremidades dos dedos expandidas; cintura peitoral firmisterna; África, um gênero, *Phrynomerus*.

Subclasse Lepospondyli (Lepospôndilos)

Centros vertebrais resultantes da deposição direta de osso ao redor da notocorda e não precedido por elementos cartilaginosos. Carbonífero a Recente; quatro ordens.

ORDEM AISTOPODA. Extintos; corpo alongado sem membros; vértebras muito numerosas, algumas vezes ultrapassando a cifra de 100. Carbonífero; duas famílias.

ORDEM NECTRIDIA. Extintos; corpos alongados e membros reduzidos ou ausentes; vértebras caudais com processos hemais e neurais em forma de leque; Carbonífero a Permiano; três famílias.

ORDEM CAUDATA OU URODELA (Salamandras). Pequenas a grandes (40 a 1500 mm) [1]; anfíbios com corpo alongado, terminando numa cauda e membros que não são especializados para o salto; costelas presentes. Cretáceo a Recente; oito famílias viventes.

FAMÍLIA HYNOBIIDAE. Relativamente pequenos (até 210 mm); anfíbios caudados, sem brânquias funcionais, quando adultos. Pulmões presentes ou ausentes; pálpebras presentes dentes maxilares e vomerianos presentes; vértebras anficélicas; fêmeas sem receptáculo seminal; fertilização externa; ovos pigmentados; Ásia; cinco gêneros.

FAMÍLIA CRYPTOBRANCHIDAE (Salamandras gigantes). Grandes (500 a 1500 mm): anfíbios caudados, sem brânquias, quando adultos; pulmões presentes; olhos sem pálpebras; dentes maxilares e vomerianos presentes; vértebras anficélicas; fêmeas sem receptáculo seminal; fertilização externa; ovos pigmentados; Japão, nordeste da Ásia e leste dos Estados Unidos; dois gêneros, *Cryptobranchus* e *Megalobatrachus*.

FAMÍLIA AMBYSTOMIDAE. Pequenos a relativamente grandes (40 a 325 mm); anfíbios caudados com pulmões presentes nos adultos, apesar de muito reduzidos em *Rhyacotriton;* brânquias presentes nos adultos neotênicos; pálpebras presentes; dentes vomerianos em fileiras transversais; vértebras anficélicas; sulcos costais bem definidos; fêmeas com receptáculo seminal; fertilização interna; América do Norte; seis gêneros.

FAMÍLIA SALAMANDRIDAE. Pequenos (100 a 165 mm); anfíbios caudados corpulentos; possuem pulmões e não apresentam brânquias, quando adultos; pálpebras presentes; dentes vomerianos em fileiras longitudinais que divergem na parte posterior; vértebras opistocélicas; fêmeas com receptáculo seminal; fertilização interna; América do Norte, Europa, Norte da África e Ásia; seis gêneros e aproximadamente 43 espécies.

FAMÍLIA AMPHIUMIDAE. Grandes (900 a 1000 mm); anfíbios caudados alongados, com pulmões, membros reduzidos e sem brânquias funcionais, quando adultos; pálpebras ausentes; dentes vomerianos em fileiras longitudinais paralelas; vértebras anficélicas; fêmeas com receptáculo seminal; fertilização interna; América do Norte; um gênero e duas espécies, *Amphiuma means* e *A. tridactyla.*

FAMÍLIA PLETHODONTIDAE (Salamandras sem pulmões). Pequenas (40 a 215 mm); anfíbios caudados sem pulmões, nem brânquias, quando adultos; pálpebras presentes; dentes vomerianos presentes; vértebras anficélicas ou opistocélicas; sulcos costais bem definidos; fêmeas com receptáculo seminal; fertilização interna; América do Norte, norte da América do Sul e sul da Europa; 26 gêneros.

FAMÍLIA PROTEIDAE. Relativamente pequenos (200 a 300 mm); anfíbios caudados, possuindo tanto pulmões como brânquias, quando adultos; pálpebras ausentes; dentes vomerianos presentes; vértebras anficélicas; fêmeas com receptáculo seminal; fertilização interna; leste da América do Norte e Sul da Europa; dois gêneros, *Necturus* e *Proteus*.

FAMÍLIA SIRENIDAE. Tamanho médio (até 500 mm); anfíbios caudados, possuindo brânquias e sem pulmões, quando adultos; pálpebras ausentes; ma-

[1] Comprimento total.

xilares ausentes; dentes ausentes; sem membros posteriores; fêmeas sem receptáculo seminal; fertilização provavelmente externa; leste da América do Norte; dois gêneros, *Siren* e *Pseudobranchus*.

ORDEM GYMNOPHIONA ou APODA (Cobras-cegas). Anfíbios com corpo alongado, semelhante aos de um verme, que não apresenta membros. Alguns gêneros têm escamas aprofundadas na pele; olhos pequenos ou vestigiais. Recente; uma família.

FAMÍLIA CAECILIIDAE (Cobras-cegas). Características da ordem. México a América do Sul, Ásia e África, exceto Madagascar; 16 gêneros.

REFERÊNCIAS BIBLIOGRÁFICAS

Adler, K. 1971. Pineal end organ: Role in extraoptic entrainment of circadian locomotor rhythm in frogs. *In:* Menaker, M., Ed. Biochronometry. Washington, D.C., U.S. Nat. Acad. Sci.

Bagnara, J. T. 1960. Pineal regulation of the body lightening reaction in amphibian larvae. Science *132:*1481–1483.

Bishop, S. C. 1943. Handbook of Salamanders. The Salamanders of the United States, Canada and Baja California. Ithaca, N.Y., Comstock Publishing Co.

Brown, B. C. 1950. An Annotated Check List of the Reptiles and Amphibians of Texas. Waco, Tex., Baylor University Press.

Brown, C. W. 1968. Additional observations on the function of the nasolabial grooves of plethodontid salamanders. Copeia *1968:*728–731.

Carl, G. C. 1950. The Amphibians of British Columbia. British Columbia Prov. Mus. Dept. Educ. Handbook 2.

Conant, R. 1952. Reptiles and Amphibians of the Northeastern States. 2nd Ed. Philadelphia, Zoological Society of Philadelphia.

Cope, E. D. 1889. The batrachia of North America. Bull. U.S. Nat. Mus., No. 34.

Daly, J. W., and Myers, C. W. 1967. Toxicity of Panamanian poison frogs *(Dendrobates):* Some biological and chemical aspects. Science *156:*970–973.

Daly, J. W., and Witkop, B. 1971. Chemistry and pharmacology of frog venoms. *In:* Bucherl, W., and Buckley, E. E., Eds. Venomous Animals and Their Venoms. Vol. 2, pp. 497–520. New York, Academic Press.

Dunn, E. R. 1926. The Salamanders of the Family Plethodontidae. Northampton, Mass., Smith College Anniversary Series.

Frieden, E. 1961. Biochemical adaptation and anuran metamorphosis. Am. Zool. *1:*115–149.

Gordon, K. 1939. The Amphibia and Reptilia of Oregon. Oregon State Monographs, Studies in Zool., No. 1. Corvallis, Oregon State College, Office of Publications.

Jaeger, R. G., and Gergits, W. F. 1979. Intra- and interspecific communication in salamanders through chemical signals on the substrate. Animal Behavior *27:*150–156.

Kollros, J. J. 1961. Mechanisms of amphibian metamorphosis: hormones. Am. Zool. *1:*107–114.

Lynn, W. G. 1961. Types of amphibian metamorphosis. Am. Zool. *1:*151–161.

McClanahan, L., Jr. 1972. Changes in body fluids of burrowed spadefoot toads as a function of soil water potential. Copeia *1972:*209–216.

Moore, J. A. 1964. Physiology of the Amphibian. New York and London, Academic Press, Inc.

Noble, G. K. 1931. The Biology of the Amphibia. New York, McGraw-Hill Book Co., Inc.

Oliver, J. A. 1955. The Natural History of North American Amphibians and Reptiles. Princeton, N.J., D. Van Nostrand Co., Inc.

Pickwell, G. 1947. Amphibians and Reptiles of the Pacific States. Stanford, Stanford University Press.

Porter, K. R. 1972. Herpetology. Philadelphia, W. B. Saunders Co.

Romer, A. S. 1947. Review of the labyrinthodontia. Bull. Mus. Comp. Zool. *99:*1–368.

Ruthven, A. G., Thompson, C., and Gaige, H. T. 1928. The Herpetology of Michigan. Mich. Handbook Ser. No. 3. Ann Arbor, University of Michigan Press.

Schmidt, K. P. 1953. A Check List of North American Amphibians and Reptiles. 6th Ed. Chicago, University of Chicago Press.

Slevin, J. R. 1928. The amphibians of western North America. Occasional Papers Calif. Acad. Sci., No. 16.

Stebbins, R. C. 1951. Amphibians of Western North America. Berkeley, California, University of California Press.

Stebbins, R. C. 1954. Amphibians and Reptiles of Western North America. New York, McGraw-Hill Book Co., Inc.

Stebbins, R. C., and Hendrickson, J. R. 1959. Field studies of amphibians in Colombia, South America. Univ. Calif. Publ. Zool. *56*:497–540.

Storer. T. I. 1925. A synopsis of the amphibia of California. Univ. Calif. Publ. Zool. *27*:1–342.

Taylor, E. H. 1943. Skin shedding in the salamander *Amphiuma means*. Univ. Kansas Sci. Bull. *29*:339–341.

Taylor, E. H. 1968. The Caecilians of the World. Lawrence, Kansas, University of Kansas Press.

Wade, M., and Rose, F. L. 1972. A comparison of the hemoglobins of larval and transformed *Ambystoma tigrinum*. Copeia *1972*:889–892.

Wake, D. B. 1966. Comparative osteology and evolution of the lungless salamanders, Family Plethodontidae. Mem. So. Calif. Acad. Sci., Vol. 4.

Weichert, C. K. 1945. Seasonal variation in the mental gland and reproductive organs of the male *Eurycea bislineata*. Copeia *1945*:78–84.

Wright, A. A., and Wright, A. H. 1949. Handbook of Frogs and Toads of the United States and Canada. Ithaca, N.Y., Comstock Publishing Co.

Capítulo 5

Répteis

CARACTERÍSTICAS GERAIS

As espécies viventes de répteis, estimadas em 6000, descendem de um grande grupo de vertebrados, que predominaram durante a Era Mesozóica. O sucesso, que eles tiveram naquela época, geralmente, tem sido atribuído ao desenvolvimento de um novo método de proteção embrionária. Tanto seus ancestrais anfíbios, como os modernos anfíbios, dependiam da água ou, pelo menos de um ambiente úmido para evitar a dessecação de seus ovos, após a postura. Em parte, os répteis contornaram este problema, desenvolvendo uma casca sólida ao redor do ovo repleto de vitelo. Esta casca era suficientemente porosa para permitir a passagem de gases respiratórios, mas sólida o bastante para propiciar proteção contra o ambiente; a grande quantidade de vitelo fornecia o alimento para o crescimento do embrião. O mais importante, porém, era o desenvolvimento de uma membrana embrionária, chamada *âmnio*, que envolvia uma câmara cheia de líquido, na qual o indivíduo, que se desenvolvia, era protegido contra danos e dessecação. Uma vez atingido esse ponto, os répteis conquistaram muitos habitats diferentes, que, anteriormente, não podiam ser usados pelos vertebrados terrestres por causa da escassez ou falta de água. A razão decisiva de seu declínio no fim do Mesozóico tem sido o motivo de especulações interessantes. Alguns estudiosos atribuíram-no às alterações climáticas, direta ou indiretamente desfavoráveis aos répteis; outros sugeriram que os répteis fossem incapazes de competir com os mamíferos. De qualquer maneira, o declínio dos répteis foi relacionado com o surgimento de numerosas formas de mamíferos.

Recentemente, foi proposta a teoria de que os dinossauros, extintos há cerca de 70 milhões de anos, poderiam ter sido endotérmicos como as aves e os mamíferos. Os proponentes desta teoria citam a dominância bem-sucedida dos dinossauros por 140 milhões de anos, seu tamanho grande, longos membros e locomoção bípede. Além disso, um animal com um longo pescoço, muito acima de seu coração, necessita de uma pressão sangüínea alta para manter a circulação pulmonar. Para isto, seria necessário um coração de quatro câmaras. Um outro dado, que apóia esta teoria, provém da alta relação entre predador e presa, que o registro fóssil parece indicar. Os predadores ectotérmicos das comunidades animais modernas necessitam de cerca de um décimo do número de presas que os endotérmicos. A relação predador-presa, nas comunidades de dinossauros, mostrou ser quase a mesma dos endotérmicos viventes. Embora essa teoria seja interessante, será difícil, se não impossível, prová-la.

Os membros desta classe limitam-se às regiões mais quentes do mundo, em decorrência da ausência de mecanismos termorreguladores internos. Sendo ectotérmicos, eles dependem muito do ambiente externo para a manutenção da temperatura do corpo e não vivem bem em regiões, onde as temperaturas são baixas. Entretanto, durante os períodos de atividade, muitos répteis são capazes de manter uma temperatura do corpo relativamente alta, fazendo uso da radiação solar e da radiação do substrato. Controlando-se o período de exposição a estas fontes de calor, a temperatura do corpo pode ser mantida razoavelmente constante. Se a temperatura do ambiente for alta, existe uma menor dependência da radiação. Bartholomew (1966) achava que o iguano marinho de Galápagos (*Amblyrhynchus cristatus*), uma espécie singular, que se alimenta no mar, prefere uma temperatura do corpo entre 35º e 37ºC, temperatura esta 10ºC mais alta do que a da água onde seu alimento é obtido. Por esta razão, mostra grande relutância em ir para dentro da água, a menos que seja necessária a obtenção de alimentos. Grande parte do seu dia é passado sobre rochas de lava, onde a exposição à radiação solar é intensa. O superaquecimento é evitado por mudanças de postura, que lhe permitam uma exposição solar mínima e pelo aproveitamento dos ventos alísios relativamente frios.

As mudanças de postura também podem ter sido importantes para controle da temperatura do corpo nos répteis primitivos. Foi sugerido que as enormes placas pares do dorso e da cauda de *Stegosaurus* pudessem ter desempenhado um papel importante na termorregulação. Poderiam, facilmente, ter sido utilizadas como dissipadores de calor, por meio de uma orientação adequada do corpo e do controle do fluxo sangüíneo em relação ao vento.

DeWitt (1967) descobriu que os iguanos do deserto (*Dipsosaurus dorsalis*), do oeste norte-americano, apresentam, com freqüência, uma temperatura alta (de até 42ºC), embora o nível preferido seja de 38,5ºC. Este nível é mantido por meio de movimentos adequados em relação ao sol e à sombra, se a temperatura do ambiente for mais baixa que o nível preferido. Se a temperatura do ambiente for mais alta, os iguanos podem prolongar seus períodos de atividade, permitindo que a temperatura do corpo se eleve, acima do nível preferido. Alguns répteis do deserto, como *Sauromalus obesus*, dependem, em parte, do resfriamento por evaporação como mecanismo termorregulador, quando estão sob estresse térmico. Isto é obtido por meio de ofego, de forma a aumentar a perda de água pulmocutânea. O maior intervalo de temperatura do corpo conhecido para lagartos dos Velho e Novo Mundos é de 11ºC a 46,5ºC.

Embora os répteis tenham um estreito parentesco com as aves, apresentam uma diversidade estrutural muito maior do que as aves. Como grupo, eles perderam a especialização aquática dos vertebrados inferiores, inclusive as brânquias respiratórias, os órgãos da linha lateral e as glândulas mucosas externas.

Sistema Esquelético

A ossificação do crânio dos répteis é maior do que a dos anfíbios. Durante a evolução, ocorreu uma variação considerável na região temporal dos répteis (Fig. 5.1). Os répteis do tronco primitivo, representados pelos cotilossauros dos períodos Carbonífero e Permiano, não possuíam nenhuma abertura temporal especial no crânio. A condição sólida do crânio sem aberturas, é chamada de estrutura do tipo *anápsido.* Entre os répteis viventes, só as tartarugas têm essa característica. Os plesiossauros e seus parentes desen-

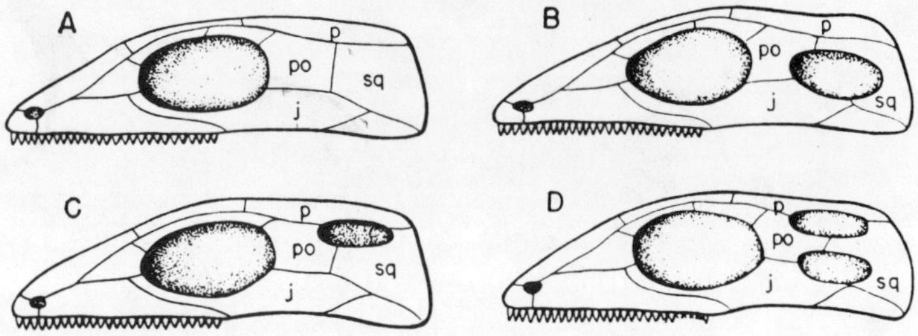

Figura 5.1. Esquema da região temporal nos quatro tipos mais importantes de répteis: *A*, anápsido; *B*, sinápsido; *C*, euriápsido; *D*, diápsido. (Romer, A.S. e Parsons, T.S.: The Vertebrate Body. 5th Ed., Philadelphia, W.B. Saunders Co., 1977.)

volveram o crânio do tipo *euriápsido*, em que existe uma única janela supratemporal, em cada lado do crânio. Os répteis semelhantes a mamíferos do Permiano ao Jurássico, possuíam um par de aberturas infratemporais, que representavam o crânio do tipo *sinápsido*. Os répteis dominantes do Mesozóico tinham um crânio *diápsido*; neste, havia aberturas tanto supra como infratemporais. Esta também é uma característica da maioria dos répteis viventes, com exceção dos quelônios.

O teto do crânio é arqueado, em vez de achatado, como nos anfíbios. Existe um forâmen parietal para o olho pineal, ou terceiro olho, no tuatara (*Sphenodon*) e em alguns lagartos, mas ele não é encontrado em outros répteis viventes (Fig. 5.2). A maioria dos répteis, com exceção das serpentes, possui um septo interorbital ósseo. O início de um *palato secundário*, que transfere as coanas para trás pelo aumento do comprimento das passagens nasais, é evidente nas tartarugas e espécies correlatas. É bem desenvolvido nos crocodilianos, mas não é encontrado em outros répteis. Existe um único côndilo occipital. O quadrado é solidamente fundido ao crânio em tartarugas, crocodilianos e no tuatara (Fig. 5.3). Nas serpentes e lagartos, contudo, ele é móvel e serve como dobradiça entre as maxilas superior e inferior. As tartarugas não possuem dentes, mas apresentam um bico córneo. Os dentes estão presentes em outros répteis e, embora, geralmente, estejam restritos aos pré-maxilares e maxilares da maxila superior, e ao dental da

Figura 5.2. O tuatara *(Sphenodon punctatum)* da Nova Zelândia é o único representante vivente da ordem Rhynchocephalia. (Fotografia de Edward S. Ross.)

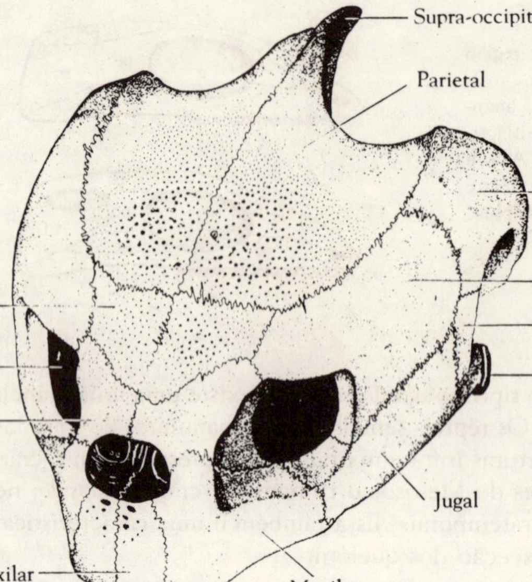

Figura 5.3. O crânio de uma tartaruga marinha. (Weichert, C.K.: Anatomy of the Chordates. New York, McGraw-Hill Book Co. Inc., 1958.)

mandíbula, eles também podem ser encontrados nos palatinos, vômeres e pterigóides. A mandíbula é composta de vários ossos, tanto dérmicos, como de reposição. A conexão entre as duas metades da mandíbula varia de uma união firme, vista nas tartarugas, até uma conexão mais frouxa, obtida por meio de ligamentos, nas serpentes. Por causa da conexão ligamentosa entre as duas metades da mandíbula e pela presença de um quadrado móvel, algumas serpentes são capazes de expandir sua mandíbula a fim de deglutir presas relativamente grandes (Fig. 5.4).

Exceto nas serpentes e lagartos ápodos, a coluna vertebral dos répteis apresenta uma considerável diferenciação em regiões cervical, torácica, lombar, sacral e caudal. O côndilo occipital único articula-se com a primeira vértebra cervical ou *atlas*. A segunda vértebra cervical ou *áxis*, possui uma projeção anterior conhecida como *apófise odontóide* que, segundo se crê, representa o centro do atlas. As vértebras *torácicas* possuem costelas que, exceto nos répteis ápodos e quelônios, se encontram com o esterno, ventralmente. Entre as vértebras torácicas e as duas vértebras sacrais, estão as vértebras *lombares*, relativamente flexíveis. O número de vértebras caudais é extremamente variável. Nas tartarugas, todas as vértebras, exceto as cervicais e caudais, estão fundidas com as placas dérmicas da carapaça. Nas najas, membros da família das Elapidae, que possuem presas anteriores fixas (proteróglifas), surge uma espécie de capuz quando elas estão assustadas. Isto é resultado do movimento lateral das costelas articuladas, que promovem a extensão das partes moles do pescoço, como uma plataforma (Fig. 5.5).

A maioria dos répteis apresentam centros vertebrais *procélicos*. Assim, há uma articulação do tipo bola-soquete, sendo a extremidade anterior do centro côncava e a face posterior convexa. Em alguns répteis, a situação é oposta (*opistocélicos*), com a extremidade anterior arredondada e a extremidade posterior côncava.

Há uma grande variabilidade no esqueleto apendicular dos répteis. Isto, obviamente, está relacionado com os diversos tipos de locomoção usados por estes animais. Os membros inexistem em alguns lagartos e nas serpentes. As jibóias e algumas outras serpentes apresentam vestígios dos membros posteriores, que surgem como esporões, de cada lado da cloaca. Nas tartarugas marinhas, os membros são adaptados para nadar e

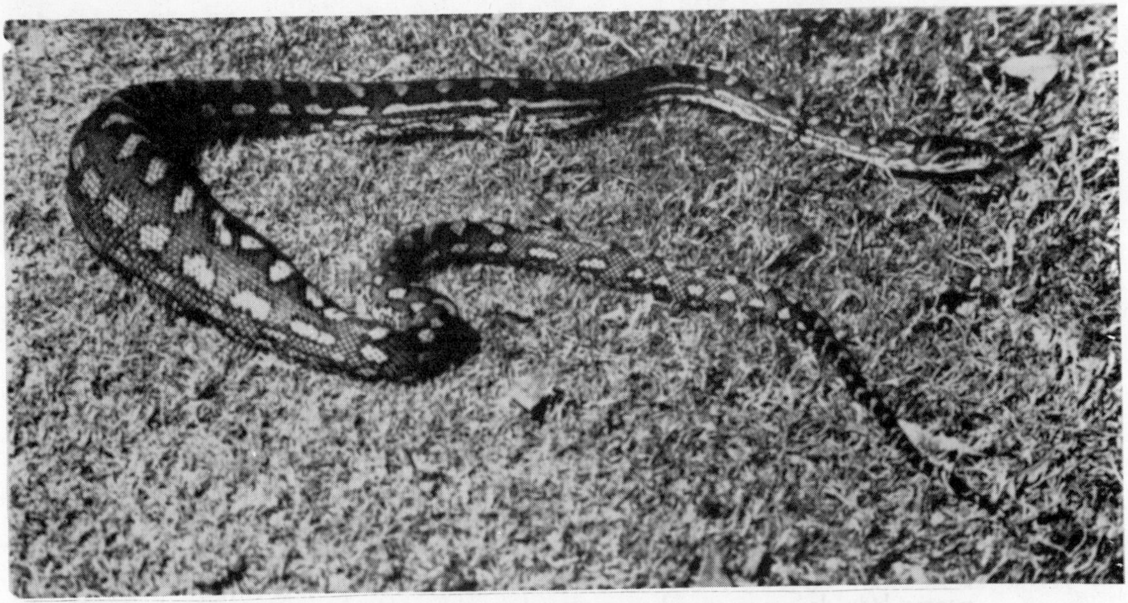

Figura 5.4. *Morelia spilotes*, uma das pítons do leste da Austrália, após ter engolido a presa. A ingestão de animais de diâmetro consideravelmente maior do que a cabeça da píton é possível por causa do quadrado móvel, das conexões ligamentares entre as maxilas e da elasticidade da conexão entre os ramos da mandíbula.

assumem a forma de nadadeiras, enquanto as grandes tartarugas terrestres têm pernas, que, superficialmente, se assemelham às de um elefantes, adaptadas para suportar o peso do corpo. A maioria dos lagartos tem cinco dedos com garras em cada perna, e algumas espécies são capazes de correr rapidamente, por curtas distâncias. Existem certos lagartos, contudo, nos quais há uma redução do número de dedos ou, até mesmo, a elimina-

Figura 5.5. A Naja real *Ophiophagus hannah* da Ásia com sua cabeça levantada e o capuz expandido, pronta para atacar (Fotografada no Aquário Steinhart, São Francisco.)

ção dos membros, de forma que adquirem a aparência de serpentes. A maioria dos lagartos faz tocas em solos arenosos. Em alguns répteis de aparência crocodiliana, os dedos podem ser parcialmente unidos uns aos outros por membranas, como para uma adaptação à vida aquática.

Sistema Muscular

Em parte, pelo maior desenvolvimento das costelas e, em parte, pelos tipos de locomoção mais desenvolvidos, os músculos axiais, ou do tronco dos répteis começam a apresentar algumas das características complexas, encontradas nos mamíferos. Nos peixes, estes músculos servem, principalmente, para os movimentos laterais do corpo. Os anfíbios avançaram, por necessidade, além deste ponto, como resultado de terem passado a viver em ambientes terrestres. A maioria dos répteis, contudo, é capaz de realizar movimentos maiores da coluna vertebral, o que resulta da especialização de alguns dos músculos do tronco. Isto ocorre, especialmente, no caso das serpentes, em que a musculatura dos membros desapareceu e os movimentos são realizados apenas pelos músculos do tronco. Nas tartarugas, a presença de uma carapaça imóvel reduziu a necessidade de uma musculatura axial bem desenvolvida, com exceção da região do pescoço.

A musculatura ventral do tronco dos répteis, além dos músculos reto-abdominal, oblíquo externo, oblíquo interno e camadas do transverso, encontrados nos anfíbios, é subdividida por uma camada intercostal, que une as costelas. Os músculos dérmicos, ou da pele, que não existem nos peixes e mal aparecem entre os anfíbios, são proeminentes nos répteis, especialmente, nas serpentes. Neste último grupo, eles auxiliam a locomoção, ao levantar e abaixar as escamas da face ventral do corpo, aumentando e diminuindo a fricção com o chão, alternadamente.

A musculatura dos membros dos répteis apresenta uma grande variação, dependendo do tipo de locomoção empregada. Contudo, talvez seja mais desenvolvida nas espécies de lagartos que correm e trepam velozmente.

Sistema Circulatório

Visto que os répteis estão mais perfeitamente adaptados à vida terrestre do que os anfíbios, seu sistema circulatório é, correspondentemente, mais eficiente. O maior desenvolvimento do sistema circulatório dos répteis, em relação ao dos anfíbios, está relacionado com a eliminação de brânquias funcionais e com o desenvolvimento do tipo mais avançado de rim dos vertebrados, conhecido como metanefro.

O átrio do coração sempre é completamente separado em uma câmara direita e uma esquerda e o seio venoso está incorporado à parede do átrio direito. O ventrículo também é parcialmente dividido por um septo, na maioria dos répteis; nos aligátores e crocodilos, é completamente dividido em duas câmaras. Isto significa que o sangue oxigenado, vindo dos pulmões para o lado esquerdo do coração, é essencialmente separado do sangue não oxigenado, que retorna do corpo para o lado direito. Embora a separação dos dois tipos sangüíneos dentro do coração seja completa nos crocodilianos e quase completa em outros répteis, ocorre alguma mistura em outras partes do sistema circulatório. Bastante estranho é que, nos répteis, o cone arterioso embrionário se divida em três vasos, em vez de dois. Um destes transforma-se no tronco pulmonar, que leva o sangue do ventrículo direito para os pulmões. Um segundo torna-se a base da aorta sistêmica principal, que transporta o sangue do ventrículo esquerdo para o corpo, por meio do quarto arco aórtico direito. Um terceiro tronco, contudo, vem do ventrículo direito para o quarto arco aórtico esquerdo. No seu ponto de contato com a aorta sistêmica do ventrículo esquerdo, mesmo nos crocodilianos, há uma pequena abertura entre os dois vasos, conhecida como *forâmen de Panizza*, onde pode haver alguma mistura dos tipos sangüíneos. A maior parte do sangue do arco aórtico esquerdo vai para as artérias celíaca e subclávia esquerdas, mas, mais para trás, ainda existe uma pequena conexão, onde as duas aortas se unem para formar uma única aorta dorsal, de maneira que ocorre a mistura de sangue oxigenado e não oxigenado, mais uma vez.

Os principais progressos do sistema venoso dos répteis, em relação ao dos anfíbios, envolve o maior desenvolvimento das veias pulmonares e da veia pós-cava e a menor importância do sistema porta renal, que leva o sangue proveniente da parte posterior do corpo (Fig. 5.6) para os rins.

Sistema Digestivo

Alguns répteis são herbívoros; outros são carnívoros. Os pequenos répteis carnívoros, por exemplo, muitos lagartos, alimentam-se, particularmente de insetos e outros invertebrados, enquanto os carnívoros maiores alimentam-se, especialmente, de outros vertebrados, desde peixes até mamíferos. O sistema digestivo dos répteis, portanto, adapta-se aos hábitos alimentares das espécies envolvidas.

Em geral, os répteis não aquáticos têm as glândulas orais mais desenvolvidas do que os anfíbios. Isto está associado à necessidade de umedecer o alimento seco para reduzir a fricção durante a deglutição, um problema com o qual os peixes e a maioria dos anfíbios não precisam lutar. Estas glândulas orais incluem as glândulas *palatinas*, as *labiais*, as *linguais* e as *sublinguais*. As glândulas venenosas dos répteis originam-se de algumas destas glândulas orais. No monstro-de-gila e em um lagarto mexicano, as glândulas venenosas são glândulas sublinguais modificadas.

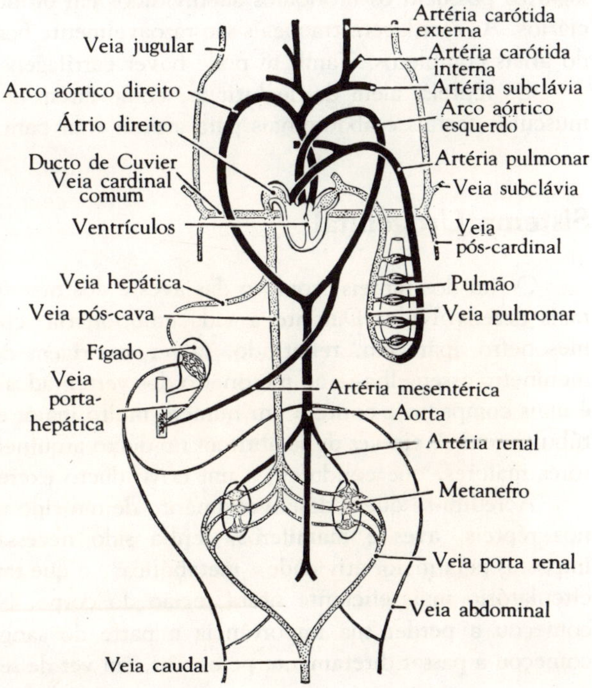

Figura 5.6. Esquema dos principais vasos circulatórios dos répteis. Artérias em negro, veias em pontilhado. Note-se que alguns vasos sangüíneos persistem durante toda a série. Em traços gerais, a série pode ser interpretada como estágios representativos da filogênese do sistema circulatório dos mamíferos. (Segundo Stempell. In Neal and Rand: Cordate Anatomy. New York, McGraw-Hill Book Co. Inc., 1939.)

A língua dos lagartos e cobras, geralmente, é bastante desenvolvida. Nos camaleões da África e Índia, é extensível e é usada para capturar insetos. A ponta é espessa e pegajosa, para promover a adesão da presa. Nas serpentes, a ponta bifurcada serve como meio de transferência de estímulos químicos do ambiente externo, como, por exemplo, do chão, para os órgãos vomeronasais pares, situados no teto da boca. Nas tartarugas e nos crocodilianos, contudo, a língua não pode ser estendida. O esôfago dos répteis é mais alongado do que o dos peixes e anfíbios. O esôfago e o estômago são nitidamente distintos. O estômago dos crocodilianos assemelha-se ao de uma ave por ter uma parte semelhante à moela, envolvida por uma grossa camada de músculos. Nos répteis o intestino delgado, geralmente, é mais enrolado do que nos anfíbios. Isto serve para aumentar a superfície de absorção. Pela primeira vez nos vertebrados, observamos que um ceco, ou divertículo cego, se origina no ponto de junção dos intestinos delgado e grosso. Isto não ocorre, porém, em todos os répteis. O intestino grosso é reto e esvazia-se na cloaca.

Sistema Respiratório

Os pulmões dos répteis são intermediários entre os pulmões dos anfíbios pulmonados adultos e os dos vertebrados superiores. Geralmente, são mais complexos que os dos anfíbios, com um maior número de câmaras internas e alvéolos sendo órgãos respiratórios mais eficientes. Em alguns lagartos, um pulmão é consideravelmente maior do que o outro, e, nas serpentes, o lobo esquerdo é reduzido ou, até mesmo, ausente, em algumas espécies. Esta redução ou eliminação do pulmão de um lado parece estar relacionada com a forma alongada do corpo, nestes répteis. Os crocodilianos possuem pulmões bem semelhantes aos dos mamíferos; alguns lagartos possuem divertículos, que se estendem para trás e, que possuem uma certa semelhança com os sacos aéreos dos pulmões das aves. A traquéia e os brônquios podem ser curtos e simples, como nos anfíbios, ou podem ser consideravelmente mais complexos. Nos répteis de pescoço longo, como as tartarugas, a traquéia não é apenas longa, mas também, é às vezes, convoluta. Alguns lagartos possuem os brônquios subdivididos em brônquios primários, secundários e terciários. As cartilagens traqueais são razoavelmente bem desenvolvidas, às vezes, formando anéis completos. Também pode haver cartilagens bronquiais.

Os répteis, além de deglutir ar, como fazem os anfíbios, utilizam-se também dos músculos costais e abdominais para aspirar o ar para dentro dos pulmões.

Sistema Urogenital

O rim dos répteis, como o das aves e dos mamíferos, é do tipo metanefro, o tipo mais desenvolvido. Durante a vida embrionária, contudo, tanto o pronefro como o mesonefro aparecem, refletindo, talvez, a origem dos répteis. Fundamentalmente, o metanefro assemelha-se ao mesonefro dos vertebrados inferiores, mas situa-se mais atrás, é mais compacto e contém um número muito maior de unidades renais. Além disso, os túbulos renais, em vez de se abrirem no ducto arquinéfrico, abrem-se nos túbulos coletores maiores, que conduzem a um novo ducto excretor, o *ureter*.

Acredita-se que o desenvolvimento de um tipo mais eficiente de sistema excretor, nos répteis, aves e mamíferos, tenha sido necessário para satisfazer as exigências impostas pela maior atividade metabólica, o que também está associado a um sistema circulatório mais eficiente nesta região do corpo. Nos répteis, o sistema porta-renal começou a perder sua importância e parte do sangue proveniente da região caudal começou a passar diretamente pelos rins, em vez de ser filtrado vagarosamente pela rede capilar. Isto foi compensado pelo desenvolvimento das artérias renais, que trazem o sangue diretamente da aorta dorsal para os rins. O sangue retorna destes para a veia póscava, por meio das veias renais.

Muitos répteis possuem uma bexiga urinária que, como a dos anfíbios, é uma evaginação da parede ventral da cloaca. Esta estrutura, contudo, não aparece nos crocodilianos, nas serpentes e em alguns lagartos.

Estudos recentes demonstraram que vários répteis possuem glândulas secretoras de sal, situadas na cabeça. A finalidade destas glândulas é promover a rápida eliminação de sal do sistema, que passa por meio de um ducto, ou ductos, para a cavidade nasal. Estas glândulas são bastante desenvolvidas nos iguanas marinhos (*Amblyrhynchus cristatus*) das Ilhas Galápagos, que se alimentam de algas marinhas; para isto, eles mergulham no oceano (Fig. 5.7). Depois de se alimentarem, eles voltam para as praias para descansar nas rochas, onde uma solução salina concentrada, excretada pelas glândulas secretoras de sal, freqüentemente, é expelida durante a exalação, como uma nuvem de vapor. Acredita-se que, em certos répteis terrestres, como o iguana comum (*Iguana iguana*) e o lagarto do deserto (*Dipsosaurus dorsalis*), a eliminação de sal por este método extra-renal esteja associada à preservação de água. Reduzindo-se a concentração de sal na urina, uma quantidade maior de urina pode ser reabsorvida na cloaca. Isto seria muito vantajoso para um réptil que vivesse em ambientes secos.

Um tipo singular de glândula excretora de sal é encontrado nas serpentes marinhas dos gêneros *Pelamis* e *Laticauda*. Nestes répteis, que passam toda sua vida no oceano, a glândula sublingual posterior, situada nas superfícies ventro-laterais da bainha da língua, excreta um fluido, com altas concentrações de cloreto de sódio. Este líquido é expelido, quando a língua é estendida.

Os ovários e testículos são pares nos répteis. Os primeiros podem conter cavidades cheias de linfa, como nos anfíbios, ou podem ser sólidos, como em aves e mamíferos. Os ovos dos répteis, embora em pequeno número, quando comparados com os ovos dos vertebrados inferiores, são relativamente grandes, devido à presença de uma grande quantidade de vitelo necessário para o crescimento do filhote antes da eclosão. Freqüentemente, são rodeados por albumina e cobertos por uma casca coriácea ou calcária (Fig. 5.8). A albumina e a casca são produzidas por glândulas localizadas ao longo do ovidutos pares. Estes abrem-se, separadamente, na cloaca.

Figura 5.7. Iguanas marinhos (*Amblyrhynchus cristatus*) nas costas da Ilha Abingdon, Arquipélago de Galápagos. (Fotografia, cortesia de David Cavagnaro.)

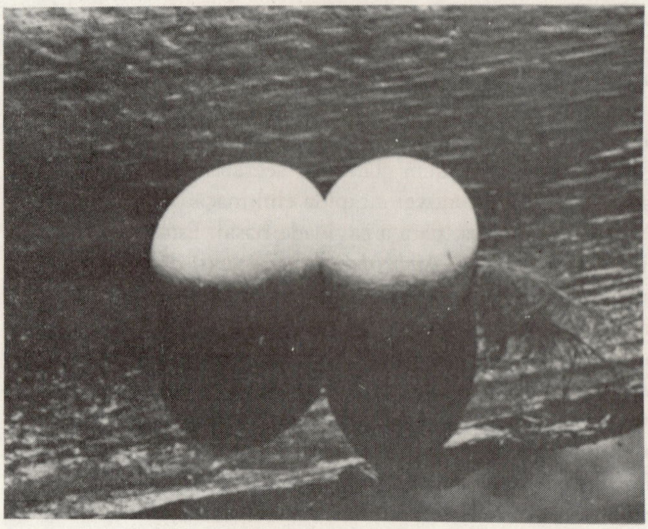

Figura 5.8. A lagartixa verde (gênero *Phelsuma*) das Ilhas Seychelles, freqüentemente, prende seus ovos a uma folha de palmeira.

O ducto arquinéfrico, ou ducto de Wolff, degenera-se nos répteis fêmeas, porém, nos machos, torna-se o ducto genital funcional. Sua extremidade superior é muito enrolada e forma uma estrutura compacta, chamada *epidídimo*. Visto que os ovos dos répteis eclodem internamente ou são envolvidos por uma casca dura, quando postos, a fertilização necessariamente é interna. Conseqüentemente, os machos de muitas espécies desenvolveram órgãos copuladores especiais para a transferência de espermatozóide para as fêmeas. Nos lagartos e serpentes, há uma estrutura par na cloaca, chamada *hemipênis*, que servem a este propósito, enquanto os crocodilos e tartarugas possuem uma estrutura, que pode ser homóloga ao pênis dos mamíferos (Fig. 5.9).

Sistema Nervoso

Visto que os mamíferos, com seu encéfalo altamente desenvolvido, surgiram do tronco dos répteis, não é surpreendente que muitos traços característicos do sistema nervoso central dos mamíferos tenham surgido nos répteis. Em todos os anamniotas, o encéfalo médio é o centro da atividade encefálica, porém, nos répteis, pela primeira vez, ocorre a mudança do centro nervoso para o cérebro. Isto está relacionado com o aumento acentuado do tamanho dos hemisférios cerebrais, resultante da invasão do pálio por muitas células nervosas para formar o que, geralmente, é denominado *neopálio*.

O cerebelo dos répteis é relativamente maior do que o dos anfíbios. Todavia, não atinge o tamanho do cerebelo de alguns peixes, como o dos tubarões, nem se aproxima

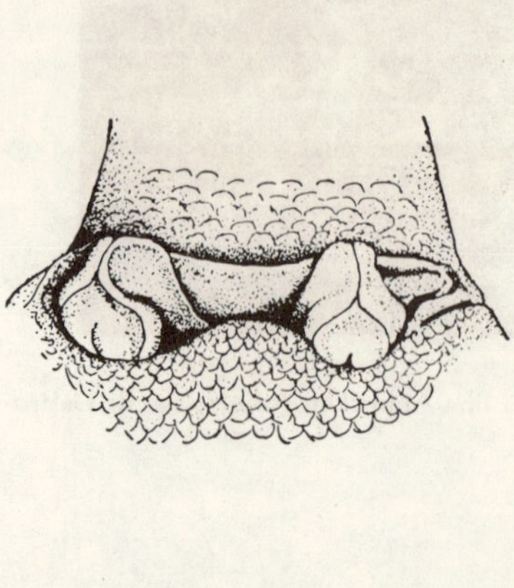

Figura 5.9. Hemipênis do lagarto *Platydactylus* (Segundo Unterhössel.)

do tamanho do cerebelo das aves ou dos mamíferos. Novamente, isto parece estar relacionado com a capacidade locomotora relativamente limitada da maioria dos répteis. Pela primeira vez nos vertebrados, observamos 12 nervos cranianos. (Fig. 5.10).

Órgãos dos Sentidos

Na maioria dos répteis, os corpúsculos gustativos restringem-se, em grande parte, à região faríngea. Dentro de cada via nasal, que é alongada nos répteis superiores por causa do desenvolvimento do palato secundário, há uma concha, ou corneto, que serve para aumentar a superfície do epitélio olfativo. O órgão de Jacobson alcança seu ponto mais alto de desenvolvimento nas serpentes e nos lagartos e é ligado ao teto da boca e não ao canal nasal.

Nos vários grupos de vertebrados inferiores, a acomodação para a visão de perto ou à distância é realizada através do movimento do cristalino para frente e para trás, a fim de mudar a distância entre o cristalino e a retina sensível. A acomodação, nos répteis e na maioria dos outros amniotas, contudo, é efetuada não pelo movimento do cristalino, mas sim pela mudança de sua forma. Pode ser achatado para a visão à distância ou arredondado para a visão de perto, através da ação dos músculos do corpo ciliar.

Estudos sobre a visão de cores em certas espécies de lagartos diurnos e tartarugas demonstraram que a maioria pode diferenciar exatamente o amarelo, vermelho, azul e verde de vários tons de cinza. Nas espécies, em que a percepção de cor é reduzida, são, principalmente, os comprimentos de onda maiores que são reconhecidos.

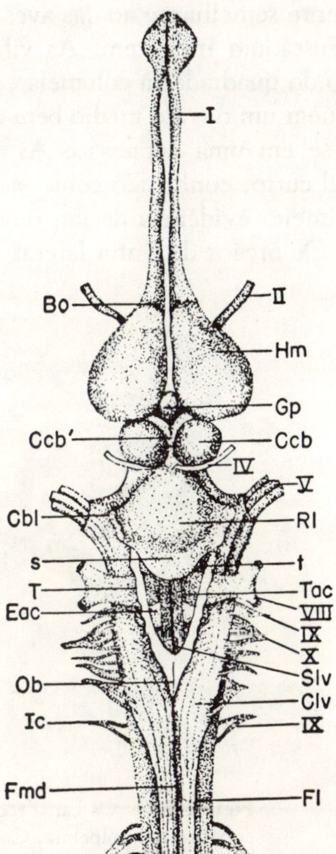

Figura 5.10. Vista dorsal do encéfalo do aligátor; os números romanos correspondem aos nervos cranianos: *Hm*, telencéfalo; *Ccb*, mesencéfalo; *Rl*, cerebelo; *Tac*, quarto ventrículo (Redesenhado a partir de Bronn.)

As pálpebras estão presentes em muitos répteis e, geralmente, são mais móveis do que as dos anfíbios (Fig. 5.11). Contudo, nas serpentes e em alguns lagartos cavadores, não existem pálpebras móveis e o olho, capaz de se mover por si, é coberto por pele transparente e imóvel. Acredita-se que estes óculos tenham derivado das pálpebras. São contínuos com as escamas, que cobrem o corpo, e, como estas, são eliminados periodicamente. Muitos répteis possuem uma terceira pálpebra, chamada *membrana nictitante*, que se situa sob as pálpebras superior e inferior e recobre o olho, movendo-se para trás e para fora da margem anterior ou mediana da abertura do olho. É mais ou menos transparente. O sangue, que um sapo-de-chifres lança do olho, provém dos vasos sangüíneos da membrana nictitante, que se rompem, facilmente, como resultado de contração muscular.

O olho pineal, presente na tuatara e em alguns lagartos, já foi mencionado. Estudos experimentais de Stebbins e Eakin (1958) sobre esta estrutura em alguns lagartos americanos dos gêneros *Sceloporus*, *Uta* e *Uma*, mostraram que ele auxilia a regulação da quantidade de exposição à luz do sol (Fig. 5.12). Isto, obviamente, é importante para os animais ectotérmicos. Lagartos com o olho parietal removido tendem a permanecer mais tempo à luz do sol ou à luz artificial do que o fariam em outras circunstâncias. O órgão pineal parece também desempenhar um papel no controle do ritmo circadiano em alguns répteis, como ocorre nos mamíferos. Experiências com o lagarto iguanídeo *Sceloporus olivaceus* mostram que, após uma pinealectomia, há uma quebra do ritmo de atividade circadiana. Isto parece indicar que o órgão ou é um mecanismo de acoplamento entre os osciladores circadianos, ou ainda um oscilador-mestre, controlando outros osciladores circadianos.

Há uma considerável variação na estrutura do ouvido dos répteis. A lagena é mais alongada que nos anfíbios e nos crocodilianos forma realmente um ducto coclear, ligeiramente semelhante ao das aves. Nas serpentes, o tímpano, o ouvido médio e a trompa de Eustáquio inexistem. As vibrações recebidas pelas serpentes são transmitidas, por meio do quadrado, à columela e, então, ao ouvido interno. Os lagartos, por outro lado, possuem um ouvido médio bem desenvolvido e, em algumas formas, o tímpano aprofundou-se em uma depressão. As ondas sonoras, portanto, devem passar através de um canal curto, conhecido como *meato auditivo externo*, a fim de alcançar o tímpano. Esta é a primeira evidência de um ouvido externo nos vertebrados.

Os órgãos da linha lateral inexistem nos répteis e em outros amniotas.

Figura 5.11. Os camaleões possuem grandes olhos salientes, quase totalmente cobertos por pálpebras. Cada um deles é capaz de se movimentar independentemente do outro. Este camaleão assumiu uma postura defensiva. (Fotografado em Quênia, África Oriental.)

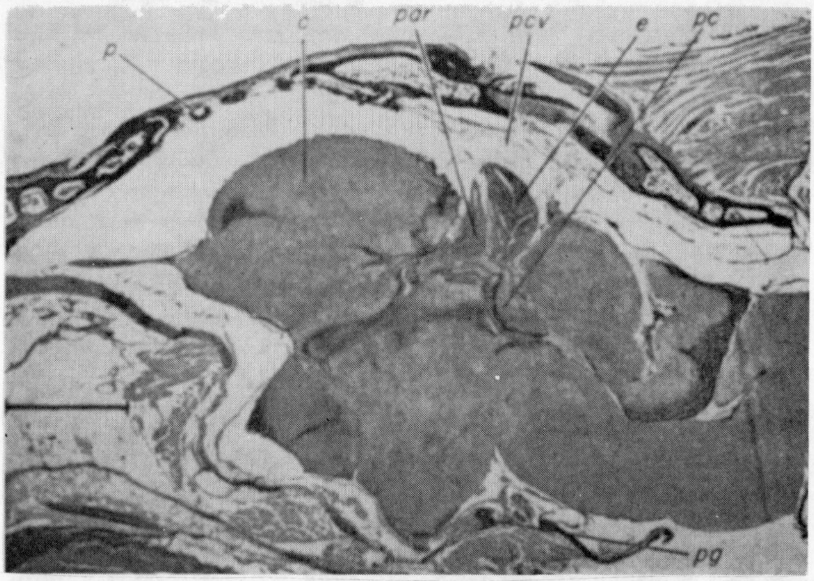

Figura 5.12. Secção sagital mediana, através do encéfalo de *Sceloporus occidentalis*, mostrando as posições relativas do olho parietal e da epífise. O comprimento da epífise pode ser de 2 cm em um lagarto de 700 mm de comprimento do focinho à cloaca. Abreviações: C, cérebro; *e*, epífise; *p*, olho parietal; *par*, paráfise; *pc*, comissura posterior; *pcv*, seio da veia cerebral posterior; *pq*, hipófise. A linha horizontal à esquerda representa 1 mm. (Stebbins, R.C. and Eakin, R.M.: American Museum Novitates, n.º 1870, 1958.)

Glândulas Endócrinas

As glândulas paratireóides, em geral, situam-se atrás da glândula tireóide, que é única, pelo menos, nos répteis adultos. As duas partes das glândulas adrenais — os corpos inter-renais, homólogos aos córtex da supra-renal dos mamíferos, e os corpos cromafins, homólogos à medula da supra-renal dos mamíferos — juntam-se nos répteis. As outras glândulas endócrinas dos répteis não diferem marcadamente das encontradas na maioria dos outros vertebrados superiores.

CARACTERÍSTICAS ESPECIAIS

O corpo dos répteis é, tipicamente, coberto por escamas secas, que fornecem proteção, do mesmo modo que as escamas dos peixes. Estas escamas caem em duas categorias: epidérmica e dérmica. As do primeiro tipo são superficiais e são trocadas periodicamente, na maioria dos répteis. As escamas dérmicas são placas ósseas permanentes, aprofundadas na pele e mantidas durante toda a vida. Também presentes na derme de muitos répteis estão os cromatóforos, semelhantes aos dos peixes e anfíbios, responsáveis pelo padrão de cor. A concentração e dispersão dos grânulos de pigmentos, nestes cromatóforos, são responsáveis pela capacidade de certos lagartos, como o camaleão, de mudar suas cores em resposta aos estímulos ambientais.

A coloração, nos répteis, como na maioria dos vertebrados, pode ter várias funções. Pode servir para harmonizar o animal com seu ambiente e assim escondê-lo e protegê-lo (Fig. 5.13), ou anida, pode fornecer um reconhecimento específico ou o reconhecimento sexual. Muitas espécies de lagartos apresentam um dimorfismo sexual marcante no que se refere à cor, especialmente durante a estação de reprodução. A cor

Figura 5.13. O padrão de cor da píton australiana dificulta sua detecção tanto pela presa como pelos seus inimigos.

também pode ser importante para a termorregulação. As espécies, que podem mudar a cor, alterando a concentração dos grânulos de pigmentos nos cromatóforos, respondem a altas temperaturas, clareando sua coloração, enquanto a temperatura baixa induz a uma coloração escura. A cor também pode servir para proteger órgãos vitais contra certos comprimentos de onda de radiação solar nocivos. Às vezes, a pigmentação, que funciona como um escudo, é intramuscular ou está até mesmo contida no peritônio.

Glândulas Tegumentares

Por causa das escamas epidérmicas secas, que, nas serpentes e nos lagartos, são trocadas periodicamente, os répteis não possuem glândulas na pele. As glândulas de almíscar, situadas no pescoço e na abertura cloacal dos crocodilianos, funcionam durante a corte. Muitos lagartos também possuem o que parecem ser glândulas holócrinas, próximas da cloaca, que possuem aberturas, chamadas poros femorais ou pré-anais, geralmente, menores na fêmea. São encontradas apenas nos machos de algumas espécies. Parecem ser mais ativas durante a estação de reprodução.

Um segundo tipo de glândula holócrina, encontrada bem recentemente, chama-se "glândula de geração". As mudanças na secreção destas glândulas parecem estar associadas à troca periódica de pele.

Escamas Epidérmicas

Estas são as escamas mais notáveis nos lagartos e serpentes. Estão, continuamente, sendo produzidas pela camada permanentemente em crescimento da epiderme, conhecida como o *stratum germinativum* e, geralmente, são dobradas de forma que se

Figura 5.14. A espécie endêmica de cascavel (*Crotalus catalinensis*) da Ilha de Santa Catalina, no Golfo da Califórnia, México, perdeu seus guizos, embora ainda vibre a cauda como aviso, quando alarmada.

sobrepõem umas às outras. Quando estão completamente crescidas, separam-se do *stratum germinativum* e aparecem como estruturas cornificadas sem vida. As serpentes e os lagartos trocam suas escamas; este processo é conhecido como *ecdise*. Antes que a ecdise ocorra, contudo, as novas escamas, que substituirão as velhas, são formadas. A maioria das serpentes troca de pele de uma só vez, numa única peça. O revestimento epidérmico velho torna-se frouxo, primeiramente, na região cefálica. A pele, incluindo até mesmo as placas transparentes sobre os olhos, é virada para trás, e a serpente, finalmente, se arrasta para fora do velho revestimento, deixando-a do lado do avesso. O número de vezes que uma serpente troca de pele por ano depende da taxa de crescimento. Serpentes que crescem rapidamente podem trocar de pele a cada 2 meses.

Algumas víboras, como a cascavel "sidewinder" do deserto, *Crotalus cerastes* e a víbora africana *Cerastes cerastes*, possuem estruturas cornificadas sobre os olhos, que são, na realidade, escamas modificadas. Muito se tem especulado sobre sua função, mas descobriu-se, recentemente, que elas se dobram sobre os olhos, quando se usa pressão. Parece provável, portanto, que estes "cornos" sirvam para proteger os olhos, quando as serpentes se movem sobre rochas, cascalho, raízes ou outras características ambientais, que possam causar ferimentos.

Os guizos das cascavéis representam vestígios cornificados da pele, que aderem à base da cauda, e não se perdem durante a ecdise. Cada muda acrescenta um novo guizo, e o número de guizos, portanto, não representa a idade da serpente em anos. Além disso, especialmente, nas cascavéis mais velhas, os guizos terminais, freqüentemente, se perdem, de modo que o número total de guizos não indica nem o número total de mudas.

A cobertura epidérmica da maioria dos lagartos, ao contrário do que ocorre nas serpentes, geralmente, é eliminada aos pedaços.

Os termos *carapaça* e *plastrão* são aplicados aos cascos dorsal e ventral, que protegem os corpos da maioria das tartarugas e cágados (Fig. 5.15). Embora sejam estas estruturas compostas, em grande parte, de placas dérmicas ósseas, elas são cobertas, externamente, por escamas epidérmicas cornificadas. Ao contrário das escamas epidérmicas das

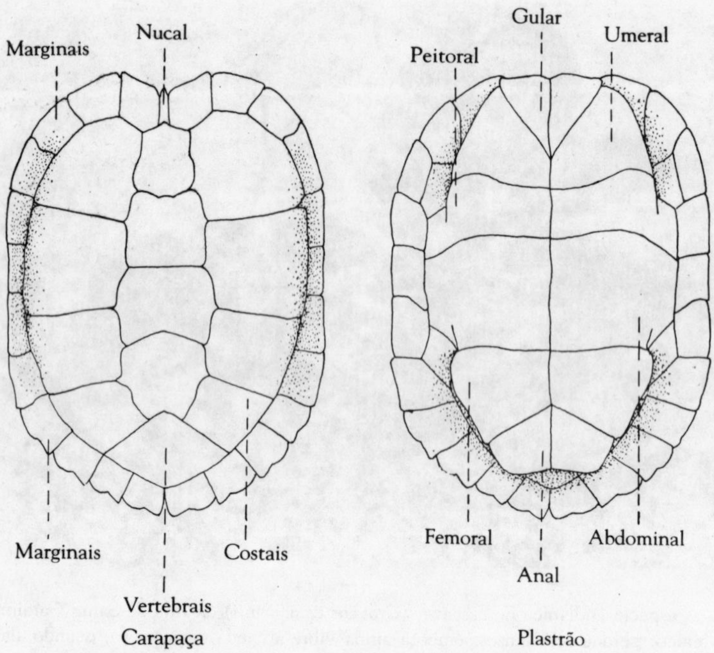

Figura 5.15. Vista dorsal (*esquerda*) e ventral (*direita*) do casco do cágado de um lago da costa do Pacífico (*Clemmys marmorata*), mostrando as placas epidérmicas, ou escudos, na superfície externa da carapaça e do plastrão.

serpentes e lagartos, essas escamas não são trocadas regularmente, embora as escamas externas mais velhas, realmente, se desgastem. O crescimento é de baixo para cima e, como resultado da expansão do *stratum germinativum*, cada nova escama é maior que a escama predecessora que a reveste. Como conseqüência, as grandes placas epidérmicas são marcadas por anéis de crescimento por causa do acúmulo de camadas de escamas cornificadas. Algumas tartarugas não possuem escamas e têm uma pele coriácea. Os corpos dos aligátores e seus afins também são recobertos por escamas epidérmicas, que não são trocadas regularmente, mas, são gradualmente, gastas e substituídas.

As escamas epidérmicas dos répteis são dispostas em padrões bem definidos e apresentam uma considerável diversidade de forma e estrutura nos diferentes grupos. Nas serpentes e nos lagartos, as escamas do corpo podem ser dispostas em fileiras longitudinais, diagonais ou transversais. As escamas da cabeça, geralmente, diferem das escamas do corpo e são denominadas, de acordo com sua localização. Por exemplo, as escamas, que se situam ao longo da margem do lábio superior, são chamadas de labiais superiores; as que circundam os olhos são as oculares; as situadas entre os olhos são as interoculares. As diferenças de tamanho, forma e número destas escamas fornecem importantes características para a classificação.

As escamas do corpo das serpentes, geralmente, são ciclóides ou quadrangulares e podem ter, ou não, uma crista ou carena. As escamas dos lagartos, geralmente, podem ser classificadas como granulares, ciclóides, quadrangulares ou mucronadas (terminando na parte posterior em uma ponta afiada) (Fig. 5.16). Podem ser lisas ou carenadas. Em algumas espécies, como os sapos-de-chifre, certas escamas podem ser altamente modificadas em espinhos alongados (Fig. 5.17). Escamas alongadas em forma de espinhos também podem aparecer em alguns iguanas.

Na maioria das serpentes, as escamas ventrais são bastante dilatadas, assumindo a forma de largas faixas transversais, chamadas *escudos*, que se estendem pelo corpo,

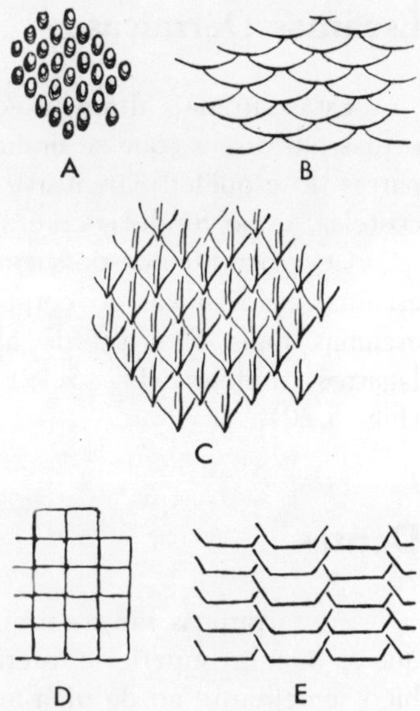

Figura 5.16. Diagrama mostrando alguns exemplos de escamas de lagartos: *A*, granulosas; *B*, ciclóides; *C*, carenadas mucronadas; *D* e *E*, quadrangulares.

transversalmente. A presença dos escudos na face inferior do corpo, geralmente, é tida como uma característica que distingue serpentes de lagartos. Há algumas espécies de serpentes, contudo, como certas cobras de hábitos fossoriais, que não possuem escudos ventrais. As grandes placas dérmicas da carapaça e do plastrão de tartarugas apresentam um padrão de disposição bem definido.

Figura 5.17. Muitas das escamas dos corpos dos sapos-de-chifre (*Phrynosoma*) são modificadas em estruturas em forma de espinhos. (Fotografia de Edward S. Ross.)

Escamas Dérmicas

Estas são mais altamente desenvolvidas nas tartarugas, em que formam a carapaça e o plastrão ósseos, que se unem por uma ponte, de cada lado do corpo. Internamente, partes do esqueleto, inclusive as vértebras torácicas, lombares e sacras, bem como as costelas, estão fundidas com a carapaça nestes répteis.

Os crocodilianos possuem algumas placas ósseas, ou *osteodermos*, sob algumas das escamas epidérmicas do corpo (Fig. 5.18), e pequenas escamas dérmicas subjazem às escamas mais externas de alguns lagartos, notadamente no monstro-de-Gila, nos lagartos cincídeos (Fig. 5.19) e alguns outros lagartos. São inexistentes nas serpentes (Fig. 5.20).

Dentes

As tartarugas são inteiramente desprovidas de dentes. Nestes répteis, observamos que as maxilas superior e inferior estão envolvidas por bainhas córneas, resultando num bico semelhante ao de uma ave.

Dentes bem desenvolvidos, contudo, estão presentes em todos os outros grupos de répteis e são substituídos, quando perdidos. Nos crocodilianos, os dentes apresentam uma forma cônica bastante uniforme e situam-se em alvéolos dentários, como nos mamíferos. Este tipo de inserção dentária chama-se *tecodonte* e reduz a chance de perda de dentes, quando em luta ou segurando uma presa.

Figura 5.18. O aligátor americano (*Alligator mississippiensis*) possui placas dérmicas, sob algumas das escamas epidérmicas.

Figura 5.19. Fotografia mostrando as grandes escamas de um lagarto australiano (*Tiliqua rugosa*).

A maioria dos lagartos possui dentição *homodonte* ou uniforme, como os crocodilianos, mas há alguns, em que os dentes são especializados em incisivos, caninos e molares, como nos mamíferos. Este tipo de dentição é chamado de heterodonte. Há alguns lagartos, que possuem alguns dentes no teto da boca, mas, na maioria das espécies, eles são fixos nas mandíbulas. A conexão habitual faz-se com a superfície superior

Figura 5.20. Note o padrão de escamas da cabeça bem como das escamas carenadas do corpo de uma serpente do oeste dos Estados Unidos (*Thamnophis elegans*). (Fotografia de Edward S. Ross.)

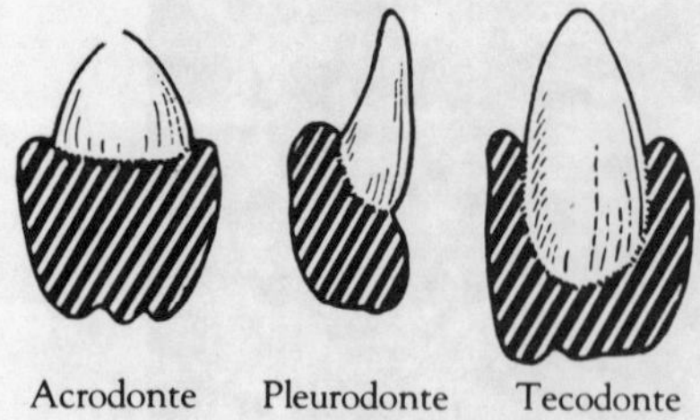

Figura 5.21. Diagrama mostrando três métodos de implantação dentária (Desenho de G. Schwenk. In Weichert, C.K.: Anatomy of the Chordates. New York, McGraw-Hill Book Co. Inc., 1958.)

da mandíbula ou da maxila superior, em vez do dente encaixado em um alvéolo dentário. Este tipo de conexão é chamado de *acrodonte.* Há alguns lagartos, contudo, nos quais os dentes repousam na borda do lado interno da mandíbula ou da maxila superior e unem-se tanto à face lateral como à base. Este é o tipo de conexão *pleurodonte* (Fig. 5.21).

Os únicos lagartos venenosos conhecidos são o monstro-de-Gila e um lagarto do México, espécies estreitamente aparentadas, que pertencem ao gênero *Heloderma* (Fig. 5.22). O monstro-de-Gila é encontrado desde o sudoeste dos Estados Unidos até o México. A outra espécie do México é encontrada desde o Estado de Sonora, no México, até o istmo de Tehuantepec. Os dentes inferiores dos membros do gênero *Heloderma* são pleurodontes e estão, profundamente, incrustados nas gengivas. Cada dente possui um sulco na sua superfície anteromedial e, ocasionalmente, na superfície posterior. Também existem sulcos nas superfícies anteriores dos dentes superiores. O veneno, secretado pelas glândulas labiais, situadas na mandíbula inferior, não passam através de nenhuma presa oca, mas escorre para dentro dos ferimentos através dos sulcos dos dentes, quando estes lagartos agarram suas vítimas.

Figura 5.22. Os únicos lagartos venenosos conhecidos são o Monstro-de-Gila *(Heloderma suspectum)*, apresentado acima, e outra espécie do México *(Heloderma horridum)*. Ambos habitam a região oeste da América do Norte. (Fotografado no Aquário Steinhart, São Francisco.)

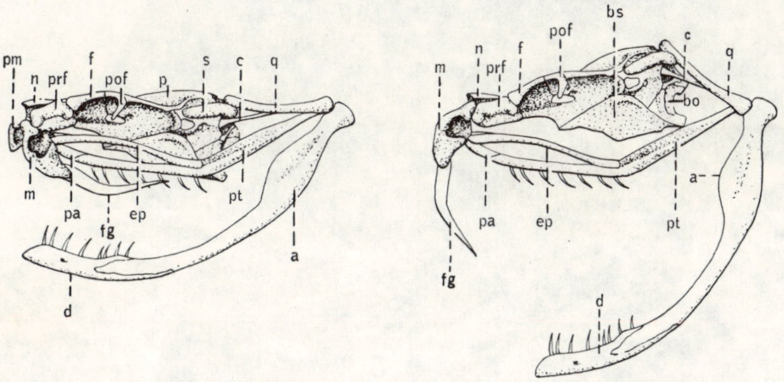

Figura 5.23. O crânio de uma cascavel: à *esquerda*, com presas retraídas; à *direita*, com a boca parcialmente aberta e as presas estendidas. *a*, articular; *bo*, basi-occipital; *bs*, basisfenóide; *c*, columela; *d*, dental; *ep*, ectopterigóide; *f*, frontal; *fg*, presa; *m*, maxilar; *n*, nasal; *p*, parietal; *pa*, palatino; *pm*, pré-maxilar; *pof*, pós-frontal; *prf*, pré-frontal; *q*, quadrado; *pt*, pterigóide; *s*, esquamosal. (Segundo Klauber.)

A maioria das serpentes possui dentes pleurodontes recurvados, dispostos em fileiras nas maxilas superior e inferior e, em muitas espécies, existe um par adicional de fileiras longitudinais no teto da boca. Como ocorre na maioria dos répteis, os dentes são substituídos, quando perdidos. Algumas serpentes venenosas possuem dentes sulcados, semelhantes aos dos lagartos do gênero *Heloderma*, na parte posterior da maxila superior. As serpentes deste tipo são chamadas *opistóglifas*. A maioria das perigosas serpentes peçonhentas, contudo, possui um par de presas ocas, geralmente, situadas em ambos os lados da parte anterior da maxila superior. A presa é parecida com uma agulha hipodérmica e a base está ligada a um pequeno saco, para o qual a secreção da glândula de veneno passa, através de um ducto. Uma contração muscular ao redor da glândula de veneno, no momento em que uma serpente ataca, é a responsável pela injeção de veneno na vítima, através da presa. As presas, como os outros dentes, são substituídas, quando perdidas. Em algumas serpentes, denominadas *proteróglifas*, as presas são rígidas. É o que ocorre com as cobras corais venenosas das Américas, as quais estão aparentadas como as najas e mambas. Por outro lado, as cascavéis e outras víboras são *solenóglifas* e possuem presas eréteis móveis (Fig. 5.24).

Membros e Locomoção

Durante sua história evolutiva, observamos que os répteis têm utilizado, essencialmente, todos os tipos de locomoção, usados pelos vertebrados. No mundo atual, existem répteis, que podem nadar no mar ou em água doce, outros que podem correr na terra, cavar, trepar e até mesmo planar pelo ar. No Mesozóico, os pterossauros eram capazes de fazer um vôo sustentado, e os ictiossauros eram semelhantes a peixes no que se refere à forma, com membros modificados em estruturas semelhantes a nadadeiras para a vida no mar. Havia até mesmo um grupo de répteis, conhecidos como plesiossauros, que possuíam membros em forma de remos.

O tipo básico de membros répteis e melhor exemplificado pelos lagartos típicos, nos quais existem membros pares peitorais e pélvicos. Cada membro, geralmente, tem cinco dedos, e cada dedo tem uma garra. Muitos lagartos podem correr sobre o chão com grande rapidez. Algumas espécies usam apenas os membros posteriores, quando estão correndo. Nestes momentos, a parte anterior do grupo é elevada. Este tipo bípede de locomoção era usado por um grupo primitivo de dinossauros, que, segundo se acredita, parece ter dado origem às aves.

Figura 5.24. A serpente *Bitis arietans* da África é uma solenóglifa peçonhenta com presas eréteis articuladas.

Além da rápida locomoção terrestre, muitos lagartos podem subir em superfícies verticais. Garras afiadas são de considerável ajuda ao trepar (Fig. 5.25), e alguns lagartos, como algumas espécies de lagartixas, possuem cristas nos dedos, que representam uma ajuda suplementar. Alguns dos mais notáveis lagartos são os denominados "dragões-voadores" da Índia e da Malaia, que pertencem ao gênero *Draco*. Estes répteis possuem uma grande extensão de pele, semelhante a uma membrana, que se estende de cada lado do corpo entre os membros, mas não é ligada a eles. Estas estruturas em forma de asa são sustentadas por extensões das costelas e permitem aos lagartos planar por curtas distâncias.

Nem todos os lagartos possuem os dois pares típicos de membros pentadáctilos. Um ou ambos os pares de membros podem estar ausentes. Os lagartos ápodos da família Anniellidae e as assim chamadas "cobras-de-vidro", que pertencem à família Anguidae, são superficialmente serpentiformes, com membros externos ausentes. O habitat destas espécies é subterrâneo.

Os crocodilianos são capazes de caminhar em terra e nadar na água. Embora possa existir uma membrana entre os dedos em algumas espécies, os movimentos rápidos na água são efetuados pelo movimento ondulatório lateral do corpo. Entre os répteis viventes, os melhores adaptados à vida aquática são as tartarugas marinhas. Nestes répteis, os membros são modificados em nadadeiras (Fig. 5.26) e as unhas são reduzidas ou ausentes. Os jabutis terrestres (Fig. 5.27), por outro lado, possuem pernas muito fortes e patas capazes de levantar e mover o corpo proporcionalmente pesado. Contudo, são incapazes de deslocar-se com qualquer grau de rapidez. Dependem mais de um pesado casco do que de locomoção para proteção contra inimigos.

Tanto as tartarugas marinhas como as de água doce podem alterar o peso específico de seus corpos a fim de permanecer em certos níveis na água. Um cágado pode flutuar sobre a superfície ou mover-se até o fundo do lago. Ele, provavelmente, o consegue,

Figura 5.25. *Varanus varius,* da Austrália, que pode crescer a um comprimento de até mais de dois metros, tem garras afiadas que o capacitam a trepar em árvores com facilidade.

Figura 5.26. Os membros das tartarugas marinhas, como *Caretta caretta*, que é encontrada ao longo de ambas as costas da América do Norte, são modificados em nadadeiras para nadar. (Fotografada no Aquário Steinhart, São Francisco.)

Figura 5.27. A tartaruga do deserto (*Gopheurs agassizi*) possui membros fortes adaptados para cavar e caminhar na terra. (Fotografada no Aquário Steinhart, São Francisco.)

mudando o volume de ar dos pulmões e aumentando ou diminuindo a quantidade de água armazenada na cloaca.

A locomoção, nas serpentes, que, obviamente, não possuem membros funcionais, tem sido de interesse para muitos. Embora possamos simplesmente dizer que as serpentes movem-se por aí, arrastando-se, um cuidadoso estudo demonstra que elas rastejam de quatro maneiras diferentes. Estes quatro tipos de locomoção são descritos desta forma: *progressão ondulatória horizontal, retilínea, em sanfona e por alças laterais.* O rastro deixado por uma serpente, que está usando o movimento ondulatório horizontal, é uma linha ondulada, visto que o corpo desliza em uma série de ondas e cada parte do corpo passa pelo mesmo rastro. Em poeira ou areia, pode-se observar que a poeira ou areia é levantada ou empurrada para o lado oposto ao eixo do deslocamento a fim de formar um pino.

Quando está avançando através do movimento retilíneo, o eixo do corpo é essencialmente reto e a ação é efetuada por movimentos alternados dos escudos ventrais e do próprio corpo. Um movimento ondulatório levanta os escudos, carrega-os para a frente e permite que eles fiquem ancorados ao chão. Em seguida, o corpo, literalmente, desliza para a frente até que esteja reorientado em relação à pele. Através de uma série de movimentos ondulatórios rítmicos da pele ventral e do corpo, a serpente se move ao longo de um caminho reto sem nenhum movimento lateral.

A progressão em sanfona consiste de curvamentos e endireitamentos alternados do corpo. Depois que o corpo apresenta uma série de curvas, a cauda serve como uma âncora e o avanço é efetuado, empurrando-se o resto do corpo para a frente, até que ele esteja reto. A cabeça e o pescoço são, então, usados como âncora e o resto do corpo forma uma série de curvas. Este tipo de progressão não é tão rápido quanto o movimento retilíneo, mas é usado, às vezes, quando as serpentes estão espreitando sua presa.

O movimento por alças laterais é empregado por algumas serpentes do deserto. Na América do Norte, é característico da cascavel "sidewinder" (*Crotalus cerastes*), a qual dá origem ao nome deste tipo peculiar de locomoção, que é difícil de descrever. Trata-se

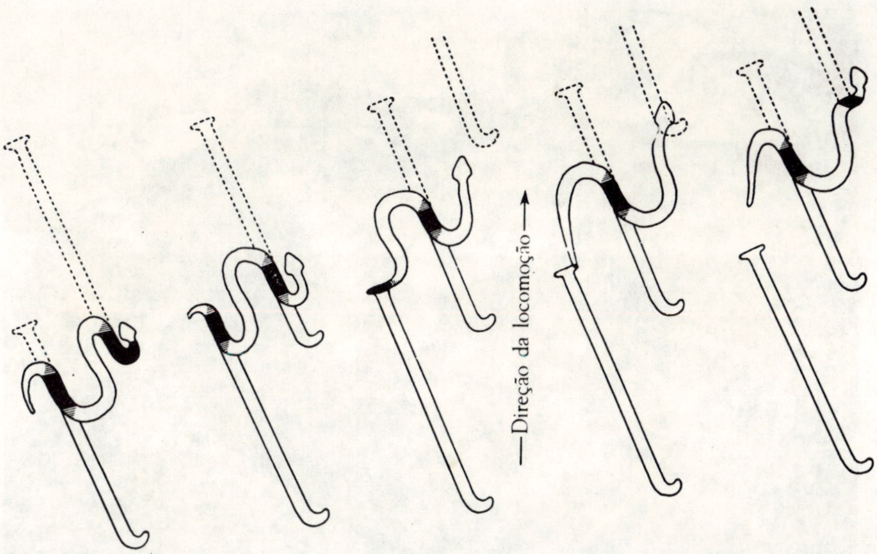

Figura 5.28. Como uma "sidewinder" faz seus rastros. Posições consecutivas do corpo da "sidewinder" em relação aos rastros. O esboço sólido do rastro já foi feito; o esboço pontilhado ainda não foi feito. Apenas as secções sólidas em negro do corpo da serpente estão em contato com o chão; o resto do corpo é elevado do chão sem tocá-lo. (Segundo Mosauer com modificações. In Klauber, L.M.: Rattlesnakes. Berkeley. University of California Press, 1956.)

essencialmente, de uma série de movimentos laterais em alça, nos quais apenas uma força vertical é aplicada e não mais que duas partes do corpo entram em contato com o chão ao mesmo tempo. A figura 5.28 ilustra melhor o movimento por alças laterais. Os rastros resultantes são uma série de marcas diagonais paralelas em forma de J. A curva do J, como pode ser visto, é feita pela cabeça e pescoço. Este tipo de progressão parece ser vantajoso em areia solta.

Termorreceptores

As cascavéis e outros membros da família das víboras de fossetas loreais possuem cavidades sensoriais de cada lado da cabeça (Figs. 5.29 e 5.30). A presença destas cavidades já era conhecida no século XVII, mas só foi a partir de 1937 que Noble e Schmidt apresentaram uma teoria satisfatória para explicar sua função. Fazendo experiências com cascavéis, que tiveram todos os seus outros órgãos sensoriais importantes destruídos ou bloqueados, descobriram que estes répteis podiam localizar exatamente e atacar objetos aquecidos, isto é, objetos cuja temperatura era maior que a do meio circundante, ou objetos que eram mais frios. Estas fossetas faciais ou loreais são anteroventrais aos olhos e possuem a abertura dirigida para a frente. O tecido sensorial

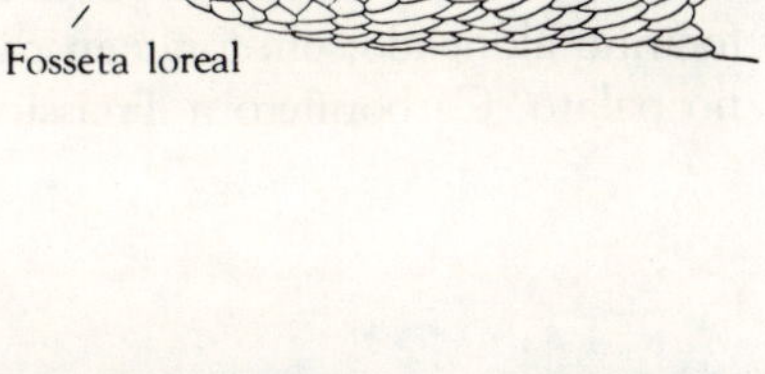

Figura 5.29. Cabeça de uma cascavel, mostrando a posição da fosseta loreal.

Figura 5.30. Cascavel *(Crotalus atrox)* do oeste da América do Norte, pronta para o ataque. Note a fosseta loreal abaixo da narina.

da cavidade é inervado por fibras dos ramos oftálmicos e supramaxilares do quinto nervo craniano.

Em condições naturais, parece que estes órgãos de radiação auxiliam as víboras com fossetas loreais a localizar e atacar pequenos vertebrados de sangue quente à noite, quando a temperatura ambiental é mais baixa do que a da presa. Em cativeiro, as observações feitas com uma cascavel, que teve sua visão obscurecida, porque estava trocando de pele, mostrou que ela atingiu com exatidão um camundongo.

Foi demonstrado recentemente que há receptores de raios infravermelhos nas fossetas labiais da píton australiana, *Morelia spilotes.* Acredita-se também que os órgãos de radiação estejam presentes nas cavidades supranasais de certas espécies de víboras, encontradas no Velho Mundo.

CLASSIFICAÇÃO DOS RÉPTEIS

CLASSE REPTILIA (Répteis)

Vertebrados de sangue frio, com pulmões, que não passam por um estágio larval; crânio bem ossificado com um côndilo occipital único; pele seca, recoberta por escamas epidérmicas; essencialmente sem glândulas; Carbonífero a Recente; seis subclasses.

Subclasse Anapsida (Répteis Anápsidos)

Répteis sem orifícios temporais no crânio; quadrado imóvel; duas ordens.

ORDEM COTYLOSAURIA (Cotilossauros). Répteis do tronco antigo; crânio sem focinho alongado; um forâmen parietal presente; dentes situados na borda das maxilas e no palato; Carbonífero a Triássico.

ORDEM CHELONIA (Tartarugas, cágados e jabutis). Répteis terrestres, marinhos e de água doce, cujos corpos são envolvidos por duas conchas ósseas, uma carapaça dorsal e um plastrão ventral, que estão ligados lateralmente; dentes ausentes; mandíbulas desenvolvidas, assumindo a forma de um bico córneo; língua não extensível; pálpebras presentes; pescoço geralmente, retrátil e com oito vértebras cervicais; membros basicamente pentadáctilos; Permiano a Recente; regiões tropicais e temperadas; 12 famílias viventes e cerca de 240 espécies.

FAMÍLIA CHELYDRIDAE (Cágados). Grandes (até 100 quilos). Tartarugas de água doce, predadoras; carapaça com cristas e ligada ao plastrão, relativamente pequeno, por cartilagem; cinco dedos em cada pata; dedos ligados por pequenas membranas; do leste e centro da América do Norte até o norte da América do Sul; dois gêneros.

FAMÍLIA KINOSTERNIDAE (Cágados). Pequenas tartarugas de água doce; carapaça lisa e arqueada; plastrão muito reduzido ou com lobos anteriores e posteriores articulados; cinco dedos em cada pata; dedos com membranas; leste e centro da América do Norte até o o Brasil; quatro gêneros.

FAMÍLIA DERMATEMYDIDAE (Tartaruga fluvial da América Central). Grande tartaruga de água doce; carapaça com cerca de 300 mm de comprimento, pesada e ligada ao plastrão por uma larga ponte, tendo uma fileira de pequenas placas; rios litorâneos de Vera Cruz à Guatemala; um gênero e uma espécie, *Dermatemys mawi.*

FAMÍLIA PLATYSTERNIDAE (Cágados). Pequena tartaruga de água doce com cabeça proporcionalmente grande, que não pode ser retraída para dentro do casco; carapaça com até 150 mm de comprimento e muito chata; plastrão largo e com lobos não-articulados; cauda relativamente longa; sudeste da Ásia; um gênero e uma espécie, *Platysternon megacephalum.*

FAMÍLIA EMYDIDAE (Cágados comuns). Tartarugas de água doce ou terrestres, de tamanho pequeno a grande; carapaça de 90 a 600 mm de comprimento, geralmente, oval e arqueada; plastrão com 12 placas, ligado à carapaça por ossos; cinco dedos em cada perna anterior; quatro ou, ocasionalmente, três nas pernas posteriores; membrana entre os dedos geralmente presente; primariamente, na América do Norte, Europa e Ásia, estendendo-se pouco para o sul até a África do Norte e norte da América do Sul; 25 gêneros e mais de 75 espécies conhecidas.

FAMÍLIA TESTUDINIDAE (Jabutis). Tartarugas terrestres de tamanho médio a grande, com uma carapaça, geralmente, alta e arqueada; plastrão solidamente ligado à carapaça; topo da cabeça com escudos distintos; pernas muito robustas, fortes e recobertas por escamas protetoras duras; dedos curtos, sem membranas; garras grossas; Américas do Norte e Sul, sul da Europa, sul da Ásia, África, Ilhas Galápagos e ilhas do Oceano Índico; sete gêneros e cerca de 40 espécies.

FAMÍLIA DERMOCHELIDAE (Tartaruga marinha). Tartaruga marinha muito grande (até 2,5 m), sem casco externo; superfície dorsal marcada por sete cristas longitudinais sobre a pele coriácea, que reveste as placas ósseas que representam a carapaça; membros anteriores e posteriores modificados em nadadeiras; mares tropicais e subtropicais; um gênero e uma espécie, *Dermochelys coriacae.*

FAMÍLIA CHELONIDAE (Tartarugas marinhas verdadeiras). Tartarugas marinhas de tamanho médio a grande (casco de 600 a 1200 mm de comprimento), que possuem placas córneas, revestindo as placas ósseas da carapaça e do plastrão; cabeça incapaz de ser retraída para dentro do casco; membros modificados em nadadeiras; mares tropicais e subtropicais, vindo à praia ocasionalmente em ilhas remotas; quatro gêneros.

FAMÍLIA TRIONYCHIDAE (Tartarugas de casco mole). Tartarugas de água doce de tamanho médio (carapaça com até 600 mm, ou mais, de comprimento), sem placas córneas sobre a carapaça e plastrão; casco coberto por tecido coriáceo; cabeça estreita; focinho alongado; bico carnoso em vez de córneo; dedos ligados por membranas; América do Norte, África, leste e sul da Ásia; sete gêneros.

FAMÍLIA CARETTOCHELIDAE (Tartarugas sem placas da Nova Guiné). Tartaruga de pescoço que se dobra lateralmente, de água doce, de tamanho médio (carapaça, 450 mm de comprimento); sem placas córneas sobre a carapaça ou o plastrão, que é recoberto por pele mole; pescoço dobrado de lado em vez de ser retraído para dentro do casco através de dobramento vertical; membros em forma de nadadeiras, mas com duas garras; Nova Guiné; um gênero e uma espécie, *Carettochelys insculpta.*

FAMÍLIA PELOMEDUSIDAE (Cágados). Tartarugas de pescoço que se dobra lateralmente, de água doce, de tamanho médio a grande (carapaça até 750 mm de comprimento); cabeça totalmente retrátil para dentro do casco, através de dobramento lateral do pescoço em vez de vertical; carapaça e plastrão cobertos por escudos córneos; plastrão, geralmente, articulado na parte anterior; América do Sul; África e Madagascar; três gêneros.

FAMÍLIA CHELIDAE (Cágados). Tartarugas de pescoço que se dobra lateralmente, de água doce; de tamanho pequeno a moderadamente grande (carapaça, 125 a 400 mm de comprimento); cabeça e pescoço ocasionalmente excedendo a carapaça em comprimento; carapaça e plastrão com escudos córneos externos; dedos com membranas; América do Sul, Austrália e Nova Guiné; 10 gêneros.

Subclasse Synaptosauria (Plesiossauros e seus afins)

Répteis extintos, com crânio do tipo parápsido; os elementos pós-orbitais e esquamosais se encontram abaixo da abertura temporal; forâmen parietal presente; quadrado fundido com o crânio; inexiste o palato secundário; todos os elementos principais dos membros e das cinturas presentes, embora adaptados à vida aquática em algumas formas; Permiano ao Cretáceo; duas ordens.

ORDEM PROTOSAURIA (Protossauros). Répteis pequenos em forma de lagarto; crânio alto e relativamente estreito; narinas anteriores; vértebras, geralmente, anficélicas, com os centros cervicais, às vezes, um pouco alongados; costelas cervicais com uma cabeça; costelas do tronco com duas cabeças; Permiano a Triássico.

ORDEM SAUROPTERYGIA (Sauropterígios). Grandes répteis anfíbios ou marinhos; crânio baixo e largo; narinas situadas em posição posterior; vértebras, geralmente, anficélicas; costelas do tronco com uma única cabeça; membros e cinturas modificados para a vida aquática; Triássico a Cretáceo.

Subclasse Ichthyopterygia (Ictiossauros)

Répteis marinhos extintos, com corpo em forma de golfinho; crânio do tipo parápsido; os elementos pós-orbitais e esquamosais não se limitam com a fossa supratemporal; rostro do crânio muito alongado; narinas em posição posterior; olhos grandes e circundados por ossos escleróticos bem desenvolvidos; membros peitorais e pélvicos modificados em remos, com forma de nadadeira; uma nadadeira dorsal, não sustentada por esqueleto; vértebras caudais, estendendo-se para dentro do lobo ventral da nadadeira caudal vertical; Triássico a Cretáceo; uma ordem.

ORDEM ICHTHYOSAURIA (Ictiossauros). Características da subclasse.

Subclasse Lepidosauria (Lepidossauros)

Répteis diápsidos ou derivados dos diápsidos; que não possuem especializações bípedes; Permiano a Recente; três ordens.

ORDEM EOSUCHIA (Eossúquios). Lepidossauros primitivos, extintos, com crânio do tipo diápsido; dentes tecodontes, pleurodontes ou acrodontes; membros delgados e semelhantes aos dos lagartos; Permiano a Eoceno.

ORDEM RHYNCHOCEPHALIA (Rincocefálios). Lepidossauros semelhantes a lagartos, primitivos, com duas aberturas temporais; dentes acrodontes; pré-maxilares em forma de bico; palato primitivo; um olho pineal presente; vértebras anficélicas; Triássico a Recente.

FAMÍLIA SPHENODONTIDAE (Tuatara). Características da ordem; uma espécie vivente, *Sphenodon punctatus*, conhecida na Nova Zelândia.

ORDEM SQUAMATA (Lagartos e serpentes). Répteis marinhos e de água doce, terrestres, fossoriais, arborícolas, com crânio do tipo diápsido modificado; ausência da barra óssea inferior da abertura infratemporal; quadrado móvel; dentes presentes; corpo recoberto por escamas epidérmicas, que, às vezes, revestem os osteodermos; órgãos copulatórios pares; Jurássico a Recente; duas subordens.

Subordem Lacertilia ou Sauria (Lagartos). Répteis de tamanho pequeno a médio-grande (40 a 3000 mm)* com corpos alongados; membros pares, geralmente, presentes; ramos da mandíbula, geralmente, unidos por uma sutura; pálpebras e meato auditivo externo geralmente presentes; encontrados no mundo todo, exceto na Antártica, porém mais abundantes em regiões mais quentes; cerca de 20 famílias viventes e perto de 3000 espécies conhecidas.

FAMÍLIA GEKKONIDAE (Lagartixas). Lagartos pequenos (75 a 150 mm), principalmente, noturnos e arborícolas; olhos muito grandes; pupilas geralmente verticais; pálpebras, geralmente, ausentes; dedos freqüentemente com almofadas de aderência para fixação em superfícies lisas, quando estão trepando; alguns são capazes de emissão sonora; espalhados pelas regiões mais quentes do mundo; cerca de 79 gêneros.

FAMÍLIA PYGOPODIDAE (Pigopodídeos). Lagartos de tamanhos pequenos a médio (150 a 750 mm), nos quais o único vestígio dos membros consiste de um par de pequenas abas nas faces laterais do corpo, próximas à cloaca; pálpebras, geralmente, imóveis; pupilas, geralmente, verticais; Austrália, Tasmânia e Nova Guiné; oito gêneros.

FAMÍLIA AGAMIDAE (Agamídeos). Lagartos de tamanho pequeno a ligeiramente grande (125 a 900 mm), que, na maioria das vezes, não são especializados, embora algumas espécies sejam arborícolas ou aquáticas; escamas lisas ou carenadas; dentes acrodontes; pálpebras móveis; membros, geralmente, com cinco dedos; distribuição geográfica complementar à dos Iguanidae, isto é, Europa, Ásia e África, porém ausentes em Madagáscar e ilhas do Pacífico; 34 gêneros e cerca de 300 espécies.

FAMÍLIA CHAMELEONIDAE (Camaleões). Lagartos de tamanho muito pequeno a médio (40 a 600 mm), adaptados à vida arborícola; olhos grandes, salientes e, na maioria das vezes, cobertos por grossas pálpebras; cada

* Comprimento total.

olho é capaz de movimentos independentes; língua muito extensível; cauda preênsil; pele capaz de rápidas mudanças de cor; primariamente na África e Madagáscar com muito poucas espécies encontradas no sul da Europa e da Ásia; cerca de 80 espécies.

FAMÍLIA IGUANIDAE (Iguanídeos). Lagartos de tamanho pequeno a grande (100 a cerca de 2.100 mm), que não são muito especializados e completamente os agamídeos em sua distribuição geográfica; dentes pleurodontes; língua não-retrátil; corpo dorso-ventralmente ou lateralmente comprimido; cauda geralmente longa, raramente preênsil que se separa facilmente do corpo; membros com cinco dedos com garra; Américas do Norte e do Sul, Antilhas, Madagáscar e Ilhas Fiji; cerca de 44 gêneros e perto de 700 espécies.

FAMÍLIA XANTUSIDAE (Lagartos noturnos). Lagartos noturnos de tamanho pequeno (125 a 150 mm); escamas granulosas; pupilas verticais; pálpebras inferiores imóveis, transparentes, que cobrem os olhos; cauda ligeiramente mais longa do que a cabeça e o corpo; membros não-especializados com cinco dedos em cada pata; sudoeste dos Estados Unidos, México, América Central e Cuba; 3 ou 4 gêneros e 11 espécies.

FAMÍLIA SCINCIDAE (Lagartos cincídeos). Lagartos de tamanho pequeno a médio (150 a 650 mm) com corpo cilíndrico e pernas curtas ou ausentes; escamas, geralmente, lisas e ciclóides; escamas do corpo com núcleos ósseos; pálpebras freqüentemente transparentes; maioria terrestre ou fossorial; América do Norte e do Sul, Europa, Ásia, África, Madagáscar, Austrália e algumas ilhas do Pacífico; cerca de 600 espécies.

FAMÍLIA ANELYTROPSIDAE (Anelitropsídeos). Lagartos cegos de tamanho pequeno (200 mm), que habitam troncos podres; ouvidos externos ausentes; membros ausentes; México; um gênero e uma espécie, *Anelytropsis papillosus*.

FAMÍLIA FEYLINIDAE (Feilinídeos). Lagartos sem membros; de tamanho moderadamente pequeno (300 mm) com rudimentos de uma cintura peitoral; cegos; sem ouvido; África equatorial; um gênero, *Feylinia* e quatro espécies.

FAMÍLIA DIBAMIDAE (Dibamídeos). Lagartos cegos de tamanho moderadamente pequeno (250 a 300 mm); só o macho possui membros posteriores rudimentares em forma de aba, sem dedos; cabeça cônica; ouvidos externos ausentes; Filipinas até a Nova Guiné; um gênero, *Dibamus* e três espécies.

FAMÍLIA CORDYLIDAE (Cordilídeos). Lagartos terrestres de tamanho moderadamente pequeno a médio; os membros variam desde o normal, com cinco dedos em cada pata, a uma condição, na qual os membros anteriores inexistem completamente; a cauda não se fratura facilmente; grandes escamas carenadas que circundam a cauda; às vezes, a cauda assume a função de órgão de defesa; África; 4 gêneros e 23 espécies.

FAMÍLIA GERRHOSAURIDAE (Gerrossaurídeos). Lagartos terrestres; razoavelmente pequenos (200 a 450 mm); escudos da cabeça fundidos ao crânio; osteodermos presentes; os membros variam de uma condição normal com 5 dedos até a ausência completa dos membros anteriores; África e Madagáscar; 6 gêneros e 25 espécies.

FAMÍLIA TEIIDAE (Teius). Lagartos de tamanho muito pequeno a grande (75 a 1200 mm); a maioria, terrestre; exibem grande variabilidade na estrutura; escamas lisas, carenadas ou granulosas, com formas e disposição variadas; escudos da cabeça não ligados ao crânio; membros bem desenvolvidos ou rudimentares; os dentes não possuem base oca; América do Norte e do Sul e Antilhas; cerca de 40 gêneros.

FAMÍLIA LACERTIDAE (Lacertídeos). Lagartos de tamanho pequeno a médio (175 a 750 mm); escamas geralmente carenadas; escudos da cabeça ligados ao crânio; dentes com uma base oca; membros bem desenvolvidos com cinco dedos com garra; Europa; Ásia e África; cerca de 150 espécies.

*FAMÍLIA AMPHISBAENIDAE (Cobras-de-duas-cabeças). Habitantes subterrâneos; de tamanho muito pequeno a médio (300 a 700 mm); corpos cilíndricos e cabeças e caudas rombas; ouvidos externos e olhos não aparentes; membros posteriores ausentes; membros anteriores geralmente ausentes; Américas do Norte e do Sul, sul da Europa, sudoeste da África e Ásia; cerca de 120 espécies.

FAMÍLIA ANGUIDAE (Anguídeos). Lagartos terrestres de tamanho pequeno a médio (350 a 1200 mm), com cauda muito alongada; osteodermos revestidos por escamas epidérmicas; membros bem desenvolvidos, possuindo cinco dedos em algumas espécies, porém com uma redução do número de dedos ou até mesmo ausência completa dos membros em outras; cauda separa-se facilmente do corpo; Américas do Norte e do Sul, Europa, Ásia e África do Norte; cerca de 60 espécies.

FAMÍLIA ANNIELLIDAE (Lagartos sem membros). Lagartos pequenos (200 a 250 mm), fossoriais; escamas lisas; osteodermos presentes; ouvidos externos inexistentes; membros ausentes; oeste da América do Norte desde a Califórnia central até a Baixa Califórnia, México; um gênero, *Anniella* e duas espécies.

FAMÍLIA XENOSAURIDAE (Xenossaurídeos). Lagartos atarracados; de tamanho pequeno (250 a 375 mm), com cauda curta; osteodermos reduzidos; membros normais e robustos; leste da Ásia e América Central; dois gêneros (considerados por alguns como duas famílias) e quatro espécies.

FAMÍLIA HELODERMATIDAE (Monstros-de-Gila). Lagartos terrestres de corpo pesado; tamanho médio (400 a 750 mm); escamas em forma de contas com osteodermos presentes e ligados ao crânio; dentes com sulcos e glândulas de veneno presentes na boca; língua grossa, mas bífida e extensível; membros normais; cauda curta e romba; sudoeste dos Estados Unidos e fronteiras do México; um gênero, *Heloderma* e duas espécies.

FAMÍLIA VARANIDAE (Lagartos monitores). Lagartos terrestres de tamanho muito pequeno a muito grande (200 a 3000 mm); osteodermos reduzidos ou ausentes; cabeça, pescoço e cauda relativamente longos; membros do tipo terrestre normal; sul da Ásia, África, Austrália e Índias Orientais; um gênero, *Varanus*.

FAMÍLIA LANTHANOTIDAE (Monitores sem ouvido). Lagarto terrestre, de tamanho moderadamente pequeno (400 mm), com um corpo razoavelmente longo e pescoço grosso; osteodermos pouco desenvolvidos; língua muito protrátil; pálpebras inferiores transparentes; cauda não separável do corpo; Bornéu; um gênero e uma espécie, *Lanthanotus borneensis*.

Subordem Serpentes ou Ophidia (Serpentes). Répteis de tamanho pequeno a muito grande (0,1 até 9m)** com corpo muito alongado, sem membros; ramos da mandíbula, geralmente, unidos por um ligamento elástico, em vez de sutura; pálpebras imóveis; abertura do ouvido externo ausente; língua extensível e

* Esta família está colocada aqui, tentativamente. Há consideráveis dúvidas quanto à sua classificação atual.

** Comprimento total.

bífida distalmente; mundo inteiro, exceto na Antártica, porém mais abundante em Zonas Tropicais e Temperadas; 13 famílias viventes e cerca de 3000 espécies.

FAMÍLIA BOIDAE (Jibóias). Serpentes terrestres ou arborícolas; de tamanho médio-pequeno a muito grande (0,5 a 8 m); ossos supra-orbitais ausentes; dentes pré-maxilares inexistentes; vestígios de ílio, ísquio, púbis e fêmur presentes; vestígios dos membros posteriores, indicados extremamente por um pequeno esporão com aspecto de garra, em ambos os lados da cloaca; pulmões pares presentes; vivíparas; regiões tropicais e temperadas da América do Norte e do Sul, Ásia, sudoeste da Europa, África, Madagáscar e Ilhas Mascarinas; cerca de 16 gêneros.

FAMÍLIA PYTHONIDAE (Pítons). Serpentes fossoriais, terrestres ou arborícolas; de tamanho médio a muito grande (1 a 9 m); ossos supra-orbitais presentes; dentes maxilares presentes; vestígios dos membros posteriores visíveis; pulmões pares presentes; ovíparas; África, Ásia, Índias Orientais e Australásia; seis gêneros.

FAMÍLIA TYPHLOPIDAE (Tiflopídeos). Serpentes subterrâneas; a maioria de tamanho pequeno (100 a 750 mm); maxilares móveis, presos ao crânio; dentes geralmente inexistentes na mandíbula; vestígio do único par de ossos pélvicos; inexistem vestígios externos dos membros posteriores; Américas do Norte e do Sul; África, Madagáscar, sul da Europa, Ásia, Austrália e Índias Orientais; cinco gêneros.

FAMÍLIA LEPTOTYPHLOPIDAE (Leptotiflopídeos). Serpentes subterrâneas pequenas (100 a 300 mm); maxilas solidamente presas ao crânio; dentes presentes, apenas, na mandíbula; vestígios de três pares de ossos pélvicos; vestígios externos dos membros posteriores, às vezes, presentes; África e Américas do Norte e do Sul; um gênero, *Leptotyphlops* e cerca de 40 espécies.

FAMÍLIA ANILIDAE (Anilídeos). Serpentes fossoriais, de tamanho moderadamente pequeno (até 750 mm); dentes pré-maxilares presentes; dental imóvel; olhos muito pequenos; cauda curta; vestígios dos membros posteriores com pequenos esporões externos em cada lado da cloaca; vivíparas; sudeste da Ásia e América do Sul; três gêneros.

FAMÍLIA UROPELTIDAE (Uropeltídeos). Serpentes fossoriais, pequenas (até 350 mm); dentes pré-maxilares ausentes; dental imóvel; escamas da ponta da cauda achatadas e modificadas, em algumas espécies, em um escudo; inexistem vestígios dos membros posteriores; vivíparas; península Indiana e Sri Lanka (antigamente Ceilão); nove gêneros.

FAMÍLIA XENOPELTIDAE (Xenopeltídeos). Serpentes fossoriais, de tamanho médio (até 1050 mm); dentes pré-maxilares presentes; dentes palatinos numerosos; inexistem vestígios de membros posteriores; Ásia e América tropical; um ou dois gêneros, *Xenopeltis* e, possivelmente, *Loxocemus*.

FAMÍLIA ACROCHORDIDAE* (Cobras d'água do Oriente). Serpentes marinhas ou de água doce, de tamanho médio-grande (900 a 1800 mm); escamas epidérmicas não imbricadas; apenas as escamas labiais aumentadas na cabeça; narinas em posição dorsal; supratemporal e quadrado unidos; inexistem vestígios dos membros posteriores; vivíparas; sul da Ásia e Índias Orientais até as Ilhas Salomão; dois gêneros, *Acrochordus* e *Chersydrus* (*status* de gênero não reconhecido por alguns).

* Considerada por alguns como uma subfamília dos Colubridae.

FAMÍLIA COLUBRIDAE (Colubrídeos). Serpentes d'água, terrestres, arborícolas ou fossoriais; pupila redonda, vertical ou horizontal de tamanho pequeno a grande (0,2 a 4 m); dentes presentes em ambos os maxilares; áglifas ou opistóglifas; faltam os ossos coronóides e pós-frontais; inexistem vestígios dos membros posteriores; ovíparas ou vivíparas; essencialmente no mundo todo; cerca de 270 gêneros.

FAMÍLIA ELAPIDAE (Elapídeos). Serpentes terrestres ou arborícolas, de tamanho pequeno a grande (0,35 a 6 m); dentes presentes em ambas as maxilas; proteróglifas; maxilares geralmente curtos; inexistem vestígios dos membros posteriores; cauda não comprimida lateralmente; Américas do Norte e do Sul, Ásia, África, Austrália e Índias Orientais; cerca de 41 gêneros.

FAMÍLIA HYDROPHIDAE (Serpentes marinhas). Serpentes marinhas de tamanho médio-grande (até 3 m); dentes presentes em ambas as maxilas; proteróglifas; sem vestígios dos membros posteriores; cauda comprimida lateralmente, como um órgão de natação; cauda comprimida lateralmente, como um órgão de natação; parte tropical dos Oceanos Índico e Pacífico; cerca de 15 gêneros.

FAMÍLIA VIPERIDAE (Víboras verdadeiras). Serpentes terrestres de tamanho pequeno a moderadamente grande (250 a 1800 mm); maxilares curtos e móveis; solenóglifas; corpo relativamente atarracado; cauda curta; sem vestígios dos membros posteriores; Europa, Ásia e África; 11 gêneros.

FAMÍLIA CROTALIDAE (Víboras com fossetas loreais). Serpentes terrestres, arborícolas ou aquáticas de tamanho pequeno a grande (0,45 a 3,5 m); fossetas loreais entre a naria e o olho; solenóglifas; sem vestígios dos membros posteriores; Américas do Norte e do Sul, extremo sudeste da Europa , Ásia e Índias Orientais; seis gêneros.

Subclasse Archosauria (Arcossauros)

Répteis dominantes no Mesozóico, que desenvolveram especializações para locomoção bípide; crânio diápsido, exceto em alguns casos, nos quais a abertura supratemporal se fechou secundariamente; forâmen parietal geralmente inexistente; Triássico a Recente; cinco ordens.

ORDEM THECODONTIA (Tecodontes). Arcossaurios carnívoros primitivos extintos com longos e delgados crânios; vacuidades ante-orbitais e palatinas presentes; dentes tecodontes; dentes palatinos ausentes; membros posteriores maiores que os anteriores, indicando tendência ao andar bípede; Triássico.

ORDEM CROCODILIA (Crocodilianos). Grandes sobreviventes degenerados dos arcossauros do Triássico; crânio alongado; narinas terminais; palato secundário presente; dentes tecodontes; locomoção quadrúpede; dedos com membranas; púbis excluída do acetábulo; cauda comprimida lateralmente; Triássico a Recente; três famílias viventes (consideradas por alguns como subfamílias apenas).

FAMÍLIA CROCODYLIDAE (Crocodilos). Focinho delgado, alongado, mas não demarcado nitidamente do resto do crânio; abertura supratemporal pequena; dentes fortes e articulados com os da mandíbula ajustando-se estes últimos nas cavidades do maxilar superior; Américas do Norte e do Sul, África, Ásia, Índias Orientais e Austrália; três gêneros.

FAMÍLIA ALLIGATORIDAE (Aligátores e jacarés). Focinho relativamente largo e não demarcado nitidamente do crânio; abertura supratemporal pequena ou secundariamente fechada; dentes fortes, com os da mandíbula ajustando-se dentro das cavidades internas aos dentes do maxilar superior; América do Norte, América do Sul e China; quatro gêneros.

FAMÍLIA GAVIALIDAE (Gaviais). Focinho delgado, alongado e nitidamente demarcado do resto do crânio; abertura supratemporal grande; dentes delgados, numerosos e articulados; cavidades para os dentes inferiores ausentes no maxilar superior; Ásia; um gênero e uma espécie, *Gavialis gangeticus*.

ORDEM PTEROSAURIA (Répteis voadores). Répteis diápsidos extintos com especializações para a vida aérea; ossos leves e pneumáticos; aberturas ante-orbitais presentes; órbitas grandes; dentes tecodontes bem desenvolvidos; membros anteriores adaptados para o vôo com grande alongamento do quarto dedo para formar uma asa, coberta por uma membrana de pele; cauda alongada; Jurássico a Cretáceo.

ORDEM SAURISCHIA (Dinossauros semelhantes a répteis). Répteis diápsidos extintos, primariamente, adaptados ao modo bípede de vida; dentes geralmente presentes em toda a extensão das duas maxilas; membros anteriores geralmente reduzidos em tamanho; pelve trirradiado; Triássico a Cretáceo.

ORDEM ORNITHISCHIA (Dinossauros semelhantes a aves). Répteis diápsidos extintos, na maior parte, quadrúpedes; dentes faltando ou ausentes na região anterior das maxilas; membros anteriores não muito reduzidos em tamanho; pelve tetrarradiado por causa de um púbis com duas pontas; Triássico a Cretásseo.

Subclasse Synapsida (Répteis semelhantes a mamíferos)

Répteis extintos que possuíam uma abertura temporal lateral única; crânio razoavelmente grande e não achatado; um forâmen parietal, geralmente, presente; Carbonífero ao princípio do Jurássico; duas ordens.

ORDEM PELYCOSAURIA (Pelicossauros). Répteis sinápsidos primitivos; narinas laterais e amplamente separadas; supratemporal presente; sem palato secundário; Carbonífero ao Permiano.

ORDEM THERAPSIDA (Terápsidos). Répteis sinápsidos evoluídos; narinas dorsais e próximas à ponta do focinho; supratemporal ausente; palato secundário presente em formas superiores; Permiano ao princípio do Jurássico.

REFERÊNCIAS BIBLIOGRÁFICAS

Barbour, T. 1926. Reptiles and Amphibians: Their Habits and Adaptations. Boston, Houghton Mifflin Co.

Barrett, R. 1970. The pit organs of snakes. *In* Gans, C., and Parsons, T. S., Eds. Biology of the Reptilia. Vol. 2. New York, Academic Press, Inc.

Bartholomew, G. A. 1966. A field study of temperature relations in the Galápagos marine iguana. Copeia *1966:*241–250.

Bellairs, A. 1970. The Life of Reptiles. New York, Universe Books, 2 Vols.

Brattstrom, B. H. 1965. Body temperatures of reptiles. Amer. Midland Nat. *73:*376–422.

Bullock, T. H., and Cowles, R. B. 1952. Physiology of an infrared receptor: The facial pit of pit vipers. Science *115:*541–543.

Camp, C. L. 1923. Classification of lizards. Bull. Am. Mus. Nat. Hist. *48:*239–481.

Carr, A. 1952. Handbook of Turtles. Ithaca, N.Y., Comstock Publishing Co.

Case, T. J. 1972. Thermoregulation and evaporative cooling in the chuckwalla, *Sauromalus obesus*. Copeia *1972:*145–150.

Cole, C. J. 1966. Femoral glands of the lizard, *Crotaphytus collaris*. J. Morph. *118:*119–135.

Congdon, J. D., Vitt, L. J., and King, W. W. 1974. Geckos; adaptive significance and energetics of tail autotomy. Science *184:*1379–1380.
Cowles, R. B., and Bogert, C. M. 1944. A preliminary study of the thermal requirements of desert reptiles. Bull. Am. Mus. Nat. Hist. *83:*267–296.
Curran, C. H., and Kauffeld, C. 1937. Snakes and Their Ways. New York, Harper & Bros.
De Witt, C. B. 1967. Precision of thermoregulation and its relation to environmental factors in the desert iguana, *Dipsosaurus dorsalis*. Physiol. Zool. *40:*49–66.
Ditmars, R. L. 1936. The Reptiles of North America. New York, Doubleday & Co., Inc.
Ditmars, R. L. 1939. A Field Book of North American Snakes. New York, Doubleday & Co., Inc.
Dunson, W. A., Packer, R. K., and Dunson, M. K. 1971. Sea snakes: An unusual salt gland under the tongue. Science *173:*437–441.
Farlow, J. O., Thompson, C. V., and Rosner, D. E. 1976. Plates of the dinosaur Stegosaurus: Forced convection heat loss fins? Science *192:*1123–1125.
Gadow, H. 1923. Amphibia and Reptiles. New York, St. Martin's Press, Inc.
Gans, C. 1962. Terrestrial locomotion without limbs. Am. Zool. *2:*167–182.
Huey, R. B., and Slatkin, M. 1976. Cost and benefits of lizard thermoregulation. Quart. Rev. Biol. *51:*363–384.
Hunsaker, D., II, and Johnson, C. 1959. Internal pigmentation and ultraviolet transmission of the integument in amphibians and reptiles. Copeia *1959:*311–315.
Jackson, D. C. 1969. Buoyancy control in the freshwater turtle, *Pseudemys scripta elegans*. Science *166:*1649–1651.
Maderson, P. F. A. 1972. The structure and evolution of holocrine epidermal glands in sphaerodactyline and eublepharine gekkonid lizards. Copeia *1972:*559–571.
Marx, J. L. 1978. Warm-blooded dinosaurs: Evidence pro and con. Science *199:*1424–1426.
Mayhew, W. W. 1961. Photoperiodic response of female fringe-toed lizards. Science *134:*2104–2105.
Mayhew, W. W. 1962. *Scaphiopus couchi* in California's Colorado Desert. Herpetologica *18:*153–161.
Mayhew, W. W. 1963. Temperature preferences of *Sceloporus orcutti*. Herpetologica *18:*217–233.
Mayhew, W. W. 1963. Biology of the granite spiny lizard, *Sceloporus orcutti*. Am. Midland Nat. *69:*310–327.
Mayhew, W. W. 1964. Photoperiodic responses in three species of the lizard genus *Uma*. Herpetologica *20:*95–113.
Norris, K. S. 1967. Color adaptation in desert reptiles and its thermal relationships. *In* Milstead, W. W., Ed. Lizard Ecology: A Symposium. Columbia, University of Missouri Press.
Oliver, J. A. 1955. The Natural History of North American Amphibians and Reptiles. Princeton, N.J., D. Van Nostrand Co., Inc.
Pope, C. H. 1937. Snakes Alive and How They Live. New York, The Viking Press, Inc.
Pope, C. H. 1939. Turtles of the United States and Canada. New York, Alfred A. Knopf.
Pope, C. H. 1955. The Reptile World. New York, Alfred A. Knopf.
Porter, K. R. 1972. Herpetology. Philadelphia, W. B. Saunders Co.
Romer, A. S. 1956. Osteology of the Reptiles. Chicago, University of Chicago Press.
Schmidt, K. P., and Davis, D. D. 1941. Field Book of Snakes of the United States and Canada. New York, G. P. Putnam's Sons, Inc.
Schmidt, K. P., and Davis, D. D. 1953. A Check List of North American Amphibians and Reptiles. Chicago, University of Chicago Press.
Schmidt, K. P., and Inger, R. F. 1957. Living Reptiles of the World. Garden City, N.Y., Hanover House.
Schmidt-Nielson, K., Borut, A., Lee, P., and Crawford, E., Jr. 1963. Nasal salt excretion and the possible function of the cloaca in water conservation. Science *142:*1300–1301.
Smith, H. M. 1946. Handbook of Lizards. Ithaca, N.Y., Comstock Publishing Co.
Stebbins, R. C. 1954. Amphibians and Reptiles of Western North America. New York, McGraw-Hill Book Co., Inc.
Stebbins, R. C. 1963. Activity changes in the striped plateau lizard with evidence on influence of the parietal eye. Copeia *1963:*681–691.
Stebbins, R. C., and Barwick, R. E. 1968. Radiotelemetric study of thermoregulation in a lace monitor. Copeia *1968:*541–547.
Stebbins, R. C. and Eakin, R. M. 1958. The role of the "third eye" in reptilian behavior. Am. Mus. Novitates *1870:*1–40.

Tiemann, G. 1972. Untersuchungen über das Farbsehvermögen einiter tagaktiver Echsen und Schildkröten, sowie der Blindschleiche. Z. Tierpsychol. *31*:337–347.
Underwood, H. 1977. Circadian organization in lizards: The role of the pineal organ. Science *195*:587–589.
Van Denburgh, J. 1922. The Reptiles of Western North America. 1. Lizards. 2. Snakes and Turtles. Occasional Papers Calif. Acad. Sci., No. 10.
Waldschmidt, S. 1980. Orientation to the sun by the iguanid lizards *Uta stansburiana* and *Sceloporus undulatus*: Hourly and monthly variations. Copeia *1980*:458–462.
Warren, J. W., and Proske, U. 1968. Infrared receptors in the facial pits of the Australian python, *Morelia spilotes*. Science *159*:439–441.
Wilhoft, D. C. 1964. Seasonal changes in the thyroid and interrenal glands of the tropical Australian skink, *Leilopisma rhomboidalis*. Gen. Comp. Endocr., *4* (1):42–53.
Wright, A. H., and Wright, A. A. 1957. Handbook of Snakes of the United States and Canada. Ithaca, N.Y., Comstock Publishing Co.

Capítulo 6

Aves

CARACTERÍSTICAS GERAIS

As aves compartilham com os mamíferos a distinção de serem os vertebrados mais recentes a habitarem a terra. Estima-se que 8.700 espécies viventes estejam distribuídas pelo mundo, desde o Ártico até a Antártida, tanto nos mares quanto nos continentes. Mesmo as ilhas mais distantes são visitadas por aves marinhas, e muitas dessas pequenas ilhas isoladas têm a sua própria avifauna endêmica. Ainda que as aves não se tenham adaptado a *habitats* subaquáticos ou subterrâneos, como, por exemplo a baleia e a toupeira entre os mamíferos, existem poucos *habitats* dos vertebrados em que não se tenham aventurado.

Como classe, as aves são surpreendentemente uniformes. As características mais óbvias são as penas e o bico córneo. Entretanto, há muitas outras características, que as distinguem prontamente de outras formas de vida animal.

Os vertebrados inferiores, considerados nos capítulos anteriores, dependem enormemente do ambiente externo como fonte de calor. As aves, entretanto, são chamadas de *endotérmicas*, porque produzem seu próprio calor. Além disso, são chamadas de *homeotérmicas*, porque podem manter a temperatura de seus corpos razoavelmente alta, ainda que constante. Isto não significa que a temperatura do corpo de uma ave nunca varie; tem-se demonstrado que, em certas espécies, pode haver uma oscilação diária de vários graus. Durante a hibernação do curiango (*Phalaenoptilus nuttallii*), por exemplo, a temperatura do corpo pode cair para 8 graus centígrados, e certos beija-flores, que estão sujeitos ao torpor noturno, apresentam uma redução acentuada da temperatura do corpo à noite devido à redução da produção de energia.

Sistema Esquelético

O esqueleto das aves (Fig. 6.1) possui muitas características peculiares. Em geral, os ossos são extremamente leves, especialmente, nas espécies que voam. Isto é essencial para diminuir o peso específico de uma ave de modo que suas asas possam levantá-la e

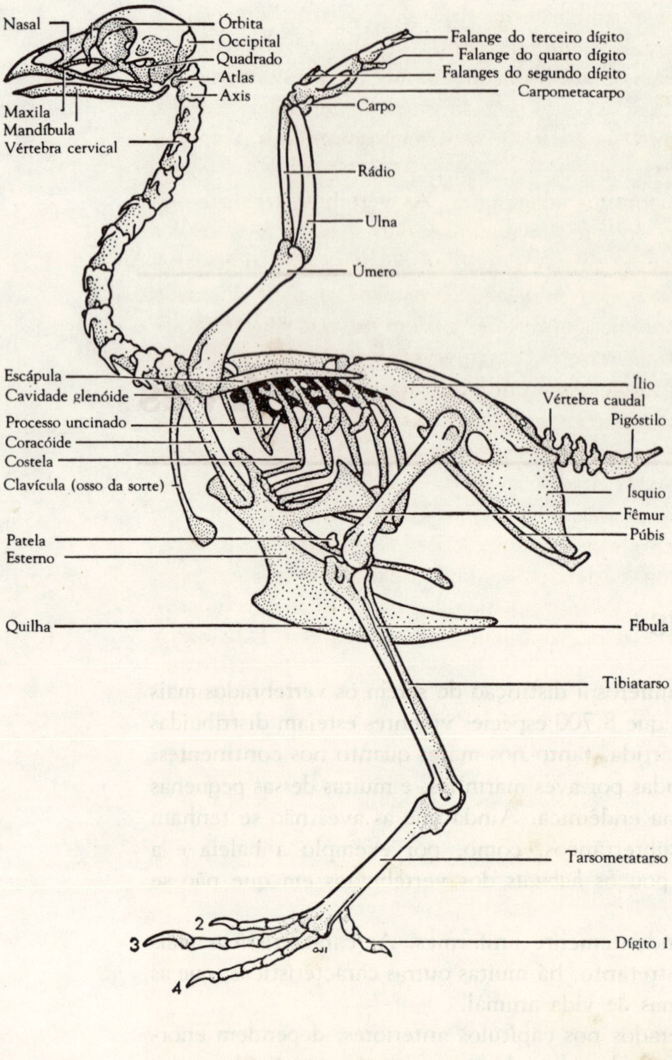

Figura 6.1. Esqueleto de um galo doméstico (Wallace, G.J.: An Introduction to Ornithology. Segundo Hegner e Stiles: College Zoology. Copyright 1951. Nova Iorque, The Macmillam Co., 1955.)

sustentá-la no ar. Além disso, os ossos maiores possuem cavidades pneumáticas, conectadas ao sistema respiratório. Os ossos do crânio, em sua maioria, fundem-se de modo que as suturas são obliteradas. As maxilas (inferior e superior) alongam-se e sustentam o bico córneo. As aves modernas não possuem dentes. Cada mandíbula inferior é composta de cinco ossos e articula-se com o crânio através do quadrado, móvel. As órbitas são muito grandes e separadas por um septo interorbital fino que, deste modo, desloca a caixa craniana para trás. O crânio articula-se, por meio de um único côndilo occipital, com a primeira vértebra cervical.

A estrutura do palato das aves tem sido uma das características usadas para a diagnose das principais categorias taxonômicas. Baseia-se no formato dos pré-vômeres (muitas vezes chamados de vômeres, mas que não devem ser confundidos com o vômer dos mamíferos). Leva em conta ainda se existe ou não fusão destes ossos e dos maxilopalatinos. Nos palatos do tipo "*dromeognato*", os maxilopalatinos são separados e os pré-vômeres projetam-se para trás, articulando-se com a extremidade posterior dos palatinos. É encontrado nos quivis e nas aves ratitas. No palato do tipo *esquizognato*, os maxilopalatinos são separados, mas os pré-vômeres são fundidos, com a parte anterior afilada, pequenos ou grandes. Ordens muito afastadas, tais como Charadriiformes,

Galliformes, Gruiformes e Piciformes, possuem este tipo de palato. Nas ordens Ciconiiformes, Anseriformes, Falconiformes e muitas outras, o palato é chamado de *desmognato*; os maxilopalatinos encontram-se na linha mediana e os pré-vômeres são pequenos, fundidos ou até mesmo ausentes. As aves passeriformes e andorinhas têm um palato *egitognato*, com os maxilopalatinos separados e os vômeres fundidos, largos e truncados na parte anterior (Fig. 6.2).

A coluna vertebral das aves possui muitas adaptações. As vértebras cervicais são mais numerosas e variáveis em número do que em qualquer outro grupo vivente dos vertebrados. Elas também são especialmente flexíveis, porque possuem superfícies articulares que apresentam a forma de sela nas extremidades dos centros, o que é chamado de vértebras *heterocélicas*. As vértebras torácicas anteriores podem realizar poucos movimentos, mas as vértebras torácicas mais posteriores, assim como as vértebras lombares, sacrais e as vértebras caudais anteriores fundem-se com a cintura pélvica para formar o que é conhecido como *sinsacro*. As poucas vértebras caudais livres são comprimidas e as vértebras caudais distais fundem-se para formar uma estrutura única chamada de *pigóstilo*, que constitui a extremidade da pequena cauda.

As costelas das aves são achatadas e todas elas, com exceção da primeira e da última, possuem uma projeção posterior, que se sobrepõe à costela subseqüente e é chamada de *processo uncinado*. O esterno é muito achatado e largo de maneira que seja obtida uma superfície suficiente para a fixação dos músculos usados para o vôo. Em todas as aves, com exceção das que não voam, o esterno tem uma quilha ou carena. Esta quilha longa e achatada, que se estende para baixo, a partir da linha mediana ventral do esterno, é um meio adicional de se aumentar a superfície para a fixação dos músculos.

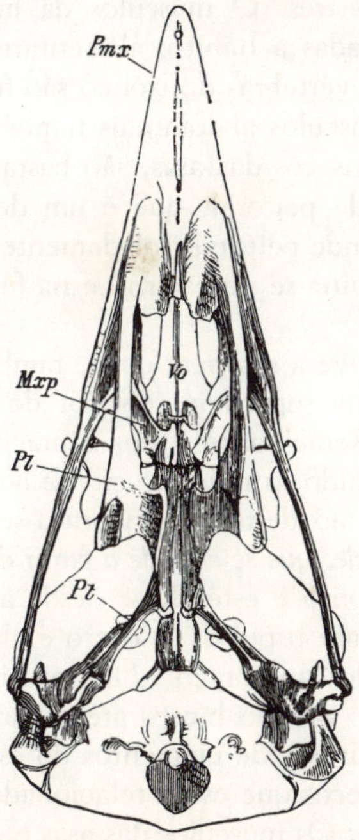

Figura 6.2. Vista ventral do palato egitognato de *Corvus*: *Pmx*, pré-maxila; *mxp*, maxilopalatino; *pl*, palatino; *pt*, pterigóide; *vo*, vômer; (Beddard, F.E.: The Structure and Classification of Birds, Nova Iorque, Longmans, Green and Co., 1898; segundo Huxley.)

A fusão da maioria das vértebras do tronco com a pelve e sua conexão firme com o grande esterno por meio de costelas achatadas fornecem uma estrutura óssea muito resistente, ainda que os ossos sejam relativamente leves. Tudo isso é muito vantajoso para as aves que voam.

A escápula das aves é longa e delgada, ao passo que o coracóide é proporcionalmente curto e forte. As duas clavículas são soldadas e formam a *fúrcula,* o osso da sorte.

A modificação óssea dos membros anteriores mais notável está relacionada com o "pulso" e a "mão". Apenas dois elementos carpais são encontrados "no pulso", o *radial* e o *ulnar,* que se articulam, respectivamente, com o rádio e a ulna. Na região distal do "pulso", há um osso complexo, o *carpo-metacarpo,* que representa alguns elementos do carpo de outros vertebrados, e o segundo, terceiro e quarto metacarpais. Quatro ossos pequenos, que são remanescentes dos três dedos, são articulados ao carpometacarpo.

Ainda que os membros posteriores não sejam tão modificados quanto os membros anteriores, existem algumas especializações interessantes. A fíbula é proporcionalmente menor e funde-se parcialmente à tíbia. Também alguns elementos do tarso fundem-se à extremidade distal da tíbia. Este osso complexo é chamado de *tibiatarso.*

Os elementos remanescentes do tarso fundem-se a um segundo, terceiro e quarto metatarsais, formando um osso chamado *tarso-metatarso.* A parte remanescente do primeiro metatarsal prende-se por intermédio, de ligamentos ao tarsometatarso. Não se encontram mais do que quatro artelhos nas aves, e o número, algumas vezes, é reduzido a três e, no avestruz, a dois.

Sistema Muscular

O sistema muscular das aves difere em muitos aspectos do sistema muscular da maioria dos vertebrados terrestres. O músculos da mandíbula e do pescoço exibem muitas especializações, associadas a hábitos alimentares, uso do bico e mobilidade do pescoço. Como a maioria das vértebras do tronco são fundidas, há uma grande redução da musculatura dorsal. Os músculos abdominais também são pouco desenvolvidos. Por outro lado, os músculos extrínsecos das asas, são bastante desenvolvidos nas aves que voam, especialmente o grande peitoral, que é um depressor, ou seja, sua contração move a asa para baixo. O grande peitoral isoladamente pode representar até um quinto do peso total e uma ave. Origina-se no esterno e na fúrcula e insere-se na face inferior do úmero (Fig. 6.3).

O *supracoracóide,* que move a asa para cima, também se origina no esterno, sob o grande peitoral, e insere-se na superfície superior do úmero. O *músculo deltóide* e o *grande dorsal* tem uma ação semelhante à dos supracoracóides. Nos beija-flores, cujo batimento de asas é muito rápido, o músculo *grande dorsal* é proporcionalmente maior. Associado mais intimamente ao deltóide, encontra-se o *propatagial,* que envia feixes tendinosos para o *patágio, a pele, que se estende a partir da parte anterior da asa. Um destes* tensores é conhecido como *longo* e estende-se desde a cabeça do úmero, ao longo da margem anterior do patágio, até o pulso. O outro é chamado de *curto* e estende-se do úmero até a região proximal do "antebraço". Um terceiro tensor, conhecido como faixa do bíceps ou *tensor acessório,* vai do bíceps até a margem anterior do patágio.

Apesar da redução do número de elementos do esqueleto na extremidade peitoral das aves, há músculos intrínsecos que estão relacionados com a pronação, supinação e rotação da asa, durante o vôo. Os músculos das asas e dos membros inferiores das aves, em geral, tendem a se concentrar perto do corpo, inserindo-se distalmente através de longos tendões. A canela das aves consiste, principalmente, de tendões que circundam o tarsometatarso. Da maior importância, especialmente para as aves que se empoleiram,

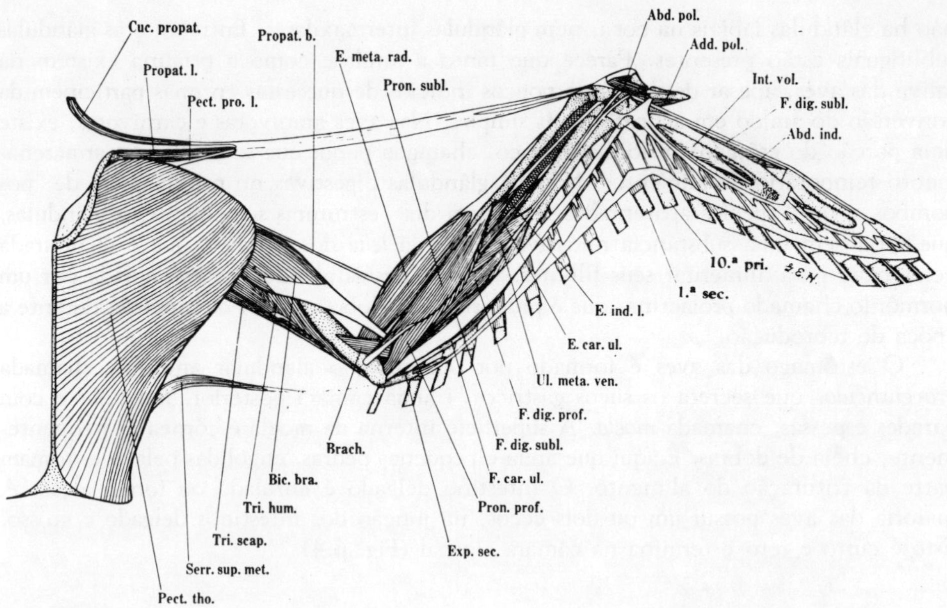

Figura 6.3. Vista ventral dos músculos da asa de um corvo comum (*Corvus brachyrhynchos*). (George, J.C. and Berger, A.J.: Avian Myology, Academic Press, Inc., 1966: segundo Hudson e Lanzellotti.)

são os flexores, que permitem que os artelhos agarrem o poleiro. Os tendões implicados nesta ação, tais como o *flexor perforans* e o *flexor digitorum longus*, na maioria das vezes, comportam-se como uma única *unidade*.

Sistema Circulatório

O aparelho circulatório das aves é tão desenvolvido quanto o dos mamíferos. Há uma separação completa entre o sangue venoso e o arterial. Além disso, o coração tem quatro câmaras. A aorta sistêmica deixa o ventrículo esquerdo e leva o sangue para a cabeça e corpo, através do quarto arco aórtico direito. Existem, variações consideráveis no que se refere às artérias carótidas. Geralmente, as carótidas comuns são pares. Entretanto, nos alcaravões, os dois ramos se unem logo depois de emergirem das artérias inonimadas e formam um único tronco. Em outros grupos, pode haver uma redução do tamanho tanto da carótida comum esquerda como da direita antes da fusão e, nas aves passeriformes, só a carótida comum esquerda permanece. Existem duas veias pré-cavas funcionais e uma veia pós-cava completa. As primeiras são formadas pela união da veia jugular e subclávia de cada lado. A veia pós-cava drena o sangue dos membros através do sistema porta-renal, que passa pelos rins, mas que não se ramifica em capilares; conseqüentemente, não pode ser comparado ao sistema porta-renal dos vertebrados inferiores. Os eritrócitos das aves são nucleados e maiores do que os dos mamíferos.

Sistema Digestivo

O aparelho digestivo das aves mostra muitas modificações interessantes, algumas das quais estão associadas à ausência de dentes, neste grupo. Como não existem lábios, não há glândulas labiais na boca, nem glândulas intermaxilares. Entretanto as glândulas sublinguais estão presentes. Parece que tanto a amilase como a ptialina existem na saliva das aves, apesar de existirem poucos indícios de que estas enzimas participem da conversão do amido em açúcares mais simples. Nas aves granívoras e carnívoras, existe uma porção do esôfago em forma de saco, chamada papo, que se destina ao armazenamento temporário de alimentos. Não há glândulas digestivas no papo, apesar de, nos pombos e nas espécies aparentadas, existirem duas estruturas semelhantes a glândulas, que produzem uma substância nutritiva, chamada *leite* dos pombos, que é regurgitada pelos pais, para alimentar seus filhotes. A ação destas glândulas é estimulada por um hormônio chamado prolactina, que é produzido pelo lobo anterior da hipófise, durante a época de reprodução.

O estômago das aves é formado por uma porção glandular anterior, chamada *proventrículo,* que secreta os sucos gástricos, e uma câmara posterior, muscular e com paredes espessas, chamada *moela.* A superfície interna da moela é córnea e, freqüentemente, cheia de dobras. É aqui que areia e pequenas pedras, engolidas pela ave, tomam parte da trituração do alimento. O intestino delgado é enrolado ou forma alças. A maioria das aves possui um ou dois cecos, na junção dos intestinos delgado e grosso. Este é curto e reto e termina na câmara cloacal (Fig. 6.4).

Sistema Respiratório

O aparelho respiratório das aves é extremamente eficiente e, conseqüentemente, mais complicado do que em outros vertebrados de respiração aérea (Fig. 6.5). Como nos mamíferos, a glote localiza-se no assoalho posteror da faringe e abre-se na laringe ou na

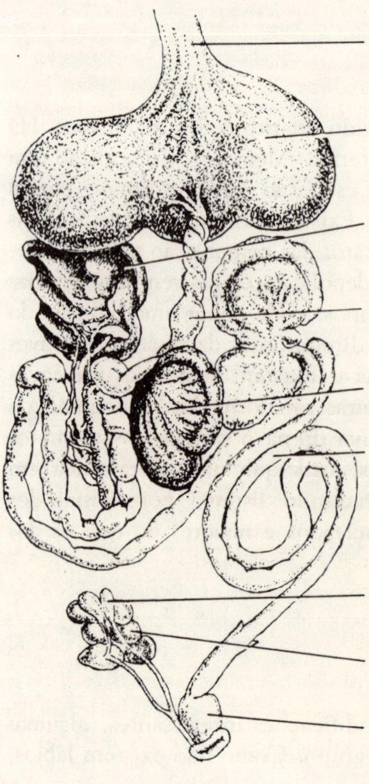

Figura 6.4. Trato digestivo de um pombo.(Welty, J.C.: The Life of Birds, terceira edição, Philadelphia, Saunders College Publishing, 1982; segundo Schimkewitsch and Stresemann.)

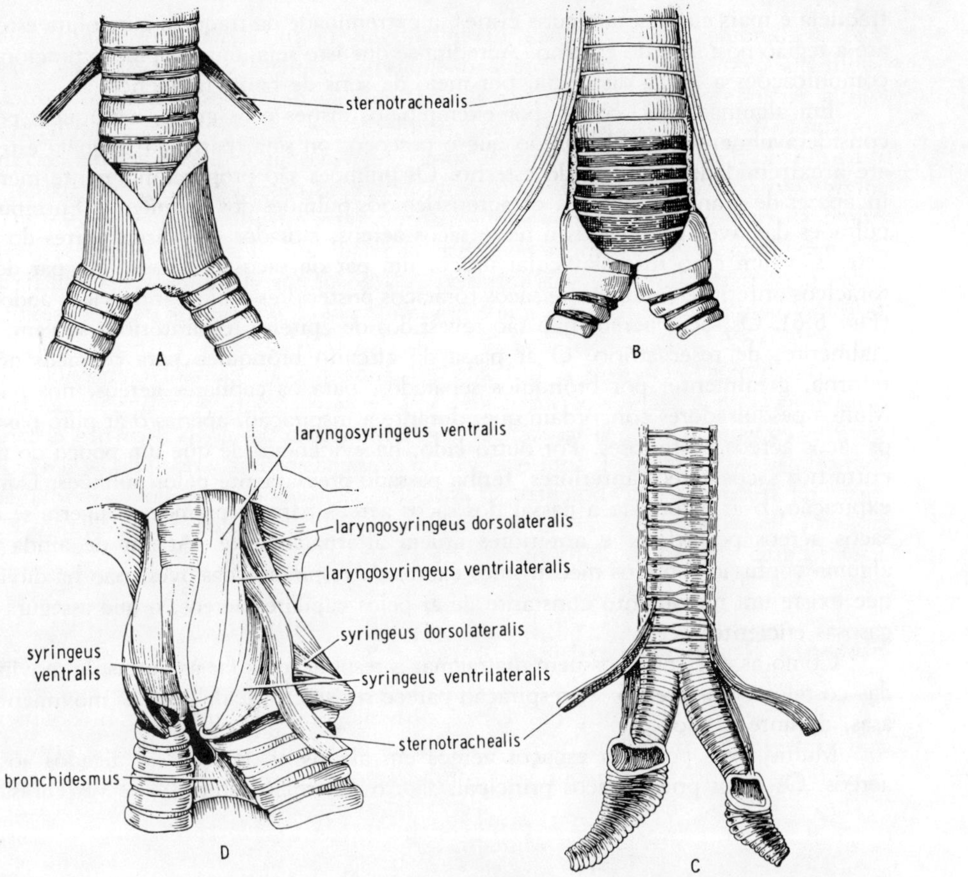

Figura 6.5. Tipos de siringe: A. siringe traqueobronquial de *Neodrepanis coruscans* (Segundo Amadon, 1951); *B*, siringe traqueal de *Conopophaga aurita* (Segundo Müller, 1878); *C*, siringe bronquial de *Steatornis caripensis* (Segundo Garrod, 1873c); *D*, siringe traqueobronquial de *Arachnothera longirostris* (Segundo Köditz, 1925). (Van Tyne , J., and Berger, A.J.: Fundamentals of Ornithology. Nova Iorque, John Wiley & Sons Inc., 1959.)

parte superior expandida da traquéia. A laringe das aves, entretanto, não é um órgão produtor de som, mas serve para modular os tons que se originam sa siringe, que está localizada na extremidade inferior da traquéia, no local onde esta se bifurca para formar os brônquios direito e esquerdo.

A câmara expandida da siringe é chamada de tímpano e, na maioria das vezes, é rodeada por anéis traqueais e brônquicos. Estendendo-se para o interior do tímpano, a partir da fusão medial dos brônquios, existe uma estrutura óssea, chamado *péssulos*, a que se prende uma pequena membrana vibratória, chamada *membrana semilunar*. Outras membranas estão presentes na extremidade superior de cada brônquio, na união com a traquéia. O som é produzido pela passagem do ar, proveniente dos brônquios, através das fendas, formadas por estas membranas timpânicas, no interior do tímpano, onde se localiza a membrana semilunar. Nas aves canoras, todas estas estruturas são providas de músculos siríngicos, cujos movimentos são responsáveis pela diversidade de sons produzidos. Pode haver até nove pares de músculos siríngios, em algumas espécies. Alguns tipos de aves, como, por exemplo, o avestruz e o urubu, não possuem siringe. Nos membros da família Anatidae (patos, gansos e cisnes), a traquéia serve de tubo de ressonância para os sons produzidos na siringe. As espécies com traquéia longa são capazes de apresentar ressonâncias de freqüências mais baixas do que as espécies em que a traquéia é mais curta. Em alguns cisnes, a extremidade da traquéia convoluta estende-se até a região posterior do esterno. Acredita-se que isto seja uma adaptação funcional para comunicações a longa distância, por meio de sons de baixa freqüência.

Em algumas aves, como, por exemplo, os cisnes e os grous, a traquéia pode ser consideravelmente mais longa do que o pescoço, ou seja, parte da traquéia estende-se até a extremidade posterior do esterno. Os pulmões são proporcionalmente menores e incapazes de grande expansão, característica dos pulmões dos mamíferos. Entretanto, os pulmões das aves são ligados a nove sacos aéreos, situados em várias partes do corpo. Estes são: um saco interclavicular único, um par de sacos cervicais, um par de sacos torácicos anteriores, um par de sacos torácicos posteriores e um par de sacos abdominais (Fig. 6.6). Os sacos aéreos não são revestidos de epitélio respiratório e servem, essencialmente, de reservatório. O ar passa do circuito brônquico para os sacos aéreos e retorna, geralmente, por brônquios separados, para os capilares aéreos, nos pulmões. Muitos pesquisadores concordam que, durante a inspiração, apenas o ar puro passa para os sacos aéreos posteriores. Por outro lado, há evidências de que um pouco do ar, que entra nos sacos aéreos anteriores, tenha passado previamente pelos pulmões. Durante a expiração, o ar é forçado a passar dos sacos aéreos para os pulmões. Sugeriu-se que os sacos aéreos posteriores e anteriores atuem alternadamente. Apesar de ainda existir alguma confusão sobre os mecanismos exatos da respiração das aves, não há dúvidas de que existe um movimento constante de ar pelos capilares aéreos, o que assegura trocas gasosas eficientes.

Como as aves não possuem diafragma, a respiração se faz às custas de movimentos das costelas e do esterno. A respiração parece ser sincronizada com os movimentos das asas, durante o vôo.

Muitas aves possuem espaços aéreos em alguns ossos, que são ligados aos sacos aéreos. Os ossos pneumáticos principais são: o úmero, o esterno e as vértebras, ainda

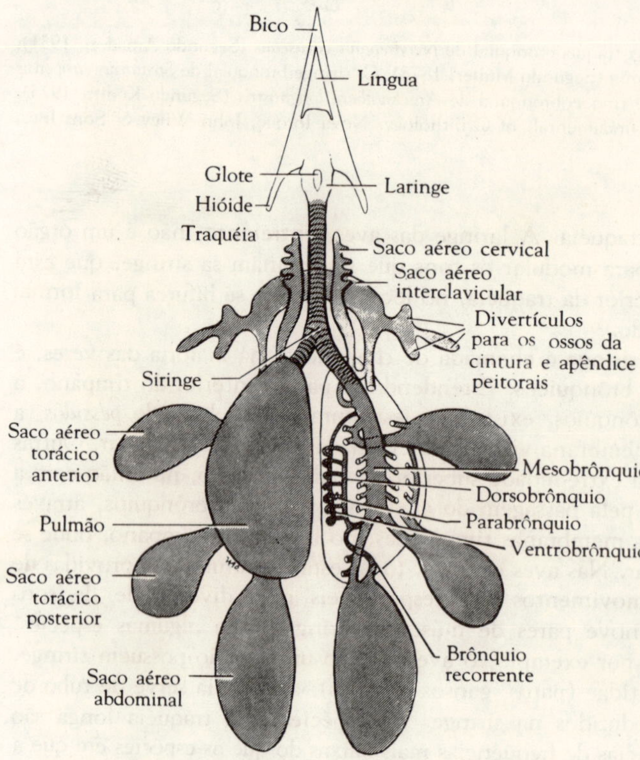

Figura 6.6. Vista dorsal do aparelho respiratório de uma ave. Mostra-se, do lado direito, o trajeto do brônquio principal, passando através do pulmão para os sacos aéreos. Também são mostrados as maiores ramificações deste brônquio e os brônquios recorrentes. Os parabrônquios e os capilares aéreos, alguns dos quais são mostrados, interligam os brônquios recorrentes com as ramificações do brônquio principal. (Villee, C.A., Walker, W., e Barnes, R.D.: General Zoology. 5.ª ed. Philadelphia, W.B. Saunders Co., 1978.)

que, em algumas espécies, outros ossos também possam ter espaços aéreos. Uma ave, com a traquéia oclusa e um úmero quebrado, pode respirar através de uma abertura deste osso. Os ossos pneumáticos ocorrem, com maior freqüência, nas aves voadoras de grande porte, ainda que sua função fisiológica não seja totalmente conhecida.

Tem havido uma especulação considerável sobre as possíveis funções dos sacos aéreos na respiração. Algumas das funções sugeridas são: diminuir o peso específico do corpo; reduzir a fricção das partes em movimento durante o vôo; auxiliar a redução da temperatura do corpo, particularmente, durante os períodos ativos; facilitar a espermatogênese, por meio da redução da temperatura dos testículos; aumentar a flutuação das aves aquáticas; e servir como almofadas pneumáticas para a absorção do impacto nas aves, que mergulham a partir do ar. Entretanto, nenhuma dessas sugestões tem sido comprovada satisfatoriamente.

As aves, que mergulham, como o biguá, o pingüim, o mergulhão, seus companheiros e várias alcas, desenvolveram adaptações semelhantes às dos mamíferos marinhos, em muitos aspectos. Manter-se embaixo da água, durante muito tempo, para assegurar o alimento, requer um peso específico baixo; próximo ao da água, que é muito mais densa do que o ar. Por isso, as aves mergulhadoras expiram, quando afundam na água, de modo muito semelhante ao das baleias ou golfinhos. Além disso, os sacos aéreos dos ossos contraem-se, deixando, deste modo, uma quantidade relativamente pequena de ar residual no trato respiratório. Como o gasto de energia de uma ave, como o mergulhão, durante mergulhos profundos, requer mais oxigênio do que o necessário na superfície, e como a respiração cessa nestas ocasiões, isto é compensado pela utilização do oxigênio armazenado nos músculos. A liberação deste oxigênio suplementar parece ser desencadeada pelo aumento de dióxido de carbono no corpo. Para que o sistema nervoso central e o coração recebam o suprimento de oxigênio adequado, muitos dos vasos sangüíneos contraem-se de maneira que o fluxo sangüíneo se reduza nas regiões não vitais.

Figura 6.7. Muitas aves ofegam nos dias quentes, o que aumenta a evaporação. Por intermédio disto, elas reduzem a temperatura do corpo. Estas gaivotas (*Larus heermanni*) incubam os ovos numa ilha deserta do mar de Cortez onde a temperatura diária ultrapassa 38ºC, durante o verão.

Sistema Urogenital

O sistema urogenital das aves assemelha-se em muitos aspectos mais ao sistema urogenital dos répteis do que ao dos mamíferos, com exceção dos monotremados. Os rins, como os de todos os amniotas, são do tipo metanefro e são em número de dois. Entretanto, eles são proporcionalmente grandes, com lobos irregulares, adaptando-se às depressões do sinsacro. Cada rim tem um ureter, que se abre na cloaca. Conseqüentemente, a urina mistura-se com o material fecal. A única ave que possui bexiga é o avestruz.

Estudos recentes sobre as glândulas supra-orbitais de certas aves, principalmente de espécies marinhas, têm demonstrado que, como em alguns répteis, estas glândulas são usadas para a rápida excreção do sal do sangue. Considera-se que isto seja responsável pela capacidade que as aves marinhas têm para ingerir água salgada, sem apresentarem modificações especiais dos rins. Nas áreas costeiras, pode-se ver, freqüentemente, aves, como as gaivotas, nas quais pinga líquido pelas narinas, o que na verdade, é uma solução salina concentrada. Tais glândulas não se restringem completamente às espécies marinhas. Elas também são funcionais em alguns tipos de aves aquáticas, da região das Grandes Planícies da América do Norte, onde a alcalinidade da água de lagos e lagoas pode ser bastante alta. Nestas circunstâncias, esta estrutura adquire um valor considerável para a sobrevivência de algumas espécies. Em algumas aves de desertos, como o avestruz, as glândulas de sal representam um meio de conservação da água do corpo. Pela remoção de sais pelo sistema excretor, pode ocorrer maior reabsorção de água na cloaca. Poucas aves podem sobreviver sem beber água e as, que o fazem, devem reduzir a perda cloacal de água. Isto é conseguido, em algumas pequenas espécies de desertos e algumas espécies que vivem em pântanos salgados, pelo aumento do número das *alças de Henle*, nos rins. Estas alças reabsorvem água e, por intermédio disto, concentram a urina. Os lobos medulares dos rins, onde existem estas alças, são duas ou três vezes mais abundantes nas espécies que conservam a água do que naquelas que bebem água regularmente.

Os testículos são pares e permanecem na região superior da cavidade abdominal. Na maioria das aves, o ducto deferente de cada lado abre-se independentemente na cloaca. Entretanto, em algumas aves, como nos patos e gansos, uma estrutura única parecida com um pênis, semelhante ao das tartarugas e crocodilos; é derivada da parede anteroventral da cloaca.

Na maioria das aves, o ovário e o oviduto direitos, ainda que presentes durante o desenvolvimento embrionário, tornam-se vestigiais, de maneira que apenas o sistema genital esquerdo é funcional. Existe uma exceção entre os membros da ordem dos Falconiformes, em que a maioria das fêmeas tem dois ovários funcionais. Ao longo do oviduto, encontram-se diversas glândulas, que segregam membranas em torno dos ovos, incluindo camadas de albumina, membranas da casca e a casca calcária.

Sistema Nervoso

O sistema nervoso central das aves é consideravelmente mais desenvolvido do que o dos répteis. Os lobos olfativos do cérebro são extremamente pequenos, sendo responsáveis pelo sentido do olfato, notavelmente pobre. O cérebro é grande e recobre o diencéfalo e os lobos ópticos. Entretanto, seu tamanho resulta mais do crescimento do corpo estriado do que do córtex cerebral, que é liso. Os lobos ópticos são excepcionalmente grandes, o que parece estar relacionado com a visão aguçada que as aves possuem. O cerebelo é maior do que nos répteis e apresenta fissuras profundas, apesar de não ser tão grande como nos mamíferos. Ventralmente ao cerebelo, o encéfalo das aves mostra o começo do desenvolvimento de uma ponte. Como os outros amniotas, as aves possuem 12 nervos cranianos.

Órgãos dos Sentidos

As passagens nasais das aves mostram um avanço em relação às dos répteis, pelo fato de estarem presentes três conchas. Na maioria das aves, há aberturas externas ou narinas, que comunicam estas passagens com o meio externo, mas, em alguns membros dos Pelecaniformes, estas aberturas estão fechadas. A posição das narinas, geralmente, é lateral e proximal, mas, em alguns Procellariformes, as narinas, que são em forma de tubo nos membros desta ordem, assumem uma posição dorsal. O quivi da Nova Zelândia, é o único, que apresenta as narinas quase terminais, no bico. Geralmente, as narinas são separadas internamente, uma da outra, por um septo, mas, em alguns grupos, como nos urubus e alguns Gruiformes, não há separação. O epitélio olfativo, na maioria das aves, é relativamente restrito e confinado à superfície da concha superior. Isto se relaciona com o pequeno tamanho dos lobos olfativos do cérebro e é responsável pelo sentido do olfato pouco desenvolvido, que a maioria das aves possui. Mais recentemente foi demonstrado que o urubu-de-cabeça-vermelha (*Cathartes aura*) é capaz de localizar a carniça pelo olfato, e que a região do cérebro relacionada com este sentido é marcadamente maior que no urubu-de-cabeça-preta (*Coragyps atratus*). O quivi é uma outra exceção; tem sido demonstrado claramente que membros desta espécie usam suas narinas terminais para localizar alimento, enquanto exploram o solo.

A maioria das aves não tem botões gustativos na língua, apesar deles serem encontrados no revestimento da boca e da faringe. O órgão de Jacobson é rudimentar.

Os olhos das aves são extremamente desenvolvidos e proporcionalmente grandes em relação ao tamanho do corpo. A acomodação se faz pela ação dos músculos ciliares, alterando-se o formato do cristalino. Estes músculos são especialmente bem desenvolvidos nas aves mergulhadoras, que devem ser capazes de focalizar objetos tanto no ar como na água. Elas alteram instantaneamente o formato do cristalino, comprimindo-o no momento em que submergem, de maneira a ver claramente os objetos abaixo da superfície. Algumas aves mergulhadoras também têm uma janela transparente na terceira pálpebra, a membrana nictitante, para auxiliar a visão sob a água. Uma das características raras dos olhos das aves é a presença de uma estrutura parecida com um leque, chamada pente, que se estende até a câmara posterior, a partir do ponto de emergência do nervo óptico, na retina (Fig. 6.8). Como a retina das aves não é vascular, foi sugerido que o pente, que é a única estrutura vascularizada da câmara posterior, forneça os nutrientes necessários para as outras partes. A ausência de vasos sangüíneos na retina é uma vantagem para a visão aguçada. A maioria das aves, como os répteis, mas não como a maioria dos mamíferos, é diurna. Por esta razão, os cones predominam na retina, com exceção das espéceis noturnas, em que os bastonetes são muito mais numerosos (Fig. 6.9). Nas aves como grupo, a acuidade visual é considerada maior do que em qualquer outro grupo de vertebrados. Isto é atribuído, parcialmente, à presença, nos cones, de gotículas de óleo, que são densamente coloridas, com altas concentrações de carotenóides, o que fornece um filtro seletivo para os cones. Ao contrário dos olhos dos mamíferos, que perderam as gotículas de óleo dos cones presentes nas aves e répteis, o cristalino e a *mácula* (região central da retina onde os bastonetes estão concentrados e a visão é mais acurada) não filtram todas as ondas curtas do espectro. Experiências recentes com alguns beija-flores indicam que estas aves são capazes de detectar ondas luminosas de comprimento de onda próximo ao da luz ultravioleta, que é completamente invisível para os seres humanos.

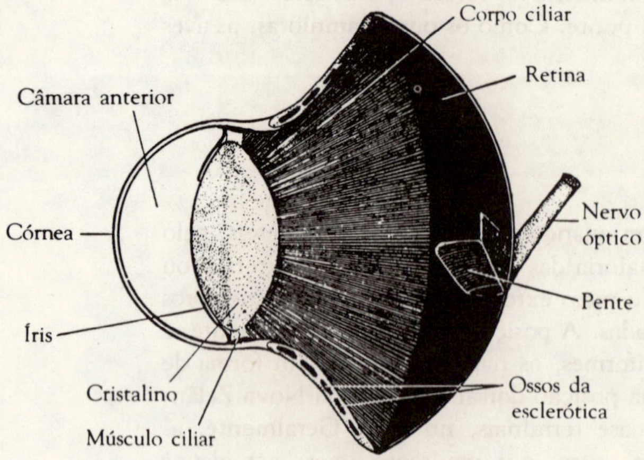

Figura 6.8. Esquema de uma secção sagital do olho de uma ave de rapina. (Weichert, C.K.: Anatomy of the Chordates. New York, McGraw-Hill Book Co., Inc., 1958.)

Além das aves apresentarem uma percepção visual acurada para objetos próximos, muitas espécies, principalmente as aves de rapina, possuem uma visão notável para objetos distantes. As águias e os grandes falcões dependem muito desta capacidade para procurar a presa que, muitas vezes, está a uma distância longa. Urubus do Novo e Velho Mundo podem descobrir carniça a uma distância considerável e, também, perceber, de longe, um amontoado de urubus ao redor de um animal morto. A visão notável destas aves de rapina parece ser resultado de um aumento dos cones na retina. A densidade de cones, na águia africana, é de 2 a 2,4 vezes maior que a encontrada na retina humana.

Parece provável que certas aves, que freqüentam os profundos recessos de cavernas, onde prevalece a escuridão total, emitam uma série de vibrações sonoras, cujos ecos permitem que elas se orientem, de modo muito semelhante a alguns morcegos e mamíferos marinhos. Foi demonstrado que *Steatornis caripensis* do norte da América do Sul e da Ilha de Trinidad, uma espécie noturna, que vive em cavernas, serve-se do eco, como um meio de orientação para seus vôos noturnos (Fig. 6.10). Da mesma maneira, certas aves do gênero *Collocalia*, que habitam cavernas, dependem da orientação acústica, quando voam no escuro.

Nas aves, falta o ouvido externo. Na suindara (*Tyto alba*), entretanto, esta estrutura é bem desenvolvida. Como nos répteis, existe apenas um osso no ouvido médio, a *columela*, que transmite as vibrações da membrana timpânica para o ouvido interno. A cóclea está presente, apesar de não ter a complicada forma de espiral, encontrada nos mamíferos.

Figura 6.9. Esta gaivota (*Creagus furcatus*) de Galápagos tem um olho especialmente grande, supostamente uma adaptação à alimentação noturna para reduzir a ação predatória das fregatas.

Figura 6.10. O guacharo *(Steatornis caripensis)* da América do Sul.(Fotografia de Edward S. Ross.)

As corujas são capazes de localizar pequenos mamíferos na escuridão total, em virtude de sua audição aguçada. Os sons são ouvidos melhor em diferentes locais, em cada ouvido, mas a sensibilidade é maior ao longo da linha de visão. Quando a ave, movendo sua cabeça, escuta melhor o som da presa que se move, está encarando seu possível alimento.

CARACTERÍSTICAS ESPECIAIS

Estrutura da Pena

As penas são estruturas especializadas, restritas aos membros da classe das aves. Filogeneticamente, pensa-se que elas tenham surgido das mesmas estruturas epidérmicas que deram origem às escamas dos répteis. Embriologicamente, a pena inicia-se como uma papila dérmica, recoberta por uma camada de epiderme. Entretanto, é esta última que dá origem à estrutura cornificada final, que, naturalmente, quando formada, é uma estrutura morta, como os pêlos dos mamíferos.

O eixo principalmente de uma pena típica (Fig. 6.11) é chamado de haste. A parte proximal da haste é chamada de *cálamo;* é oca e não possui nenhuma ramificação. O restante da haste, a *raque*, é preenchido por medula e possui um vexilo de cada lado. Se examinarmos um vexilo ao microscópio, veremos que é constituído de *barbas*, que se estendem lateralmente, a partir da raque, e de *barbulas* menores que, por sua vez, estendem-se lateralmente a partir das barbas. Assim, as fileiras adjacentes, de barbulas sobrepõem-se umas às outras. Na extremidade e na face inferior de cada bárbula, existem minúsculos filamentos, chamados *ganchos* ou *hâmulos*, que servem para manter a sobreposição das bárbulas entre si.

Em algumas aves, uma segunda pena, que apresenta as mesmas características, cresce na junção da raque com o cálamo. Esta pena acessória é chamada de *hiporraque*. Nos emus, ela chega a ser tão longa quanto à haste principal. Ela é bem desenvolvida nos galináceos, mas, em muitos outros grupos, está ausente ou é representada por uns poucos tufos de penugem.

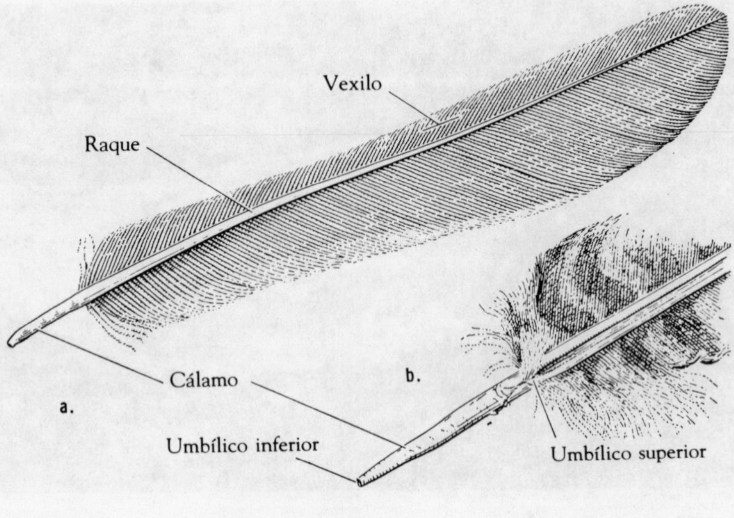

Figura 6.11. Uma pena de vôo típica e os nomes de suas partes: *a.* vista geral; *b.* detalhe da base da pena; *c.* detalhe do vexilo. (Van Tyne, J. e Berger, A.J.: Fundamentals of Ornithology. Nova Iorque, John Wiley & Sons Inc., 1959.)

Há muitas modificações estruturais em certos tipos de penas (Fig. 6.12). Se arrancarmos as penas de contorno de uma ave, encontrar-se-ão pequenas estruturas que, superficialmente, se parecem com os pêlos distribuídos pelo corpo. Estas estruturas são chamadas de *filoplumas* e, se examinadas cuidadosamente, revelam-se como uma haste fina, com poucas barbas na extremidade. Qualquer um que tenha depenado patos estará familiarizado com estas penugens (Fig. 6.13). Existem penas sem raque, em que as barbas finas emergem da extremidade do câlamo. Apesar de existirem bárbulas finas, não existem hâmulos para segurá-las juntas, de maneira a formar uma trama. A plumagem, que forma a penugem dos filhotes recém-eclodidos, é chamada de *neossóptiles,* em contraste com as *teleóptiles*, plumas dos adultos.

Um tipo especial de pena é encontrado no peito das garças, Estruturalmente falando, esta pluma é, de alguma maneira, parecida com as filoplumas, mas as extremi-

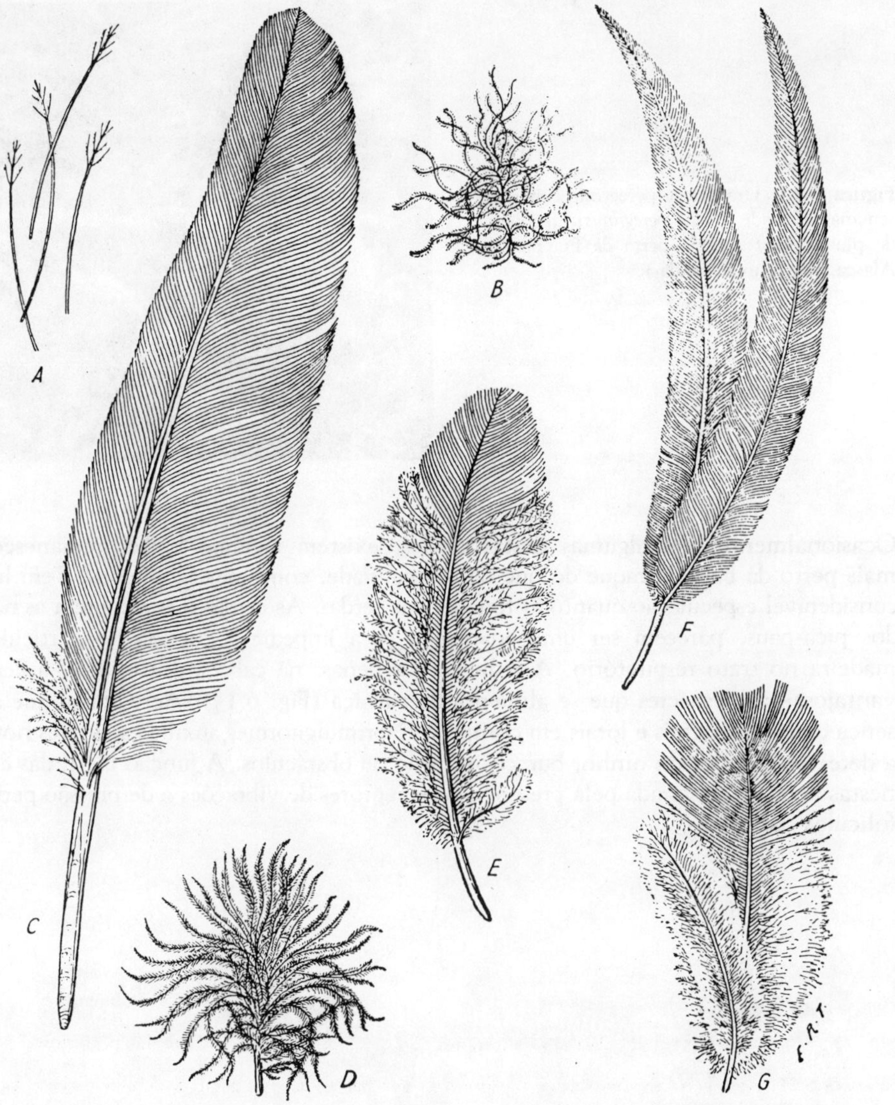

Figura 6.12. Vários tipos de penas. A, filoplumas; *B*, pluma dos filhotes; C, pena primária da asa de um pombo; *D*, pluma permanente; *E*, pena com barbas livres; *F*, pena de um emu, com um hiporraque longo; G, pena de contorno de um faisão, com hiporraque. (Parcialmente, segundo Thompson: The Biology of Birds. London, Sidgwick & Jackson, Ltd. In Young, J.Z.: The Life of Vertebrates. Oxford, Clarendon Press, 1950.)

dades de suas barbas desintegram-se num pó fino. A função exata ou funções de pluma pulverulenta não são conhecidas. Foi sugerido que o pó possa ser usado na limpeza das penas para lubrificá-las, o que pode ajudar no isolamento do corpo e na manutenção do aquecimento dos ovos, durante a incubação. Chamam-se *semiplumas* as penas cujas barbas não são mantidas juntas. Como as filoplumas e as plumas, as semiplumas encontram-se escondidas sob as penas de contorno do adulto. As *cerdas* que representam somente a haste da pena e se estendem além das penas de contorno, são encontradas num grupo numeroso de aves. Talvez as mais conhecidas sejam as *cerdas rictais*, encontradas em cada um dos lados da cabeça dos Caprimulgiformes e Apodiformes, e as cerdas que recobrem as narinas de alguns pica-paus e curiangos.

Figura 6.13. Um falcão-peregrino com uma semana de idade *(Falco peregrinus)*, recoberto de plumas. (Fotografado perto de Pt. Barrow, Alasca, por John Koranda.)

Ocasionalmente, em algumas destas cerdas, existem algumas barbas remanescentes, mais perto da base da raque do que da extremidade, como nas filoplumas. Tem havido considerável especulação quanto às funções das cerdas. As cerdas que recobrem as narinas dos pica-paus, parecem ser uma adaptação para impedir a entrada de partículas de madeira no trato respiratório. A redução das penas, na cabeça dos urubus, a cerdas é vantajosa para espécies que se alimenta de carniça (Fig. 6.14). Acredita-se que a presença de cerdas rictais e lorais em corujas e Caprimulgiformes auxilie estas aves noturnas a detectar os lados do ninho, buracos no solo ou obstáculos. A função táctil das cerdas, nestas aves, é assegurada pela presença de receptores de vibrações e de pressão perto dos folículos das penas.

Figura 6.14. Apesar das penas não serem completamente ausentes nas cabeças dos abutres do Velho Mundo, elas são bastante reduzidas em número e tamanho. Aqui são mostrados abutres da espécie *(Pseudogyps africanus)*, fotografados no Quênia, na África oriental.

Coloração

A coloração das penas pode ser dada por grânulos de pigmento, por difração e reflexão da luz, como resultado da estrutura das penas, ou por ambos.

Como em outros vertebrados, os principais pigmentos são os carotenóides e a melanina. Os primeiros, freqüentemente chamados de lipocromos, não são solúveis na água, mas podem ser dissolvidos por vários solventes de gorduras, como o metanol, éter ou bissulfeto de carbono. Por conveniência, são distribuídos em dois grupos conhecidos como zooeritrina (vermelho) e zooxantina (amarelo). As melaninas só são solúveis em ácidos. Os grânulos de *zumelanina* variam do preto ao marrom escuro, e os grânulos de *feomenalina* podem variar desde o incolor ao marrom-avermelhado.

Os pigmentos podem ocorrer nas raques e nos vexilos. Muitas das cores das penas, com as quais estamos familiarizadas, são produtos de carotenóides e melaninas. A presença de grânulos esféricos de melanina, perto das extremidades das penas de contorno, pode produzir o efeito conhecido como anéis de Newton, resultando num efeito iridescente. Algumas cores, como o azul, a maioria dos tons de verde e violeta não resultam de pigmentos, mas dependem inteiramente da estrutura das penas. Nos azulões, por exemplo, as penas azuis não contêm nenhum pigmento azul, mas elas absorvem todas as cores, exceto os raios azuis do espectro que são refletidos. Os tons verdes, usualmente, são produzidos da mesma maneira que os tons azuis, mas estes últimos passam por uma camada de pigmentos amarelos. Há poucas aves tropicais, que possuem pigmentos especiais, tais como os turacos da África. Neste grupo, um pigmento de cobre, chamado *turacoverdina*, produz o verde, e o vermelho (cor-de-sangue) é resultado da *turacina*. Numa espécie de turaco, *Tauraco corythaix*, a gema do ovo é rubro-escarlate, em vez de ser amarela, como na maioria das aves. A análise química mostrou que os pigmentos que produzem esta coloração incomum da gema são pigmentos carotenóides dos quais aproximadamente três quintos são constituídos por um pigmento vermelho, conhecido como *astaxantina*.

Ainda que a cor de diversas aves esteja sob controle genético, ela pode ser modificada por fatores internos e externos. Como a maioria dos avicultores sabe, muitas espécies de aves, que possuem o vermelho em sua plumagem, tendem a tê-lo substituído por amarelo, depois de vários anos de cativeiro. Mesmo na natureza, não é raro ver *Carpodacus mexicanus* com penas amarelas ou alaranjadas na cabeça, em vez de penas vermelhas. Nas aves, mantidas em cativeiro, esta mudança tem sido atribuída por muitos à alimentação. Os hormônios também desempenham um papel importante no controle da cor das penas. Nas espécies em que há dimorfismo sexual em relação à cor, a administração de estrógenos, em quantidades suficientes, em machos, antes do início da muda de penas, pode resultar no desenvolvimento de uma plumagem feminina, quando ocorre a reposição das penas. Pode-se induzir as fêmeas a adquirir a plumagem dos machos pela administração de testosterona.

A oxidação e a abrasão são fatores externos, que produzem alterações de cor, de maior ou menor intensidade, na maioria das aves. Especialmente os carotenóides são sujeitos à descoloração sob ação da luz solar, e as penas antigas podem ter uma cor bem diferente daquela da plumagem nova. Em algumas aves, a plumagem nupcial brilhante é resultado do desgaste das extremidades escuras das penas, adquiridas no outono anterior.

Disposição das Penas

Ainda que, superficialmente, pareça que uma ave tenha penas distribuídas uniformemente sobre o corpo, um exame exploratório é suficiente para mostrar que, geralmente, não é este o caso. Afastando-se as penas ou retirando-as, pode-se observar que elas se dispõem em regiões definidas, que são chamadas de *ptérilas*. Entre as ptérilas, existem grandes regiões sem penas que são chamadas *aptérios*. Há poucas exceções, como os pingüins e os quivis, nos quais as penas são encontradas em quase todo o corpo.

No estudo da *pterilose* ou das penas e de suas disposições, nomes têm sido dados aos diversos tratos de penas (Fig. 6.15). Estas áreas têm formas e extensões variadas, em diferentes espécies e, por isso, são de considerável importância na classificação. A maioria das ptérilas é classificada da seguinte maneira:

Trato cefálico: cobre as regiões superior, laterais e posterior da cabeça e se continua com a área espinhal.

Trato espinhal: estende-se da região superior do pescoço, para trás até a base da cauda. Pode ser contínua ou interrompida. Algumas vezes, a área espinhal é separada em duas partes no meio do dorso, incluindo um aptério elíptico, e, ocasionalmente, pode bifurcar-se em dois ramos na frente da base da cauda.

Trato ventral: começa entre os ramos da mandíbula e estende-se para a região ventral do pescoço, onde, geralmente, se ramifica em duas áreas laterais, que se seguem pelo corpo até as proximidades do ânus onde terminam. Regiões do aptério, no peito e abdome, tornam-se bem vascularizadas, em algumas aves, durante o período de nidificação e constituem o que é chamado de *manchas de incubação*. Com o desenvolvimento destas manchas, a pele torna-se mais espessa e as penas da região caem. Acredita-se que seja um auxílio para a incubação dos ovos, pois esta pele que fica em contato com eles recebe mais sangue que a do resto do corpo.

Trato umeral: é um par de ptérilas que se estendem, paralelamente para trás, em direção aos ombros como faixas estreitas. As penas destas áreas são chamadas de escapulares.

Trato caudal: que inclui: as *retrizes*, que, geralmente, são longas e fortes e servem para dirigir o vôo; *coberteiras caudais superiores* e *coberteiras caudais inferiores*, que também são chamadas de crisso; o *anel anal* e, quando presentes, as penas da glândula de óleo ou *uropigial*, situadas na base dorsal da cauda.

Tratos alares: inclui várias ptérilas, que se situam nas asas. As *rêmiges* são as penas fortes do vôo, que crescem na margem posterior das asas. Elas são divididas em três grupos: as que se situam entre o punho e a extremidade são chamadas de *primárias;* as situadas entre o punho e o cotovelo são chamadas de *secundárias*. As rêmiges mais internas, que parecem ser uma continuação das secundárias, na região do cotovelo, são chamadas de *terciárias*. No assim chamado "polegar" da asa de uma ave, que, na verdade, representa o remanescente do segundo dedo, conforme se acredita, há três rêmiges, chamadas de *álula* ou asa bastarda. Cobrindo as superfícies superiores e inferiores das asas, existem várias séries de penas, chamadas coberteiras. As coberteiras superiores das asas são formadas por: *coberteiras primárias maiores* que se sobrepõem às bases das primárias; *coberteiras primárias medianas* que se sobrepõem às coberteiras primárias maiores; as *coberteiras secundárias maiores* que se sobrepõem às bases das secundárias; as *coberteiras secundárias medianas* que se sobrepõem às coberteiras secundárias maiores; na frente das coberteiras secundárias medianas estão as *coberteiras menores* ou *cubitais*, que, usualmente, são formadas por várias fileiras de penas; as *coberteiras da álula* sobrepõem-se às bases das penas da álula; as pequenas penas remanescentes da superfície superior, que recobrem a margem anterior da asa, são chamadas *coberteiras marginais*. As coberteiras da superfície inferior da asa, com exceção das coberteiras primárias e secundárias maiores, são menos nítidas do que as da superfície superior, mas têm recebido nomes semelhantes. Além das rêmiges, da álula e das coberteiras, existe um grupo de penas nas axilas das asas, que são conhecidas como *axilares*.

Trato femoral: estende-se ao longo da superfície externa da coxa, desde o joelho até o corpo.

Trato crural: constitui a área remanescente de penas da perna. A canela quase sempre é totalmente desprovida de penas.

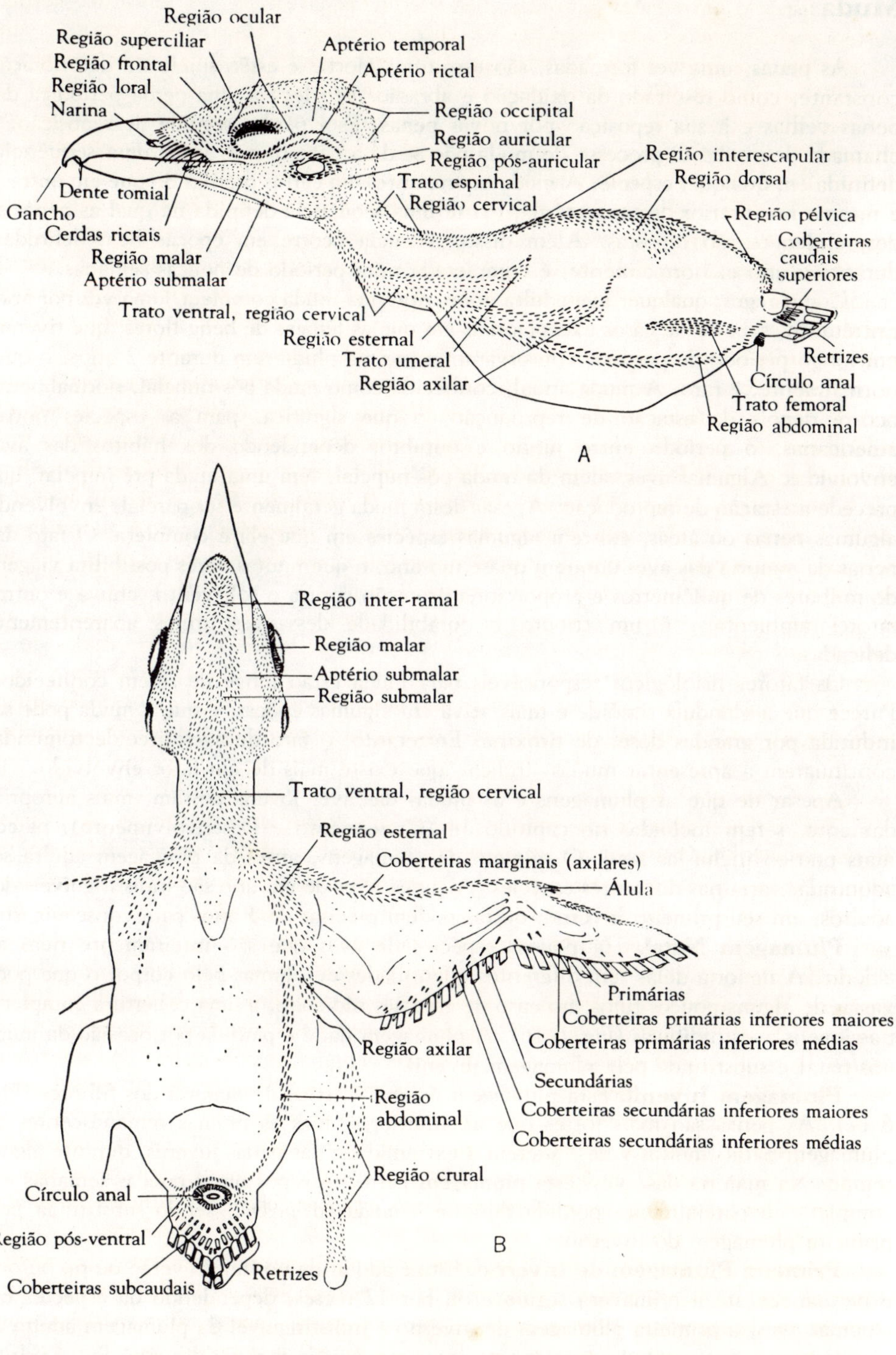

Figura 6.15. Pterilografia de *Lanius ludovicianus gambeli*: *A*, vista lateral; *B*, vista ventral, tamanho natural (Miller, A.H. University of California Publications in Zoology. Berkeley, University of California Press, Vol. 38, 1933.)

Muda

As penas, uma vez formadas, são estruturas mortas e estão sujeitas à deterioração constante, como resultado da oxidação e abrasão. Isto leva a uma perda periódica das penas velhas e à sua reposição por novas penas. Esta perda, seguida de reposição, é chamada de muda. O processo de muda não se dá ao acaso, mas segue uma seqüência definida em qualquer espécie. A muda ocorre antes em certas ptérilas do que em outras, e mesmo no interior de uma ptérila, existe uma seqüência definida na qual as penas se desprendem e são repostas. Além disso, a muda ocorre em épocas bem definidas, durante o ano e, normalmente, é completada num período de poucas semanas.

Como regra, qualquer ave adulta apresenta uma muda completa, uma vez por ano. Entretanto, sabe-se de casos excepcionais em que as fêmeas de beija-flores, que tiveram um longo período de postura, conservaram a mesma plumagem durante 2 anos, o que, normalmente, é raro. A muda anual, conhecida como muda pós-nupcial, normalmente ocorre depois da estação de reprodução, o que significa, para as espécies norte-americanas, o período entre junho e outubro, dependendo dos hábitos das aves envolvidas. Algumas aves, além da muda pós-nupcial, têm uma muda pré-nupcial, que precede a estação de reprodução. Apesar desta muda geralmente ser parcial, envolvendo algumas penas ou áreas, existem algumas espécies em que ela é completa. O fato das penas da maioria das aves durarem quase um ano, o que muitas vezes possibilita viagens de milhares de quilômetros e proporciona proteção contra o sol, vento, chuva e outros fatores ambientais, é um tributo à durabilidade dessas estruturas aparentemente delicadas.

Os fatores fisiológicos responsáveis pela muda estão longe de serem conhecidos. Parece que a glândula tireóide é mais ativa em algumas épocas, e que a muda pode ser induzida por grandes doses de tiroxina. Entretanto, o fato de aves tireoidectomizadas continuarem a apresentar mudas indica que existe mais de um fator envolvido.

Apesar de que as plumagens e as mudas das aves jovens possam, mais apropriadamente, serem incluídas no capítulo 14 (Crescimento e Desenvolvimento), parece mais prático incluí-las aqui. O número de plumagens, antes da plumagem adulta ser adquirida, varia nas diferentes espécies. Algumas aves de um ano são indistinguíveis dos adultos, em seu primeiro inverno; outras podem precisar de 5 anos para conseguir isto.

Plumagem Natal. Há poucas espécies de aves que são inteiramente nuas ao eclodir. A maioria delas têm diferentes quantidades de plumas pelo corpo, o que pode variar de alguns poucos tufos, no caso de espécies nidícolas, a uma cobertura completa, nas jovens aves nidífugas (Fig. 6.16). A plumagem natal é perdida por ocasião da muda pós-natal e substituída pela plumagem juvenil.

Plumagem Juvenil. Esta plumagem é característica da maioria dos filhotes (Fig. 6.17). As penas são mais fortes que as anteriores, mas as plumas remanescentes da plumagem natal, muitas vezes, aderem à extremidade das penas juvenis, durante algum tempo. Na maioria das aves, esta plumagem permanece por umas poucas semanas e é completa ou parcialmente perdida durante a *muda pós-juvenil,* sendo substituída pela primeira plumagem do inverno.

Primeira Plumagem de Inverno. Esta é adquirida no fim do verão ou no outono e permanece até a primavera seguinte ou por 12 meses, dependendo da espécie. Em algumas aves, a primeira plumagem de inverno é indistinguível da plumagem adulta de inverno, mas, em geral, é prontamente reconhecida. Na maioria das espécies, é substituída, pelo menos em parte, pela *primeira muda pré-nupcial.*

Primeira Plumagem Nupcial. Esta é a primeira plumagem de reprodução que pode ou não se parecer com a do adulto. Mais freqüentemente é o resultado do desgaste parcial da primeira plumagem de inverno. Muitas vezes, é o resultado da reposição parcial da plumagem do corpo, ainda que em algumas espécies a plumagem nupcial seja

Figura 6.16. Padrão de cor protetor da plumagem natal de um filhote de maçarico (*Charadrius vociferus*) confunde-o com o cascalho.

resultado de uma muda completa, envolvendo todas as penas. Em todas as aves, esta plumagem normalmente é perdida, como resultado da *primeira muda pós-nupcial*, sendo substituída pela segunda plumagem de inverno.

Segunda Plumagem de Inverno. Com exceção das espécies que adquirem a plumagem adulta no primeiro ano de vida e das que necessitam mais de dois anos para alcançar esta condição, esta plumagem é indistinguível da plumagem adulta de inverno. É substituída na primavera seguinte pela *segunda plumagem nupcial*, como resultado da segunda muda pré-nupcial.

Figura 6.17. Filhote de falcão-peregrino (*Falco peregrinus*) durante o processo de muda em que adquire a plumagem juvenil. (Fotografado por John Koranda.)

Com exceção das espécies em que estas plumagens são diferentes das dos adultos depois do segundo ano, as mudas e plumagens subseqüentes são chamadas de *muda pós-nupcial, plumagem de inverno, muda pré-nupcial* e *plumagem nupcial.*

Em poucas aves norte-americanas, a diferença entre a plumagem de inverno e a nupcial é bem acentuada. Isto pode ser observado especialmente em algumas aves costeiras, como as do gênero *Calidris*, cujo cinza-pardacento e branco de inverno são substituídos por cores brilhantes, ou como em *Lagopus* cuja plumagem branca de inverno se contrasta com a brilhante plumagem nupcial. Embora machos e fêmeas de várias espécies tenham a mesma coloração, na maioria das espécies, os machos apresentam cores mais brilhantes, especialmente na plumagem nupcial. Entretanto, em *Phalaropus* cujos cuidados do ninho cabem principalmente ao macho (Fig. 6.18), representam uma exceção a esta regra. As fêmeas desta espécie apresentam cores mais brilhantes do que os machos, durante a primavera e o verão.

No que se refere a época da muda, ocorre uma rara situação em certos patos. Depois da postura, a muda pós-nupcial resulta, nos machos, uma plumagem pardacenta, chamada de *plumagem de eclipse.* Enquanto esta muda está ocorrendo, as penas de vôo das asas são despreendidas tão rapidamente que, durante algum tempo, as aves são incapazes de voar. Nas horas de perigo, entretanto, a triste plumagem de eclipse torna os machos mais imperceptíveis. Tão logo as penas de vôo tenham crescido, os machos iniciam uma segunda muda, o que corresponde à muda pré-nupcial, em outras espécies. Desta forma, pelo outono ou começo do inverno, os machos estão com a muda de acasalamento completa. Isto parece estar relacionado com a formação de casais, que ocorre em muitas espécies de patos.

Funções das Penas

Aquecimento. Como as aves são endotérmicas, uma das principais funções das penas é a manutenção da temperatura do corpo. A camada de ar retido entre estas estruturas promove o isolamento contra a perda de calor de dentro para fora e a penetração de frio, no sentido inverso. A espessura desta camada pode ser controlada pela elevação

Figura 6.18. Falaropo vermelho macho *(Phalaropus fulicarius)* em seu ninho, em Pt. Barrow, Alasca. (Fotografado por John Koranda.)

Figura 6.19. Quando descansando, as aves gastam parte de seu tempo alisando suas penas, como esse íbis branco *(Eudocimus albus)*, uma espécie tropical da América.

ou abaixamento das penas. Num dia de frio, uma ave, em repouso, mantém suas penas elevadas para aumentar a camada de isolamento do mesmo modo que você ou eu colocaríamos um casaco mais grosso, para conseguir o mesmo. Quando está quente, as penas são prensadas firmemente contra o corpo, para diminuir a espessura da camada de isolamento.

Proteção. As penas oferecem proteção de diferentes maneiras. Um pequeno número de aves, que não voam, assim como espécies com uma capacidade limitada para voar, dependem primariamente de sua capacidade de correr para escapar do perigo (Fig. 6.20). A grande maioria, entretanto, conta com o vôo, em tais circunstâncias. Isto é possível em conseqüência do desenvolvimento das poderosas penas nas asas. As penas também oferecem proteção direta contra ferimentos. A pele das aves é relativamente fina, em contraste com a de muitos outros vertebrados e logo ficaria ferida pelo contato com ramos e galhos, se não fosse coberta por uma camada de penas. Como os que já caçaram aves aquáticas sabem que patos e gansos são quase impermeáveis a tiros de pequeno calibre, por causa da densa camada de penas que recobre seus corpos.

A coloração das penas desempenha um importante papel para a proteção, em muitas espécies. Isto torna-se evidente até em filhotes de muitas aves nidífugas. Uma visita a uma colônia de ninhos de gaivotas, onde haja filhotes recém-eclodidos ou a tentativa de localizar filhotes de codornizes, que estejam imóveis na grama, revelam prontamente a proteção valiosa da plumagem natal. O valor, para a camuflagem do padrão de cores de muitos Caprimulgiformes, tais como o curiango e o urutau, que dormem em campo aberto durante o dia, dificilmente pode ser contestado. Mesmo que se conheça sua localização o padrão misturado das cores cinza, marrom, preto e branco se confunde com o substrado e, muitas vezes, é difícil distinguir o contorno da ave até que se tenha aproximado alguns metros dela. A plumagem branca de inverno de *Lagopus* parece representar uma adaptação do mesmo modo que os pêlos brancos das lebres.

Muitas aves parecem acentuadamente coloridas, quando examinadas, como material de estudo, num museu, contudo, na vida real, suas cores vivas tornam difícil vê-las. As largas faixas pretas do maçarico, por exemplo, tendem a romper o contorno da ave, quando vista a uma certa distância. Do mesmo modo, os vários padrões de preto e branco, tão característicos do dorso de vários pica-paus norte-americanos, tornam as aves menos visíveis, quando vistas contra a casca de árvores do que contra um fundo de uma só cor. É chamada de coloração *disruptiva.*

Figura 6.20. *Gallirallus australis* da Nova Zelândia é uma das muitas aves insulares cujas asas são rudimentares, tornando-se assim incapazes de voar.

O princípio do *contra-sombreamento,* demonstrado por Abbott Thayer, refere-se ao fato de que a maioria das aves, como outros animais, apresentam a superfície dorsal mais escura do que a superfície ventral. A teoria estabelece que a superfície ventral clara neutraliza o efeito da sombra de modo que o contorno da ave não se sobressaia, em relevo contra a paisagem.

Pode-se generalizar até onde as cores estão relacionadas com as aves de vários habitats. A maioria das aves que vivem nas matas, tendem a ser listradas; as que vivem em pequenas plantas, que crescem entre outras, onde há bastante sombra, tendem a ser marrons e as que vagam entre folhas e galhos durante o dia, como muitas aves canoras, freqüentemente têm tonalidades de verde e amarelo. Menos aparentes ao observador comum, mas de considerável importância para o estudante de sistemática, são as tendências raciais em relação às cores, em muitas espécies. Aves de regiões áridas, muitas vezes, têm cores mais pálidas que as aves da mesma espécie que vivem em regiões onde há mais umidade e chuva e a vegetação é mais luxuriante.

Entretanto, não se deve concluir que a coloração das aves seja sempre protetora. Obviamente, a plumagem reluzente de certas aves torna-as muito conspícuas. Na maioria das aves, as cores vivas são características dos machos. O dimorfismo sexual auxilia desta maneira, o reconhecimento sexual e é chamado de coloração *epigâmica.* Muitas vezes, os machos executam *displays* elaborados, durante a corte. Naturalmente, há muitas espécies em que a coloração dos machos e fêmeas é idêntica, e o reconhecimento do sexo parece depender das diferenças nos padrões de comportamento em machos e fêmeas.

Flutuação. Outra função importante das penas, nas aves aquáticas, é o auxílio para uma maior flutuação (Fig. 6.21). A parte inferior do corpo das aves nadadoras está densamente coberta por penas, entre as quais há bolsas de ar. Estas aves, em razão disto, descansam em suas próprias jangadas.

Figura 6.21. Mesmo a plumagem natal das aves aquáticas, como os filhotes de marrecos (*Anas platyrhynchos*), mostrados aqui, serve para aumentar a flutuação na água.

Vôo. É óbvio que, se não fosse pelas penas, as aves seriam incapazes de voar. Muitos outros fatores, entretanto, são essenciais para esse meio de locomoção. O corpo das aves é aerodinâmico e proporcionalmente leve, em virtude da estrutura do esqueleto e da presença de numerosas câmaras de ar, em várias regiões do corpo. A musculatura peitoral, que fornece a força motriz para as asas, é bastante desenvolvida, e o sistema respiratório atinge um alto grau de eficiência, no que se refere à rápida troca de gases e à refrigeração.

A mecânica de vôo é um assunto complicado, que se relaciona com a aerodinâmica e, como tal, tem sido objeto de considerável estudo, nos últimos anos. Os mesmos princípios usados na aviação aplicam-se ao vôo das aves. As asas de uma ave e de um avião são, de certa maneira, comparáveis. Ambas são aerodinâmicas de maneira a reduzir a resistência ao ar e ambas possuem um abaulamento, com a superfície dorsal convexa, de maneira que a pressão inferior excede a superior. A metade mais interna da asa de uma ave, entretanto, está primariamente relacionada com a elevação, enquanto a metade externa, do "pulso" até a extremidade, deve agir como força propulsora, do mesmo modo que as partes da asa de um avião. Enquanto as hélices de um avião fazem um círculo completo, a parte distal da asa de uma ave limita-se a exercer um semicírculo. A parte externa da asa, contudo, é muito versátil; não só é capaz de produzir um avanço, como também o inverso, funcionando como as pás de um helicóptero para levantamento vertical ou para planar, e desempenha a mesma função da parte interna de uma asa.

Estudos sobre movimentos das asas durante o vôo mostram que os movimentos comuns são: para baixo e para frente no movimento para baixo e para cima e para trás no movimento para cima. Além disso, no movimento para cima, a asa é parcialmente dobrada de modo a reduzir a resistência ao ar. Durante o pouso, as aves fazem uso das bordas, como o avião, ao aterrissar. Isto é obtido aumentando-se rapidamente o ângulo da asa de maneira que a parte de trás fique dirigida para baixo. Isto aumenta a elevação, temporariamente, a uma velocidade reduzida e termina, quando os pés tocam o chão.

Durante o vôo, as aves precisam de órgãos dos sentidos muito eficientes para detectar a velocidade e a direção das correntes de ar. Estudos experimentais recentes com Carduelis, que estavam voando num túnel de vento, demonstraram que as penas peitorais servem como um importante órgão para a percepção de correntes de ar. As aves com estas penas imobilizadas mostram um aumento no número de batimentos das asas por segundo. Aparentemente, estas penas, quando livres, em associação com os mecanorreceptores em suas bases, funcionam como órgãos para a percepção de correntes de ar, necessária para um vôo eficiente.

As aves, que voam a grandes altitudes ou planam, devem fazer uso de correntes de ar ascendentes (Fig. 6.22). Na terra, o vento se eleva, quando é defletido por objetos, tais como montes ou montanhas. O ar também se eleva, quando aquecido próximo do solo. Isto produz correntes térmicas ascendentes, que são usadas por muitas aves de rapina. Aves marinhas planadoras, como o albatroz, fazem uso semelhante de correntes de ar que, segundo se acredita, resultam do movimento das ondas, na superfície do oceano.

Algumas aves quase sempre voam sozinhas, mas outras voam em grupos ou em bandos de vários tipos. Heppner (1974) usa os termos: agregação de vôo para um grupo de aves, que voam sem nenhum padrão coordenado, e vôo em bandos para grupos, que são coordenados em relação ao espaço, velocidade, direção e hora de levantar vôo e pousar. Os bandos podem ter vários tipos de formações em linha, simples e composta, como os pelicanos, os biguás, patos e gansos ou várias formações grupais, como *Agelaius*, estorninhos, pombos e tordos americanos.

A função da formação de vôo tem sido o tema de muitas conjecturas. Foi sugerido que o vôo em bandos sirva como uma adaptação para proteção contra predadores, fornecendo uma detecção visual maior e confundindo o inimigo ao se dispersarem. Muitos tem argumentado que há uma vantagem aerodinâmica para o vôo em formação, especialmente na formação linear. Uma outra explicação argumenta que se trata de uma forma de orientação e comunicação, que permite aos indivíduos de um bando tirarem maior vantagem da experiência coletiva de orientação.

Apesar das asas serem usadas principalmente para o vôo pela maioria das aves, elas também são usadas para nadar pelas aves marinhas, como as alcas e espécies aparentadas (Fig. 6.23). A maior adaptação das asas para a natação é vista em pingüins; os apêndices anteriores são semelhantes a nadadeiras e as penas nestas nadadeiras são tão

Figura 6.22. As gaivotas freqüentemente fazem uso das correntes quentes ascendentes para planar. (Fotografia de Cecil Tose.)

Figura 6.23. Um papagaio-do-mar (*Fratercula arctica*) e as alcas (*Alca torda*), membros da família Alcidae garantem seus alimentos, nadando embaixo da água com suas asas.(Fotografado nas ilhas Shetland, Escócia.)

modificadas e achatadas, que parecem escamas. Estas asas não servem para voar, mas apenas para propulsão submarina. Nas aves natatórias dos gêneros *Alca* e *Uria*, biguás e mergulhões, os pés são usados para nadar, o que dá a essas espécies de água doce e estuarinas uma maior mobilidade embaixo da água do que as asas o fariam (Fig. 6.24). Isto é uma vantagem onde há vegetação aquática e outros obstáculos.

Figura 6.24. O biguá dos Galápagos (*Nannopterum harrisi*) perdeu completamente sua capacidade de voar e depende inteiramente de seus membros inferiores para a locomoção.(Fotografado por Laurence C. Binford.)

Bicos

O bico de uma ave é uma modificação curiosa das maxilas inferior e superior e é utilizado para muitos fins, que incluem, entre outros, a busca de alimento, defesa, construção do ninho e alisamento das penas. Por isso, ele difere grandemente nos diferentes grupos de aves, dependendo de seus hábitos. Sobre a estrutura óssea das maxilas superior e inferior, existe um revestimento, córneo chamado *ranfoteca*. Como o revestimento de cada maxila se deriva embriologicamente de diferentes placas, que, posteriormente, se fundem, foi sugerido que estas estruturas pudessem ter se originado das placas que circundam a boca e as narinas dos répteis. Isto incluiria tais escamas como as rostrais, internasais, nasais, labiais superiores da maxila superior, mentais e as labiais inferiores da maxila inferior. Em certos grupos de aves notavelmente os quivis, avestruzes, inambus, albatrozes e procelárias, as suturas, que mostram as linhas de fusão, permanecem nos adultos (Fig. 6.25). Uma estrutura, que aparece na extremidade da maxila superior, antes da eclosão, e desaparece logo após este estágio, é uma pequena protuberância aguda, chamada de "dente do ovo". Este "dente" ajuda os filhotes a quebrar a casca do ovo.

Vários nomes são dados às diferentes partes dos bicos das aves. A crista central da maxila superior, que se estende desde a base até a extremidade, é chamada de *culmen*. As bordas cortantes de ambas as maxilas são chamadas respectivamente de *tomia maxilar* e *mandibular*. As tomias podem ser lisas, como nos pardais; "denteadas" como nos picanços, falcões e vireonídeos; ou serrilhados, como nos mergansos, aves da família dos buconídeos e beija-flores. Nos gansos, cisnes, patos e flamingos, existem numerosas placas ou lamelas finas no interior das tomias, que servem de coador. Algumas vezes, a porção basal da maxila superior é mole e carnosa, como nos falcões e papagaios é chamada de cerume. Em todas as aves norte-americanas, as narinas se localizam na parte proximal da maxila superior. Em algumas espécies, cada narina é recoberta, pelo menos

Figura 6.25. O albatroz *(Diomedea bulleri)* do sul da Nova Zelândia pertence a um grupo em que as suturas das placas que formam o bico ainda são visíveis nos adultos.

em parte, por uma dobra carnosa ou córnea, conhecida como *opérculo*. Pode haver, ou não, um septo interno separando as duas narinas. Quando separadas, são chamadas de imperfuradas, e quando não, perfuradas. A crista mediana, formada pela fusão dos ramos da mandíbula, é chamada de *gonys*.

O formato do bico (Fig. 6.26) reflete os hábitos das espécies. Nas espécies granívoras, tais como os tentilhões, o bico, geralmente, é forte e cônico e afila-se bruscamente. Isto facilita não só apanhar o alimento, como também o descascar de

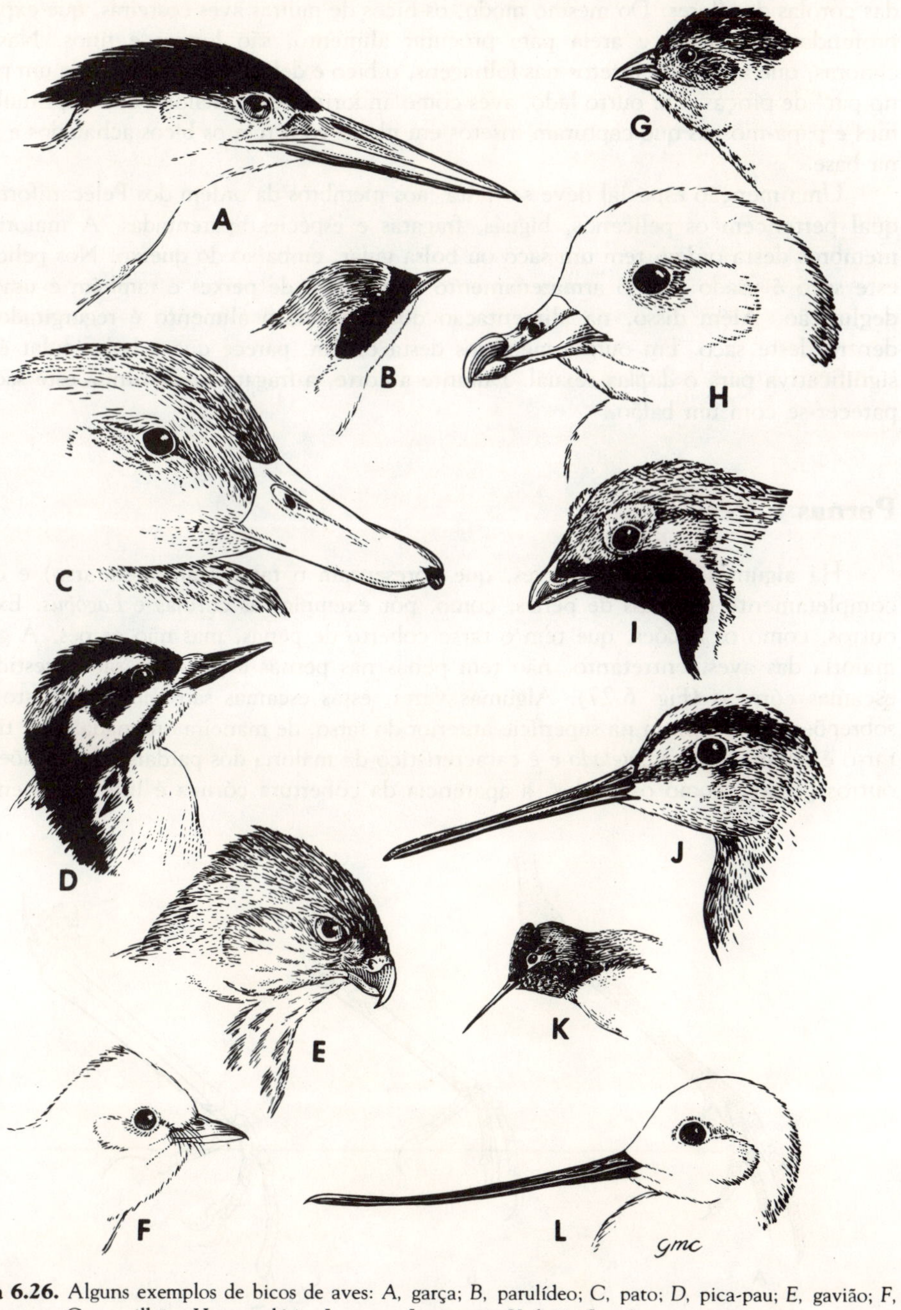

Figura 6.26. Alguns exemplos de bicos de aves: *A*, garça; *B*, parulídeo; *C*, pato; *D*, pica-pau; *E*, gavião; *F*, papa-moscas; *G*, tentilhão; *H*, procelária; *I*, tetraz; *J*, narceja; *K*, beija-flor; *L*, maçaricão.

sementes. Nos trincanozes, que também são tentilhões, as extremidades das mandíbulas cruzam-se de maneira a possibilitar às aves extraírem sementes das pinhas dos pinheiros. As aves, que se alimentam de carne, têm o bico curvo nas extremidades, para rasgar o alimento em pedaços suficientemente pequenos para serem engolidos. Aves como as garças que capturam peixes têm o bico longo em forma de lança, e podem rapidamente mergulhar o bico dentro da água para pegar o peixe. Pica-paus têm os bicos robustos em forma de formões, que podem cortar madeira e também penetrar na casca das árvores para retirar insetos. Os bicos lamelados dos patos obviamente são usados para filtrar alimento da água. Os beija-flores possuem longos bicos tubulares para extrair o néctar das corolas das flores. Do mesmo modo, os bicos de muitas aves costeiras, que exploram profundamente lama e areia para procurar alimento, são longos e finos. Nas aves canoras, que apanham insetos nas folhagens, o bico é delgado e afilado como um pequeno par de pinças. Por outro lado, aves como andorinhões, a maioria dos Caprimulgiformes e papa-moscas que capturam insetos em pleno vôo, têm os bicos achatados e largos na base.

Uma menção especial deve ser feita aos membros da ordem dos Pelecaniformes, à qual pertencem os pelicanos, biguás, fragatas e espécies aparentadas. A maioria dos membros desta ordem tem um saco ou bolsa gular, embaixo do queixo. Nos pelicanos, este saco é usado para o armazenamento temporário de peixes e também é usado na deglutição. Além disso, na alimentação dos filhotes, o alimento é regurgitado para dentro deste saco. Em outros membros desta ordem, parece que a bolsa gular é mais significativa para o *display* sexual. Durante a corte, a fragata macho infla este saco até parecer-se com um balão.

Pernas e Pés

Há algumas espécies de aves, que apresentam o tarso (tarsometatarso) e os pés completamente cobertos de penas, como, por exemplo, as corujas e *Lagopus*. Existem outros, como os falcões, que têm o tarso coberto de penas, mas não os pés. A grande maioria das aves, entretanto, não tem penas nas pernas e pés, que são revestidos de escamas córneas (Fig. 6.27). Algumas vezes, estas escamas são *imbricadas*, isto é, se sobrepõem uma à outra na superfície anterior do tarso, de maneira ordenada. Este tipo de tarso é chamado de *escutelado* e é característico da maioria dos pardais e tendilhões. Em outros grupos, como os tordos, a aparência da cobertura córnea é lisa, sem nenhuma

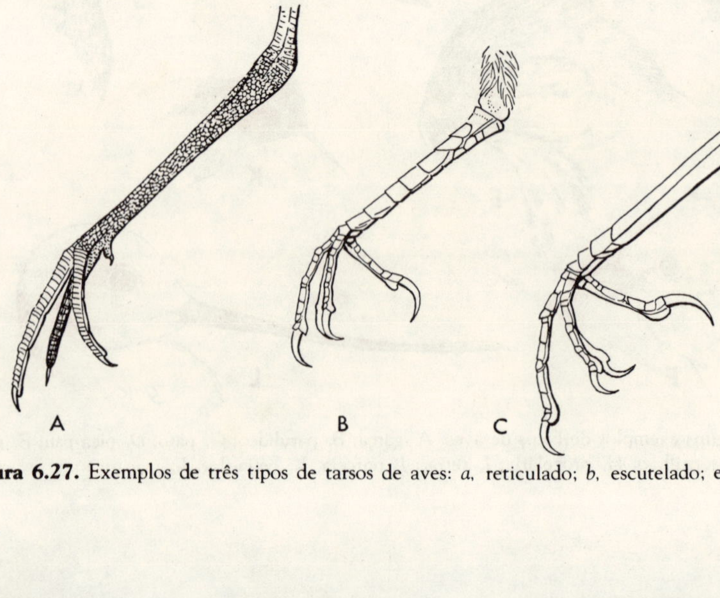

Figura 6.27. Exemplos de três tipos de tarsos de aves: *a*, reticulado; *b*, escutelado; e *c*, em bota.

evidência de escamas distintas. Este é chamado de tarso "com botas". Nos gansos e aves costeiras, o tarso é recoberto por escamas numerosas, pequenas e irregulares dispostas num padrão interrompido, que tendem a ter o formato de polígonos. É chamado de tarso *reticulado*.

Os pés das aves, como seus bicos, refletem os hábitos das espécies (Fig. 6.28). Nos passarinhos ou aves de poleiro, em geral há três dedos dispostos para frente e o hálux situa-se para trás. Na maioria dos pica-paus, o quarto dedo é invertido, de maneira que ficam dois dedos para frente e dois dedos para trás. Este tipo de pé é chamado de *zigodáctilo*. Entretanto, nos pica-paus de três dedos, não existe o hálux. Alguns andorinhões têm pés *palmoprodáctilos*, ou seja, os quatro dedos são direcionados para a frente. Presu-

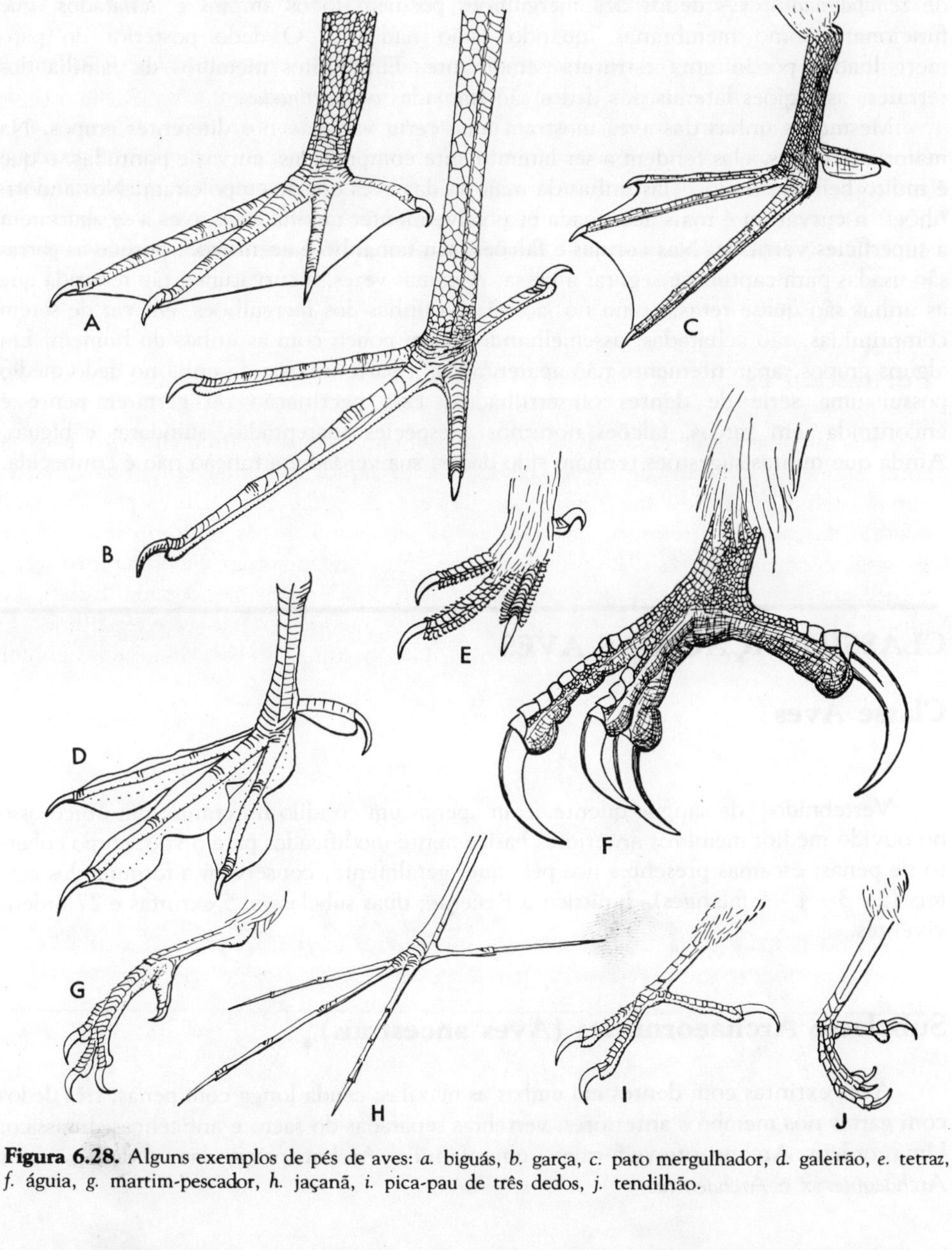

Figura 6.28. Alguns exemplos de pés de aves: *a.* biguás, *b.* garça, *c.* pato mergulhador, *d.* galeirão, *e.* tetraz, *f.* águia, *g.* martim-pescador, *h.* jaçanã, *i.* pica-pau de três dedos, *j.* tendilhão.

me-se que isso seja um auxílio para as aves se agarrarem às superfícies verticais. Em alguns grupos, como nos martins-pescadores, os dedos mediano e o externo são parcialmente unidos, o que, é chamado de sindactilla. Os pés agarradores das aves de rapina têm dedos fortes e bem separados, sendo que o dedo externo pode, algumas vezes, ser invertido em algumas espécies.

Aves que usam seus pés para nadar, normalmente têm os dedos dos pés unidos, pelo menos, parcialmente, por uma membrana ou palmoura ou apresentam dedos lobados. Ambos servem para aumentar a superfície dos pés. Algumas aves, como os pelicanos, têm todos os quatro dedos unidos por membranas, que se estendem até as extremidades dos dedos e são chamados de *totipalmados*. Outros, como os patos e gansos, têm os três dedos anteriores unidos por membranas e o hálux é separado; são chamados de *palmados*. Os pés das aves ribeirinhas e garças têm os três dedos anteriores unidos por uma membrana que se estende parcialmente até a extremidade dos dedos; são chamados de *semipalmados*. Os dedos dos mergulhões possuem lobos amplos e achatados, que funcionam como membranas, quando estão nadando. O dedo posterior do pato mergulhador possui uma estrutura semelhante. Em muitos membros da família dos tetrazes, as regiões laterais dos dedos são franjadas ou *pectinadas*.

Mesmo as unhas das aves mostram uma certa variação nos diferentes grupos. Na maioria das aves, elas tendem a ser lateralmente comprimidas, curvas e pontudas, o que é muito bem ilustrado pelas unhas da maioria das aves que se empoleiram. Nos andorinhões, a curvatura é mais acentuada e, possivelmente, auxilia estas aves a se agarrarem a superfícies verticais. Nas corujas e falcões, seu tamanho é acentuado, porque as garras são usadas para capturar e segurar a presa. Algumas vezes, a curvatura é tão reduzida que as unhas são quase retas, como no jaçanã. As unhas dos mergulhões, em vez de serem comprimidas, são achatadas, assemelhando-se um pouco com as unhas do homem. Em alguns grupos, aparentemente não aparentados, a parte interna da unha no dedo médio possui uma série de dentes ou serrilhados. Esta pectinação ou garra-em-pente é encontrada em garças, falcões noturnos e espécies aparentadas, suindaras e biguás. Ainda que muitas sugestões tenham sido dadas, sua verdadeira função não é conhecida.

CLASSIFICAÇÃO DAS AVES

Classe Aves

Vertebrados de sangue quente, com apenas um côndilo no crânio; um único osso no ouvido médio; membros anteriores basicamente modificados para o vôo; corpo coberto de penas; escamas presentes nos pés, que, geralmente, conservam a fórmula dos répteis (2 - 3 - 4 - 5 falanges). Jurássico a Recente; duas subclasses; 5 extintas e 27 ordens viventes.

Subclasse Archaeornithes (Aves ancestrais)

Aves extintas com dentes em ambas as maxilas; cauda longa com penas; três dedos com garras nos membros anteriores; vértebras separadas do sacro e anficélicas; Jurássico; Uma ordem Archaeopterygiformes, uma família Archaeopterygidae e dois gêneros *Archaeopteryx* e *Archaeornis*.

Subclasse Neornithes (Aves verdadeiras)

Aves viventes e extintas, com o esterno bem desenvolvido, em geral, com uma quilha; cauda não alongada; vértebras anficélicas ou heterocélicas; Cretáceo a Recente; 4 ordens extintas e 27 viventes e cerca de 165 famílias viventes.

ORDEM HESPERORNITHIFORMES. Aves extintas, incapazes de voar; apresentam dentes; esterno sem quilha; vértebras heterocélicas; asas degeneradas; Cretáceo; 3 famílias.

ORDEM ICHTHYORNITHIFORMES. Aves extintas, sem dentes; esterno com quilha; vértebras anficélicas; asas bem desenvolvidas; Cretáceo; 2 famílias.

ORDEM SPHENISCIFORMES (Pingüins). Tamanho médio a grande (400 a 1200 mm)*. Aves marinhas não voadoras; asas modificadas, em nadadeiras; não possuem aptérios; corpo densamente recoberto de penas; as das asas são parecidas com escamas; costas continentais da região sul do hemisfério sul, Ilhas Subantárticas e ilhas Galápagos; uma família**.

FAMÍLIA SPHENISCIDAE (Pingüins). Características e distribuição da ordem, 17 espécies.

ORDEM STRUTHIONIFORMES (Avestruz). Tamanho muito grande (até 1800mm). Aves ratitas, não voadoras; plumagem mole; coxas sem penas; pés com dois artelhos; África, Ásia meridional; uma família.

FAMÍLIA STRUTHIONIDAE (Avestruz). Características e distribuição da ordem, uma espécie vivente, *Struthio camelus*.

ORDEM RHEIFORMES (Emas). Grandes (900 a 1300 mm); não voam; ratitas; plumagem do corpo mole; coxas com penas; três artelhos; América do Sul; uma família.

FAMÍLIA RHEIDAE (Emas). Características e distribuição da ordem; 2 gêneros, 2 espécies: *Rhea americana* e *Pterocnemia pennata.*

ORDEM CASUARIIFORMES (Casuares e emus). Grandes (1300 a 2000 mm) não voam; aves ratitas; plumagem grosseira, parecida com pêlos; coxas com penas; três artelhos; Áustrália, Tasmânia e Nova Guiné; 2 famílias.

FAMÍLIA CASUARIIDAE (Casuar). Bico forte e comprimido lateralmente; um grande elmo na cabeça, barbelas no pescoço; Nova Guiné, norte da região Australiana; um gênero *Casuarius*, três espécies.

FAMÍLIA DROMICEIDAE (Emus). Bico forte e achatado dorso-ventralmente; não possui elmo na cabeça, nem barbelas no pescoço; Austrália e Tasmânia; um gênero e duas espécies *Dromiceius n. hollandiae* e *D. diemenianus.*

ORDEM AEPYORNITHIFORMES (Aves-elefante). Muito grandes (altura: até 3 metros) extinta; sem capacidade de vôo e ratita; com corpo pesado (peso estimado em 450 quilos); asas reduzidas; pernas fortes; África, Madagáscar; Ecoceno e possivelmente (?) Recente; 1 família e 11 espécies.

ORDEM DINORNITHIFORMES (Moas). Gigantes (altura superior a 4 m) extintas; sem capacidade de vôo; aves ratitas; asas reduzidas; Nova Zelândia; Pleistoceno a Recente; 2 famílias e 22 espécies.

ORDEM APTERYGIFORMES (Quivis). Tamanho médio (500 a 800 mm); sem capacidade de vôo; aves ratitas com penas grosseiras, semelhante a pêlos; asas e cauda sem penas; asas vestigiais; bico longo, fino e ligeiramente curvo, com narinas na extremidade; quatro artelhos; Nova Zelândia; 1 família.

FAMÍLIA APTERYGIDAE (Quivis). Características e distribuição da ordem; 1 gênero *Apteryx*, e três espécies.

---

* As medidas dadas nesta classificação representam o comprimento total.

**Somente famílias, gêneros e espécies viventes estão listadas; a menos que se indique o contrário.

ORDEM TINAMIFORMES (Inambus). De tamanho moderado a médio (200 a 530 mm); aves terrestres, de certa maneira parecidas com galináceos; palato dromeognato, como nas ratitas; esterno carenado; plumas pulverulentas; do sul do México à América do Sul; 1 família.

FAMÍLIA TINAMIDAE (Inambus). Características e distribuição da ordem, cerca de 45 espécies.

ORDEM GAVIIFORMES (Aves natatórias). Tamanho médio a grande (500 a 950 mm); aves mergulhadoras com os três artelhos totalmente unidos por palmouras; bico longo, estreito e pontudo; plumagem densa; 11 primárias funcionais; hiporraque presente; pernas bem na extremidade posterior do corpo; podendo se encaixar nele até o tarso; tarsos reticulados e comprimidos lateralmente; holárticos; 1 família.

FAMÍLIA GAVIIDAE (Gavia). Características e distribuição do ordem; 1 gênero *Gavia* e 4 espécies.

ORDEM PODICIPEDIFORMES (Mergulhões). Tamanho médio (220 a 650 mm); aves mergulhadoras; pés lobados; bico curto, delgado e pontudo; plumagem densa, macia e brilhante; 11 primárias funcionais; hiporraque presente; tarso escutelado e comprimido lateralmente; quase cosmopolitas; 1 família.

FAMÍLIA PODICIPEDIDAE (Mergulhões). Características e distribuição da ordem; 4 gêneros e 18 espécies.

ORDEM PROCELLARIIFORMES (Albatrozes, procelárias). Tamanho pequeno a grande (130 a 1350 mm); aves marinhas, com narinas tubulares; suturas evidentes na rhanfoteca; bico curvo na extremidade; asas longas e estreitas; 10 primárias funcionais; hiporraque pequena presente; artelhos anteriores unidos por palmouras; hálux rudimentar ou ausente; tarsos reticulados; oceanos do mundo; 4 famílias.

FAMÍLIA DIOMEDEIDAE (Albatrozes). Grandes (700 a 1350 mm); Procellariiformes com envergadura de até 3,5 m; narinas tubulares laterais; asas muito longas e estreitas; oceanos meridionais e norte de Oceano Pacífico; 2 gêneros e 13 espécies.

FAMÍLIA PROCELLARIIDAE (Alma-de-mestre). De tamanho pequeno a médio (280 a 900 mm); Procellariiformes com narinas tubulares, dorsais e relativamente longas; asas muito longas e estreitas; oceanos do mundo; 13 gêneros e 53 espécies.

FAMÍLIA HYDROBATIDAE (Andorinha-das-tormentas). De tamanho muito pequeno a pequeno (130 a 250 mm); Procellariiformes com uma única narina tubular dorsal, que é dividida internamente; asas longas e estreitas; oceanos do mundo; 9 gêneros e 22 espécies.

FAMÍLIA PELECANOIDIDAE (Procelárias mergulhadoras). De tamanho pequeno (165 a 250 mm); como todos Procellariiformes com narinas tubulares dorsais e abertas para cima; asas curtas, usadas para mergulhar; oceanos meridionais; 1 gênero, *Pelecanoides* e 5 espécies.

ORDEM PELECANIFORMES (Pelicanos e espécies aparentadas). De tamanho médio a grande (400 a 1650 mm); aves aquáticas ou marinhas; narinas quase sempre ausentes ou muito pequenas; bolsa gular presente; tarso reticulado; pés totipalmados; cosmopolitas; 6 famílias.

FAMÍLIA PHAETHONTIDAE (Aves tropicais). Tamanho médio (400 a 500 mm) exclusivos com penas caudais alongadas; aves marinhas; bico forte, ligeiramente curvo e pontudo; narinas grandes para a ordem; bolsa gular muito pequena; penas caudais centrais muito alongadas; mares tropicais; 1 gênero *Phaethon*, e 3 espécies.

FAMÍLIA PELECANIDAE (Pelicanos). Grandes (1250 a 1650 mm); aves marinhas ou de água doce; bico reto, longo e achatado, terminando em gancho; narinas externas ausentes; bolsa gular muito grande; cauda curta;

distribuição em quase todo o mundo; 1 gênero *Pelecanus* e 6 espécies.

FAMÍLIA SULIDAE (Atobás, sulas). De tamanho médio a grande (700 a 1000 mm), aves marinhas; bico longo, cônico e pontudo; narinas externas ausentes; bolsa gular pequena; cauda de comprimento médio; mares tropicais e águas temperadas, exceto o norte do Oceano Pacífico; 2 gêneros, e 9 espécies.

FAMÍLIA PHALACROCORACIDAE (Biguás). De tamanho médio a grande (450 a 1000 mm); aves aquáticas ou marinhas; bico de comprimento médio, cilíndrico e curvo na extremidade; narinas vestigiais; bolsa gular pequena e, em geral, colorida1 cauda moderadamente longa; quase cosmopolita; 3 gêneros, e 31 espécies.

FAMÍLIA ANHINGIDAE (Anhingas). De tamanho médio a grande (800 a 900 mm); habitat: água doce; bico longo, fino e pontudo; narinas vestigiais; bolsa gular pequena; cabeça e pescoço quase do mesmo diâmetro; cauda relativamente longa; regiões tropicais e subtropicais do mundo; 1 gênero *Anhinga* e, aproximadamente, 4 espécies.

FAMÍLIA FREGATIDAE (Fregata). De tamanho médio a grande (750 a 1000 mm); aves marinhas; bico longo, cilíndrico e curvo na extremidade; narinas pequenas; bolsa gular bastante distensível nos machos; cauda profundamente bifurcada; mares tropicais e subtropicais; 1 gênero *Fregata* e 5 espécies.

ORDEM CICONIIFORMES (Garças, cegonhas, socós). De tamanho pequeno a grande (280 a 1450 mm); vadeadoras; bico, pescoço e pernas relativamente longos; região inferior dos tibiotarso sem penas; com quatro artelhos; palmouras, em geral, pequenas entre os 3 artelhos anteriores; cosmopolitas; 7 famílias.

FAMÍLIA ARDEIDAE (Garças, socós). De tamanho pequeno a grande (280 a 1450 mm); aves com bico longo, reto e pontudo; loros nus; unha do artelho médio pectinada; possui plumas pulverulentas; cosmopolitas; 31 gêneros e 62 espécies.

FAMÍLIA COCHLEARIIDAE (Arapapá). Tamanho médio (500 a 525 mm); bico com largura aproximadamente igual a 2/3 do comprimento; olhos relativamente grandes; pescoço sem penas com bolsa gular dilatável; unha do artelho médio pectinada; quatro pares de manchas de plumas pulverulentas; do México ao Brasil; 1 gênero, 1 espécie *Cochlearius cochlearius*.

FAMÍLIA BALAENICIPITIDAE. Tamanho grande (1150 mm) semelhante a uma cegonha com bico maciço e achatado unha do artelho médio pectinada; par de ptérilas de plumas pulverulentas no uropígio; do centro ao norte da África; 1 gênero, e 1 espécie *Balaeniceps rex*.

FAMÍLIA SCOPIDAE. De tamanho médio (500 mm) ave semelhante a uma cegonha, com bico longo, reto e comprimido lateralmente; plumas pulverulentas ausentes; unha do artelho médio pectinada; o pescoço estende-se ao voar; Sudoeste da Ásia, África e Madagáscar; 1 gênero, 1 espécie *Scopus umbretta*.

FAMÍLIA CICONIIDAE (Cegonhas). De tamanho médio a grande (750 a 1525 mm); aves com pernas e pescoço longos; bico grande e longo; não possui plumas pulverulentas; unha do artelho médio não pectinada; artelhos relativamente curtos; Américas do Norte e do Sul, Europa, Ásia, África e Austrália, 11 gêneros, e 17 espécies.

FAMÍLIA THRESKIORNITHIDAE (Ibis, guarás e colhereiros). De tamanho médio a grande (480 a 1050 mm); bico longo, recurvado ou espatulado; com ranhuras que se estendem das narinas até a extremidade do bico; plumagem pulverulentas ausentes; unha do artelho médio ligeiramente curva;

regiões tropicais e subtropicais da América do Norte e Sul, Eurásia, África e Austrália; 20 gêneros e 28 espécies.

FAMÍLIA PHOENICOPTERIDAE (Flamingos). De tamanho grande (900 a 1200 mm); aves com plumagens rosadas; bico espesso, lamelado e curvo no meio; pernas muito longas; artelhos unidos por palmouras; América do Sul, Caribe, Eurásia e África; 3 gêneros e 6 espécies.

ORDEM ANSERIFORMES (Aves aquáticas). De tamanho pequeno a grande (290 a 1525 mm); aves aquáticas e semiaquáticas; narinas perfuradas; 11 primárias, sendo a primeira de tamanho reduzido; glândula uropigial com penas; plumas presentes nas ptérilas e nos aptérios; artelhos unidos pelo menos parcialmente por palmouras; cosmopolitas; 2 famílias.

FAMÍLIA ANHIMIDAE (Anhuma e tachã). Tamanho moderadamente grande (700 a 900 mm); aves com pernas longas, com uma crista ou saliência córnea na cabeça; bico com formato semelhante ao dos galináceos; asas com dois esporões agudos; artelhos parcialmente unidos por palmouras; América do Sul; 2 gêneros *Anhima* e *Chauna*, e 3 espécies.

FAMÍLIA ANATIDAE (Patos, gansos e cisnes). De tamanho pequeno a grande (290 a 1525 mm); aves com bicos largos e achatados, geralmente lamelados; pernas pequenas ou de tamanho médio; artelhos com palmouras; cosmopolitas; 5 subfamílias e cerca de 145 espécies.

ORDEM FALCONIFORMES (Aves de rapina diurnas). De tamanho pequeno a muito grande (150 a 1500 mm); carnívoras; bico curvo na extremidade, com ceroma nu onde as narinas se abrem; pés potentes, sendo que o polegar é oponível; cosmopolitas com exceção da Antártica; 5 famílias.

FAMÍLIA CATHARTIDAE (Urubus americanos). De tamanho moderadamente grande a muito grande (635 a 1320 mm); alimentam-se de carniça; cabeça sem penas e preta, amarela ou vermelha; bico relativamente fraco, quando comparado a outros da ordem; garras levemente curvas; siringe ausente; América do Norte e Sul, 6 espécies.

FAMÍLIA SAGITTARIIDAE (Secretário). De tamanho muito grande (até 1500 mm); ave de rapina terrestre; uma longa crista de penas na nuca; pernas muito longas e delgadas; artelhos curtos e parcialmente unidos por palmouras; África; 1 espécie: *Sagittarius serpentarius*.

FAMÍLIA ACCIPITRIDAE (Abutres do Velho Mundo, Gaviões e águias). De tamanho pequeno a grande (280 a 1150 mm); aves de rapina; bico bastante curvo; asas, geralmente, largas e arredondadas; pernas de tamanho médio; artelhos com garras fortes e curvas; cosmopolitas, com exceção da Antártica; 205 espécies.

FAMÍLIA PANDIONIDAE (Águia-pescadora). Tamanho médio (até 600 mm); asas pontudas; artelho externo reversível, como nas corujas; pequeno espinho presente em almofadas nos pés; cosmopolita, mas associada a áreas costeiras, rios e lagos; 1 espécie: *Pandion haliaetus*.

FAMÍLIA FALCONIDAE (Falcões e caracarás). De tamanho médio a pequeno (150 a 635 mm); aves de rapina com longas e pontudas asas; bico, normalmente, com um dente; pernas de tamanho médio nos falcões e proporcionalmente longas nos caracarás; artelhos com garras potentes e curvas; cosmopolitas, com exceção da Antártica; 58 espécies.

ORDEM GALLIFORMES (Tetrazes, faisões, perus, etc.). Tamanho pequeno a muito grande (125 a 2335 mm); aves terrestres com bicos curvos e curtos; muitas vezes, com áreas da cabeça sem penas e coloridas ou com barbelas; asas curtas e arredondadas; capazes de vôos rápidos a curta distância; pernas e pés fortes com artelhos curvos; cauda variando de curta a extremamente longa; praticamente cosmopolitas; ausentes na Polinésia e Antártica, 7 famílias.

FAMÍLIA MEGAPODIIDAE. Tamanho médio (250 a 650 mm); aves terrestres; galináceos com a cabeça relativamente pequena; pés proporcionalmente grandes; artelho posterior grande e no mesmo nível dos outros; das Filipinas à Austrália e para leste até regiões da Polinésia; 10 espécies.

FAMÍLIA CRACIDAE (Mutum, jacu, jacutinga, aracuã). De tamanho médio a grande (500 a 1000 mm); aves arborícolas; aves galináceas com cauda longa e chata; artelho posterior grande e no mesmo nível dos outros; do sudoeste dos Estados Unidos à Argentina; 38 espécies.

FAMÍLIA TETRAONIDAE (Tetrazes). Tamanho médio a grande (300 a 900 mm); galináceos que possuem o tarso, pelo menos parcialmente, recoberto de penas; sacos infláveis ou penas eréteis, normalmente, presentes no pescoço; artelho posterior menor do que os anteriores e elevado; áreas temperadas do hemisférico norte; 18 espécies.

FAMÍLIA PHASIANIDAE (Faisões, perdizes, codornizes). De tamanho pequeno a muito grande (125 a 2335 mm); galináceos cujo tarso geralmente não é recoberto de penas; sacos infláveis ausentes no pescoço; cauda, variando de muito curta a longa; artelho posterior ligeiramente elevado e menor do que os anteriores; esporas muitas vezes presentes na região posterior do tarso, nos machos; quase cosmopolitas em regiões tropicais e temperadas; com exceção das ilhas do Pacífico; 165 espécies.

FAMÍLIA NUMIDIDAE (Galinha-da-Guiné). Tamanho médio (430 a 750 mm); aves terrestres habitantes do chão; aves galináceas com a cabeça e pescoço quase nus; cauda muito curta; artelho posterior curto e um pouco elevado; África e Madagáscar; 7 espécies.

FAMÍLIA MELEAGRIDIDAE (Perus). Tamanho grande (900 a 1200 mm); terrestres; aves galináceas com a cabeça e pescoço nus, sendo a pele avermelhada e azulada, carunculada; pescoço proporcionalmente longo; pés grandes com artelho posterior levemente elevado; América do Norte e Central, 2 espécies.

FAMÍLIA OPISTHOCOMIDAE (Cigana). Tamanho médio (600 mm); galináceo com uma crista de penas longas e soltas; cabeça proporcionalmente pequena; pernas de tamanho médio; artelhos longos e fortes; filhotes com duas garras funcionais, na extremidade das asas, durante algumas semanas após a eclosão; norte da América do Sul, 1 espécie: *Opisthocomus hoatzin.*

ORDEM GRUIFORMES (Grous e espécies aparentadas). De tamanho muito pequeno a grandes (112 a 1525 mm); principalmente aves aquáticas; pescoço relativamente longo; asas arredondadas; cauda curta; pernas médias a longas; cosmopolitas, com exceção da Antártica; 12 famílias.

FAMÍLIA MESITORNITHIDAE. Moderadamente pequenos (250 a 275 mm); aves terrestres com asas pequenas e arredondadas; clavículas com tamanho bastante reduzido; cinco ptérilas com plumas pulverulentas; cauda moderadamente lon ga e arredondada; Madagáscar, 3 espécies.

FAMÍLIA TURNICIDAE. Pequenas (155 a 200 mm); terrestres, semelhantes a codornizes, o artelho posterior ausente; asas curtas; cauda muito curta; regiões meridionais do hemisfério oriental; da Europa meridional ao sul até a África e Madagáscar e para leste até a Ásia, e Austrália até ilhas Salomão, 15 espécies.

FAMÍLIA PEDIONOMIDAE. Pequenas (até 170 mm), semelhantes a codornizes que se parecem com os membros da família Turnicidae, mas com o dedo posterior bem desenvolvido; coloração críptica; asas curtas; cauda muito curta; desertos do centro da Austrália, 1 espécie *Pedionomus torquatus.*

FAMÍLIA GRUIDAE (Grous). Tamanho grande (785 a 1525 mm); aves de pescoço e pernas longos; cabeça com áreas nuas ou plumas ornamentais; asas grandes; cauda curta; artelho posterior pequeno e elevado; América do Norte, Europa, Ásia, Austrália e África; 14 espécies.

FAMÍLIA ARAMIDAE (Carão). Tamanho médio (até 635 mm); aves de pântanos; com bico longo e comprimido lateralmente; asas relativamente pequenas e arredondadas; tíbia parcialmente nua; pernas e artelhos longos; artelho posterior longo e não elevado; do sul dos Estados Unidos até a América do Sul; 1 espécie: *Aramus guarauna.*

FAMÍLIA PSOPHIIDAE (Jacamins). Tamanho médio (430 a 535 mm); aves com pescoço e pernas longos, mas com o bico semelhante ao das galináceas; penas como veludo na cabeça e no pescoço; cauda curta, mas as coberteiras caudais são longas; pés de tamanho moderado; nordeste da América do Sul; 3 espécies.

FAMÍLIA RALLIDAE (Saracura, frango-d'água). De tamanho pequeno a médio (140 a 500 mm); aves geralmente de pântanos; bico forte, de curto a longo; asas curtas e arredondadas; artelhos longos; cosmopolitas, 132 espécies.

FAMÍLIA HELIORNITHIDAE (Ipequi). Tamanho médio (300 a 625 mm); aves de pântanos, com corpo alongado; pescoço e bico moderadamente longos; cauda longa; pernas curtas; pés lobados, como os mergulhões; do sul do México à América do Sul, África tropical e sudeste Asiático; 3 espécies.

FAMÍLIA RYNOCHETIDAE (Kagu). Tamanho médio; ave terrestre, habitando florestas; ave com cabeça grande com crista; plumagem acinzentada; bico e pés vermelho-alaranjados; pernas longas; Nova Caledônia; 1 espécie: *Rhinochetos jubatus.*

FAMÍLIA EURYPYGIDAE (Pavãozinho-do-Pará). Tamanho médio (até 450 mm); aves vadeadoras, com penas macias e curtas no pescoço, com padrão colorido nas asas; bico alongado e reto; cauda longa; pernas e artelhos longos; artelho posterior levemente elevado; do México meridional ao norte da América do Sul; 1 espécie, *Eurypyga helias.*

FAMÍLIA CARIAMIDAE (Seriemas). Tamanho médio-grande (750 a 900 mm); ave terrestre com pernas muito longas e uma crista erétil na cabeça; bico curto, largo e curvo; pescoço moderadamente longo; asas curtas; cauda longa; artelhos curtos; América do Sul (central); 2 espéceis: *Cariama cristata* e *Chunga burmeisteri.*

FAMÍLIA OTIDIDAE (Abetarda). De tamanho médio a grande (370 a 1320 mm); ave de corpo pesado; possui amplas asas e dedo posterior ausente; bico curto, forte e achatado; pescoço longo; cauda curta; pernas longas; artelhos curtos e grossos; Europa meridional; Ásia, Austrália, e África; 23 espécies.

ORDEM CHARADRIIFORMES (Aves ribeirinhas, gaivotas, e alcas). Tamanho pequeno a médio (125 a 750 mm); aves costeiras, aquáticas e de pântanos; bico curto a longo, reto, curvo ou recurvado; diformismo sexual pequeno; asas longas; ptérila espinhal bifurcada nos ombros; penas com hiporraque; glândula uropigial em tufo; cosmopolitas; 16 famílias.

FAMÍLIA JACANIDAE (Jaçanãs). De tamanho pequeno a médio (165 a 535 mm); aves de pântanos com artelhos e garras bastante alongados; bico reto e de extensão média; escudo frontal presente em quase todas as espécies; esporões pontiagudos nas curvas das asas; cauda pequena; pernas longas; áreas tropicais da América, África e Ásia, e Austrália setentrional; 7 espécies.

FAMÍLIA ROSTRATULIDAE (Narceja). Tamanho pequeno (190 a 240 mm); aves de pântanos com grandes olhos, bico longo e coloração críptica; pescoço curto; asas largas; cauda curta; sul da América do Sul, África, Ásia meridional e Austrália, 2 espécies: *Rostratula benghalensis* e *Nyctycryphis semi-collaris*.

FAMÍLIA HAEMATOPODIDAE (Ostreiro). Tamanho médio (380 a 500 mm); aves costeiras com corpo troncudo; bico vermelho, longo, comprimido lateralmente, e truncado na extremidade; coloração preta ou uma combinação de preto, marrom e branco; pernas e pés robustos e rosados; artelho posterior ausente; costas temperadas e tropicais do mundo, como águas do interior da Europa e Ásia; 6 espécies.

FAMÍLIA CHARADRIIDAE (Maçarico, quero-quero). De tamanho pequeno a médio (150 a 400 mm); aves ribeirinhas com corpo troncudo e bico relativamente curto, cuja extremidade é discretamente alargada; cabeça e olhos proporcionalmente grandes; pescoço curto; artelho posterior rudimentar ou ausente; cosmopolitas; 63 espécies.

FAMÍLIA SCOLOPACIDAE (Batuíras). De tamanho pequeno a médio (125 a 600 mm); aves vadeadoras com bico longo e fino, reto ou curvo para baixo ou, ainda, levemente curvo para cima; pescoço de tamanho médio a longo; artelhos relativamente longos; cosmopolitas; 82 espécies.

FAMÍLIA RECURVIROSTRIDAE (Maçaricão-de-pernas-longas). Tamanho médio (300 a 480 mm); aves ribeirinhas com pernas extremamente longas; cabeça proporcionalmente pequena; bico muito longo, fino e reto, ou curvo para cima ou para baixo; pescoço longo; artelho posterior vestigial ou ausente; América do Norte e Sul, Eurásia central e meridional, Madagáscar, África, Austrália, Nova Zelândia e ilhas do Pacífico; 7 espécies.

FAMÍLIA PHALAROPODIDAE (Falaropo). Tamanho pequeno (190 a 250 mm); aves aquáticas com bico longo e fino; artelhos lobados ou semipalmados; regiões Árticas e subárticas da América do Norte e Eurásia durante a estação de reprodução, migram para áreas equatoriais no inverno; 3 espécies.

FAMÍLIA DROMADIDAE (Tarambola). Tamanho médio (até 380 mm); aves vadeadoras com bico longo, forte, pontudo e comprimido lateralmente; plumagem branca, preta e marrom; pernas longas; artelhos semipalmados; artelho posterior grande; unha do artelho médio pentinada; costa leste da África, Madagáscar, e sudoeste da Ásia, marginando o Oceano Índico; 1 espécie: *Dromas ardeola*.

FAMÍLIA BURHINIDAE. Tamanho médio (350 a 520 mm); aves semelhantes às abetardas; com articulações tibiotarsais grandes; bico curto; cabeça e olhos proporcionalmente grandes; pés semipalmados; artelho posterior ausente; regiões tropicais e temperadas do mundo; 9 espécies.

FAMÍLIA GLAREOLIDAE. Tamanho pequeno a médio (150 a 250 mm); aves gregárias e insetívoras, representando duas subfamílias: a do gênero *Cursorius* é de aves cursoriais, e que possuem pernas longas com apenas três artelhos; asas e cauda curtas e um longo bico, curvo para baixo; e as pratícolas que têm pernas curtas e quatro artelhos; asas longas e cauda longa e bifurcada; bico curto; Europa, Ásia, África e Austrália; 17 espécies.

FAMÍLIA THINOCORIDAE. Tamanho pequeno a médio (170 a 280 mm); Charadriiformes com asas longas e pontudas; pernas curtas; bico curto e cônico para comer sementes e brotos; rostrais cobertas por um opérculo; artelho posterior elevado; dos elevados Andes até a extremidade sul da América do Sul; 4 espécies.

FAMÍLIA CHIONIDIDAE. Tamanho médio (350 a 430 mm); aves vadeadoras com plumagem branca; bainha córnea na base do bico; bico curto e forte; barbelas presentes na face; asas longas com esporões na sua curva; pernas curtas; pés grandes e artelho posterior elevado; ilhas e costa da Antártica e subantártica; duas espécies *Chionis alba* e *C. minor*.

FAMÍLIA STERCORARIIDAE (Skuas). Tamanho médio (430 a 600 mm); aves predadoras, parecidas com gaivotas; com ceroma carnoso na base do bico; bico com forma acentuada de gancho; asas longas; pernas curtas; artelhos anteriores palmados; artelho posterior pequeno e levemente elevado; altas latitudes dos hemisférios Norte e Sul; 4 espécies.

FAMÍLIA LARIDAE (Gaivotas e trinta-réis). De tamanho pequeno a médio (200 a 760 mm); aves aquáticas com artelhos unidos por palmouras; bico delgado ou pesado, pontudo ou curvo; plumagem adulta: combinação de preto, cinza e branco ou toda branca; bicos e pés geralmente coloridos; pernas pequenas ou de tamanho médio; artelho posterior vestigial ou pequeno; cosmopolitas; 82 espécies.

FAMÍLIA RYNCHOPIDAE (Talha-mar). Tamanho médio (até 500 mm); aves parecida com trinta-réis, com a maxila, inferior consideravelmente mais longa do que a superior, sendo ambas comprimidas lateralmente; asas longas e pontudas; pernas curtas; pés com pequenas palmouras; costa leste da América do Norte, costas e grandes rios da América do Sul e Central, África, sul e sudeste da Ásia; 3 espécies.

FAMÍLIA ALCIDAE (Alcas). De tamanho pequeno a grande (165 a 760 mm); aves mergulhadoras, semelhantes a pingüins; cabeça grande; bico de vários formatos; pescoço curto; corpo pesado e forte; pernas localizadas na parte posterior do corpo; pés palmados; artelho posterior vestigial ou ausente; costas norte do Oceano Pacífico, Atlântico Norte e Oceano Ártico; 22 espécies.

ORDEM COLUMBIFORMES (Pombos). De tamanho pequeno a grande (150 a 1200 mm); aves terrestres com corpo rechonchudo, com plumagem macia e frouxa; bico possui ceroma na maioria das espécies; quase cosmopolitas; com exceção das altas latitudes nos hemisférios Norte e Sul; 3 famílias.

FAMÍLIA PTEROCLIDAE. Tamanho pequeno a médio (225 a 400 mm); aves semelhantes à perdiz, com a cabeça do tipo da dos pombos; bico curto sem ceroma; coberteiras de cauda longa; tarsos com penas; Europa, Ásia meridional e África; 16 espécies.

FAMÍLIA RAPHIDAE (Dodos). Tamanho grande (até 1200 mm); aves sem capacidade de vôo; semelhantes a pombos; cabeça grande; bico grande e curvo na extremidade; asas muito pequenas; pernas e pés bem desenvolvidos; Ilhas Mascarenhas no Oceano Índico; 3 espécies, todas extintas desde o fim do século XVIII.

FAMÍLIA COLUMBIDAE (Pombos). De tamanho pequeno a médio-grande (150 a 840 mm); aves com corpo forte e cabeça pequena; bico possui ceroma carnoso e alargado distalmente; distribuição, a da ordem; 289 espécies.

ORDEM PSITTACIFORMES (Papagaios). De tamanho muito pequeno a razoavelmente grande (95 a 1000 mm); bico curto, forte e curvo na extremidade; plumagem brilhante; vários tons de verde, amarelo, vermelho ou azul; bico com ceroma; pés fortes com artelhos zigodáctilos; áreas tropicais do mundo e grande parte do Hemisfério Sul; 1 família.

FAMÍLIA PSITTACIDAE (Papagaios). Características e distribuição da ordem; 315 espécies.

ORDEM CUCULIFORMES (Cucos). De tamanho pequeno a médio (160 a 700 mm); aves arborícolas; maxila superior imóvel; ceroma ausente no bico; pés zigodáctilos; cosmopolitas com exceção das latitudes altas; 2 famílias.

FAMÍLIA MUSOPHAGIDAE (Turacos). De tamanho médio (375 a 700 mm); aves cuculiformes com cauda longa; bico curto, robusto e serrilhado; asas curtas com manchas vermelhas; África, 20 espécies.

FAMÍLIA CUCULIDAE (Cucos, anus). De tamanho pequeno a médio (160 a 700 mm); aves cuculiformes com bico curvo; asas razoavelmente longas; cauda longa com penas graduadas; quase cosmopolitas; 127 espécies.

ORDEM STRIGIFORMES (Corujas). De tamanho pequeno a médio (130 a 700 mm); aves predadoras noturnas; cabeça grande; bico curvo na extremidade com ceroma; olhos dirigidos para frente; plumagem frouxa e críptica; com vários tons de marrom; cinza e branco; pés com garras; artelho externo reversível; cosmopolitas; 2 famílias.

FAMÍLIA TYTONIDAE (Suindara). Tamanho médio (300 a 530 mm); corujas com cabeça em forma de coração; olhos relativamente pequenos; bico proporcionalmente longo; asas longas e arredondadas; pernas longas recobertas de penas; garra mediana pectinada; cosmopolitas com exceção a Nova Zelândia e algumas ilhas oceânicas; 11 espécies.

FAMÍLIA STRIGIDAE (Corujas típicas). Tamanho pequeno a médio-grande (130 a 700 mm); corujas com cabeças redondas; olhos grandes; bico curto e forte; asas longas e arredondadas; pernas curtas ou pouco maiores; garra mediana não pectinada; cosmopolitas; 123 espécies.

ORDEM CAPRIMULGIFORMES (Curiangos). De tamanho pequeno a médio (190 a 535 mm); na maior parte, aves noturnas com pernas muito curtas e pés pequenos; bico pequeno, mas boca muito grande; plumagem críptica; asas longas e pontudas; quase cosmopolitas; 5 famílias.

FAMÍLIA STEATORNITHIDAE. Tamanho médio (até 480 mm); habitam cavernas e são vegetarianos; bico curto; cerdas rictais longas; asas longas; pernas muito curtas; artelhos longos; norte da América do Sul e Ilha de Trinidad; 1 espécie *Steatornis caripensis*.

FAMÍLIA PODARGIDAE. Tamanho médio a grande (215 a 535 mm); aves caprimulgiformes com bico grande, largo, chato e curvo na extremidade; asas relativamente pequenas para os membros desta ordem; artelho mediano alongado; Ásia oriental, Austrália e Ilhas Salomão; 12 espécies.

FAMÍLIA NYCTIBIIDAE (Urutau). Tamanho médio (400 a 500 mm); caprimulgiformes que se empoleiram, eretos, a troncos e galhos; bico pequeno e estreito; cerdas rictais ausentes; asas e cauda longas; pernas pequenas; artelhos longos; garra do artelho mediano não-pectinada; do México ao centro da América do Sul; 5 espécies.

FAMÍLIA AEGOTHELIDAE. Tamanho pequeno (190 a 300 mm); caprimulgiformes com cabeça grande e cerdas rictais com barbas; penas do flanco alongadas; pernas e pés pequenos; garra do artelho mediano não pectinada; Austrália e Nova Guiné; 8 espécies.

FAMÍLIA CAPRIMULGIDAE (Curiango). Tamanho pequeno (190 a 290 mm); caprimulgiformes com pés muito pequenos; garra do artelho mediano pectinada; cabeça grande; bico pequeno; cerdas rictais presentes; asas razoavelmente longas; regiões temperadas da América do Norte e Sul; África e Eurásia; com exceção das latitudes mais setentrionais; 67 espécies.

ORDEM APODIFORMES (Andorinhões e beija-flores). De tamanho extremamente pequeno a médio (60 a 330 mm); aves com asas longas e pontudas, capazes de vôo muito rápido; úmero proporcionalmente curto e espesso; pernas muito curtas; quase cosmopolitas, com exceção de latitudes setentrionais e meridionais extremas e muitas ilhas oceânicas; 3 famílias.

FAMÍLIA APODIDAE (Andorinhões). De tamanho pequeno a médio (90 a 230 mm); andorinhões com bico pequeno e abertura da boca ampla; pés muito pequenos; hálux oponível; distribuição, a da ordem; 76 espécies.

FAMÍLIA HEMIPROCNIDAE (Andorinhões-de-crista). Tamanho pequeno a médio (165 a 330 mm); andorinhões com uma crista na cabeça e uma ptérila de penas semelhantes a seda no flanco; olhos muito grandes; pés pequenos; hálux não reversível; sudeste Asiático, e ilhas adjacentes; 3 espécies.

FAMÍLIA TROCHILIDAE (Beija-flores). De tamanho muito pequeno a pequeno (60 a 215 mm); aves com bico fino, longo e tubular; língua muito alongada; asas longas e delgadas; batimento de asas muito rápido; pernas muito curtas; pés pequenos e fracos; regiões temperadas e tropicais das Américas do Norte e Sul; 319 espécies.

ORDEM 26 (Coliiformes). Tamanho pequeno a médio (300 mm); aves com coloração pardacenta e cauda longa; pernas e pés vermelhos; bico curto e forte; asas curtas e arredondadas; artelho externo reversível; África central e meridional; 1 família.

FAMÍLIA COLIIDAE. Características e distribuição da ordem; 1 gênero: *Colius*; 6 espécies.

ORDEM TROGONIFORMES (Susucuás). Tamanho médio (250 a 350 mm); aves com pernas pequenas e tarsos recobertos de penas; plumagem geralmente colorida; pele muito fina com penas frouxamente inseridas; cauda longa e truncada; bico curto, largo e chato; artelhos zigodáctilos, com artelho medial ou o imediatamente seguinte situado numa posição posterior; artelhos anteriores sindáctilos; regiões tropicais da América do Norte e América do Sul; África, Ásia e das Ilhas Filipinas para o sul até Sumatra e Java; 1 família.

FAMÍLIA TROGONIDAE (Surucuás). Características e distribuição da ordem; 34 espécies.

ORDEM CORACIIFORMES (Martim-pescador e espécies aparentadas). Tamanho pequeno a grande (90 a 1600 mm); aves tropicais e subtropicais com três artelhos sindáctilos, exceto em uma família; bico normalmente grande em proporção ao tamanho; plumagem colorida; cosmopolitas, com exceção das regiões mais setentrionais do hemisfério Norte; mais abundantes nos trópicos; 9 famílias.

FAMÍLIA ALCEDINIDAE (Martim-pescador). Tamanho pequeno a médio (100 a 450 mm); aves com cabeça grande e bigo longo e forte; pescoço curto; corpo compacto; pernas muito curtas; cosmopolitas; 84 espécies.

FAMÍLIA TODIDAE. Tamanho pequeno (90 a 115 mm); bico longo e chato com bordas serrilhadas cortantes; plumagem colorida: verde vivo nas partes superiores do corpo, garganta vermelha; pernas finas; artelhos relativamente longos; Grandes Antilhas; 1 gênero *Todus*; 5 espécies.

FAMÍLIA MOMOTIDAE (Juruva). Tamanho médio a pequeno (170 a 500 mm); aves com plumagens marrom-esverdeada; bico moderadamente longo, largo e curvo na extremidade, com bordas serrilhadas; cauda longa com extremidade das penas centrais semelhantes a uma raquete; pernas curtas; trópicos do Novo Mundo; 8 espécies.

FAMÍLIA MEROPIDAE. Tamanho médio (150 a 350 mm); aves com bico longo, pontudo e comprimido lateralmente; cor predominantemente verde com listras pretas em cada lado da cabeça; asas longas e pontudas; penas caudais medianas alongadas, na maioria das espécies; regiões temperadas e tropicais do Velho Mundo e Austrália; 24 espécies.

FAMÍLIA CORACIIDAE. Tamanho pequeno a médio (240 a 450 mm); aves com os dois artelhos anteriores mais mediais unidos basalmente; plumagem colorida, exceto em formas que habitam o chão; bico forte e curvo; pescoço curto; asas e cauda longas; artelho anterior lateral livre; Europa meridional e central, Ásia, África, da Austrália setentrional para leste até as Ilhas Salomão; 17 espécies.

FAMÍLIA LEPTOSOMATIDAE. Tamanho médio (até 450 mm); aves com crista curta e ptérilas de plumas pulverulentas; bico forte e curvo na extremidade; coloração da plumagem diferente no macho e na fêmea; cauda longa e truncada; pernas muito curtas; Madagáscar e ilhas adjacentes; 1 espécie: *Leptosomus discolor*.

FAMÍLIA UPUPIDAE. Tamanho médio (até 300 mm); aves com crista; bico fino e longo; geralmente marrom-rosado; penas da crista com as extremidades pretas; faixas proeminentes preta e branca nas asas e cauda; Europa central e meridional, Ásia, África e Madagáscar; 1 espécie: *Upupa epops*.

FAMÍLIA PHOENICULIDAE. Tamanho médio (220 a 380 mm); aves com bico longo e fino, crista ausente; plumagem possui um brilho metálico; cauda longa e pontuda; florestas da África; 6 espécies.

FAMÍLIA BUCEROTIDAE (Calau). Tamanho médio a grande (380 a 1600 mm); aves com bico muito grande e curvo, normalmente possui um elmo no cúlmen; pestanas conspícuas; penas grosseiras mas soltas; asas fortes; cauda longa; África, Ásia, Malásia, Filipinas e para leste até as Ilhas Salomão; 45 espécies.

ORDEM PICIFORMES (Pica-paus). De tamanho pequeno a médio (80 a 600 mm); aves arborícolas com pés zigodáctilos; bico de tamanho pequeno a extremamente grande; pernas e pés fortes; artelho externo oponível na maioria das espécies; áreas temperadas e tropicais, com exceção da Nova Zelândia, região Australiana e Madagáscar; 6 famílias.

FAMÍLIA GALBULIDAE (Ariramba). Tamanho pequeno (125 a 300 mm); aves de corpo delgado com bico longo, fino e pontudo; plumagem verde metálico no dorso; cauda longa e graduada; do sul do México até o Brasil; 15 espécies.

FAMÍLIA BUCCONIDAE (João-bobo). Tamanho pequeno a médio (140 a 320 mm); aves troncudas com cabeça grande; bico razoavelmente pesado e largo; pescoço curto; cauda de comprimento médio, com extremidade truncada ou arredondada; do sul do México ao Paraguai; 30 espécies.

FAMÍLIA CAPITONIDAE (Barbudo). De tamanho razoavelmente pequeno (90 a 315 mm); corpo pesado; aves semelhantes ao pica-pau; bico proporcionalmente pesado; cerdas proeminentes na base do bico; plumagem normalmente brilhante; asas curtas e arredondadas; comprimento da cauda variando de curto a médio; trópicos da Ásia, África e Américas; 72 espécies.

FAMÍLIA INDICATORIDAE. Tamanho pequeno (110 a 200 mm); coloração escura; possuem apenas 9 primárias; bico curto; asas longas e pontudas; África, oeste do Himalaia, Malaia, Sumatra e Bornéu; 11 espécies.

FAMÍLIA RAMPHASTIDAE (Tucanos). Tamanho médio a bastante grande (300 a 600 mm); aves com bico muito grande; bordas do bico serrilhadas; pele ao redor dos olhos nua; língua longa e estreita; asas curtas e arredondadas; trópicos do Novo Mundo, México meridional até a Argentina; 37 espécies.

FAMÍLIA PICIDAE (Pica-paus). De tamanho pequeno a médio (90 a 560 mm); aves com bico reto e pontudo; cabeça proporcionalmente grande; pescoço fino; plumagem áspera com exceção de alguns; retrizes pontudas e firmes, exceto em alguns; pernas curtas; pés fortes; cosmopolitas, com exceção de Madagáscar, Nova Zelândia, região Australiana e ilhas oceânicas; 210 espécies.

ORDEM PASSERIFORMES (Passarinhos). Uma ordem muito grande, de aves de tamanho pequeno a grande (75 a 1015 mm); cerca de 3/5 de todas as espécies viventes; forma do bico, variável; asas variando de curta e arredondada a muito longa e pontuda; a cauda varia de curta a muito longa; 4 artelhos funcionais, no mesmo plano, nunca reversíveis, nem unidos por palmouras; cosmopolitas; 4 subordens e 64 famílias.

Subordem Eurylaimi. Passeriformes subóscinos com um par de músculos na siringe; 15 vértebras cervicais; tendões plantares profundos separados (*flexor digitorum longus* e *flexor hallucis longus*); hálux fraco; 1 família.

FAMÍLIA EURYLAIMIDAE. Tamanho pequeno a médio (125 a 275 mm); passarinhos com plumagem muito colorida; bico chato, largo e curvo na extremidade; siringe com um único par de músculos; artelhos anteriores sindáctilos; regiões tropicais da Ásia e África; 14 espécies.

Subordem Tyranni. Passeriformes sem nenhum músculo na siringe; ou até dois pares; 14 vértebras cervicais; tendões plantares unidos (*flexor digitorum longus* e *flexor hallucis longus*); hálux forte; 13 famílias.

FAMÍLIA DENDROCOLAPTIDAE (Arapaçu). Tamanho pequeno a médio (150 a 370 mm); passarinhos com narinas redondas; bico forte e comprimido lateralmente; siringe com dois pares de músculos; penas caudais com extremidades semelhantes a espinhos; artelhos anteriores sindáctilos; do México à Argentina setentrional; 48 espécies.

FAMÍLIA FURNARIIDAE (João-de-barro). Tamanho pequeno a médio (120 a 280 mm); passarinhos com narinas alongadas; bico fino; siringe com 2 pares de músculos; penas caudais não pontudas; artelhos anteriores levemente sindáctilos; do sul do México à América do Sul meridional; 215 espécies.

FAMÍLIA FORMICARIIDAE (Choca, formigueiro). De tamanho pequeno a médio (95 a 370 mm); passarinhos com plumagem escura e frouxa; bico forte e curvo na extremidade; asas curtas e arredondadas; artelhos anteriores levemente sindáctilos; do sul do México à Argentina; 222 espécies.

FAMÍLIA CONOPOPHAGIDAE (Chupa-dente). Tamanho pequeno (100 a 1400 mm); passarinhos troncudos com plumagem parda e frouxa; cabeça proporcionalmente grande; bico largo, chato e curvo na extremidade; asas curtas e arredondadas; pernas longas e pés fortes; da América Central até o Brasil; 26 espécies.

FAMÍLIA RHINOCRYPTIDAE (Macuquinhos). Tamanho pequeno (115 a 250 mm); passarinhos troncudos e terrestres; plumagem macia e frouxa; bico bastante pontudo; asas pequenas e arredondadas; pernas, pés e garras fortes; da América Central até o sul da América do Sul; 26 espécies.

FAMÍLIA COTINGIDAE (Araponga). Tamanho pequeno a médio (90 a 460 mm); passarinhos troncudos, que habitam florestas; plumagem visivelmente colorida em muitas espécies; crista erétil; carúncula ou barbelas presentes na cabeça ou pescoço, em algumas espécies; pernas curtas; pés grandes; do sudoeste dos Estados Unidos à América do Sul meridional e Jamaica; 90 espécies.

FAMÍLIA PIPRIDAE (Tangará). Tamanho pequeno (80 a 160 mm); passarinhos troncudos com plumagem colorida; habitam florestas; bico curto, largo e levemente curvo; pernas curtas; dois artelhos anteriores parcialmente unidos; do México meridional até o Paraguai; 59 espécies.

FAMÍLIA TYRANNIDAE (Bem-te-vi). Tamanho pequeno a médio (75 a 405 mm); aves insetívoras; cabeça moderadamente grande; bico normalmente largo; chato e levemente curvo; cerdas rictais bem desenvolvidas, via de regra; pernas e pés usualmente fracos; América do Norte e Sul; 365 espécies.

FAMÍLIA OXYRUNCIDAE (Bico-agudo). Tamanho pequeno (até 175 mm); passarinhos verde-oliva, com crista escarlate; partes inferiores amarelo-branco, listradas ou manchadas; bico moderadamente longo, reto, afilando gradualmente e terminando em ponta aguda; narinas alongadas e cobertas por um opérculo; asas e cauda razoavelmente longas; pernas curtas; da Costa Rica até o Paraguai; 1 espécie *Oxyruncus cristatus*.

FAMÍLIA PHYTOTOMIDAE. Tamanho pequeno (165 a 175 mm); troncudos; semelhantes a tentilhões; crista presente na cabeça; bico curto, robusto e cônico, com bordas serrilhadas; asas curtas e pontudas; cauda relativamente longa; pernas curtas; oeste da América do Sul; 3 espécies.

FAMÍLIA PITTIDAE. Tamanho pequeno a médio (150 a 280 mm); aves de corpo forte com cauda extremamente curta; cabeça grande; bico forte e ligeiramente curvo; asas curtas e arredondadas; pernas longas; pés grandes; centro-sul da África, Ásia meridional, Austrália e para leste até as Ilhas Salomão; 23 espécies.

FAMÍLIA ACANTHISITTIDAE. Tamanho muito pequeno (75 a 100 mm); coloração parda; semelhante à cambaxirra com cauda extremamente curta; bico reto e fino; asas curtas; pernas longas; artelhos longos e finos; Nova Zelândia; 4 espécies.

FAMÍLIA PHILEPITTIDAE. Tamanho pequeno (100 a 165 mm); aves arborícolas; corpo robusto com plumagem macia; bico razoavelmente longo, fino e curvo; área nua ao redor dos olhos nos machos; asas arredondadas; cauda curta e arredondada; pernas e pés fortes; Madagáscar; 4 espécies.

Subordem Menurae (Aves-lira). Aves subóscinas que possuem dois a três pares de músculos na siringe; 14 vértebras cervicais; tendões plantares profundos unidos (*flexor digitorum longus* e *flexor hallucis longus*); hálux forte; 2 famílias.

FAMÍLIA MENURIDAE (Ave-lira). Tamanho grande (760 a 1015 mm); machos com cauda em forma de lira; bico alongado e pontudo; pescoço longo; três pares de músculos na siringe; 16 retrizes; com o par externo curvo e listrado nos machos; pernas e pés grandes; sudeste da Austrália; 2 espécies.

FAMÍLIA ATRICHORNITHIDAE. Tamanho pequeno a médio (165 a 230 mm); passarinhos terrestres com plumagem marrom; bico razoavelmente grande e pontudo; 2 pares de músculos na siringe; asas pequenas; cauda longa e graduada; pernas e pés grandes; Austrália; 2 espécies.

Subordem Passeres (Aves canoras). Aves óscinas com 5 a 7 pares de músculos na siringe; 14 vértebras cervicais; tendões plantares profundos unidos (*flexor digitorum longus* e *flexor hallucis longus*); hálux forte; 48 famílias, segundo a classificação de Wetmore (1960), com algumas modificações.

FAMÍLIA ALAUDIDAE (Cotovias). Tamanho pequeno (120 a 230 mm); passarinhos terrestres com coloração críptica; bico com formas variadas; siringe com 5 pares de músculos; asas longas e pontudas; tarsos com escamas na superfície posterior; garra posterior longa e reta; quase cosmopolitas, com exceção da América Central, América do Sul meridional, Ilhas do Pacífico e Antártica; 75 espécies.

FAMÍLIA HIRUNDINIDAE (Andorinhas). Tamanho pequeno (95 a 230 mm); passarinhos com asas longas e pontudas; bico pequeno e triangular; plumagem muito compacta; pernas muito curtas; pés pequenos; quase cosmopolitas, com exceção da Nova Zelândia e das regiões polares; 75 espécies.

FAMÍLIA DICRURIDAE. De tamanho pequeno a médio (175 a 635 mm); passarinhos arborícolas; plumagem normalmente preta; bico forte e curvo na extremidade, possuindo um entalhe; olhos normalmente vermelhos; cerdas proeminentes sobre as narinas; asas longas; pernas curtas; pés fortes; África, Ásia, Austrália e para leste até as ilhas Salomão; 20 espécies.

FAMÍLIA ORIOLIDAE. Tamanho médio (175 a 305 mm); passarinhos tropicais e subtropicais; arborícolas; coloração predominante amarela e preta; bico forte e pontudo; asas longas; pernas curtas; África e Eurásia; 26 espécies.

FAMÍLIA CORVIDAE (Corvos, gralhas). Tamanho médio a grande (175 a 700 mm); passarinhos com bico forte; narinas arredondadas; entalhe do bico ausente; 10 primárias presentes; tarsos escutelados; pernas e pés fortes; quase cosmopolitas; com exceção da Nova Zelândia; Antártica e a maioria das ilhas oceânicas; 100 espécies.

FAMÍLIA CRACTICIDAE. Tamanho médio (260 a 585 mm); passarinhos semelhantes aos corvídeos; bico grande e forte; plumagem preta e branca ou cinza; pernas e pés fortes; Austrália, Tasmânia, Nova Guiné e ilhas adjacentes; 10 espécies.

FAMÍLIA GRALLINIDAE. Tamanho pequeno a médio (190 a 500 mm); passarinhos semelhantes aos corvídeos com coloração preta e branca ou cinza para marrom; pescoço curto; ninho: depressão de barro profunda, com forração de fibras ou penas; Austrália e Nova Guiné; 4 espécies.

FAMÍLIA PTILONORHYNCHIDAE. Tamanho médio (230 a 370 mm); passarinhos semelhantes aos Paradisaeidae, com artelho posterior mais curto que o artelho anterior mediano; asas de tamanho curto a médio; pernas moderadamente curtas; pés fortes; Austrália e Nova Guiné; 18 espécies.

FAMÍLIA PARADISAEIDAE (Aves-do-paraíso). De tamanho pequeno a grande (140 a 1015 mm); passarinhos em que os machos possuem plumagem especial para o *display*; asas de tamanho médio e arredondadas; pernas curtas; pés fortes; Austrália, Nova Guiné e ilhas adjacentes; 43 espécies.

FAMÍLIA PARIDAE. Tamanho pequeno (75 a 200 mm); aves arborícolas com plumagem densa; bico curto, forte e pontudo; asas arredondadas; 10 primárias; pernas curtas; mas fortes; América do Norte, Europa, Ásia e África; 65 espécies.

FAMÍLIA SITTIDAE. Tamanho pequeno (95 a 190 mm). Aves arborícolas, em geral, de cor cinza ou azul-acinzentado; com uma linha escura entre os olhos (com exceção dos sitídeos australianos); bico fino; asas pontudas; cauda curta e truncada no meio; pernas curtas e fortes; artelhos longos; América do Norte, Europa, Ásia, Austrália e Nova Guiné; 22 espécies.

FAMÍLIA HYPOSITTIDAE. Tamanho pequeno (até 125 mm); aves rasteiras; coloração azul-esverdeado; bico curto e vermelho; cauda longa; pés sindáctilos; Madagáscar; 1 espécie: *Hypossita corallirostris*.

FAMÍLIA CERTHIIDAE. Aves pequenas (120 a 175 mm); capazes de se locomoverem ao longo de superfícies verticais; bico comprimido lateralmente e fino; plumagem listrada ou manchada no dorso; cauda curta e mole ou larga com espinhos rígidos na extremidade das retrizes; artelhos longos; garras longas e afiadas; América do Norte, Europa, Ásia, África, Austrália e Nova Guiné; 17 espécies.

FAMÍLIA TIMALIIDAE. De tamanho pequeno a médio (90 a 405 mm); aves insetívoras com plumagem macia e frouxa; asas curtas e arredondadas; 10 primárias; pernas e pés relativamente grandes e fortes; Europa, Ásia, Austrália, África e Madagáscar e oeste da América do Norte; 282 espécies.

FAMÍLIA CAMPEPHAGIDAE. Tamanho pequeno a médio (125 a 310 mm); aves arborícolas; bico curvo, com entalhe, terminando em forma de gancho; plumagem macia e penas frouxamente inseridas; narinas escondidas parcialmente por cerdas; cauda normalmente graduada; pernas curtas; África Ásia, Austrália, em direção leste à Samoa; 71 espécies.

FAMÍLIA PYCNONOTIDAE. Tamanho pequeno a médio (140 a 285 mm); aves com plumagem parda, com uma ptérila com penas semelhantes a pêlos, na nuca; bico curto ou de comprimento médio, ou ligeiramente curvo; cerdas rictais bem desenvolvidas; pescoço curto; asas arredondadas; cauda moderadamente longa; pernas curtas; Ásia, África, Madagáscar, e ilhas adjacentes; 120 espécies.

FAMÍLIA IRENIDAE. Tamanho pequeno a médio (120 a 240 mm); aves arborícolas com plumagem brilhantemente colorida; bico moderadamente longo e curvo na extremidade; uma ptérila de penas, semelhante a pêlos, muitas vezes presente na nuca; coberteiras caudais, algumas vezes, alongadas; Ásia; 14 espécies.

FAMÍLIA CINCLIDAE. Tamanho moderadamente pequeno (140 a 190 mm); aves aquáticas troncudas e solitárias; bico reto, fino e comprimido lateralmente; plumagem densa; glândula uropigial muito grande; cauda curta; pernas e pés fortes; Europa, Ásia, Américas do Sul (oeste) e Norte; 1 gênero *Cinclus*; 5 espécies.

FAMÍLIA TROGLODYTIDAE (Corruíras). Tamanho pequeno a médio (95 a 220 mm); passarinhos com coloração marrom ou cinza; bico fino e pontudo; asas curtas e arredondadas; cauda curta a longa; pernas e pés fortes; artelhos anteriores, um pouco sindáctilos; Américas do Norte e Sul, Europa, Ásia e África setentrional; 59 espécies.

FAMÍLIA MIMIDAE (Sabiá-da-praia). Tamanho médio (200 a 300 mm); pássaros com corpo delgado e cauda longa; bico forte e razoavelmente longo; cerdas rictais pequenas; asas curtas e arredondadas; artelhos anteriores mediano e lateral parcialmente sindáctilos; Américas do Norte e Sul; Índias Ocidentais; 31 espécies.

FAMÍLIA TURDIDAE (Sabiás). Tamanho pequeno a médio (115 a 330 mm); aves canoras troncudas; bico de comprimento médio; manchas presentes na plumagem juvenil; 10 primárias; quase cosmopolitas, com exceção da Nova Zelândia, certas ilhas oceânicas e áreas polares; cerca de 300 espécies.

FAMÍLIA ZELEDONIIDAE. Tamanho pequeno (até 120 mm); plumagem macia, semelhantes, de certa forma, aos sabiás; bico curto e um pouco achatado; pescoço relativamente curto; asas arredondadas; o tamanho da décima primária é muito reduzido; cauda curta; pernas longas; América Central; 1 espécie: *Zeledonia coronata*.

FAMÍLIA SYLVIIDAE (Chirito). Tamanho pequeno a médio (90 a 290 mm); aves com coloração parda; bico fino; cerdas rictais presentes ou ausentes; manchas ausentes na plumagem juvenil; 10 primárias; pernas curtas ou de comprimento médio; quase (cosmopolitas); 4 subfamílias (famílias para alguns autores); 398 espécies.

FAMÍLIA MUSCICAPIDAE. Tamanho pequeno a médio (90 a 230 mm); pássaros semelhantes aos tordos; bico largo e chato; possui um entalhe subterminal; cerdas rictais presentes; manchas na plumagem juvenil; 10 primárias; tarsos escutelados; Europa, Ásia, África, Austrália, Nova Zelândia e a maioria das ilhas do Oceano Pacífico; 328 espécies.

FAMÍLIA PRUNELLIDAE. Tamanho pequeno (125 a 175 mm); pássaro semelhante aos pardais; bico pontudo e semelhante ao do tordo; plumagem lisa, mas, por vezes, listrada ou manchada; manchas presentes na plumagem juvenil; 10 primárias; tarsos reticulados; norte da África, Europa e Ásia; 12 espécies.

FAMÍLIA MOTACILLIDAE (Caminheiro). Tamanho pequeno a médio (125 a 220 mm); aves de solo com corpo delgado; elas mais andam que saltam; bico fino e pontudo; asas pontudas; 9 primárias; artelhos longos; cosmopolitas; 54 espécies.

FAMÍLIA BOMBYCILLIDAE. Tamanho pequeno (160 a 190 mm); pássaros roliços, com bico largo; plumagem macia e sedosa; asas pontudas; 10 primárias; Hemisfério Norte; 2 subfamílias; 2 gêneros (*Bombycilla, Hypocolius*); 4 espécies.

FAMÍLIA PTILOGONATIDAE. Tamanho pequeno a médio (185 a 250 mm); pássaros com plumagem sedosa e corpo delgado; bico pequeno e largo; uma crista na cabeça; asas curtas; 10 primárias; cauda longa; pernas curtas; do sudoeste dos Estados Unidos ao Panamá; 4 espécies.

FAMÍLIA DULIDAE. Tamanho pequeno (175 mm); pássaros de cor marrom-oliva; bico um tanto pesado e comprimido lateralmente; asas arredondadas; 10 primárias; pernas e artelhos fortes; Índias Ocidentais; 1 espécie *Dulus dominicus*.

FAMÍLIA ARTAMIDAE. Tamanho pequeno a médio (145 a 205 mm); pássaros com corpo forte e asas longas e pontudas; bico moderadamente forte, longo e curvo (para baixo); plumagem macia; pernas curtas e fortes; Índia, Ásia meridional até Filipinas, Austrália e ilhas Fiji; 10 espécies.

FAMÍLIA VANGIDAE. Tamanho pequeno a médio (125 a 310 mm); pássaros com corpo robusto e com coloração preta metálica no dorso; bico forte, curvo na extremidade e denteado; cauda moderadamente longa; pernas e pés curtos e fotes; Madagáscar; 12 espécies.

FAMÍLIA LANIIDAE. Tamanho pequeno a médio (160 a 370 mm); aves com corpo forte e cabeça larga; bico forte e curvo na extremidade, com entalhe, também, na extremidade; normalmente, cinza e marrom no dorso; com uma máscara preta na cabeça; 10 primárias; cauda longa; pernas e pés fortes; Europa; Ásia, África e América do Norte; 13 espécies.

FAMÍLIA PRIONOPIDAE. Tamanho pequeno a médio (190 a 255 mm); aves semelhantes aos picanços, com coloração preta e branca; normalmente, com crista na cabeça; bico forte e curvo na extremidade; com barbelas ao redor dos olhos; 10 primárias; África; 13 espécies.

FAMÍLIA CALLAEIDAE. Tamanho médio (250 a 535 mm); aves que possuem um par de barbelas laranja ou azul ao lado da boca; bico forte, mas de comprimento variável; asas arredondadas com as primeiras primárias muito longas; 10 primárias presentes; cauda longa; pernas e pés grandes e fortes; Nova Zelândia; 3 espécies.

FAMÍLIA STURNIDAE (Estorninhos). Tamanho pequeno a médio (175 a 430 mm); pássaros com bico reto ou curvo; plumagem sedosa, geralmente com brilho metálico; 10 primárias; pernas e pés fortes; Europa, Ásia, África, Austrália e algumas ilhas do Pacífico; 106 espécies.

FAMÍLIA MELIPHAGIDAE. Tamanho pequeno a médio (100 a 355 mm); aves com bico delgado e curvo; língua longa; extensível e com a extremidade em forma de escova; asas longas e pontudas; 10 primárias presentes; pernas fortes; África do Sul, Austrália, Nova Zelândia, partes da Indonésia e Algumas ilhas do Pacífico; 160 espécies.

FAMÍLIA NECTARINIIDAE. Tamanho pequeno a médio (90 a 225 mm); pássaros brilhantemente coloridos; bico longo e curvo, serrilhado nas bordas; língua longa e tubular; asas curtas e arredondadas; 10 primárias; pernas curtas com tarsos escutelados; artelhos curtos; África, Madagáscar, Ásia, Indonésia, Austrália e algumas ilhas do Pacífico; 104 espécies.

FAMÍLIA DICAEIDAE. Tamanho pequeno (75 a 190 mm); aves troncudas com cauda curta; bico variável, mas, geralmente, serrilhado no terço terminal; língua longa e tubular; pescoço curto; asas moderadamente longas; décima primária reduzida em tamanho e vestigial em algumas espécies; pernas curtas; Ásia, Austrália e para leste até as Ilhas Salomão; 54 espécies.

FAMÍLIA ZOSTEROPIDAE. Tamanho pequeno (100 a 140 mm); pássaros de cor amarelo-esverdeado, com anel branco em torno dos olhos; bico fino e pontudo; língua com extremidade em forma de escova; asas pontudas; décima primária vestigial ou ausente; cauda truncada; pernas curtas; África, Madagáscar, Ásia, Austrália, Nova Zelândia e para leste até as ilhas Filipinas; 80 espécies.

FAMÍLIA VIREONIDAE (Juruviara). Tamanho pequeno (100 a 185 mm); pássaros de cor verde-oliva ou marrom-acinzentado; bico de comprimento médio, mais ou menos espesso e curvo na extremidade, possuindo um entalhe subterminal; plumagem sem listras e manchas; décima primária pequena ou vestigial; pernas curtas, mas fortes; pés fortes; Américas do Norte e Sul, Índias Ocidentais; 42 espécies.

FAMÍLIA DREPANIDIDAE. Tamanho pequeno (115 a 220 mm); pássaros com coloração variada; bico, variando de longo, fino e com forma de foice a curto, compacto e curvo na extremidade; asas pontudas; 9 primárias funcionais; pés fortes; Ilhas do Havaí; 22 espécies.

FAMÍLIA PARULIDAE (Mariquita). Tamanho pequeno (110 a 185 mm); pássaros arborícolas coloridos; bico fino e pontudo; cerdas rictais presentes; 9 primárias; pés pequenos, mas fortes; Américas do Norte e do Sul, Índias Ocidentais; cerca de 119 espécies.

FAMÍLIA ICTERIDAE (Chopim, japu). Tamanho pequeno a médio (170 a 545 mm); pássaros com bico forte e cônico; plumagem, muitas vezes, preta, ou preta com outras combinações de cores; asas, geralmente, longas e pontudas; 9 primárias; pés fortes; Américas do Norte e do Sul; Índias Ocidentais; 94 espécies.

FAMÍLIA TERSINIDAE (Saí-andorinha). Tamanho pequeno (até 160 mm); pássaro azul-turqueza, com face e queixo pretos; bico curto, cônico, algumas vezes, achatado com uma leve curvatura na extremidade, em forma de gancho; asas longas; 9 primárias; pernas curtas; América do Sul até o Panamá; 1 espécie: *Tersina viridis*.

FAMÍLIA THRAUPIDAE (Saíras, sanhaços). Tamanho pequeno a médio (75 a 305 mm); pássaros brilhantemente coloridos, com asas curtas e arredondadas; bico um tanto cônico; em geral, levemente curvo na extremidade, possuindo um entalhe nas bordas cortantes; cerdas rictais presentes; 9 primárias; pernas curtas; Américas do Norte, do Sul e Índias Ocidentais; 222 espécies.

FAMÍLIA CATAMBLYRHYNCHIDAE. Tamanho pequeno (até 150 mm); pássaros com penas amarelas (douradas) eretas, semelhantes à pelúcia, na coroa;

plumagem do corpo cinza-azulada, no dorso, e castanha, no ventre; bico curto, grosso e levemente curvo; asas curtas e arredondadas; 9 primárias; garra posterior proporcionalmente grande; Andes, na América do Sul; 1 espécie: *Catamblyrhynchus diadema.*

*FAMÍLIA PLOCEIDAE (Pardais, aves granívoras do Velho Mundo). De tamanho pequeno a médio (75 a 650 mm); pássaros com bico cônico, com exposição de parte da maxila superior (duas vezes maior que o comprimento do gônio); décima primária reduzida, vestigial ou ausente; tarso nunca mais longo que o artelho médio com a garra; cosmopolitas; três subfamílias; Carduelinae, Estrildinae e Ploceinae; cerca de 375 espécies.

*FAMÍLIA FRINGILLIDAE (Papa-capim, aves granívoras do Novo Mundo). Tamanho pequeno a médio (95 a 375 mm); pássaros com bico curto, grosso e cônico, com a porção exposta da maxila superior menor que duas vezes o comprimento do gônio; cerdas rictais normalmente presentes; 9 primárias; tarso mais longo que o artelho médio com a garra; quase cosmopolitas; com exceção de Madagáscar, Austrália e Oceania; três subfamílias Richmondeninae, Geospizinae e Fringillinae; quase 700 espécies.

REFERÊNCIAS BIBLIOGRÁFICAS

Allen, G. M. 1925. Birds and Their Attributes. Boston, Marshall Jones Co.

Austin, O. L., Jr. 1961. Birds of the World. New York, Golden Press.

Aymar, G. C. 1936. Bird Flight. New York, Dodd, Mead & Co.

Baptista, L. F. The effects of songs of wintering white-crowned sparrows on song development in sedentary populations of the species. Z. Tierpsychol. *34:*147–171.

Bartholomew, G. A. 1972. The water economy of seed-eating birds that survive without drinking. Proc. XV Internat. Ornith. Cong. Leiden, E. J. Brill.

Baumel, J. J., et al., Eds. 1979. Nomina anatomica avium. New York, Academic Press.

Beddard, F. E. 1898. The Structure and Classification of Birds. London, Longmans, Green, and Co.

Bennett, A. F., and Ruben, J. A. 1979. Endothermy and activity in vertebrates. Science *203:*1021–1022.

Brach, V. 1977. The functional significance of the avian pecten: a review. Condor *79:*321–327.

Brush, A. H., and Allen, K. 1963. Astaxanthin in cedar waxwings. Science *142:*47–48.

Cade, T. J. 1973. Sun-bathing as a thermoregulatory aid in birds. Condor *75:*106–108.

Caldwell, P. J. 1973. Development of thermoregulation in mallard ducklings. Condor *75:*113–114.

Casler, C. L. 1973. The air-sac systems and buoyancy of the anhinga and double-crested cormorant. Auk *90:*324–340.

Chamberlain, F. W. 1943. Atlas of Avian Anatomy. Michigan State College, Agric. Exp. Station.

Collias, N. E. 1960. An ecological and functional classification of animal sounds. *In* Lanyon, W. E., and Tavolga, W. N., Eds. Animal Sounds and Animal Communication. AIBS Symposium, Publ. *7:*368–391.

Cooch, F. G. 1964. A preliminary study of the survival value of a functional salt gland in prairie Anatidae. Auk *81:*380–393.

Dwight, J., Jr. 1900. The sequence of plumages and moults of the passerine birds of New York. Annals N. Y. Acad. Sci. *13:*73–360.

* Para o estudo da classificação das aves granívoras do Velho e Novo Mundo, são sugeridas as seguintes referências: Mayr, E., e Greenway, J.C., Jr. 1962; Mayr, E., e Short, L.L., 1970; Morony, J.J., Bock, W.J., e Farrand, J., Jr., 1975; Paynter, R.A., Jr., 1968.

Farner, D. S., and King, J. R. 1972. Avian Biology. Vol. 2. New York, Academic Press, Inc.
Frings, H., Anthony, A., and Schein, M. W. 1958. Salt excretion of nasal gland of Laysan and black-footed albatrosses. Science *128:*1572.
George, J. C., and Berger, A. J. 1966. Avian Myology. New York, Academic Press, Inc.
Gewecke, M., and Woike, M. 1978. Breast feathers as an air-current sense organ for the control of flight behavior in a songbird *(Carduelis spinus)*. Z. Tierpsychol. *47:*293–298.
Goldsmith, T. H. 1965. The red-yolked egg of the touraco, *Tauraco corythaix*. Postilla, No. 91.
Goldsmith, T. H. 1980. Hummingbirds see near ultraviolet light. Science *207:*786–788.
Gunston, D. 1960. Story of bird anting. Part I. Audubon Mag. *62:*268–269, 297–298.
Heppner, F. H. 1974. Avian flight formations. Bird-Banding *45:*160–169.
Hudson, G. E. 1937. Studies on the muscles of the pelvic appendage in birds. Am. Midland Nat. *18:*1–108.
Humphrey, P. S., and Parkes, K. C. 1959. An approach to the study of molts and plumages. Auk *76:*1–31.
Irving, L. 1955. Nocturnal decline in the temperature of birds in cold weather. Condor *57:*362–365.
Jaeger, E. C. 1949. Further observations on the hibernation of the poorwill. Condor *51:*105–109.
Johnsgard, P. A. 1971. Observations on sound production in the Anatidae. Wildfowl *22:*46–59.
Lehmkuhle, S. W., and Westendorf, D. H. 1976. Falcon visual acuity. Science *192:*263–265.
Lucas, A. M., and Stettenheim, P. R. 1972. Avian Anatomy; Integument. Parts 1 and 2. Agric. Handbook No. 362. Washington, D. C., U. S. Government Printing Office.
Macdonald, J. D., Goodwin, D., and Adler, H. E. 1962. Bird Behavior. New York, Sterling Publishing Co., Inc.
Marler, P. 1957. Specific distinctiveness in the communication signals of birds. Behavior *11:*13–39.
Marshall, J. T., Jr. 1955. Hibernation in captive goatsuckers. Condor *57:*129–134.
Mayr, E., and Greenway, J. C., Jr., Eds. 1962. Check-list of birds of the world. Vol. 15. Mus. Comp. Zool., Cambridge, Mass.
Mayr, E., and Short, L. L. 1970. Species Taxa of North American Birds; A Contribution to Comparative Systematics. Publ. Nuttall Ornith. Club, No. 9.
Medway, Lord. 1959. Echo-location among *Collocalia.* Nature *184:*1352–1353.
Miller, A. H. 1963. Desert adaptations in birds. Proc. XIII Internat. Ornith. Cong., Amer. Ornith. Union, Vol. 2.
Morony, J. J., Jr., Bock, W. J., and Farrand, J., Jr. 1975. Reference list of the birds of the world. Dept. Ornith. Amer. Mus. Nat. Hist., New York.
Paynter, R. A., Jr., Ed. 1968. Check-list of birds of the world. Vol. 14. Mus. Comp. Zool., Cambridge, Mass.
Pearson, O. P. 1950. The metabolism of hummingbirds. Condor *52:*145–152.
Pearson, R. 1972. The Avian Brain. New York, Academic Press, Inc.
Pendergast, B. A., and Boag, D. D. 1973. Seasonal changes in the internal anatomy of spruce grouse in Alberta. Auk *90:*307–317.
Peterson, R. T. 1947. A Field Guide to the Birds. Boston, Houghton Mifflin Co.
Peterson, R. T. 1961. A Field Guide to Western Birds. Boston, Houghton Mifflin Co.
Pettingill, O. S., Jr. 1946. A Laboratory and Field Manual of Ornithology. Minneapolis, Burgess Publishing Co.
Schmidt-Nielsen, K. 1959. Salt glands. Scientific American *200:*109–116.
Schufeldt, R. W. 1890. The Myology of the Raven *(Corvus corax sinuatus)*. London, Macmillan and Co.
Selander, R. K., and Kuich, L. L. 1963. Hormonal control and development of the incubation patch in Icterids, with notes on behavior of cowbirds. Condor *65:*73–90.
Stager, K. E. 1964. The role of olfaction in food location by the turkey vulture *(Cathartes aura)*. Contrib. Sci., Los Angeles Co. Mus., No. 81.
Stettenheim, P. 1973. The Bristles of Birds. Living Bird, 12th Annual, Cornell Lab. Ornith.
Storer, J. H. 1948. The flight of birds analyzed through slow-motion photography. Cranbrook Inst. Sci., Bull. 28.
Sturkey, P. D. 1954. Avian Physiology. Ithaca, N. Y., Comstock Publishing Associates.
Test, F. H. 1942. The nature of the red, yellow, and orange pigments in woodpeckers of the genus *Colaptes*. Univ. Calif. Publ. Zool. *46:*371–390.

Thayer, G. H. 1909. Concealing Coloration in the Animal Kingdom. New York, The Macmillan Co.
Thomason, A. L. 1927. Birds: An Introduction to Ornithology. New York, Henry Holt and Co., Inc.
Van Tyne, J., and Berger, A. J. 1971. Fundamentals of Ornithology. New York, Dover Publications, Inc.
Udvardy, M. D. F. 1972. Plumage cycles in adult North American birds. Aquilo, Ser. Zool., *13*:56–60.
Wagner, H. O. 1955. The molt of hummingbirds. Auk *72*:286–291.
Wallace, G. J. 1963. An Introduction to Ornithology. 2nd Ed. New York, The Macmillan Co.
Welty, J. C. 1982. The Life of Birds. Philadelphia, Saunders College Publishing.
Wetmore, A. 1960. A Classification for the Birds of the World. Smithsonian Misc. Coll. *139* (11):1–37.
Young, J. Z. 1955. The Life of Vertebrates. Oxford, Clarendon Press.

Capítulo 7

Mamíferos

CARACTERÍSTICAS GERAIS

Os mamíferos surgiram rapidamente de sua origem a partir de répteis, na Era Mesozóica, e expandiram-se para quase todos os nichos e habitats disponíveis sobre a terra. São encontrados no oceano, ao longo dos litorais, em lagos e rios, no subsolo, sobre a terra e nas árvores; alguns habitam até os ares. Sua distribuição é desde as regiões polares até os trópicos e, na maior parte das áreas continentais, ultrapassam todos os outros vertebrados em número de indivíduos. O número atualmente reconhecido das espécies do Período Recente é de mais de 4000. Algumas destas, contudo, podem, basicamente, apresentar-se como variações geográficas, de forma que o número real pode ser um pouco menor.

Como grupo, os mamíferos possuem muitas características estruturais, que os distinguem prontamente de outros vertebrados existentes. O aspecto mais diagnóstico dos mamíferos é a presença de glândulas mamárias, que fornecem alimento aos filhotes. Outras glândulas, como as sebáceas e as sudoríparas, são, comumente, encontradas em regiões do corpo. Pêlos existem durante algum período da vida, embora possam ser reduzidos ou estar completamente ausentes no estágio adulto de alguns de seus membros, como as baleias.

Os mamíferos, como as aves, são endotérmicos, visto que possuem mecanismos termorreguladores internos, que controlam a temperatura do corpo. Isto não parece ser um fator controlador do tamanho máximo do corpo. O maior mamífero é a baleia-azul (*Balaenoptera musculus*), que pode medir mais de 30 metros de comprimento e pesar até 150 toneladas. A endotermia, contudo, limita realmente o tamanho mínimo de um mamífero. Tem-se relacionado este tamanho à taxa de produção interna de calor do mamífero, à temperatura ambiental e à capacidade do animal de ser um homeotermo facultativo. Os menores mamíferos conhecidos são os musaranhos pigmeus americanos (*Microsorex hoyi*) e os musaranhos pigmeus de Savi (*Suncus etruscus*), que ocorrem na África, Europa meridional e Ásia. Estes minúsculos mamíferos possuem um peso corporal de pouco mais de 2 gramas.

Sistema Esquelético

No sistema esquelético dos mamíferos, há uma ossificação maior, assim como uma redução na quantidade de elementos ósseos, tanto os dérmicos como os de substituição, em relação a formas mais inferiores. Isto ocorre, especialmente, com o crânio (Fig. 7.1). Os ossos, como os pré-frontais, pós-frontais, pós-orbitais e quadradojugais inexistem. Em muitos mamíferos, os quatro ossos occipitais são fundidos. Ocorrem vários graus de fusão na área esfenoidal. O pré-esfenóide, os orbitosfenóides, o basisfenóide e os alisfenóides podem estar separados ou fundidos num único osso. Em alguns mamíferos, os ossos petroso e o timpânico fundem-se com o esquamosal para formar o osso temporal, que, por isso, é tanto dérmico, como de substituição. O crânio dos mamíferos é relativamente grande para acomodar o encéfalo, proporcionalmente, aumentado. O palato duro está presente e é responsável pela posição posterior das coanas. O crânio articula-se com a primeira vértebra cervical através de dois côndilos, cada um dos quais está em um dos ossos exoccipitais. No ouvido médio, o *estribo*, que se originou da columela dos répteis, é complementado por dois outros ossículos auditivos: a *bigorna*, originada do quadrado, e o *martelo*, originado do articular. Isto significa que a mandíbula se articula diretamente com o esquamosal do crânio, sem a intervenção do quadrado. Na maxila superior, os dentes inserem-se apenas nos pré-maxilares e maxilares. A mandíbula é composta de ossos dentais pares.

As vértebras, geralmente, têm as extremidades do centro achatadas ou acélicas, um estado conhecido como *anfiplátio*. As vértebras cervicais ou do pescoço são em número de sete em todos os mamíferos, exceto em quatro tipos. As exceções são: o

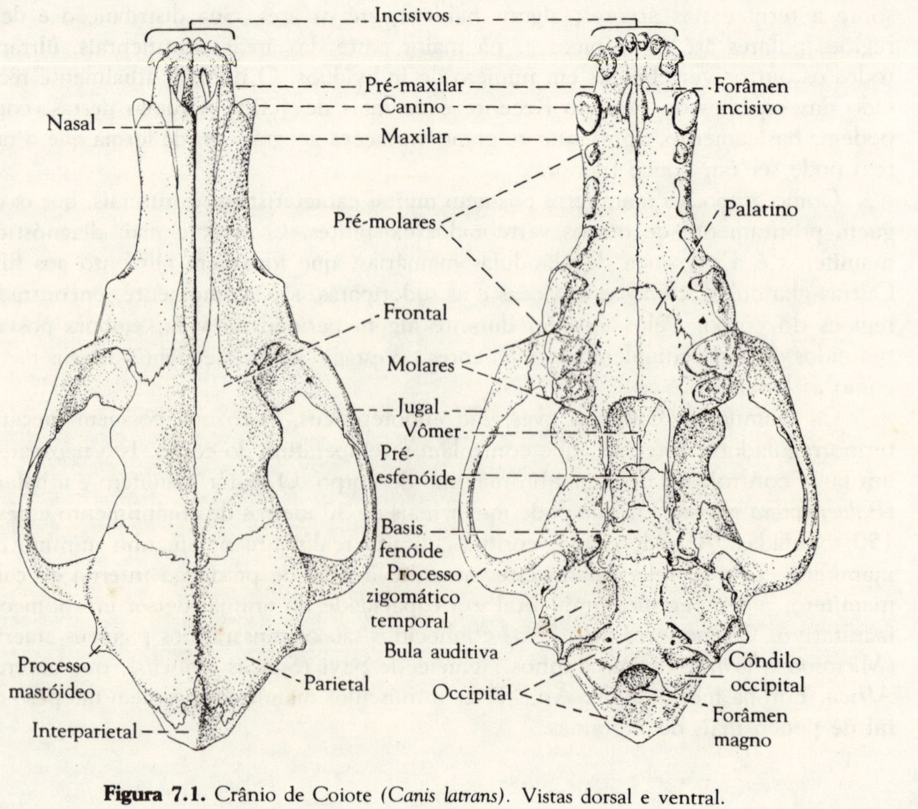

Figura 7.1. Crânio de Coiote *(Canis latrans)*. Vistas dorsal e ventral.

peixe-boi (*Trichechus*) e a preguiça-de-dois-dedos (*Choloepus*), que possuem seis; o tamanduá (*Tamandua*), que possui oito; e a preguiça-de-três-dedos (*Bradypus*), que possui nove. É interessante notar que todas essas exceções vivem na América tropical. As vértebras cervicais, geralmente, são capazes de flexibilidade considerável. Nos cetáceos, contudo, que não possuem flexibilidade cervical, estas vértebras apresentam vários graus de fusão.

As vértebras torácicas, ou que possuem costelas, mostram-se relativamente pouco flexíveis. Variam em número de acordo com o número de pares de costelas existentes. Estas podem variar de 9 a 24. Atrás das torácicas, estão as vértebras lombares, que são fortes e pouco flexíveis. Embora a quantidade seja variável, mais freqüentemente variam de cinco a sete. Caudalmente às lombares, estão as vértebras sacrais, fundidas para formar o sacro. A maioria dos mamíferos tem três vértebras sacrais, mas, em algumas espécies, podem existir quatro ou cinco. As vértebras caudais variam extremamente em número, dependendo do comprimento da cauda.

As costelas dos mamíferos possuem, tipicamente, duas extremidades. Uma destas, o *capítulo*, articula-se num ponto entre os centros adjacentes, e a outra, o *tubérculo*, articula-se com o processo transverso de uma vértebra torácica. As anteriores, ou as assim chamadas *costelas verdadeiras*, ligam-se diretamente ao esterno, enquanto as costelas mais posteriores ligam-se com a cartilagem costal à última costela verdadeira ou têm a extremidade livre. O esterno, geralmente, consiste de uma série de elementos ósseos, numa disposição linear.

Embora os mamíferos possuam, basicamente, quatro membros pentadáctilos, estes estiveram sujeitos à considerável modificação em muitos grupos especializados, como será notado, mais tarde, neste capítulo. A redução ocorre, mais freqüentemente, no número de dedos, porém, nos cetáceos e sirênios, todas as evidências externas de membros posteriores desapareceram. Em todos os mamíferos existentes acima dos monotremados, o coracóide da cintura escapular foi reduzido a um processo na escápula. A interclavícula também não existe nos mamíferos placentários e marsupiais. As clavículas são bem desenvolvidas em alguns mamíferos, mas reduzidas ou ausentes em outros. Exceto em grupos especializados, como os cetáceos e os sirênios, a cintura pélvica consiste de três elementos ósseos de cada lado, geralmente fundidos para formar o osso *inominado.* Os únicos vestígios da pelve, nos cetáceos, são dois pequenos ossos, situados no interior da musculatura abdominal, perto do ânus. São os vestígios dos ossos ilíacos. A porção ilíaca da cintura une-se ao sacro de ambos os lados.

Sistema Muscular

Não é possível dar uma breve descrição do sistema muscular dos mamíferos, já que ele varia muito nas diferentes formas especializadas. Alguns aspectos distintivos, contudo, podem ser indicados. A disposição metamérica dos músculos do tronco, tão evidente nos vertebrados inferiores, desaparece, em grande parte, ou está obscurecida (Fig. 7.2). Com o desenvolvimento da capacidade de locomoção, através do uso dos membros, observamos que os músculos extrínsecos, associados a estas estruturas, cobrem uma grande parte da musculatura do tronco, que permanece. Isto ocorre, especialmente, na região torácica.

Os músculos branquiais que, nos vertebrados semelhantes aos peixes estão relacionados primariamente com o movimento dos arcos branquiais, desenvolvem-se em músculos da face, do pescoço e dos ombros dos mamíferos. Músculos importantes, como o masséter, temporal, digástrico, milo-hióideo, trapézio, esternomastóideo e cleidomastóideo, representam derivados da musculatura branquial original e são chamados, portanto, de *músculos branquioméricos.* Como seus predecessores nos peixes, são inervados por nervos cranianos.

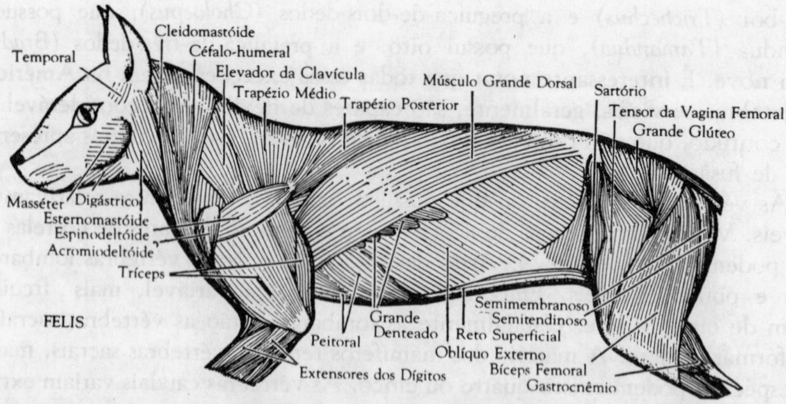

Figura 7.2. Músculos laterais superficiais do tronco em um mamífero (*Felis*). A metameria dos músculos laterais do tronco, que é um traço notável dos vertebrados inferiores, é reduzida e modificada nos répteis e quase desaparece nos mamíferos adultos. (Cortesia de Neal e Rand: Chordate Anatomy. New York, McGraw-Hill Book Co. Inc., 1950.)

Os músculos dérmicos ou tegumentares alcançam seu maior desenvolvimento nos mamíferos. Estes incluem os músculos da expressão facial, músculos das pálpebras, dos nariz e dos lábios, músculos capazes de contrair ou mover a pele e se eriçar os pêlos, e os esfíncteres, controladores das aberturas do corpo.

Sistema Circulatório

O sistema circulatório dos mamíferos possui muitos aspectos evoluídos, inclusive um coração com quatro câmaras, compostos de duas câmaras atriais de duas câmaras ventriculares (Fig. 7.3). Como resultado de septos inter-atriais e interventriculares completos, há uma completa separação do sangue venoso e arterial, como nas aves. O átrio direito está separado do ventrículo direito pela *válvula tricúspide*, enquanto o átrio esquerdo está separado do ventrículo esquerdo pela *válvula bicúspide ou mitral*. A aorta sistêmica origina-se, em parte, do quarto arco aórtico esquerdo. O quarto arco aórtico direito dá origem à artéria subclávia direita. Pode haver uma ou duas veias pré-cavas. Há uma única veia pós-cava, cujo desenvolvimento embrionário é muito complicado. Todas as veias cavas entram diretamente no átrio direito, enquanto o seio venoso é absorvido pela parede desta câmara, durante a vida embrionária. Não há nenhum sistema porta-renal, embora o sistema venoso porta-hepático se assemelhe muito ao de outros vertebrados. Os eritrócitos dos mamíferos não têm núcleo.

Sistema Digestivo

Há vários aspectos peculiares, que caracterizam o sistema digestivo dos mamíferos. Existem lábios móveis em todos os grupos, exceto em alguns, como os monotremados e cetáceos. Geralmente, existem dentes e estes são tão especializados em muitas espécies, que serão considerados separadamente em "Características Especiais".

As *glândulas orais*, primariamente relacionadas com a secreção de muco, estão presentes em todas as classes de vertebrados. Contudo, são mais desenvolvidas nas formas terrestres, visto que servem para manter a boca úmida, banham os corpúsculos

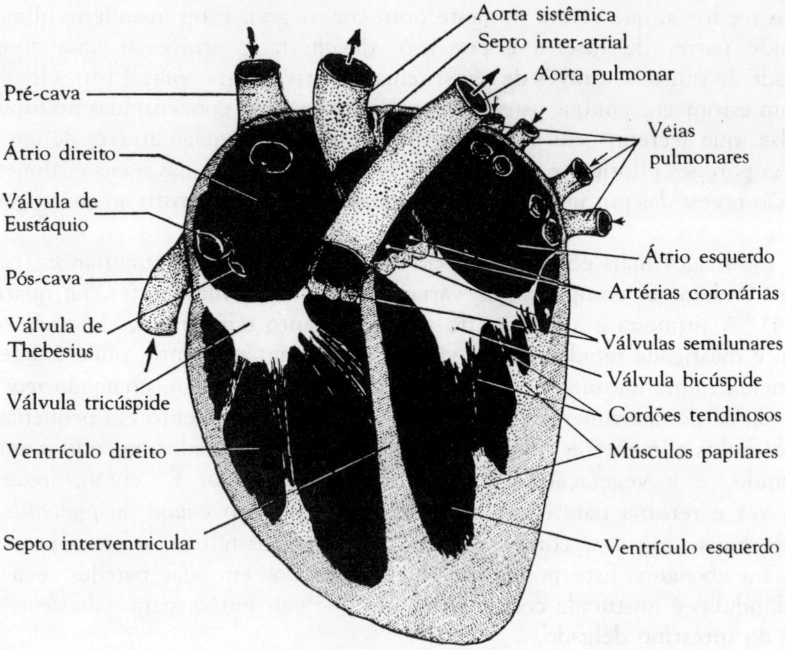

Figura 7.3. Diagrama mostrando a estrutura interna do coração de quatro câmaras dos mamíferos, vista ventral. (Weichert, C.K.: Anatomy of the Chordates. New York, McGraw-Hill Book Co. Inc., 1958.)

gustativos e auxiliam a deglutição de alimento. Nos mamíferos, várias glândulas, cujos ductos conduzem à cavidade oral, principalmente a parótida, a submaxilar e as glândulas sublinguais, são especializadas em glândulas salivares. Em muitas espécies, elas podem produzir uma enzima chamada *amilase salivar.* Este produto, quando presente na saliva, é ativado pelos íons cloreto e serve para iniciar a decomposição de amido em açúcar, enquanto é misturado com o alimento, na boca.

Muitos mamíferos arfam, isto é, respiram rapidamente com a boca aberta, para ajudar a regulação da temperatura do corpo. Isto ocorre como resultado da evaporação salivar e da evaporação nos pulmões. O uso extremo de saliva, como termorregulador, é observado nos esquilos-do-chão. Espécies do deserto, tais como *Citellus tereticaudus* salivam regularmente e esfregam a saliva em seu corpo, quando estão sob severa pressão térmica. Até mesmo as espécies de montanha e das pastagens farão a mesma coisa, se sujeitas a altas temperaturas. A evaporação da saliva tende a ajudar o resfriamento do corpo.

Na maioria dos mamíferos, com exceção das baleias, a língua é muito desenvolvida e capaz de muitos movimentos, além da extensão e retração, resultado da presença de vários músculos intrínsecos. Em sua superfície superior, há numerosas papilas de vários tipos, algumas das quais associadas aos corpúsculos gustativos. O esôfago é facilmente distinguível do estômago, não possui glândulas e varia em relação ao comprimento do pescoço. Os estômagos dos mamíferos apresentam uma grande variedade de formas e padrões, que se relacionam com os hábitos alimentares. Variam desde estruturas em forma de saco, relativamente simples, até estruturas compostas de uma série de câmaras, cada uma delas podendo ter uma função distinta. Os morcegos-vampiros (*Desmodus rotundus*), cuja alimentação consiste de sangue fresco, que lambem de suas vítimas num período de tempo bem curto, possuem um grande estômago em forma de saco para armazenamento. Vê-se uma interessante especialização em *Onychomys*, que são pequenos roedores, que vivem no oeste norte-americano. Estes mamíferos alimentam-se em grande parte, de insetos e por isso devem fazer atravessar uma considerável quantidade de quitina, através de seu sistema digestivo. Para realizar isto, eles desenvolveram um estômago, em que as glândulas digestivas estão concentradas no fundo, que é uma bolsa, que secreta sucos gástricos para dentro do estômago através de um pequeno canal. As porções pilóricas e cardíacas do estômago, através das quais o alimento deve passar, são revestidas por um epitélio cornificado, que pode resistir ao efeito abrasivo da quitina.

Os estômagos mais complicados são encontrados entre os ruminantes, cetáceos e sirênicos. Podem ser compostos de várias câmaras. Nos ruminantes, há quatro partes (Fig. 7.4). A primeira é a câmara do armazenamento temporário, chamada *rúmen.* A forragem é mastigada rapidamente e vai para este compartimento, onde é umedecida e transformada numa massa. Depois, entra no segundo estômago, chamado *retículo.* Este contém vários compartimentos pequenos e comprime o alimento em pequenas massas, chamadas bolos alimentares. Estes bolos são, então, regurgitados, quando o animal está descansando, e a vegetação é completamente mastigada. É, então, ingerida uma segunda vez e retorna para o terceiro estômago, que é o *ômaso* ou *psaltério.* Aqui, é misturada mais uma vez, como resultado da ação peristáltica, e passa para a quarta câmara, ou *abomaso.* Este possui glândulas digestivas em suas paredes, e a secreção destas glândulas é misturada com o alimento, que vai, então, para o *duodeno,* ou parte anterior do intestino delgado.

O intestino delgado é proporcionalmente longo e convoluto, na maioria dos mamíferos. Seu comprimento, contudo, está relacionado com os hábitos alimentares. Nos herbívoros, tende a ser consideravelmente mais longo que nos insetívoros e carnívoros. No gado doméstico, por exemplo, pode medir 5 metros de comprimento. Há um saco cego, ou *ceco,* na junção do cólon e intestino delgado, que geralmente é pequeno nas espécies carnívoras, mas bastante longo em muitos herbívoros. Não existe cloaca nos mamíferos acima do nível dos monotremados.

Sistema Respiratório

O sistema respiratório dos mamíferos é muito menos complicado do que o das aves. Em frente da glote, em forma de fenda, no soalho da faringe, existe uma aba cartilaginosa elevada, conhecida como *epiglote.* O ar, que passa pela glote, entra na laringe e passa para a traquéia. Esta é sustentada por anéis cartilaginosos, que geral-

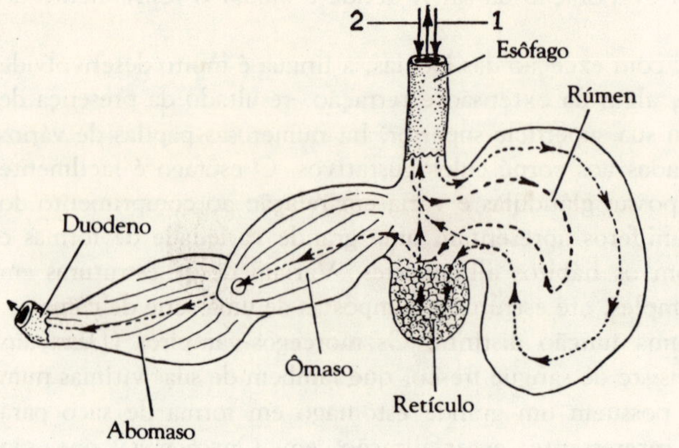

Figura 7.4. Diagrama do estômago de ruminante, apresentando as relações funcionais: *1.* denota a deglutição inicial; *2.* indica o itinerário tomado pelo alimento depois da reingestão. (Weichert, C.K.: Anatomy of the Chordates. New York, McGraw-Hill Book Co., Inc., 1958. Modificado de Kingsley, J.S.: Outlines of Comparative Anatomy of Vertebrates. 3rd Ed. New York, The Blakiston Division, McGraw-Hill Book Co., Inc., 1926, com permissão.)

mente são incompletos na face superior. Da traquéia, o ar passa para os brônquios primários pares e daí para os brônquios secundários, que se dividem em bronquíolos ainda menores, terminando finalmente em minúsculos *alvéolos*, ou sacos cegos, nos quais ocorrem as trocas gasosas.

A taxa respiratória mais rápida dos mamíferos encontra-se, provavelmente, entre alguns insectívoros. Observou-se que os musaranhos de cauda longa respiravam 850 vezes por minuto. Estes mesmos animais podem ter uma freqüência de pulso de 800 batimentos por minuto.

Em alguns mamíferos marinhos e de água doce, ocorrem adaptações de partes do sistema respiratório. Estas, freqüentemente, envolvem o desenvolvimento de abas e válvulas para fechar as narinas externas (Fig. 7.5). Nas baleias com dentes, a epiglote e parte da laringe são alongadas formando um tubo, que se estende para cima, para dentro da nasofaringe, que pode ser fechada hermeticamente por músculos. Nos sirênios, os pulmões são alongados e possuem uma capacidade relativamente grande, em relação ao tamanho do corpo.

Estudos recentes sobre as focas mostraram que elas desenvolveram algumas adaptações notáveis, que as capacitam a mergulhar a grandes profundidades, sem sofrer privação de oxigênio. Isto é realizado, em parte, pela marcante redução na freqüência do pulso, tão logo o animal mergulha. Observou-se que o pulso de um elefante-marinho cai de 85 para 12 batimentos por minuto, tão logo seu focinho esteja coberto de água. Isto também explica por que as focas permanecem submersas por longos períodos de tempo. Experiências realizadas em McMurdo Sound, Antártica, mostraram que as focas de Weddell (com indicador de profundidade preso a elas) podem mergulhar até quase 600 metros e permanecem submersas de 25 a 35 minutos. Quando se locomovem por baixo

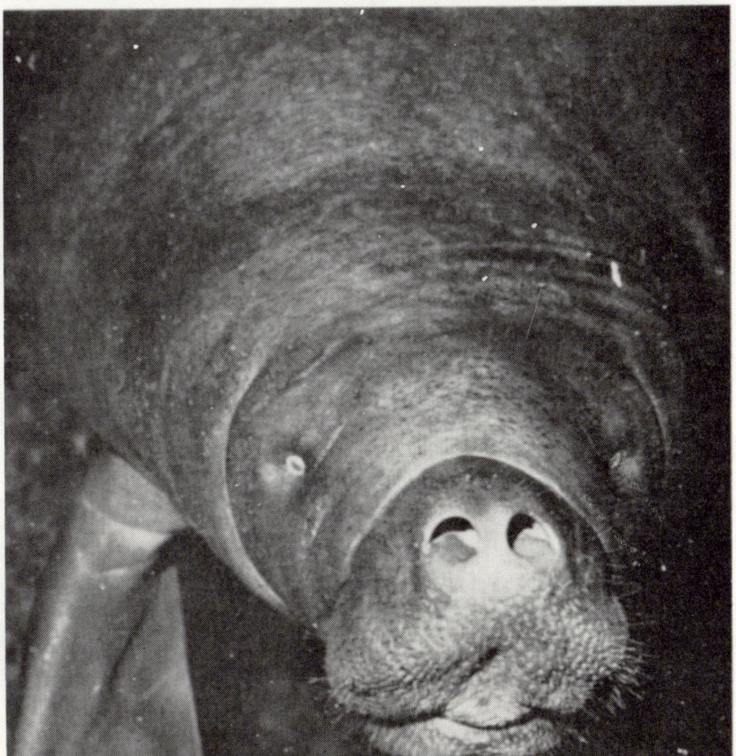

Figura 7.5. As válvulas das narinas de um manati ao se abrirem, no momento em que vem à tona para respirar. (Cortesia de Steinhart Aquarium. São Francisco.)

do gelo, estes animais locomovem-se regularmente a profundidades de 37 a mais de 60 metros e podem vir à superfície num buraco no gelo, em questão de alguns segundos, sem qualquer sinal do "mal-dos-caixões".

Os mamíferos, que mergulham mais profundamente, são os cetáceos (Fig. 7.6). Os cachalotes podem mergulhar a profundidades de mais de 900 metros, o que transmite a capacidade de resistir a uma enorme pressão e segurar a respiração por, pelo menos, uma hora. As observações sobre certos golfinhos mostram que os pulmões sofrem um colapso alveolar completo a profundidades de, mais ou menos, 60 metros; isto impede qualquer troca de gases durante os mergulhos profundos e evita a narcose pelo nitrogênio. Parece provável que este colapso alveolar ocorra em todos os cetáceos, que mergulham profundamente. Os pulmões dos cetáceos não são maiores, em relação ao tamanho do corpo, do que os pulmões dos mamíferos terrestres, mas a capacidade de transporte de oxigênio do sangue é consideravelmente maior, assim como a tolerância ao dióxido de carbono. Além disso, num mergulho, a freqüência cardíaca é reduzida para cerca de 10 batimentos por minuto e grande parte do sangue é, automaticamente, desviada da pele, da musculatura do corpo e da região caudal, para assegurar um rico suprimento para o encéfalo e o coração. Nos mamíferos que mergulham profundamente, há também uma grande quantidade de *mioglobina* no tecido muscular, a qual, como a hemoglobina, serve para armazenar oxigênio. A mioglobina é responsável, em parte, pela cor vermelha escura dos músculos.

Sistema Urogenital

Os dois ovários, geralmente, são funcionais nos mamíferos. Os ovidutos pares, ou trompas de Falópio, estão presentes. Nos monotremados, que põem ovos, estes ductos se

Figura 7.6. Duas baleias-cinzentas *(Eschrichtius gibbosus)* migrando, uma das quais está esguichando. O esguicho é, em grande parte, resultado da condensação de vapor d'agua dos pulmões.

abrem separadamente na cloaca, embora se tenha afirmado que apenas o esquerdo seria funcional. Nos marsupiais e placentários, a parte inferior da trompa de Falópio expande-se num *útero*, onde ocorre o desenvolvimento embrionário dos filhotes. Nos marsupiais, os úteros permanecem separados, mas, nos placentários, há vários graus de fusão desde úteros duplos e até um único útero (Fig. 7.7). O embrião dos mamíferos, como o dos répteis e aves, é protegido por uma membrana fetal, chamada *âmnio*.

Os testículos dos mamíferos estão localizados na parte bem posterior do corpo ou, então, fora da cavidade do corpo, numa bolsa chamada *escroto*. Em certas espécies, os testículos descem para a bolsa escrotal, apenas durante a época da reprodução. O macho possui um único pênis, que, nos monotremados, está localizado no assoalho da cloaca. Entretanto, nas formas superiores, situa-se numa bainha, que se abre para fora ou é externo.

Os mamíferos adultos, como os outros amniotas, possuem um rim do tipo metanéfrico. Possuem também uma bexiga urinária. Nos mamíferos, como em outros vertebrados, os rins não estão apenas relacionados com a eliminação de resíduos nitrogenados, sob a forma de uréia, resultante do metabolismo protéico, mas também com o equilíbrio hídrico. Este último problema varia enormemente e depende, em grande parte, do ambiente e dos hábitos de uma espécie. Os mamíferos marinhos precisam lutar contra o problema da ingestão de sal, que acompanha seu alimento, enquanto as espécies dos desertos confrontam-se, às vezes, com a ausência de água exógena. Este estado é comum dentro da distribuição geográfica de muitos roedores dos desertos do oeste norte-americano, de grande parte da Austrália, do Saara e de partes da Ásia, onde apenas sementes secas ao ar podem ser comidas. A preservação de água é realizada, principalmente, através dos rins, que secretam urina muito concentrada.

Sistema Nervoso

O sistema nervoso dos mamíferos é mais desenvolvido do que o de outros vertebrados. Em muitas espécies, os hemisférios cerebrais, originados do telencéfalo, possuem circunvoluções na superfície, de forma que há *giros* e *sulcos*. A camada externa do cérebro ou córtex, é composta de matéria cinzenta. Os hemisférios cerebrais direito e esquerdo estão ligados entre si por uma comissura branca e larga, chamada *corpo caloso*. Nos mamíferos, os lobos olfativos são pequenos, se comparados aos dos vertebrados inferiores (Fig. 7.8).

O diencéfalo consiste de um *epitálamo* dorsal, um *tálamo* lateral e um *hipotálamo* ventral. Existe uma glândula pineal no teto do diencéfalo, mas esta não apresenta nenhuma estrutura semelhante a um olho. O tálamo é um importante centro de relés.

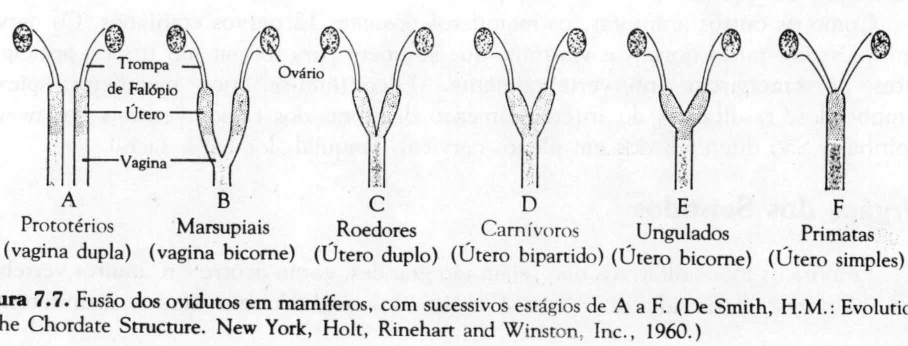

Figura 7.7. Fusão dos ovidutos em mamíferos, com sucessivos estágios de A a F. (De Smith, H.M.: Evolution of the Chordate Structure. New York, Holt, Rinehart and Winston, Inc., 1960.)

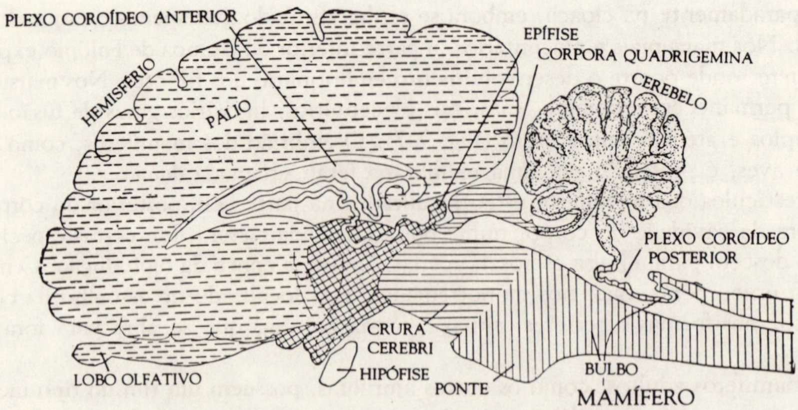

Figura 7.8. Diagrama sagital do encéfalo (segundo Edinger.)

O hipotálamo é muito importante nos mamíferos e consiste de quatro partes. São elas: o *infundíbulo*, que forma o pedúnculo e o lobo posterior da *hipófise;* o *quiasma óptico*, onde os nervos ópticos direito e esquerdo se cruzam, a caminho do encéfalo; o *túber cinéreo*, que parece ser o centro parassimpático; e os *corpos mamilares*, que integram os impulsos olfativos. O hipotálamo controla muitas funções dos mamíferos, inclusive a pressão sangüínea, o sono, o conteúdo de água, o metabolismo de gorduras e dos carboidrados, a temperatura do corpo e, possivelmente, as atividades rítmicas, tais como a muda, migração e secreções hipofisárias.

O mesencéfalo, nos mamíferos, tem menos importância do que nos vertebrados inferiores, nos quais é, realmente, o centro do encéfalo. É dividido em quatro protuberâncias chamadas *tubérculos quadrigêmeos.* Os dois lobos superiores estão relacionados com a visão, enquanto os dois lobos inferiores, provavelmente, estão relacionados com a audição. O *cerebelo,* o centro do controle dos movimentos do corpo, é mais desenvolvido nos mamíferos. Sua superfície é convoluta e dividida em vários lobos. Abaixo do cerebelo, existe uma estrutura típica dos mamíferos, chamada *ponte.* Há uma ligeira indicação da presença da ponte em algumas aves, mas, nos mamíferos, este centro de relés é um aspecto conspícuo no metencéfalo ventral.

Há uma tendência marcante a um encurtamento da medula espinhal nos mamíferos. Apenas em algumas espécies, ela se estende até o sacro. O sistema nervoso central é circundado por três camadas protetoras, ou *meninges.* A mais interna, que está em contato com o próprio sistema nervoso, é chamada *pia-máter.* Exteriormente, está uma segunda meninge, chamada *aracnóide.* Entre as duas, há um espaço chamado *espaço subaracnóide,* que está cheio de líquido cérebro-espinhal. A camada mais externa é a *dura-máter.* Está separada da aracnóide pelo *espaço subdural,* que contém uma pequena quantidade de líquido.

Como os outros amniotas, os mamíferos possuem 12 nervos cranianos. Os nervos espinhais têm raízes dorsais e ventrais, que se unem para formar um tronco principal, antes de emergirem intervertebralmente. Encontram-se, nos mamíferos, plexos complicados, resultantes do intercruzamento de fibras dos ramos ventrais dos nervos espinhais. São diferenciados em plexos cervical, braquial, lombar e sacral.

Órgãos dos Sentidos

Embora os lobos olfativos não sejam tão grandes, como ocorre em muitos vertebrados inferiores, o sentido do olfato é muito desenvolvido em muitos mamíferos. É empregado para detectar não apenas os membros da mesma espécie, mas também inimigos e alimento. A eficiência deste sistema sensorial nos mamíferos se dá pelo desenvolvimento dos cornetos nasais, estruturas elaboradas em forma de rolo (Fig. 7.9), que em grande parte, aumentam a superfície disponível do epitélio olfativo. No entanto, há alguns mamíferos, como as baleias, nos quais os órgãos olfativos são considerados essencialmente não-funcionais.

O olho dos mamíferos é basicamente igual ao da maioria dos outros vertebrados; obviamente, apresenta certas modificações relacionadas com os hábitos. Como nas aves, os mamíferos noturnos têm uma preponderância de bastonetes na retina, enquanto, nas espécies diurnas, predominam as células do tipo cone. Os mamíferos terrestres têm uma condição emétrope no ar, mas tornam-se hipermétropes na água. Os mamíferos marinhos e de água doce desenvolveram visão emétrope na água. Nos pinipédios, isto se realiza por uma mudança permanente na curvatura do cristalino. Possuem também mecanismos diatrópicos especiais para a visão no ar. Certas lontras, que foram estudadas, apresentam um "tipo terrestre" de olho, porém a musculatura do esfíncter da íris é potente e muda a forma do cristalino para preservar a acuidade visual, quando na água.

Nas espécies estritamente fossoriais, tais como as toupeiras (Talpidae), o olho pode ser de pouca importância. Isto ocorre também com o golfinho do Ganges (*Platanista gangetica*) da Índia e do Paquistão, que vive em águas muito turvas. Embora a estrutura da retina sugira alguma sensibilidade à luz, o cristalino é desprovido de um corpo cristalino e, provavelmente, não tem nenhuma função.

Entretanto, o ouvido apresenta vários avanços sobre o ouvido de outros vertebrados. A cóclea, que é essencialmente reta nos répteis e nas aves, geralmente é enrolada para acomodar seu aumento em comprimento. O ouvido médio contém três ossículos, que transmitem vibrações da membrana timpânica ao ouvido interno. Existe um canal auditivo externo e, na grande maioria dos mamíferos, há um pavilhão auditivo bem desenvolvido, que auxilia a passagem do som para o canal auditivo. O pavilhão externo desapareceu nos cetáceos e em alguns mamíferos fossoriais, como as toupeiras placentárias e marsupiais. Estes apêndices externos seriam uma desvantagem para um animal, que se movesse pela água e através do solo. Em certos mamíferos terrestres, o pavilhão cresceu muito e serve não apenas para conduzir o som para o canal auditivo, mas também

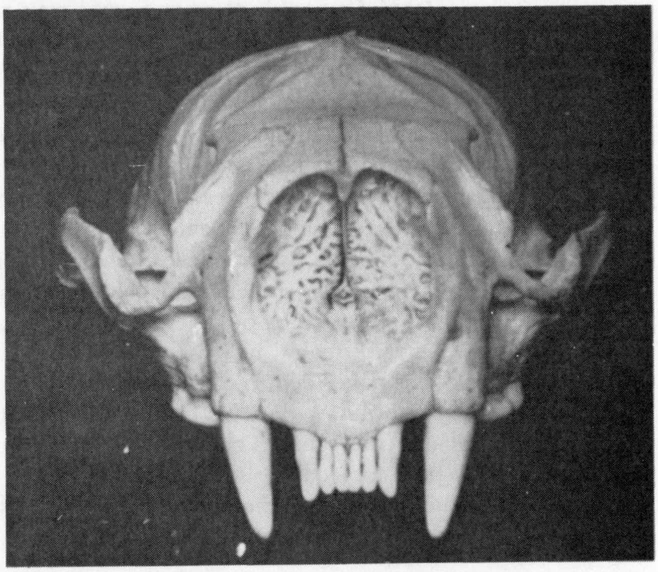

Figura 7.9. Vista frontal do crânio de uma lontra marinha *(Enhydra lutris)*, mostrando a estrutura enrolada altamente desenvolvida das conchas nasais.

pode funcionar para ajudar a termorregulação. As enormes orelhas dos elefantes e as grandes orelhas dos coelhos podem servir para este uso suplementar. Os pavilhões do grande coelho de cauda preta (*Lepus californicus*) representam 19 por cento da superfície do corpo e os do coelho de lados brancos (*Lepus alleni*) somam 25 por cento. Estas duas espécies habitam partes do oeste norte-americano, quando as temperaturas de verão, freqüentemente são muito altas e as temperaturas de inverno podem ser baixas. A perda de calor é reduzida pela diminuição do fluxo sangüíneo para a superfície vascular do ouvido externo. Inversamente, a redução da temperatura do corpo pode ser feita, aumentando-se o fluxo sangüíneo no pavilhão, se a temperatura externa for mais baixa do que a do corpo.

O aparelho auditivo de alguns mamíferos mostra um especialização marcante. Muitos morcegos, cetáceos e pinipédios dependem, em grande parte, dos ecos de sons, que eles próprios produzem, para detectar a presença de objetos em seu ambiente, quando por ele se movimentam. Durante o século dezenove, um cientista chamado Spallanzani provou, através de uma série de experiências, que os morcegos com sua visão obstruída podiam voar em um quarto com arames esticados e no entanto podiam evitar estes objetos. Não podiam fazê-lo, contudo, com seus ouvidos tampados ou suas bocas seladas. Através de instrumentação adequada, o Dr. Donald R. Griffen e o Dr. Robert Galambos, no princípio dos anos 40, demonstraram que os morcegos navegam por meio de *eco-localização*. Usando um microfone de alta freqüência, um amplificador e um osciloscópio, provaram que pequenos morcegos insetívoros produzem sons de alta freqüência (freqüentemente, superior a 100 kHz) e, por isso, de comprimento de ondas próximos e voltam como ecos, avisando assim os animais não apenas sobre a presença dos objetos, mas também a respito de seu tamanho e forma. O uso de sons de alta freqüência (freqüentemente, superior a 100 khz) e, por isso, de comprimento de ondas muito pequeno, é essencial para detectar pequenos objetos, tais como insetos voando.

Não muito depois desta descoberta, foi observado que muitos tipos de cetáceos produzem sons subaquáticos com uma variação ainda maior de freqüência que os morcegos. Alguns sons com freqüências tão altas quanto 300 kHz foram detectados, embora muitos sons dos cetáceos sejam muito mais baixos do que os dos morcegos. Estes sons podem ser detectados pelo uso de um hidrofone. Após a descoberta dos sons subaquáticos dos cetáceos, restou ser demonstrado como tais sons podiam ser úteis aos organïsmos que os produziam. Um ouvido adaptado à audição subaquática deve ter alguma modificação básica de algum tipo de ouvido usado por um animal terrestre. O som não só é transmitido quatro vezes mais rapidamente pela água do que pelo ar, mas também penetram num meio com aproximadamente a mesma densidade do corpo, o que não ocorre no ar. No ar, as ondas sonoras alcançam o ouvido interno através do canal auditivo, da membrana timpânica e dos ossículos auditivos. Na água, por causa da semelhança da densidade do corpo do mamífero e da água, as ondas sonoras podem ser conduzidas diretamente através do corpo. Por isso, podem passar de um ouvido para o outro, em vez de serem recebidos independentemente. Isto representa um problema, já que a recepção independente de cada um dos órgãos auditivos é essencial para a orientação exata. Os cetáceos resolveram isto por terem um osso timpânico, que mantém a cóclea suspensa do crânio por meio de ligamentos e circundada por uma cavidade repleta de ar ou de espuma. Por isso, as ondas sonoras podem ser transmitidas à cóclea por ossículos auditivos especialmente modificados. O próprio som é produzido nas bolsas nasais dentro das narinas fundidas, em vez de na laringe, como nos mamíferos terrestres. Muitos tipos de cetáceos com dentes possuem uma fronte grande, chamada "melão", com câmaras cheias de óleo; acredita-se que sirva como meio de transmitir os sons para fora das bolsas nasais, que estão bem atrás dela (Fig. 7.10). Experiências recentes também indicam que a recepção sonora da água para os ouvidos médio e interno pode ocorrer por meio da mandíbula. As mandíbulas do boto, golfinhos e outros

Figura 7.10. O Boto amazonense *(Inia)* habita rios turvos sul-americanos, onde a visibilidade é pouca. Acredita-se que localiza seu alimento e orienta-se, em grande parte, através da eco-localização. (Cortesia do Steinhart Aquarium, São Francisco.)

cetáceos com dentes são ocas; cada uma é composta de uma cobertura externa de osso muito fino, ao redor de uma cavidade cheia de óleo, que favoreceria a transmissão do som. A parte posterior da mandíbula está muito próxima do ouvido médio.

A audição direcional não é apenas determinada nas baleias, botos e golfinhos, como no homem, através das diferenças na intensidade dos sons recebidos em cada ouvido, mas também, crê-se por intermédio da modulação de freqüência. A maior parte de seus próprios sons subaquáticos mostram uma grande variação de freqüência. Conseqüentemente, se os dois ouvidos não estão à mesma distância do objeto, do qual o som é refletido, cada um receberá sons de freqüência diferente simultaneamente.

As experiências com botos e golfinhos em cativeiro mostraram que, quando vendados, eles também podem evitar obstáculos e localizar pequenos objetos com grande exatidão. Podem até mesmo distinguir pedaços de alimento e cápsulas de mesmo tamanho e peso, em tais circunstâncias.

Pelo menos 6 das 10 espécies de baleias de barbatana, que foram estudadas, mostraram produção sonora subaquática. Estes sons, em geral, são de baixa freqüência, ao contrário dos sons de alta freqüência produzidos pela maioria das baleias com dentes. Vão desde gemidos até sons semelhantes a arrotos.

As baleias cinzentas e as brancas fogem, quando os sons das baleias assassinas ressoam de volta para elas. Algumas baleias não fogem, embora possam ser estimuladas a saltar, levantando suas cabeças verticalmente para fora da água.

Mais recentemente, mostrou-se que vários tipos de pinipédios usam a eco-localização, quando nadam debaixo da água. Também eles podem, em total escuridão, não apenas localizar objetos na água com grande rapidez, mas também distinguir entre objetos de composição diferente, mas de mesmo tamanho e forma. As focas e os leões-marinhos possuem visão bastante boa, da qual também se utilizam em águas claras, quando a luz é boa e não há necessidade de usar seu mecanismo de sonar. Estudos recentes também demonstram que muitas pequenas espécies noturnas de roedores podem produzir e ouvir sons de alta freqüência. *Mus* e *Peromyscus* mostraram sensibilidade a até 80 kHz.

Glândulas Endócrinas

As glândulas endócrinas atingem seu ponto máximo de desenvolvimento nos mamíferos. Como em outros vertebrados, a mais importante destas é a hipófise, que tem uma origem embrionária dupla. O lobo posterior desenvolve-se do assoalho do encéfalo, enquanto o lobo anterior, a *pars intermedia* e a *pars tuberalis* se originam do teto do estomodeu, exatamente em frente da placa oral. Vários hormônios diferentes são produzidos pelas diversas partes desta glândula composta. Alguns hormônios regulam a atividade de outras glândulas endócrinas, como a tireóide, as adrenais e as gônadas. Estes são os hormônios *tireotrófico*, *adrenocorticotrófico* e *gonadotrófico*. Outros estão relacionados com a regulação de atividades do corpo como o crescimento, o metabolismo das gorduras e carboidratos e a secreção de urina.

A *glândula pineal* situa-se no teto do diencéfalo, mas não possui elementos fotorreceptores, como os encontrados em alguns dos vertebrados inferiores. Entretanto, está relacionada com o ritmo circadiano da síntese de serotonina, melatonina e outros produtos químicos, que persistem durante a escuridão contínua e desaparecem com a exposição à luz. A melatonina é considerada um hormônio e tem um efeito inibidor sobre as gônadas. A serotonina é uma amina, a partir da qual a melatonina é sintetizada. Resta muito para se aprender sobre a glândula pineal e as substâncias químicas a ela associadas.

A *glândula tireóide*, que se origina do assoalho do intestino primitivo embrionário, é grande nos mamíferos e consiste de dois lobos situados em cada um dos lados da traquéia, logo abaixo da laringe, e unidos pelo istmo. Seu produto é um hormônio chamado *tiroxina*, rica em iodo. Em certas áreas onde o alimento e a água têm conteúdo de iodo extremamente baixo, os seres humanos desenvolvem tireóides anormalmente grandes, um estado conhecido como bócio. A tiroxina é importante na regulação do metabolismo.

As *paratireóides* da maioria dos mamíferos são aprofundadas na glândula tireóide ou associadas muito estreitamente a ela. São essenciais para a vida, já que desempenham um papel muito importante no metabolismo do cálcio. O *timo*, como as paratireóides e a tireóide, origina-se embrionariamente do intestino anterior. Nos mamíferos, esta glândula migra, durante o curso de seu desenvolvimento, para trás, para uma posição próxima à parte anterior do coração. Há muitos anos, sabe-se que o timo é muito maior nos filhotes do que nos adultos, mas sua função era desconhecida. Recentemente, descobriu-se que esta glândula está relacionada com o condicionamento do sistema linfático a formar anticorpos e a rejeitar tecidos transplantados. Camundongos, ratos e hamsteres, que são timectomizados durante a primeira semana após o nascimento, apresentam uma capacidade muito reduzida para sintetizar anticorpos e aceitarão, com sucesso, enxertos de pele de outros indivíduos.

A atividade endócrina dos ovários e testículos dos mamíferos é examinada em detalhe no Capítulo 13.

CARACTERÍSTICAS ESPECIAIS

Muitas especializações dos mamíferos estão associadas ao sistema tegumentar. As glândulas mamárias, as glândulas cutâneas, pêlos, chifres, cornos, unhas, garras e cascos são todos, basicamente, parte do tegumento ou anexos dele. O tegumento consiste principalmente de pele; esta é composta de uma fina camada externa, a *epiderme*, e uma camada mais profunda e, geralmente, mais espessa, chamada *derme*. A primeira origina-se embrionariamente do ectoderma, enquanto a segunda surge do mesênquima, que é, em sua maior parte, mesodérmico.

Visto que o sistema tegumentar é a parte mais externa do corpo, serve para proteção de muitas maneiras. Por causa de sua natureza um tanto impenetrável, a pele protege as estruturas subjacentes mais delicadas contra ferimentos e serve como barreira contra infecções. Os pêlos ajudam a fornecer maior proteção para o corpo. A redução dos pêlos, na maioria dos mamíferos terrestres, geralmente é compensada pelo espessamento da pele, como nos paquidermes. Às vezes, além de estruturas como unhas e cascos, a pele forma escamas córneas queratinizadas, como ocorre nas caudas de muitos roedores e em alguns marsupiais. O corpo inteiro ou partes importantes podem ser protegidas por tais placas, como nos pangolins e nos tatus.

A função mais importante do sistema tegumentar dos mamíferos é ajudar na termorregulação. Como será visto, certas glândulas funcionam com este propósito. A pele também desempenha um papel na proteção do corpo contra altas temperaturas e radiação solar; os mamíferos expostos a sol intenso nas áreas desérticas tendem a ter uma pele pigmentada e mais grossa do que a de mamíferos de regiões temperadas. Seguem-se as especializações tegumentares dos mamíferos.

Glândulas Mamárias

As glândulas mamárias são de importância primordial para os mamíferos e são responsáveis pelo nome comum aplicado a esta classe de vertebrados. Em certos aspectos, estas estruturas estão relacionadas com as glândulas sebáceas e as sudoríparas e todas elas podem ter-se desenvolvido de um tipo ancestral comum de estrutura epidérmica. Embriologicamente, as glândulas mamárias surgem de espessamentos epidérmicos, que se estendem como uma linha pelos dois lados do corpo, da axila à virilha. Em certos pontos ao longo desta *linha mamária,* surgem as futuras glândulas. Aparecem no desenvolvimento de ambos os sexos, mas, normalmente, tornam-se funcionais apenas na fêmea e estão sob controle hormonal.

A posição das glândulas varia muito nas diferentes espécies. Podem ser peitorais, abdominais ou inguinais. Na maioria dos mamíferos, as saídas destas glândulas são os *mamilos.* Apenas nos monotremados, não encontramos mamilos. Neste grupo, os ductos se abrem numa superfície plana da pele e os filhotes lambem o leite dos tufos de pêlos da superfície ventral da mãe. Nos marsupiais e placentários, os ductos das glândulas mamárias abrem-se em mamilos elevados. Em alguns grupos, como os primatas, os ductos abrem-se diretamente na ponta do mamilo, enquanto, em outros, como os artiodáctilos, há um mamilo falso, com os ductos se abrindo na base de um canal mamário comum.

O número de mamilos varia consideravelmente, dependendo da espécie. São sempre pares, mas o número de pares pode variar de 1 a 13 e está mais ou menos relacionado ao número de filhotes que a fêmea gera. Os mamíferos que, geralmente, têm um ou dois filhotes, possuem um único par de mamilos. Isto ocorre com os primatas, cetáceos e certos morcegos. Outras espécies mais prolíficas possuem um número maior de pares de mamilos para acomodar os filhotes.

Como já foi afirmado, o leite exsuda das glândulas, nos monotremados. Entretanto, na maioria dos mamíferos, é sugado pelos filhotes. Vê-se uma exceção a isto nos cetáceos, nos quais músculos especiais podem ejetar forçadamente o leite dos mamilos para dentro da boca dos filhotes. Esta adaptação impede a perda deste material nutritivo neste grupo, cuja vida é passada na água e cujos lábios, essenciais para sugar, desapareceram (Fig. 7.11).

O *leite* ou produto da glândula mamária é o único alimento dos filhotes na primeira parte da vida pós-parto. Além de água, ele contém gorduras, lactose, albumina e vários sais. A proporção destas substâncias varia consideravelmente nos diferentes tipos de

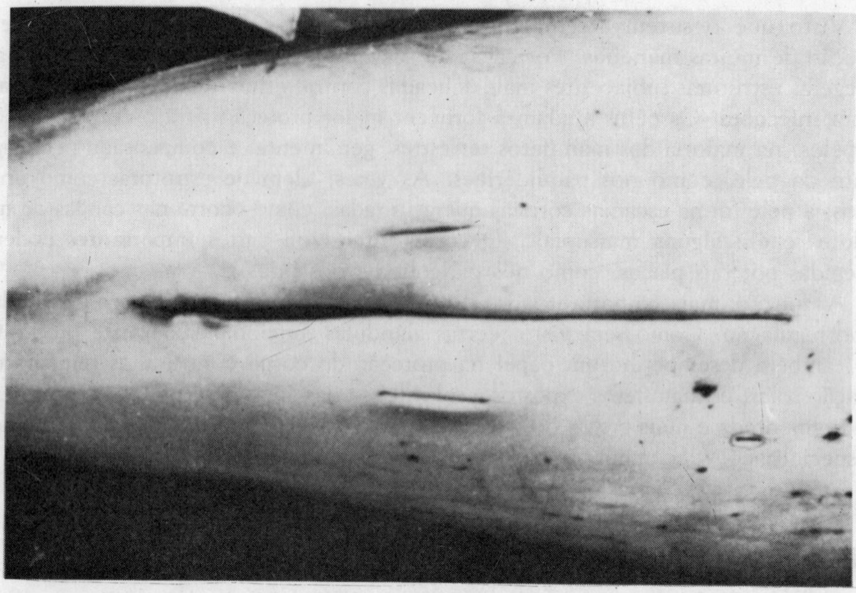

Figura 7.11. Nos cetáceos, os mamilos da fêmea, quando não estão em uso, retraem-se para dentro de fendas situadas em ambos os lados do ânus, como é observado na parte inferior desta fêmea de toninha *(Phocoena phocoena)*.

mamíferos e reflete-se na taxa de crescimento dos filhotes. O leite, rico em albumina, acelera o crescimento. No homem, o conteúdo de albumina é baixo, e o crescimento é correspondentemente lento, enquanto os filhotes dos porquinhos-da-Índia, que se alimentam de leite rico em albumina, duplicam seu peso em poucos dias. Na maior parte dos mamíferos marinhos, o conteúdo de gordura do leite também é muito alto, chegando às vezes a 50 por cento. Isto é responsável pela capacidade dos filhotes da foca poderem crescer, embora possam ser amamentados por suas mães apenas uma vez a cada 8 dias. É responsável também pelo rápido aumento de peso do corpo em outras espécies de focas que, embora desmamadas com 2 a 4 semanas de idade, podem quadruplicar seu peso nesse meio tempo.

Glândulas Cutâneas

Além das glândulas mamárias, as outras glândulas tegumentares importantes dos mamíferos são as sudoríparas, as sebáceas e as odoríferas. As *glândulas sudoríparas* ocorrem, comumente, nos mamíferos. Servem não apenas para eliminar substâncias residuais do corpo como também para auxiliar enormemente a termorregulação. A evaporação do suor da pele serve para resfriar o corpo. Embora, no homem, as glândulas sudoríparas sejam largamente distribuídas pela pele, isto não ocorre com a maioria das espécies mamíferas. A presença de pelagem densa e pesada em muitos tipos de mamíferos seria altamente desvantajosa, se as glândulas sudoríparas fossem universalmente distribuídas pelo corpo. Em algumas espécies de roedores e em certos carnívoros, estas glândulas estão limitadas às solas das patas ou à pele entre os dígitos. As glândulas sudoríparas dos musaranhos migradores *(Sores vagrans)* são pequenas, em pequeno número e restritas à superfície ventral do corpo. Alguns morcegos parecem não ter glândulas sudoríparas; outros possuem-nas na área facial (Fig. 7.12). Informa-se que estas glândulas inexistem completamente nas baleias, nas quais, é claro, não pode haver evaporação da superfície cutânea.

Figura 7.12. As glândulas cutâneas são observadas na cabeça de muitos tipos de morcegos. No morcego *Antrozous pallidus*, estas glândulas ocorrem em ambos os lados do focinho. Uma secreção de odor distinto é exsudada pelas aberturas escuras em forma de poros.

As *glândulas sebáceas* geralmente estão associadas aos folículos capilares e sua secreção serve para lubrificar não apenas os pêlos, mas também a pele.

Muitos tipos diferentes de *glândulas odoríferas* são encontrados entre os mamíferos. Algumas destas glândulas parecem ser ligeiras modificações dos tipos sebáceos e sudoríparos, enquanto outras são altamente especializadas. As glândulas odoríferas servem a vários propósitos diferentes. Algumas são para a defesa contra inimigos ou para afugentar outros membros da mesma espécie de um território escolhido. Outras funcionam para atrair membros da mesma espécie ou, freqüentemente, indivíduos do sexo oposto. O termo *feromônio* é hoje usado para designar qualquer substância secretada por um animal que provoque uma reação específica em quaisquer outros indivíduos da mesma espécie. Estas glândulas são mais desenvolvidas nos mamíferos, que possuam um sentido do olfato aguçado. Nas formas que têm o aparelho olfativo muito reduzido, como as baleias, as glândulas odoríferas inexistem completamente.

Provavelmente, as glândulas odoríferas mais conhecidas entre os mamíferos norte-americanos são as das jaritacacas. Nestes animais, a secreção das glândulas perianais podem ser eficazmente expelidas através de papilas situadas em cada um dos lados do ânus. Como todos aqueles, que tenham tido experiências infelizes com estes mustelídeos, sabem que este líquido pode ser dirigido ao inimigo suspeito com grande exatidão e serve como poderosa arma de defesa. O potente ingrediente, que produz o odor penetrante, e que também pode causar cegueira temporária ou até mesmo permanente, se entrar em contato com o olho, é conhecido como *metil-mercaptana*. É interessante notar que as cores branca e preta conspícuas, tão características das várias espécies de jaritacacas americanas, são também encontradas em certas civetas do Velho Mundo da família Viverridae, que podem expelir um tipo semelhante de odor como defesa.

Outros membros da família Mustelidae possuem *glândulas anais*, que podem exsudar uma secreção bastante forte, quando estão excitados, mas, em todos, exceto nas jaritacacas, estas glândulas parecem servir primeiramente a outros propósitos. Podem funcionar para atrair outros membros da mesma espécie ou membros do sexo oposto. O odor da secreção das glândulas anais de uma doninha, se esfregada em uma armadilha, freqüentemente atrairá outras doninhas para a armadilha. As martas, membros da família das doninhas, também possuem *glândulas cutâneas abdominais*. Observou-se que tanto os indivíduos selvagens quanto os indivíduos em cativeiro arrastam seus corpos sobre troncos e outros objetos, aparentemente, num esforço de depositar a secreção das glândulas. Glândulas de natureza semelhante também foram encontradas nos carcajus e nos texugos.

Em vários membros dos Canidae, há glândulas almiscaradas na face superior da cauda, perto da base. Os pêlos protetores desta área são grosseiros e semelhantes a jubas e inexistem pêlos debaixo destes. O comprimento destas glândulas varia com o indivíduo e com a espécie. Na raposa cinzenta, pode ter de 7 a 10 centímetros de comprimento. Tais glândulas parecem servir como meio de comunicação.

Os pecaris eliminam um odor muito forte das *glândulas dorsais*, situadas ao longo do dorso. O produto glandular é esfregado nos galhos e ramos pelas trilhas e é notado freqüentemente pelos membros da espécie humana. Embora o odor se torne mais intenso, quando os pecaris estão excitados, é improvável que este funcione como defesa. Uma pequena glândula dorsal, localizada entre os ombros, também é encontrada nos ratos-canguru. A função exata não é conhecida, mas sugeriu-se que pudesse ser importante no reconhecimento de indivíduos ou de suas tocas e também para impermeabilizar os pêlos.

Vários musaranhos americanos possuem glândulas cutâneas nos lados do corpo. Acredita-se que funcionem em relação com o ciclo reprodutivo. As glândulas sudoríparas especializadas, um tanto similares, são encontradas na cabeça, queixo, punhos e partes ventrais do corpo em vários gêneros de toupeiras americanas. Parece que estas glândulas são mais ativas, durante a estação de reprodução. As toupeiras também possuem glândulas perineais.

As *glândulas ventrais*, localizadas na superfície do abdome, são observadas nos ratos-do-mato. Nos ratos-do-mato de patas escuras *(Neotoma fuscipes)*, estas glândulas são mais desenvolvidas nos machos adultos durante a época de reprodução. Sugeriu-se que elas pudessem desempenhar um papel no estabelecimento e manutenção do território, bem como no reconhecimento de locais dentro do território.

As antilocapras *(Antilocapra americana)* possuem 11 glândulas odoríferas, localizadas da seguinte forma: uma na base de cada orelha, uma no dorso inferior, uma de cada lado da anca, uma atrás de cada jarrete e uma glândula interdigital em cada pata. Algumas destas, sem dúvida, servem para o reconhecimento e atração sexual. Entretanto, notou-se que, quando os pêlos da anca são levantados ou abaixados, exala-se um forte odor almiscarado, sugerindo a possibilidade de que a secreção glandular possa servir para proteção contra vários insetos nocivos.

Tanto no elefante asiático como no africano, há uma glândula temporal localizada entre o olho e a orelha, que secreta uma substância de forte odor em determinados momentos. No elefante asiático macho, o fluxo da secreção parece relacionado com o período do ano, no qual os machos estão sexualmente ativos e o nível de testosterona no sangue é alto. Nesta época, diz-se que estão no "musth" e tornam-se irascíveis e perigosos. Isto não ocorre com o elefante africano, no qual a glândula é ativa em ambos os sexos com mais de 2 anos de idade e não parece estar relacionada com a atividade sexual.

Os membros da família dos cervos possuem várias glândulas cutâneas, algumas das quais são de considerável importância para os taxonomistas. Anterior ao olho, existe uma *glândula pré-orbitária*, em forma de bolsa, que se encaixa numa cavidade no osso lacrimal subjacente. Cowan (1936) é da opinião de que esta glândula não é funcional no cervo americano, embora seja consideravelmente maior em *Odocoileus hemionus* do que em *Odocoileus virginianus*. Em certos gêneros de antílopes *Bovidae*, no entanto, as glândulas pré-orbitais tornam-se grandes durante a época de reprodução e podem, realmente, ser evertidas, produzindo um efeito singular de "quatro-olhos". A *glândula tarsal* está localizada na face mediana de articulação tarsal e consiste de áreas de pele espessadas, com glândulas sudoríparas e sebáceas aumentadas. É coberta por tufos de pêlos longos e grosseiros, e relata-se que a secreção oleosa tem um odor amoniacal. Esta glândula é mais ativa, pelo menos no macho, durante a época de reprodução. Estudos feitos sobre as glândulas tarsais do veado *Odocoileus hemionus columbianus* mostraram que os membros de uma manada cheiram regularmente a glândula tarsal um do outro tanto durante o dia, como à noite. Parece ser importante no reconhecimento. Se um indivíduo estranho se aproxima da manada, o odor desta glândula é o primeiro estágio do comportamento agressivo. Subseqüentemente, o intruso pode ser afugentado. Diz-se que os filhotes de corças reconhecem as mães pelo odor das glândulas tarsais. Muitos membros da família dos cervos possuem *glândulas metatarsais* (Fig. 7.13), embora estas inexistam no alce *(Alces)* (Fig. 7.14). Esta glândula é alongada e está localizada no lado externo do metatarso. Uma crista córnea e escura desce ao longo do centro da glândula e é desprovida de pêlos, embora o resto da glândula seja marcado por pêlos longos e duros. A glândula metatarsal varia consideravelmente de tamanho nas diferentes subespécies de *Odocoileus hemionus* e está localizada inteiramente ou em grande parte acima do meio da perna; já em *Odocoileus virginianus*, ela situa-se abaixo do meio da perna e é pequena. Sugeriu-se que a secreção de odor almiscarado ajude o animal a localizar vários locais de descanso regulares. As *glândulas interdigitais* estão presentes em muitos artiodáctilos e, no cervo americano, são encontradas nas quatro patas. Estas glândulas, situadas entre os dois dígitos principais, são ativas durante o ano inteiro e podem auxiliar os indivíduos a seguir o rastro de outros membros da mesma espécie ou até mesmo seguir seus próprios rastros.

Muitos tipos de morcegos possuem glândulas cutâneas, freqüentemente, localizadas na cabeça. Em algumas espécies, o odor produzido por estas glândulas é muito forte. No morcego *Antrozous pallidus*, assemelha-se tenuemente ao odor de uma jaritacaca. Como ocorre com muitas glândulas cutâneas dos mamíferos, a secreção é expelida dos poros glandulares em maior quantidade, quando os animais estão assustados, embora isto não

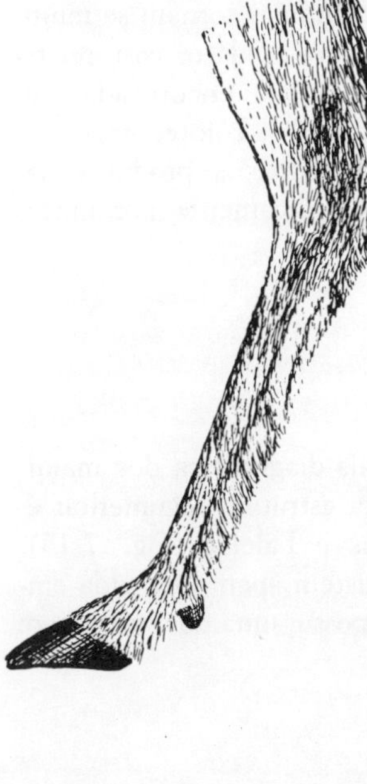

Figura 7.13. A glândula metatarsal alongada na face externa inferior do membro posterior no veado *Odocoileus hemionus* é circundada por um tufo de pêlos longos.

Figura 7.14. Talvez os hábitos semi-aquáticos do alce *(Alces alces)* sejam responsáveis pela ausência de glândulas odoríferas metatarsais.

signifique necessariamente um mecanismo de defesa. Talvez ajude os indivíduos a localizar seus poleiros, visto que estes adquirem o forte odor, tão característico dos ocupantes.

As *glândulas prepuciais* são encontradas em muitos tipos de mamíferos. As mais notáveis são, talvez, as dos castores. Grandes bolsas com uma secreção conhecida como *castóreo* existem debaixo da pele em ambos os lados do pênis e abrem-se, através de ductos, no prepúcio. Durante a estação de reprodução, estas glândulas tornam-se muito maiores e a secreção, depositada em vários locais, provavelmente ajuda os castores na aquisição de companheiras. Glândulas de natureza semelhante são encontradas em muitos outros roedores e também nos membros da família dos cães. Os coiotes, raposas e lobos machos depositam regularmente sua urina, misturada com os produtos das glândulas prepuciais, em vários locais de odor, visitados periodicamente por outros membros da mesma espécie.

Pêlos

Logo depois das glândulas mamárias, a característica mais diagnóstica dos mamíferos é o pêlo. Há alguns grupos de mamíferos, nos quais esta estrutura tegumentar é, em grande parte, reduzida, como, por exemplo, nos tatus e baleias (Fig. 7.15). Verificou-se que, em algumas das baleias com dentes, eles existem apenas na vida embrionária. A maior parte dos membros desta classe, contudo, possui uma cobertura bem desenvolvida de pêlos no corpo.

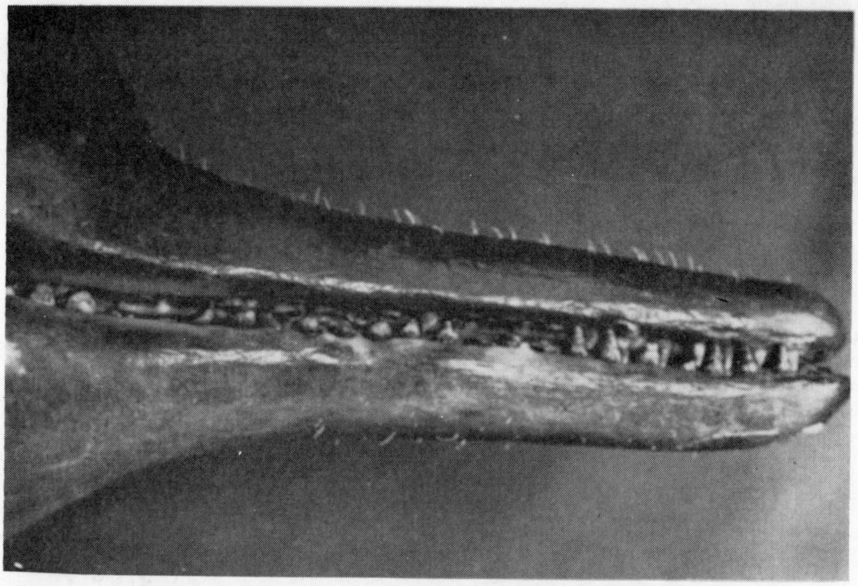

Figura 7.15. Certos cetáceos possuem alguns pêlos na cabeça, mesmo quando adultos. Aqui observamos um perfil de um boto amazonense *(Inia geoffrensis)*, mostrando a presença de pêlos no focinho e na mandíbula. (Fotografia de Jacqueline Schonewald.)

Do ponto de vista do desenvolvimento, o pêlo é uma estrutura ectodérmica originada da camada malpighiana da epiderme. Estruturalmente, ao se fazer um corte transversal do pêlo, vê-se que é composto de três camadas principais. O núcleo interior, chamado de *medula,* consiste de células cuboidais, dispostas frouxamente e podem conter grânulos pigmentares, ou não. Em alguns pêlos, a medula pode inexistir completamente, enquanto em outros pode ocupar a maior parte da haste. Por fora da medula, está a *camada cortical.* As células do córtex são fusiformes, unidas umas às outras firmemente e podem conter pigmentos, ou não. A extensão relativa desta camada externa varia de espécie para espécie. A camada externa é composta de uma *cutícula.* A cutícula consiste de células achatadas em forma de escama, geralmente não pigmentadas. Estas escamas variam muito na forma e disposição, nas diferentes espécies de mamíferos. No entanto, geralmente, estão divididas em dois grupos, imbricadas e coronais (Fig. 7.16). As *escamas imbricadas* estão dispostas de forma que se sobreponham umas às outras, como as telhas. As *escamas coronais* circundam a haste e se encaixam umas nas outras, como dedais ou copos empilhados. Um pêlo seccionado transversalmente pode ser circular ou achatado. Pêlos lisos possuem hastes circulares, enquanto pêlos encaracolados possuem hastes achatadas; o grau de achatamento está diretamente relacionado à quantidade de ondulações.

Falando genericamente, os pêlos estão, grosseiramente, divididos em duas categorias, pêlos de revestimento e pêlos lanosos. Os pêlos de revestimento são os maiores e mais grosseiros, mais visíveis na superfície externa da pele, enquanto os pêlos lanosos, geralmente, são muito mais finos e mais curtos e não são muito visíveis, até que a pelagem seja separada. Na maioria dos animais que possuem pêlos, a quantidade de pêlos de revestimento, geralmente, é ultrapassada pelos pêlos lanosos. Nem todos os mamíferos possuem pêlos lanosos. Em alguns dos Pinnipedia, os pêlos lanosos são, em grande parte, reduzidos ou até mesmo totalmente ausentes. Da mesma forma, em alguns dos Insectívora, a pelagem é tão fina que não se pode distinguir satisfatoriamente os pêlos de revestimento dos pêlos lanosos.

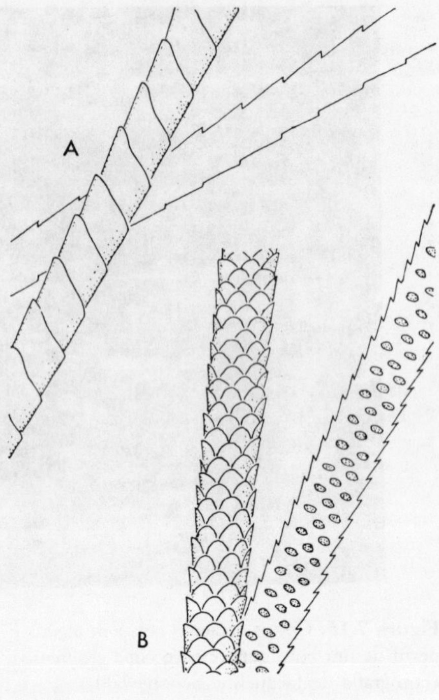

Figura 7.16. Exemplos de hastes pilosas de mamíferos ilustrando (A) escamas coronais no morcego vermelho (*Lasiurus borealis*) e (B) escamas imbricadas em *Thomomys bottae* . (Redesenhado de Hausman.)

Visto que o pêlo, uma vez formado, é uma estrutura queratinizada morta, ele está constantemente sujeito a desgaste, exatamente como o pigmento dentro dele está sujeito ao desbotamento. Isto precisa de substituição periódica, que é efetuada pela queda dos pêlos velhos e crescimento de novos pêlos. Estas mudas ocorrem anualmente em algumas espécies, em geral no outono. Em outros mamíferos, pode haver duas substituições de pêlos a cada ano, quando, geralmente, há uma muda de primavera e outra de outono. Em algumas espécies, as mudas ocorrem irregularmente. O processo de muda, embora possa ocorrer em poucas semanas, é gradual e os pêlos velhos não são perdidos, até que os novos tenham quase atingido seu crescimento completo. A maneira como ocorre a muda, geralmente, segue um padrão muito definido em cada espécie. Um tipo bem inusitado de muda ocorre no elefante-marinho (*Mirounga*) (Fig. 7.17). Nestes pinipédios, os pêlos velhos juntamente com uma camada de epiderme são trocados em placas, que podem ter vários centímetros de diâmetro. Quando isto ocorre, os novos pêlos já nasceram na superfície da pele subjacente.

Os pêlos têm muitas funções para os mamíferos, mas seu propósito principal é o da conservação do calor do corpo. Como isolante do corpo, os pêlos evitam a perda indevida de energia neste grupo de vertebrados de sangue quente, desempenhando a mesma função que as penas para as aves. Os mamíferos, que habitam regiões frias, geralmente possuem camadas mais espessas de pêlos do que os de climas quentes. Em algumas formas marinhas, tais como os cetáceos, pêlos longos e fortes seriam, obviamente, uma das vantagens. A redução ou perda desta camada isolante é compensada pela presença de uma espessa camada de gordura. Nos paquidermes, como os elefantes, nos quais há uma redução da quantidade de pêlos, observamos que a pele se tornou bastante espessa.

Os filhotes das focas da família Phocidae nascem com uma camada de pêlos relativamente longos e densos, que são substituídos por uma pelagem mais curta e mais esparsa em várias semanas, mais ou menos na época em que se tornam desmamados. Os estudos sobre termorregulação comparativa, com filhotes de elefantes-marinhos lactentes e desmamados, mostraram que, até mesmo com a cor da camada relativamente

Figura 7.17. Os machos adultos e subadultos do elefante-marinho setentrional (*Mirounga angustirostris*) do leste do Oceano Pacífico vêm às ilhas situadas ao largo para a muda, durante o meio do verão.

enegrecida e pesada, os filhotes lactentes têm uma perda de calor muito maior do que aqueles que são desmamados e sofreram muda dos pêlos. Isto parece resultar da falta de gordura isolante sob a pele do recém-nascido e é compensado por uma taxa metabólica mais alta. A deposição de gordura, no entanto, é rápida e, em 3 a 4 semanas após o nascimento, os filhotes quase quadruplicam seu peso.

Além de preservar o calor do corpo, servindo, assim, em parte como um termorregulador, os pêlos desempenham muitas outras funções; uma das principais é a proteção. Os pêlos duros e grossos, a que nos referimos como espinhos no porco-espinho, são facilmente reconhecidos por servirem para a defesa destes animais de movimentos

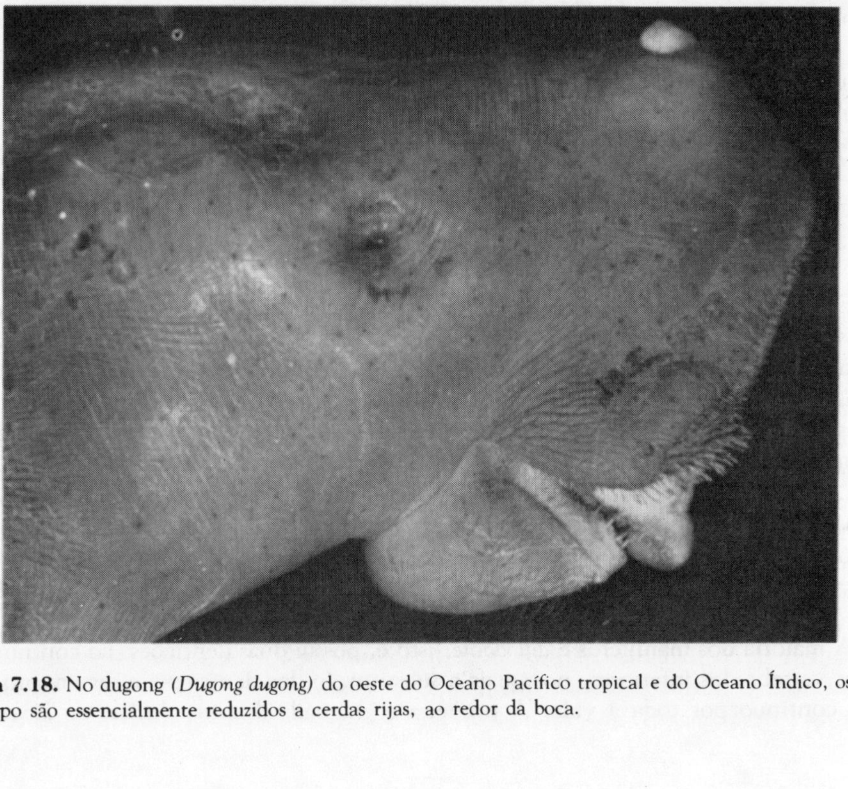

Figura 7.18. No dugong (*Dugong dugong*) do oeste do Oceano Pacífico tropical e do Oceano Índico, os pêlos do corpo são essencialmente reduzidos a cerdas rijas, ao redor da boca.

relativamente lentos. Isto ocorre da mesma forma com os pêlos especializados do ouriço do Velho Mundo. Menos óbvio, porém, provavelmente, de igual importância para a sobrevivência de muitas espécies, é a cor dos pêlos. Em muitos mamíferos, observamos que a cor do corpo, devida em grande parte à presença, ausência ou distribuição de pigmento na haste capilar, tende a ser pouco evidente no meio ambiente. Os mamíferos, que vivem nas áreas escuras das florestas, são, freqüentemente, muito mais escuros do que os que vivem nas regiões desérticas e bem iluminadas. Até mesmo dentro de uma única espécie, esta tendência a uma relação direta entre a cor do animal e seu meio ambiente, freqüentemente, é muito visível. Talvez a melhor ilustração da adaptação de cor ao ambiente seja demonstrado por animais *variáveis*, formas que possuem uma pelagem de verão escura e uma pelagem de inverno essencialmente branca. Tais animais, como a lebre e as doninhas, apresentam esta variabilidade nas regiões onde há neve no inverno (Fig. 7.19).

Esta tendência da cor de muitos mamíferos se confundir com a do ambiente parece definitivamente benéfica do ponto de vista de tornar o animal menos visível. No caso de espécies predatórias, o indivíduo tem uma melhor chance de se aproximar de sua presa, sem ser notado. Até no que se refere às espécies, que servem de presas, a cor protetora parece dar-lhes uma grande chance de enganar seus inimigos.

Alguns mamíferos usam os pêlos como meio de advertir outros membros da espécie sobre perigos. A placa branca da anca da antilocapra serve a tal propósito. Os pêlos na anca podem ser eriçados, rapidamente, através de pequenos músculos, a fim de produzir um visível *flash* branco, que pode ser visto a uma considerável distância e serve como aviso, quando necessário.

Certos mamíferos arborícolas, como os esquilos, possuem os pêlos dispostos na cauda, de tal forma que servem, essencialmente, de leme, quando o animal está saltando de galho em galho numa árvore. Esta cauda, com pêlos longos, que se estende lateralmente, também é muito importante como órgão de equilíbrio para estas espécies.

Pode haver pêlos especializados em várias partes do corpo, que estejam estreitamente associados aos nervos sensoriais e sirvam como órgãos tácteis para informar o animal sobre a presença de objetos em seu ambiente. Os bigodes ou *vibrissas* entram nesta categoria e parecem ser de considerável importância. especialmente para os animais, que habitam buracos ou tocas, onde há pouca ou nenhuma luz. Aqui, o sentido do tato é muito importante. Os pêlos táteis estão, freqüentemente, presentes em outras partes da cabeça e nas pernas de certos mamíferos.

Dentes

Embora encontrados entre os peixes, anfíbios e répteis, e, segundo se sabe, os dentes tenham existido nas aves ancestrais, os dentes são mais altamente especializados nos mamíferos, como grupo. É verdade que estas estruturas foram perdidas em certas formas, como as baleias de barbatanas e tamanduás, mas, na maioria dos mamíferos, os dentes desempenham um importante papel na vida diária, ajudando na aquisição e mastigação do alimento e, muitas vezes, servindo como armas de autodefesa.

Um dente típico consiste de uma cobertura externa fina, mas extremamente dura, o *esmalte*, que cobre uma camada mais grossa, porém mais mole, chamada *dentina.* O centro do dente contém uma cavidade, na qual há nervos e vasos sangüíneos (Fig. 7.20). Entretanto, o esmalte pode ser, em grande parte, modificado em certas espécies, como resultado do dobramento, redução ou até mesmo completa eliminação.

A maioria dos mamíferos é *difiodonte,* isto é, possui duas dentições, ao contrário de muitos vertebrados inferiores, nos quais a substituição dos dentes pode ser um processo quase contínuo por toda a vida. A primeira é chamada *dentição decícua* ou *láctea*, ou

Figura 7.19. *Acima* — Lebre (*Lepus americanus*), em cativeiro, fotografada no dia 5 de outubro, logo após o início da muda do outono com a pelagem marrom de verão ainda bem visível. *Abaixo* — O mesmo indivíduo, 17 dias depois, com a pelagem branca de inverno, rapidamente substituindo a pelagem de verão.

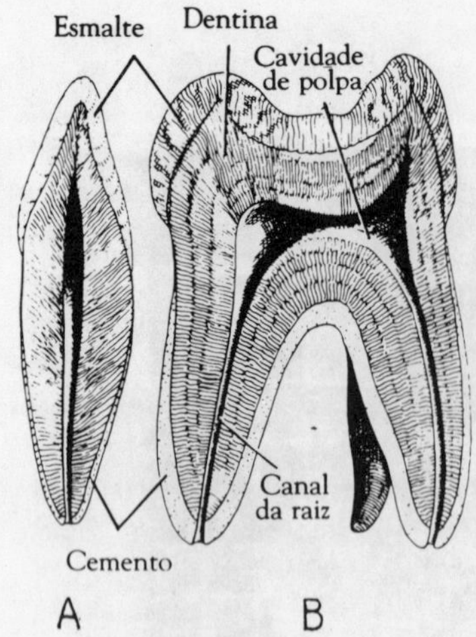

Figura 7.20. Secções através de um (*A*) incisivo de mamífero, e (*B*) molar. (Romer, A.S. e Parsons, T.S.: The Vertebrate Body. 5th Ed. Philadelphia, W.B. Saunders Co., 1977; segundo Weber.)

comumente, dentição de leite. Em algumas espécies, os dentes de leite existem apenas no estágio embrionário, sendo reabsorvido antes do nascimento. Os dentes decíduos, em algumas espécies, existem por alguns dias ou semanas apenas, depois do nascimento, enquanto, em outras, podem ser retidos por maiores períodos de tempo. Nas toupeiras, os dentes decíduos permanecem durante a vida inteira, e a dentição permanente é suprimida. Às vezes, os dentes de leite são altamente especializados. Por exemplo, estes pequenos dentes em certos morcegos são recurvados de maneira que formem ganchinhos para possibilitar aos filhotes se prenderem mais firmemente ao mamilo da mãe.

Na maioria dos mamíferos, a primeira dentição é sucedida pela *dentição permanente*, que não é substituída em caso de perda ou ferimento. Estes dentes geralmente são divididos em quatro grupos designados, da parte anterior para a posterior da maxila, incisivos, caninos, pré-molares e molares. O número de dentes presentes em cada grupo varia nos diferentes tipos de mamíferos e, exceto os caninos, que sempre ocorrem apenas em númro de um em cada lado de cada maxila. Ao expressar o número de dentes para uma determinada espécie, os estudiosos dos mamíferos, freqüentemente, utilizam-se de uma *fórmula dentária*, que representa o número e o tipo de dentes existentes num lado da cabeça. A fórmula dentária para um coiote (*Canis latrans*), por exemplo, é $I\frac{3}{3}$, $C\frac{1}{1}$, $Pm\frac{4}{4}$, $M\frac{2}{3}$, ou 21 dentes. Multiplicando-se este número por 2, chegamos ao número total de dentes possuídos por esta espécie, que é normalmente 42. Na fórmula dentária usual, as iniciais para indicar os tipos de dentes são omitidas.

Os *dentes incisivos*, situados na parte anterior da boca, são usados principalmente para cortar, agarrar e roer. Por isso, são mais altamente desenvolvidos nos animais herbívoros. Na maior parte dos maiores herbívoros, podem tornar-se achatados e em forma de lâmina. Às vezes, observamos que, nos Cervidae e Bovidae, os incisivos superiores inexistem, e sua função é assumida pelos lábios e língua, de modo que o corte da vegetação é desempenhada pelos incisivos inferiores.

Os incisivos mais notáveis são observados nos proboscídeos, que estão, atualmente, confinados ao Velho Mundo. As grandes presas dos elefantes, bem como a dos extintos mastodontes e mamutes representam os segundos incisivos superiores.

Embora muitos mamíferos possuam seis pares de incisivos, o número reduziu-se a dois pares no caso dos roedores. Neste grupo, estes dentes são altamente especializados e em forma de bisel. Além disso, os incisivos dos roedores continuam crescendo durante a vida toda do indivíduo. Para produzir a forma de bisel, os incisivos dos roedores possuem esmalte apenas na superfície anterior. Esta borda se desgasta mais lentamente do que a posterior. Por isso, o desgaste é essencial para evitar que os incisivos dos roedores se tornem longos demais. Em alguns roedores, a superfície anterior dos incisivos é sulcada, resultado de uma dobra longitudinal no esmalte. Os lagomorfos diferem dos roedores por possuírem um segundo par de incisivos superiores, que são muito pequenos e estão localizados diretamente atrás do primeiro par. Além disso, as coroas dos incisivos dos lagomorfos são completamente cobertas de esmalte.

Os morcegos apresentam considerável variação no número de incisivos. Não mais que dois destes são encontrados em cada lado da maxila superior, embora o número total de três na mandíbula ocorra em muitas espécies. Entretanto, em algumas formas, os incisivos superiores inexistem completamente e, como em certos morcegos americanos do gênero *Molossus*, os incisivos inferiores podem ser reduzidos a um único dente de cada lado. Talvez a especialização maior dos incisivos ocorra entre os vampiros (*Desmodus*), nos quais o único incisivo superior de cada lado tem a forma de uma afiada lâmina minúscula para fazer sangrar a vítima. Os incisivos da maioria dos carnívoros são pequenos e insignificantes.

Ao contrário dos incisivos, os caninos parecem ser mais desenvolvidos nos mamíferos que se alimentam de substâncias animais. Nos carnívoros, estes dentes são relativamente grandes e pontudos. Servem, principalmente, para capturar e matar a presa e para dilacerar a carne. Os caninos superiores da morsa cresceram para formar presas, que permitem a estes animais puxarem-se para cima do gelo e também para desalojar moluscos do substrato do oceano. Na maioria dos morcegos, os caninos são alongados e provavelmente permitem que as formas insetívoras agarrem suas presas mais prontamente. Os caninos superiores dos vampiros, no entanto, são semelhantes aos incisivos superiores, tendo uma forma de lâmina para perfurar a pele de suas vítimas.

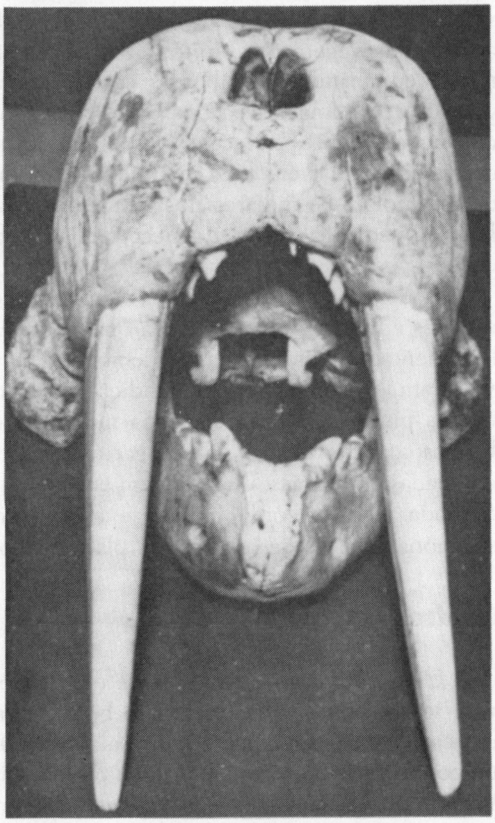

Figura 7.21. Na morsa (*Odobenus rosmarus*), os dentes caninos crescem para formar as presas, nos membros de ambos os sexos. (Fotografia de John Koranda.)

Nos artrodáctilos, os dentes caninos podem ser alongados e em forma de presa, como em alguns dos porcos, ou podem inexistir, ou ainda ser rudimentares na maxila superior e incisiformes na mandíbula, como em muitos da família dos cervos. Os caninos inexistem completamente nos roedores e lagomorfos. Nestes dois grupos, há um grande espaço em ambos os lados de cada maxila, entre os incisivos e os dentes molariformes, chamado *diástema.* O desenvolvimento mais inusitado do canino é observado no narval *(Monodon monoceros)* do Ártico. Neste cetáceo, o canino superior esquerdo do macho desenvolveu-se numa grande presa, que pode crescer até 270 centímetros. É espiralada para a esquerda e sulcada helicoidalmente; não há outros dentes funcionais na boca. Apenas raramente a fêmea possui uma presa.

Os *pré-molares* e os *molares* apresentam grande diversidade de forma nos vários grupos de mamíferos, dependendo dos hábitos alimentares das espécies envolvidas. Os pré-molares são anteriores em relação aos molares em cada maxila e são precedidos, no surgimento por dentes decíduos. Os molares não têm antecessores decíduos. Embora os pré-molares difiram, às vezes, dos molares na forma, são freqüentemente tão semelhantes que ambos podem ser incluídos sob o termo de *dentes molariformes.*

Por cauda da diversidade na forma dos dentes molariformes nos diferentes grupos de mamíferos, vários termos têm sido usados para descrever as diferenças básicas (Fig. 7.22). Os dentes com coroas baixas, como os dos esquilos, são chamados *braquidontes*, enquanto aqueles com coroas altas são chamados *hipsodontes.* Às vezes, a superfície da coroa é *bunodonte*, isto é, ela possui cúspides arredondadas, como nos membros do gênero *Peromyscus.* Com o desgaste, a superfície destes dentes tende a ficar achatada. Estes dentes estão mais adaptados para a trituração e esmagamento do alimento. Em muitos herbívoros, o esmalte na coroa é dobrado de tal forma que com o desgaste, a superfície apresenta uma série de cristas em forma de crescente, como nos cervos. Refere-se a este tipo como *selenodonte.* Os dentes, nos quais as cristas do esmalte são transversais são chamados *lofodontes.* Os dentes selenodontes e lofodontes se adaptam melhor ao corte da vegetação. Muitos tipos de mamíferos carnívoros possuem as coroas lateralmente comprimidas em bordas cortantes e afiadas em forma de lâmina. Este tipo de dentição é chamada *secodonte.* Nos carnívoros, dentes cortantes especializados, conhecidos como dentes *carniceiros* consistem do último pré-molar em cada maxila superior e o primeiro molar em cada mandíbula inferior. Embora se acredite que o número básico de pré-molares e molares nos mamíferos seja quatro e três, respectivamente, em cada lado de cada maxila, muitas espécies exibem uma notável redução no número destes dentes.

A dentição *heterodonte,* ou a especialização dos dentes em incisivos, caninos, pré-molares e molares é considerada uma característica dos mamíferos. Entretanto, como já foi salientado, certas formas perderam seus dentes e outras, tais como os botos e golfinhos, voltaram essencialmente à condição *homodonte*, na qual os dentes parecem mais ou menos pinos uniformes em cada maxila (Fig. 7.23). Faltam os dentes funcionais nas baleias com barbatanas e seu lugar é ocupado por longas placas de um material córneo, chamadas *barbatanas*, que pendem em fileiras do teto da boca (Fig. 7.24). Cada placa é franjada em sua borda interna e a ação coletiva desta série de peneiras serve para selecionar massas de organismos planctônicos da água do mar para sua alimentação.

Chifres e Cornos

Uma expressão comum entre os caçadores esportistas é: "Não atire até que você veja seus cornos". Um fazendeiro bem informado poderia estremecer, se pudesse ouvir um caçador de cervos usar estas palavras, pois saberia que, com toda probabilidade, os únicos animais com cornos em sua propriedade são o gado, as ovelhas, ou as cabras. Na verdade, o caçador não quer realmente dizer cornos, mas sim chifres.

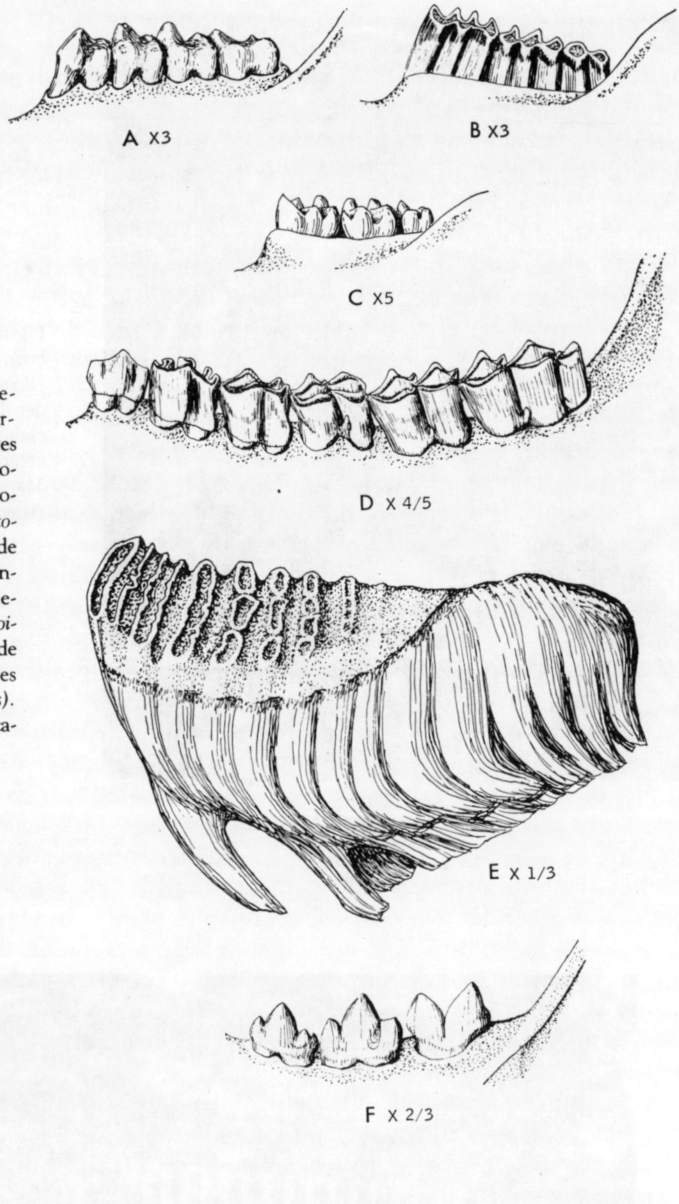

Figura 7.22. Exemplos selecionados de dentes molariformes de mamíferos: *A*, dentes braquidontes de um esquilo-do-chão *(Citellus)*; *B*, dentes hipsodontes do rato-do-mato (*Neotoma)*; *C*, dentes bunodontes de um camundongo-de-patas-brancas *(Peromyscus)*; *D*, dentes selenodontes de um veado *(Odocoileus)*; *E*, dentes lofodontes de um elefante *(Elephas)*; *F*, dentes secodontes de um puma *(Felis)*. Tamanhos aproximados indicados.

Tanto chifres como cornos são saliências encontradas nas cabeças dos artiodáctilos, e diferem um do outro basicamente. Os chifres estão confinados à família Cervidae (embora inexistam nos gêneros asiáticos *Moschus* e *Hydropotes*), estão normalmente presentes apenas nos machos, exceto no gênero *Rangifer* e são trocados anualmente. Os cornos do tipo chamado "oco" são encontrados entre os membros da família Bovidae e, de uma forma peculiarmente modificada, na família Antilocapridae. Eles ocorrem comumente nas fêmeas e nos machos, embora, quando presentes em ambos os sexos, são normalmente maiores nos machos. Além disso, se ocorrer uma troca, apenas a bainha externa é envolvida.

Quando se considera que os chifres crescem, geralmente, numa questão de meses, até mesmo aqueles do alce do Alasca, que pode medir mais de 180 centímetros de ponta a ponta, não se pode deixar de considerar estas estruturas entre as mais excepcionais encontradas nos mamíferos.

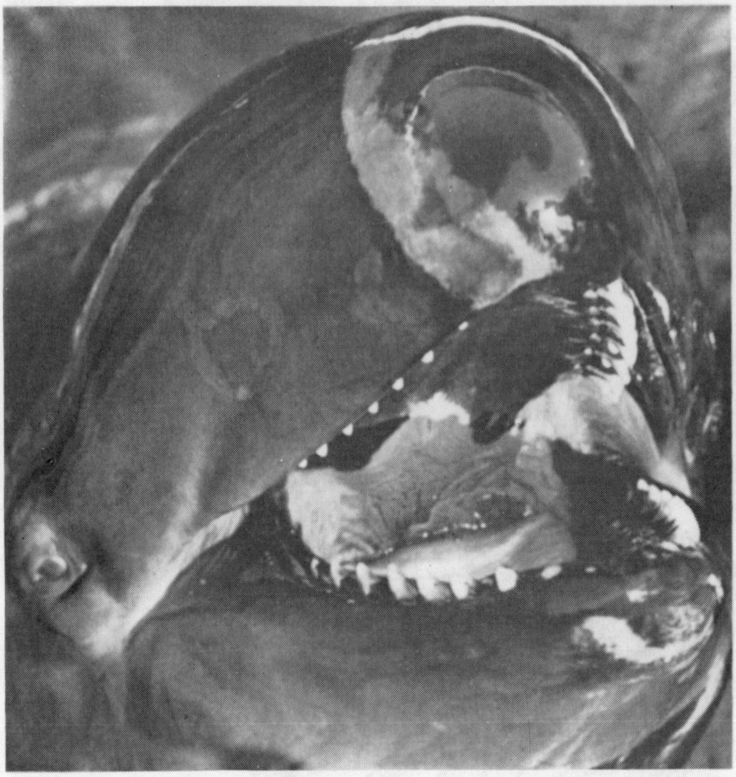

Figura 7.23. Olhando-se dentro da boca de uma falsa-baleia-assassina (*Pseudorca crassidens*), observa-se a dentição homodonte uniforme, característica da maioria dos cetáceos com dentes. (Cortesia de Marineland of the Pacific, Los Angeles, California.)

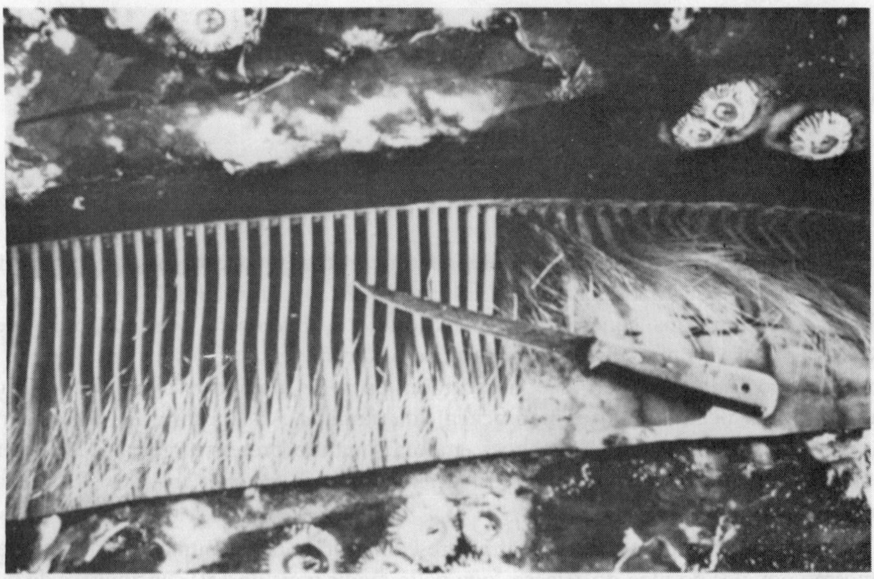

Figura 7.24. Vista lateral da boca parcialmente aberta de uma baleia-cinzenta (*Eschrichtius gibbosus*), mostrando as placas de barbatana, pendendo do palato. Algumas destas, à direita, foram cortadas.

O chifre é feito de osso e durante seu período de crescimento é coberto pelo *veludo*, que consiste de pele sobre a qual há pêlos finos e curtos (Fig. 7.25). O osso, que compõe a porção interna do chifre é esponjoso, enquanto o da superfície externa, sob o veludo, é bastante compacta. Começa a cada ano, na primavera, o crescimento do chifre no topo do *pedúnculo*, uma saliência do osso frontal. No cervo, este pedúnculo aparece como uma protuberância de cada osso frontal, quando os machos têm cerca de 3 meses de idade. Por volta do primeiro inverno, estas saliências crescem a um comprimento de 25 a 50 milímetros e representam não apenas os pedúnculos, que são permanentes, mas também o começo do primeiro conjunto de chifres, que terão atingido seu crescimento total por volta do outono seguinte. Nos gamos de um ano de idade, estes chifres são pontas ou *espigões* únicos, embora possam, ocasionalmente ser bifurcados ou até mesmo ter três pontas cada um. Quando os chifres estão completos no fim do verão ou princípio do outono, o suprimento de sangue para a estrutura óssea e também para o veludo é reduzido e finalmente fechado. O veludo é, então, eliminado, em parte como resultado do roçar dos chifres pelo cervo contra galhos e objetos, e o duro osso subjacente é exposto. Os chifres, que são armas de defesa importantes usadas pelos machos, quando lutam entre si pela posse das fêmeas durante a época do cio, tornam-se enfraquecidos acima do pedúnculo por volta do fim do inverno. Os primeiros chifres dos cervos, portanto, precisam de mais ou menos um ano e meio após o início original de crescimento, até que sejam finalmente eliminados. Isto não ocorre com todos os membros da família. O alce, por exemplo, pode desenvolver pequenos crescimentos, chamados *botões*, durante o primeiro verão e outono, mas estes são eliminados no pri-

Figura 7.25. Um alce ou wapiti *(Cervus elaphus)* com novos chifres no estágio aveludado. (Fotografado em junho no Jasper National Park, Alberta, Canadá.)

meiro inverno. Independentemente destas variações durante o primeiro período de vida, todos os cervídeos norte-americanos precisam de apenas alguns meses para os chifres crescerem, depois que o primeiro conjunto é eliminado. O crescimento dos chifres, na maioria dos cervos, começa por volta de março e é concluído perto do fim de agosto. Em seguida, o veludo é eliminado e os chifres são mantidos até os meses de janeiro e fevereiro seguintes. Há uma considerável variação nestas épocas, é claro, dependendo do indivíduo, da localidade e da espécie.

Há vários tipos de chifres, inegavelmente diferentes, apresentados pelas várias espécies de cervídeos da América do Norte (Fig. 7.26). O mais conhecido, talvez, seja aquele do veado *Odocoileus virginianus*; neste, há um único ramo principal, que se es-

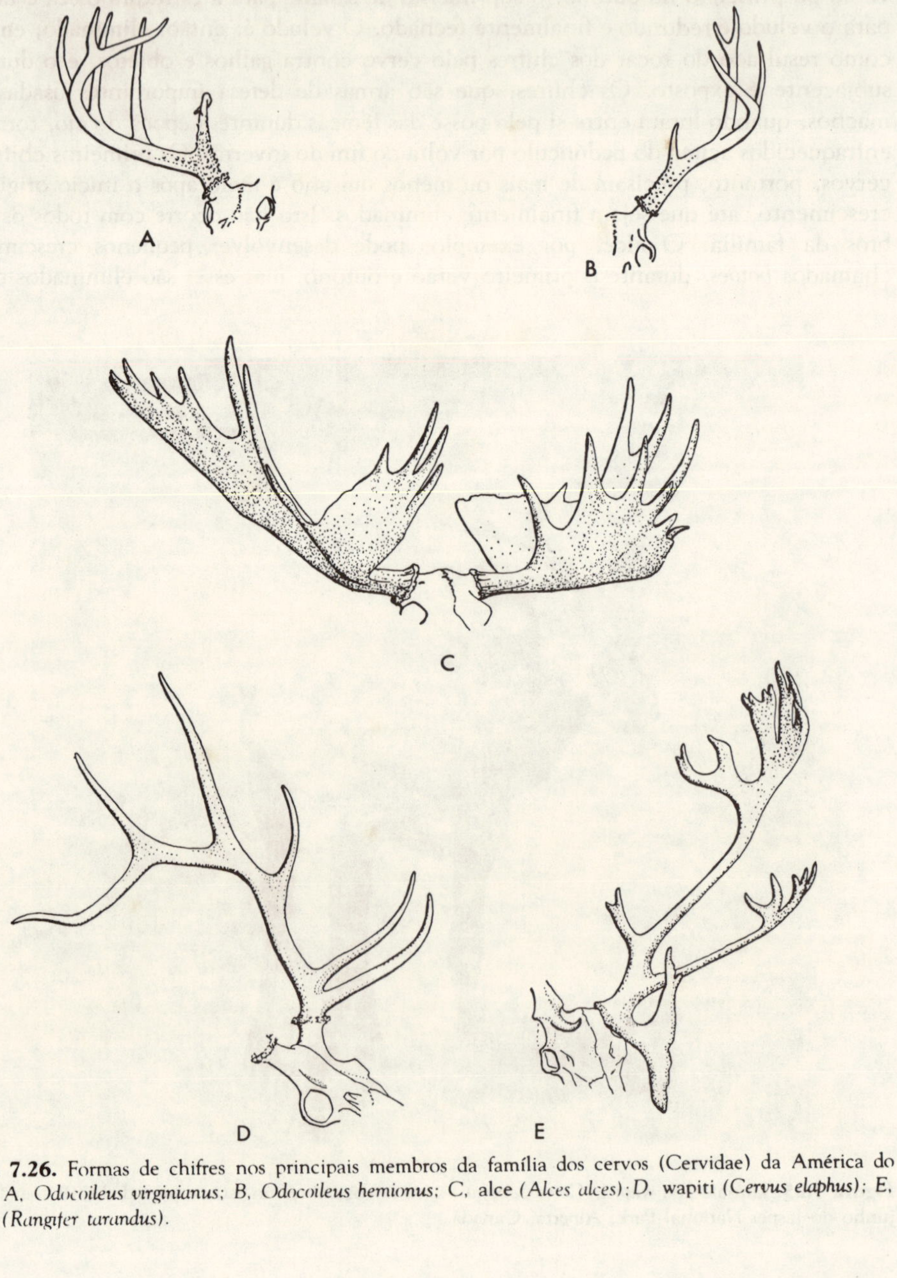

Figura 7.26. Formas de chifres nos principais membros da família dos cervos (Cervidae) da América do Norte: A. *Odocoileus virginianus*; B. *Odocoileus hemionus*; C. alce (*Alces alces*); D. wapiti (*Cervus elaphus*); E. caribu (*Rangifer tarandus*).

tende para cima e para trás, partindo do pedúnculo, e então, se curva para a frente. As *pontas* surgem da superfície dorsal do ramo principal e, em geral, são direcionadas para cima. Entretanto, a *ponta da fronte*, uma ponta relativamente curta que surge a curta distância acima da base aumentada do chifre, emerge da face medial do ramo principal. No veado *Odocoileus hemionus*, o chifre é *ramificado dicotomicamente*, de forma que o ramo principal, um pouco acima da ponta da fronte, divide-se em dois ramos secundários. Então, cada um destes ramos secundários se divide novamente. No alce (*Cervus*), observamos que o chifre consiste de um ramo principal, que se estende para cima e para trás, com as pontas surgindo da superfície anterior do ramo principal. Além da ponta da fronte, próxima à base há também uma outra ponta e ambas se estendem para fora, acima do focinho. No alce macho adulto, as pontas restantes são geralmente em número de quatro.

Tanto nos veados como nos cervos, o número de pontas tende a aumentar com a maturidade, embora isto não possa ser usado como um critério positivo para determinar a idade. Depois do apogeu de sua vida, o número de pontas pode ser reduzido, e, na velhice, os chifres podem ficar deformados.

Os chifres do alce *(Alces alces)* diferem daqueles dos veados e cervos; na maioria dos machos adultos, há um ramo principal, geralmente redondo, em corte transversal, apenas próxima do pedúnculo. O resto da galhada é achatado e *palmado* com pontas que se estendem para fora, a partir da borda anterior. Entretanto, há certos indivíduos, que não possuem a galhada achatada, embora o aparecimento deste tipo de chifre, chamado "cervino", ocorra mais comumente no alce do Velho Mundo.

Os chifres do caribu *(Rangifer)* são um pouco mais complicados do que aqueles de outros membros da família dos cervos norte-americanos. Cada chifre consiste, geralmente, de um ramo principal único e pesado, que se estende para cima e para trás por cerca de metade de seu comprimento e, então, se curva para a frente. A ponta, geralmente, é comprimida lateralmente e palmada com várias pontas, que se projetam para fora da borda posterior. Há um par de pontas da fronte, uma das quais ou ambas, ocasionalmente, podem ser lateralmente comprimidas com dentes ao longo da ponta, formando o que se chama de "pá". Acima da ponta da fronte, existe uma ponta maior, geralmente, também achatada, perto da extremidade, com dentes. As pontas principais são ambas direcionadas para frente e estendem-se para fora, acima do focinho.

Os verdadeiros cornos do tipo oco, possuídos pelos membros dos Bovidae e Antilocapridae (Fig. 7.27), ao contrário dos chamados cornos dos rinocerontes, consistem de

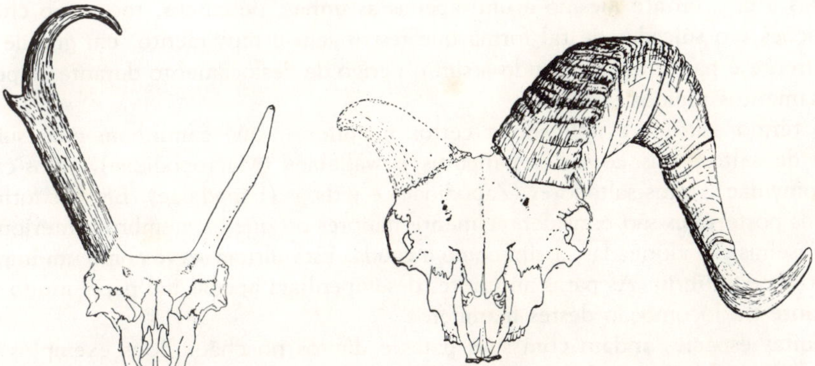

Figura 7.27. Diagrama ilustrando (*à esquerda*) os assim chamados cornos "ocos" da antilocapra *(Antilocapra americana)* e (*à direita*) do carneiro-montês *(Ovis canadensis)* com a bainha córnea externa, retirada de um lado.

um núcleo ósseo interno, que é uma saliência do osso frontal. Este núcleo é uma estrutura permanente e continua a crescer durante a vida inteira. Envolvendo esta estrutura, na forma de uma bainha, encontra-se uma cobertura epidérmica queratinazada, que é o verdadeiro corno. O tamanho da bainha aumenta com o tamanho do núcleo ósseo. Nos Bovidae, o corno não possui ramificações e, geralmente, é uma estrutura permanente, que persiste durante a vida inteira, embora sua forma varie nas diferentes espécies, como se vê rapidamente ao se comparar os cornos maciços do carneiro selvagem *(Ovis canadensis)* com as pontas curvas existentes em um cabrito montês *(Oreamnos americanus)*. A maioria dos membros desta família possui apenas um único par de cornos. O macho do chamado antílope-de-quatro-cornos *(Tetracerus quadricornis)* da Índia possui dois pares destas estruturas. O par mais anterior é o menor e situa-se acima da região orbital. A fêmea desta espécie não possui cornos. Dos 49 gêneros reconhecidos de bovídeos, há apenas 9 gêneros, nos quais os cornos estão restritos aos machos.

A antilocapra *(Antilocapra americana)*, que pertence a uma família americana monotípica, possui cornos verdadeiros, singulares em dois aspectos: primeiro, geralmente são ramificados nos machos adultos e, segundo, a bainha externa é eliminada anualmente. Após a eliminação do corno, este é substituído por um outro, que cresce a partir da pele que envolve o núcleo.

A girafa e o ocapi, ambos membros de uma família africana peculiar de artiodáctilos, possuem estruturas corniformes, que diferem daqueles de qualquer outro tipo de mamíferos. Desenvolvem-se de protuberâncias cartilaginosas, presentes no nascimento. Estas se ossificam e fundem-se ao topo do crânio, onde aparecem como protuberâncias permanentemente cobertas por pele viva com pêlos. A girafa possui três destes nódulos, um dos quais é mediano e anterior aos outros dois. O ocapi tem apenas dois.

Membros

Os membros dos mamíferos estão definitivamente adaptados ao modo de vida das várias espécies, quer corram, saltem ou caminhem na superfície do solo, cavem tocas no solo, subam em árvores, planem, voem através dos ares, ou nadem no mar (Fig. 7.28).

Os mamíferos que correm velozes como as antilocapras e os cervos são chamados *cursoriais*. Tais espécies, geralmente, possuem membros delgados, proporcionalmente longos, com as massas musculares concentradas junto ao corpo. O fêmur e o úmero são relativamente curtos e a tíbia e a fístula, bem como o rádio e a ulna, são alongados. Os elementos esqueléticos distais, fundidos até certo ponto aos membros, são reduzidos em número, e alguns deles são alongados. Os dígitos funcionais freqüentemente são reduzidos a dois ou até mesmo a um; apenas as unhas, ou cascos, tocam no chão. As articulações são sulcadas de tal forma que restringem o movimento, em grande parte, para a frente e para trás, reduzindo assim o perigo de deslocamento durante os períodos de movimentos rápidos.

O termo *saltador* é aplicado a certos mamíferos, que caminham pelo substrato através de saltos, tais como os cangurus e wallabies (Macropodidae), ratos-canguru (Heteromyidae), ratos saltadores (Zapodidae) e jerboas (Dipodidae). Em tais formas, os membros posteriores são consideravelmente maiores do que os membros anteriores e as patas traseiras são alongadas, assim como a cauda. Esta última serve como um importante órgão de equilíbrio. As patas anteriores desempenham apenas um papel muito menos importante na locomoção destes mamíferos.

Muitas espécies andam com suas patas e dígitos no chão. Bons exemplos são os quatis (*Procyon lotor*) e vários tipos de ursos (Ursidae). Estes mamíferos são *plantígrados* e têm os membros de tamanho moderado, capazes de movimentos na maioria das direções. Não há fusão ou redução marcantes dos elementos esqueléticos e os dígitos, geralmente, possuem fortes garras.

Outras espécies, tecnicamente chamadas *fossoriais* são adaptadas à vida sob a terra, tais como as toupeiras placentárias (Talpidae) do Hemisfério Norte, as toupeiras-douradas (família Chrysochloridae) da África e as toupeiras marsupiais (família Notoryctidae) da Austrália. Nestas formas subterrâneas, há um encurtamento e fortalecimento dos membros, especialmente, dos anteriores. Estes tendem a se estender lateralmente a par-

Figura 7.28. Adaptações dos membros nos mamíferos: *A*, esquilo-voador (planador); *B*, esquilo arborícola (arborícola); *C*, morcego (aéreo); *D*, rato-canguru (saltador); *E*, toupeira (fossorial); *F*, urso polar (plantígrado); *G*, cervo (cursorial); *H*, leão-marinho (aquático); *L*, golfinho (marinho). (Desenhos de Jacqueline Schonewald.)

Figura 7.29. Cristas indicando os movimentos de uma toupeira *(Scapanus latimanus)* do oeste norte-americano, que vai à procura de vermes e insetos sob a superfície da terra. O círculo do centro tem aproximadamente 5 metros de diâmetro.

tir do corpo com as palmas expandidas e as garras extremamente fortes. Nos Geomyidae, os membros anteriores não se estendem lateralmente a partir do corpo, mas apresentam a mesma tendência de serem curtos e largos com grandes garras e musculatura do ombro altamente desenvolvida.

Outro mamífero estritamente fossorial é o rato-toupeira-pelado *(Heterocephalus glaber)*, que ocorre nos solos arenosos e áridos de partes da África Oriental. Esta espécie monotípica é essencialmente nua, exceto pelas vibrissas e alguns pêlos espalhados pelo corpo. A pele é cor-de-rosa e enrugada, os olhos minúsculos e as orelhas estão ausentes. As patas anteriores são grandes e os dígitos largos e adaptados para cavar. Os ratos-toupeira vivem quase que inteiramente subterrâneos, mas removem terra finamente pulverizada de seus túneis, através de aberturas na superfície, com aspecto de crateras (Fig. 7.30). Ao se olhar dentro de uma destas crateras, enquanto seu ocupante está trabalhando, pode-se, ocasionalmente, ver a cauda e as patas posteriores.

Os mamíferos *arborícolas*, como muitos membros da família dos esquilos (Sciuridae) e muitos primatas, passam grande parte de seu tempo nas árvores e estão adaptados para trepar e saltar de galho em galho. Estas espécies não possuem uma redução no número de ossos dos membros e, freqüentemente, possuem articulações em forma de bola e soquete para permitir liberdade de movimento em todas as direções e possuem garras e unhas nas extremidades dos dígitos. As patas anteriores, geralmente, podem agarrar objetos, como galhos. Em espécies arborícolas, a cauda freqüentemente funciona como um acessório importante na locomoção. Nos esquilos, ela surge em parte como remo e como órgão de equilíbrio, enquanto, nos macacos do Novo Mundo, é preênsil.

Os mamíferos *planadores*, locomovem-se pelo ar como, por exemplo, o esquilo-voador *(Glaucomys)* da América do Norte. Os membros anteriores e posteriores são semelhantes aos do esquilo com garras bem desenvolvidas para trepar. Entretanto, uma larga dobra de pele com pêlos estende-se de cada lado do corpo e une o pulso com o tornozelo. Um esporão cartilaginoso estende-se para trás, a partir de cada pulso, e serve como apoio suplementar para as membranas usadas para planar. Os densos pêlos da cauda estendem-se lateralmente, de forma que este órgão parece muito achatado,

Figura 7.30. Crateras resultantes da escavação feita por um rato-toupeira *(Heterocephalus glaber)*, Quênia, África.

aumentando assim a superfície planadora e também fornecendo um remo e um órgão de equilíbrio. Um desenvolvimento evolutivo paralelo ocorre entre alguns dos marsupiais planadores (família Phalangeridae) da Austrália (Fig. 7.33).

Os morcegos, representando os mamíferos *aéreos* ou *voadores*, apresentam marcante modificação dos ossos dos membros anteriores, especialmente dos metacarpos e das falanges (Fig. 7.34). Estes ossos, com exceção daqueles do polegar, tornaram-se muito alongados e estão unidos por uma dupla membrana de pele, chamada *quiropatágio*, para

Figura 7.31. *Pseudocheirus peregrinus* da Austrália é um dos vários mamíferos arborícolas com cauda preênsil.

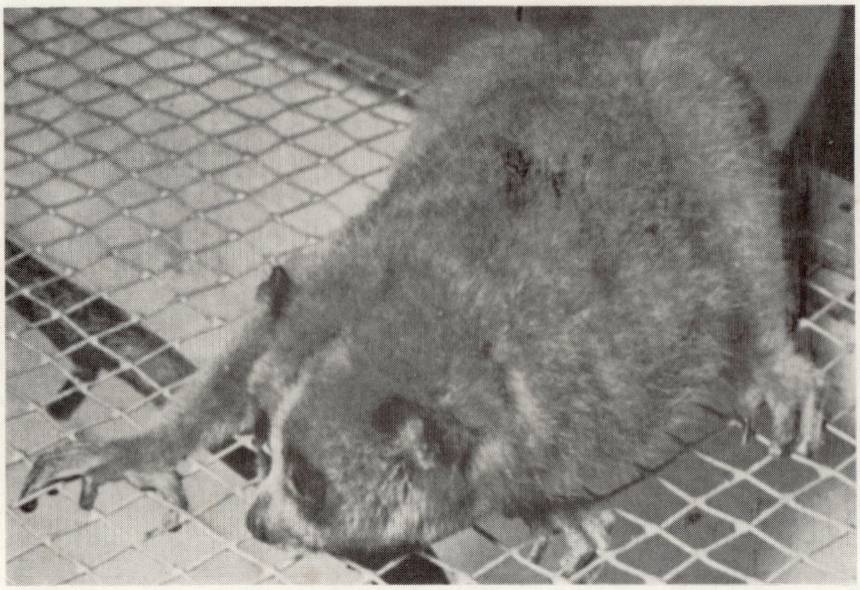

Figura 7.32. O polegar oponível observado no loris *(Nycticebus coucang)* do sudoeste asiático é uma ajuda decisiva para um animal arborícola, permitindo-lhe agarrar os galhos das árvores.

formar uma asa. Uma extensão desta membrana se prolonga para trás, o *plagiopatágio*, até a perna posterior. Na maioria das espécies de morcegos, há uma membrana suplementar, o *uropatágio*, que se estende das pernas posteriores até a cauda e pode envolver esta última estrutura total ou parcialmente. O desenvolvimento de poderosos músculos peitorais e do ombro e a concentração de massas musculares dentro do corpo ou na base da asa estão relacionados com a modificação dos membros anteriores para o vôo neste grupo, a fim de tornar mais leve a parte distal deste membro. O polegar mantém sua

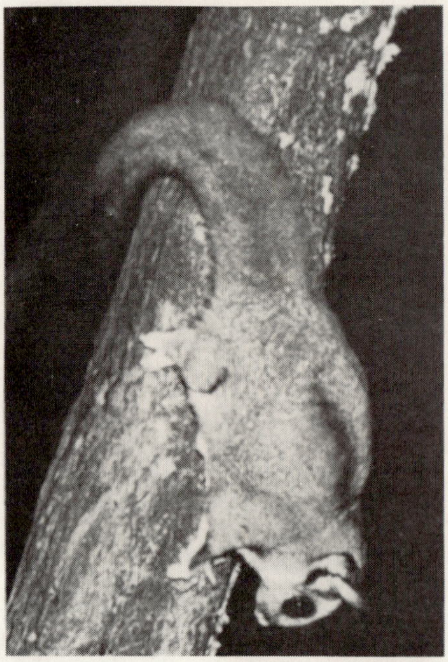

Figura 7.33. *Petaurus breviceps*, um dos gambás voadores da Austrália, desenvolveu adaptações morfológicas para planar, muito semelhantes às dos esquilos voadores placentários do Hemisfério Norte.

Figura 7.34. Um morcego (*Antrozus pallidus*), fotografado em pleno vôo para ilustrar as membranas das asas.

garra e, nos morcegos frugívoras (*Megachiroptera*) do Velho Mundo, existe um vestígio da garra no segundo dígito do membro anterior (Fig. 7.35).

Os membros posteriores são pequenos e giram, de forma que os morcegos possam ficar pendurados em superfícies verticais, com a superfície dorsal do corpo para fora. Em

Figura 7.35. Uma raposa-voadora (*Pteropus seychellensis*), das Ilhas Seychelles. Note-se a pequena garra na ponta do segundo dígito, bem como aquela no polegar.

certas espécies, como os morcegos-pescadores (*Pizonyx* e *Noctilio*), as garras posteriores tornaram-se muito grandes e servem para espetar pequenos peixes ou crustáceos, quando voam sobre a superfície da água, à noite.

Os mamíferos marinhos e de água doce apresentam várias modificações apendiculares. Nos cetáceos, há uma perda completa dos membros pélvicos (exceto pequenos vestígios da cintura, por dentro da parede do corpo), com achatamento dorso-ventral da cauda para formar um remo achatado, e desenvolvimento dos membros anteriores em nadadeiras (Figs. 7.36 e 7.37). Nestes cetáceos, não existem dígitos separados, nem unhas e garras. Nos pinipédios, os membros anteriores e posteriores são modificados em *nadadeiras*, embora possam ainda existir unhas. A cauda é, muito curta e, ao nadar, as nadadeiras posteriores se estendem para trás, de tal modo que funcionam um pouco como a cauda das baleias. Nas focas orelhudas (Otariidae), as nadadeiras posteriores podem ser trazidas para a frente, sob o corpo, e ajudam a caminhar na terra, mas, nas focas peludas (Phocidae), isto não é possível. Nas espécies de água doce, tais como as lontras e castores, os membros não são modificados em nadadeiras, mas os dígitos são unidos como um auxílio para nadar. Em outras formas, como os musaranhos d'água, observamos que extensas fileiras de pêlos nos lados dos dígitos servem, em grande parte, ao mesmo propósito. Os membros posteriores da lontra marinha tornaram-se altamente modificados para a vida marinha, com alongamento dos dígitos e membranas interdigitais completas. Entretanto, as patas anteriores são pequenas e apresentam especialização relativamente pequena. Não funcionam para a natação e seu propósito principal é o de segurar objetos entre as duas patas ou entre uma das patas e o peito (Fig. 7.38). Grandes objetos podem ser segurados entre a pata e o antebraço, curvando-se o pulso. Quando estes animais caminham na terra, uma ocorrência relativamente rara, o peso da parte anterior do corpo é suportado pela ponta, em vez de pela face inferior das patas anteriores.

Figura 7.36. O golfinho (*Tursiops*) representa um mamífero marinho especializado, com um corpo hidrodinâmico, membros anteriores modificados em nadadeiras, cauda desenvolvida num remo (os lobos), cuja superfície dorsal adquiriu uma nadadeira, que serve como estabilizador. (Fotografia, cortesia de Bruce Markham.)

Figura 7.37. Lobos caudais da baleia-cinzenta *(Eschrichtius gibbosus)*, ao iniciar um mergulho profundo. (Fotografada em Scammons Lagoon, Baja Califórnia, México.)

Figura 7.38. A lontra marinha é um membro marinho da família Mustelidae, que se utiliza de uma pedra plana para quebrar as conchas de moluscos e crustáceos. A pedra é colocada no peito para este propósito. (Fotografia de Karl W. Kenyon.)

CLASSIFICAÇÃO DOS MAMÍFEROS

CLASSE MAMMALIA (Mamíferos)

Vertebrados de sangue quente, que possuem glândulas mamárias; côndilos occipitais pares presentes; ramo da mandíbula composto de um único osso, o dental; Triássico a Recente; três subclasses.

Subclasse Prototheria

Mamíferos primitivos que põem ovos, de tamanho médio-pequeno (300 a 775mm)*, possuindo pêlos e glândulas mamárias, sem mamilos; cintura peitoral com interclavícula, coracóide e pré-coracóide, bem como escápula separados; ossos epipúbicos ou marsupiais unidos à pelve; dentes funcionais ausentes nos adultos; ovidutos separados e abertura na câmara cloacal; esporão córneo mediano, que pode ser sulcado para a passagem de secreção das glândulas de veneno, existentes nos tornozelos dos machos; Pleistoceno a Recente, embora, sem dúvida, representados no Mesozóico; uma ordem.

ORDEM MONOTREMATA (Monotremados). Características da subclasse; confinados à região australiana; duas famílias**.

FAMÍLIA TACHYGLOSSIDAE (Équidnas). Boca e rostro estendidos na forma de um bico alongado; língua longa e pegajosa; membros e patas modificados para cavar; cauda rudimentar; corpo, na maior parte, coberto por espinhos; representados por dois gêneros: *Tachyglossus* da Austrália, Tasmânia e Nova Guiné, e *Zaglossus* da Nova Guiné.

FAMÍLIA ORNITHORHYNCHIDAE (Ornitorrinco). Focinho alongado na forma de um bico achatado como o de um pato, coberto por uma pele coriácea, úmida e sem pêlos; cauda achatada dorso-ventralmente; pêlos curtos e esparsos; dígitos unidos por membranas para a natação; lagos e riachos da Austrália oriental; uma espécie: *Ornithorhyncus anatinus*.

Subclasse Allotheria

Um primitivo e aberrante grupo de mamíferos, caracterizado por três incisivos superiores, com o segundo muito grande; caninos rudimentares ou ausentes; até 5 molares, com cúspides dispostas em duas ou três fileiras longitudinais; uma ordem.

ORDEM MULTITUBERCULATA (Multituberculados). Características iguais às da subclasse; Jurássico Inferior a Eoceno; América do Norte, Europa e Ásia.

Mamíferos de Subclasse Incerta

ORDEM TRICONODONTA (Triconodontes). Pequenos mamíferos primitivos conhecidos, principalmente, por suas mandíbulas inferiores; molares com três cúspides, numa fileira longitudinal; Triássico Superior a Jurássico Superior; América do Norte e Europa.

---

* Medidas fornecidas nesta classificação incluem apenas o comprimento da cabeça e do corpo.

** Na seguinte classificação, apenas as famílias e os gêneros existentes são fornecidos, a não ser que seja indicado de outra forma.

Subclasse Theria

Mamíferos cujos representantes viventes são vivíparos e possuem glândulas mamárias com mamilos; cintura peitoral com uma escápula, às vezes um coracóide e uma clavícula; sem interclavícula, nem pré-coracóide; dentes funcionais, geralmente, presentes; ovidutos, geralmente, parcialmente fundidos; Jurássico a Recente; três infraclasses.

INFRACLASSE PANTOTHERIA. Conhecidos apenas do Jurássico Médio ao Superior e tidos como possíveis ancestrais das ordens superiores da subclasse Theria; duas ordens.

ORDEM PANTOTHERIA (Pantotérios). Dentes molares caracterizados por uma cúspide principal interna e externa, com duas ou mais cúspides acessoriais; relação espacial dos dentes superiores e inferiores, basicamente, como a dos mamíferos mais recentes; pré-molares agudos e cortantes; caninos presentes; incisivos de tipo generalizado. Jurássico Médio a Superior; América do Norte, Europa e África.

ORDEM SYMMETRODONTA (Simetrodontes). Coroa dos molares inferiores em forma de V, com uma cúspide alta central externa e cúspides menores anteriores e posteriores; provavelmente um ramo precoce dos pantotérios. Jurássico Superior; América do Norte e Europa.

INFRACLASSE METATHERIA. Um antigo e primitivo grupo de mamíferos, cujos filhotes nascem num estado prematuro e são, então, carregados pela fêmea, geralmente, numa bolsa ou marsúpio, localizado no abdome; mamilas que se abrem no marsúpio; cintura peitoral, que consiste de uma escápula, coracóide e clavícula; ossos epipúbicos ou marsupiais unidos à pelve; os dentes da face, geralmente, consistem de três pré-molares e quatro molares. Cretáceo a Recente; uma ordem.

ORDEM MARSUPIALA (Marsupiais). Características da infraclasse; mamíferos de tamanho muito pequeno a relativamente grande (50 a 1600 mm); hoje em dia, encontrados na região australiana (onde diferentes grupos têm-se desenvolvido de uma maneira paralela à dos mamíferos placentários de outras partes do mundo) e Américas do Norte e do Sul; nove famílias viventes.

FAMÍLIA DIDELPHIDAE (Gambás americanos). Tamanho pequeno a médio (85 a 500 mm); focinho alongado; cauda, geralmente, longa e preênsil; pata pentadáctila com o dígito maior oponível; marsúpio presente ou ausente; fórmula dentária $\frac{5}{4}, \frac{1}{1}, \frac{3}{3}, \frac{4}{4}$; zona temperada da América do Norte à Argentina; 12 gêneros.

FAMÍLIA CAENOLESTIDAE (Cenolestídeos). Marsupiais pequenos (90 a 135 mm); com focinho alongado e cauda longa, dando-lhes uma aparência de musaranho; cinco dígitos em cada pata; marsúpio ausente; fórmula dentária $\frac{4}{3\text{-}4}, \frac{1}{1}, \frac{3}{3}, \frac{4}{4}$; encontrados na América do Sul, da Venezuela ao Chile; três gêneros.

FAMÍLIA DASYURIDAE (Dasiurídeos, camundongos e ratos marsupiais, lobos-da-tasmânia e outros marsupiais). Marsupiais de tamanho muito pequeno a muito grande (95 a 1300 mm), que possuem longa cauda peluda, não preênsil; membros de comprimentos iguais, cinco dígitos na pata anterior, quatro ou cinco dígitos na pata posterior; marsúpio pouco desenvolvido ou ausente; fórmula dentária $\frac{4}{3}, \frac{1}{1}, \frac{2}{2\text{-}3}, \frac{4}{4}$; Austrália, Tasmânia, Nova Guiné, Aru e Ilhas Normanby; 19 gêneros.

FAMÍLIA MYRMECOBIIDAE (Numbat). Marsupial de tamanho médio a pequeno (175 a 275 mm), com um corpo transversalmente listrado, uma cauda longa e peluda, não preênsil e focinho longo; quatro dígitos na pata anterior, cinco na pata posterior; marsúpio ausente; fórmula dentária

$\frac{4}{3}, \frac{1}{1}, \frac{3}{3}, \frac{5}{6}$: Austrália ocidental e meridional; uma espécie, *Myrmecobius fasciatus*. (Incluído por alguns na família Dasyuridae).

FAMÍLIA NOTORYCTIDAE (Toupeiras marsupiais). Marsupiais pequenos (até 180 mm); com corpo curto e troncudo, adaptado à vida subterrânea; cauda curta e coberta com pele coriácea; olhos rudimentares; ouvidos sem pavilhão externo; garras, muito aumentadas nos dígitos três e quatro das patas anteriores para cavar; marsúpio presente, abrindo-se na parte posterior; fórmula dentária $\frac{3\text{-}4}{3}, \frac{1}{1}, \frac{2}{2}, \frac{4}{4}$: Austrália; um gênero: *Notoryctis*.

FAMÍLIA PERAMELIDAE (Peramelídeos). Marsupiais de tamanho pequeno a médio (200 a 550 mm) com focinho alongado, cauda não-preênsil e membros posteriores proporcionalmente grandes; patas anteriores e posteriores, geralmente, com cinco dígitos, sendo o segundo e o terceiro dígitos das patas posteriores sindáctilos; marsúpio presente, abrindo-se na parte posterior; fórmula dentária $\frac{4\text{-}5}{3}, \frac{1}{1}, \frac{3}{3}, \frac{4}{4}$: Tasmânia, Austrália, Nova Guiné e ilhas vizinhas; oito gêneros.

FAMÍLIA PHALANGERIDAE (Cuscus e falangerídeos). Marsupiais de tamanho pequeno a moderadamente grande (60 a 850 mm); cauda freqüentemente preênsil; patas pentadáctilas com o grande dígito oponível; membranas planadoras ligando os membros anteriores posteriores nos falangerídeos voadores; marsúpio presente, abrindo-se, em geral, na parte anterior; fórmula dentária $\frac{2\text{-}3}{1\text{-}3}, \frac{1}{0}, \frac{1}{1}$ ou $\frac{3}{3}, \frac{3\text{-}4}{3\text{-}4}$; das Ilhas Salomão, para oeste até Timor e Celebes, também na Austrália, Tasmânia e Nova Guiné; 16 gêneros.

FAMÍLIA PHASCOLARCTIDAE (Coala). Marsupial de moderamente grande (600 a 850 mm) com cabeça grande, orelhas arredondadas, corpo densamente lanoso, cauda rudimentar; marsúpio presente, abrindo-se na parte posterior; fórmula dentária $\frac{3}{1}, \frac{1}{0}, \frac{1}{1}, \frac{4}{4}$, Austrália oriental; uma espécie: *Phascolarctos cinereus*.

FAMÍLIA VOMBATIDAE (Vombate). Marsupiais de pernas curtas, corpo pesado, de tamanho moderadamente grande (800 a 1200 mm); com pêlos curtos e esparsos; cauda rudimentar; patas pentadáctilas; segundo e terceiro dígitos da pata posterior sindáctilos; marsúpio presente, abrindo-se na parte posterior; fórmula dentária $\frac{1}{1}, \frac{0}{0}, \frac{1}{1}, \frac{4}{4}$; Austrália, Tasmânia e Ilha de Flinders; dois gêneros viventes: *Phascolomis* e *Lasiorhinus*.

FAMÍLIA MACROPODIDAE (Cangurus, wallabies). Marsupiais de tamanho médio a grande (235 a 1600 mm), com membros posteriores muito grandes e longos; cauda forte, que ajuda na locomoção; cinco dígitos na pata anterior; primeiro dígito, geralmente, ausente na pata posterior, com os segundo e terceiro dígitos sindáctilos e o quarto e o quinto alongados; marsúpio presente, abrindo-se na parte anterior; fórmula dentária $\frac{3}{1}, \frac{0\text{-}1}{0}, \frac{2}{2}, \frac{4}{4}$: Austrália, Tasmânia, Nova Guiné e ilhas adjacentes da região australiana; 19 gêneros.

INFRACLASSE EUTHERIA. Mamíferos vivíparos, com placenta alantóide embrionária; tanto o marsúpio quanto os ossos epipúbicos ausentes; cloaca ausente em todos, exceto em algumas espécies primitivas; os molares, basicamente, em número de três de cada lado, embora reduzidos ou ausentes em algumas espécies; Cretáceo a Recente; 17 ordens viventes.

ORDEM INSECTIVORA (Insectívoros). Mamíferos placentários primitivos de tamanho pequeno ou médio-pequeno, possuindo focinho alongado, olhos pequenos e pequenas orelhas; membros pentadáctilos; dentes primitivos; mundo inteiro, exceto Austrália, Groenlândia, Antártica e grande parte da América do Sul; oito famílias.

FAMÍLIA SOLENODONTIDAE (Solenodontes). Insectívoros de aparência semelhante aos musaranhos, tamanho relativamente grande (280 a 325 mm), com um focinho muito alongado e cauda nua; fórmula dentária $\frac{3}{3}, \frac{1}{1}, \frac{3}{3}, \frac{3}{3}$; confinados a Cuba e Haiti; dois gêneros: *Atopogale* e *Solenodon*

FAMÍLIA TENRECIDAE (Tenrec). Insectívoros de tamanho pequeno a relativamente grande (40 a 400 mm), apresentando uma variação considerável de características; alguns gêneros possuem pêlos macios; outros, espinhos semelhantes aos do porco-espinho; dígitos separados ou ligados por membranas; cauda presente ou ausente; fórmula dentária $\frac{2}{3}, \frac{1}{1}, \frac{3}{3}, \frac{4}{3}$; ilhas de Madagáscar e Comoro; nove gêneros.

FAMÍLIA POTAMOGALIDAE (Potamogalídeos). Insectívoros de tamanho médio a relativamente grande (180 a 350 mm) com densos pêlos curtos e uma cauda longa e forte, adaptada à vida aquática; fórmula dentária $\frac{3}{3}, \frac{1}{1}, \frac{3}{3}, \frac{3}{3}$; África equatorial tropical; dois gêneros, *Potamogale* e *Micropotamogale*. (Os potamogalídeos são colocados nos Tenrecidae por alguns taxonomistas).

FAMÍLIA CHRYSOCHLORIDAE (Toupeiras-douradas). Insectívoros de tamanho médio a pequeno (75 a 235 mm), com cauda rudimentar e longo focinho coriáceo; olhos rudimentares; orelhas muito pequenas; pelagem curta e densa, freqüentemente, com um brilho dourado metálico; membros anteriores e posteriores curtos e robustos; os primeiros com as garras do terceiro dígito muito aumentadas para cavar; fórmula dentária $\frac{3}{3}, \frac{1}{1}, \frac{3}{3}, \frac{2\text{-}3}{2\text{-}3}$; África central e meridional; cinco gêneros.

FAMÍLIA ERINACIDAE (Ouriços). Insectívoros de tamanho médio a grande (100 a 450 mm), com focinho moderadamente longo; olhos bem desenvolvidos; ouvidos com pavilhão auditivo; cauda rudimentar a moderadamente longa; dígitos, geralmente cinco, mas reduzidos a quatro nas patas posteriores, em algumas espécies; pêlos desenvolvidos em espinhos nos lados e partes superiores do copro dos ouriços; fórmula dentária $\frac{2\text{-}3}{3}, \frac{1}{1}, \frac{3\text{-}4}{2\text{-}4}, \frac{3}{3}$; Europa, Ásia e África; 10 gêneros.

FAMÍLIA MACROSCELIDIDAE (Musaranhos-elefante). Insectívoros de tamanho médio a pequeno (100 a 315 mm), com focinho alongado e móvel; olhos grandes; orelhas bem desenvolvidas; cauda longa e esparsamente peluda, freqüentemente usada para locomoção; pernas posteriores maiores que as anteriores; pêlos macios e curtos; fórmula dentária $\frac{1\text{-}3}{3}, \frac{1}{1}, \frac{4}{4}, \frac{2}{2\text{-}3}$; África; cinco gêneros.

FAMÍLIA SORICIDAE (Musaranhos). Insectívoros pequenos (35 a 180 mm); com um longo focinho pontudo, olhos pequenos, mas funcionais; orelhas parcialmente cobertas, por pêlos curtos, mas densos; cauda curta a moderadamente longa; com pêlos finos; membros relativamente curtos e, geralmente, não especializados; fórmula dentária $\frac{3}{1\text{-}2}, \frac{0\text{-}1}{0}, \frac{1\text{-}2}{1\text{-}2}, \frac{3}{3}$; encontrados em todos os continentes, exceto na Austrália; 24 gêneros.

FAMÍLIA TALPIDAE (Toupeiras). Insectívoros de tamanho médio-pequeno (60 a 220 mm); a maior parte adaptado à vida subterrânea; focinho longo e nu; olhos minúsculos a rudimentares; orelhas pequenas, ou sem pavilhão; pescoço curto; cauda curta ou de comprimento médio, freqüentemente espessa; pelos macios; membros anteriores na maioria das espécies, estendendo-se, lateralmente, a partir do corpo com palmas e garras muito grandes, para cavar; fórmula dentária $\frac{2\text{-}3}{1\text{-}3}, \frac{1}{0\text{-}1}, \frac{3\text{-}4}{3\text{-}4}, \frac{3}{3}$; Europa, Ásia e América do Norte; 15 gêneros.

ORDEM DERMOPTERA (Lêmures-voadores). Mamíferos planadores primitivos de tamanho médio-pequeno (375 a 420 mm), com membranas peludas, que não apenas se estendem a partir dos lados do corpo entre as patas anteriores e posteriores, mas também para a frente até o pescoço e para trás até a cauda, como em muitas espécies de morcegos; patas pentadáctilas, que possuem garras afiadas e curvas, para ficarem dependurados nas árvores; fórmula dentária $\frac{2}{3}, \frac{1}{1}, \frac{2}{2}, \frac{3}{3}$; incisivos inferiores ctenóides (em forma de pente) com vários sulcos profundos); uma família.

FAMÍLIA CYNOCEPHALIDAE. Características da ordem; sudoeste asiático, Índias Orientais e Ilhas Filipinas; um único gênero, *Cynocephalus.*

ORDEM CHIROPTERA (Morcegos). Mamíferos voadores verdadeiros de tamanho pequeno a médio (35 a 400 mm); ossos das palmas e dígitos, muito alongados e cobertos por uma membrana dupla, que é ligada ao corpo e estende-se para trás até o tornozelo; em muitas espécies, a membrana interfemoral (uropatágio), estendendo-se entre as pernas posteriores, envolve a cauda em parte ou inteiramente; garras presentes apenas nos dois primeiros dígitos dos membros anteriores; patas posteriores, em geral, proporcionalmente pequenas, com cinco dígitos e unhas fortemente curvas para se pendurar; dentes bastante variáveis em número e forma; mundo inteiro, exceto em determinadas áreas insulares remotas e Antártica; 17 famílias, 846 espécies (Koopman, 1970).

FAMÍLIA PTEROPIDAE (Raposas-voadoras). Geralmente, considerados como uma subordem separada, os Megachiroptera, sendo todos os outros morcegos classificados na subordem Microchiroptera; tamanho médio-pequeno a muito grande (50 a 400 mm) para a ordem; orelhas em forma de funil com o *trágus* ausente; olhos grandes; uma garra, geralmente, presente no segundo dígito, bem como no polegar; dentição simples, fórmula dentária $\frac{1\text{-}2}{0 \text{ or } 2}, \frac{1}{1}, \frac{3}{3}, \frac{1\text{-}2}{2\text{-}3}$; Ásia, África, Austrália e muitas das ilhas do Oceano Pacífico cental e ocidental, bem como o Oceano Índico; 38 gêneros.

FAMÍLIA RHINOPOMATIDAE. Morcegos pequenos (60 a 80 mm); sem pêlos na parte posterior do corpo; cauda muito longa com apenas a parte basal extrema envolvida num uropatágio estreito; orelhas com *trágus*; uma estrutura foliácea presente no nariz; fórmula dentária $\frac{1}{2}, \frac{1}{1}, \frac{1}{2}, \frac{3}{3}$; do norte da África e da Ásia meridional para leste até Sumatra; um gênero, *Rhinopoma.*

FAMÍLIA EMBALLONURIDAE. Morcegos de tamanho pequeno a razoavelmente grande (37 a 100 mm); orelhas com *trágus*; nariz sem o apêndice foliáceo; ponta da cauda livre e situada na superfície dorsal do uropatágio; bolsas glandulares, freqüentemente, presentes na superfície dorsal da asa, perto do ombro, fórmula dentária $\frac{1\text{-}2}{2\text{-}3}, \frac{1}{1}, \frac{2}{2}, \frac{3}{3}$; África tropical, Eurásia, Austrália, Indonésia, Ilhas do Pacífico e Américas Central e do Sul; 12 gêneros.

FAMÍLIA NOCTILIONIDAE (Morcego-pescador). Morcegos de tamanho grande (100 a 130 mm); sem pêlos ao longo dos lados do corpo; orelhas com *trágus*; sem apêndice foliáceo nasal; olhos pequenos; cauda, mais ou menos, a metade do comprimento do uropatágio, pelo qual está envolvida; asas longas e estreitas; fórmula dentária $\frac{2}{1}, \frac{1}{1}, \frac{1}{2}, \frac{3}{3}$; do noroeste do México para o sul até a Argentina, também nas Antilhas e Ilha de Trinidad; um gênero: *Noctilio*.

FAMÍLIA NYCTERIDAE. Morgecos de tamanho médio-pequeno (45 a 75 mm), com orelhas proporcionalmente grandes, unidas em sua base; *trágus* presente; apêndice foliáceo nasal presente; uma cavidade profunda na fronte; cauda longa e completamente dentro do uropatágio; fórmula dentária $\frac{2}{3}, \frac{1}{1}, \frac{1}{2}, \frac{3}{3}$; África, Oriente Próximo, Madagáscar, sudoeste asiático e Índias Orientais; um gênero, *Nycteris*.

FAMÍLIA MEGADERMATIDAE. Morcegos de tamanho médio a grande (65 a 140 mm), sem cauda; orelhas muito grandes e unidas na base, com *trágus*; um grande apêndice foliáceo nasal presente; fórmula dentária $\frac{0}{2}, \frac{1}{1}, \frac{1\text{-}2}{2}, \frac{3}{3}$; África, Ásia meridional, Malásia, Filipinas e Austrália; três gêneros.

FAMÍLIA RHINOLOPHIDAE. Morcegos de tamanho pequeno a médio (35 a 110 mm); possuindo um apêndice foliáceo nasal complexo, mais ou menos em forma de ferradura, composto de três partes; orelhas grandes e sem *trágus*; olhos pequenos; cauda curta e o uropatágio relativamente pequeno; asas largas e dobradas ao redor do corpo, quando em repouso; fórmula dentária $\frac{1}{2}, \frac{1}{1}, \frac{2}{3}, \frac{3}{3}$; Europa, Ásia, África e Austrália; dois gêneros: *Rhinolophus* e *Rhinomegalophus*.

FAMÍLIA HIPPOSIDERIDAE. Morcegos de tamanho pequeno a médio (30 a 110 mm), com um apêndice foliáceo nasal complexo, algo semelhante ao dos morcegos rinolofídeos, mas com um elemento transversal, freqüentemente, em forma de tridente; orelhas pequenas a médio-grandes; às vezes, unidas na base e sem *trágus*, cauda presente ou ausente e, se presente, envolvida pelo uropatágio; fórmula dentária $\frac{1}{2}, \frac{1}{1}, \frac{1\text{-}2}{2}, \frac{3}{3}$; África, Ásia meridional e Austrália para o leste até as Ilhas Salomão; nove gêneros. (Considerados por alguns como uma subfamília dos Rhinolophidae).

FAMÍLIA PHYLLOSTOMATIDAE. Morcegos de tamanho pequeno a grande (40 a 135 mm), geralmente, com um apêndice foliáceo nasal simples; orelhas, geralmente, estreitas e pontudas, unidas na base, em algumas espécies; *trágus* presente; cauda presente ou ausente; dentes variando em número de 26 a 34; do sudoeste dos Estados Unidos à Argentina; 51 gêneros.

FAMÍLIA DESMODONTIDAE (Vampiros). Morcegos de tamanho pequeno a médio (65 a 90 mm); sem cauda e sem apêndice foliáceo nasal verdadeiro; orelhas pequenas com *trágus* presente; uropatágio reduzido em tamanho; polegar proporcionalmente grande; dentes incisivos e caninos especializados para cortar carne; fórmula dentária $\frac{1\text{-}2}{2}, \frac{1}{1}, \frac{1\text{-}2}{2\text{-}3}, \frac{0 \text{ or } 2}{0\text{-}2}$;o norte do México ao sudeste da América do Sul e Ilha de Trinidad; três gêneros. (Considerados por alguns como uma subfamília dos Phyllostomatidae).

FAMÍLIA NATALIDAE. Morcegos pequenos (35 a 55 mm), com pêlos longos, macios, geralmente, coloridos e uma cauda proporcionalmente longa, envolvida pelo uropatágio; orelhas grandes e em forma de funil; *trágus* presente; apêndice foliáceo nasal ausente; fórmula dentária $\frac{2}{3}, \frac{1}{1}, \frac{3}{3}, \frac{3}{3}$; do norte do México até o Brasil e as Antilhas; um gênero: *Notalus.*

FAMÍLIA FURIPTERIDAE. Morcegos pequenos (35 a 60 mm) com cauda moderadamente longa, envolvida pelo uropatágio, mas terminando antes de atingir a margem posterior desta estrutura; orelhas relativamente pequenas e em forma de funil; *trágus* presente; polegar rudimentar; fórmula dentária $\frac{2}{3}, \frac{1}{1}, \frac{2}{3}, \frac{3}{3}$; Ilha de Trinidad e do Panamá até o Brasil e Chile; dois gêneros, *Furipterus horrens* e *Amorphochilus schnablii.*

FAMÍLIA THYROPTERIDAE. Morcegos pequenos (35 a 50 mm), com cauda moderadamente longa, envolvida pelo uropatágio, exceto a ponta, que se projeta além da borda posterior desta estrutura; orelhas em forma de funil e separadas, *trágus* presente; discos adesivos pedunculados nos pulsos e tornozelos; polegar presente; terceiro e quarto dígitos sindáctilos; fórmula dentária $\frac{2}{3}, \frac{1}{1}, \frac{3}{3}, \frac{3}{3}$; de Honduras ao Brasil, Peru e Ilha de Trinidad; um gênero: *Thyroptera.*

FAMÍLIA MYZOPODIDAE. Morcegos de tamanho moderadamente pequeno (50 a 60 mm), com uma longa cauda, estendendo-se além do uropatágio; orelhas grandes; discos adesivos sem pedúnculo nos pulsos e tornozelos; polegar rudimentar; fórmula dentária $\frac{2}{3}, \frac{1}{1}, \frac{3}{3}, \frac{3}{3}$; confinados a Madágascar; uma espécie: *Myzopoda aurita.*

FAMÍLIA VESPERTILIONIDAE. Morcegos de tamanho pequeno a médio (30 a 105 mm) com uma cauda relativamente longa envolvida pela membrana uropatagial; olhos pequenos, orelhas variando no comprimento e, geralmente, separadas; *trágus* presente; fórmula dentária $\frac{1\text{-}2}{2\text{-}3}, \frac{1}{1}, \frac{1\text{-}3}{2\text{-}3}, \frac{3}{3}$; distribuídos pelo mundo inteiro; 35 gêneros.

FAMÍLIA MYSTACINIDAE. Morcegos de tamanho médio (60 mm); com cauda curta, livre na superfície dorsal do uropatágio; pelagem muito densa; orelhas separadas; *trágus* longo; unha do polegar e garras das patas posteriores talonídeas na forma; fórmula dentária $\frac{1}{1}, \frac{1}{1}, \frac{2}{2}, \frac{3}{3}$; Nova Zelândia; uma espécie, *Mystacina tuberculata.*

FAMÍLIA MOLOSSIDAE. Morcegos de tamanho pequeno a grande (40 a 130 mm); a cauda projeta-se, consideravelmente, além da margem posterior do uropatágio; pêlos macios, curtos e aveludados; focinho largo; orelhas carnudas e, freqüentemente, unidas na base; *trágus* presente; apêndice foliáceo nasal ausente; asas longas e estreitas, cerdas proeminentes nos dígitos externos da pata; fórmula dentária $\frac{1}{1\text{-}3}, \frac{1}{1}, \frac{1\text{-}2}{2}, \frac{3}{3}$; partes mais quentes do mundo; 10 gêneros.

ORDEM PRIMATES (Primatas). Mamíferos de tamanho pequeno a grande (85 a mais de 2000 mm em posição vertical), com hemisférios cerebrais altamente desenvolvidos; órbitas circundadas por osso e dirigidas para a frente; membros com articulação em bola e soquete, permitindo grande mobilidade; basicamente, pentadáctilos com polegar oponível na maioria das espécies; unhas, geralmente, achatadas, mas, às vezes, em forma de garra; cauda presente ou ausente, preênsil em algumas formas; fórmula dentária $\frac{1\text{-}2}{1\text{-}3}, \frac{0\text{-}1}{0\text{-}1}, \frac{1\text{-}3}{0\text{-}3}, \frac{3}{3}$;nativos da Ásia, África e Américas do Norte e do Sul, exceto o homem, que está distribuído pelo mundo inteiro; 11 famílias viventes.

FAMÍLIA TUPAIIDAE (Musaranhos arborícolas). Primatas semelhantes aos insectívoros, de tamanho muito pequeno (100 a 220 mm); que, superficialmente, se assemelham a pequenos esquilos; incisivos superiores grandes; orelhas pequenas, cauda longa e, geralmente, bem peluda; membros pentadáctilos; solas das patas nuas e tuberculadas, fórmula dentária $\frac{2}{3}, \frac{1}{1}, \frac{3}{3}, \frac{3}{3}$; Ásia oriental; cinco gêneros (Freqüentemente colocados na ordem Insectivora).

FAMÍLIA LEMURIDAE (Lêmures). Primatas de tamanho pequeno a médio (120 a 440 mm), com cauda longa e densamente peluda; pêlos do corpo macios e lanosos; membros posteriores maiores do que os anteriores; fórmula dentária $\frac{0\text{-}2}{2}, \frac{1}{1}, \frac{3}{3}, \frac{3}{3}$; ilhas de Madagáscar e Comoro no Oceano Índico; cinco gêneros.

FAMÍLIA INDRIDAE (Lêmures lanosos). Lêmures de tamanho pequeno a grande (300 a 1050 mm), com a face nua e pelagem densamente lanosa; cauda curta a longa; membros posteriores alguns maiores que os anteriores; polegar ligeiramente oponível; glândulas salivares muito grandes; fórmula dentária $\frac{2}{2}, \frac{1}{0}, \frac{2}{2}, \frac{3}{3}$; Madagáscar; três gêneros.

FAMÍLIA DAUBENTONIIDAE (Ai-ai). Pequeno primata (360 a 440 mm), com cauda longa e peluda; face curta; orelhas grandes e membranosas; dígito posterior oponível, terceiro dígito do membro anterior extremamente delgado; incisivos semelhantes àqueles de roedores e permanentemente crescendo, com esmalte na superfície anterior; fórmula dentária $\frac{1}{1}, \frac{0\text{-}1}{0}, \frac{1}{0}, \frac{3}{3}$; Madagáscar; uma espécie: *Daubentonia madagascariensis.*

FAMÍLIA LORISIDAE (Loris e Galago). Pequenos primatas (170 a 390 mm), com pelagem densa e lanosa; cauda curta ou ausente nos loris, longa nos galagos; olhos muito grandes; orelhas pequenas a grandes e membranosas; polegar oponível; fórmula dentária $\frac{2}{2}, \frac{1}{1}, \frac{3}{3}, \frac{3}{3}$; África, Ásia meridional, Indonésia e Ilhas Filipinas; seis gêneros.

FAMÍLIA TARSIIDAE (Társios). Primatas de tamanho muito pequeno (85 a 160 mm), com cauda nua, proporcionalmente longa e olhos muito grandes, orelhas moderadamente grandes e membranosas; membros posteriores muito alongados; dígitos terminando em almofadas discoidais; dígito posterior oponível; fórmula dentária $\frac{1\text{-}2}{1}, \frac{1}{1}, \frac{3}{3}, \frac{3}{3}$; algumas das Ilhas Filipinas, Bornéo, Celebes e outras ilhas da Indonésia; um gênero: *Tarsius.*

FAMÍLIA CEBIDAE (Macacos do Novo Mundo). Primatas de tamanho pequeno a médio (200 a 915 mm); geralmente, com uma longa cauda, que, em algumas espécies, é preênsil; narinas muito separadas, abrindo-se nos lados da região nasal; não possuem calosidades isquiáticas, nem bolsas faciais; polegar não-oponível; grande dígito do pé oponível; fórmula dentária $\frac{2}{2}, \frac{1}{1}, \frac{3}{3}, \frac{3}{3}$; do México meridional à Argentina; 11 gêneros.

FAMÍLIA CALLITHRICIDAE (Sagüis). Pequenos primatas (130 a 370 mm) com longa cauda não-preênsil e pêlos densos e macios; orelhas, cabeça ou ombros; freqüentemente, adornados com tufos de longos pêlos; membros posteriores mais longos do que os anteriores; polegar não-oponível; fórmula dentária $\frac{2}{2}, \frac{1}{1}, \frac{3}{3}, \frac{2}{2}$; América do Sul tropical; quatro gêneros.

FAMÍLIA CERCOPITHECIDAE (Macacos do Velho Mundo). Primatas de tamanho médio a grande (325 a 1100 mm); com cauda curta a longa, não preênsil; face essencialmente nua; orelhas arredondadas; membros posteriores geralmente maiores que os anteriores; polegar e grande dígito do pé, ambos oponíveis; fórmula dentária $\frac{2}{2}, \frac{1}{1}, \frac{2}{2}, \frac{3}{3}$; partes temperadas a tropicais da África e Ásia; para leste até o Japão, Formosa, Filipinas e Indonésia; 11 gêneros.

FAMÍLIA PONGIDAE (Símios antropóides). Primatas de tamanho médio a muito grande (440 a 1700 mm), sem cauda; orelhas e face essencialmente nuas; braços maiores que as pernas; tanto o polegar como o grande dígito do pé, oponíveis; fórmula dentária $\frac{2}{2}, \frac{1}{1}, \frac{2}{2}, \frac{3}{3}$; África central, sudeste asiático, Java, Sumatra e Bornéo; quatro gêneros.

FAMÍLIA HOMINIDAE (Homem). Um grande primata com postura ereta (altura variável, com extremos na raça negra; Pigmeus Wambute, alcançando a média de 1450 mm e membros da tribo Watusi, mais de 2100 mm); cauda ausente; membros inferiores mais longos do que os braços; polegar oponível, mas não o grande dedo do pé; fórmula dentária $\frac{2}{2}, \frac{1}{1}, \frac{2}{2}, \frac{3}{3}$; mundo inteiro; uma espécie: *Homo sapiens*.

ORDEM EDENTATA (Edentados). Mamíferos de tamanho pequeno a moderadamente grande (150 a 1200 mm), com, pelo menos, algumas das garras dianteiras muito longas usadas para cavar ou para se pendurar nos galhos das árvores; incisivos e caninos sempre ausentes; em algumas espécies, todos os dentes são ausentes; sul dos Estados Unidos, para o sul, através da maior parte da América do Sul; três famílias viventes.

FAMÍLIA MYRMECOPHAGIDAE (Tamanduás). Edentados de tamanho pequeno a moderadamente grande (150 a 1200 mm); com focinho alongado e longa língua coberta de muco pegajoso; sem dentes; longa cauda e, em uma espécie, preênsil; garras da pata anterior muito longas para abrir (rasgando) formigueiros ou cupinzeiros; do sul do México ao Paraguai; três gêneros.

FAMÍLIA BRADYPODIDAE (Preguiças). Edentados de tamanho médio (500 a 640 mm); com cabeça arredondada, pequenas orelhas e apenas três dígitos sindáctilos; seis ou nove vértebras cervicais; $\frac{5}{4\text{-}5}$ dentes de crescimento contínuo; América Central à Argentina; dois gêneros: *Choloepus* e *Bradypus*.

FAMÍLIA DASYPODIDAE (Tatus). Mamíferos de tamanho pequeno a médio (125 a 1000 mm) com placas córneas na superfície dorsal do corpo, focinho moderadamente longo; dígitos com fortes garras para cavar na terra; dentes em forma de pino, de crescimento contínuo e variando de $\frac{7\text{-}9}{7\text{-}9}$ a $\frac{25}{25}$; do sul dos Estados Unidos até a Argentina; nove gêneros.

ORDEM PHOLIDOTA (Pangolins). Mamíferos de tamanho médio (300 a 900 mm), com escamas imbricadas, cobrindo a superfície dorsal da cabeça, corpo, cauda e também a superfície externa das pernas; cabeça muito alongada, dentes ausentes; longas garras nos cinco dígitos anteriores e nos cinco posteriores; África e sudeste asiático; uma família.

FAMÍLIA MANIDAE (Pangolins). Características e distribuição geográfica, aquelas da ordem; um gênero: *Manis*.

ORDEM LAGOMORPHA (Lebres e coelhos). Mamíferos de tamanho razoavelmente pequeno (125 a 750 mm), com cauda muito curta ou rudimentar; orelha de tamanho médio a grande; cinco dígitos na mão e quatro ou cinco dígitos no pé; solas das patas peludas; incisivos superiores distintos, um grande par na frente e um par muito pequeno, diretamente atrás; incisivos completamente circundados por esmalte; diástema entre os incisivos e pré-molares; fórmula dentária $\frac{2}{1}, \frac{0}{0}, \frac{2\text{-}3}{2}, \frac{2\text{-}3}{2\text{-}3}$; mundo inteiro, exceto Austrália (introduzidos), Nova Zelândia (introduzidos), Madagáscar, Antártica e a maioria das ilhas; duas famílias.

FAMÍLIA OCHOTONIDAE. Lagomorfos diurnos pequenos (125 a 300 mm), com orelhas arredondadas e cauda rudimentar; membros posteriores não marcantemente maiores do que os anteriores; apenas quatro dígitos no pé; fórmula dentária $\frac{2}{1}, \frac{0}{0}, \frac{3}{2}, \frac{2}{3}$; Eurásia e América do Norte setentrional; um gênero: *Ochotona*.

FAMÍLIA LEPORIDAE (Lebres e coelhos). Lagomorfos de tamanho médio a grande (250 a 760 mm), principalmente crepusculares (ativos à noite e manhã) ou noturnos; cauda curta, geralmente, bem peluda; orelhas alongadas; pernas posteriores muito maiores que as anteriores; cinco dígitos no pé; fórmula dentária $\frac{2}{1}, \frac{0}{0}, \frac{2\text{-}3}{2}, \frac{3}{3}$; distribuição igual à da ordem; nove gêneros.

ORDEM RODENTIA (Roedores). Mamíferos de tamanho muito pequeno a médio (40 a 1300 mm); possuindo apenas dois incisivos superiores e dois inferiores; incisivos de crescimento contínuo, com superfície externa mais dura do que a superfície interna; inexistem caninos; pré-molares, às vezes, inexistentes; molares, geralmente, $\frac{3}{3}$; mundo inteiro, geralmente, divididos em três subordens importantes: Sciuromorpha, Myomorpha e Hystricomorpha, baseadas em várias diferenças estruturais, mas, principalmente, na relação entre o músculo masséter e o canal infra-orbital; 32 famílias viventes.

Subordem Sciuromorpha (Roedores ciuromorfos). Canal infra-orbital muito pequeno, sem nenhum contato com a parte medial do músculo masséter.

FAMÍLIA APLODONTIDAE (Castor-montês). Roedor de tamanho médio (até 450 mm); com cabeça rombuda e pelagem esparsa; olhos e orelhas relativamente pequenos; cauda muito curta e escondida na pelagem; membros de comprimento aproximadamente igual e cada um com cinco dígitos; dentes molares de crescimento contínuo; fórmula dentária $\frac{1}{1}, \frac{0}{0}, \frac{2}{1}, \frac{3}{3}$; extremo oeste norte-americano; uma espécie: *Aplodontia rufa*.

FAMÍLIA SCIURIDAE (Esquilos). Roedores de tamanho pequeno a médio (65 a 600 mm), geralmente, com uma cauda moderadamente longa e pêlos densos e curtos; olhos grandes e orelhas razoavelmente pequenas; membros anteriores menores que os posteriores; cinco dígitos presentes na pata posterior e quatro dígitos na pata anterior; processo pós-orbital presente no crânio; primeiro pré-molar superior muito pequeno, se presente, no adulto; fórmula dentária $\frac{1}{1}, \frac{0}{0}, \frac{1\text{-}2}{1}, \frac{3}{3}$; essencialmente, no mundo inteiro, exceto Austrália e Madagáscar; cerca de 50 gêneros.

FAMÍLIA GEOMYIDAE. Roedores de tamanho médio-pequeno (90 a 350 mm); focinho rombudo e bolsa facial coberta de pêlos de cada lado da cabeça;

olhos e orelhas muito pequenos; cauda bem curta, rombuda e esparsamente peluda; membros razoavelmente curtos; cinco dígitos em cada pata; garras das patas anteriores aumentadas para cavar; lábios situados, de tal forma que se fecham atrás dos dentes incisivos; que podem ser usados para cavar; fórmula dentária $\frac{1}{1}, \frac{0}{0}, \frac{1}{1}, \frac{3}{3}$; do oeste canadense para o sul até o norte colombiano; oito gêneros.

FAMÍLIA HETEROMYIDAE (Rato-canguru). Roedores de tamanho pequeno (55 a 180 mm) com bolsas faciais externas peludas e uma longa cauda coberta com pêlos muito curtos; membros posteriores maiores, às vezes, muito maiores do que os anteriores; orelhas pequenas; ossos nasais longos e delgados, estendendo-se além dos incisivos; bulas auditivas muito grandes; fórmula dentária $\frac{1}{1}, \frac{0}{0}, \frac{1}{1}, \frac{3}{3}$; do sudoeste canadense até o norte da América do Sul; cinco gêneros.

FAMÍLIA CASTORIDAE (Castor). Grandes roedores de água doce (750 a 1300 mm), com cauda larga em forma de remo, coberta por escamas; pêlos lanosos, macios e densos; cinco dígitos em cada pata, aquelas das patas posteriores unidas por membranas; glândulas odoríferas perianais, conhecidas como glândulas castóreas, presentes em ambos os sexos; fórmula dentária $\frac{1}{1}, \frac{0}{0}, \frac{1}{1}, \frac{3}{3}$; partes florestais do Hemisfério Norte (distribuição geográfica atual muito reduzida pelo homem); um gênero: *Castor*.

FAMÍLIA ANOMALURIDAE. Roedores semelhantes aos esquilos (Sciuromorpha?) de tamanho pequeno a médio (60 a 380 mm), possuindo uma longa cauda com duas fileiras de escamas carenadas na face inferior, junto à base; membrana de planar estendendo-se ao longo dos dois lados do corpo a partir dos membros anteriores até os posteriores, na maioria das espécies; orelhas e olhos semelhantes aos dos esquilos; fórmula dentária $\frac{1}{1}, \frac{0}{0}, \frac{1}{1}, \frac{3}{3}$; África; quatro gêneros.

FAMÍLIA PEDETIDAE. Roedores (Sciuromorpha?) de tamanho médio (350 a 430 mm), com pernas posteriores muito grandes para saltar; cauda longa e peluda; olhos e orelhas proporcionadamente grandes; fórmula dentária $\frac{1}{1}, \frac{0}{0}, \frac{1}{1}, \frac{3}{3}$; África central e meridional; um gênero: *Pedetes*.

Subordem Myomorpha (Roedores miomorfos). Canal infra-orbital e um pouco aumentado alcançando o músculo masséter medial.

FAMÍLIA CRICETIDAE (Ratos e camundongos). Roedores de tamanho muito pequeno e razoavelmente grande (80 a 450 mm), adaptados a muitos tipos de habitats, mas, na maior parte, terrestres; cauda presente, desde longa até bem curta; pré-molares ausentes; molares cuspidados, laminados ou prismáticos; quando cuspidados, as cúspides estão dispostas em duas fileiras; quando laminadas, lâminas muito separadas; fórmula dentária $\frac{1}{1}, \frac{0}{0}, \frac{0}{0}, \frac{3}{3}$; essencialmente no mundo inteiro, mas inexistentes na Austrália; cerca de 100 gêneros.

FAMÍLIA SPALACIDAE. Roedores cavadores, de tamanho médio (150 a 300 mm), com focinho rombudo e sem cauda; olhos rudimentares e cobertos com pele; orelhas reduzids a cristas; pelagem curta e aveludada; incisivos projetando-se da boca e usados para cavar; fórmula dentária $\frac{1}{1}, \frac{0}{0}, \frac{0}{0}, \frac{3}{3}$; sudeste europeu, Ásia Menor e partes do norte da África; um gênero: *Spalax*.

FAMÍLIA RHIZOMYIDAE. Roedores cavadores, de tamanho médio (160 a 460 mm), semelhantes aos Geomyidae, mas desprovidos de bolsas faciais com pêlos; olhos e orelhas pequenos; membros curtos e robustos; cauda moderadamente curta e pouco peluda; Ásia meridional e África oriental tropical; três gêneros.

FAMÍLIA MURIDAE (Ratos e camundongos do Velho Mundo). Um grupo muito grande (mais de 450 espécies) de roedores de tamanho pequeno a médio (100 a 800 mm); geralmente, com uma cauda bem longa, nua e escamosa; solas das patas nuas; desprovidos de bolsas faciais com pêlos; pré-molares ausentes; molares cuspidados ou laminados; quando cuspidados, cúspides dispostas em três fileiras, embora a fileira interna possa ser muito reduzida; quando laminados, lâminas muito próximas, fórmula dentária $\frac{1}{2}, \frac{0}{0}, \frac{0}{0}, \frac{2\text{-}3}{2\text{-}3}$; nativos da Europa, Ásia, África, Australásia e Micronésia; cerca de 10 gêneros; dois gêneros, *Mus* e *Rattus*, amplamente distribuídos no mundo pelo homem.

FAMÍLIA GLIRIDAE. Camundongos semelhantes a esquilos, de tamanho pequeno (60 a 190 mm), geralmente, com cauda peluda; olhos grandes; orelhas arredondadas; quatro dígitos na pata anterior e cinco na pata posterior; membros adaptados para trepar; fórmula dentária $\frac{1}{1}, \frac{0}{0}, \frac{1}{1}, \frac{3}{3}$; Europa, Ásia e África; sete gêneros.

FAMÍLIA PLATACANTHOMYIDAE. Roedores pequenos (70 a 270 mm); algo parecidos com os glirídeos, mas a parte proximal da cauda é esparsamente peluda, em contraste com a porção terminal; cinco dígitos tanto na pata anterior, como na posterior; fórmula dentária $\frac{1}{1}, \frac{0}{0}, \frac{0}{0}, \frac{3}{3}$; Ásia meridional; dois gêneros: *Platacanthomys* e *Typhlomys*.

FAMÍLIA SELEVINIIDAE. Roedor robusto e pequeno (até 95 mm) com longa cauda; pelagem densa e espessa; método de muda semelhante ao de *Mirounga* (ordem Pinnipedia), em que a epiderme é eliminada em placas com os pêlos velhos; quatro dígitos na pata anterior e cinco na pata posterior; superfície anterior dos incisivos superiores sulcada; fórmula dentária $\frac{1}{1}, \frac{0}{0}, \frac{2}{0}, \frac{3}{3}$; Ásia central; uma espécie *Selevinia betpakdalaensis*.

FAMÍLIA ZAPODIDAE (Camundongos saltadores). Roedores pequenos (50 a 100 mm), com longa cauda, esparsamente peluda; bolsas faciais internas presentes; bulas auditivas relativamente pequenas; fórmula dentária $\frac{1}{1}, \frac{0}{0}, \frac{0\text{-}1}{0}, \frac{3}{3}$; distribuição holártica; quatro gêneros.

FAMÍLIA DIPODIDAE (Jerboas). Roedores do deserto, pequenos (70 a 150 mm), com longa cauda bem peluda, pelo menos, na extremidade, e membros posteriores muito aumentados para saltar; geralmente, apenas três dígitos funcionais na pata posterior; segundo, terceiro e quarto metatarsais fundidos; desprovidos de bolsas faciais com pêlos;dentes molariformes cuspidados; fórmula dentária $\frac{1}{1}, \frac{0}{0}, \frac{0\text{-}1}{0}, \frac{3}{3}$; norte da África e desertos e estepes da Eurásia; 10 gêneros.

Subordem Hystricomorpha (Roedores histricomorfos). Canal infra-orbital muito aumentado alcançando o músculo masséter medial.

FAMÍLIA HYSTRICIDAE (Porcos-espinho do Velho Mundo). Roedores de tamanho médio a grande (380 a 710 mm), com alguns pêlos na superfície superior do corpo modificados em espinhos; corpo atarracado; focinho rombudo; patas anteriores e posteriores com cinco dígitos; fórmula dentária $\frac{1}{1}, \frac{0}{0}, \frac{1}{1}, \frac{3}{3},$ da Europa meridional até a África e Ásia Oriental e Filipinas; quatro gêneros.

FAMÍLIA ERETHIZONTIDAE (Ouriço-cacheiro). Roedores atarracados, de tamanho médio a grande (300 a 860 mm), com focinho rombudo e alguns pêlos na superfície superior do corpo, partes externas dos membros e, geralmente, na parte superior da cauda, modificados em duros espinhos protetores; membros curtos; quatro dígitos funcionais nas patas anteriores e três nas patas posteriores; fórmula dentária $\frac{1}{1}, \frac{0}{0}, \frac{1}{1}, \frac{3}{3}$; Américas do Norte e do Sul; quatro gêneros.

FAMÍLIA CAVIIDAE (Cobaia). Roedores de corpo robusto, moderadamente pequenos (225 a 750 mm), desprovidos de cauda ou com uma cauda muito curta; quatro dígitos na pata anterior e três na posterior; pelagem grosseira, porém espessa; fórmula dentária $\frac{1}{1}, \frac{0}{0}, \frac{1}{1}, \frac{3}{3}$; América do Sul; cinco gêneros.

FAMÍLIA HYDROCHOERIDAE (Capivaras). Os maiores roedores viventes (1000 a 1300 mm); cauda muito curta; focinho truncado; orelhas curtas; pelagem esparsa e grosseira; quatro dígitos na pata anterior e três na pata posterior; incisivos sulcados na superfície anterior; fórmula dentária $\frac{1}{1}, \frac{0}{0}, \frac{1}{1}, \frac{3}{3}$; leste da América do Sul para o norte, até o Panamá; um gênero: *Hydrochoerus*.

FAMÍLIA DINOMYDAE. Roedor moderadamente grande (até 800 mm), com corpo robusto, cabeça relativamente grande e cauda bem peluda, de comprimento médio; patas anteriores e posteriores cada uma com quatro dígitos; fileiras longitudinais de manchas brancas ou listras sobre o corpo; orelhas pequenas; fórmula dentária $\frac{1}{1}, \frac{0}{0}, \frac{1}{1}, \frac{3}{3}$; América do Sul setentrional e central ao longo das partes mais baixas dos Andes; uma espécie: *Dinomys branickii*.

FAMÍLIA DASYPROCTIDAE (Pacas e cutias). Roedores de tamanho médio a moderadamente grande (320 a 690 mm); com membros posteriores alongados e cauda curta; pelagem grosseira; quatro dígitos funcionais na pata anterior; três ou cinco artelhos funcionais; fórmula dentária $\frac{1}{1}, \frac{0}{0}, \frac{1}{1}, \frac{3}{3}$; do México à Argentina; quatro gêneros.

FAMÍLIA CHINCHILLIDAE (Chinchilas e Viscachas). Roedores de tamanho moderadamente pequeno a razoavelmente grande (225 a 660 mm), com pêlos longos e finos e cauda bem peluda; quatro dígitos na pata anterior; três a quatro dígitos na pata posterior; fórmula dentária $\frac{1}{1}, \frac{0}{0}, \frac{1}{1}, \frac{3}{3}$; centro e sul dos Andes e pampas argentinos; três gêneros.

FAMÍLIA CAPROMYIDAE (Ratão-do-banhado e hutia). Roedores de tamanho médio-pequeno a razoavelmente grande (200 a 635 mm); orelhas e olhos pequenos; membros relativamente curtos; polegar muito reduzido em tamanho; cauda, geralmente, bem longa e, freqüentemente, pouco peluda; fórmula dentária $\frac{1}{1}, \frac{0}{0}, \frac{1}{1}, \frac{3}{3}$; América do Sul e Índias Ocidentais; quatro gêneros viventes. (O ratão-do-banhado é, às vezes, colocado numa família separada — Myocastoridae).

FAMÍLIA OCTODONTIDAE (Octodontídeos). Roedores de tamanho médio-pequeno (125 a 200 mm), com pêlos sedosos e uma cauda de comprimento variável; nariz razoavelmente pontudo; polegar muito reduzido; fórmula dentária $\frac{1}{1}, \frac{0}{0}, \frac{1}{1}, \frac{3}{3}$; oeste e sul da América do Sul; cinco gêneros.

FAMÍLIA CTENOMYIDAE (Tuco-tucos). Roedores de tamanho médio-pequeno (170 a 250 mm), adaptados à vida fossorial e superficialmente semelhantes aos Geomyidae norte-americanos; bolsas faciais externas com pêlos inexistentes; olhos e orelhas pequenas; cauda de comprimento médio; membros curtos e garras adaptadas para cavar; incisivos muito aumentados; fórmula dentária $\frac{1}{1}, \frac{0}{0}, \frac{1}{1}, \frac{3}{3}$; do Peru à Terra do Fogo, América do Sul; um gênero: *Ctenomys.*

FAMÍLIA ABROCOMIDAE (Ratos-chinchila). Roedores de tamanho médio a pequeno (150 a 250 mm), com pelagem macia semelhante à do chinchila e uma cabeça semelhante à dos ratos e camundongos (ex.: Muridae ou Cricetidae); orelhas arredondadas; olhos grandes; cauda moderadamente longa; membros curtos com quatro dígitos na pata anterior e cinco na pata posterior; fórmula dentária $\frac{1}{1}, \frac{0}{0}, \frac{1}{0}, \frac{3}{3}$; altiplano do Peru, Bolívia, Chile e Argentina; um gênero: *Abrocoma.*

FAMÍLIA ECHIMYIDAE. Roedores de tamanho pequeno a médio (180 a 480 mm), com aparência de rato e, geralmente, possuindo cerdas no corpo; cauda curta a longa; polegar rudimentar; fórmula dentária $\frac{1}{1}, \frac{0}{0}, \frac{1}{1}, \frac{3}{3}$; América Central, América do Sul setentrional e Martinica nas Antilhas Menores; 14 gêneros viventes.

FAMÍLIA THRYONOMYIDAE. Roedores de tamanho médio a grande (350 a 610 mm), com um corpo robusto; pelagem grosseira; orelhas pequenas e arredondadas; cauda de comprimento variável, porém grosseiramente peluda, com cerdas curtas; polegar e quinto dígito da pata anterior rudimentares; quatro dígitos na pata posterior; fórmula dentária $\frac{1}{1}, \frac{0}{0}, \frac{1}{1}, \frac{3}{3}$; África; um gênero: *Thryonomys.*

FAMÍLIA PETROMYIDAE. Roedores de tamanho médio-pequeno (até 200 mm) com corpo achatado e longa cauda bem peluda; olhos grandes e orelhas pequenas e arredondadas; membros curtos com quatro dígitos na pata anterior e cinco na pata posterior; fórmula dentária $\frac{1}{1}, \frac{0}{0}, \frac{1}{1}, \frac{3}{3}$ África; uma espécie: *Petromys typicus.*

FAMÍLIA BATHYERGIDAE. Roedores fossoriais de tamanho pequeno a médio (80 a 330 mm), com olhos minúsculos e cauda muito curta; pavilhão externo do ouvido ausente; pele sem pêlos ao redor da abertura do canal auditivo externo; membros curtos e robustos com cinco dígitos em cada pata; fórmula dentária $\frac{1}{1}, \frac{0}{0}, \frac{2\text{-}3}{2\text{-}3}, \frac{0\text{-}3}{0\text{-}3}$; África; cinco gêneros.

FAMÍLIA CTENODACTYLIDAE. Roedores de tamanho médio-pequeno (160 a 240 mm) com cauda curta ou moderadamente curta, e corpo robusto; olhos grandes; orelhas arredondadas; pelagem macia; quatro dígitos em cada pata; dois dígitos internos da pata posterior com cerdas pectinadas; fórmula dentária $\frac{1}{1}, \frac{0}{0}, \frac{1\text{-}2}{1\text{-}2}, \frac{3}{3}$; África setentrional; quatro gêneros.

ORDEM CETACEA (Baleias, botos e golfinhos). Mamíferos de tamanho médio a muito grande (1,25 a mais de 30 m), adaptados à vida aquática; pele essencialmente desprovida de pêlos; uma espessa camada de gordura sob a pele; desprovidos de orelhas, exceto por um canal auditivo minúsculo; narinas modificadas em um espiráculo, ou espiráculos, no topo da cabeça; membros anteriores desenvolvidos em nadadeiras; membros posteriores ausentes; cauda modificada em lobos, situados num plano horizontal; dentes presentes em número variável (2 a cerca de 260) na mandíbula, ou em ambas as maxilas, na subordem Odontoceti; dentes ausentes na subordem Mysticeti, sendo substituídos, do ponto de vista funcional, por placas de barbatana, que pendem do teto da boca e servem como coadores para apanhar alimento; dez famílias.

Subordem Mysticeti. Baleias de barbatana; dentes ausentes; crânio simétrico; espiráculos pares.

FAMÍLIA BALAENIDAE (Baleia-da-Groenlândia). Cetáceos de tamanho médio (6 a 18 m), com corpo robusto e cabeça muito grande, que pode chegar a um terço do comprimento total; garganta desprovida de sulcos; placas de barbatana muito longas; nadadeiras curtas e largas; nadadeira dorsal presente em um gênero; oceanos do mundo, mas ausentes nos mares tropicais e áreas polares meridionais; dois gêneros: *Balaena* e *Caperea.*

FAMÍLIA ESCHRICHTIDAE (Baleia-cinzenta). Baleia de tamanho médio (até 15 m), desprovida de nadadeira dorsal; corpo delgado; dois a quatro sulcos rasos na garganta; cor geral: cinza mosqueada com manchas claras; Oceano Pacífico setentrional ao longo da costa americana e da asiática; uma espécie: *Eschrichtius gibbosus.*

FAMÍLIA BALAENOPTERIDAE (Baleia-azul, baleia-de-corcova). Baleias de tamanho médio a muito grande (9 a 30 m), possuindo nadadeira dorsal e numerosos sulcos pregueados e paralelos na garganta e abdome; oceanos do mundo; dois gêneros: *Balaenoptera* e *Megaptera.*

Subordem Odontoceti. Cetáceos com dentes; crânio assimétrico; um único espiráculo externo.

FAMÍLIA ZIPHIIDAE (Baleias-bicudas). Cetáceos de tamanho médio a moderadamente grande (4,5 a 13 m) com focinho alongado semelhante a um bico; fronte aumentada para formar um "melão" em frente do espiráculo; nadadeira dorsal pequena, situada na parte posterior; um par de sulcos na garganta; um ou dois pares de dentes funcionais, pelo menos, nos machos, exceto em *Tasmacetus*, onde a fórmula dentária, geralmente, é $\frac{19}{17}$; oceanos do mundo; cinco gêneros.

FAMÍLIA MONODONTIDAE (Narval e Beluga). Baleias de tamanho moderadamente pequeno (até 6 m), com focinho rombudo; desprovidas de sulcos gulares; nadadeira dorsal definida ausente; dois dentes no gênero *Monodon*, com um deles (geralmente o esquerdo) estendendo-se como uma longa (até 2,7 m) presa reta, dirigida para a frente e sulcada helicoidalmente no macho; fórmula dentária de *Delphinapterus*, cerca de $\frac{9}{9}$; confinadas primeiramente aos mares árticos; dois gêneros.

FAMÍLIA PHYSETERIDAE (Cachalotes). Baleias de tamanho pequeno a grande (2,1 a mais de 18 m), com dentes funcionais apenas na mandíbula (8 a 25 em cada ramo); focinho projetando-se além da mandíbula; um órgão de espermacete, localizado na cabeça; todos os oceanos; dois gêneros: *Physeter* e *Kogia.*

FAMÍLIA PLATANISTIDAE (Botos de rio de focinho-longo). Cetáceos de água doce, de estuários ou costeiros; de tamanho pequeno; focinho longo e delgado; fronte aumentada para formar um "melão"; olhos pouco desenvolvidos; nadadeira dorsal baixa e em forma de crista; fileiras dos dentes bem juntas e paralelas; fórmula dentária $\frac{26}{26}$ a $\frac{55}{55}$; leste da América do Sul, Índia e China; quatro gêneros.

FAMÍLIA STENIDAE (Golfinhos costeiros e fluviais). Golfinhos de tamanho moderadamente pequeno (1,6 a 2,5 m), nos quais o focinho pode ser nitidamente distinto da fronte; os botos de focinho longo diferem dos marinhos em certas características do sistema de seios aéreos da cabeça; fórmula dentária, variando de mais ou menos $\frac{24}{24}$ a $\frac{32}{32}$; mares temperados quentes e tropicais; três gêneros.

FAMÍLIA PHOCOENIDAE (Toninhas). Cetáceos pequenos (1,6 a 2,1 m) desprovidos de um focinho distinto; dentes espatulados, em vez de cônicos; fórmula dentária $\frac{15}{15}$ a $\frac{30}{30}$; ; todos os oceanos e mares do Hemisfério Norte, bem como as águas costeiras da América do Sul e rios do sudeste asiático; três gêneros.

FAMÍLIA DELPHINIDAE (Golfinhos oceânicos). Cetáceos de tamanho pequeno a médio (1,5 a 9,5 m); a maioria possui um focinho distinto; nadadeira dorsal presente em todos os gêneros, exceto num; machos, geralmente, maiores do que as fêmeas; dentes cônicos; fórmula dentária $\frac{0}{2}$ a $\frac{65}{58}$; oceanos do mundo, bem como certos rios do sudeste asiático; 14 gêneros.

ORDEM CARNIVORA (Carnívoros). Mamíferos de tamanho muito pequeno a grande (135 a 3000 mm), principalmente terrestres; pelo menos, quatro dígitos providos de garras em cada pata; incisivos pequenos; caninos grandes e pontudos; fórmula dentária $\frac{3}{2\text{-}3}, \frac{1}{1}, \frac{2\text{-}4}{2\text{-}4}, \frac{1\text{-}4}{1\text{-}5}$; dentes com raiz e sem crescimento contínuo; essencialmente, no mundo inteiro; sete famílias.

FAMÍLIA CANIDAE (Canídeos). Carnívoros de tamanho médio a razoavelmente grande (340 a 1350 mm), adaptados para correr; cauda razoavelmente longa e geralmente peluda; orelhas grandes e pontudas; focinho alongado; primeiro dígito das patas anteriores e posteriores, muito reduzido em tamanho ou rudimentar; fórmula dentária $\frac{3}{3}, \frac{1}{1}, \frac{4}{4}, \frac{1\text{-}4}{2\text{-}5}$; mundo inteiro, exceto Nova Zelândia, Madagáscar e maioria das ilhas da Indonésia e do Pacífico; 15 gêneros.

FAMÍLIA URSIDAE (Ursos e Panda gigante). Carnívoros grandes (1000 a 3000 mm) plantígrados; orelhas proporcionalmente pequenas, arredondadas e bem peludas; focinho alongado; olhos moderadamente pequenos; corpo robusto e muito peludo; patas pentadáctilas; solas das patas, geralmente peludas; cauda muito curta; fórmula dentária $\frac{2\text{-}3}{3}, \frac{1}{1}, \frac{4}{4}, \frac{2}{3}$; Ásia, Europa e Américas do Norte e do Sul; seis gêneros.

FAMÍLIA PROCYONIDAE (Racum). Carnívoros de tamanho médio-pequeno (300 a 670 mm) com cauda longa, listrada, exceto em um gênero, que possui cauda preênsil; orelhas pontudas ou arredondadas; olhos razoavelmente grandes; patas com cinco dígitos; fórmula dentária $\frac{3}{3}, \frac{1}{1}, \frac{3\text{-}4}{3\text{-}4}, \frac{2}{2\text{-}3}$; Américas do Norte e do Sul e leste da Ásia; sete ou oito gêneros.

FAMÍLIA MUSTELIDAE (Marta, texugo, cangambá, lontra). Carnívoros de tamanho muito pequeno a médio (135 a 1500 mm) com glândulas odoríferas perianais bem desenvolvidas; focinho moderadamente longo; orelhas curtas; corpo, em geral, proporcionalmente delgado, mas muito musculoso; membros curtos; cinco dígitos em cada pata; garras não-retráteis; fórmula dentária $\frac{3}{2\text{-}3}, \frac{1}{1}, \frac{2\text{-}4}{2\text{-}4}, \frac{1}{1\text{-}2}$; mundo inteiro, exceto Austrália e Madagáscar; 25 gêneros.

FAMÍLIA VIVERRIDAE (Civetas). Carnívoros de tamanho pequeno a médio (170 a 975 mm), com cabeça longa e focinho pontudo; corpo proporcionalmente longo e delgado; cauda, geralmente, longa e peluda; membros curtos com quatro ou cinco dígitos em cada pata; glândulas odoríferas perianais, freqüentemente, bem desenvolvidas; o incisivo inferior 2 é mais longo do que o 1 ou 3; fórmula dentária $\frac{3}{3}, \frac{1}{1}, \frac{3\text{-}4}{3\text{-}4}, \frac{1\text{-}2}{1\text{-}2}$; África, Madagáscar, sul da Europa e Ásia; 36 gêneros.

FAMÍLIA HYAENIDAE (Hienas). Carnívoros de tamanho médio-grande (550 a 1650 mm), algo semelhantes ao cão no que se refere à aparência; membros anteriores maiores e mais desenvolvidos do que os membros posteriores; cabeça proporcionalmente grande e maxilas muito poderosas; orelhas de tamanho médio e pontudas; quatro ou cinco dígitos presentes; garras não-afiadas e não-retrácteis; glândulas odoríferas perianais presentes; fórmula dentária $\frac{3}{3}, \frac{1}{1}, \frac{3\text{-}4}{1\text{-}3}, \frac{1}{1\text{-}2}$; África e sudoeste asiático; três gêneros.

FAMÍLIA FELIDAE (Felídeos). Carnívoros de tamanho pequeno a grande (500 a 2700 mm), possuindo cabeça proporcionalmente redonda e garras retrácteis ou semi-retrácteis; orelhas de tamanho médio e, geralmente, pontudas; vibrissas bem desenvolvidas; membros, geralmente, de comprimento igual e bem desenvolvidos para saltar sobre a presa; cinco dígitos na pata anterior e quatro na pata posterior; fórmula dentária $\frac{3}{3}, \frac{1}{1}, \frac{2\text{-}3}{2}, \frac{1}{1}$; essencialmente no mundo inteiro, exceto Austrália e Madagáscar; três gêneros.

ORDEM PINNIPEDIA. Mamíferos de tamanho médio a grande (1,5 a mais de 6 m) com membros modificados em nadadeiras para a vida aquática; olhos grandes; pavilhão do ouvido muito pequeno ou inteiramente ausente; vibrissas bem desenvolvidas; cauda muito curta ou ausente; dentes molariformes; na maior parte, homodontes; águas árticas e antárticas; litorais continentais e ilhas; poucas espécies existentes nas regiões tropicais e na água doce; três famílias.

FAMÍLIA OTARIIDAE (Leões-marinhos e focas). Pinipédios de tamanho médio (1,5 a 3,5 m); possuindo pavilhão auricular; olhos, geralmente, não muito grandes; incisivos externos semelhantes aos caninos; nadadeiras anteriores grandes e nuas; nadadeiras posteriores reversíveis, de forma que possam ser trazidas para debaixo do corpo para locomoção na terra; cauda curta; machos bem maiores do que as fêmeas; distribuição semelhante da ordem, mas ausente no Atlântico Norte e oceano Índico tropical; seis gêneros.

FAMÍLIA ODOBENIDAE (Morsa). Pinipédio grande (até 3,7 m) com corpo gordo, pele relativamente sem pêlos e dentes caninos superiores longos e em forma de presa; olhos pequenos; pavilhão do ouvido externo essencialmente inexistente; proeminentes cerdas sobre o lábio superior; cauda ausente; nadadeiras posteriores reversíveis; circumpolar no Ártico; uma espécie: *Odobenus rosmarus.*

FAMÍLIA PHOCIDAE (Focas peludas ou sem orelhas). Pinipédios de tamanho pequeno a muito grande (1,25 a 6,5 m) desprovidos de pavilhão auricular; olhos relativamente grandes; nadadeiras anteriores peludas e menores do que as nadadeiras posteriores; nadadeiras posteriores não-reversíveis; cauda curta presente; machos não visivelmente maiores do que as fêmeas, exceto no gênero *Mirounga*; distribuição igual à da ordem; 13 gêneros.

ORDEM TUBULIDENTATA (Oricteropo). Mamíferos de tamanho médio (até 1,6 m), com corpo robusto; cabeça alongada, focinho semelhante ao do porco e orelhas longas e tubulares; corpo esparsamente coberto de pêlos grosseiros; membros curtos, com quatro dígitos na pata anterior e cinco na pata posterior; unhas da pata anterior longas, fortes e adaptadas para cavar; cauda afilada e musculosa; dentes tubulares, desprovidos de esmalte; dentição permanente $\frac{0}{0}, \frac{0}{0}, \frac{2}{2}, \frac{3}{3}$; África; uma família.

FAMÍLIA ORYCTEROPODIDAE (Oricteropo). Características e distribuição geográfica iguais às da ordem; uma espécie: *Oryceteropus afer*.

ORDEM PROBOSCIDIA (Elefantes). Mamíferos terrestres de tamanho muito grande (5,5 a 7,5 m), com nariz alongado numa probóscide ou tromba; cabeça maciça; orelhas grandes e coriáceas; pele espessa e quase sem pêlos; cauda curta; membros grossos e colunares; unhas formando três a cinco cascos; incisivos superiores desenvolvidos em presas; dentes molariformes, sucedendo-se um ao outro a partir da parte posterior; fórmula dentária $\frac{1}{0}, \frac{0}{0}, \frac{3}{3}, \frac{3}{3}$; Ásia e África; uma família.

FAMÍLIA ELEPHANTIDAE (Elefantes africano e indiano). Características e distribuição geográfica iguais às da ordem; dois gêneros: *Lexodonta* e *Elephas*.

ORDEM HYRACOIDEA. Pequenos mamíferos (300 a 600 mm) com cauda muito reduzida ou rudimentar e unhas modificadas em pequenas estruturas semelhantes a cascos na maioria dos dígitos; membros curtos; solas das patas providas de almofadas nuas e úmidas para trepar; esmalte presente apenas na frente dos incisivos superiores, que são triangulares em corte transversal; fórmula dentária $\frac{1}{2}, \frac{0}{0}, \frac{4}{4}, \frac{3}{3}$; África e sudoeste asiático; uma família.

FAMÍLIA PROCAVIIDAE. Características e distribuição geográfica iguais às da ordem; três gêneros.

ORDEM SIRENIA (Manati, Dugong e Peixe-boi). Grandes mamíferos aquáticos (2,5 a 4 m, em espécies viventes, até 7,5 m na vaca-marinha-de-Steller, hoje, extinto); desprovidos de membros posteriores; membros anteriores modificados em nadadeiras com forma de remo; olhos muito pequenos; ouvidos sem pavilhão; corpo essencialmente sem pêlos, exceto pelas cerdas densas ao redor da boca; cauda modificada numa estrutura horizontal lobada; dentes reduzidos em número e altamente modificados, se presentes; mar de Bering (anteriormente), mares tropicais e rios costeiros; duas famílias.

FAMÍLIA DUGONGIDAE (Dugong e vaca-marinha). Sirênios providos de nadadeira caudal chanfrada no centro para dividi-la em dois lobos; narinas em posição dorsal; unhas inexistentes nas nadadeiras; dois gêneros; ilhas e águas costeiras das partes tropicais do oeste dos oceanos Pacífico e Índico (gênero *Dugong*); anteriormente, no mar de Bering (gênero *Hydromalis*, hoje extinto).

FAMÍLIA TRICHECHIDAE (Manatis). Sirênios com nadadeira caudal redonda em forma de remo, sem qualquer chanfradura no meio; narinas na extremidade do focinho; unhas rudimentares nas nadadeiras; áreas litorâneas do sudeste dos Estados Unidos para o sul até o nordeste da América do Sul e ao longo da costa oeste da África; um gênero: *Trichechus*.

ORDEM PERISSODACTYLA (Mamíferos ungulados de dígitos ímpares). Mamíferos terrestres de tamanho grande a muito grande (1,8 a 4,2 m) com o eixo principal da pata terminando no terceiro dígito; cabeça alongada; orelhas tubulares de tamanho moderado; cauda curta; um ou três dígitos funcionais; unhas modificadas em cascos; fórmula dentária $\frac{0\text{-}3}{0\text{-}3}, \frac{0\text{-}1}{0\text{-}1}, \frac{3\text{-}4}{3\text{-}4}, \frac{3}{3}$; África, Ásia (inclusive Java e Sumatra) e Américas, do sul do México à Argentina; três famílias.

FAMÍLIA EQUIDAE (Cavalo, zebra). Perissodáctilos grandes (1,8 a 2,5 m) com apenas um dígito funcional em cada pata; corpo coberto com pêlos curtos; crina presente ao longo do dorso do pescoço; membros longos e proporcionalmente delgados distalmente; pêlos na cauda muito longos; incisivos em forma de bizel; dentes molariformes de coroa muito alta; fórmula dentária $\frac{3}{3}, \frac{0\text{-}1}{0\text{-}1}, \frac{3\text{-}4}{3}, \frac{3}{3}$; Ásia e África; um gênero: *Equus*.

FAMÍLIA TAPIRIDAE (Tapir ou anta). Perissodáctilos de tamanho médio (1,8 a 2,5 m) com focinho alongado numa probóscide curta; olhos pequenos; pêlos curtos; cauda muito curta e essencialmente nua; três dígitos funcionais em cada pata; com um quarto dígito pequeno presente nas patas anteriores; fórmula dentária $\frac{3}{3}, \frac{1}{1}, \frac{4}{4}, \frac{3}{3}$; sudeste Asiático, inclusive a área Malaia, e o Novo Mundo, desde o sul do México à Argentina; um gênero: *Tapirus*.

FAMÍLIA RHINOCEROTIDAE (Rinocerontes). Mamíferos terrestres de tamanho muito grande (2 a 4,2 m), com três dígitos funcionais em cada pata e um ou dois cornos medianos no topo da cabeça; olhos pequenos; pele muito espessa e essencialmente nua; membros proporcionalmente curtos em contraste com o corpo maciço; cerdas duras na cauda; fórmula dentária $\frac{0\text{-}2}{0\text{-}1}, \frac{0}{0}, \frac{3\text{-}4}{3\text{-}4}, \frac{3}{3}$; Ásia e África; quatro gêneros.

ORDEM ARTIODACTYLA (Mamíferos ungulados de dígitos pares). Mamíferos terrestres de tamanho pequeno a muito grande (menos de 0,5 a 4,6 m) com o eixo principal da pata passando entre os dígitos 3 e 4; unhas modificadas em cascos; cauda curta; incisivos superiores geralmente reduzidos ou ausentes; fórmula dentária $\frac{0\text{-}3}{1\text{-}3}, \frac{0\text{-}1}{0\text{-}1}, \frac{2\text{-}4}{2\text{-}4}, \frac{3}{3}$; essencialmente no mundo inteiro, exceto na região australiana; nove famílias.

FAMÍLIA SUIDAE (Porcos). Artiodáctilos de tamanho médio (0,7 a 1,9 m), com grande cabeça e nariz alongado numa tromba truncada, com uma cartilagem em forma de disco ou osso na ponta; olhos pequenos; pêlos semelhantes a cerdas; cauda delgada, e terminando em cerdas; quatro dígitos em cada pata; caninos superiores e inferiores desenvolvidos em presas, que se curvam para cima; fórmula dentária $\frac{1\text{-}3}{3}, \frac{1}{1}, \frac{2\text{-}4}{2\text{-}4}, \frac{3}{3}$; Europa, Ásia, África e Madagáscar; cinco gêneros.

FAMÍLIA TAYASSUIDAE (Caititus). Artiodáctilos pequenos (0,75 a 1 m) suiniformes com quatro dígitos na pata anterior e três na pata posterior; orelhas e olhos pequenos; nariz em forma de tromba com narinas terminais; cauda muito curta; corpo coberto com pêlos grosseiros; glândula de almíscar presente no dorso; membros proporcionalmente delgados em contraste com o corpo robusto; caninos superiores relativamente pequenos, pontudos e dirigidos para baixo; fórmula dentária $\frac{2}{3}, \frac{1}{1}, \frac{3}{3}, \frac{3}{3}$; do sudoeste dos Estados Unidos até a Patagônia; um gênero *Tayassu*.

FAMÍLIA HIPPOPOTAMIDAE (Hipopótamos). Artiodáctilos de corpo pesado, tamanho médio a muito grande (1,5 a 4,5 m) com focinho grande e arredondado; olhos em posição dorsal e salientes; orelhas pequenas; corpo essencialmente sem pêlos; quatro dígitos funcionais em cada pata; incisivos e caninos em forma de presa; fórmula dentária $\frac{2\text{-}3}{1\text{-}3}, \frac{1}{1}, \frac{4}{4}, \frac{3}{3}$; África; dois gêneros: *Hippopotamus* e *Choeropsis*.

FAMÍLIA CAMELIDAE (Camelos e Lhamas). Artiodáctilos de tamanho médio a grande (1,2 a 3 m) com longo pescoço e apenas dois dígitos em cada pata; cabeça pequena; lábios superiores fendidos e, proporcionalmente, grandes; pêlos do corpo macios e finos; fórmula dentária $\frac{1}{3}, \frac{1}{1}, \frac{2\text{-}3}{1\text{-}2}, \frac{3}{3}$; Ásia, África e América do Sul; dois gêneros: *Camelus* e *Lhama*.

FAMÍLIA TRAGULIDAE. Artiodáctilos muito pequenos (0,5 a 1 m), com membros delgados, terminando em quatro dígitos funcionais; glândulas da face e das patas, bem como chifres inexistentes; caninos superiores alongados em pequenas presas; caninos inferiores incisiformes; fórmula dentária $\frac{0}{3}, \frac{1}{1}, \frac{3}{3}, \frac{3}{3}$; África central e sudeste asiático; dois gêneros: *Hyemoschus* e *Tragulus*.

FAMÍLIA CERVIDAE (Cervos, alces). Artiodáctilos de tamanho médio-pequeno e grande (0,75 a 3 m) com longos membros de quatro dígitos, sendo o par mediano maior que os dois dígitos externos; glândulas da face e dos metatarsos, geralmente, presentes; chifres decíduos usados pelo macho em todas as espécies, exceto duas; fêmeas não possuem chifres, exceto num gênero; fórmula dentária $\frac{0}{3}, \frac{0\text{-}1}{1}, \frac{3}{3}, \frac{3}{3}$; Europa, Ásia, África do Norte e Américas do Norte e do Sul; cerca de 17 gêneros.

FAMÍLIA GIRAFFIDAE (Girafa e ocapi). Artiodáctilos de tamanho grande a muito grande (2 a 4 m) com longos membros e duas ou três estruturas corniformes no crânio, que estão permanentemente cobertas com pele e pêlos; pescoço muito longo; patas com 2 dígitos ungulados; fórmula dentária $\frac{0}{3}, \frac{0}{1}, \frac{3}{3}, \frac{3}{3}$; África; dois gêneros: *Giraffa* e *Okapia*.

FAMÍLIA ANTILOCAPRIDAE (Antilocapra). Artiodáctilo semelhante ao antílope, tamanho médio (até 1,5 m), com cornos ramificados, que possuem uma bainha externa decídua; cabeça alongada; membros delgados e com apenas dois dígitos; cauda curta; fórmula dentária $\frac{0}{3}, \frac{0}{1}, \frac{3}{3}, \frac{3}{3}$; planícies e desertos do oeste norte-americano; uma espécie: *Antilocapra americana*.

FAMÍLIA BOVIDAE (Gado, antílope, ovelha e cabra). Artiodáctilos de tamanho pequeno a muito grande (0,5 a 3,5 m), nos quais os machos, e, geralmente, as fêmeas possuem um par de cornos sem ramificação (dois pares no gênero *Tetracerus*); dígitos 3 e 4 bem desenvolvidos; dígitos 2 e 5 pequenos ou inteiramente ausentes; fórmula dentária $\frac{0}{3}, \frac{0}{1}, \frac{3}{2\text{-}3}, \frac{3}{3}$; América do Norte, Europa, Ásia e África; cerca de 44 gêneros.

REFERÊNCIAS BIBLIOGRÁFICAS

Allen, G. M. 1938, 1940. The Mammals of China and Mongolia. Natural History of Central Asia. New York, American Museum of Natural History, Vol. 10 (2 parts).

Allen, G. M. 1939. Bats. Cambridge, Mass., Harvard University Press.

Allen, G. M. 1942. Extinct and Vanishing Mammals of the Western Hemisphere. New York, American Committee for International Wildlife Protection.

Armitage, K. B. 1961. Frequency of melanism in the golden-mantled marmot. J. Mamm. *42:*100–101.

Axelrod, J. 1974. The pineal gland: A neurochemical transducer. Science *184:*1341–1348.

Bachrach, M. 1930. Fur. New York, Prentice-Hall, Inc.

Barbour, R. W. 1963. *Microtus:* A simple method of recording time spent in the nest. Science *141:*41.

Bartholomew, G. A., Leitner, P., and Nelson, J. E. 1964. Body temperature, oxygen consumption and heart rate in three species of Australian flying foxes. Physiol. Zool. *37:*179–198.

Beale, D. M. 1962. Growth of the eye lens in relation to age in fox squirrels. J. Wildlife Mgmt. *26:*208–211.

Binkley, S. A., Riebman, J. B., and Reilly, K. B. 1978. The pineal gland: A biological clock in vitro. Science *202:*1198–1201.

Bourliere, F. 1954. The Natural History of Mammals. New York, Alfred A. Knopf.

Brown, A. M. 1970. Bimodal cochlear response curves in rodents. Nature *228:*576–577.

Brownlee, R. G., Silverstein, R. M., Müller-Schwarze, D., and Singer, A. G. 1969. Isolation, identification and function of the chief component of the male tarsal scent in black-tailed deer. Nature *221:*284–285.

Buchner, C. H. 1964. Metabolism, food capacity, and feeding behavior in four species of shrews. Canadian J. Zool. *42:*259–279.

Burt, W. H., and Grossenheider, R. P. 1964. A Field Guide to the Mammals. 2nd Ed. Boston, Houghton Mifflin Co.

Cahalane, V. H. 1947. Mammals of North America. New York, The Macmillan Co.

Chew, R. M. 1961. Water-metabolism of desert-inhabiting vertebrates. Biol. Rev. *36:*1–31.

Cowan, I. McT. 1936. Distribution and variation in deer (genus *Odocoileus*) of the Pacific Coastal Region of North America. Calif. Fish and Game *22:*155–246.

Cummings, W. C., Fish, J. F., and Thompson, P. O. 1972. Sound production and other behavior of Southern Right whales, *Eubalena glacialis.* Trans. San Diego Soc. Nat. Hist. *17:*1–13.

Dalquest, W. W., and Werner, H. J. 1954. Histological aspects of the faces of North American bats. J. Mamm. *35:*147–160.

Dral, A. D. G., and Beumer, L. 1974. The anatomy of the eye of the Ganges River Dolphin *Platanista gangetica* (Roxburgh, 1801). Z. Säugetierkunde *39:*143–167.

Eadie, W. R. 1938. The dermal glands of shrews. J. Mamm. *19:*171–174.

Eisenberg, J. F. 1976. Communication mechanisms and social integration in black spider monkeys, *Ateles fuscipes robustus*, and related species. Smithsonian Contrib. Zool. 213.

Ellerman, J. R. 1940–1941. The Families and Genera of Living Rodents. London, British Museum of Natural History, 2 Vols.

Erickson, A. W., Nellor, J., and Petrides, G. A. 1964. The Black Bear in Michigan. Mich. State Univ. Agric. Exp. Sta., Res. Bull. No. 4.

Fisler, G. F. 1963. Effects of salt water on food and water consumption and weight of harvest mice. Ecology *44:*604–608.

Flower, W. H., and Lydekker, R. 1891. An Introduction to the Study of Mammals Living and Extinct. London, Adams and Black.

Gregory, W. K. 1951. Evolution Emerging; A Survey of Changing Patterns from Primeval Life to Man. New York, The Macmillan Co., 2 Vols.

Griffin, D. R. 1958. Listening in the Dark. New Haven, Yale University Press.

Griffin, D. R., Webster, F. A., and Michael, C. R. 1960. The echolocation of flying insects by bats. Animal Behavior *8:*141–154.

Gwinn, S., and Perrin, W. F. 1975. Distribution of melanin in color pattern of *Delphinus delphis* (Cetacea; Delphinidae). Fisheries Bull. *73:*439–444.

Hall, E. R. 1946. Mammals of Nevada. Berkeley, University of California Press.

Hall, E. R. 1981. The Mammals of North America. New York, John Wiley & Sons.

Hall, E. R., and Kelson, K. R. 1959. The Mammals of North America. New York, The Ronald Press, 2 Vols.

Hamilton, W. J., Jr. 1939. American Mammals. New York, McGraw-Hill Book Co., Inc.

Hatt, R. T. 1932. The vertebral columns of ricochetal rodents. Bull. Am. Mus. Nat. Hist. *63:*599–738.

Heath, M. E., McGinnis, S. M., and Alcorn, D. 1977. Comparative thermoregulation of suckling and weaned pups of the northern elephant seal, *Mirounga angustiostris*. Comp. Biochem. Physiol. *57A:*203–206.

Hill, R. W., and Veghte, J. H. 1976. Jackrabbits' ears: Surface temperatures and vascular responses. Science *194:*436–438.

Hill, W. C. O. 1953–1974. Primates; Comparative Anatomy and Taxonomy. New York, Interscience Publishers, Inc., 8 Vols.

Howard, L. D. 1973. Muscular anatomy of the forelimb of the sea otter (*Enhydra lutris*). Proc. Calif. Acad. Sci. (4) *39:*411–500.

Howell, A. B. 1930. Aquatic Mammals. Springfield, Ill., Charles C Thomas.

Howell, A. B. 1944. Speed in Animals. Chicago, University of Chicago Press.

Hudson, J. W. 1964. Water Metabolism in Desert Rodents. Proc. 1st Internat. Symp. on Thirst in the Regulation of Body Water, pp. 211–235. Oxford, London, New York, and Paris, Pergamon Press.

Hudson, J. W., Deavers, D. R., and Bradley, S. R. 1972. A Comparative Study of Temperature Regulation in Ground Squirrels with Special Reference to the Desert Species. Symp. Zool. Soc. London, No. 31:191–213.

Ingles, L. G. 1965. Mammals of the Pacific States. Stanford, Stanford Univ. Press.

Jones, C. 1972. Natural diets of wild primates. *In* Fiennes, R. N., Ed. Pathology of Simian Primates. Part 1, General Pathology. White Plains, New York, Albert J. Phiebig, Inc.

Jones, J. K., Jr., Carter, D. C., and Genoways, H. H. 1979. Revised checklist of North American Mammals North of Mexico. Occ. Pap. Mus. Texas Tech. Univ., No. 62.

Kavanau, J. L. 1961. Identification of small animals by proximity sensing. Science *134:*1694–1696.

Kellogg, R. 1928. The history of whales—their adaptation to life in the water. Quart. Rev. Biol. *3:*29–76, 174–208.

Kellogg, W. N. 1961. Porpoises and Sonar. Chicago, University of Chicago Press.

King, J. E. 1964. Seals of the World. London, Trustees of the British Museum (Natural History).

Koopman, K. F. 1970. Zoogeography of bats. *In* Slaughter, B. H., and Walton, D. W., Eds. About Bats: A Chiropteran Symposium. Dallas, So. Methodist University Press.

Kowalski, K. 1976. Mammals: An outline of theriology. Trans. from Polish and published for the Smithsonian Institution, Washington, D.C., on order of the Foreign Scientific Publications Department of the National Center for Scientific, Technical and Economic Information by Państwowe Wydawnictwo Naukowe, Poland.

Lyman, C. P. 1943. Control of coat color in the varying hare *Lepus americanus* Erxleben. Bull. Mus. Comp. Zool. Harvard *93:*393–461.

MacMillen, R. E., and Lee, A. K. 1967. Australian desert mice: independence of exogenous water. Science *158:*383–385.

Manning, T. H. 1964. Age Determination in the Polar Bear. Canadian Wildlife Service, Occ. Pap. No. 5.

Mayer, W. V. 1952. The hair of California mammals with keys to the dorsal guard hairs of California mammals. Am. Mid. Nat. *48:*480–512.

McCue, J. J. G. and Bertolini, A. 1964. A Portable Receiver for Ultrasonic Waves in Air. Trans. Sonics and Ultrasonics Group, Vol. SU–11, No. 1. Institute of Electrical and Electronics Engineers, New York.

Miller, G. S., Jr., and Kellogg, R. 1955. List of North American Recent mammals. U.S. Nat. Mus. Bull. 205.

Murie, O. J. 1935. Alaska-Yukon Caribou. North American Fauna, No. 54.

Murie, O. J. 1951. The Elk of North America. Harrisburg, Pa., The Stackpole Co., and Washington, D.C., Wildlife Management Institute.

Norman, J. R., and Fraser, F. C. 1938. Giant Fishes, Whales and Dolphins. London, G. P. Putnam's Sons, Inc.

Norris, K. S., Ed. 1966. Whales, Dolphins and Porpoises. Berkeley, University of California Press.

Novick, A. 1958. Orientation in paleotropical bats. I. Microchiroptera. J. Exper. Zool. *138:*81–154.

Novick, A. 1962. Orientation in neotropical bats. I. Natalidae and Emballonuridae. J. Mamm. *43:*449–455.

Orr, R. T. 1963. Porpoises and dolphins. Pacific Discovery *16* (4):22–26.

Osterberg, D. M. 1962. Activity of small mammals as recorded by a photographic device. J. Mamm. *43:*219–229.

Owings, D. H., and Irvine, J. 1974. Vocalization in Merriam's kangaroo rat. J. Mamm. *55:*465–466.

Palmer, R. S. 1954. The Mammal Guide. New York, Doubleday & Co., Inc.

Peterson, R. L. 1955. North American Moose. Toronto, University of Toronto Press.

Peyer, B. 1968. Comparative Odontology. Chicago, University of Chicago Press.

Pocock, R. I. 1939–1941. The Fauna of British India, Including Ceylon and Burma. London, Taylor and Francis, Ltd., 2 Vols.

Poulter, T. C. 1963. Sonar signals of the sea lion. Science *139:*753–755.

Quay, W. B. 1965. Integumentary Modifications of North American Desert Rodents. *In* Proc. Symposium on Biology of the Skin and Hair Growth. Sydney, Angus and Robertson.

Rice, D. W. 1963. Pacific Coast Whaling and Whale Research. Trans. 28th N. Am. Wildlife and Nat. Resources Conf., pp. 327–335.

Ridgway, S. H., Ed. 1972. Mammals of the Sea: Biology and Medicine. Springfield, Illinois, Charles C Thomas.

Ridgway, S. H., Scronce, B. L., and Kanwisher, J. 1969. Respiration and deep diving in the bottlenose porpoise. Science *166:*1651–1654.

Romer, A. S., and Parsons, T. S. 1977. The Vertebrate Body. 5th Ed. Philadelphia, W. B. Saunders Co.

Rust, C. C., and Meyer, R. K. 1969. Hair color, molt, and testis size in male, short-tailed weasels treated with melatonin. Science *165:*921–922.

Scheffer, V. B. 1958. Seals, Sea Lions, and Walruses. Stanford, Calif., Stanford University Press.

Schevill, W. E. 1961. Cetacea. *In* Gray, P., Ed. The Encyclopedia of the Biological Sciences. New York, Reinhold Publishing Corp.

Schevill, W. E., Watkins, W. A., and Ray, C. 1963. Underwater sounds of pinnipeds. Science *141:*(No. 3575): 50–53.

Schusterman, R. J., and Barrett, B. 1973. Amphibious nature of visual acuity in the Asian "clawless" otter. Nature *244:*518–519.

Scott, W. B. 1924. A History of the Land Mammals of the Western Hemisphere. New York, The Macmillan Co.

Seton, E. T. 1929. Lives of Game Animals. Garden City, N.Y., Doubleday, Doran and Co., 4 Vols.

Sharman, G. B. 1974. Marsupial taxonomy and phylogeny. Australian Mammalogy *1:*137–154.

Simpson, G. G. 1945. The principles of classification and a classification of mammals. Bull. Am. Mus. Nat. Hist., Vol. 85.

Studier, E. H., and Wilson, D. E. 1970. Thermoregulation in some neotropical bats. Comp. Biochem. Physiol. *34:*251–262.

Tracy, R. C. 1977. Minimum size of mammalian homeotherms: Role of the thermal environment. Science *198:*1034–1035.

Van Heel, W. H. D. 1962. Sound and cetacea. Netherlands J. Sea Research *1:*407–507.

Vaughan, T. A. 1978. Mammalogy. 2nd Ed. Philadelphia, W. B. Saunders Co.

Verberne, G., and de Boer, J. 1976. Chemocommunication among domestic cats, mediated by the olfactory and vomeronasal senses. Zeit. Tierpsychologie *42:*86–109.

Walker, E. P. 1964. Mammals of the World. Baltimore, Johns Hopkins Press.

Weichert, C. K. 1965. Anatomy of the Chordates. 2nd Ed. New York, McGraw-Hill Book Co., Inc.

Young, J. Z. 1957. The Life of Mammals. New York, Oxford University Press.

Capítulo 8

Sistemática

A sistemática diz respeito aos métodos, que determinam as relações entre os vários *taxa* de plantas e animais. A sistemática não trata apenas das menores variações genéticas dentro de diferentes populações, mas também das relações filogenéticas de todos os *taxa*. Uma abordagem moderna a esta análise filogenética é chamada de cladística. A análise cladística é a análise dos componentes de uma árvore evolutiva. Os *taxa* podem representar a extremidade de um ramo ou um ponto do ramo. Estas classificações podem ser demonstradas esquematicamente através de diagramas das ramificações hierárquicas, conhecidas como *cladogramas*. Assim uma análise cladística relaciona-se com estes componentes, e seu objetivo é discernir as relações entre os grupos irmãos.

O SISTEMA BINOMINAL

Para referir-se, satisfatoriamente, a tipos especiais de organismos, os nomes tornaram-se necessários. Durante muitos séculos, o homem tem dado nomes comuns ou do vernáculo para as criaturas que foi conhecendo; estes são usados hoje em dia por leigos e cientistas. Entretanto, os nomes comuns apresentam muitos problemas. Eles variam nos diferentes países, do mesmo modo que os idiomas. Algumas vezes, em lugares diferentes de um mesmo país, um mesmo nome pode ser aplicado a várias espécies distintas. O fato de haver pequena uniformidade em relação ao uso dos nomes comuns, além de muitas espécies de organismos pouco conhecidas não terem nomes comuns, deu origem à necessidade do uso de nomes científicos.

O sistema binominal, usado hoje em dia, consiste de nomes genéricos e específicos em latim, tendo sido introduzido por Linneu. Antes dele, eram dados nomes a muitas espécies diferentes, mas eles eram, muitas vezes, longos e desajeitados e freqüentemente descreviam o animal ou a planta. Muitas das espécies norte-americanas foram descritas primeiramente desta maneira por Mark Catesby em seu livro História Natural da Carolina, Flórida e Ilhas Bahamas, publicado entre 1731 e 1743. O Sistema de Linneu reduziu o número de palavras usadas para designar a espécie a duas — uma para o gênero e outra para a espécie — e defendeu o uso do latim, um idioma universal, para este propósito. Este sistema logo foi aceito e a 10.ª edição do Sistema Natural de Linneu, que apareceu em 1758, é considerado o ponto de partida para a nomenclatura zoológica. Apenas os nomes científicos publicados nesta edição ou a partir deste trabalho são aceitos.

Durante muitos anos, tem havido uma Comissão Internacional de Nomenclatura Zoológica, que estabeleceu certas regras às quais os zoólogos de todo o mundo aderiram. Algumas destas regras são citadas no próximo parágrafo.

Um nome específico deve consistir de mais de uma letra e deve ser em latim ou latinizado. Em qualquer gênero, não pode haver dois nomes específicos ou subespecíficos iguais e, no reino animal, não pode haver dois nomes genéricos iguais, ainda que os nomes botânicos possam ser os mesmos que certos nomes zoológicos. De acordo com a chamada Lei da Prioridade, o primeiro nome dado deve ser aceito para sempre. Um sinônimo é um nome dado a uma espécie depois do nome aceito ter sido dado, e esse nome não deve ser usado novamente para outra espécie do mesmo gênero. O mesmo se aplica para os gêneros e outras categorias mais elevadas. A publicação do nome é necessária e, ainda que não haja uma regra definitiva quanto ao número de cópias a serem distribuídas, geralmente, aceita-se que sejam 10 ou mais cópias.

A maior parte do trabalho dos primeiros sistematas, isto é, daqueles que se engajaram na classificação científica de plantas e animais, era catalogada. Seu interesse consistia enormemente na aplicação de nomes às espécies e, neste sentido, eles eram meramente nomencladores. Atualmente, a nomenclatura zoológica é vista como um meio e não como um fim. Ainda que a nomenclatura e a classificação atuem uma sobre a outra, elas são, na realidade, dois aspectos distintos. A primeira fornece um meio propício de referência a um tipo particular de organismo e permite a um especialista de museu arquivar os espécimes de uma maneira natural e sistemática. A classificação, entretanto, indica as relações e diferenças entre os vários organismos e pode basear-se na anatomia, fisiologia, paleontologia, ou ainda, no comportamento.

O nome específico indica uma certa homogeneidade e é usado para animais e plantas que tem caracteres comuns. Assim, ele indica a semelhança de uma população e também serve para mostrar como esta população difere das de outras espécies. Da mesma forma, o nome genérico indica um certo grau de parentesco. As diversas espécies, que podem ser incluídas dentro de um mesmo gênero, estão relacionadas mais de perto umas com as outras do que com espécies de um outro gênero próximo. Assim, a mesma relação é válida para famílias, ordens, e categorias taxonômicas mais superiores.

VARIAÇÕES GEOGRÁFICAS

Subespécies

Durante algum tempo, os zoólogos, especialistas em vertebrados, têm empregado um sistema trinominal, que requer uso de um nome subespecífico, além dos nomes genéricos e específicos para animais, que exibem a assim chamada variação geográfica. Em verdade, o uso do sistema trinominal iniciou-se há mais de 100 anos, embora não tenha tido grande ênfase antes do início do atual século.

As subespécies, ou raças geográficas, são uma categoria subjetiva, mas expressam o conceito de variação geográfica dentro de uma mesma espécie. Muitas espécies exibem uma grande uniformidade, tanto que a análise estatística de amostras populacionais de várias localidades de sua distribuição não mostra a ocorrência de diferenças significativas. Há, ainda, as espécies chamadas espécies crípticas (sibling species), que são constituídas de populações morfologicamente semelhantes ou idênticas, mas isoladas reprodutivamente. Tem-se sugerido o termo espécies afânicas como sendo mais apropriado do que espécies crípticas. Por outro lado, um grande número de espécies mostram variações marcantes, em diferentes regiões. Estas diferenças não devem ser confundidas com fases de coloração, que ocorrem em algumas espécies. Os filhotes do urso preto *(Ursus americanus)*, pertencentes a uma mesma ninhada, podem ser pretos ou marrons. No centro dos Estados Unidos, a coruja *(Otus asio)* pode ser cinza ou vermelha, na mesma localidade. Estas são fases de coloração e jovens de cada tipo podem ser encontrados num mesmo ninho. No oeste dos Estados Unidos, estas corujas são cinzentas. Entretanto, os tons de cinza variam com a localidade; são mais escuros ao longo da costa e mais pálidos no interior. *Peromyscus maniculatus* das florestas úmidas das costas do noroeste do Pacífico têm tonalidades escuras, enquanto os membros da mesma espécie, que habitam o deserto de Sonora, no sudoeste, são pálidos. Estas diferenças geográficas não são resultados diretos do ambiente, no sentido de Lamarck. Experiências realizadas por Sumner (1932), reproduzindo gerações de camundongos pálidos do deserto na região costeira, onde a mesma espécie é muito mais escura, demonstraram que eles permanecem pálidos, indicando, assim, a natureza hereditária desta tendência.

O fato de muitas espécies diferentes mostrarem uma tendência a apresentarem variações semelhantes, em condições ambientais também semelhantes, resultou nas chamadas "Regras" da Variação. Entretanto, nem todas as espécies seguem estas regras. Muitos dos endotérmicos tendem a ser maiores em climas mais frios do que seus parentes de ambientes mais quentes, de acordo com a Regra de Bergmann. Isto significa que, em regiões frias, há uma tendência a se desenvolver uma menor superfície do corpo em relação ao peso, o que poderia parecer um meio de conservar o calor do corpo. Esta tendência a terem o corpo maior, no norte, e o corpo menor, no sul, ocorre em muitos mamíferos e aves. Um dos melhores exemplos é o passarinho *Melospiza melodia*, que se distribui em quase todo o continente norte-americano (Fig. 8.1). Exemplares das Ilhas Aleutas são quase do tamanho de passarinhos da espécie *Pipilo erithrocephalus* (até 21 cm). Avançando para o interior e para o sul, ao longo da costa do Pacífico, nota-se que há uma redução gradual, mas definida, no tamanho do corpo; no sudoeste dos Estados Unidos, encontramos exemplares tão pequenos (+ ou − 15 cm), que, dificilmente, poderíamos relacioná-los com os grandes exemplares das Ilhas Aleutas. De fato, sem estarmos cientes das várias populações intermediárias, poderíamos, indiscutivelmente, considerar estes extremos como sendo espécies distintas. Estudos realizados nas populações de ratos do gênero *Neotoma*, no oeste da América do Norte, demonstraram que o tamanho do corpo está inversamente relacionado com a temperatura do ambiente, o que representa decididamente uma adaptação. Os grandes ratos têm uma vantagem seletiva sobre os indivíduos menores em climas mais frios, em virtude da menor relação superfície/volume, que fornece um maior isolamento e, desse modo, auxilia a conservação do calor do corpo. Em contraposição, nas regiões desérticas, onde as temperaturas são altas, o tamanho menor facilita a dissipação do calor.

Alguns ectotermos, como lagartos e cobras, demonstram uma tendência oposta em relação ao tamanho. Avançando-se de regiões mais quentes, no sul, para regiões mais frias, no norte, observa-se que algumas espécies apresentam uma redução gradual no tamanho do corpo. Como estes animais dependem de seu ambiente para o aquecimento, é evidente que um corpo menor pode aquecer-se rapidamente durante breves períodos de exposição ao sol.

De acordo com a Regra de Allen, as extremidades de muitos endotermos mostram uma tendência a variar inversamente ao tamanho do corpo. Em outras palavras, estruturas, como pés, orelhas e cauda, em muitas espécies, são menores no norte e maiores no sul do hemisfério norte. Este pode ser outro meio de conservação do calor do corpo em climas frios e, também, de irradiação de calor nas regiões quentes. Entretanto, é possível que haja outras explicações plausíveis para tais variações geográficas. Ao longo da costa do Pacífico, na América do Norte, algumas espécies de coelhos, especialmente, *Sylvilagus bachmani*, aderiram à Regra de Allen no que se refere ao tamanho do ouvido externo; o tamanho do pavilhão está diretamente relacionado com o tamanho da bula timpânica, no crânio (Fig.

Figura 8.1. Exemplares de *Melospiza melodia* da região ocidental da América do Norte, seguindo a Regra de Bergmann do decréscimo do tamanho do norte para o sul, como também a Regra de Gloger com relação à coloração. Os quatro espécimes mostrados acima, da esquerda para a direita, representam aves em reprodução das Ilhas Aleutas, do sudeste do Alasca, da Califórnia central e do Deserto do Colorado.

8.2). À medida que a temperatura média do ambiente aumenta, o tamanho do órgão auditivo aumenta. Se assumirmos que este indica uma maior capacidade para ouvir, podemos esperar que os coelhos, que vivem ao sul, ouçam melhor que seus parentes do norte. Entretanto, tem sido demonstrado que o calor interfere com a transmissão do som. O ar frio é mais transparente para o som, mas, quando a temperatura aumenta, o ar torna-se mais e mais denso ao som. A umidade também afeta a transmissão de sons. O som viaja melhor em atmosfera de alta umidade. Quando a umidade diminui, a atmosfera torna-se mais e mais densa ao som. Portanto, parece possível que o maior desenvolvimento do órgão auditivo nos coelhos do sul, onde a temperatura é alta e a umidade baixa, representa uma adaptação ao ambiente onde é mais difícil ouvir e, portanto, mais difícil detectar os inimigos. Esta tendência a orelhas maiores em regiões quentes ocorre também em muitas outras espécies de mamíferos.

Outra tendência, muito óbvia, demonstrada por muitas espécies de aves e mamíferos, é expressa pela Regra de Gloger, que sugere que as raças que vivem em regiões áridas são mais claras do que as que vivem em regiões mais úmidas. O vermelho vivo do passarinho *Passerella iliaca*, na região leste dos Estados Unidos, ou o marrom-avermelhado escuro destas aves, quando vivem na costa do Alasca, contrastam grandemente com a cor cinza-pálido de exemplares encontrados em reprodução nas montanhas áridas do oeste dos Estados Unidos. Um contraste maior é observado em certas espécies, como *Lepus californicus*, que ocorre na região oeste da América do Norte, desde a úmida costa do Pacífico até as regiões áridas do

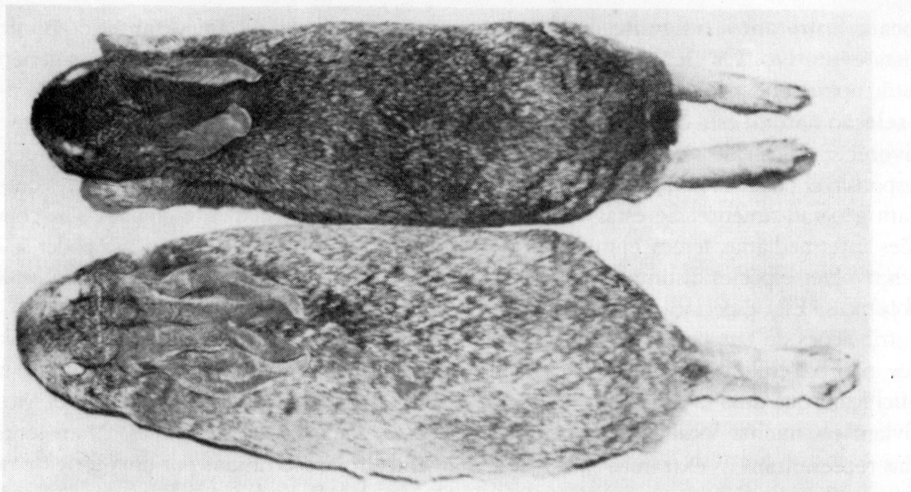

Figura 8.2. O coelho (*Sylvilagus bachmani*) ilustra as regras de Allen e Gloger. O espécime escuro de orelhas pequenas vive na fria e úmida costa norte da Califórnia, e o espécime pálido de orelhas grandes vive no interior quente e árido da Baixa Califórnia.

deserto de Sonora. Em tais exemplos, a correlação da cor do animal com o ambiente parece bem óbvia e de uma importância adaptativa significativa tanto para a presa, como para o predador. Aqui, a umidade pode ser considerada como atuando indiretamente no sentido de que o crescimento de plantas é mais denso e luxuriante nas regiões úmidas e o solo mais escuro, graças a presença de húmus. Nas regiões áridas e desertas, o crescimento de plantas é esparso e há uma grande ausência de húmus. As plantas de deserto têm, muitas vezes, suas folhas reduzidas e uma tendência de serem pálidas ou verde-azuladas em sua coloração. Está demonstrado que a umidade não age diretamente na produção de pigmentação mais pálida em animais, que vivem em certas áreas do deserto, onde existem camadas de lava preta de considerável extensão, notavelmente, na Bacia de Tularosa, no sul do Novo México. Aqui, nestas condições alguns mamíferos pequenos tendem a ser mais escuros, mimetizando a cor de fundo do ambiente (Benson, 1933).

A cor, além de ter um valor protetor por possibilitar a certos vertebrados a se confundirem com o fundo e, assim, se tornarem menos visíveis para o predador e a presa, também exerce uma certa influência na termorregulação. As cores claras em regiões desérticas e quentes refletem mais o calor do sol, ao passo que as cores escuras têm um efeito oposto e podem servir para manter a temperatura do corpo alta nos endotermos ou para aumentar a temperatura do corpo nos ectotermos. Entretanto, há exceções óbvias, desde algumas espécies árticas, que são brancas, pelo menos no inverno, quando é mais frio, até muitos vertebrados terrestres dos trópicos que têm coloração muito escura. Além disso, muitos dos pequenos mamíferos, que se ajustam à Regra de Gloger, são noturnos. Na realidade, em tais casos, a coloração revela-se fortemente protetora.

Ainda que tenha sido demonstrado que cobras e lagartos invertem a Regra de Bergmann para os vertebrados de sangue quente (isto é, eles são menores nas regiões frias), em geral, isto não se aplica aos peixes. De acordo com a Regra de Jordan, os peixes em águas frias tendem a ter mais vértebras do que os peixes de águas quentes. Foi sugerido que temperaturas mais baixas retardem a maturidade sexual e tendem a produzir formas maiores. O número dos raios das nadadeiras, em algumas espécies, tende a ser reduzido, em águas quentes.

Como já foi dito, há muitas exceções a estas regras gerais sobre variações geográficas, e há muitas espécies que não mostram nenhuma tendência marcante à separação em raças locais. Entretanto, o significado da subespeciação é considerado importante, do ponto de vista evolutivo. Os cientistas estão convencidos de que as mais leves mutações genéticas estão aparecendo, constantemente, dentro de populações de vários tipos de animais, e que a seleção natural está operando, eliminando as mudanças que são prejudiciais às espécies, e favorecendo as que são benéficas. O efeito cumulativo destas mutações leves parece ser responsável pelas diferenças mostradas em diversas regiões da distribuição de espécies que variam geograficamente. Se estas diferenças se tornarem suficientemente grandes e as populações intermediárias forem eliminadas por mudanças geológicas ou climáticas, poder-se-iam desenvolver espécies distintas, que seriam isoladas umas das outras ou seja, surgiriam espécies *alopátricas.* Esta especiação alopátrica é chamada de *vicariancia.* Se, depois de um período, as distribuições de tais populações se tornassem novamente contínuas ou *simpátricas*, é provável que não haveria cruzamento entre elas. Dice (1931) demonstrou, em Washington County, Michigan, que duas raças ou subespécies de ratos, *Peromyscus maniculatus bairdii* e *P. m. gracilis,* viviam na mesma localidade, mas comportavam-se como espécies distintas. Num sentido, elas representam os extremos opostos de uma corrente e são unidas por uma série de raças intermediárias. Se as intermediárias fossem eliminadas, *P. m. bairdii* e *P. m. gracilis*, provavelmente, seriam consideradas espécies distintas.

Indicações de um elo semelhante de corrente circular ou graduado são encontradas entre certas aves. Por exemplo, a gaivota *Larus argentatus* do leste da Ásia, do norte da América do Norte e Europa Ocidental tem uma distribuição comum com a gaivota *L. fuscus* na última destas regiões. Acredita-se que esta espécie européia tenha evoluído de *L. argentatus* durante o Pleistoceno e, subseqüentemente, se tenha isolado dela.

Um outro bom exemplo é observado na salamandra sem pulmões *Ensatina eschscholtzi*, que ocorre desde o sul da Colúmbia Britânica até a Califórnia meridional (Stebbins, 1957). São reconhecidas, comumente, sete raças geográficas desta espécie. Numa região considerável da Califórnia, as populações costeiras de *E. eschscholtzi* tendem a ter a região dorsal marrom ou avermelhada, enquanto as que ocorrem mais ao leste, ao longo das encostas ocidentais da serra Nevada, apresentam manchas, que variam de creme ao laranja. O Grand Valley, entre as áreas ocupadas por estes dois tipos, é muito árido para suportar uma espécie de salamandra, constituindo, assim, uma barreira. Nas regiões montanhosas da Califórnia setentrional, há uma intergradação gradual entre o padrão de cor costeira e o do interior. Na Califórnia meridional, entretanto, ocorrem os dois tipos de cores e tornam-se simpátricos, mas não ocorre cruzamento entre eles, mesmo havendo sido encontrados indivíduos dos dois tipos a uma distância de 70 metros um do outro. Isto sugere que a Califórnia meridional represente uma área em que os extremos da espécie se encontram e se comportam como se fossem espécies distintas.

Durante muitos anos, a presença ou ausência de populações intermediárias serviu como um critério para determinar se as formas estreitamente relacionadas eram raças geográficas da mesma espécie ou representavam espécies distintas. Quando há continuidade de reprodução de tais formas com intergradação demonstrável, numa área limitada ou ampla, a resposta é obvia, ainda que nos mapas de distribuição, algumas vezes, pareçam simplificar muito a situação, mostrando apenas uma linha de separação entre uma subespécie e outra. Pode-se, ainda, ter a impressão de que espécies de um lado da linha são prontamente distinguíveis daqueles do outro lado. Na verdade, na natureza, a intergradação, geralmente, é gradual e ocorre numa área relativamente ampla. Como os animais não se importam com as regras feitas pelo homem, o sistema, freqüentemente, confronta-se com grandes problemas, que não se ajustam ao que se poderia chamar de padrões "normais". Estes problemas, muitas vezes, ocorrem em espécies cuja distribuição é descontínua, como nas espécies restritas às áreas mais elevadas de montanhas separadas ou às partes superiores de vários sistemas de rios, ou ainda, quando ocorrem tanto em continentes como nas ilhas adjacentes. Quando a extensão de variação entre populações alopátricas estreitamente aparentadas se sobrepõe, conclui-se que estas populações são co-específicas. Quando a sobreposição não ocorre no que se refere a certos caracteres, as complicações aparecem. Aqui, torna-se um problema de grau e o taxonomista deve fazer uso de sua própria decisão, o que, muitas vezes, se torna objeto de debates.

Há exemplos entre os vertebrados, de formas relacionadas entre si, que, ainda que suas distribuições se sobreponham, se comportam como espécies diferentes, com exceção de certas localidades, onde ocorre hibridação. Aqui, outra vez, a experiência e o julgamento do taxonomista e sua familiaridade com a morfologia e a ecologia das formas em questão contam para decidir se tais populações devem ser tratadas como espécies distintas. Algumas populações híbridas bem definidas são encontradas. Um bom exemplo é o de *Pheucticus ludovicianus*, do leste dos Estados Unidos e *Pheucticus melanocephalus*, do oeste. Em algumas áreas das Grandes Planícies da América do Norte, estas duas formas são simpátricas e se hibridizam. Tem sido sugerido que as populações do leste e oeste pudessem ser consideradas como semi-espécies, e que, combinadas, formassem uma superespécie. Outras aves norte-americanas também possuem populações simpátricas, como formas do leste e do oeste, que se hibridizam em partes das Grandes Planícies.

Nos últimos anos, tem havido objeções ao conceito de subespécie. Tem sido criticado por alguns como muito subjetivo. Em outras palavras, não há um critério pré-estabelecido do que constitui uma raça geográfica. Um sistemata é conhecido como "separatista" ("splitter"), por considerar uma variação diminuta, mas constante numa parte de uma população, suficiente para justificar o reconhecimento nomenclatural, enquanto um outro sistemata, do tipo "aglomerador" ("lumper"), pode insistir que diferenças maiores devem ser aparentes antes que o reconhecimento nomenclatural seja justificado. Ainda que estes argumentos possam ser verdadeiros para subespécies, eles também são válidos para gêneros, famílias, ordens, classes e até mesmo filos. Em verdade, a espécie é a única categoria objetiva na natureza, e isto é verdadeiro apenas num sentido estático.

O propósito do nome da subespécie é indicar mudanças incipientes, que possam resultar na produção de novas espécies, e relacionar estas diferenças mínimas de estrutura, comportamento, ou fisiologia nas várias partes da distribuição de uma espécie, com diferenças no ambiente. Ainda que os métodos taxonômicos possam estar sujeitos a algumas críticas válidas, o propósito está acima de reprovações.

Clinas

Uma outra abordagem ao problema da variação geográfica foi sugerida, em 1939, por Huxley, que propôs o termo *clina.* Clinas são longos gradientes de caracteres geográficos. Assim, através de gráficos, pode-se expressar as tendências geográficas em peso ou em medidas lineares dentro da distribuição ou parte da distribuição de uma espécie. Por exemplo, uma espécie, que siga a Regra de Bergmann, poderia mostrar uma clina de norte a sul, com diminuição gradativa do comprimento do corpo (Fig. 8.3). Entretanto, as clinas não devem ser confundidas com subespécies, porque a clina se refere a um único caráter. A população de um lugar pode pertencer a uma única subespécie e a várias clinas. Portanto, a subespécie representa uma população, que ocupa parte da distribuição de uma espécie que difere em uma ou mais características de outras populações, que vivem em outras regiões da distribuição da mesma espécie. Por outro lado, uma clina, desde que referente a um único caráter, pode mostrar a tendência geográfica deste caráter para diversas espécies. Ambos os sistemas têm méritos e servem para expressar tendências evolutivas. Até o momento, não foi feita nenhuma tentativa para se nomear as clinas, porque elas são descritivas.

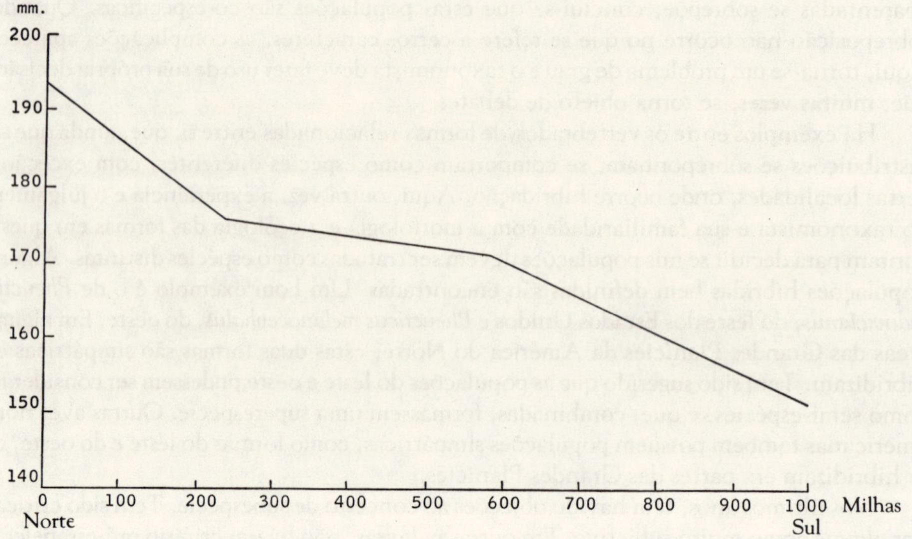

Figura 8.3. Uma clina teórica, ilustrando o decréscimo do comprimento de um vertebrado, do norte para o sul.

Dimorfismo Sexual

No Capítulo 13, o dimorfismo sexual será discutido em relação ao reconhecimento sexual e comportamento durante a corte. Esta parece ser a principal razão da maioria das diferenças sexuais dos vertebrados. Entretanto, é provável que o dimorfismo sexual no que se refere ao tamanho e aparelho alimentar possa, em alguns casos, ter um valor adaptativo definido, para reduzir a competição entre os sexos pelo alimento. Em muitas aves, por exemplo, os machos são consideravelmente maiores que as fêmeas e, como resultado, há pouca ou nenhuma competição intersexual para se obter alimento. Cada um pode ocupar um subnicho separado, permitindo assim uma maior densidade populacional, que, de outra maneira, seria impossível. Isto tem sido demonstrado em populações insulares e continentais de certos pica-paus. Por exemplo, a divisão intersexual do nicho alimentar ocorre no pica-pau *Picoides pubescens*. A tendência dos machos é alimentar-se em pequenos ramos, mas as fêmeas alimentam-se em grandes ramos e nos troncos das árvores. Divergências deste tipo são formas de radiação adaptativa dentro de uma população.

Mesmo as diferenças sexuais de comportamento parecem ter vantagens adaptativas definidas em certos vertebrados. Entre alguns pinipédios, como leões-marinhos, elefantes-marinhos e focas não só há diferenças marcantes no tamanho entre os sexos, mas também, em muitas destas espécies, os machos não se alimentam durante a estação de reprodução quando permanecem nas colônias. Periodicamente, as fêmeas saem em busca de alimentos, porque elas devem produzir um leite rico para seus filhotes. A competição com os machos pelo alimento durante esta época seria desvantajosa para elas.

ISOLAMENTO

A existência de barreiras — geográfica, ecológica, fisiológica e de comportamento — obviamente, desempenhou o principal papel no desenvolvimento evolutivo das subespécies, espécies e categorias taxonômicas mais elevadas. No caso das duas subespécies de *Peromyscus*, mencionados previamente, que ocorrem na mesma localidade, mas comportam-se como espécies separadas, o mecanismo de isolamento é ecológico (veja p. 252). Uma forma vive em florestas ou bosques e a outra habita campos mais abertos. *Larus argentatus* e *L. fuscus* estão separados por diferenças de comportamento e ecológicas, na sua área de sobreposição de distribuição, na Europa ocidental, de maneira que a hibridização é rara.

Habitats desfavoráveis, montanhosos e rios dentro da distribuição de uma espécie podem reduzir o intercruzamento e o fluxo de genes dentro de uma população, transformando-a, desse modo, em grupos locais. Há ocasiões em que pode haver isolamento completo e algumas populações dentro de uma espécie. Isto é encontrado em *Ochotona princeps*, que vive em certas regiões montanhosas da região de "Great Basin", no oeste da América do Norte (Fig. 8.4). Os vales desérticos, que cercam algumas regiões habitadas por estes lagomorfos, efetivamente, evitam qualquer possibilidade de cruzamento entre as populações de regiões adjacentes. Em algumas circunstâncias, este isolamento tem sido bastante longo para causar diferenciação em subespécies. Um isolamento de natureza semelhante é encontrado em alguns ciprinodontídeos, em áreas desérticas do oeste da América do Norte. O isolamento completo, entretanto, é relativamente incomum.

Até agora, temos considerado apenas barreiras geográficas nos continentes. As ilhas, por causa de seu isolamento físico, muitas vezes, desenvolvem uma biota endêmica distinta. É aí que temos a oportunidade de melhor analisar o processo de evolução. As ilhas são classificadas como oceânicas ou continentais. As primeiras podem ser de origem vulcânica ou, basicamente, recifes de corais. Elas são separadas das massas continentais por vales oceânicos profundos e também pela distância. As ilhas continentais, normalmente, possuem uma história de conexão com áreas continentais às quais são mais ou menos adjacentes.

As Ilhas Galápagos e as Ilhas do Havaí, no Oceano Pacífico, e o grupo Tristão da Cunha, do Atlântico Sul, representam alguns exemplos bem conhecidos de ilhas

Figura 8.4. *Ochotona princeps* da região oeste da América do Norte. (Cortesia do U.S. National Park Service).

oceânicas de origem vulcânica. Nas Ilhas do Havaí evolui uma família distinta de aves, Drepanididae. São conhecidos 9 gêneros distintos e 43 espécies e subespécies destas aves endêmicas. Alguma diferenciação semelhante de aves ocorreu nas Ilhas Galápagos, onde uma subfamília de tentilhões, Geospizinae, se desenvolveu e atravessou uma evolução marcante e divergente, resultando em 4 ou 5 gêneros e 13 espécies (Fig. 8.5). Os tentilhões das Ilhas Cocos *(Pinaroloxias inomata)* são considerados membros desta subfamília.

Em outros grupos de aves, neste mesmo arquipélago, ocorreram diferenciações genéricas, específicas, ou subespecíficas. Acredita-se que as Ilhas Galápagos tenham cerca de 2.000.000 de anos, e que sejam de origem vulcânica; nunca estiveram ligadas ao continente, que está a mais de 965 km de distância. O grau de diferenciação parece depender consideravelmente do tempo transcorrido desde o período em que as formas ancestrais se estabeleceram. O biguá *(Nannopterum harrisi)* incapaz de voar, provavelmente, evoluiu a partir de um biguá do gênero *Phalacrocorax*, capaz de voar, que habitou a costa oeste da América do Sul. Como o alimento era abundante nas águas ao redor das ilhas, julgando-se pelas condições atuais ao longo de suas costas, e como os biguás se impulsionam com seus pés, quando à procura de peixes dentro da água, há um pouco valor seletivo para manter um poder bem desenvolvido de vôo.

A gaivota *Creagrus furcatus* também é genericamente distinta das espécies continentais. Para evitar a predação pelas fregatas *Fregata minor* e *F. magnificens*, que ocorrem em grande número nas ilhas, esta pequena, mas bela ave adquiriu o hábito de se alimentar à noite e, assim, desenvolveu olhos proporcionalmente grandes. Algumas espécies de mimídeos, pertencentes a um gênero distinto, *Nesomimus*, tornou-se diferenciado nas várias ilhas.

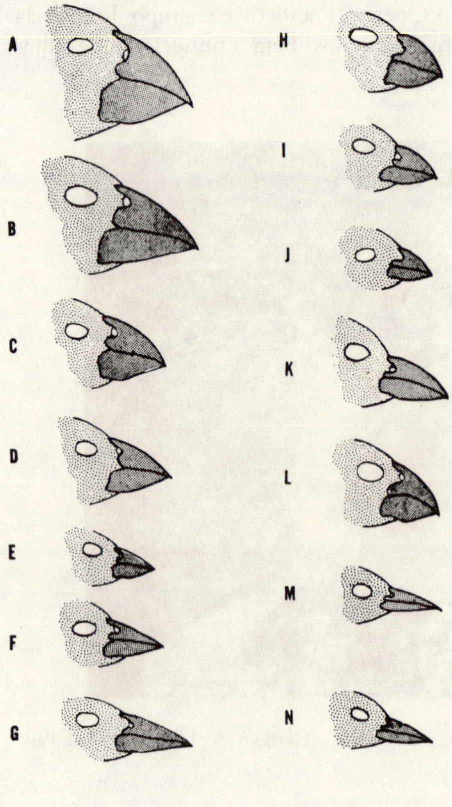

Figura 8.5. As variações na forma dos bicos de diferentes espécies de tentilhões de Darwin indicam as adaptações aos diferentes hábitos alimentares. De *A* a *G*, *Geospiza*, comedores de sementes; de *H* a *J*, *Camarhynchus*, comedores de insetos; *K*, *Cactospiza*, o tentilhão que usa ferramentas; *L*, Platyspiza, um vegetariano; *M*, *Pinaroloxias*, um tentilhão da Ilha Cocos; *N*, *Certhidea*. (Bowman, R.I.: Pacific Discovery, Vol. 18, No. 5, 1965.)

A diferenciação específica é observada em várias aves residentes, incluindo a gaivota de Galápagos *(Larus fuliginosus)*, o pingüim *(Spheniscus mendiculus)*, o albatroz de Galápagos *(Diomedea irrorata)* e o gavião de Galápagos *(Buteo galapagoensis)*.

Dois gêneros de lagartos são endêmicos em Galápagos, o iguana marinho *(Amblyrhynchus)*, e iguana terrestre *(Conolophus)*. Três outros gêneros de répteis são representados por várias espécies endêmicas — cobras do gênero *Dromicus*, lagartos do gênero *Tropidurus* e lagartixas do gênero *Phyllodactylus*. As gigantescas tartarugas dos Galápagos *(Testudo elephantopus)* têm espécies aparentadas, do mesmo gênero, em ilhas do Oceano Índico. Entretanto, há um número distinto de subespécies de tartarugas terrestres nas várias ilhas (Fig. 8.6).

No grupo Tristão da Cunha, há um gênero endêmico de tentilhão *(Nesospiza)*, com duas espécies, que ocorrem nas mesmas ilhas. Há um número de espécies distintas de aves nas ilhas oceânicas do Pacífico Sul. Entretanto, ao contrário das ilhas previamente mencionadas, em geral, apenas uma única espécie de um único gênero ocorre em qualquer destas ilhas.

Há muitos exemplos de ilhas continentais. Estas variam desde grandes massas de terra como Madagáscar, as ilhas do Japão, Tasmânia, Taiwan, a pequenos arquipélagos, como as ilhas Channel, ao sul da Califórnia. Tais ilhas continentais, se de tamanho significante e distantes do continente, normalmente, possuem várias espécies e subespécies endêmicas de vertebrados terrestres. As populações da ilha, que diferem das populações continentais aparentadas, algumas vezes, parecem ser o resultado de evolução divergente, que tenha ocorrido, após uma invasão ou separação. Em alguns casos, entretanto, elas podem refletir formas que tinham vivido anteriormente no continente, mas que se tornaram extintas ou modificadas na última área. Em geral, o número de espécies encontradas nas ilhas continentais tende a ser diretamente proporcional ao tamanho da

Figura 8.6. A tartaruga das Galápagos *(Testudo elephantopus)* demonstra uma considerável diferenciação subespecífica nas diferentes ilhas do arquipélago.

área terrestre. Além disso, num arquipélago, como o dos Galápagos, o número de espécies endêmicas encontradas na ilha parece estar correlacionado com o grau de isolamento das ilhas em relação a outras no grupo.

Na África, duas espécies próximas de pelicanos, *Pelecanus onocrotalus roseus*, e *Pelecanus rufescens* ocorrem juntas em muitos lagos. Ambas tendem a se alimentar dos mesmos peixes, principalmente de espécies de *Tilapia* e *Haplochromis*, mas *P. o. roseus* alimenta-se em grupo, enquanto *P. rufescens* alimenta-se isoladamente. A primeira espécie alimenta-se mais longe da margem e captura peixes maiores do que a última.

Contudo, outros mecanismos de isolamento devem ser considerados. Entre os insetos, as diferenças na genitália de espécies próximas têm sido consideradas como um importante meio de impedir a hibridização. Tais diferenças também ocorrem entre os vertebrados e, indubitavelmente, tem um papel importante. Em muitos lugares, espécies próximas de roedores ocorrem no mesmo habitat geral. Elas podem exibir preferências ecológicas, mas ainda têm contato próximo entre si. Isto é verdadeiro para os membros de gêneros de roedores, como *Eutamias*, *Oryzomys*, *Peromyscus* e *Microtus*. Estudos recentes sobre a genitália dos machos em tais espécies próximas, que, muitas vezes, se assemelham superficialmente, têm demonstrado diferenças estruturais marcantes na forma e tamanho do báculo e de outras partes do pênis, o que, possivelmente, poderia impedir o intercruzamento. Algumas vezes, as barreiras, que separam as espécies, parecem quebrar-se localmente: populações, que, normalmente, são alopátricas, tornam-se simpátricas, cruzando-se para formar uma população híbrida. Isto ocorreu entre duas espéceis de *Paridae*, nas montanhas no sudoeste da Virgínia, onde *Parus atricapillus*, que se distribui em regiões elevadas, desceu e chegou ao habitat de *Parus carolinensis*. Os passarinhos, nesta área sobreposta, apresentam características intermediárias entre as duas espécies, como peso e relação asa-cauda, e têm um canto diferente. Nenhuma diferença ecológica notável é observada entre as populações das duas espécies, e a altitude parece ser o principal mecanismo de isolamento reprodutivo na maioria das regiões de distribuição das duas espécies.

Outro mecanismo de isolamento muito importante é a época da estação de reprodução. Um bom exemplo é mostrado pelos pinipédios, que são mamíferos com uma distribuição periférica ou linear, ficando restritos a áreas costeiras e ilhas. Por causa do espaço limitado disponível, muitas espécies são freqüentemente, encontradas juntas durante muito tempo ou o ano inteiro. Ainda assim, tais espécies raramente reproduzem-se ao mesmo tempo; assim, há pouca chance para ocorrer qualquer hibridização. Na Ilha Ano Novo, ao longo da costa da Califórnia central, *Eumetopias jubata* (leões-marinhos de Steller), *Zalophus californianus* (leões-marinhos da Califórnia), focas (*Phoca vitulina*), e *Mirounga angustirostris* (elefantes-marinhos) vivem em contato (Fig. 8.7). Os leões-marinhos de Steller reproduzem-se em junho e julho, as focas, de março a maio, e os elefantes-marinhos, do final de dezembro ao final de fevereiro. Apenas os leões-marinhos da Califórnia e de Steller têm a estação de reprodução na mesma época. Entretanto, em junho e julho, quando os leões-marinhos de Steller estão reproduzindo-se na Ilha Ano Novo, os leões-marinhos da Califórnia partem em direção ao sul da Califórnia e noroeste do México, onde suas colônias de reprodução estão localizadas. No leste da América do Norte, os parulídeos *Vermivora pinus* e *V. chrysoptera*, espécies próximas, são extensivamente simpátricas, e híbridos férteis são comuns. Isto é atribuído às semelhanças na seleção do habitat e ao comportamento durante a corte, como também as proporções sexuais desequilibradas. Entretanto, a hibridização pode ser reduzida neste complexo, de acordo com Ficken e Ficken (1968). porque casais co-específicos de uma espécie são formados, antes da chegada da outra espécie. Além disso, pode haver diferenças nos gatilhos, envolvidos na formação dos casais e reduzindo o sucesso do acasalamento dos híbridos.

Figura 8.7. Três espécies de pinipédios da Ilha Ano Novo; *à direita,* leões-marinhos da Califórnia *(Zalophus californianus)*; *na metade inferior,* uma foca dormindo *(Phoca vitulina)*; e *à esquerda, em cima,* um fêmea de leão-marinho de Steller *(Eumetopias jubata)* na água.

Os roedores do gênero *Thomomys* ilustram algumas das complicações apresentadas por espécies próximas alopátricas na região oeste da América do Norte. Eles são mamíferos cavadores, que exibem uma grande variação geográfica. Um estudo recente sobre *T. bottae* e *T. umbrinus*, onde eles fazem contato, na região sul do Arizona, demonstrou que pode ocorrer hibridização natural. A maioria dos machos híbridos é estéril e o potencial reprodutivo das fêmeas está reduzido a cerca de metade do de ambas as espécies. As duas espécies ocupam, geralmente, diferentes tipos de solo e vegetações; *T. bottae* vive em solos friáveis profundos das pradarias do deserto, enquanto *T. umbrinus* vive em solos mais rasos de associação de bosques com carvalhos. Entretanto, na ausência do mais dominante, *T. bottae, T. umbrinus* ocupará as pradarias do deserto, ainda que *T. bottae* seja incomum nos bosques de carvalhos, independentemente da presença ou ausência de *T. umbrinus.* Assim a competição direta parece ser o fator limitante para a distribuição da espécie menos dominante.

Três espécies de salamandras do gênero *Taricha* vivem no oeste dos Estados Unidos: *T. torosa, T. rivularis* e *T. granulosa.* Em certas localidades, *T. granulosa* é simpátrica com as outras duas espécies. A corte é muito semelhante nas três espécies, e há uma sobreposição considerável na época de reprodução. Deste modo, tem sido sugerido que o mecanismo de isolamento possa ser a substância sexual despreendida pelas fêmeas, que estimula apenas os machos de sua própria espécie. Isto, provavelmente, também é verdadeiro para alguns mamíferos em que as glândulas cutâneas parecem desempenhar um papel importante na reconhecimento sexual, dentro da espécie.

Tanto o *display* territorial como o da corte podem ser muito importantes como mecanismos de isolamento em espécies próximas. Há muitos grupos de lagartos em que o *display* difere, consideravelmente. No lagarto *Tropidurus*, um gênero de iguanídeos das Ilhas Galápagos, há 12 espécies; cada uma restringe-se a uma ilha separada e possui um padrão diferente de *display.* Isto tem sido atribuído à flutuação genética. Parece possível que, se, por acaso, uma espécie de uma ilha se estabelecesse em uma das outras ilhas, onde já havia uma outra espécie estabelecida, esta diferença de comportamento inibiria uma hibridização. Nos lagartos do gênero *Anolis* das Antilhas Menores, as diferenças entre as espécies simpátricas, no que se refere ao *display* territorial dos machos têm um papel muito importante na seleção sexual pelas fêmeas. As últimas dependem destas diferenças para selecionar um parceiro co-específico. Isto também tem sido observado entre certas espécies próximas de aves. Por exemplo, nas áreas onde *Cassidix major* e *C. mexicanus* ocorrem simpatricamente, os machos de cada espécie procuram apenas as fêmeas da mesma espécie, e excluem mutuamente os machos da outra espécie de seus territórios. Assim, as fêmeas precisam selecionar seus parceiros com base nas diferenças de *display*, que, aqui, servem como mecanismo de isolamento.

A diferença na comunicação audível pode funcionar como mecanismo de isolamento. Nas Montanhas Rochosas, situadas na região oeste da América do Norte, duas espécies próximas de pica-paus são simpátricas em grandes áreas. Estas espécies congêneres são *Sphyrapicus thyroideus* e *S. varius nuchalis*. Ambas demonstram fortes preferências por florestas de álamo, nidificam em árvores com o mesmo diâmetro, e fazem o buraco do ninho à mesma altura do solo; ainda assim, eles não se cruzam. Análises das notas das batidas e do canto de chamado, associados à formação de casais, indicam diferenças interespecíficas consistentes. Experimentos com gravações têm demonstrado que os machos territoriais apresentam respostas mais significantes às notas das batidas e do canto de chamado de sua própria espécie.

A TAXA DE EVOLUÇÃO

Como os vertebrados têm uma taxa de reprodução mais lenta, em contraposição à de muitos organismos inferiores, tanto plantas como animais, somos inclinados a pensar que longos períodos de tempo estiveram envolvidos na produção de variações geográficas. Existem algumas evidências para apoiar esta hipótese. Estudos realizados em depósitos do final do Pleistoceno não conseguiram demonstrar qualquer diferença significativa entre as populações de algumas espécies daquela época e seus representantes modernos. Por outro lado, vemos que a diferenciação subespecífica ocorreu, claramente, desde o final da última Idade do Gelo, em algumas espécies. Algumas das áreas do norte da Região Holártica são agora habitadas por animais que lá não poderiam ter sobrevivido durante os períodos glaciais. Além disso, algumas destas espécies apresentam, atualmente, tendências clinais, nestas regiões, ou são diferenciadas em subespécies das populações da mesma espécie, que vivem mais ao sul, ainda que tenha havido uma diferenciação específica, em algumas espécies, neste mesmo período de tempo. Há duas espécies de lemingues reconhecidas na América do Norte, atualmente. Uma destas *Dicrostonyx hudsonius*, que está agora confinada à Península de Ungava, no leste do Canadá. *D. torquatus* vive em muitas partes da região ártica da América do Norte e Eurásia setentrional. Foi sugerido que a formação da Baía de Hudson, durante o período de recesso glacial, no fim do Pleistoceno, pudesse ter servido para separar uma clina leste-oeste, do que teria sido uma única espécie, isolando, assim, a população do leste norte-americano, de maneira que se tornasse uma espécie distinta. Vestígios de cavernas do fim do Pleistoceno, em Wyoming e Pensilvânia, mostram que ambos tipos, *torquatus* e *hudsonius*, existiram ao sul da camada de gelo do Wisconsin, naquela época.

Algumas vezes, espécies insulares fornecem informações sobre a taxa de evolução, que pode ocorrer em populações de áreas isoladas. Acredita-se que quase 24 espécies diversificadas de aves do Havaí, que constituem a família Drepanididae, tenham evoluído de ancestrais, que chegaram às ilhas do Havaí no médio Plioceno, quando lá se desenvolveram as primeiras florestas (Fig. 8.8). Isto foi há apenas 5 milhões de anos. Acredita-se também que muitos tentilhões endêmicos das Galápagos tenham evoluído de ancestrais comuns, que chegaram ao arquipélago, no fim do Plioceno, há não mais de 1,5 milhões de anos.

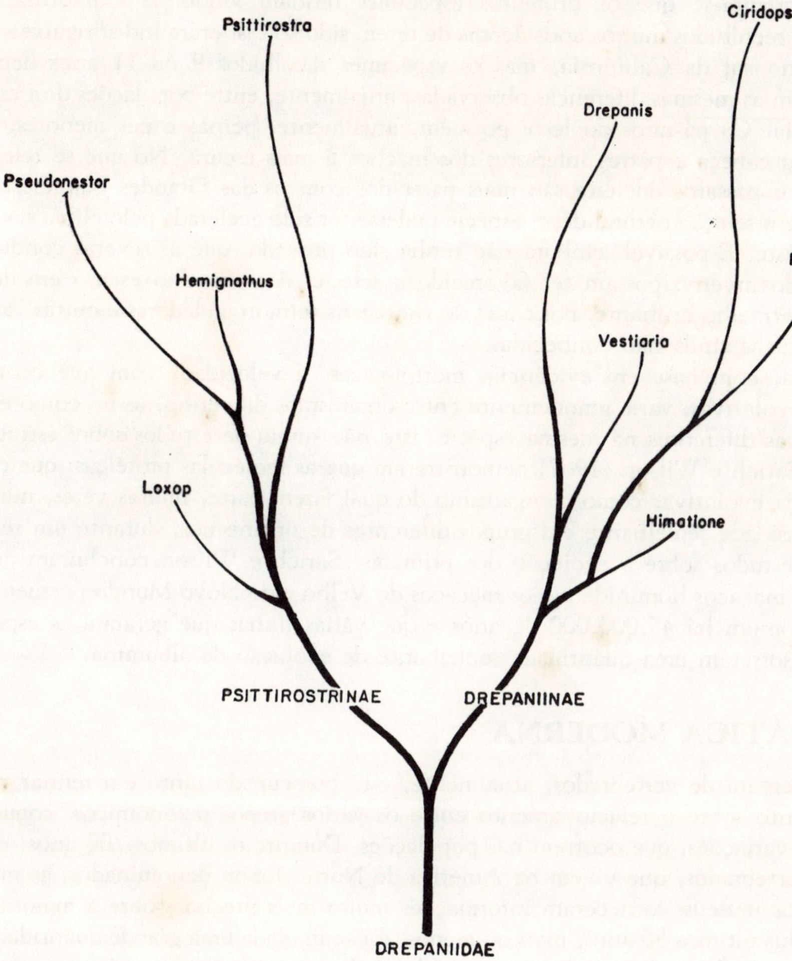

Figura 8.8. Filogenia dos gêneros de Drepanididae. (Amadon, D.: Bull. Am. Mus. Nat. Hist. No. 95, 1950.)

Um estudo muito interessante sobre o pardal *(Passer domesticus)* foi realizado por Johnston e Selander (1964, 1967, 1971), ilustrando que mudanças evolutivas podem ocorrer muito mais rapidamente do que se acreditava possível. A primeira introdução desta espécie do Velho Mundo na América do Norte foi em 1852. Desde então, os pardais espalharam-se por todo o continente. Atualmente, estas aves apresentam uma mudança adaptativa em toda sua nova distribuição, que é bem semelhante à de muitas espécies nativas. De acordo com a Regra de Gloger, as populações destes pardais, na costa noroeste do Pacífico, onde é mais chuvoso e úmido, possuem a coloração da plumagem mais escura e, nas regiões desérticas do sudoeste, a coloração é pálida. Da mesma maneira, eles seguem a Regra de Bergmann; os maiores tamanhos ocorrem ao norte e os menores, ao sul. Ainda que tenha sido introduzida há não mais de 100 anos na América do Norte, esta espécie conquistou sua área de distribuição atual, apenas neste século. É provável que estas mudanças genéticas tenham ocorrido nos últimos 50 anos.

Uma outra espécie de ave, que apresentou uma mudança genética ainda mais rápida é o tentilhão *(Carpodacus mexicanus)*, uma espécie do oeste americano, que chegou a Nova Iorque, em 1940, e espalhou-se, rapidamente, pela região leste dos Estados

Unidos. Acredita-se que os primeiros espécimes tenham vindo da Califórnia. Os espécimes, recolhidos muitos anos depois de terem sido soltos, eram indistinguíveis dos recolhidos no sul da Califórnia, mas os espécimes recolhidos 9 ou 11 anos depois, apresentavam as mesmas diferenças observadas, atualmente, entre populações do Leste e da Califórnia. Os pássaros do leste possuem, atualmente, pernas e pés menores, e o vermelho da cabeça e partes inferiores dos machos é mais escuro. No que se refere à coloração, os pássaros do leste são mais parecidos com os das Grandes Planícies. Foi sugerido que a seleção natural desta espécie pudesse ter sido acelerada pelo clima severo, na região leste. É possível, embora não tenha sido provado, que as severas condições climáticas do inverno possam ter favorecido a seleção do vermelho escuro em detrimento do vermelho brilhante, por causa de vantagens termorreguladoras e outras vantagens fisiológicas ainda não conhecidas.

Embora, com base em evidências morfológicas, a velocidade com que ocorrem mudanças evolutivas, varie grandemente entre organismos diferentes, assim como entre características diferentes na mesma espécie, isto não surgiu de estudos sobre estruturas protéicas. Sarich e Wilson (1967) demonstraram que as moléculas protéicas, que estão em mudança evolutiva, como o organismo do qual fazem parte, muitas vezes, mudam numa intensidade semelhante em grupos diferentes de organismos, durante um tempo certo. Em estudos sobre a evolução dos primatas, Sarich e Wilson concluíram que o homem, os macacos hominídeos e os macacos do Velho e do Novo Mundo possuem um ancestral comum há 45.000.000 de anos e que várias linhas que geraram as espécies modernas, sofreram uma quantidade semelhante de evolução de albumina.

SISTEMÁTICA MODERNA

O sistemata de vertebrados, atualmente, está preocupado tanto em refinar nosso conhecimento sobre o relacionamento entre os vários grupos taxonômicos, como em analisar as variações, que ocorrem nas populações. Durante os últimos 200 anos, quase todos os vertebrados, que vivem na América do Norte, foram denominados; as muitas coleções nos museus, forneceram informações muito mais precisas sobre a maioria das espécies. Nos últimos 50 anos, mais ou menos, foi acumulada uma grande quantidade de nomes subespecíficos, que indicam a variabilidade geográfica que, ocorre em muitas espécies. Entretanto, os fundamentos foram acumulados para o estudante, que deseja pesquisar mais as relações e variações. Contudo, isto não implica que estejamos na idade da "ciência de cadeira". Os estudos de campo são necessários, de modo a nos familiarizarmos com os hábitos das várias espécies e, especialmente, com o ambiente ao qual se adaptaram. O estudo de animais, que nunca foram estudados em campo, é comparável a escrever a tão chamada exposição autoritária sobre uma região nunca antes visitada. Que uma característica particular varie nas diversas partes da área de distribuição de uma ave é de interesse, mas o significado desta variação é o ponto mais importante; isto pode ser determinado, freqüentemente, por um reconhecimento detalhado dos hábitos e do ambiente em que a espécie em questão vive. Contudo, os estudos laboratoriais são essenciais. A pesquisa anatômica está, constantemente, mudando nossos conceitos sobre as relações entre os grupos.

Os zoólogos, que estudam a sistemática dos vertebrados, utilizam-se de muitos caracteres diferentes para o estudo das diferenças e relações dos vários grupos. Em geral, pode-se dizer que cada estrutura do corpo, assim como a função de cada órgão e o comportamento do organismo em si devem ser estudados cuidadosamente. Isto, ainda que seja o ideal, raramente é possível.

Os taxonomistas tendem a dar grande ênfase ao esqueleto dos vertebrados. As razões disto são múltiplas. Os que estudam a classificação dos vertebrados, particularmente, os que trabalham com unidades taxonômicas maiores, devem fazer uso do material paleontológico que, certamente, consiste, em sua maioria, de partes de esqueletos fossilizados. Sabemos pouco sobre o comportamento, a fisiologia e a estrutura de muitos sistemas de órgãos dos animais que viveram no passado, mas os seus esqueletos, freqüentemente, são perfeitamente conservados. O problema de armazenamento do material de estudo, muitas vezes, também exige a preservação de elementos do esqueleto, em vez de espécimes inteiros. Os museus, muito dificilmente, podem fornecer o espaço e fundos necessários para conservação de corpos inteiros de alguns vertebrados recentes, como tubarões, jacarés, elefantes, ursos, baleias e muitos outros. Os esqueletos destes animais, entretanto, quando preparados adequadamente, podem ser armazenados e são úteis para pesquisas comparativas. Os vertebrados menores não apresentam este problema e, freqüentemente, são preservados inteiros. Os ictiólogos e herpetólogos, normalmente, preservam seus espécimes menores no álcool ou na formalina. A maioria das coleções ornitológicas e mastozoológicas consistem de peles, acrescidas de material ósseo e espécimes conservados no álcool. O crânio de um mamífero também é, muitas vezes, conservado com a pele e é um instrumento útil para o taxonomista.

Ainda que partes do esqueleto dos vertebrados sejam de suma importância para a classificação, os que estudam estes grupos tentam buscar informações sobre a estrutura e função de vários outros órgãos e sistemas, de modo a obter uma visão mais completa sobre suas relações.

A tendência mais moderna dos atuais sistematas de vertebrados é estudar a variação dentro de um grupo limitado, como, por exemplo, uma espécie. Isto impõe coletas adequadas para se determinar a distribuição geográfica e amostras de populações, suficientemente grandes, de modo que os métodos biométricos possam ser utilizados. Os especialistas de cada classe de vertebrados fazem uso das várias características que demonstram melhor as variações.

A biologia celular e molecular tem constituído, recentemente, o que poderia ser chamado, de novas ferramentas para a interpretação sistemática das relações dos vertebrados, em todos os níveis, desde subespécies até ordens. Durante décadas, tomamos conhecimento das diferenças dos cromossomos entre as espécies, diferenças não apenas de genes, mas também de número, tamanho e forma dos cromossomos. Os zoólogos dos vertebrados têm feito pouco uso deste conhecimento, ainda que os botânicos os tenham utilizado, longamente, em estudos taxonômicos. Talvez as técnicas laboratoriais minuciosas tenham constituído um impedimento. Contudo, hoje em dia, os estudos dos cromossomos se mostram muito importantes para o estudo de níveis específicos, subgenéricos e genéricos. As espécies insulares questionáveis, como *Peromyscus guardia*, espécie encontrada em várias ilhas no norte do Golfo da Califórnia e aparentada com *Peromyscus eremicus* da península da Baixa Califórnia, foram classificadas como espécies distintas, com base nas diferenças de cromossomos. Mesmo o "status" de espécie de outras espécies aparentadas, pertencentes a este complicado gênero, foi melhor esclarecido com o resultado destes estudos. Entre os répteis, grupos próximos de lagartos (gênero *Cnemidophorus*) da família Teiidae foram classificados, com base nas estruturas cromossômicas e em outras poucas e toscas diferenças morfológicas que são aparentes. Além disso, alguns lagartos deste gênero são partenogenéticos. Acredita-se que dois destes, que tiveram seus cromossomos estudados, tenham evoluído a partir de hibridização.

As investigações sobre o número diplóide do cariótipo de esquilos-do-chão da América do Norte, do subgênero *Spermophilus*, além de outras características morfológicas foram muito úteis na reavaliação das relações entre as 8 espécies Neárticas reconhecidas. Acredita-se que este grupo tenha uma origem recente; seus membros apresentam uma seqüência quase contínua de graduação, sugerindo que a diferenciação a nível específico não esteja em andamento, há muito tempo. Os estudos dos cromossomos confirmam esta hipótese (Fig. 8.9).

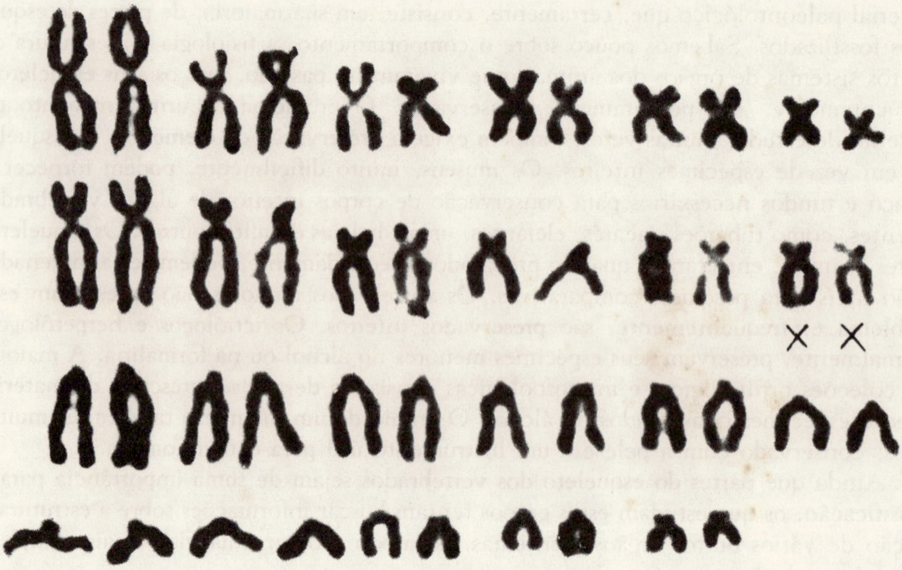

Figura 8.9. Um cariótipo de uma fêmea do esquilo-do-chão de Townsend *(Spermophilus townsendi vigilis)* (×2.600). (Nadler, C. F.: J. Mamm. *47*:579-596, 1966.)

Nos estudos dos cromossomos, as células usadas, normalmente, são células da medula óssea ou da gônada. Para assegurar a divisão mitótica, quando os cariótipos podem, prontamente, ser vistos, algumas vezes, faz-se a estimulação hormonal, antes da remoção do material a ser estudado. Os cariótipos são divididos, de acordo com o tamanho, em macrocromossomos e microcromossomos. Quando existe a fusão terminal de um par de cromossomos, dá-se o nome de acrocêntrico; se a fusão é central, dá-se o nome de metacêntrico. Cada uma destas categorias ainda é subdividida pelos citologistas. Por exemplo, os cromossomos metacêntricos, que se cruzam mais perto da extremidade do que do centro, são chamados de submetacêntricos.

Os estudos eletroforéticos de proteínas estão esclarecendo, consideravelmente, as relações de alguns grupos de vertebrados, cuja classificação sistemática era incerta, e estão confirmando ou anulando conclusões anteriores sobre as relações de outros grupos. O princípio envolve o movimento de partículas carregadas num campo elétrico, quando suspensas num meio líquido. Como as proteínas sangüíneas ou da albumina do ovo são partículas carregadas, elas executam este movimento. As partículas como carga positiva movem-se em direção ao cátodo, enquanto as partículas com carga negativa movem-se para o ânodo. A velocidade do movimento depende da carga elétrica da molécula protéica e, até certo ponto, do tamanho e forma da molécula. Como resultado, quando estas proteínas animais, tanto sangüíneas, como a das clara do ovo, são colocadas numa tira de papel de filtro ou em algum outro meio (como um gel de amido saturado com uma solução-tampão) e uma corrente elétrica é passada através do meio, os vários tipos de proteínas separam-se ao longo do eixo da corrente. Quando o resultado é colocado num corante, que adere apenas às proteínas, as quantidades e posições relativas das mesmas podem ser vistas facilmente (Fig. 8.10).

As diferenças também podem resultar de concentração ou desnaturação; estas podem ser responsáveis pelas características taxonômicas significantes, relacionadas com as diferenças de número de proteínas e sua mobilidade. A última, provavelmente, indica diferenças genéticas em um ou mais aminoácidos envolvidos. Alguns dos mais

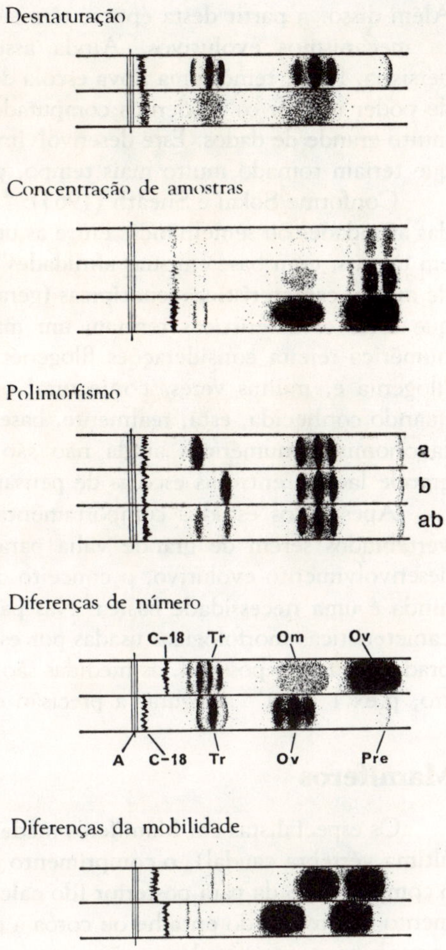

Figura 8.10. Algumas fontes de variações nos padrões eletroforéticos e seus efeitos. Desnaturação: padrão da albumina do ovo não desnaturada acima, desnaturada, abaixo. Concentração da amostra: amostra diluída acima; concentração ótima, no meio; e amostra concentrada, abaixo. Polimorfismo: amostras de três indivíduos de uma mesma população, mostrando três fenótipos da albumina a,b, e ab heterozigoto. Diferenças do número de proteínas em duas espécies. Diferenças nas mobilidades das proteínas homólogas em duas espécies. (Sibley, C.G.: Bulletin 32, Peabody, Museum of Natural History, 1970.)

importantes trabalhos neste campo foram desenvolvidos por Dr. Charles G. Sibley, diretor do Museu Peabody de História Natural da Universidade de Yale. Ele e seus colaboradores, trabalhando com clara de ovo de milhares de espécies de aves, esclareceram muitos aspectos da classificação dos membros da classe Aves e descobriram várias tendências evolutivas. Estudos semelhantes sobre as proteínas plasmáticas de peixes, anfíbios, répteis e mamíferos estão fornecendo novos dados para a taxonomia. Também os estudos eletroforéticos do veneno de vários tipos de cascavéis foram acrescidos aos nossos conhecimentos sobre as relações de muitas espécies diferentes da América do Norte.

O desenvolvimento do microscópio eletrônico de varredura trouxe uma nova ferramenta para a sistemática, tornando possível a detecção de minúsculas semelhanças e diferenças filogenéticas importantes. Além disso, o microscópio eletrônico fornece muitas informações sobre a infra-estrutura de células, como os espermatozóides, que indicam relações e diferenças entre grandes táxons.

Um dos muitos problemas com os quais os taxonomistas se têm defrontado durante várias gerações, refere-se aos métodos subjetivos, que eles vinham empregando. Mesmo as definições dos vários táxons apresentavam muitos problemas e estavam sujeitas a diferentes interpretações por diferentes indivíduos. A Nova Sistemática, que foi proposta por Huxley e outros por volta de 1940, propõe uma objetividade muito maior.

Além disso, a partir desta época, têm sido feitos maiores esforços para se compreender os mecanismos evolutivos. Ainda assim, a demanda de uma maior objetividade persistia. Hoje, temos uma nova escola de taxonomistas numéricos, que tem a vantagem de poder utilizar os modernos computadores eletrônicos, programando uma quantidade muito grande de dados. Este desenvolvimento significa a conquista dos atuais resultados, que teriam tomado muito mais tempo, para serem alcançados, no passado.

Conforme Sokal e Sneath (1963): "A Taxonomia numérica é a avaliação numérica das afinidades ou semelhanças entre as unidades taxonômicas, ordenando estas unidades em táxons, com base em suas afinidades". O sistema baseia-se no tratamento estatístico de muitas características fenotípicas (geralmente, morfológicas). Não se assume, *a priori*, que estas características tenham um maior ou menor valor. Em geral, a taxonomia numérica rejeita considerações filogenéticas. Esta rejeição baseia-se na idéia de que a filogenia é, muitas vezes, conjectural ou, no mínimo, imperfeitamente conhecida, e quando conhecida, está, realmente, baseada em semelhanças fenéticas. Os métodos dos taxonomistas numéricos ainda não são aceitos por muitos e assim permanece uma grande lacuna entre as escolas de pensamento fenético e filético.

Apesar dos estudos comportamentais fisiológicos, histológicos e moleculares dos vertebrados serem de grande valia para a compreensão do processo de especiação e desenvolvimento evolutivo, o conceito da morfologia de um organismo como um todo ainda é uma necessidade básica. Nas páginas seguintes, é dado um apanhado sobre as características morfológicas usadas por especialistas para se estudar cada grupo de vertebrados. Quando possível, as medidas são feitas com instrumentos de precisão (paquímetro, p.ex.) para assegurar a precisão e são anotados em milímetros ou centímetros.

Mamíferos

Os especialistas em Mamíferos medem o comprimento total (da ponta do focinho à última vértebra caudal), o comprimento da cauda (da base da cauda à última vértebra), o comprimento da pata posterior (do calcanhar à ponta da garra mais longa) e o comprimento da orelha (do entalhe ou coroa à ponta do pavilhão). Estes dados são obtidos em animais vivos ou fixados e são extremamente úteis para se determinar a média das dimensões externas do corpo. As medidas cranianas mais úteis (Fig. 8.11), usadas pelos especialistas, para mostrar as variações infra-específicas e interespecíficas, incluem as seguintes:

Comprimento Condilobasal. Distância entre as projeções mais anteriores dos ossos pré-maxilares e as partes mais posteriores dos côndilos exoccipitais.

Comprimento Basilar. Distância entre a extremidade posterior dos alvéolos dos primeiros incisivos superiores e a borda inferior mais anterior do forâmen magno.

Largura Zigomática. A maior distância entre as bordas externas dos arcos zigomáticos.

Largura Mastóide. A maior largura do crânio entre as margens externas dos ossos mastóides.

Comprimento Palatilar. Distância entre as margens mais posteriores dos alvéolos dos primeiros incisivos superiores e o ponto anterior da borda posterior do palato.

Constricção Interorbital. A menor distância entre as órbitas, através do topo do crânio.

Comprimento da Arcada Dentária. Distância, paralela ao eixo longitudinal do crânio, entre o dente mais anterior e a parte de trás do dente mais posterior.

Comprimento dos Nasais. O maior comprimento dos nasais ao longo da linha mediana do crânio.

Comprimento dos Foramens Incisivos. O maior comprimento entre a borda anterior e a borda posterior dos foramens incisivos (palatinos anteriores).

Muitas outras medidas cranianas são usadas por especialistas em vários grupos. Por exemplo, entre os roedores, o comprimento do diástema, ou espaço entre os incisivos mais externos e os primeiros dentes molariformes, é uma medida, muitas vezes, valiosa. Entre os mamíferos com dentes hipsodontes ou de coroa alta, a forma e a conformação das dobras do esmalte são diagnósticos para a determinação da espécie. A propósito, a variação no tamanho e estrutura dos dentes, na maioria dos mamíferos, é de importância taxonômica considerável. Os crânios dos cetáceos são tão altamente

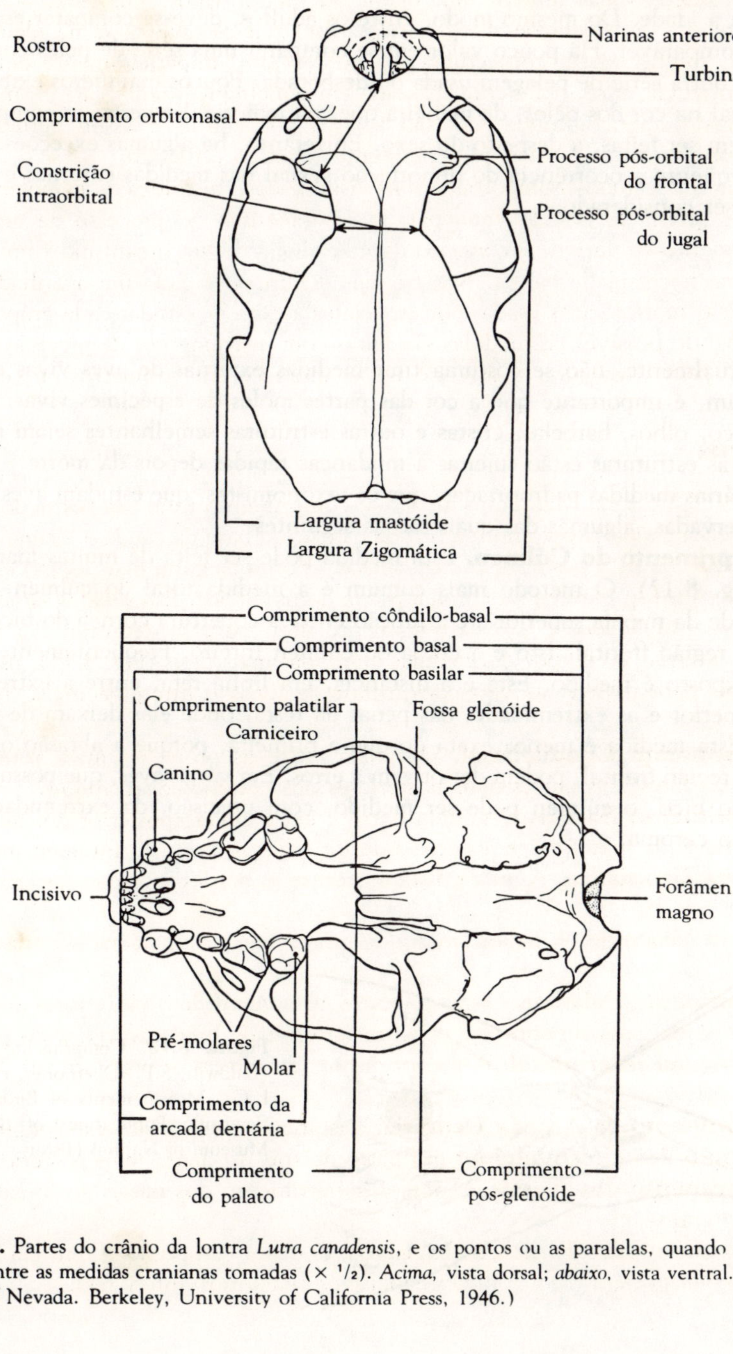

Figura 8.11. Partes do crânio da lontra *Lutra canadensis*, e os pontos ou as paralelas, quando as medidas o requerem, entre as medidas cranianas tomadas (× ½). *Acima*, vista dorsal; *abaixo*, vista ventral. (Hall, E.R.: Mammals of Nevada. Berkeley, University of California Press, 1946.)

modificados que muitas medidas, não aplicáveis a outros tipos, são úteis para mostrar diferenças entre as espécies e também entre categorias maiores.

Uma outra característica que, quando presente, tem-se mostrado de importância taxonômica é o báculo, ou *os pênis*, que, freqüentemente, é muito diferente nas várias espécies que, de outro modo, seriam muito semelhantes entre si.

Como já foi comentado anteriormente neste capítulo, a cor dos pêlos está sujeita à considerável variação geográfica em muitas espécies de mamíferos e, por isso, é útil para os estudos de sistemática. Para a comparação da cor dos pêlos de populações de uma mesma espécie, é importante que todos os espécimes sejam da mesma categoria etária, como juvenil, subadulto ou adulto, porque a cor dos pêlos da maioria dos mamíferos muda com a idade. Do mesmo modo, entre os adultos, deve-se comparar espécies com pelagem comparável. Há pouco valor em se comparar uma série de peles com pelagem nova com outra série de pelagem usada ou desbotada. Poucos mamíferos exibem dimorfismo sexual na cor dos pêlos, de maneira que, na maioria das vezes, as comparações de cores podem ser feitas, a despeito do sexo. Entretanto, há algumas exceções. Por outro lado, é freqüente a ocorrência do dimorfismo sexual nas medidas externas e cranianas, que deve ser considerado.

Aves

Habitualmente, não se costuma tirar medidas externas de aves vivas ou fixadas. Ainda assim, é importante que a cor das partes moles de espécimes vivas, como pés, pernas, bico, olhos, barbelas, cristas e outras estruturas semelhantes sejam registradas, porque estas estruturas estão sujeitas a mudanças rápidas depois da morte.

Há várias medidas padronizadas, que os taxonomistas, que estudam aves, obtêm de peles preservadas, algumas das quais são as seguintes:

Comprimento do Cúlmen. Esta medida pode ser feita de muitas maneiras diferentes (Fig. 8.12). O método mais comum é a medida total do cúlmen, isto é, da extremidade da maxila superior até a junção entre a cobertura córnea do bico e o tegumento da região frontal. Isto é a corda do cúlmen inteiro. Freqüentemente, apenas o cúlmen exposto é medido. Esta é a distância, em linha reta, entre a extremidade da maxila superior e as extremidades das penas da testa, onde elas deixam de esconder o cúlmen. Esta medida é menos exata do que a primeira, porque a abrasão ou perda de penas, na região frontal, podem dar origem a erros. Em várias aves, que possuem ceroma na base do bico, o cúlmen pode ser medido, com precisão, da extremidade à borda anterior do ceroma.

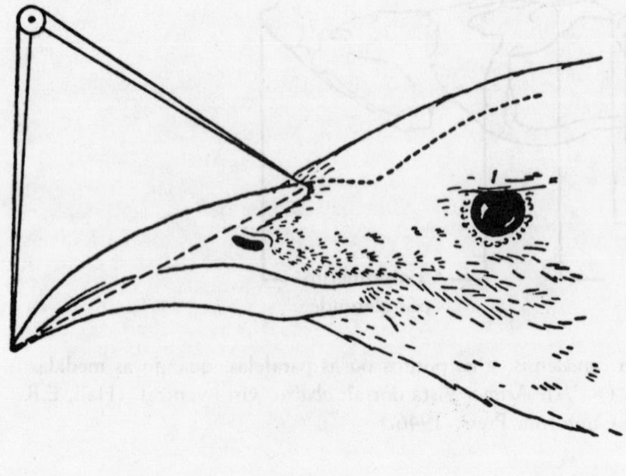

Figura 8.12. Comprimento do cúlmen. (Baldwin, S.P., Oberholser, H.C. e Worley L.G.: Measurements of Birds. Cleveland, Scientific Publications of the Cleveland Museum of Natural History, 1931.)

Comprimento do Bico até as Narinas. A distância, em linha reta, da extremidade da maxila superior à margem anterior da narina.

Profundidade do Bico. Esta pode ser medida de diferentes maneiras. Um método é medir a distância da base do cúlmen até a margem inferior da mandíbula inferior, imediatamente abaixo. Um outro método é medir a altura vertical do bico, no ponto, que intersecta a extremidade anterior das narinas.

Comprimento das Asas. A distância entre a extremidade da mais longa primária e o ponto mais anterior da curva da asa (mais propriamente, o pulso). Como as primárias, normalmente, são curvas, esta medida representa a corda da asa. Ocasionalmente, alguns pesquisadores preferem achatar as penas para obter o comprimento da asa. Quando isto é feito, deve ser indicado claramente que a medida foi obtida desta maneira.

Comprimento da Cauda. Esta representa a distância entre a base da cauda, num ponto entre a emergência das duas retrizes mais medianas da pele, e a extremidade da mais longa pena, quando a cauda está fechada. Algumas vezes, o ponto proximal da medida é a base posterior da glândula uropigial.

Comprimento do Tarso. A distância do meio da articulação entre a tíbia e o metatarso à face posterior da articulação do metatarso com o artelho mediano na parte anterior (normalmente, a margem inferior do escudo indiviso mais inferior).

Comprimento do Artelho Médio. A distância da base dorsal do artelho mediano, em sua articulação com a articulação metatarsal (ou margem inferior do escudo dorsal indiviso mais inferior) à extremidade distal do artelho, onde o tegumento termina na base dorsal da unha. A maioria das aves tem três artelhos voltados para a frente e um para trás, de maneira que é um pouco difícil dizer qual é o dedo mediano. Em algumas aves, que possuem dois artelhos voltados para a frente e dois para trás, como a maioria dos pica-paus, mede-se o artelho anterior mais externo.

Há muitas medidas adicionais que podem ser usadas, mas estas, que foram dadas aqui, são as mais comumente empregadas. Um compasso de pontas finas é extremamente útil na obtenção de medidas exatas nas peles de aves. É óbvio que o método empregado para obter estes dados deve ser cuidadosamente relatado. Além disso, é importante indicar se um espécime do qual as medidas foram tiradas, tem plumagem nova ou gasta. Penas da cauda ou das asas, velhas e desgastadas, obviamente, não serão tão longas quanto as penas novas. Cuidados também devem ser tomados no sentido de verificar se as penas das aves, que foram recentemente mudadas, já estão completamente crescidas.

Os ornitologistas dependem muito da coloração externa para a identificação e encontram considerável variação geográfica, deste aspecto, em particular, em muitas espécies. A classificação dos espécimes quanto ao sexo, idade e estação do ano é importante, quando são feitas comparações de cores.

Répteis

Os herpetologistas, que trabalham com grupos infra-específicos, específicos ou mesmo genéricos dependem muito das estruturas tegumentares para estudar características taxonômicas. Ainda assim, o comprimento total, comprimento do focinho à cloaca, comprimento da cauda e outras medidas dos membros são freqüentemente usadas.

Como o material herpetológico (com exceção das espécies muito grandes) normalmente é conservado inteiro, em álcool ou formalina, em geral, não são feitas medidas em espécimes vivos ou recentemente coletados. Anotações sobre a coloração são altamente desejáveis. O fato dos répteis serem cobertos por escamas córneas, que variam muito quanto ao tamanho, forma e número, fornece aos taxonomistas características imediatas para seu estudo. As escamas podem, ou não, ser dispostas em fileiras.

Têm sido dado nomes às escamas ou aos grupos de escamas, que cobrem a cabeça dos répteis (Fig. 8.13). Estas incluem as rostrais, pós-rostrais, nasais, internasais, loreais, pré-frontais, supra-oculares, circum-orbitais, superciliares, parietais, interparietais, pós-oculares, temporais, auriculares, nucais e supralabiais. Na maxila inferior, estão as mentais, infralabiais, pós-mentais, escudos mentais e gulares. Estes nomes são baseados na região da cabeça em que as escamas estão localizadas. O número das fileiras de escamas do corpo são de importância taxonômica e pode variar consideravelmente em espécies correlatas. Nas tartarugas, os grupos de grandes escamas ou os escudos da carapaça e do plastrão recebem nomes e estão sujeitos a consideráveis variações. O número das grandes escamas da superfície ventral do corpo da maioria das cobras é contado. As escamas anteriores à placa anal são chamadas de *gastrostegitos;* as posteriores a esta placa são chamadas *urostegitos.* As últimas são, algumas vezes, divididas. A posição e forma do hemipênis dos répteis machos são outras características usadas. O número e posição dos poros das glândulas femorais e pré-anais são muito importantes para a classificação de muitos lagartos. Como o dimorfismo sexual não é incomum entre os répteis, em todos os espécimes, o sexo deve ser cuidadosamente observado.

Anfíbios

Os anfíbios não possuem estruturas ectodérmicas como pêlos, penas ou escamas; assim, os taxonomistas dependem de outras características. Além do tamanho, forma e coloração, os sistematas fazem uso da variação do número de artelhos e falanges; a presença ou ausência de tubérculos nos pés; a presença ou ausência de glândulas, espe-

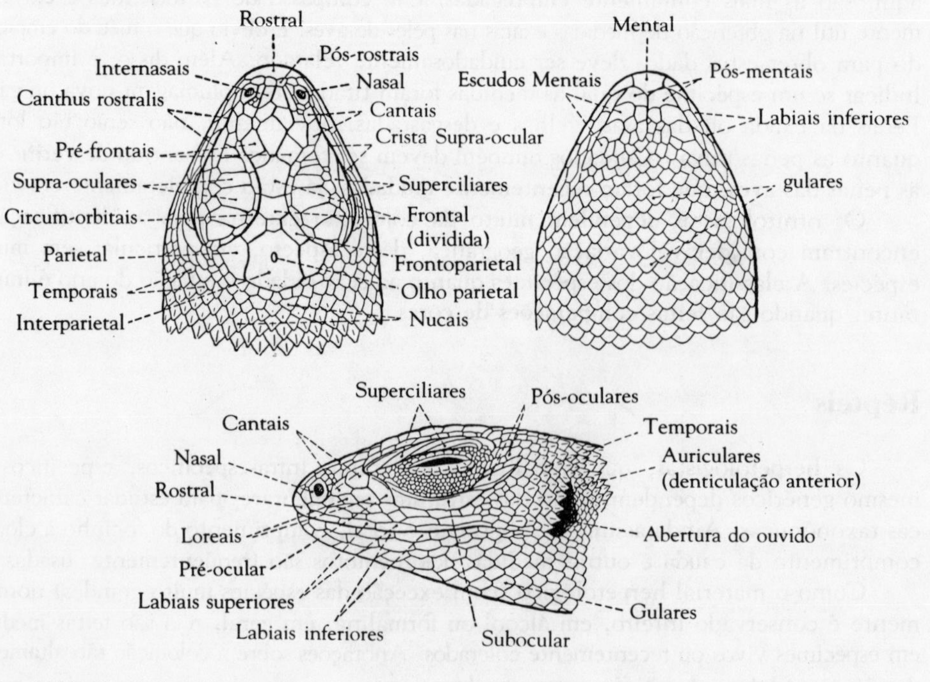

Figura 8.13. Vistas dorsal, ventral e lateral da cabeça de um lagarto, mostrando os padrões das escamas. (Segundo Stebbins, R.C.: Amphibians and Reptiles of Western North Americ, New York, McGraw-Hill Book Co. Inc., 1954.)

cialmente, a glândula parotóide; a condição da pele, se lisa ou áspera; a presença ou ausência e localização de dentes (Fig. 8.14). Para muitas salamandras, a presença e o número de sulcos costais na superfície lateral do corpo é uma característica útil (Fig. 8.15).

Peixes

Os ictiólogos, freqüentemente, usam medidas externas que podem ser obtidas de material preservado, no caso de peixes menores. Já que, normalmente, apenas partes de peixes muito grandes são conservadas, as medidas devem ser feitas no momento em que o espécime é capturado.

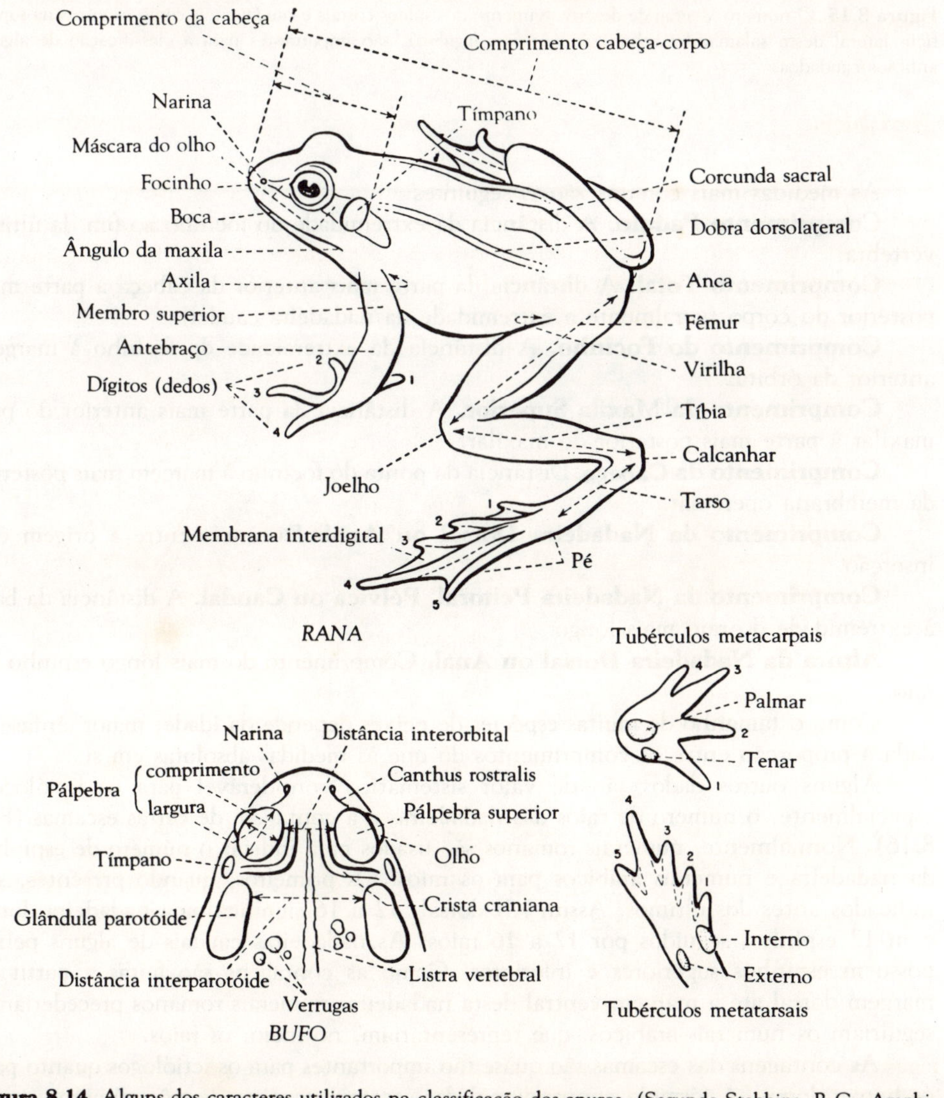

Figura 8.14. Alguns dos caracteres utilizados na classificação dos anuros. (Segundo Stebbins, R.C.: Amphibians and Reptiles of Western North America. New York, McGraw-Hill Book Co., Inc., 1954.)

Figura 8.15. O número e grau de desenvolvimento dos sulcos costais e caudais, tais como os vistos na superfície lateral desta salamandra arborícola *(Aneides lugubris)*, são importantes para a classificação de alguns anfíbios caudados.

As medidas mais comuns são as seguintes:

Comprimento Padrão. A distância da extremidade do focinho ao fim da última vértebra.

Comprimento Total. A distância da parte mais anterior da cabeça à parte mais posterior do corpo (geralmente a extremidade da nadadeira caudal).

Comprimento do Focinho. A distância da extremidade do focinho à margem anterior da órbita.

Comprimento da Maxila Superior. A distância da parte mais anterior do pré-maxilar à parte mais posterior do maxilar.

Comprimento da Cabeça. Distância da ponta do focinho à margem mais posterior da membrana opercular.

Comprimento da Nadadeira Dorsal ou Anal. Distância entre a origem e a inserção.

Comprimento da Nadadeira Peitoral, Pélvica ou Caudal. A distância da base à extremidade do raio mais longo.

Altura da Nadadeira Dorsal ou Anal. Comprimento do mais longo espinho ou raio.

Como o tamanho de muitas espécies de peixes depende da idade, maior ênfase é dada à proporção entre os comprimentos do que às medidas absolutas em si.

Alguns outros dados são de valor sistemático considerável para os ictiólogos, especialmente, o número de raios das nadadeiras e a contagem de certas escamas (Fig. 8.16). Normalmente, numerais romanos são usados para indicar o número de espinhos da nadadeira e numerais arábicos para os raios. Os primeiros, quando presentes, são indicados antes dos últimos. Assim XII dorsal, 12 a 16 significa uma nadadeira dorsal com 12 espinhos seguidos por 12 a 16 raios. As nadadeiras caudais de alguns peixes possuem espinhos superiores e inferiores. Como as contagens são feitas a partir da margem dorsal até a margem ventral desta nadadeira, numerais romanos precederiam e seguiriam os numerais arábicos, que representariam, no meio, os raios.

As contagens das escamas são quase tão importantes para os ictiólogos quanto para os herpetólogos. A fórmula convencional das escamas consiste de três números, como 8 + 90 + 10. O primeiro representa o número de escamas de uma fileira diagonal, da

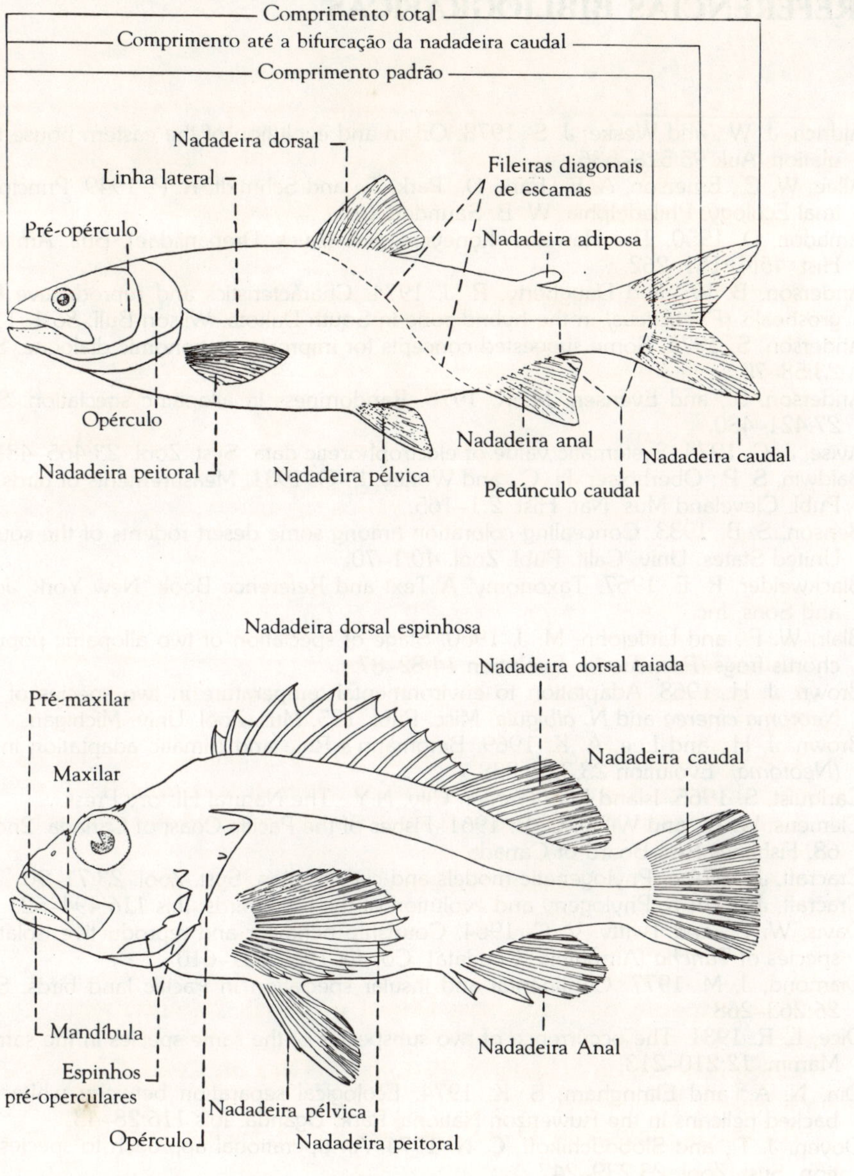

Figura 8.16. Alguns caracteres externos e métodos para medir peixes. Acima, truta (*Salvelinus*); abaixo, *Sebastodes*.

origem da nadadeira dorsal até a linha lateral, no sentido póstero-inferior. O segundo representa o número de escamas da abertura opercular até a base das nadadeiras caudal, ao longo da linha lateral ou, se isto não for possível, ao longo da primeira fileira longitudinal acima da linha lateral. O terceiro representa o número de escamas da origem da nadadeira anal até a linha lateral, em diagonal, no sentido anterior.

O número dos rastelos branquiais, a posição e o número de dentes e muitas outras características, muito numerosas para serem mencionadas aqui, são usados por vários especialistas no estudo de campo. Como é válido para outros grupos de vertebrados, a cor dos peixes está sujeita a variações, mas dados exatos devem ser extraídos de espécimes vivos, porque, depois de mortos, as mudanças ocorrem imediatamente.

REFERÊNCIAS BIBLIOGRÁFICAS

Aldrich, J. W., and Weske, J. S. 1978. Origin and evolution of the eastern house finch population. Auk *95:*528–536.

Allee, W. C., Emerson, A. E., Park, O., Park, T., and Schmidt, K. P. 1949. Principles of Animal Ecology. Philadelphia, W. B. Saunders Co.

Amadon, D. 1950. The Hawaiian honeycreepers (Aves, Drepaniidae). Bull. Am. Mus. Nat. Hist. *45*(4):151–262.

Anderson, B. W., and Daugherty, R. J. 1974. Characteristics and reproductive biology of grosbeaks *(Pheucticus)* in the hybrid zone in South Dakota. Wilson Bull. *86:*1–11.

Anderson, S. 1974. Some suggested concepts for improving taxonomic dialogue. Syst. Zool. *23:*58–70.

Anderson, S., and Evensen, M. K. 1978. Randomness in allopatric speciation. Syst. Zool. *27:*421–430.

Avise, J. C. 1974. Systematic value of electrophoretic data. Syst. Zool. *23:*465–481.

Baldwin, S. P., Oberholser, H. C., and Worley, L. G. 1931. Measurements of birds. Scientific Publ. Cleveland Mus. Nat. Hist. *2:*1–165.

Benson, S. B. 1933. Concealing coloration among some desert rodents of the southwestern United States. Univ. Calif. Publ. Zool. *40:*1–70.

Blackwelder, R. E. 1967. Taxonomy; A Text and Reference Book. New York, John Wiley and Sons, Inc.

Blair, W. F., and Littlejohn, M. J. 1960. Stage of speciation of two allopatric populations of chorus frogs *(Pseudacris)*. Evolution *14:*82–87.

Brown, J. H. 1968. Adaptation to environmental temperature in two species of woodrats, *Neotoma cinerea* and *N. albigula*. Misc. Publ. 135, Mus. Zool. Univ. Michigan.

Brown, J. H., and Lee, A. K. 1969. Bergmann's Rule and climatic adaptation in woodrats *(Neotoma)*. Evolution *23:*329–338.

Carlquist, S. 1965. Island Life. Garden City, N.Y., The Natural History Press.

Clemens, W. A., and Wilby, G. V. 1961. Fishes of the Pacific Coast of Canada. 2nd Ed. Bull. 68, Fisheries Res. Board of Canada.

Cracraft, J. 1974 *a*. Phylogenetic models and classification. Syst. Zool. *23:*71–90.

Cracraft, J. 1974 *b*. Phylogeny and evolution of the ratite birds. Ibis *116:*494–521.

Davis, W. C., and Twitty, V. C. 1964. Courtship behavior and reproductive isolation in the species of *Taricha* (Amphibia, Caudata). Copeia *1964:*601–610.

Diamond, J. M. 1977. Continental and insular speciation in Pacific land birds. Syst. Zool. *26:*263–268.

Dice, L. R. 1931. The occurrence of two subspecies of the same species in the same area. J. Mamm. *12:*210–213.

Din, N. A., and Eltringham, S. K. 1974. Ecological separation between white and pink-backed pelicans in the Ruwenzori National Park, Uganda. Ibis *116:*28–43.

Doyen, J. T., and Slobodchikoff, C. N. 1974. An operational approach to species classification. Syst. Zool. *23:*239–247.

Durrant, S. D. 1952. Mammals of Utah; taxonomy and distribution. Univ. Kansas Publ., Mus. Nat. Hist. *6:*1–549.

Earhart, C. M., and Johnson, N. K. 1970. Size dimorphism and food habits of North American owls. Condor *72:*251–264.

Feduccia, A. 1979. Comments on the phylogeny of perching birds. Proc. Biol. Soc. Wash. *92:*689–696.

Ficken, M. S., and Ficken, R. W. 1968. Reproductive isolating mechanisms in the blue-winged warbler–golden-winged warbler complex. Evolution *22:*166–179.

Fitch, H. S. 1940. A biogeographical study of the *ordenoides* Artenkreis of garter snakes (Genus *Thamnophis*). Univ. Calif. Publ. Zool. *44:*1–150.

Gorman, G. C. 1968. The relationships of *Anolis* of the *roquet* species group (Sauria: Iguanidae)–III. Comparative study of display behavior. Breviora No. 284.

Gorman, G. C. 1970. Chromosomes and systematics of the family Teiidae (Sauria: Reptilia). Copeia *1970:*230–245.

Gorman, G. C., and Atkins, L. 1968. New karyotypic data for 16 species of *Anolis* (Sauria: Iguanidae) from Cuba, Jamaica, and the Cayman Islands. Herpetologica *24:*13–21.

Gould, S. J., and Johnston, R. F. 1972. Geographic variation. Am. Rev. Ecology and Systematics *3*:457–498.

Guilday, J. E. 1968. Pleistocene Zoogeography of the Lemming *Dicrostonyx* (Cricetidae: Rodentia), a Reevaluation. Univ. Colorado Studies, Ser. Earth Sci., No. 6.

Hall, E. R. 1946. Mammals of Nevada. Berkeley, University of California Press.

Hall, E. R. 1951. American weasels. Univ. Kansas Publ., Mus. Nat. Hist. *4*:1–466.

Henley, C., Feduccia, A., and Costello, D. P. 1978. Oscine spermatozoa: A light- and electron-microscopy study. Condor *80*:41–48.

Hennig, W. 1966. Phylogenetic systematics. Urbana, University of Illinois Press.

Hooper, E. T. 1952. A systematic review of the harvest mice (Genus *Reithrodontomys)* of Latin America. Misc. Publ. Zool., Univ. Mich., No. 77.

Hooper, E. T., and Musser, G. T. 1964. The glans penis in neotropical Cricetines (Family Muridae) with comments on classification of muroid rodents. Misc. Publ. Mus. Zool. Univ. Mich., No. 123.

Hubbs, C. L. 1922. Variations in the number of vertebrae and other meristic characters of fishes correlated with the temperature of water during development. American Naturalist *56:*360–372.

Hubbs, C. L. 1940. Fishes of the desert. Biologist *22*:61–69.

Hubbs, C. L. 1943. Criteria for subspecies, species and genera, as determined by researches on fishes. Ann. N.Y. Acad. Sci. *44:*109–121.

Hubbs, C. L. 1953. Hybridization in nature between the fish genera *Catostomus* and *Xyrauchen.* Papers Mich. Acad. Sci. Arts and Letters *38:*207–233.

Hull, D. L. 1979. The limits of cladism. Syst. Zool. *28*:416–440.

Huxley, J. S., Ed. 1940. The New Systematics. New York, Oxford University Press.

Jackson, J. A. 1970. A quantitative study of the foraging ecology of downy woodpeckers. Ecology *51:*318–323.

Johnson, D. W. 1971. Ecological aspects of hybridizing chickadees *(Parus)* in Virginia. Amer. Midl. Nat. *85:*124–134.

Johnston, R. F., and Selander, R. K. 1964. House sparrows: rapid evolution of races in North America. Science *144:*548–550.

Johnston, R. F., and Selander, R. K. 1971. Evolution in the house sparrow. II. Adaptive differentiation in North American populations. Evolution *25:*1–28.

Klein, H. G. 1960. Ecological relationships of *Peromyscus leucopus noveboracensis* and *P. maniculatus gracilis* in central New York. Ecol. Monog. *30:*387–407.

Kroodsma, R. L., and Cassel, J. F. 1968. Hybridization in the orioles *(Icterus),* grosbeaks *(Pheucticus),* and buntings *(Passerina)* in the northern Great Plains. North Dakota Acad. Sci. *22:*16 (abstract).

Lack, D. 1969. Subspecies and sympatry in Darwin's finches. Evolution *23:*252–263.

Lack, D. 1971. Ecological Isolation in Birds. Cambridge, Harvard University Press.

Levan, A., Fredga, K., and Sandberg, A. A. 1964. Nomenclature for centromeric position on chromosomes. Hereditas *52:*201–220.

Ling, J. K. 1969. A review of ecological factors affecting the annual cycle in island populations of seals. Pacific Science *23:*399–413.

Lowe, C. H., Wright, J. W., Cole, C. J., and Bezy, R. L. 1970. Chromosomes and evolution of the species groups of *Cnemidophorus* (Reptilia: Teiidae). Syst. Zool. *19:*128–141.

Mayr, E. 1942. Systematics and the Origin of Species. New York, Columbia University Press.

Mayr, E., Ed. 1957. The species problem. Washington, D.C., Am. Assn. Adv. Sci., Publ. 50.

Mayr. E. 1963. Animal Species and Evolution. Cambridge, Mass., Harvard University Press.

Mayr, E. 1965. Numerical phenetics and taxonomic theory. Syst. Zool. *14:*73–97.

Mayr, E. 1969. Principles of Systematic Zoology. New York, McGraw-Hill Book Co.

Mayr, E., Linsley, E. G., and Usinger, R. L. 1953. Methods and Principles of Systematic Zoology. New York, McGraw-Hill Book Co., Inc.

Mayr, E., and Short, L. L., Jr. 1970. Species taxa of North American birds. Publ. Nuttall Ornith. Club, No. 9.

Mengel, R. M. 1964. The probable history of species formation in some northern wood warblers (Parulidae). Living Bird, Third Annual Cornell Lab. Ornith. *1964:*9–43.

Michener, C. D. 1964. The possible use of uninominal nomenclature to increase the stability of names in biology. Syst. Zool. *13:*182–190.

Miller, A. H. 1941. Speciation in the avian genus *Junco.* Univ. Calif. Publ. Zool. *44:*173–434.

Misra, R. K. and Short, L. L. 1974. A biometric analysis of oriole hybridization. Condor *76:*137–146.

Muul, I. 1968. Behavioral and Physiological Influences on the Distribution of the Flying Squirrel, *Glaucomys volans*. Misc. Publ. 134, Mus. Zool. Univ. Michigan, 66 pp.

Nadler, C. F. 1966. Chromosomes and systematics of American ground squirrels of the subgenus *Spermophilus*. J. Mamm. *47*:579–596.

Nelson, G. J. 1972. Phylogenetic relationship and classification. Syst. Zool. *21*:227–231.

Nelson, G. J. 1973. The higher-level phylogeny of vertebrates. Syst. Zool. *22*:87–91.

Nelson, G. 1979. Cladistic analysis and synthesis: Principles and definitions with a historical note on Adanson's Familles des Plantes (1763–1764). Syst. Zool. *28*:1–28.

Orr, R. T. 1940. The Rabbits of California. Occasional Papers Calif. Acad. Sci., No. 19.

Orr, R. T. 1964. Interspecific behavior among pinnipeds. Zeitschrift für Saugetierkunde *30*:163–171.

Patton, J. L. 1973. An analysis of natural hybridization between the pocket gophers, *Thomomys bottae* and *Thomomys umbrinus*, in Arizona. J. Mamm. *54*:561–584.

Petersen, M. K. 1968. Electrophoretic blood-serum patterns in selected species of *Peromyscus*. Amer. Midl. Nat. *79*:130–148.

Platnick, N. I., and Cameron, H. D. 1977. Cladistic methods in textual linguistics and phylogenetic analysis. Syst. Zool. *26*:380–385.

Rausch, R. L., and Rausch, V. R. 1965. Cytogenetic evidence for the specific distinction of an Alaskan marmot, *Marmota broweri* Hall and Gilmore (Mammalia: Sciuridae). Chromosoma (Berl.) *16*:618–623.

Rivas, L. R. 1964. A reinterpretation of the concepts "sympatric" and "allopatric" with proposal of the additional terms "syntopic" and "allotopic." Syst. Zool. *13*:42–43.

Rohwer, S. A. 1973. Significance of sympatry to behavior and evolution of Great Plains meadowlarks. Evolution *27*:44–57.

Sarich, V. M., and Wilson, A. C. 1967. Rates of albumin evolution in primates. Proc. Nat. Acad. Sci. *58*:142–148.

Selander, R. K. 1966. Sexual dimorphism and differential niche utilization in birds. Condor *68*:113–151.

Selander, R. K., and Giller, D. R. 1961. Analysis of sympatry of great-tailed and boat-tailed grackles. Condor *63*:29–86.

Selander, R. K., and Johnston, R. F. 1967. Evolution in the house sparrow. I. Intrapopulation variation in North America. Condor *69*:217–258.

Sheppe, W., Jr. 1961. Systematic and ecological relations of *Peromyscus oreas* and *P. maniculatus*. Proc. Am. Phil. Soc. *105*:421–446.

Short, L. L., Jr. 1969. "Isolating mechanisms" in the blue-winged warbler–golden-winged warbler complex. Evolution *23*:355–356.

Sibley, C. G. 1954. Hybridization in the red-eyed towhees of Mexico. Evolution *8*:252–290.

Sibley, C. G. 1960. The electrophoretic patterns of avian egg-white proteins as taxonomic characters. Ibis *102*:215–284.

Sibley, C. G. 1962. The comparative morphology of protein molecules as data for classification. Syst. Zool. *11*:108–118.

Sibley, C. G. 1964. The characteristics of specific peptides from single proteins as data for classification. *In* Leone, C. A., Ed. Taxonomic Biochemistry and Serology. New York, The Ronald Press.

Sibley, C. G. 1965. Molecular systematics: New techniques applied to old problems. L'Oiseaux et la Revue Française d'Ornithologie *35*(No. Spécial): 112–124.

Sibley, C. G. 1967. Proteins: History books of evolution. Discovery *3*(1):5–20.

Sibley, C. G. 1970. A comparative study of the egg-white proteins of passerine birds. Peabody Mus. Nat. Hist., Yale Univ., Bull. 32.

Sibley, C. G., and Ahlquist, J. E. 1972. A comparative study of the egg white proteins of non-passerine birds. Peabody Mus. Nat. Hist., Yale Univ., Bull. 39.

Sibley, C. G., and Brush, A. H. 1967. An electrophoretic study of avian eye-lens proteins. Auk *84*:203–219.

Sibley, C. G., and Hendrickson, H. T. 1970. A comparative electrophoretic study of avian plasma proteins. Condor *72*:43–49.

Sibley, C. G., and Johnsgard, P. A. 1959. Variability in the electrophoretic patterns of avian serum proteins. Condor *61*:85–95.

Simpson, G. G. 1945. The principles of classification and a classification of mammals. Bull. Am. Mus. Nat. Hist., Vol. 85.

Simpson, G. G. 1965. Current issues in taxonomic theory. Science *148*:1078.

Sokal, R. R., and Sneath, P. H. A. 1963. Principles of Numerical Taxonomy. San Francisco, W. H. Freeman & Co.
Stebbins, R. C. 1949. Speciation in salamanders of the plethodontid genus *Ensatina*. Univ. Calif. Publ. Zool. *48*:377–526.
Stebbins, R. C. 1954. Amphibians and Reptiles of Western North America. New York, McGraw-Hill Book Co., Inc.
Stebbins, R. C. 1957. Intraspecific sympatry in the lungless salamander *Ensatina eschscholtzi*. Evolution *11*:265–270.
Steyskal, G. C. 1972. The meaning of the term "sibling species." Syst. Zool. *21*:446.
Sumner, F. B. 1932. Genetic, Distributional, and Evolutionary Studies of the Subspecies of Deer Mice *(Peromyscus)*. The Hague, Bibliographia Genetica, No. 9.
Thompson, K. S. 1971. The adaptation and evolution of early fishes. Q. Rev. Biol. *46*:139–166.
Uzzell, T., and Ashmole, N. P. 1970. Suture-zones: An alternate view. Syst. Zool. *19*:197–199.
Willson, M. F., Karr, J. R., and Roth, R. R. 1975. Ecological aspects of avian bill-size variation. Wilson Bull. *87*:32–44.
Wilson, A. C., and Kaplan, N. O. 1964. Enzyme structure and its relation to taxonomy. *In* Leone, C. A., Ed. Taxonomic Biochemistry and Serology. New York, The Ronald Press.
Zweig, G., and Crenshaw, J. W. 1957. Differentiation of species by paper electrophoresis of serum proteins of *Pseudemys* turtles. Science *126*:1065–1067.

Capítulo **9**

Distribuição

CARACTERÍSTICAS GERAIS

A palavra distribuição pode ser usada de várias maneiras diferentes. O paleontólogo tende a pensar na distribuição da espécie através do tempo, enquanto o herpetólogo ou ornitólogo está interessado, primeiramente, na distribuição espacial das espécies que existem hoje. Entretanto, é necessário ter em mente que, embora possamos pensar na distribuição atual de qualquer espécie como estática, este, sem dúvida, não é o caso.

Por vastos períodos de tempo, a terra tem sofrido mudanças climáticas e geológicas e não há nenhuma indicação de que estas mudanças não continuem e não continuarão no futuro. Evidências recentes indicam que não mais de 10 ou 12 mil anos transcorreram desde o fim do último período glacial, na América do Norte. Desde então, a distribuição de muitos tipos de vertebrados sofreu considerável mudança. As espécies árticas, que anteriormente habitavam o extremo sul do Estados Unidos, tiveram sua distribuição geográfica comprimida para o extremo norte, e as espécies das zonas temperadas expandiram-se em direção ao norte, para áreas, em que não poderiam ter sobrevivido, há alguns milhares de anos.

Um dos exemplos de mudança mais notável, ocorrido há menos de 200 anos, aconteceu na Glacier Bay no sudeste do Alasca. Quando o Capitão George Vancouver atravessou o Icy Strait em 1794, a Glacier Bay era apenas um recorte pouco evidente ao longo da costa. A "baía", como a conhecemos hoje, era uma enorme geleira, que se estendia por 100 milhas na direção norte e tinha até 20 milhas de largura. Estimava-se que a profundidade do gelo fosse de 1.200 metros, em alguns locais. Por volta de 1879, quando John Muir, o famoso naturalista, entrou na baía, a frente da geleira tinha retrocedido 48 milhas. Por volta de 1916, o extremo da Grande Geleira do Pacífico, próximo às cabeceiras de Glacier Bay, estava a 65 milhas da desembocadura. Com o recuo do gelo, houve uma rápida reinvasão de vida animal e vegetal. Isto continua atualmente, à medida que o gelo retrocede. Em rochas nuas, as cavalinhas *(Equisetum)*, *Epilobium* e musgos são os primeiros invasores. Em áreas arenosas, uma das primeiras plantas a aparecer é *Dryas octopetala*. Esta forma um tapete e é construtora de solo, de forma que amieiros e salgueiros podem seguir-se. Subseqüentemente, os abetos substituem os arbustos e, então, eles próprios são eliminados pela cicuta. O solo da floresta torna-se, finalmente, um tapete profundo de musgos. Em locais úmidos e pantanosos, a formação de espessas camadas de vegetação em decomposição e musgos é o último estágio.

A invasão de plantas é seguida pela chegada de mamíferos. Musaranhos, ratos e camundongos silvestres penetram na floresta, pântano e campina. Nas vertentes, marmotas e herbívoros maiores, tais como cabras-montesas, invadem a terra recentemente exposta. Os herbívoros são seguidos pelos carnívoros, tais como as doninhas, raposas, carcajus e ursos pretos. As aves, por causa de sua mobilidade, invadem as zonas de vegetação em recente desenvolvimento mais rapidamente que os mamíferos. Há poucos lugares no mundo, onde este processo de sucessão vegetal e invasão por vertebrados pode ser observado tão notavelmente como nas áreas congeladas do sudeste do Alasca.

Algum conhecimento, que temos, sobre as mudanças por longos períodos foi adquirido através de um estudo sobre ossos de vertebrados e grãos de pólen encontrados em cavernas e poços, onde foram depositados no fim do Pleistoceno. A datação, através de carbono, de material de vertebrados de um poço no sudoeste da Pensilvânia mostrou, recentemente, que a maioria das espécies, que viviam lá há cerca de 12.000 anos (11.300 + ou − 1.000), habitavam as zonas hudsonianas ou canadenses ou a taiga. Os restos de lemingues (*Dicrostonyx hudsonius*), que atualmente são encontrados na Península de Ungava, Quebec e do Labrador, indicam que a tundra ártica se estendia muito mais para o sul, há não muitos milhares de anos. Restos do *Dicrostonyx torquatus* na Caverna de Box Elder, Wyoming, remontam à Época Glacial de Wisconsin, e também servem de prova do subseqüente movimento setentrional desta espécie de tundra desde o fim do Pleistoceno.

Mudanças climáticas não só têm um efeito direto sobre a distribuição das espécies de vertebrados, a maioria das quais possui limites definidos de tolerância, mas também geralmente, possuem um efeito maior sobre elas próprias, indiretamente. A temperatura, a precipitação pluvial e a umidade controlam, em grande parte, o ambiente. Uma mudança em qualquer um destes fatores, provavelmente, altera o meio e torna-o inadequado para os membros de algumas espécies. Estes têm de se mudar para um ambiente mais apropriado, adaptar-se ao meio mudado ou ser eliminados. Há pouca dúvida que todas as três alternativas tenham sido experimentadas por diferentes espécies no passado.

Há consideráveis evidências, tanto geológicas, quanto zoogeográficas, de que a Sibéria e o Alasca eram ligados intermitentemente por uma ponte terrestre, no Pleistoceno. Há não mais de 35.000 anos, quando ocorreu um máximo glacial, a plataforma de Bering-Chukchi, entre estes dois continentes, ficou exposta em uma grande distância, no norte e no sul, como resultado da diminuição do nível do mar em mais de 90 metros. Acredita-se que isto tenha sido o fator responsável pela chegada de grandes herbívoros, como o alce (*Alces*), o cervo (*Cervus*), o caribu (*Rangifer*), a ovelha (*Ovis*) e possivelmente, o próprio homem. Não há registros de nenhuma destas espécies nos depósitos na América do Norte anteriores ao Pleistoceno e o alce, atualmente encontrado no Alasca (*Alces alces gigas*), é tão estreitamente relacionado com a forma siberiana (*A. a. pfizenmayeri*), que é possível que tenha atravessado o Estreito de Bering em tempos bem recentes. Vários mamíferos menores, como o lemingue (*Lemmus lemmus*), vários ratos (*Microtus oeconomus* e *M. gregalis*), camundongos (*Clethrionomys rutilus*) e o esquilo-do-chão ártico (*Citellus undulatus*) são espécies holárticas, cuja chegada da Sibéria, provavelmente, se deu através da ponte terrestre de Bering, há não muitos milhares de anos (Fig. 9.1).

Figura 9.1. O esquilo-do-chão ártico *(Citellus undulatus)* veio relativamente há pouco tempo da Ásia para a América do Norte.

Não há registro do urso pardo, atualmente considerado como pertencente à mesma espécie do urso marrom eurasiano *(Ursus arctos)*, habitando a América do Norte antes do fim do Pleistoceno. Após ter alcançado este continente, vindo da Ásia, as condições semi-árticas favoreceram sua rápida expansão. Os fósseis de ursos pardos da Época Glacial de Wisconsin ocorrem, pelo menos, a 800 milhas a leste de sua distribuição conhecida de épocas históricas, que é a do meridiano de 100.º. Aparentemente, o território desta espécie diminuiu desde o fim do período glacial.

O Pleistoceno não só trouxe um influxo de grandes mamíferos paleárticos para a América do Norte, como também eliminou um grande número de espécies nativas. Há não muitos milhares de anos, as Grandes Planícies do continente eram ricas em grandes herbívoros e carnívoros, incluindo mastodontes, mamutes, preguiças, camelos, cavalos, bisões muito maiores que as espécies atuais, lobos, leões, tigres-dente-de-sabre e muitos outros. A América do Norte era de certo modo como a África de hoje, com um grande reservatório de grandes espécies. Entretanto, no Recente, restaram apenas algumas espécies de herbívoros, tais como o bisão, a antilocapra, os cervídeos, a ovelha, a cabra-montesa e o boi-almiscarado, e, entre os carnívoros, razoavelmente grandes, o lobo, o coiote e o puma.

A diminuição do nível do mar no Pleistoceno e a subseqüente elevação no final, quando as geleiras derreteram, influenciaram a vida animal em outras partes do mundo. A Tasmânia, uma ilha ligeiramente maior que o Sri Lanka, está separada hoje da costa sudeste da Austrália por 150 milhas de mar raso. Acredita-se que se tenha separado do continente australiano nos últimos 20.000 anos, como resultado da elevação do nível do mar. Muitas das mesmas espécies de vegetais e animais são encontradas em ambas as massas terrestres hoje em dia.

Não apenas as mudanças do nível do mar, resultantes da expansão e contração das calotas polares, mas também a elevação e a subsidência da terra influenciaram enormemente a distribuição dos vertebrados. A formação do Istmo do Panamá, que liga as Américas do Norte e do Sul é um bom exemplo de elevação de massas terrestes. Isto ocorreu no fim do Pleistoceno e resultou num intercâmbio de parte da fauna e flora, entre estes dois continentes. Tanto os marsupiais sul-americanos, como alguns roedores histricomorfos e vários edentados são exemplos de alguns dos mamíferos que se mudaram para a América do Norte depois de feita esta ligação.

As pontes de gelo, um resultado climático, como as pontes terrestres, auxiliaram a mudança de alguns vertebrados. Ainda hoje, observamos que algums animais terrestres, que estão isolados em ilhas durante os meses de verão, e que têm, no entanto, livre acesso através do gelo, no inverno, a massas terrestres adjacentes. Estes movimentos podem conduzir a uma expansão da distribuição de uma espécie e, provavelmente, responde pela presença de muitas formas terrestres nas ilhas costeiras, bem como nas ilhas de águas interiores. Acredita-se que a evidência de migrações repetidas de certos mamíferos, possivelmente até mesmo em épocas recentes, através das pontes congeladas de inverno do Estreito de Bering, responda pela distribuição holártica de algumas espécies. É provável também que muitas espécies sejam transportadas para novas áreas sobre gelo flutuante. Se existem habitats adequados disponíveis para os sobreviventes destas viagens, tais meios de dispersão podem ser, ocasionalmente, significantes.

Muitas plantas e animais são transportados, rios abaixo, em balsas para novas áreas, como resultado de fortes chuvas (Fig. 9.2). Em certas circunstâncias, podem sobreviver e estabelecer-se no novo ambiente. Também as correntes oceânicas desempenharam um importante papel na distribuição de plantas e animais. Acredita-se que muitas das espécies terrestres habitantes das Ilhas Galápagos, a cerca de 600 milhas do litoral do Equador, chegaram lá ou originam-se de ancestrais que lá chegaram, através de balsas (Fig. 9.3). A Corrente do Peru flui em direção ao norte, ao longo do litoral oeste da América do Sul, desvia-se para oeste, quando alcança o Equador, e passa por estas ilhas vulcânicas. Entre o continente e as ilhas, toras e balsas de vegetação natural podem ser carregadas com essa corrente à velocidade de 50 milhas por dia ou mais, se os ventos predominantes para o sudeste estiverem soprando. Numerosos organismos, inclusive pequenos mamíferos, poderiam sobreviver a uma viagem deste tipo, por 10 a 14 dias.

Mudanças geológicas, como as climáticas, influenciaram enormemente a distribuição e o desenvolvimento evolutivo dos vertebrados. A elevação e submersão da terra, o aumento e diminuição de massas montanhosas, o desenvolvimento de sistemas fluviais e o depósito de aluvião são apenas algumas das mudanças mais óbvias da superfície terrestre, que desempenharam um importante papel neste aspecto.

Mais recentemente, os paleontólogos e os biogeógrafos reconheceram o significado da deriva continental em relação à distribuição vegetal e animal, especialmente no Hemisfério Sul. Acredita-se que a crosta terrestre seja composta de várias placas tectônicas grandes, sujeitas a movimentos. Recentes explorações do fundo do mar, de

Figura 9.2. Numerosas ilhas de vegetação, flutuando no rio Guayas, em direção ao Golfo de Guayaquil, Equador, depois de fortes chuvas nos Andes. Estas ilhas podem abrigar muitos organismos animais. A piroga fornece uma idéia do tamanho dessas massas flutuantes.

Figura 9.3. A Corrente do Peru foi, provavelmente, a responsável pela vinda de pingüins do gênero *Spheniscus* da costa oeste da América do Sul para as Ilhas Galápagos. A população da ilha é, hoje, especificamente distinta (*S. mediculus*).

depressões e fendas do solo oceânico, especialmente próximo a Galápagos, mostraram que há áreas onde a crosta terrestre é muito fina e as placas se afastam até cerca de 200 milímetros por ano. O sistema de fendas do solo oceânico é estimado em cerca de 40.000 milhas de comprimento. Em alguns locais, ao longo destas fendas, jorra magma liquefeito, aquecendo a água do oceano e fornecendo um ambiente para muitos organismos desconhecidos em outros lugares. Este ecossistema recém-descoberto sobrevive sem nenhuma fotossíntese. Enormes quantidades de bactérias acumulam-se ao redor das aberturas e podem metabolizar sulfeto de hidrogênio, dióxido de carbono e água. Por sua vez, elas fornecem alimentação para bivalves gigantes, poliquetos tubícolas e outros organismos filtradores, que, por sua vez, proporcionam alimento para caranguejos e até mesmo peixes. A existência destas rupturas na crosta terrestre e o próprio movimento evidente de placas tectônicas adjacentes ajudam a explicar alguns dos problemas, que os primeiros estudantes de biogeografia deixaram de resolver. A evidência geofísica, baseada especialmente em estudos paleomagnéticos, apóia a teoria de que a América do Sul, África, Madagáscar, Índia e Austrália fossem unidas no início do Jurássico, através da Antártica, formando uma unidade continental chamada Gondwana. Depois, estes blocos separaram-se e, logo depois, a África uniu-se à Eurásia. Entretanto, a América do Sul ficou muito tempo isolada, não se unindo à América do Norte até o Plioceno. Existem grandes semelhanças entre as floras de áreas da Austrália — Nova Zelândia, América do Sul e África. O gênero de coníferas *Podocarpus* ocorre em todas as três regiões. As faias antárticas do gênero *Nothofagus* são encontradas nas partes mais frias da América do Sul e nas montanhas da Nova Guiné e Austrália, assim como na Nova Zelândia. O gênero de coníferas *Araucaria* tem uma distribuição semelhante. Os membros das Proteaceae apresentam seu maior desenvolvimento na África do Sul e região da Austrália, enquanto as Myrtaceae mostram um desenvolvimento similar na América do Sul e Austrália. As relações faunísticas destas massas terrestres continentais do sul são também observadas em grupos, que variam desde mosquitos-pólvora, entre os insetos, a grupos de répteis do Mesozóico. Embora a maioria das primeiras derivas continentais tenha ocorrido, antes que os vertebrados superiores de hoje aparecessem, as mudanças geológicas ainda continuam acontecendo. Algumas precisam de longos períodos de tempo para se tornarem evidentes; outras são mais rápidas. Há áreas, onde a subsidência da terra pode ser medida por ano e velhos levantamentos topográficos já não são mais exatos. Alguns velhos ancoradouros da Baía de Chesapeake estão atualmente a muitas centenas de metros da água. Na Baía de San Francisco, restos de sambaquis, que antes eram obviamente distantes do litoral, estão agora submersos a 120 centímetros de água.

Certos fenômenos geológicos, como as erupções vulcânicas, podem ser classificados como catastróficos e, quase instantaneamente, afetam a distribuição de todos os seres vivos dos arredores imediatos. A súbita erupção de um vulcão na Ilha de San Benedicto, do grupo Revillagigedo, ao largo da costa oeste mexicana, em agosto de 1952 é um bom exemplo de uma catástrofe natural, que provocou a eliminação de quase todas as aves residentes (Fig. 9.4). A única espécie de ave representada por uma população endêmica confinada a esta ilha, no entanto, era *Salpinctus obsoletus exsul.* Investigações posteriores pareciam indicar que esta subespécie tinha sido completamente eliminada. Outras espécies, anteriormente representadas, mais tarde invadiram novamente a ilha de San Benedicto, vindo das ilhas vizinhas e do continente.

No curso da história, tem havido mudanças observadas na distribuição dos vertebrados. Algumas foram naturais; outras foram influenciadas, direta ou indiretamente, pelo homem. Certas espécies foram beneficiadas; outras foram extintas.

Embora o enorme impacto do homem e de suas atividades esteja tornando cada vez mais difícil determinar se as recentes mudanças mais óbvias na distribuição são naturais, ou não, algumas parecem ser. Por exemplo, a gaivota-de-cabeça-preta *(Larus ridibundus)* da Europa foi, primeiramente, registrada ao longo da costa Atlântica dos Estados Unidos, em 1930. Recentemente, ocorre com regularidade ao longo da costa da Nova Inglaterra. Visto que o litoral da Nova Inglaterra tem sido a área favorita de competentes observadores de pássaros, obviamente, a presença desta gaivota não pode ter sido ignorada até recentemente, mas, provavelmente esta espécie está invadindo gradualmente uma nova região. Um exemplo ainda melhor observa-se na expansão da garça, *Bubulcus ibis* (veja p. 399).

É provavelmente correto dizer que a maioria das espécies norte-americanas de vertebrados foi afetada de um modo ou de outro, direta ou indiretamente, pela atividade humana. Espécies estrangeiras, tais como o faisão-de-pescoço-anulado *(Phasianus colchicus)* foram propositalmente introduzidas, com sucesso.

Outras, por exemplo, a ratazana *(Rattus norvegicus)*, introduzidas acidentalmente, resultaram em milhões de dólares de prejuízo econômico anual. Algumas espécies da costa leste norte-americana, como *Roccus saxatilis*, foram introduzidas nas águas costeiras do oeste com sucesso. Muitas espécies, como a lontra marinha *(Enhydra lutris)* e o cisne selvagem *(Olor buccinator)* foram salvos da extinção, antes que fosse tarde demais; outros, como o pombo-migrador *(Ectopistes migratorius)* e o pato de Labrador *(Camptorhynchus labradorium)* não se saíram tão bem. Estes são apenas alguns dos exemplos de vertebrados, que foram afetados diretamente pelo homem. A grande maioria das mudanças na distribuição dos vertebrados resultou da capacidade humana de causar modificações ambientais. O cultivo da terra, a drenagem de pântanos, a construção de diques e o desmatamento são apenas alguns dos exemplos bem conhecidos, tão freqüentemente enfatizados pelos conservacionistas.

Nos Estados Unidos, o Estatuto das Espécies em Perigo de 1973 foi aprovado pelo Congresso para impedir a extinção de populações vegetais e animais pela atividade humana. Isto foi uma vantagem para os ecologistas, mas esforços continuam sendo feitos para confrontar a economia com a eliminação. Um exemplo bem divulgado é o de um peixe de 75 milímetros do Rio Little Tennessee, encontrado nas últimas 38 milhas da água corrente livre deste canal. Se a Administração do Vale do Tennessee completasse o Dique de Tellico de 119.000.000 de dólares, achava-se que o habitat deste peixe deixaria de existir. Felizmente, ele foi encontrado num outro canal.

Infelizmente, as grandes baleias não tiveram sorte, durante o século passado. Algumas espécies, como a **baleia-azul,** o maior animal que já habitou a terra, teve seu

Figura 9.4. *Acima.* Ilha de San Benedicto, como se apresentava em 1925, com muita vegetação nas elevações mais baixas. (Fotografia de G. Dallas Hanna). *Embaixo.* Ilha de San Benedicto, apresentando uma cratera, logo após uma erupção vulcânica em 1952.(Fotografia oficial da Marinha dos Estados Unidos.)

Figura 9.5. As espécies de *Cynomys* foram eliminadas completamente da maior parte das pradarias do oeste norte-americano, por causa de sua competição com o gado doméstico.

número tão reduzido, que sua própria existência está em perigo. A dizimação destes gigantes, não só para alimentação, mas também para a fabricação de fertilizantes, sabões plásticos e outros produtos, aumentou imensamente, quando navios-fábricas flutuantes entraram em uso. Estas naves-mãe podem ficar fora um ano, ou mais, e processar centenas de baleias. Tem-se feito progresso, hoje em dia, no controle da pesca da baleia. Além disso, várias nações, que pescam a baleia, têm-se mantido dentro de quotas de espécimes, estabelecidas, todos os anos, pela Comissão Internacional de Pesca à Baleia.

Recentemente, a poluição vem, progressivamente, afetando a distribuição de animais vertebrados e de outras formas de vida. Parte disto é causada pelos detritos industriais, que poluem lagos e rios a tal ponto que os peixes sofrem sérios desaparecimentos periódicos ou, em algumas áreas, são eliminados completamente. Sedimentos lodosos de operações de mineração e o excessivo escoamento do solo superficial, resultado de atividades de extração de madeira, eliminam igualmente as populações nativas de peixes e anfíbios de alguns sistemas fluviais. Vazamentos de poços de petróleo, ao largo da costa, podem ter um efeito muito sério, especialmente, sobre as aves marinhas, cujas penas ficam encharcadas de petróleo. Petroleiros avariados despejam milhões de galões de óleo ao longo das costas, resultando na quase total eliminação das aves da região, como as alcas.

De ainda maior significado atualmente é o efeito de inseticidas usados na agricultura e no controle de mosquitos e outros insetos nocivos. Destes, os mais nocivos são os hidrocarbonetos clorados, cuja estrutura química não se decompõe durante anos. Estes compostos estão largamente distribuídos nos oceanos e penetraram na cadeia alimentar de muitos organismos, uma vez que se acumulam em tecidos adiposos. Houve declínios catastróficos evidentes nas populações de algumas espécies de vertebrados no fim destas cadeias alimentares. O efeito mais óbvio foi sobre certas aves piscívoras, como os pelicanos pardos, as gaivotas e sobre aves de rapina. Nas espécies afetadas, o aumento da quantidade de hidrocarbonetos clorados no corpo está relacionado com o decréscimo no conteúdo de cálcio na casca do ovo. Em algumas espécies, como os pelicanos pardos, ao longo das costas da Luisiânia e Califórnia, a reprodução quase cessou porque as aves não conseguiam chocar os ovos sem quebrá-los. A reprodução do falcão peregrino *(Falco peregrinus)* também cessou essencialmente no leste da América do Norte pela mesma razão. Os estudos sobre a espessura da casca de ovo, baseados em coleções de museus, mostram que a diminuição começou por volta de 1946 e foi significativamente maior em 1947, não apenas no leste norte-americano, mas também na Califórnia. Usando cromatografia a gás líquido nas membranas ressequidas das cascas dos ovos do falcão-peregrino, apanhadas de 1948 a 1950, foi demonstrada a presença de DDE, o principal metabólito do DDT. Aparentemente, pequenas quantidades deste produto químico podem afetar a espessura da casca do ovo. Felizmente, a restrição ao uso destes inseticidas resultou no aumento de algumas populações destas aves.

Direta ou indiretamente, as populações insulares sofreram mais do que as espécies continentais em conseqüência da presença do homem. Algumas espécies foram completamente exterminadas; por exemplo, o dodo *(Raphus cucullatus)*, que viveu na ilha Maurício no Oceano Índico até o século XVII e foi sistematicamente caçado pelos colonizadores europeus. Este pássaro grande, que não pode voar, semelhante ao pombo, foi incapaz de se defender contra este agressor terrível. Quando da visita de Darwin às Ilhas Galápagos em 1835, havia presumivelmente seis espécies endêmicas de ratos *(Oryzomys)*, vivendo em várias partes deste arquipélago. Embora ele tenha coletado apenas uma destas, a presença das outras foi descoberta por exploradores posteriores. A visita de navios a estas ilhas, contudo, resultou na introdução de ratos e camundongos europeus. Acredita-se que, atualmente, quatro das espécies de roedores nativos estejam extintas por causa de sua incapacidade de competir com as espécies bravias mais dominantes.

Às vezes, vários fatores estão envolvidos na eliminação das espécies insulares. A Ilha de Guadalupe, ao largo da costa oeste da Baixa Califórnia, México, apresenta um bom exemplo disto. Esta distante ilha foi um dia habitada por 10 espécies endêmicas de aves e mamíferos. Além disso, proporcionavam uma das áreas de colônias reprodutivas mais importantes para os elefantes-marinhos do norte *(Mirounga angustirostris)* e a foca de Guadalupe *(Arctocephalus townsendi)* (Fig. 9.7). As plantas dominantes consistiam de

Figura 9.6. Pelicanos pardos *(Pelecanus occidentalis)* nidificando na Isla Granite, Mar de Cortez, México.

Figura 9.7. A foca de Guadalupe *(Arctocephalus townsendi)*. (Fotografia de George E. Lindsay.)

pinheiros nativos, ciprestes e palmeiras. Alguns dos primeiros veleiros, usados por caçadores de focas russos, foram os responsáveis pela introdução de camundongos e gatos domésticos. Estas introduções foram, provavelmente, acidentais, mas os marinheiros introduziram intencionalmente cabras, segundo o costume daquela época, para assegurar um suprimento de carne para visitas posteriores. As cabras se multiplicaram e eliminaram grande parte da vegetação nativa, bem como coníferas ainda pequenas. *Pipilo erythrophthalmus consobrinus* e *Thryomanes bewickii brevicauda* foram definitivamente extintos de Guadalupe, quando a vegetação mais baixa, seu habitat necessário, foi consumida pelas cabras. As espécies endêmicas de procelárias *(Oceanodroma macrodactyla)*, que nidificam sob rochas e os pica-paus *(Colaptes auratus rufipileus)*, que se alimentam no chão, foram exterminados por ferozes gatos domésticos. Os caçadores de focas, que vieram à ilha a fim de conseguir peles e gordura, eliminaram a única ave de rapina nativa, o caracará de Guadalupe *(Caracara lutosus)*, porque ele atacava os cabritos. Nesse meio tempo, quase provocaram a extinção das focas nativas e dos elefantes-marinhos. Entretanto, ambos mal conseguiram sobreviver, assim como quatro espécies de aves: *Carpodacus amplus, Junco insularis, Salpinctes obsoletus guadalupensis* e *Regulus calendula obscurus*. As cabras e os gatos ainda permanecem nesta ilha, hoje muito árida, e o estado da maioria dos vertebrados terrestres sobreviventes é precário. Alguns velhos pinheiros e ciprestes sobrevivem, mas não há árvores jovens. As palmeiras tiveram melhor sorte, pois provavelmente não são saborosas nem para a maioria das cabras.

Na Nova Zelândia, onde os únicos mamíferos terrestres nativos são morcegos e um rato *(Rattus exulans)*, foi claramente demonstrado que a introdução de herbívoros não-nativos pode ter um efeito muito sério. Há alguns anos atrás, o cervo *(Cervus elaphus)* e o marsupial australiano *(Trichosurus vulpecula)* (Fig. 9.8) foram trazidos para esta ilha. Estes foram responsáveis pela eliminação, em certas áreas de muitos tipos de plantas, não resistentes à pastagem. Ao mesmo tempo, espécies de plantas não apetitosas substituíram-nas e, em certos lugares, ocorreu uma erosão intensa do solo.

Um dos mais notáveis exemplos de séria perda econômica e distúrbio ecológico da terra é observado na Austrália, onde o coelho europeu *(Oryctolagus cuniculus)* estabe-

Figura 9.8. Mãe e filhote do marsupial australiano (*Trichosurus vulpecula*) cuja introdução na Nova Zelândia causou muitos danos à vegetação nativa da região.

leceu-se firmemente em meados do século XIX. Por causa da falta de competição de outros herbívoros pequenos e da ausência de vários inimigos naturais importantes, estes lagomorfos aumentaram rapidamente e, por volta de 1928, calculou-se que eles tinham se espalhado por dois terços daquele continente. Em 1953, dizia-se que havia entre 500 milhões e 1 bilhão de coelhos selvagens na Austrália. Sua competição com as ovelhas e gado por alimentos resultou numa perda de quase 900.000 dólares por ano.

Entretanto, não devemos concluir que todos os vertebrados tenham sofrido com a atividade humana. Algumas espécies beneficiaram-se do plantio de árvores de sombra, gramados, pomares e campos cultivados. Alguns expandiram sua distribuição e são mais abundantes e difundidos hoje do que eram antes do homem branco chegar a esta terra. O corte ou queima de florestas podem ser prejudiciais aos animais, que habitam as florestas, mas, freqüentemente, é útil e decididamente vantajoso aos não-habitantes de florestas. Um estudo cuidadoso, em certas partes do país, mostrou que, pelo menos em algumas áreas, os cervos são mais numerosos hoje do que eram antes dos colonizadores chegarem. Em parte, atribui-se isso à redução de seus inimigos naturais e ao controle adequado à legislação da caça. Entretanto, não sendo os cervos originariamente habitantes das florestas, o fogo e a extração de madeira produziram mais capoeiras e vegetação de crescimento secundário, preferidos por estes animais, o que aumentou a capacidade de suporte de muitos habitats de cervídeos.

Lagos artificiais e reservatórios mostraram ser propícios para certos tipos de peixes, anfíbios, répteis, aves e mamíferos. Embora a maioria deles tenha sido desenvolvida, originariamente, para fornecer água potável e produzir força hidrelétrica, recentemente, o Serviço Florestal Americano (U.S. Forest Service) desenvolveu muitas lagoas rasas de reprodução artificial, para aves aquáticas em regiões não-agrícolas do oeste dos Estados Unidos (Fig. 9.9). Eram prados pantanosos, secos por volta do início do verão. Ao se construir um dique baixo na extremidade inferior, um lago raso podia ser produzido, quando a neve se derretesse, estabelecendo, desta forma, locais de nidificação para anatídeos, como marrecos e patos selvagens e gansos-canadenses. A criação destes

Figura 9.9. Uma área artificial de reprodução de aves aquáticas, desenvolvida pela construção de um dique baixo, mantendo, dessa forma, a água para os patos e gansos até o fim do verão na Floresta Nacional de Modoc, Califórnia.

últimos pode ser aumentada através de pequenas ilhas artificiais ou até mesmo de pneus de automóveis colocados sobre estruturas de metal, de maneira que fiquem acima do nível da água.

REGIÕES ZOOGEOGRÁFICAS

Os problemas relacionados à distribuição de animais têm sido de grande interesse para os zoogeógrafos, há muito tempo. Em conseqüência disto, vários sistemas, envolvendo diversas categorias, foram propostos. Alguns destes sistemas abordam o assunto a partir de uma base mundial, enquanto outros são muito mais limitados.

A divisão do mundo em regiões zoogeográficas principais foi proposta, primeiramente, por P.L. Sclater, em 1858 e, depois, adotada por Alfred Russel Wallace, em 1876. Segundo este sistema, foram sugeridas seis regiões principais, por causa de certas semelhanças evidentes na vida vegetal e animal de cada uma delas.

A *Região Neártica* inclui a América do Norte inteira até o sul, incluindo o planalto mexicano. A *Região Paleártica* inclui a Europa, o extremo norte da África e Ásia setentrional. A *Região Neotropical* estende-se desde o México até as Américas Central e Sul. A *Região Etiópica* inclui a Arábia e toda a África, exceto a parte setentrional extrema. A *Região Oriental* compreende a maior parte da Ásia Meridional desde o Golfo Pérsico até a China meridional, as Filipinas, Bornéu e Java. A *Região Australiana* estende-se desde a Linha de Wallace, que atravessa o Estreito de Makassar e o profundo braço de mar entre as ilhas de Bali e Lombok, em direção leste para incluir a Austrália, Nova Guiné, Nova Zelândia e muitas das ilhas do Oceano Pacífico.

Atualmente, o uso do termo da região é, em grande parte, de interesse geral para os estudantes da distribuição. Apesar disso, é conveniente por transmitir rapidamente uma idéia geral da distribuição. Por exemplo, as espécies restritas à América do Norte, ao norte do Istmo de Tehuantepec são comumente chamadas de espécies neárticas. Uma vez que vários tipos de plantas e animais são encontrados tanto na Região Neártica como na Paleártica, usa-se freqüentemente o termo holártico. Isto implica uma distribuição circumpolar.

O próprio aspecto vasto deste conceito regional necessita da subdivisão de cada região em sub-regiões. Três destas foram reconhecidas na Região Neártica: a Sub-região Canadense ou Fria, a Sub-região Ocidental ou Árida e a Sub-região Oriental ou Úmida. Entretanto, tem-se pouca noção das condições climáticas necessárias a uma determinada espécie, mesmo utilizando-se estes termos, visto que, dentro da sub-região Ocidental árida, por exemplo, observamos florestas costeiras úmidas, desertos e picos alpinos. Tais dificuldades, sem dúvida, contribuíram para o desenvolvimento do conceito de zona de vida.

ZONAS DE VIDA

Por volta do fim do último século, o falecido Dr. C. Hart Merriam, naquela época chefe e também fundador do United States Bureau of Biological Survey, predecessor do atual Fish and Wildlife Service, propôs o conceito de zona de vida. Isto foi baseado na idéia de que a América do Norte pode ser dividida em várias faixas transcontinentais, ou zonas de vida, sucedendo uma à outra, de norte a sul (Fig. 9.10). As diferenças entre estas faixas, expressas por diferentes plantas e animais, que habitam cada uma delas, foram consideradas como determinadas primeiramente pela temperatura, embora modificadas, até certo ponto, por determinados outros fatores, como veremos. Segundo

Figura 9.10. Zonas de vida na América do Norte. (Cortesia de C.F.W. Muesebeck e Arthur D. Cushman, U.S. Bureau of Entomology and Plant Quarantine.)

o Dr. Merriam, a distribuição de animais e plantas terrestres para o norte é determinada pela soma das temperaturas positivas para toda a estação de crescimento e reprodução e a distribuição para o sul é determinada pela temperatura média por um breve período durante a parte mais quente do ano.

Por isso, se o continente norte-americano fosse perfeitamente plano, haveria uma série de zonas de vida, mudando constantemente, do norte para o sul, ou digamos, do Ártico aos Trópicos. Entretanto, a altitude produz algumas modificações drásticas nesse quadro teórico, já que cada elevação de aproximadamente 75 metros acima do nível do mar significa uma redução de aproximadamente 0,5ºC na temperatura. As altas montanhas dos Estados Unidos, por isso são responsáveis por uma extensão para o sul das zonas mais setentrionais. Por exemplo, condições absolutamente árticas predominam no meio do verão em alguns dos picos mais altos das Montanhas Rochosas no Colorado. Muitos outros fatores podem modificar localmente as zonas de vida. Para mencionar alguns, há exposições de declives (quer de frente para o norte, quer para o sul); correntes de ar dominantes; proximidade do oceano ou mesmo de extensões de água internas, que podem produzir um efeito moderador; isoladamente (montanhas isoladas tendem menos a apresentar zonação marcante, que os vastos conjuntos de montanhas); umidade; proximidade de desertos; abundância ou escassez de água; e a presença de afloramentos rochosos, que podem refletir calor e luz.

Segundo o conceito de zona de vida, o continente norte-americano pode ser dividido em três regiões transcontinentais primárias, a Boreal, a Austral e a Tropical. A região Boreal estende-se da área polar setentrional para o sul do Canadá, com extensões meridionais, descendo para os Montes Apalaches, as Montanhas Rochosas, o eixo Cascade-Sierra Nevada e, em menor proporção, a outras regiões continentais menores. A região Austral inclui a maior parte dos Estados Unidos e grande parte do México. A região Tropical limita-se às partes meridionais extremas dos Estados Unidos, a algumas baixadas do México e à maior parte da América Central.

Cada uma destas regiões está subdividida em zonas de vida: a Boreal em Ártico-Alpina, Hudsoniana e Canadense; a Austral em Transição, Austral Superior (Carolinense no leste da América do Norte, Sonoriana Superior no oeste da América do Norte), e Austral Inferior (Austroripariana no leste norte-americano, Sonoriana Inferior no oeste norte-americano); a Tropical em Tropical Árida e Tropical Úmida.

Merriam considerou 6,1ºC, como marca de início da atividade fisiológica para plantas e animais. Computando as temperaturas normais médias durante as seis semanas consecutivas mais quentes do ano, em vários pontos da América do Norte, foi possível traçar as *isotermas* ou linhas de faixas climáticas, que limitavam cada uma das zonas de vida. Em geral, cada zona pode ter uma variação de aproximadamente 3,5ºC. A zona Ártico-Alpina varia de 6,1ºC a 10ºC; a zona Hudsoniana varia de 10ºC a 14ºC; a Canadense varia de 14ºC a 18ºC; a zona de Transição vai de 18.ºC a 22ºC; a zona Austral Superior varia de 22ºC a 26ºC e a Austral Inferior de 26ºC a uma temperatura quase tropical.

Uma vez que são, em geral, mais estáveis que os animais, as plantas foram escolhidas como os primeiros indicadores das zonas de vida. Além disso, para essas finalidades, deu-se preferência às árvores e arbustos em relação às plantas herbáceas, por causa de sua maior permanência. Os mamíferos e as aves, não tão importantes quanto as plantas, foram examinadas logo depois como indicadores de zonas.

A Zona Ártico-Alpina fica ao norte ou acima do limite do crescimento de árvores e inclui a região polar e a tundra ártica, bem como parte das montanhas mais para o sul, que estão acima do limite das árvores. É caracterizada por plantas, como o salgueiro anão, papoula ártica, várias saxifragáceas e gencianas (Fig. 9.11). Alguns mamíferos e aves indicadores são a raposa polar, a lebre polar, o lemingue *(Plectrophenax nivalis)*, a coruja branca e o tentilhão róseo.

Figura 9.11. Zona de vida Ártico-alpina na Sierra Nevada, Califórnia, a aproximadamente 3.300 metros de altitude. Um pouco de vegetação neste prado palustre consiste de salgueiro alpino *(Salix anglorum)*, que, raramente, atinge uma altura superior a 15 centímetros.

A Zona Hudsoniana consiste de florestas coníferas setentrionais, compostas, principalmente, de várias espécies de abetos e pinheiros, bem como de florestas boreais mais altas em muitas cadeias de montanhas mais ao sul (Fig. 9.12). Os carcajus, caribus dos bosques, corujas cinzentas e o fringilídeo *Pinicola enucleator* são alguns vertebrados indicadores.

A Zona Canadense representa a parte sul das grandes florestas boreais transcontinentais e florestas de coníferas, comparáveis nas grandes cadeias de montanhas, que se estendem muito mais ao sul (Fig. 9.13). Os habitantes vertebrados incluem a lebre, a marta, o lince, a codorniz *Canachites canadensis*, o corvídeo *Perisoreus canadensis* e o pardal de pescoço branco, *Zonotrichia albicollis*.

A Zona de Transição estende-se através do norte dos Estados Unidos e ao sul, incluindo as cadeias de montanhas principais (Fig. 9.14). Como o nome indica, ela representa uma zona, em que há uma grande mistura de elementos, representando tanto a floresta Boreal quanto a Austral. Os indicadores vegetais incluem a castanheira, a nogueira, a cicuta, a faia, a bétula, o pinheiro amarelo, muitos carvalhos e a artemísia, dependendo, em grande parte, da localização. Os habitantes vertebrados típicos incluem o esquilo-do-chão columbiano e certas codornizes (p.ex., *Pedioecetes phasianellus*).

A Zona Austral Superior estende-se largamente, embora ininterruptamente, através da parte central dos Estados Unidos, do Atlântico ao Pacífico e ao sul, entrando no México. A área Carolinense, das Grandes Planícies para o leste, é úmida no verão e contém muitos indicadores vegetais, incluindo a avelãzeira, nogueira norte-americana e plátano. Os habitantes vertebrados incluem o esquilo norte-americano, ratos-silvestres, o parulídeo *Helmitheros vermivorus*, o fringilídeo *Chondestes grammacus*, cardeais e o trogloditídeo *Thryothorus ludovicianus* (Fig. 9.15). A Zona Sonoriana Superior do oeste norte-americano é árida no verão e é caracterizada por numerosos indicadores vegetais, incluindo o pinheiro, chá mexicano, e castanheira entre outros (Fig. 9.16). Os habitantes vertebrados incluem a raposa cinzenta, gato-do-mato, um camundongo silvestre, a codorniz do vale, o corvídeo *Aphelocoma coerulescens*, o troglotidídeo *Thyromanes bewickii* e um parídeo das planícies.

Figura 9.12. Zona de Vida Hudsoniana na Sierra Nevada, Califórnia. As árvores perto do lago são o pinheiro *Pinus contorta* var. *Murrayana* e a cicuta da montanha *(Tsuga mertensiana)*. Formas caídas do pinheiro de casca branca *(Pinus albicaulis)* são vistas no pico à distância.

Figura 9.13. Uma floresta de Zona de Vida Canadense, consistindo de abetos *(Abies magnifica)*, em Sierra Nevada, Califórnia.

Figura 9.14. O pinheiro *Pinus ponderosa* é a conífera dominante na Zona de Vida de Transição, na maior parte do oeste norte-americano.

A Zona Austral Inferior situa-se no sul dos Estados Unidos, estendendo-se desde os dois estados da Carolina, Flórida e os estados do Golfo até o centro da Califórnia. A área Austroripariana, ou úmida oriental, é marcada por indicadores vegetais, tais como a magnólia, pinheiro-de-folha-longa e o cipreste e é habitada por vertebrados como o rato-do-algodão, rato-do-arroz, o icterídeo *Quiscalus major*, o curiango *Caprimulgus carolinensis*, e o parulídeo *Limnothlypis swainsonii* (Fig. 9.17). A Zona Sonoriana Inferior do sudoeste, extremamente árida, é indicada por plantas como, creosoto, arbustos e muitos tipos de cactos (Fig. 9.18). Os indicadores vertebrados incluem o morcego-de-nariz-foliáceo, raposa, muitas espécies de ratos-canguru e outros roedores, a codorniz do deserto, o tiramídeo *Pyrocephalus rubinus, e outros passarinhos.*

A Zona Tropical das Américas inclui o sul da Flórida, grande parte do litoral e sul do México, América Central e norte da América do Sul. Às vezes, é dividida em Tropical Árida e Tropical Úmida. Isto representa uma supersimplificação de várias formações vegetais complicadas e extensas. Uma classificação muito melhor para estas zonas de vegetação foi dada por Leopold (1950) para o México (Fig. 9.19). São identificadas sete zonas tropicais principais. São elas: zona arbustiva tropical árida, de florestas de espinhos, de florestas tropicais decíduas, de savana, de florestas tropicais perenes, de florestas pluviais e de florestas nubladas.

A *zona arbustiva tropical árida* é encontrada nas regiões de baixa precipitação pluvial e consiste de vegetação xerofítica, de um tipo desértico misturado com algumas plantas de florestas de espinhos e de floresta decídua. Tanto figos *(Ficus)*, como o cipreste *(Taxodium)* podem ser encontrados ao longo de riachos.

A *floresta de espinhos* é igualmente encontrada em regiões de pouca chuva, onde a precipitação ocorre, principalmente, no final do verão. A vegetação é dominada pelas árvores leguminosas espinhosas, ao lado de espécies, como a paineira *(Ceiba pentandra)*, a ipoméia *(Ipomoea arborescens)* e o cacto *(Pachycereus pectenaboriginum)*.

A *floresta decídua tropical* é mais úmida do que a floresta de espinhos ou do que a zona arbustiva tropical árida, e, geralmente, é encontrada no interior, freqüentemente, bem

Figura 9.15. Zona de Vida Caroliniana, Noble County, Ohio. As árvores predominantes são carvalhos vermelhos e brancos, com uma vegetação mais baixa de nogueiras-amargas. (Fotografia, cortesia do U.S. Forest Service.)

abaixo dos bosques de pinheiros e carvalhos das montanhas. Várias espécies de copal *(Bursera)*, ipê amarelo *(Tecoma stans)*, ipoméias, cactos, *Jatropha urens*, vários membros do gênero *Acacia* e *Ficus*, bem como paineira *(Bombax palmeri)* são alguns dos indicadores (Fig. 9.20).

A *savana tropical* é limitada e é conseqüência de condições locais, que inibem a produção de um tipo de vegetação clímax. Várias gramíneas tropicais com árvores espalhadas, consistindo de palmeiras e espécies das florestas tropicais decídua e de espinhos são características.

A *floresta perene tropical* é de precipitação pluvial relativamente alta. Contém muitas árvores perenes de folhas largas, como *Cecropia peltata*, paineira, *Cedrela mexicana* e palmeiras oleíferas. *Wigandia caracasana*, várias figueiras, *Bocconia frutescens, Anthurium xanthosomifolium, Gunnera insignis, Monstera deliciosa, Philodendron radiatum*, bem como orquídeas, bromeliáceas e outros tipos de epífitas são abundantes (Fig. 9.21).

A *floresta pluvial* é algo como a perene tropical, mas a precipitação anual é muito maior e a vegetação arbórea, mais alta. Árvores muito grandes, como o mogno *(Swietenia macrophylla)*, sapota *(Achras zapota)*, *Terminalia obovata* e *Brosium alicastrum* são algumas das várias centenas de tipos de plantas arborescentes encontradas nesta floresta. Algumas espécies ultrapassam 75 metros de altura. Palmeiras, bambus, muitas epífitas e cipós são abundantes na parte inferior da floresta.

A *floresta nublada* é produto de altitude, precipitação e nevoeiro ou nuvens baixas (Fig. 9.22). É encontrada em elevações de 1500 a mais de 2000 metros e consiste de pinheiros e carvalhos, misturados com uma camada mais baixa de plantas, como samambaias *(Cyathea arborea)*, *Liquidambar styraciflua* e cavalinhas gigantes *(Equisetum)*. São abundantes as bromeliáceas e as orquídeas. O clima é frio, mas não atinge a congelação no inverno.

Figura. 9.16. Zona de Vida Sonoriana Superior no oeste de Nevada. Artemísia (*Artemisia tridentata*) e o zimbro de Utah (*Juniperus osteosperma*), plantas comuns da Grande Bacia; ambas são mostradas nesta foto. (Fotografia, cortesia da U.S. Forest Service.)

Figura 9.17. Zona de Vida Austroripariana na Floresta Nacional de Francis Marion, Carolina do Sul, exibindo ciprestes ao longo do riacho Wadboo. (Fotografia, cortesia do U.S. Forest Service.)

Figura 9.18. Zona de Vida Sonoriana Inferior no Deserto de Amargosa do Sul de Nevada. A planta perene dominante aqui é o arbusto de creosoto *(Larrea divaricata)*.

Figura 9.19. Mapa das zonas de vegetação do México. (Leopold, A.S.: Vegetative zones of Mexico. Ecology 38:507-518, 1950.)

Figura 9.20. Uma floresta tropical árida, de árvores pequenas, na Região do Cabo, Baja California, México *Bursera, Pachycereus, Jatropha* e *Tecoma* são alguns dos gêneros comuns de vegetais desta floresta decídua tropical.

O conceito de zona de vida tem muitos traços tanto bons, como maus. Foi amplamente aceito e usado por muito tempo por estudantes da distribuição de vertebrados. Mesmo hoje, é útil em certos aspectos. O termo Ártico-Alpino traz imediatamente à memória a tundra sem árvores do norte ou os altos picos das montanhas acima do limite das árvores e, obviamente, aqueles vertebrados associados com esta zona, tais como a coruja branca, *Plectrophenax nivalis* ou o tentilhão róseo. A Sonoriana Inferior apresenta o quadro de deserto com creosotos, ratos-canguru, codornizes e lagartos. Estas zonas apresentam meios convenientes de expressar muitas informações sobre o clima e a vida vegetal e animal de várias partes do país, em muito poucas palavras. A supersimplificação deste sistema, no entanto, é um de seus maiores inconvenientes.

O não-iniciado poderia, facilmente, ter a impressão de que, porque uma área determinada surge dentro de certos limites de temperatura, as plantas e animais desta área deveriam ser os mesmos de áreas de outras partes do mundo, com temperatura semelhante. Entretanto, isto está longe de ser verdade. Um ornitólogo da Nova Inglaterra pensará na Zona de Transição primeiramente como aquela de madeiras duras, ou de madeiras duras e coníferas misturadas, onde no verão se pode ouvir as canções de *Seiurus aurocapillus*, de *Setophaga ruticilla* e de *Catharus fuscescens*. Um mesmo tipo de pesquisador da região das Montanhas Rochosas pensará na Zona de Transição como a grande faixa de pinheiros amarelos, onde *Vireo solitarius, Piranga ludoviciana* e *Spizella passerina* são tão familiares. Por outro lado, um ornitólogo do litoral noroeste da Califórnia tende a associar a Zona de Transição com as frias e escuras florestas de sequóias, onde é possível prestar atenção por minutos e não ouvir nada, além da canção de *Troglodytes troglodytes* ou o chamado ocasional do tordo *Ixoreus naevius*.

O conceito de zona de vida de Merriam foi criticado por muitos, especialmente, por Kendeigh (1932) e Shelford (1932). Foi salientado que a temperatura, em certas épocas do ano, pode ser importante para a limitação da distribuição animal e vegetal em direção ao norte, além do crescimento e da reprodução. Isto, obviamente, ocorre com muitos tipos de organismos, mas nosso conhecimento sobre este assunto, até onde diz

Figura 9.21. Uma floresta perene tropical dominada por gêneros de árvores, como *Cecropia* e *Ficus*, com numerosas espécies epifíticas. (Fotografado na Sierra Madre del Sur, Oaxaca, México.)

Figura 9.22. Uma floresta nublada no sul do México, onde pinheiros e carvalhos se misturam com liquidâmbar e fetos arbóreos.

Figura 9.23. Embora as ilhas Galápagos estejam virtualmente no Equador, a vegetação litorânea é do tipo desértico, por causa do efeito refrescante da Corrente do Peru e da precipitação relativamente pequena. (Fotografia de George E. Lindsay.)

respeito aos vertebrados, é limitado demais para permitir qualquer conclusão geral. Os estudos de Salt (1952) sobre a relação do metabolismo com o clima e distribuição nas três espécies de tentilhões do gênero *Carpodacus*, encontrados no oeste norte-americano concordam, até certo ponto, com a primeira lei da temperatura de Merriam. O tentilhão de Cassin *(C. cassini)* é, originariamente, uma espécie de Zona Canadense árida das montanhas da Grande Bacia, no verão. O tentilhão púrpura *(C. purpureus)*, ao longo da Costa do Pacífico, é encontrado, em grande parte, nas florestas relativamente úmidas da Zona de Transição nesta estação, enquanto o tentilhão comum *(C. mexicanus)* freqüenta as Zonas Sonorianas quentes e secas. Tanto a temperatura, quanto a umidade do ar parecem ser precisamente fatores limitantes, controlando as distribuições de verão destas aves. Entretanto, a temperatura e a umidade no inverno tendem a se tornar mais uniformes em vastas áreas, que são diferentes em relação à vegetação e geografia; isto está relacionado com a diminuição da segregação dos habitats destes três tendilhões. Há épocas em que todas as três espécies podem ser encontradas juntas no centro da Califórnia. Na primavera, quando as temperaturas começam a subir, as aves, mais uma vez, se isolam em seus respectivos locais de procriação.

Também salientamos que as temperaturas máximas diárias são mais importantes que as temperaturas médias diárias para o controle da distribuição meridional de certos animais. As flutuações da temperatura média do ar, no dia a dia, têm relativamente pouca influência sobre a fisiologia de certas aves, que foram estudadas, mas as temperaturas altas máximas perturbam muito seu metabolismo, interferem no comportamento reprodutor e não podem ser toleradas por longos períodos de tempo.

Muitas críticas também foram feitas aos dados estatísticos de Merriam sobre as temperaturas diárias, que foram a base de suas isotermas. Parece que, devido a má interpretação da informação fornecida pelo U.S. Weather Bureau, houve erros em seus cálculos. Até mesmo a escolha de 6,1ºC como marca de temperatura do início da atividade fisiológica para plantas e animais é considerada arbitrária demais, uma vez que vários animais e plantas diferem muito neste aspecto.

BIOMAS

As dificuldades encontradas no conceito de zona de vida levaram à reclamações por novas divisões ecológicas, uma das quais proposta por Clements e Shelford, em 1939, e divulgada, mais tarde, por outros ecologistas (Fig. 9.24). É claro que existem grandes unidades bióticas naturais evidentes, dominadas por um tipo de clímax de vegetação, que se estende por grandes áreas do continente norte-americano. As mais extensas são a tundra do norte (Figs. 9.25 e 9.26), as florestas de coníferas ou taiga (Fig. 9.27), as florestas decíduas (Fig. 9.28) e as pradarias (Fig. 9.29). O termo *bioma* tem sido aplicado e estas unidades naturais, cada uma das quais representa uma formação animal e vegetal de comunidades totalmente desenvolvidas ou em desenvolvimento, em um determinado continente. Estas comunidades atingem um clímax, controlado pelo clima, sendo a vegetação o elemento dominante.

Estes biomas principais, geralmente, não terminam abruptamente, mas, ao contrário, misturam-se uns aos outros em vastas faixas de transição, chamadas *ecótonos*. Por exemplo, na região subártica do norte canadense, há uma vasta área, onde a tundra e as florestas de coníferas se misturam gradualmente. Isto representa o ecótono de tundra e floresta de coníferas. Ecótonos semelhantes são encontrados entre outros biomas principais (Figs. 9.28 e 9.30).

É importante lembrar também que o bioma está relacionado com a vegetação final ou de clímax. Entretanto, durante o desenvolvimento do clímax, há uma série de estados sucessivos, que devem ser atravessados. Desta forma, se ocorrer um desmatamento por fogo ou atividade humana em uma floresta de coníferas, uma nova floresta do mesmo tipo não se desenvolverá imediatamente. Geralmente, uma série de comunidades surgirá, uma sucedendo a outra. Pode haver invasão de gramíneas e ervas, seguidas por arbustos depois, talvez, por árvores decíduas, que, finalmente, serão substituídas por coníferas, que representam o clímax e são absolutamente autoperpetuantes. Muitas espécies de vertebrados apresentam restrições definidas a um único bioma. Algumas apresentam pouca ou nenhuma restrição, enquanto outras necessitam tanto dos estágios de desenvolvimento quanto dos estágios de clímax ou, então, dos ecótonos entre biomas. Desde que o conceito de bioma foi, primeiramente, proposto para a América do Norte, tem-se expandido para incluir todas as principais comunidades terrestres do mundo. Aqui, são descritos doze biomas principais.

Tundra

Estes são os biomas mais setentrionais, estendendo-se através do norte da América do Norte e Eurásia nas massas terrestres das regiões árticas e subárticas, onde não há gelo no verão. O período de crescimento é curto, cerca de 2 meses, e o solo, alguns centímetros abaixo da superfície, pode ficar permanentemente congelado. Essa *congelação permanente* impede o crescimento de árvores e grandes arbustos, que precisam de um sistema de raízes profundas. A tundra do norte europeu, em contraste com a da América do Norte e norte da Ásia, possui uma congelação permanente relativamente pequena, por causa do efeito aquecedor sobre o clima da corrente do Atlântico Norte, uma extensão da Corrente do Golfo. Isto também limita sua extensão meridional. Geralmente, há estreita semelhança na vida animal e vegetal dos biomas da tundra norte-americana e eurasiana, por causa das ligações relativamente recentes entre estas massas terrestres continentais. Muitas das espécies são holárticas quanto à distribuição.

As principais plantas da tundra são ciperáceas, gramíneas, líquenes, fungos, musgos, plantas perenes-anãs e arbustos. A tundra úmida mais baixa é dominada por várias espécies de ciperáceas do gênero *Eriophorum*, salgueiros-anões *(Salix spp)* e bétulas anãs

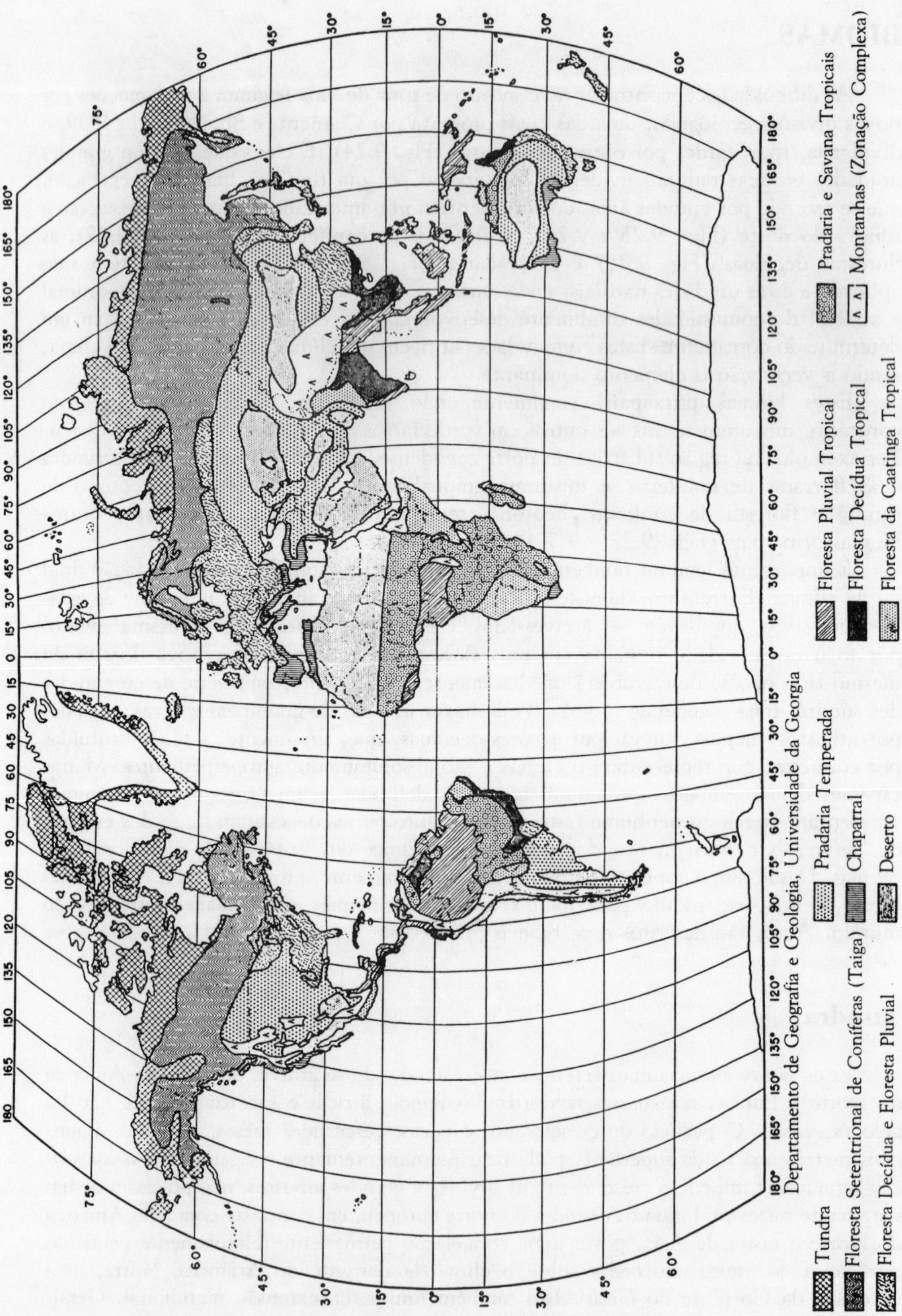

Figura 9.24. Mapa esquemático dos principais biomas do mundo. Note que apenas a tundra e a floresta setentrional de coníferas possuem alguma continuidade no mundo inteiro. Outros biomas do mesmo tipo (pradaria temperada ou floresta pluvial tropical, por exemplo) estão isolados em diferentes regiões biogeográficas e, por isso, podem ter espécies ecologicamente equivalentes, mas taxonomicamente não relacionadas. (Odum, E.P.: Fundamentals of Ecology. 3rd Ed., Philadelphia, W.B. Saunders Co., 1971.)

Figura 9.25. Vista aérea da tundra ártica perto do Pt. Barrow, Alasca, mostrando a configuração poligonal do terreno e os numerosos lagos pequenos, tão característicos desta região. (Fotografia de G. Dallas e Margaret M. Hanna, California Academy of Sciences.)

Figura 9.26. A própria tundra é rica em vida vegetal, que fornece alimento para lemingues, ratos silvestres, lebres árticas e outras espécies do norte. Chá do Labrador *(Ledum)*, líquenes, salgueiro alpino e outras espécies de porte baixo são vistas nesta fotografia, tirada ao longo da margem ocidental da Baía de Hudson.

Figura 9.27. O bioma de coníferas estende-se através do Canadá, bem como para o sul, até as maiores cadeias de montanhas.

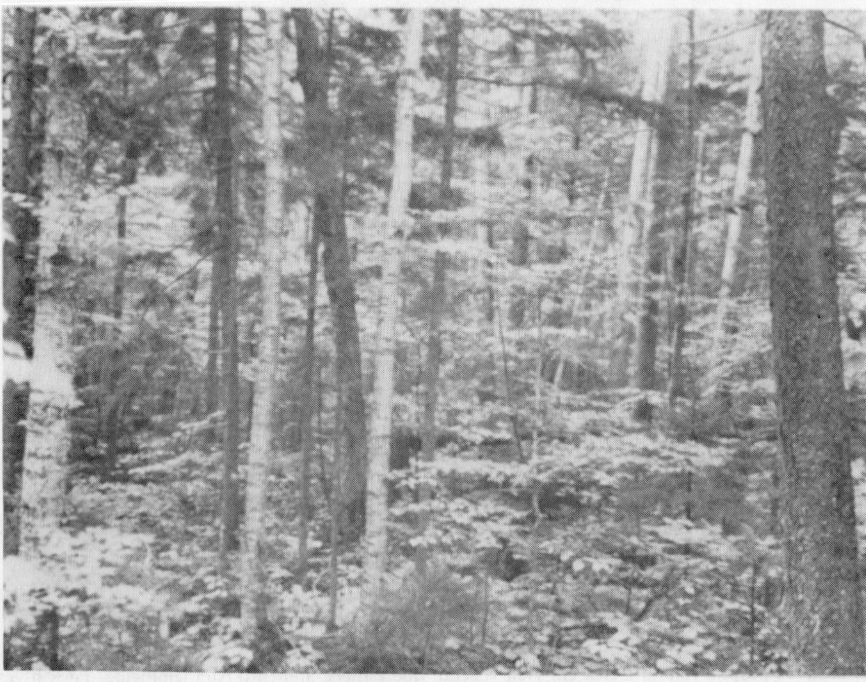

Figura 9.28. Um exemplo de ecótono florestal de coníferas decíduas nas Montanhas de Arirondack, Nova Iorque. (Fotografia de Tracy I. Storer.)

(Betula spp). Na tundra mais alpina, mais alta, algumas das plantas comuns são líquenes, especialmente do gênero *Cladonia*, e muitos arbustos anões de família Ericaceae, tais como o mírtilo *(Vaccinium uliginosum* e *Vaccinium vitis-idaea*, espirradeira lapônica *(Rhododendron lapponicum)*, azálea alpina *(Loiseleuria procumbens)* e uva-ursina *(Arctostaphylos alpina)*. Muitos fungos estão associados com plantas desta família. Algumas outras plantas importantes, comuns são o empetro *(Empetrum nigrum)*, uma planta anã *(Epilobium latifolium)*, erva-benta da montanha *(Dryas octopetala)* e candelária *(Silene acaulis)*.

Répteis e anfíbios não estão absolutamente presentes na tundra. As temperaturas baixas e os verões curtos não são apropriados para vertebrados terrestres de sangue frio. O número de espécies de vertebrados de sangue quente é relativamente pequeno, em contraste com o número encontrado nos trópicos, mas o total da população é grande. Também há um equilíbrio muito mais delicado entre predador e presa. Uma mudança em uma espécie pode ter uma influência significante sobre outras. Assim como as plantas, muitos dos mamíferos e aves de tundra são holárticos. Alguns dos mamíferos herbívoros comuns são os roedores microtinos, especialmente lemingues marrons *(Lemmus trimucronatus)* e lemingues de colarinho *(Dicrostonyx groenlandicus)*, *ratos* silvestres, lebres árticas *(Lepus arcticus)* e caribu *(Rangifer tarandus)*. Os carnívoros incluem as doninhas pequenas *(Mustela rixosa)* e arminhos *(Mustela erminea)*, raposas árticas *(Alopex lagopus)* e lobos *(Canis lupus)*. Ao contrário dos mamíferos, muitas das aves vêm à tundra no verão. O fringilídeo *Plectrophenax nivalis*, aves da Lapônia *(Calcarius lapponicus)*, falaropídeos de pescoço-vermelho ou do norte *(Lobipes lobatus)*, tarambolas douradas *(Pluvialis spp)* e muitas espécies de aves litorâneas nidificam lá. As espécies predatórias incluem as gaivotas rapineiras *(Stercorarius spp)*, a coruja branca *(Nyctea scandiaca)* e os gerifaltes *(Falco rusticolus)*.

Florestas Setentrionais de Coníferas ou Taiga

Esta faixa sempre-verde estende-se ao redor do Hemisfério Norte, exatamente ao sul da tundra. Os principais componentes de coníferas destes biomas são abetos, alguns pinheiros e lariços decíduos. Árvores de folhas largas são representadas pela bétula, álamo, bálsamo e salgueiro. A camada de húmus no chão da floresta é fina, porque as folhas caídas decompõem-se muito lentamente. Isto resulta num substrato fortemente ácido, inadequado para o crescimento de muitas ervas e arbustos. Estas plantas de porte mais baixo são também, por sua vez, afetadas pela densa sombra.

Na Eurásia, as vastas extensões da taiga são dominadas pelo pinheiro escocês ou prateado *(Pinus silvestris)* e pela bétula *(Betula spp)*, misturados com abetos, lariços e pinheiros. Na América do Norte, o abeto branco *(Picea glauca)* é uma das árvores dominantes da taiga. O abeto preto *(Picea mariana)* tem quase a mesma vasta distribuição, mas está mais restrito aos pântanos. Na parte oeste do continente, o abeto de Englemann *(Picea engelmannii)* forma grandes florestas desde o Alasca, continuando para o sul, nos Estados Unidos. O lariço americano *(Larix americana)* e alguns dos pinheiros do norte, tais como *Pinus contorta* var. *latifolia* e *Pinus banksiana*, bem como alguns abetos *(Abies spp)* são também elementos importantes neste bioma.

A taiga, do ponto de vista econômico, é importante, uma vez que é a principal produtora de madeira. Apresenta marcantes mudanças climáticas sazonais com um longo período de não-crescimento, mas não tão longo quanto o do bioma da tundra. Embora as ervas para a alimentação dos vertebrados não sejam abundantes, estando, na maior parte, nas campinas e ao longo dos rios, a produção de pinhas é muito grande.

Há alguns anfíbios e répteis, que habitam as florestas setentrionais de coníferas, e várias aves e mamíferos. Embora algumas destas espécies sejam holárticas, não há

Figura 9.29. O bioma de campo ocupa grande parte do centro da América do Norte. Esta fotografia mostra antilocapras *(Antilocapra americana)* na pradaria de grama curta do sul de Manitoba.

tantas, em proporção ao número total de espécies, que sejam comuns à América do Norte e Eurásia, como ocorre com os vertebrados da tundra. Algumas das aves holárticas são o açor *(Accipiter gentilis)*, o corujão cinzento *(Strix nebulosa)*, os fringilídeos *Loxia leucoptera, L. cruvirostra*, e *Pinicola enucleator*. A maioria dos pica-paus é específica ou mesmo genericamente distinta no Novo e no Velho Mundo. O pica-pau-

Figura 9.30. O ecótono tundra-taiga no norte de Manitoba.

de-três-dedos do norte é uma exceção. Os chapins do gênero *Parus* são abundantes na taiga, mas especificamente distintos nos dois continentes. Isto também ocorre com os tordos. A floresta norte-americana de coníferas é o centro de muitos passarinhos da família Parulidae. Na Eurásia, o gênero *Phylloscopus* da família Sylviidae do Velho Mundo, está abundantemente representado neste bioma.

Alguns mamíferos, habitantes da taiga, tais como o carcaju e o camundongo de dorso vermelho, *Clethrionomys rutilus*, são holárticos. No entanto, a maioria apresenta diferenças específicas ou genéricas. Alguns mamíferos do Bioma Setentrional de Coníferas da América do Norte são o ouriço-cacheiro norte-americano (*Erethizon dorsatum*), o esquilo-voador do norte (*Glaucomys volans*), o esquilo vermelho (*Tamiasciurus hudsonicus*), a lebre americana (*Lepus americanus*) e o lince canadense (*Lynx canadensis*). Alguns mamíferos eurasianos comparáveis são o esquilo-voador (*Pteromys volans*), o esquilo arborícola (*Sciurus vulgaris*), a lebre azul (*Lepus timidus*) e o lince (*Lynx lynx*).

A maior parte das coníferas tem ciclos de sementes de aproximadamente 4 anos, associados à formação gradual de nutrientes. Isto resulta num ano-pico de sementes, seguido por um declínio abrupto da produção. Alguns dos mamíferos e aves, que dependem das sementes ou folhas destas árvores, apresentam igualmente semelhantes mudanças populacionais clínicas. Isto também ocorre entre os predadores dependentes de herbívoros.

Floresta Pluvial Temperada

Ao contrário da taiga, este tipo de floresta tem um clima menos rigoroso e mais úmido. Geralmente, fica junto ao litoral, de forma que tem o efeito moderador do mar e, em algumas regiões, há muito nevoeiro e também muita chuva. Provavelmente, o melhor exemplo é encontrado ao longo da Costa do Pacífico norte-americano, estendendo-se do sudeste do Alasca até o centro da Califórnia. O abeto sitka (*Picea sitchensis*) é a conífera dominante, com a cicuta (*Tsuga heterophylla*) e o cedro vermelho (*Thuja plicata*) possuindo quase a mesma distribuição. Da costa sul da Colúmbia Britânica em direção ao sul, o pinheiro (*Abies grandis*) e o pinheiro de Douglas (*Pseudotsuga menziesii*) tornaram-se importantes componentes, embora esta última espécie não esteja restrita a esta floresta litorânea. A sequóia vermelha (*Sequoia sempervirens*) é a conífera dominante na floresta pluvial litorânea, do sul do Oregon até o centro da Califórnia.

Em locais mais abertos, existe uma quantidade razoável de um conjunto de plantas mais baixas, composta de *Rubus spectabilis*, mírtilo (*Vaccinium ovatum*), *Gaultheria shallon* e mirta (*Myrica california*). Onde a floresta é densa, especialmente mais ao norte, o crescimento não-arbóreo fica, em grande parte, limitado às samambaias e muitos musgos epifíticos.

Os vertebrados não são abundantes em florestas pluviais temperadas, em grande parte, por causa da escassez de alimento. Algumas aves típicas são o parídeo *Parus rufescens*, o trogloditídeo *Troglodytes troglodytes* e o tordo (*Ixoreus naevius*). Os mamíferos, que vivem nesta floresta pluvial temperada, são a toupeira-musaranho (*Neurotrichus gibbsii*), camundongo-do-abeto costeiro (*Phenacomys albipes*) e o camundongo-do-abeto vermelho (*Phenacomys longicaudus*).

O clima úmido e relativamente temperado da floresta pluvial da Costa do Pacífico proporciona um habitat propício para vários anfíbios caudados. A maioria deles é de membros das famílias Plethodontidae e Ambystomidae.

As florestas pluviais temperadas não estão confinadas à América do Norte. São encontradas também no sul do Chile, Nova Zelândia e sul e sudeste da Austrália. As florestas chilenas e neozelandesas são dominadas por várias espécies de faias do gênero *Nothofagus* (Fig. 9.31). Na Nova Zelândia, várias gimnospermas, principalmente os

Figura 9.31. Floresta pluvial temperada em South Island, Nova Zelândia, composta em grande parte de várias espécies de faias antárticas *(Nothofagus)*.

gêneros *Podocarpus* e *Dacrydium*, também são árvores importantes da floresta pluvial. Algumas das aves nativas deste bioma na Nova Zelândia, como o kakapo *(Strigops habroptilus)*, um papagaio noturno, que não voa, estão em vias de extinção. Outras espécies, como *Petroica australis, Prosthemadera novaeseelandiae, Anthornis melanura* e *Petroica macrocephala* são comuns.

Na Austrália meridional, a floresta pluvial temperada é dominada por árvores do gênero *Eucalypthus*. Algumas destas espécies das florestas pluviais atingem uma altura notável. *E. regnans*, geralmente, atinge mais de 75 metros, e o exemplar mais alto registrado tem mais de 97 metros de altura. Os fetos (samambaias) são comuns debaixo destes gigantes (Fig. 9.32). Algumas das aves residentes incluem a ave-lira *(Menura novaehollandiae), Psophodes olivaceus, Acanthiza pusilla, Platycercus elegans, Alectura lathami* e *Meliphaga lewinii.* Mamíferos comuns são *Thyogale thetis* e *Pseudocheirus peregrinus.*

Floresta Perene Temperada

Este bioma, em contraste com a floresta pluvial temperada, é mais árido. Freqüentemente, está sujeito à neve no inverno e a verões secos. Bons exemplos são encontrados no oeste norte-americano, onde as árvores dominantes são pinheiros, especialmente *Pinus ponderosa*, pinheiro branco *(Abies concolor)*, pinheiro de Douglas *(Pseudotsuga menziesii)*, cedro perfumado *(Libocedrus decurrens)* e outras coníferas.

As aves comuns das florestas perenes temperadas do oeste norte-americano são *Parus gambeli, Sitta pygmaea*, o tentilhão de Cassin *Carpodacus cassinii)* e *Contopus sordidulus.* Alguns mamíferos comuns são os roedores *Neotoma cinerea, Microtus montanus* e várias espécies do gênero *Eutamias.*

Algumas das florestas esclerófilas mais secas do sul da Austrália, compostas em grande parte de espécies de *Eucalypthus*, pertencem a este bioma. Na Ásia, especialmente no Himalaia, existem vastas florestas perenes temperadas, compostas de pinheiros *(Abies)*, abetos *(Picea)*, cedro *(Libocedrus)*, cicuta *(Tsuga)* e pinheiros, especialmente *Pinus excelsa.* Carvalhos, bordos, olmos e faias também estão representados. *Nucifraga caryocatactes* e *Garrulus glandarius* são aves comuns.

Figura 9.32. Floresta pluvial temperada no sudeste australiano. Sob um dossel elevado de eucaliptos (*Eucalyptus regnans*), há uma vegetação mais baixa de fetos arbóreos.

Florestas Decíduas Temperadas

As comunidades florestais, pertencentes a este bioma, estavam espalhadas, no período pós-glacial, por todo o leste norte-americano, Ásia oriental, oeste europeu, partes do leste australiano, Nova Zelândia, Japão e sul do Chile. Entretanto, as florestas decíduas temperadas foram muito modificadas pelo homem na maior parte do mundo. Em algumas regiões, foram completamente destruídas. São encontradas, onde o clima de verão é quente, com umidade relativa alta e chuvas freqüentes. Os invernos são severos, mas é uma época em que as áreas de arbustos estão sem folhas e inativos. As florestas decíduas do leste norte-americano são variadas, com combinações de carvalhos, nogueiras amargas, carvalhos-castanheiras e bordo, misturados com faias e tílias americanas. Os limites geográficos destas florestas estendiam-se desde o vale do Mississipi até a costa Atlântica e de Quebec até o norte da Flórida, no início do século XVI. Mais tarde, grande parte da terra foi limpa para o cultivo agrícola.

Algumas aves norte-americanas comuns na floresta decídua temperada são *Cyanocitta cristata*, *Parus bicolor*, *Hylocichla mustelina* e *Seirus aurocapillus*. Os mamíferos comuns são os camundongos silvestres (*Peromyscus leucopus* e *Napaeozapus insignis*), o veado (*Odocoileus virginianus*) e o esquilo cinzento (*Sciurus carolinensis*).

Muitos gêneros de árvores, encontrados no leste norte-americano, tais como *Quercus* (carvalho), *Fagus* (faia) e *Castanea* (castanha), são representados por várias espécies nas florestas decíduas temperadas da Europa e Ásia.

Áreas Arbustivas Temperadas

Este tipo de bioma está bem representado no oeste norte-americano, em áreas circundando o Mediterrâneo, no sul da Austrália e no extremo sul da África. É caracterizado por uma estação úmida fria, com precipitação pluvial razoavelmente boa e uma longa estação quente e seca, freqüentemente, com muito risco de incêndio. O solo é solto, às vezes, raso e de fácil erosão nos declives, depois de um incêndio. Os arbustos e árvores arbustivas, que predominam nas áreas arbustivas temperadas são esclerófilas perenes. São plantas com folhas duras, que possuem uma cutícula espessa e um número reduzido de estômatos, freqüentemente cobertas com uma camada de lipídeos, semelhante a um verniz, para evitar a perda de água.

No oeste dos Estados Unidos, o termo chaparral, que originariamente, em espanhol, significava um crescimento denso de chaparro, é usado para designar esta vasta formação de plantas esclerófilas. O chaparral é encontrado tanto ao longo da costa, como no interior das vertentes mais baixas das montanhas, onde os verões são quentes e secos. Alguns dos principais arbustos são *Adenostoma fasciculatum*, várias espécies de *Arctostaphylos*, vários tipos de *Ceanothus* e o chaparro (*Quercus dumosa*). Muitas aves e mamíferos habitam este bioma. Entre estes, incluem-se as aves *Pipilo fuscus*, *Thryomanes bewickii* e *Chamaea fasciata*, o camundongo da Califórnia, *Peromyscus californicus*, *Perognathus californicus*, e o coelho *Sylvilagus bachmani*.

No sul da Austrália, existem extensas áreas arbustivas, conhecidas pelo nome nativo de "mallee". Os pequenos eucaliptos resistentes à seca são as plantas esclerófilas mais evidentes nesta região, onde a precipitação pluvial tem a média anual de 250 a 350 milímetros. O mallee amarelo (*Eucalyptus encrassata*) é a espécie mais comum (Fig. 9.33). Este é um tipo resistente a incêndios, com uma estrutura bulbosa, grande e lenhosa, chamada *lignotuber*, na base do tronco. Depois de um incêndio, brotos novos surgem rapidamente desta protuberância e produzem uma nova árvore. *Leptospermum*, *Callitris verucosa* e várias espécies de *Acacia*, estão bem representadas. Moitas de *Triodia* revestem o chão onde quer que haja pequenos espaços abertos.

Figura 9.33. Região do mallee, no sul da Austrália, com cipreste (*Callitris verucosa*), *Acacia ligulata* e *Triodia* sp.

Uma das aves mais características desta área arbustiva australiana é o megapodídeo mallee (*Leipoa ocellata*), uma espécie que põe seus ovos num monte de vegetação em decomposição, e o calor da decomposição mantém os ovos aquecidos. Outras aves da zona do mallee são *Stipiturus mallee* e *Manorina melanotis*. O canguru-de-cara-preta (*Macropus fuliginosus*) é um mamífero comum da área arbustiva.

Pradarias Temperadas ou Campos Temperados

Estes campos, quando contrastados com os campos tropicais, são caracterizados pela precipitação pluvial, que, geralmente, varia de 250 a 500 milímetros anuais. Isto é relativamente pouco, porém maior do que em áreas desérticas. As plantas predominantes são gramíneas perenes de raízes profundas, ervas baixas e alguns arbustos. Os biomas de campos temperados mais vastos são as pradarias do oeste norte-americano e as estepes da Ásia Central. Campos menores são encontrados nos pampas da América do Sul meridional, nas áreas limítrofes do deserto central australiano (Fig. 9.34) e na faixa do extremo sudeste africano.

Na América do Norte, os campos estendem-se para o oeste do Rio Mississipi até as Montanhas Rochosas, para o norte, até o sul do Canadá e, para o sul, até o norte do México. A maior parte desta zona de vegetação foi destruída ou modificada pelo homem. A metade oriental está atualmente dedicada, em grande parte, ao cultivo agrícola, especialmente de milho e trigo, e grande parte do lado oeste é utilizado para pastagem. O nome pradaria de gramíneas altas é aplicado à zona leste, onde a umidade no verão é alta e as gramíneas altas, tais como *Andropogon gerardi*, são predominantes. O campo mais ocidental da América do Norte é a pradaria de gramíneas curtas. A umidade é mais baixa no verão e a vegetação, mais baixa. Os capins *Buchloe dactyloides* e *Andropogon scoparius* são duas das espécies comuns.

Figura 9.34. A pradaria de Spinifex chega a limitar-se com grande parte dos desertos centrais da Austrália.

Estas pradarias propiciam o habitat para aves de lugares abertos, tais como a cotovia-do-prado *(Sturnella neglecta)*, os fringilídeos *Calamospiza melanocorys*, *Colarius ornatus*, *Rhynchophanes mccownii*, e a codorniz *Pediocetes phasianellus*. Muitos mamíferos, como o bisão *(Bison bison)*, a antilocapra *(Antilocapra americana)* e espécies de *Cymomys* foram eliminadas da maior parte das pradarias, de onde foram, um dia, uma parte notável. Os roedores das pradarias incluem várias espécies de ratos silvestres *(Microtus* e *Perognathus)*, ratos-canguru *(Dipodomys)* e várias espécies da família Geomyidae. Conseguiram sobreviver e até mesmo desenvolver-se em locais onde a terra não foi perturbada demais.

A extensa estepe da Ásia cobre grande parte da região central daquele continente (Fig. 9.35). É uma região de condições climáticas bem rigorosas. Os invernos são longos e frios, e a precipitação pluvial anual é baixa. Gramíneas curtas predominam na vegeta-

Figura 9.35. A alta região de estepes da Ásia central consiste de campos com arbustos baixos misturados. (Fotografado na República Popular da Mongólia Exterior.)

ção, com mistura de ervas e arbustos baixos. Várias espécies de *Artemisia* estão largamente distribuídas por estas pradarias. Aves semidesérticas, tais como a abetarda (*Otis tarda*), a galinha-anã (*Syrrhaptes paradoxus*) e o passarinho *Sylvia nana* ocorrem entre os habitantes aves. Os mamíferos representativos incluem a saiga (*Saiga mongolica*), o roedor *Rhombomys opimus* e os hâmsteres dos gêneros *Cricetus* e *Cricetulus*.

Desertos

Os desertos são regiões, onde a precipitação anual de chuvas é mínima, geralmente, menos de 250 milímetros, ou até mesmo inexistente. As temperaturas podem ser muito altas no verão e baixas no inverno. As plantas e animais existentes neste ambiente desenvolveram adaptações especiais para sobreviver a estas condições climáticas extremas. Entre as plantas perenes, a estrutura da folha foi reduzida ou eliminada, ou as folhas caem logo após a breve estação das chuvas, e a dormência ocorre até que um novo crescimento seja novamente estimulado pela chuva. Algumas plantas desenvolveram a capacidade de armazenar água, tais como os cactos, alguns membros das Euphorbiaceae (Fig. 9.36) e Cucurbitaceae e certas árvores, como *Pachycormus discolor* e espécies de *Bursera.* Este armazenamento pode situar-se no tronco ou subterraneamente em alguma raiz grande. Visto que a estação ou estações chuvosas são imprevisíveis e o lençol d'água no deserto fica bem profundo, as raízes da maioria das plantas perenes estendem-se bem profundamente para dentro do substrato. As raízes deste tipo, como dos arbustos de *Prosopis*, podem alcançar mais de 50 metros de profundidade, embora as raízes da maioria das plantas alcance profundidades de 9 a 27 metros. Plantas anuais têm uma estação breve, porém de rápido crescimento. Logo depois que cai bastante chuva, elas brotam, florescem e produzem sementes, em poucas semanas. Estas sementes são levadas pelo vento e são enterradas na areia, onde proporcionam importante alimento para muitos roedores.

Figura 9.36. Uma *Euphorbia* sul-africana, que se assemelha muito a alguns membros de uma família diferente da América do Norte, as Cactaceae, em habitat e crescimento.

Os principais desertos encontram-se como duas faixas ao redor do mundo centradas aproximadamente a 30º de latitude norte e 30º de latitude sul. São o deserto de Sonora ou Meridional do Oeste norte-americano; Deserto do Saara do norte da África e sua continuação para o leste, o Deserto da Árabia do sudoeste asiático; os desertos da Ásia central, notadamente, o Deserto de Gobi; os desertos da Argentina, do norte do Chile e do sul do Peru; o Deserto da Namíbia do sudoeste africano e o Grande Deserto da Austrália central e ocidental.

O Deserto de Sonora, ou Meridional do oeste norte-americano é caracterizado por plantas perenes bem espaçadas. Algumas das espécies predominantes são os arbustos de creosoto (*Larrea tridentata*), várias espécies de *Opuntia*, saguaro (*Cereus giganteus*), *Olneya tesota, Fouquieria splendens, Encelia farinosa* e *Prosopis juliflora.* Na Baixa Califórnia, México, *Pachycereus pringlei, Idria columnaris* e *Lemaireocereus thurberi* são elementos conspícuos.

Muitas aves procriam no Deserto de Sonora, mas mudam-se para habitats mais propícios, antes do calor do verão chegar. Algumas aves residentes são *Auriparus flaviceps, Phainopepla nitens, Campylorhynchus brunneicapillus*, o pica-pau *Centurus aurifrons* e o pica-pau *Colaptes chrysoides.*

A fauna de mamíferos está abundantemente representada por várias espécies de Heteromyidae ratos-canguru e seus parentes, esquilos-do-chão (*Ammospermophilus, Citellus tereticaudus*) e outros pequenos roedores, e por carnívoros, como a raposa (*Vulpes velox*).

Os desertos podem ser conseqüência de isolamento através de barreiras, que impedem que as nuvens carregadas de umidade, vindas do mar, os alcancem. As correntes oceânicas predominantes podem, da mesma forma, ser um fator importante. Os desertos de Gobi e do Saara são regiões isoladas do ar úmido por montanhas altas e, na maior parte, por grande distância do oceano. Os desertos do Chile e do Peru são o resultado do movimento para o norte da Corrente de Humboldt da Antártica, exatamente como o Deserto da Namíbia, no sudoeste africano, é conseqüência da Corrente de Benguela, que também se dirige para o norte, ao longo da costa. O movimento anti-horário das correntes oceânicas do hemisfério sul significa que as águas frias da Antártica correm para o norte ao longo tanto da costa oeste da América do Sul, como da costa oeste da África. Os ventos predominantes, vindos do oeste, portanto, perdem sua capacidade de carregar muita umidade, enquanto o ar que passa sobre as correntes é esfriado. Isto resulta em forte nevoeiro litorâneo, em vez de chuva, e grande aridez no interior. Apesar da aridez da terra, estas correntes provocam a ressurgência de águas profundas ricas em nutrientes. O resultado é uma abundância de vida de invertebrados e de vertebrados marinhos, que se utilizam deste alimento.

O Deserto da Namíbia não possui absolutamente nenhuma vegetação herbácea e possui extremamente poucas arbustos perto da costa. As plantas principais são líquenes, alguns dos quais rolam com o vento sob o céu nublado por meses. No interior, além do nevoeiro, não existem líquenes. Uma das plantas notáveis, que se adaptou a este ambiente muito xerofítico, é *Welwitchia mirabilis* (Fig. 9.37). É uma gimnosperma, classificada em uma ordem própria. Crescem apenas duas grandes folhas longas , em forma de tira, durante sua vida toda, que pode ser de mais de cem anos. A região, em que ela cresce, pode passar anos sem chuva, e outras espécies de plantas são muito escassas. As folhas são duras e fibrosas, mas são comidas pela gazela (*Antidorcas marsupialis*). Pelotas de fibras mastigadas são, geralmente, depositadas por estes antílopes ao redor destas plantas (Fig. 9.38).

O Deserto de Gobi, como o de Saara, possui grandes extensões de areias nua, mas também vastas áreas, onde há vegetação desértica baixa, suficiente para manter um bom número de vertebrados. As aves, como espécies de *Oenanthe* e as cotovias do Velho Mundo, da família Alaudidae, são abundantes. São escassos os mamíferos grandes, como o camelo (*Camelus bactrianus*) e a gazela mongólica (*Procapra gutturosa*). O cavalo selvagem da Mongólia (*Equus przewalskii*) está, provavelmente, extinto na natureza. Alguns roedores comuns do deserto são os dos gêneros *Brachiones, Jaculus, Dipus* e *Allactagus.* Os últimos são membros de uma família, Dipodidae, que se adaptaram às condições do deserto na Ásia e no norte da África, assim como fizeram os Heteromyidae no oeste norte-americano.

Pradarias Tropicais ou Savanas

As savanas tropicais são encontradas nas partes mais quentes do mundo, onde a precipitação pluvial pode ser razoavelmente alta, até 1.500 milímetros anualmente, mas restrita a uma estação úmida definida. A vegetação consiste predominantemente de gramíneas altas e baixas, freqüentemente, com árvores dispersas. Durante a estação seca, a pradaria fica, freqüentemente sujeita a incêndios, causados, principalmente, pelos nativos, hoje em dia.

Os biomas de pradarias tropicais são encontrados no extremo norte da Austrália, ao norte das pradarias temperadas, e no centro da América do Sul ao sul das florestas pluviais tropicais da bacia Amazônica. A savana mais extensa é encontrada na África. Estende-se como um cinturão através daquele continente, ao norte da floresta pluvial do

Figura 9.37. *Welwitchia mirabilis*, no primeiro plano, adapta-se a um ambiente em que há pouca ou nenhuma chuva, no deserto da Namíbia no sudoeste da África.

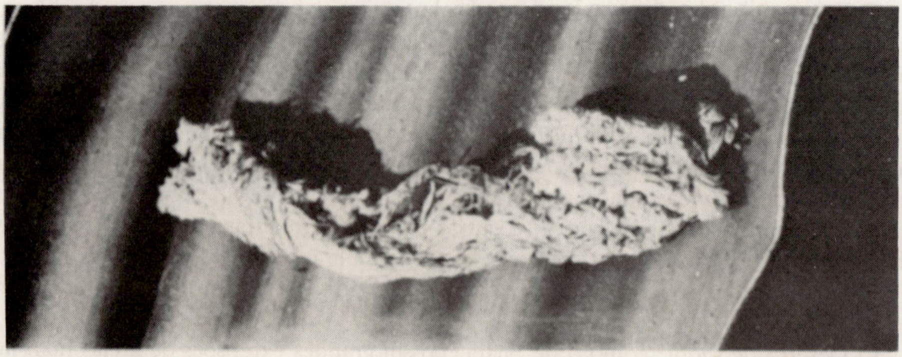

Figura. 9.38. Uma pelota de folhas mastigadas de *Welwitchia mirabilis*, regurgitada por uma gazela do Cabo.

Congo e ao sul do deserto e das estepes setentrionais. Do leste africano, ela continua para o sul, quase até o Trópico de Capricórnio, e também para o oeste ao sul das florestas do Congo, até Angola. Tem sido menos alterada pela atividade humana em partes de Quênia e da Tanzânia. Aí, a estação das chuvas dura aproximadamente de dezembro a maio, sendo seguida por uma estação seca, quando pequenas quantidades de chuva podem ocorrer esporadicamente.

A savana do leste africano mantém a fauna mais rica de grandes mamíferos pastadores do mundo. Mais de meio milhão vivem no Parque Nacional de Serengeti, no norte da Tanzânia, e uma quantidade igual, ao norte nas planícies do Rio Masai Mara, do Quênia. As espécies mais abundantes possuem um sistema muito eficiente de sucessão no ato de pastar, que é discutido no Capítulo 11. Dizem que a capacidade de produção de carne deste bioma na África Oriental é maior do que em qualquer outra área natural do mundo.

Misturadas com as gramíneas altas e curtas existem árvores dispersas, principalmente, a espécie de topo achatado de *Acacia* (Fig. 9.39), *Commiphora, Brachystegia* e baobá *(Adansonia digitata)*. Em algumas regiões, as árvores inexistem quase que completamente. Enriquecendo também o valor da savana, existem florestas ribeirinhas compostas de acácias-de-casca-amarela *(Acacia xanthophloca)* figueiras e outras espécies de folhas largas, que fornecem cobertura para alguns vertebrados, durante o calor do dia.

Os mamíferos importantes deste bioma do leste africano são a zebra comum *(Zebra burchelli)*, o gnu *(Connochaetes taurinus)*, a gazela-de-Thomson *(Gazella thomsoni)*, o topi *(Damaliscus korrigum)*, o búfalo africano *(Syncerus caffer)*, o leão *(Panthera leo)*, o guepardo *(Acinonyx jubatus)*, a hiena malhada *(Crocuta crocuta)* e o chacal-de-dorso-preto *(Canis mesomelas)*. Muitas outras espécies poderiam ser incluídas.

A pradaria tropical também é extremamente rica em aves. Algumas das espécies comuns encontradas aí são *Corythaixoides leucogaster, Acryllium vulturinum, Ardeotis kori*, calau-de-bico-vermelho *(Tokus erythrorhynchus)*, *Pterocles exustus*, águia *(Terathopius ecaudatus)*, *Coracias caudata* e o tecelão *(Bulbalornis albirostris)*. Seis espécies de abutres são comuns na região de animais selvagens.

Florestas Tropicais de Espinhos

Estes biomas são, geralmente, largas transições entre o deserto e a savana ou entre o deserto e as florestas tropicais decíduas. A precipitação pluvial é, geralmente, entre

Figura 9.39. Savana Tropical na África Oriental com campo e acácias dispersas.

300 a 600 milímetros, mas pode haver uma grande variação, de ano para ano. Chega em uma estação definida, que é seguida por um longo período seco e quente, quando ocorre apenas uma leve precipitação. A vegetação perene é resistente à seca, com muitas espécies suculentas e outras decíduas. As florestas de espinhos podem ser muito densas e impenetráveis, não mais altas do que 6 a 9 metros, em determinados lugares.

As florestas tropicais de espinhos são encontradas em muitas das partes mais quentes do mundo. No México, estendem-se como uma faixa, ao longo da costa oeste e partes da costa leste, perto das florestas tropicais decíduas mais interiores. O mesmo ocorre na costa oeste da América do Sul setentrional. No Brasil, ocorre uma caatinga razoavelmente extensa. Nas Américas do Sul e Central, os biomas da floresta tropical de espinhos correspondem às zonas tropicais áridas e de florestas de espinhos (Veja p. 294), com várias espécies de *Acacia*, figueiras (*Ficus*) e ipoméias (*Ipomoea*), bem como paineiras (*Ceiba pentandra*) e várias Cactaceae predominantes. A presença de aves é abundante. Alguns dos grupos melhor representados são os tiranídeos, os icterídeos, os pombos e os fringilídeos.

Na África, as florestas tropicais de espinhos e a caatinga estendem-se através da parte central do continente até o sul do grande deserto setentrional e norte da savana tropical. A caatinga também é encontrada na África meridional. Espécies de *Acacia* e *Commiphora* são predominantes. Conspícua na maior parte da região da caatinga da África Oriental, é o espinheiro (*Acacia drepanolobium*), uma espécie de *Acacia* bastante disseminada, que fornece alimentos para alguns herbívoros grandes, bem como abrigo para muitas espécies de aves. São comuns grandes cupinzeiros, que são usados por alguns vertebrados. Alguns dos mamíferos comuns da caatinga são os generuk (*Litocranium walleri*), a girafa (*Giraffa camelopardalis reticulata*), a zebra de Grevy (*Equus grevyi*) (Fig. 9.40), o impala (*Aepyceros melampus*) e o kudu menor (*Tragelaphus imberbis*). Algumas das aves encontradas são *Quelea quelea*, *Tachyphonus erythrocephalus*, *Comopsarus regius* e *Melierax poliopterus*.

As florestas tropicais de espinhos estão espalhadas no noroeste e centro-sul da Índia e também no norte e leste de Sri Lanka. A vegetação é dominada por plantas xerofíticas capazes de suportar altas temperaturas e precipitação limitada. Muitas espécies de *Acacia* e suculentas, bem como gramíneas esparsas são predominantes. Algumas das aves comuns são *Merops orientalis*, *Merops superciliosus*, *Turdoides caudatus*, *Francolinus pondicerianus* e *Sylvia curruca*.

Floresta Tropical Decídua

São florestas compostas de árvores de diferentes alturas. A maioria das espécies arbóreas é decídua, não apresentando novas folhas até a estação das chuvas. Muitas

Figura 9.40. Espinheiro tropical de arbustos, durante a estação seca, com um grupo de zebras de Grevy *(Equus grevyi)* (Quênia, África Oriental.)

espécies florescem antes que as folhas surjam. São comuns as epífitas e a vegetação de menor porte pode ser razoavelmente densa, freqüentemente, com muito bambu. Há uma estação úmida e uma seca definidas, com um clima quente e, freqüentemente, bem úmido.

Os biomas de florestas tropicais decíduas são encontrados no oeste mexicano como uma estreita faixa entre o cinturão de pinheiros e carvalhos e a caatinga de espinheiros litorânea; em partes da América Central, leste sul-americano e, até um certo ponto, no nordeste australiano na Península de York; são bastante extensos em partes do norte e centro da Índia e sudeste asiático. Há, na Índia, uma floresta decídua seca e uma única. As árvores típicas da floresta tropical seca são *Acacia catechu, Tectonia grandis* e *Anogeissus latifolia.* Na floresta tropical decídua, predomina *Shorea robusta*, uma árvore de muita importância econômica, que perde suas folhas na primavera e, então floresce (Fig. 9.41). O bambu é abundante, com gramíneas altas nas clareiras. Esta floresta é melhor preservada na Reserva Nacional de Khana (Khana National Wildlife Preserve).

Figura 9.41. O cervo chital *(Axis axis)*, e o sámbar *(Cervus unicolor)* são os grandes herbívoros mais abundantes nas florestas de *Shorea robusta* da Índia, onde há clareiras espalhadas.

Grandes mamíferos típicos são o tigre *(Panthera tigris)* (Fig. 9.42), o leopardo *(Panthera pardus)*, o chital *(Axis axis)*, o sámbar *(Cervus unicolor)*, o barasinga *(Cervus duvauceli)*, o javali *(Sus* sp.) e os langures de cauda longa *(Presbytis* sp.). As aves são abundantes, com espécies como *Dricurus paradiseus* e *D. remifer*, periquitos *(Psittacula krameri)*, *Megalaima zeylanica*, galo silvestre *(Gallus gallus)* e pequenos *Pericrocotus cinnamomeus*. Os répteis estão bem representados. Os maiores lagartos são os do gênero *Varanus*.

As florestas decíduas tropicais do Novo Mundo são mais limitadas do que as da Ásia. Este bioma corresponde, em geral, à zona de vida de floresta decídua tropical, discutida na p. 294.

Florestas Pluviais Tropicais

Estas florestas são encontradas próximas do equador, onde não há estação seca, apenas períodos, quando a precipitação pluviométrica é um pouco menor do que em outras épocas do ano. A precipitação anual pode ser de 2.400 milímetros, ou mais. O clima é quente e a umidade alta, tanto de dia quanto de noite, durante o ano todo.

Os tipos de árvores, encontradas nas florestas pluviais tropicais, são muito numerosos. Mais de 100 espécies podem crescer numa área de alguns acres, e cerca de 3.000 foram identificadas numa milha quadrada, mas as árvores de qualquer espécie estão amplamente separadas. A floresta em si é densa, com muitas árvores altas, variando de 37 a 82 metros de altura. Suas copas formam um denso dossel, que impede totalmente a penetração da luz. Estas árvores altas, geralmente, possuem grandes suportes em suas bases, que as impedem de serem derrubadas. As raízes são rasas, assim como o solo.

Figura 9.42. Embora o tigre *(Panthera tigris)* exista numa grande variedade de biomas, desde a taiga até as pradarias tropicais, ele é o maior carnívoro das florestas decíduas tropicais da Índia, onde o chital, sámbar, barasingha, e o gaur são suas presas. (Fotografado no Parque Nacional de Khana, Índia.)

Sob esse alto dossel, pode haver mais duas camadas de árvores menores, geralmente, de mais ou menos 15 a 18 e 6 a 9 metros de altura. Há muitas epífitas nas árvores e cipós, estendendo-se dos dosséis até o chão.

O solo da floresta pluvial tropical é raso e pobre. A chuva constante retira os minerais do solo. Embora muita vegetação arbórea caia no chão, a camada de húmus nunca se acumula. É rapidamente consumida por bactérias, fungos, organismos invertebrados, especialmente insetos, e pelas próprias árvores.

As principais florestas pluviais tropicais do mundo estão nas bacias do Amazonas e do Orinoco, América do Sul, em partes da bacia do Congo, África e na área Indo-malaia. Florestas menores são encontradas na América Central (Fig. 9.43).

Os vertebrados são abundantes nas florestas pluviais; a maior parte está confinada aos dosséis médio e superior, enquanto o chão da floresta parece relativamente desprovido deles. Algumas das aves mais comuns das florestas do Amazonas são os papagaios, araras, tucanos, galos-da-serra, tiranídeos, sanhaços, papa-formigas e joões-de-barro. Os mamíferos incluem um grande número de morcegos, antas e muitos tipos de macacos, desde bugios e cuatás até minúsculos sagüis. Entre os carnívoros, há a jaguatirica e a onça-pintada.

Os anfíbios e os répteis são mais numerosos nas florestas pluviais tropicais do que em quaisquer outros biomas. O clima é favorável para animais ectotérmicos, e o alimento é abundante. Muitos anfíbios se utilizam da água armazenada em bolsas de plantas epifíticas, como pequenos lagos de reprodução. Outros desenvolveram adaptações especiais para cuidar dos ovos e girinos. O grupo mais abundante de rãs, representado nos trópicos sul-americanos, é da família Leptodactylidae, com mais de 25 gêneros.

Figura 9.43. A orla de uma floresta pluvial tropical na América Central.

As florestas pluviais africanas são encontradas nas planícies ocidentais da Libéria, ao leste de Gana, e na própria bacia do Congo. De maneira geral, as florestas africanas são semelhantes às da América do Sul, exceto que as espécies de plantas e animais são diferentes. Há poucas aves, que vivem no chão, mas muitos tipos arborícolas, tais como os turacos, calaus, nectariniídeos, capitonídeos e estorninhos. A águia coroada (*Stephanoaetus coronatus*) é um predador, que se alimenta de macacos, apanhados nos topos das árvores. Alguns dos mamíferos mais conhecidos das florestas do Congo são o ocapi (*Okapi johnstoni*), o bongo (*Boocercus euryceros*), o porco-selvagem gigante (*Hylochoerus meinertzhageni*), o gorila (*Gorilla gorilla*), o macaco mono (*Cercopithecus mona*), macaco Colobus (*Colobus* spp.) e o mangusto escuro (*Crossarchus obscurus*).

COMUNIDADE, ÁREAS E PROVÍNCIAS BIÓTICAS E ECOSSISTEMAS

Um outro método de classificação de comunidades animais e vegetais e de sua distribuição é através de províncias bióticas. Segundo Dice (1943), uma *província biótica* "compreende uma área geográfica contínua e muito grande, caracterizada por uma ou mais associações ecológicas importantes, que diferem, pelo menos, em área proporcional coberta, das associações e províncias adjacentes". Tal sistema distributivo, portanto, envolve uma área geográfica relativamente grande e contínua. Embora levada ao clímax, geralmente, por um único bioma, pode existir mais de uma tal associação clímax.

As províncias bióticas podem ser subdivididas em *distritos bióticos* e *faixas bióticas.* O distrito biótico representa parte de uma província biótica, que é distinta de outros distritos em relação a diferenças ecológicas de menor importância do que aquelas que distinguem as províncias. As faixas bióticas são baseadas, sobretudo, na altitude. Numa única montanha dentro de uma província biótica, pode-se ter uma faixa alpina, uma faixa montanhosa e uma faixa de pradarias.

Os ecologistas compreendem claramente que nenhum organismo, ou mesmo comunidade de organismos, existe independentemente, ou é auto-suficiente. Uma comunidade de floresta ou de pradaria depende da interação de muitos fatores, que compõem o ambiente todo. A quantidade de luz solar disponível do ano inteiro, a precipitação pluviométrica, a temperatura, a pressão barométrica, a taxa de umidade no ar e a composição do solo (incluindo os minerais, bem como organismos animais e vegetais microscópicos) são apenas alguns dos fatores que contribuem para dar origem a esta comunidade. Usa-se o termo *ecossistema* para representar a combinação e interação destes elementos bióticos e abióticos.

Embora cada um destes sistemas tenha mérito e possa ser importante para a definição da distribuição geográfica de certas espécies e para a indicação de vários centros de diferenciação, nenhum é completamente satisfatório. Uma vez que não se pode fixar padrões quanto aos graus de distinção, que devem predominar, o número de espécies, cuja distribuição geográfica deve estar de acordo com as linhas arbitrárias de tais áreas, ou até mesmo com as características climáticas, o conceito todo destas regiões deve ser, em grande parte, subjetivo. A maioria das espécies de vertebrados ocupa mais de uma província ou área biótica, visto que sua distribuição é mais freqüentemente determinada pela presença ou ausência de um habitat apropriado, e tais habitats estão raramente restritos a uma única região. Do ponto de vista de espécies de ampla distribuição, que variam geograficamente, no entanto, há freqüentemente uma clara coincidência dos limites geográficos de áreas bióticas e das subespécies e, com respeito a isso, tais sistemas são, às vezes, de muito valor. Talvez o termo ecossistema seja o mais útil destes, mas existem ainda muitos tipos de vertebrados não restritos a ecossistemas especiais.

HABITAT E NICHO

Dentro de um bioma, zona de vida, província biótica ou ecossistema, há formações ecológicas mais precisamente definidas, que são determinadas não apenas por fatores mais importantes como clima, latitude ou altitude, mas também pelo tipo de solo, drenagem, erosão, água, vento e muitas outras características ambientais, que poderiam ser consideradas de natureza um tanto regional. Tais formações são identificadas como *habitats* (Fig. 9.44).

O total de habitats disponíveis aos vertebrados na América do Norte é numeroso e variado demais para ser examinado aqui. Entretanto, alguns exemplos selecionados podem ilustrar a importância de tais unidades ecológicas do ponto de vista da distribuição. Ao longo das costas oceânicas, pode haver penhascos, dunas de areia, praias rochosas ou arenosas, recifes entre-marés e, mais para fora, o oceano pelágico ou aberto. Cada um destes lugares pode ser aceito como habitat em potencial para certos vertebrados. Gaviões e corvos podem nidificar nos penhascos. Lagartos ápodos podem fazer tocas nas dunas de areia, sobre os quais as tarambolas brancas vão à procura de alimento. Algumas aves litorâneas mostram preferência por praias arenosas, enquanto outras gostam de praias rochosas. Os recifes da zona entre-marés, encerrando pequenas poças de água do mar, são habitados por muitos tipos de peixes, e certos tipos de aves marinhas também procuram alimento neles. O oceano aberto é, em si próprio, divisível em numerosos habitats, variando de profundidades abissais, habitadas por estranhos peixes com órgãos luminescentes, à superfície, onde os albatrozes e procelárias passam grande parte de suas vidas.

Do ponto de vista da distribuição das espécies de vertebrados, bem como dos indivíduos, o habitat é de primeira importância e é quase a formação ecológica mais definível. Por exemplo, dizer que o rato-canguru do deserto *(Dipodomys deserti)* é um habitante da região Neártica ou mesmo da Sub-região Ocidental apenas nos informa que ele existe no continente norte-americano ou, mais especificamente, na parte oeste do continente. Afirmar, além disso, que ele habita o Bioma Arbustivo de Creosotos do Deserto ou as Províncias de Sonora, Mohave ou Artemísia apenas indica que esta espécie ocorre em algumas áreas de deserto do oeste. Isto também seria aceito, se ele fosse descrito como habitante de Zona de Vida da Baixa Sonora. Entretanto, o conhecimento do seu habitat, que consiste de areias desérticas, razoavelmente profundas, acumuladas pelo vento, traz imediatamente à memória alguns dos requisitos ambientais específicos, que devem estar presentes, onde quer que esta espécie se encontre.

Estudos experimentais mostraram que espécies de camundongos silvestres estreitamente aparentados, apresentam notáveis diferenças no que se refere à capacidade de trepar e à eficiência para cavar. Por exemplo, o camundongo do algodão *(Peromyscus gossypinus)* é um trepador mais ágil do que o camundongo da Flórida *(P. floridanus)*, com o qual vive simpatricamente em partes do sudeste dos Estados Unidos. A maior tendência arborícola, no caso do camundongo do algodão, pode contribuir para sua distribuição geográfica e diversidade ecológica maiores. Da mesma forma, quando a capacidade de cavar dos camundongos *P. polionotus, P. leucopus, P. gossypinus* e *P. floridanus* foi comparada, observou-se que *P. polionotus* era o mais eficiente. Esta espécie é exclusivamente subterrânea e cava suas próprias galerias, enquanto outras tendem a usar tocas abandonadas de outros animais ou vivem em tocos, debaixo de rochas, ou em buracos de árvores. Além disso o *P. polionotus*, por causa de seus hábitos cavadores, habita campos abertos, onde o solo, geralmente, é arenoso. A capacidade de cavar, por isso, pode ser importante na seleção do habitat em espécies estreitamente relacionadas.

Há espécies ubíquas, cuja distribuição parece determinada menos pelo habitat que pelo suprimento alimentar disponível. Um exemplo bem conhecido é o do camundongo *Peromyscus maniculatus,* que existe em grande parte da América do Norte, independen-

Figura 9.44. Declives de tálus, junto a manchas de vegetação de pequeno porte, propiciam o habitat específico ocupado por *Ochotona princeps*, na maior parte de sua distribuição geográfica na América do Norte.

temente da maior parte das zonas de vida, da altitude ou do habitat. Muitas espécies de vertebrados, contudo, não só estão restritas a certos habitats, mas também ocupam um *nicho* definido ou lugar dentro daquele habitat. Numa formação florestal, algumas espécies ficam confinadas à parte superior das árvores; outras, ao tronco principal ou aos galhos maiores; algumas, à vegetação inferior; algumas, aos detritos abaixo desta última;

Figura 9.45. O coala *(Phascolarctos cinereus)* do sudeste australiano é especializado para a vida nos eucaliptos, cujas folhas são sua fonte exclusiva de alimento.

Figura 9.46. Mais de uma espécie de ave marinha pode utilizar o mesmo penhasco, ocupando nichos diferentes. Nesta figura, as largas saliências são usadas pelas alcas negras *(Cepphus grylle)*, enquanto as saliências estreitas são os locais de nidificação para as gaivotas *(Rissa tridactyla)*. (Ilhas Shetland, Escócia.)

e outras, até mesmo sob a superfície da terra. Por isso, por causa de todos os propósitos práticos de examinar a distribuição dos vertebrados, o nicho particular, que a espécie ocupa, pode ser considerado a menor unidade ecológica definível. Entretanto, é necessário que seja identificado em conexão com um habitat, pois, de outra forma, pouco revela. Há espécies cujo alimento é tão especializado, que sua distribuição depende quase inteiramente da presença de uma, ou no máximo, algumas espécies de plantas. Bons exemplos entre os mamíferos são o coala *(Phascolarctos cinereus)* da Austrália (Fig. 9.45), confinado a certos tipos de eucaliptos, de cujas folhas se alimenta, e o rato silvestre *Arborimus longicaudus*, cuja distribuição, ao longo da costa do Pacífico norte-americano, depende quase exclusivamente do pinheiro de Douglas *(Pseudotsuga menziesii)*, cujas folhas constituem seu alimento.

REFERÊNCIAS BIBLIOGRÁFICAS

Allee, W. C., Emerson, A. E., Park, O., Park, T., and Schmidt, K. P. 1949. Principles of Animal Ecology. Philadelphia, W. B. Saunders Company.

Axelrod, D. I. 1958. Evolution of the Madro-Tertiary geoflora. Botan. Rev. *24:*433–509.

Banfield, A. W. F. 1954. The role of ice in the distribution of mammals. J. Mamm. *35:*104–107.

Brattstrom, B. H., and Howell, T. H. 1956. The birds of the Revilla Gigedo Islands, Mexico. Condor *58:*107–120.

Briggs, J. D. 1974. Operation of zoogeographic barriers. Syst. Zool. *23:*248–256.

Carlquist, S. 1965. Island Life; A Natural History of the Islands of the World. Garden City, N.Y., The Natural History Press.

Carlquist, S. 1974. Island Biology. New York, Columbia University Press.

Clements, F. E., and Shelford, V. E. 1939. Bio-ecology, New York, John Wiley & Sons, Inc.

Cracraft, J. 1974. Continental drift and vertebrate distribution. Ann. Rev. Ecol. Syst. *5*:215–261.

Darlington, P. J., Jr. 1957. Zoogeography: The Geographical Distribution of Animals. New York, John Wiley & Sons, Inc.

Davis, W. B. 1939. The Recent Mammals of Idaho. Caldwell, Idaho, Caxton Printers, Ltd.

Dice, L. R. 1943. The Biotic Provinces of North America. Ann Arbor, University of Michigan Press.

Dice, L. R. 1952. Natural Communities. Ann Arbor, University of Michigan Press.

Gentry, H. S. 1942. Rio Mayo Plants; A Study of the Flora and Vegetation of the Valley of the Rio Mayo, Sonora. Washington, D.C., Carnegie Institution, Publ. No. 527.

Goldman, E. A., and Moore, R. T. 1946. The biotic provinces of Mexico. J. Mamm. *26*:347–360.

Greenway, J. C., Jr. 1958. Extinct and Vanishing Birds of the World. Am. Comm. Internat. Wildlife Protection, Special Bull. No. 13; 1967, New York, Dover Publications Inc.

Grinnell, J. 1914. Barriers to distribution as regards birds and mammals. Am. Nat. *48*:248–254.

Guilday, J. E. 1967. Differential extinction during Late-Pleistocene and Recent Times. *In* Martin, P. S., and Wright, H. E., Eds. Pleistocene Extinctions: The Search for a Cause. Proc. VII Congr. Internat. Assoc. Quaternary Res., Vol. 6.

Guilday, J. E. 1968. Grizzly bears from Eastern North America. Amer. Midl. Nat. *79*:247–250.

Guilday, J. E., Martin, P. S., and McGrady, A. D. 1964. New Paris No. 4: A Late Pleistocene cave deposit in Bedford County, Pennsylvania. Bull. Nat. Speleological Soc. *26*:121–194.

Hagmeier, E. M., and Stults, C. D. 1964. A numerical analysis of the distributional patterns of North American mammals. Syst. Zool. *13*:125–155.

Hamilton, W. J., III. 1962. Reproductive adaptations of the red tree mouse. J. Mamm. *43*:486–504.

Handley, C. O. 1971. Appalachian mammalian geography—Recent Epoch. *In* Holt, P. C., Ed. The Distributional History of the Biota of the Southern Appalachians. Part III. Vertebrates. Res. Div. Monog. No. 4, Virginia Poly. Inst. and State Univ., Blacksburg, Virginia.

Hershkovitz, P. 1958. A geographical classification of neotropical mammals. Fieldiana: Zool. *36*:581–620.

Hershkovitz, P. 1972. The recent mammals of the neotropical region: A zoogeographic and ecological review. *In* Keast, A., Erk, F. C., and Glass, B., Eds. Evolution, Mammals, and Southern Continents. Albany, State University of New York Press.

Hickey, J. J., and Anderson, D. W. 1968. Chlorinated hydrocarbons and eggshell changes in raptorial and fish-eating birds. Science *162*:271–273.

Howard, W. E. 1964. Introduced browsing mammals and habitat stability. J. Wildlife Mgmt. *28*:421–429.

Howard, W. E. 1965. Control of Introduced Mammals in New Zealand. New Zealand Dept. Sci. Indust. Res., Info. Ser. 45.

Ingersoll, J. M. 1964. The Australian rabbit. Am. Scientist *52*:265–273.

Johnson, M. L. 1973. Characters of the heather vole, *Phenacomys*, and the red tree vole, *Arborimus*. J. Mamm. *54*:239–244.

Keast, A. 1971. Continental drift and the evolution of the biota on southern continents. Quart. Rev. Biol. *46*:335–378.

Keast, A., Erk, F. C., and Glass, B., Eds. 1972. Evolution, Mammals, and Southern Continents. Albany, State University of New York Press.

Kendeigh, S. C. 1932. A study of Merriam's Temperature Laws. Wilson Bull. *44*:129–143.

Layne, J. N. 1970. Climbing behavior of *Peromyscus floridanus* and *Peromyscus gossypinus*. J. Mamm. *51*:580–591.

Layne, J. N., and Ehrhart, L. M. 1970. Digging Behavior of Four Species of Deer Mice *(Peromyscus)*. Amer. Mus. Nov. No. 2429.

Leopold, A. S. 1950. Vegetative zones of Mexico. Ecology *38*:507–518.

Mayr, E. 1972. Geography and Ecology as Faunal Determinants. *In* Voous, K. H., Ed. Proc. XV Internat. Ornith. Cong. Leiden, E. J. Brill.

Merriam, C. H. 1892. The geographic distribution of life in North America. Proc. Biol. Soc. Wash. *7*:1–64.

Merriam, C. H. 1899. Life zones and crop zones of the United States. Bull. U. S. Biol. Surv. *10*:1–79.

Miller, A. H. 1951. An analysis of the distribution of the birds of California. Univ. Calif. Publ. Zool. *50:*531–644.

Miller, R. S. 1964. Ecology and distribution of pocket gophers (Geomyidae) in Colorado. Ecology *45:*256–272.

Myers, G. S. 1967. Zoogeographical Evidence of the Age of the South Atlantic Ocean. Studies in Tropical Oceanography, Miami, No. *5:*614–621.

Odum, E. P. 1971. Fundamentals of Ecology. 3rd Ed. Philadelphia, W. B. Saunders Co.

Peakall, D. B. 1974. DDE: Its presence in peregrine eggs in 1948. Science *183:*673–674.

Pitelka, F. A. 1941. Distribution of birds in relation to major biotic communities. Am. Mid. Nat. *25:*113–137.

Pitelka, F. A. 1969. Ecological studies on the Alaskan arctic slope. Arctic *22:*333–340.

Rausch, R. L. 1963. A review of the distribution of Holarctic Recent mammals. *In* Pacific Basin Biogeography. Proc. 10th Pac. Sci. Congr. Honolulu, Bishop Museum Press.

Salt, G. W. 1952. The relation of metabolism to climate and distribution in three finches of the genus *Carpodacus*. Ecol. Monog. *22:*121–152.

Schaller, G. B. 1967. The deer and the tiger: A study of wildlife in India. Chicago, University of Chicago Press.

Sclater, W. L., and Sclater, P. L. 1899. The Geography of Mammals, London, Kegan Paul, Trench, Trübner and Co., Ltd.

Shelford, V. E. 1932. Life zones, modern ecology, and the failure of temperature summing. Wilson Bull. *44:*144–157.

Shreve, F., and Wiggins, I. L. 1964. Vegetation and Flora of the Sonoran Desert. Stanford, Calif., Stanford University Press.

Tramer, E. J. 1974. On latitudinal gradients in avian diversity. Condor *76:*123–130.

Udvardy, M. D. F. 1969. Dynamic Zoogeography: With Special Reference to Land Animals. New York, Van Nostrand Reinhold Co.

Wallace, A. R. 1876. The Geographical Distribution of Animals. New York, Harper & Bros., 2 Vols.

Whittaker, R. H. 1975. Communities and Ecosystems. New York, Macmillan Publishing Co.

Capítulo **10**

Território e Comportamento Social

CONCEITO DE TERRITÓRIO

Nos capítulos anteriores, foram discutidas as características morfológicas gerais e especiais dos vertebrados. Também foram considerados a especiação, diferenciação subespecífica e clinas, assim como os fatores relacionados à distribuição das espécies, tanto cosmopolita, como local. Muitas destas informações foram acumuladas como resultado de estudos de material não vivo, preservado. Pode-se também examinar um espécime preservado de um vertebrado e determinar com bastante precisão, se se trata de um animal que voa, nada ou anda, se é herbívoro ou carnívoro e muitos outros aspectos, que podem caracterizá-lo em vida. Entretanto, não se pode dizer se ele migra ou não, se é monogâmico, polígamo ou poliândrico, que tipos de sons ele produz ou como ele reage a numerosos estímulos externos. Os que estudam o comportamento, portanto, devem trabalhar com animais vivos, registrando os dados com precisão e interpretar suas observações. Este capítulo refere-se à distribuição espacial dos indivíduos e ao comportamento destes em relação aos outros membros de sua espécie.

Durante séculos, o homem percebeu que, em certas espécies, os indivíduos têm áreas especiais ou territórios, em que eles vivem, e as defendem contra invasões de outros indivíduos da mesma espécie ou de espécies diferentes. Durante os últimos 60 anos, entretanto, o interesse sobre este assunto tornou-se cada vez maior. Uma das primeiras grandes contribuições foi feita em 1920 por H. Eliot Howard, que apresentou o conceito de território, baseando-se em estudos sobre várias aves inglesas. O trabalho de Howard estimulou a pesquisa sobre os padrões de comportamento de muitas outras aves, assim como os de mamíferos, peixes, anfíbios e répteis nos anos subseqüentes. Um dos grandes behavioristas da década de trinta foi Konrad Lorentz que publicou, em 1935, *"Der Kumpan in der Umvelt Des Vogels"* (O companheirismo na vida das aves).

Apesar de Howard não ter definido, especificamente, o que fosse um território na vida das aves, ele concluiu que havia uma área que o macho restringia seus movimentos, tornando-se proeminente e intolerante em relação aos machos da mesma espécie. A finalidade disto referia-se à prevenção da superpopulação e destinava-se também a assegurar a disponibilidade de alimento em quantidades adequadas, nas proximidades dos ninhos, para os filhotes. O rápido acesso ao alimento é um tópico, que foi acentuado, porque é necessário que os pais, ou um deles, dediquem muito tempo ao cuidado à prole, especialmente quando os filhotes são pequenos e o clima é rigoroso.

Em 1935, Mayr propôs a seguinte definição: "Território é uma área ocupada por um macho de uma espécie, que ele defende contra a invasão por outros machos da mesma espécie, e em que ele se apresenta conspicuamente". Este conceito é muito parecido com o de Howard. Pouco tempo depois, Tinbergen (1936) definiu o conceito de território sexual como uma área, que é defendida por uma ave, que luta contra indivíduos da mesma espécie e mesmo sexo, pouco tempo antes da formação de um vínculo sexual e durante esta fase. Na opinião de Tinbergen, esta luta serve para garantir objetos ou situações necessárias à reprodução. Noble (1939) dá uma definição muito mais ampla de território, quando ele afirma que "é qualquer área defendida". Em muitas circunstâncias, as aves exibem uma agressão territorial contra membros de outras espécies. Foi sugerido que as espécies de tamanhos semelhantes que são estreitamente simpátricas ou amplamente simpátricas, mas que ocupam diferentes habitats, sejam interespecificamente territoriais e tenham territórios mutuamente exclusivos. Em espécies de tamanhos semelhantes, que sejam amplamente simpátricas e ocupem o mesmo habitat, algumas serão interespecificamente, agressivas e outras, não. Mais tarde, foi sugerido por Pettingill (1946) que o território das aves desempenhasse quatro funções principais: (1) garantisse a proteção essencial, materiais para o ninho e alimento para o desenvolvimento dos filhotes; (2) protegesse o ninho, o parceiro sexual e os filhotes contra outros machos; (3) limitasse a população de uma comunidade de aves, de modo que sua capacidade de suporte não fosse excedida; (4) servisse como um meio de instigar o vínculo sexual (fêmeas atraídas pelo canto dos machos).

Das definições e explicações precedentes sobre o território das aves, é evidente que têm existido vários pontos de vista divergentes em relação a este conceito. Sabemos que nem todas as aves seguem estes padrões. Algumas desenvolveram sistemas sociais bastante complexos em que vários indivíduos participam. Em outras, o território do macho pode ter poucas relações, ou nenhuma, com a fêmea ou com o ninho. Entre os mamíferos, o território dos machos pode servir unicamente para a reprodução e não para uma boa proteção de fêmea e dos filhotes. Pode ou não haver vínculos sexuais. Isto também é verdade para muitas espécies de répteis, anfíbios e peixes.

É importante distinguir o território do raio de ação, que será discutido neste capítulo mais adiante. Este último termo refere-se a uma área que o indivíduo atravessa normalmente durante suas atividades regulares, como procura de alimento e não é necessariamente defendida. Isto não se aplica às espécies nômades, porque implica o elemento de permanência. Diferentemente do território, o raio de ação de um indivíduo pode incluir um terreno comum para a alimentação, utilizado por outros indivíduos.

Comunicação

Quando se estabelece um território, seja numa área fixa, como é o caso de muitas aves Passeriformes, seja numa área móvel, como é o caso de alguns herbívoros e pinipédios, quando o macho dominante se move com um grupo de fêmeas, é preciso haver *comunicação* entre os indivíduos. É difícil defini-la, mas foi sugerido (Catchpole, 1979) que "em geral, seja o processo por meio do qual o comportamento de um animal altere a probabilidade de algum comportamento do outro animal". Portanto, trata-se não apenas de se detectar um sinal, mas o comportamento do receptor deve ser, de algum modo, alterado. Esta alteração beneficia o emissor. A comunicação entre vertebrados pode envolver qualquer um dos sentidos. Os mais comuns são os visuais, auditivos e olfativos, mas o tato e até o contato elétrico são importantes para algumas espécies.

Entre alguns mamíferos e peixes, o olfato desempenha um papel importante na comunicação. Os mamíferos têm glândulas odoríferas bastante desenvolvidas, e a maioria tem o olfato aguçado. Freqüentemente, os territórios são marcados pela urina (que pode exalar cheiros) ou por exsudatos de várias glândulas tegumentares (veja capítulo 7). Os peixes têm um sistema olfativo bastante desenvolvido, que é capaz de detectar estímulos químicos bastante fracos. Definitivamente, ele serve como um mecanismo de orientação para a volta à casa e pode, possivelmente, funcionar para a manutenção do território, em algumas espécies.

A comunicação visual é importante para a maioria dos vertebrados territoriais. O comportamento agressivo e a ameaça são meios de impedir a invasão do território. Na maioria das espécies sociais, existe um sistema hierárquico, em que um adulto macho é dominante. Podem existir outros machos que são subdominantes, assim como fêmeas e animais mais jovens. Para muitos mamíferos, as pistas visuais têm importância fundamental para a manutenção da dominância. Apesar da vocalização ser o principal fator para as aves canoras, as pistas visuais e o *display* também são importantes. Para os pássaros, que não cantam, as pistas visuais são de importância crucial. Como os répteis, os anfíbios caudados e a maioria dos peixes não produzem sons, as espécies territoriais dependem amplamente do comportamento e do *display* para manter a possessão de seus territórios. Nos anuros, a vocalização é o principal meio para se anunciar a posição de um indivíduo, mas a visão de um intruso próximo pode estimular o comportamento agressivo, manifestado pela vocalização de um macho.

Sistemas sociais

Em todos os sistemas sociais, ocorre a seleção sexual dos machos. Existem animais solitários, como a maioria dos membros da família dos gatos, roedores do gênero *Geomys* e outros; existem ainda, muitas outras espécies de vertebrados em que tanto os machos como as fêmeas vivem sozinhos, exceto quando eles têm os filhotes. Os machos devem ter uma dominância suficiente para entrar no território das fêmeas, para se reproduzirem. Este sistema, apesar de pouco social, permite um espaço adequado para cada indivíduo e família.

O acasalamento durante a estação de reprodução, com o macho e a fêmea ocupando a mesma área, tem certas vantagens em relação à vida solitária. Um território é adquirido e, geralmente, é defendido pelo macho, pelo menos, até que os filhotes sejam auto-suficientes. Em tal relação, os machos estabelecem a dominância em seus próprios territórios sobre os animais de regiões adjacentes, que tentam entrar nesta área. Eles podem, ou não, auxiliar as fêmeas a cuidar dos filhotes. Este tipo de sistema social, e suas variações, é comum entre as aves e alguns mamíferos, assim como entre certos répteis e peixes.

Existem vários tipos de sistemas sociais nas espécies que vivem em grupos constituídos por mais de um casal. Os ninhos em colônia, como o das gaivotas ou andorinhas, podem ser encontrados em grandes agregados, mas eles representam, realmente, um grande número de casais, cujas necessidades espaciais são grandes o bastante para um ninho. Este deve ser suficientemente distante dos ninhos vizinhos para impedir que ocorram injúrias aos adultos ou ovos. Os ninhos sociais verdadeiros (não devem ser confundidos com os ninhos comunais) são incomuns entre as aves. Algumas exceções são vistas em algumas espécies de tecelões (família Ploceidae), na África. Foi sugerido (Collias e Collias, 1977, 1978) que os ninhos compostos, como os do tecelão social *(Philetairus socius)* (Fig. 10.1) forneça uma estimulação social e segurança contra a predação.

Muitos tipos de sistemas sociais evoluíram entre os mamíferos herbívoros e carnívoros. O ambiente e o alimento desempenharam um importante papel no desenvolvimento destes sistemas. As grandes sociedades dos mamíferos dependem de uma rápida comunicação. Um grupo de grandes herbívoros não poderia atuar com sucesso numa floresta. A maioria dos

Figura 10.1. Os ninhos de 50 ou mais tecelões sociais (*Philetairus socius*) podem estar sob um único teto e ser ocupados durante o ano todo (Fotografado em Namíbia, sudoeste da África.)

herbívoros, que habitam numa floresta, são solitários ou restringem-se a pequenos grupos. As espécies, que habitam um terreno aberto, onde existe uma boa visibilidade à longa distância, tendem a se reunir em grupos. O alimento é um outro fator, importante, visto que os grandes grupos sociais podem sobreviver apenas se houver alimento suficiente para todos. Como os predadores devem procurar presas vivas, seu problema, no que se refere à alimentação é bastante diferente do problema dos herbívoros, dos quais eles dependem. Muitos carnívoros são solitários ou vivem em casais. Alguns desenvolveram grupos cooperativos de caça em que existem vários adultos machos, além de fêmeas e filhotes. Isto garante uma maior eficiência para a caça, assim como uma maior proteção para os filhotes. Estes podem ser guardados pelas fêmeas, enquanto os machos caçam.

Apesar de alguns vertebrados serem territoriais durante a estação de reprodução ou durante o ano todo e, em alguns grupos, ter ocorrido o desenvolvimento de vários tipos de hierarquia social, existem outros, que vivem em grupos em que todos os indivíduos são iguais. Não existe ordem de hierarquia e nenhuma dominância. Isto é encontrado nos peixes de cardume. Algumas das espécies mais conhecidas deste tipo de peixes são o atum, a anchova, o arenque, a sardinha e outros. Na verdade, estima-se que 50 por cento de todas as espécies de peixes vivam em cardumes, quando jovens, e 25 por cento, durante toda a vida. Os cardumes também ocorrem em alguns cetáceos, principalmente golfinhos, e em aves migratórias, como aves aquáticas e marinhas, que voam em bandos. Nas espécies de peixes que vivem em cardumes, encontramos um grande número de peixes atraídos reciprocamente, que podem estar polarizados na mesma direção ou podem estar ordenados ao acaso e não-polarizados. Nenhum indivíduo domina o cardume e todos se movem sincronicamente. Uma organização igualitária, como esta, tem certas vantagens biológicas ou não seria tão comum. Ela aumenta a chance de se encontrar um parceiro. As probabilidades de um indivíduo ser capturado por um predador são menores para os peixes que vivem em cardumes do que para os peixes solitários, que se espalham, quando são atacados, segundo alguns observadores. O cardume representa uma vantagem para os peixes que vivem em águas abertas, onde existem poucos lugares para se esconder.

No texto a seguir, será feita uma tentativa de se dar exemplos de vários tipos de sistemas territoriais e padrões sociais, associados a eles, que surgiram nos diferentes grupos de vertebrados.

Aves

A vocalização é um dos principais meios de comunicação entre as aves. Varia desde a emissão de notas simples de chamado à emissão de cantos, que podem ser longas e complexas. As primeiras, geralmente, são emitidas por machos e fêmeas durante todo o ano. Geralmente, mas não sempre, o canto é produzido pelo macho e, geralmente, restringe-se à estação de reprodução, mas existem exceções. Entre as aves Passeriformes, o canto é uma das manifestações mais proeminentes em relação ao território. É um meio de se anunciar a posse e, como tal, é emitido nas divisas e, geralmente, de poleiros proeminentes. Muitos pássaros, que vivem em campos, onde os poleiros, geralmente, estão ausentes, cantam no ar. Isto é característico das cotovias, motocilídeos, alaudídeos e outros.

O canto dos pássaros foi tema de numerosos estudos recentes e determinou-se que muitos são extremamente complexos. Alguns pássaros podem ter um *repertório*, que pode variar de duas a centenas de variantes de canções, características da espécie. O instrumento usado para estes estudos é um *sonógrafo*. É um analisador especial de freqüências, que registra uma parte do som da fita num cilindro magnético giratório. Após um processamento posterior, é feito um registro num papel sensibilizado, num cilindro giratório, conectado ao cilindro magnético. O resultado é um *sonograma*, que indica a freqüência, duração e amplitude do canto (Fig. 10.2). Este método objetivo de se estudar o canto tornou possível a feitura de análises detalhadas deste meio de comunicação entre as aves.

Os padrões do canto parecem ser herdados em algumas espécies, mas, em muitas, são aprendidos. O isolamento dos filhotes de outros membros de sua própria espécie e a exposição ao canto de outros tipos relacionados podem resultar no desenvolvimento de padrões de canto deste último grupo. Alguns pássaros desenvolveram *dialetos* distintos em diferentes populações de uma mesma espécie. O padrão básico do canto é herdado, mas o dialeto local é aprendido. Por exemplo, os estudos de Marler e Tamura (1962 e 1964), Thorpe (1961), Baptista (1975) e outros, sobre as populações sedentárias de pardais (*Zonotrichia*

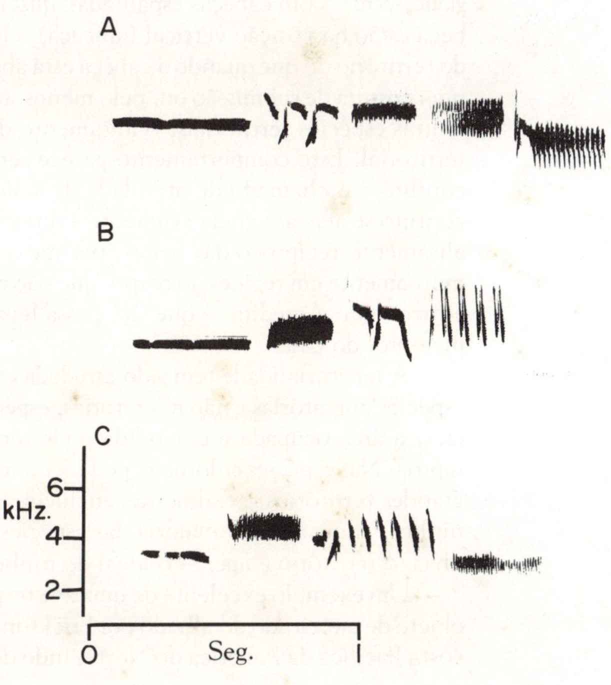

Figura 10.2. Sonogramas que mostram diferenças nas vocalizações entre as raças e dentro da mesma raça do pardal (*Zonotrichia leucophrys*). A. Canto de *Z. l. gambelii*, que se reproduz principalmente no Alasca. B. Canto de *Z. l. oriantha*, do lago Gardisky, Mono County, Califórnia. C. Canto de *Z. l. oriantha*, de Tioga Pass, Mono County, Califórnia, aproximadamente a 2 milhas do lago Gardisky (dados não publicados; cortesia de Luis Baptista).

leucophrys), do oeste da América do Norte, mostraram que existem muitos dialetos locais do canto básico. Estes dialetos são aprendidos durante um período crítico, que se estende da idade de 10 a 50 dias. No fim deste período, o filhote deixa os pais, com o *imprinting* do canto dos pais.

Existem certos pássaros que fazem dueto; tanto o macho, como a fêmea participam do canto. Em algumas espécies, ambos cantam ao mesmo tempo. A isto, dá-se o nome de canto *polifônico*. Algumas vezes, o canto dos membros de um casal é tão bem coordenado, que ele soa como se fosse produzido por um único pássaro. O canto, que é iniciado por um membro do casal e terminado pelo parceiro, é chamado de canto *antifônico*. No pássaro *Psophodes olivaceus* da região leste da Austrália, o canto consiste num assobio longo, que termina num som alto, semelhante a um estalar de chicote, que é produzido pelo macho, e seguido instantaneamente por duas notas. Estas últimas notas, geralmente, são produzidas pela fêmea, mas, ocasionalmente, o canto inteiro é produzido pelo macho. O dueto é comum entre os pássaros do gênero *Lanarius* da África oriental, os do gênero *Cossypha* e muitos outros. Já nos pássaros *Tachyphonus darnaudii*, dois ou mais indivíduos se defrontam um com o outro e repetem um canto de quatro notas em coro.

Tem havido muitas especulações sobre a função do dueto. É mais comum nas espécies tropicais, que se reproduzem em vegetações densas, que são monogâmicas, apresentando pouco dimorfismo sexual na plumagem, e que mantêm o território durante o ano todo. Isto poderia sugerir que o dueto seja importante para a manutenção do vínculo sexual num ambiente, em que a visibilidade é pequena. Entretanto, como muitas espécies, que fazem dueto, cantam juntos, estes cantos podem ser territoriais e dirigidos para outros indivíduos.

As aves não Passeriformes podem servir-se da comunicação visual, assim como de vários tipos de vocalização, que não o canto, para expulsar os invasores de seu território. Os estudos detalhados sobre o comportamento de gaivotas mostraram que alguns chamados servem para intimidar o intruso, mas, se este chamado for emitido pelo invasor, ele estimula o comportamento agressivo do residente. Outros chamados podem não estimular a agressão. A postura desempenha um papel importante no comportamento territorial destas aves, que vivem em colônias. A cabeça é importante tanto para a manifestação da agressão, como para a corte. Os experimentos em colônias de reprodução com modelos de gaivotas *(Larus glaucescens)*, com cabeças espalhadas ajustáveis, mostraram que, quando o pescoço e a cabeça estão na posição vertical (ameaça), eles estão sujeitos a mais ataques pelos residentes do território do que quando a cabeça está abaixada. Esta última postura em alguns animais é uma postura de submissão ou, pelo menos, representa um menor nível de agressividade. Em muitas espécies territoriais, o alisamento das penas e a alimentação seguem-se ao *display* territorial. Este comportamento parece ser irrelevante para qualquer das tendências do conflito e é chamado de atividade de *deslocamento*. Durante esta fase, os indivíduos em conflito se afastam gradativamente e dirigem-se para as áreas de suas próprias moradias. O alisamento recíproco das penas, por meio do qual os membros de um casal se acariciam mutuamente em regiões do corpo, que não podem ser alcançadas pelo bico do parceiro, não é incomum. Acredita-se que isto possa levar à sublimação de impulsos agressivos entre os membros do casal.

A territorialidade tem sido estudada em muitas espécies diferentes de aves, incluindo espécies migratórias e não migratórias, espécies coloniais e não coloniais. Em algumas espécies, a área ocupada e defendida pode ser grande como, por exemplo, entre as aves de rapina. Nas espécies coloniais, pode ser uma questão de até mesmo poucos centímetros. Os grandes territórios, geralmente, incluem áreas de alimentação, assim como os locais dos ninhos, enquanto, na maioria das espécies coloniais, como em aves marinhas ou andorinhas, o território é apenas o local do ninho.

Um exemplo excelente de uma ave territorial residente é o de *Chamaea fasciata*, que foi objeto de um estudo detalhado por Erickson (1938) (Fig. 10.3). Esta é uma espécie restrita à costa Pacífica da América do Norte, indo desde as proximidades do rio Columbia, no oeste do Oregon, estendendo-se para o sul até o norte da Baja Califórnia. Pertence à família monotípica Chamaeidae; segundo alguns acreditam, esta família está relacionada com a família Timaliidae ou tordos do Velho Mundo.

Chamaea fasciata vive em matas ou chaparrais e, raramente, aventura-se, ainda que por poucos centímetros, para regiões abertas. Uma vez que um casal tenha estabelecido um território que, em média, mede aproximadamente, oito décimos de acre, mas que pode variar de meio acre a dois acres e meio, os membros permanecem aí durante a vida toda. Portanto, eles são monogâmicos e estritamente residentes. O canto é praticado durante o ano todo, principalmente, pelo macho. Serve para anunciar o território para os outros membros da espécie e indicar a localização para o parceiro, se o macho e a fêmea estiverem separados. Ambos os membros do casal movem-se pelo território e o defendem contra invasores.

Também existem espécies comunitárias, que são residentes e conservam o território durante o ano todo. O anu de bico liso *(Crotophaga ani)*, um membro da família dos cuculídeos, conhecido pelos seus hábitos parasitários, representa um exemplo disto (Fig. 10.4). Este pássaro é encontrado nas Antilhas, na América Central e nas regiões tropicais da América do Sul. Davis (1940) fez um estudo interessante sobre esta espécie em Cuba. Neste estudo, ele encontrou que os bandos, geralmente, se compõem de aproximadamente 7 pássaros, apesar do número poder variar de um par a até 24 indivíduos.

Cada bando possui seu próprio território, que é defendido contra invasores. Cada território contém uma região para a reprodução e para a alimentação. A primeira é dominada por algumas árvores espessas, e a última é constituída essencialmente por savanas. Os membros do bando permanecem na região de alimentação durante o dia e dormem juntos em árvores densamente foliadas, à noite. Freqüentemente, as aves alisam-se com o bico e parecem bastante solícitas em relação ao bem-estar de outras. Tanto os machos, como as fêmeas participam na defesa do território, o que é feito, afugentando-se o intruso, ou atacando-o. Quando atacam o intruso, as aves voam em grupos de árvores para árvores, emitindo um chamado peculiar. Isto pode resultar numa luta, se o intruso não deixar o território. Algumas vezes, um estranho pode ser aceito na colônia, depois de ter sido afugentado durante vários dias. Apesar dos anus terem várias notas de chamado, eles não têm nenhum canto para anunciar seus territórios. Apesar dos limites territoriais serem estritamente adjacentes, os bandos vizinhos, geralmente, não lutam entre si.

Como pode ser deduzido do estudo de Davis sobre o anu-de-bico-liso, esta espécie é absolutamente territorial, mas seu território não está de acordo com a maioria das definições dadas previamente. Neste caso, o território se define como um pedaço de terra, defendido pela comunidade de aves, incluindo aves de ambos os sexos, contra outros membros da mesma espécie, de ambos os sexos, durante todo o ano.

O pica-pau *Melanerpes formicivorus*, uma espécie que se distribui na região oeste da América do Norte, desde o Oregon até o Panamá, apresenta dois padrões diferentes de comportamento social. Na maior parte desta região, estes pica-paus vivem em grupos de até 12 e mantêm territórios durante o ano todo. Existe uma defesa comunitária do território e uma procriação comunitária; todos os membros do grupo alimentam os filhotes num único ninho. Além disso, os frutos do carvalho, que são colhidos, são armazenados em buracos de uma ou duas árvores do território, durante o outono. Este armazenamento provê o alimento necessário, durante o inverno.

No sudeste do Arizona, existe uma população de pica-paus em que não se forma grupos comunitários, mas a maioria das aves procria em pares. O território não é mantido, quando a estação termina e não se armazenam frutos do carvalho em buracos para o inverno. Em vez disso, os pássaros abandonam a região no outono e não retornam antes da primavera seguinte. Este duplo sistema social numa mesma espécie é, na maioria das vezes, infreqüente.

Uma variação interessante do comportamento territorial é apresentada pelo tiranídeo *Muscivora fortificata*, que se reproduz na região sudoeste dos Estados Unidos e passa o

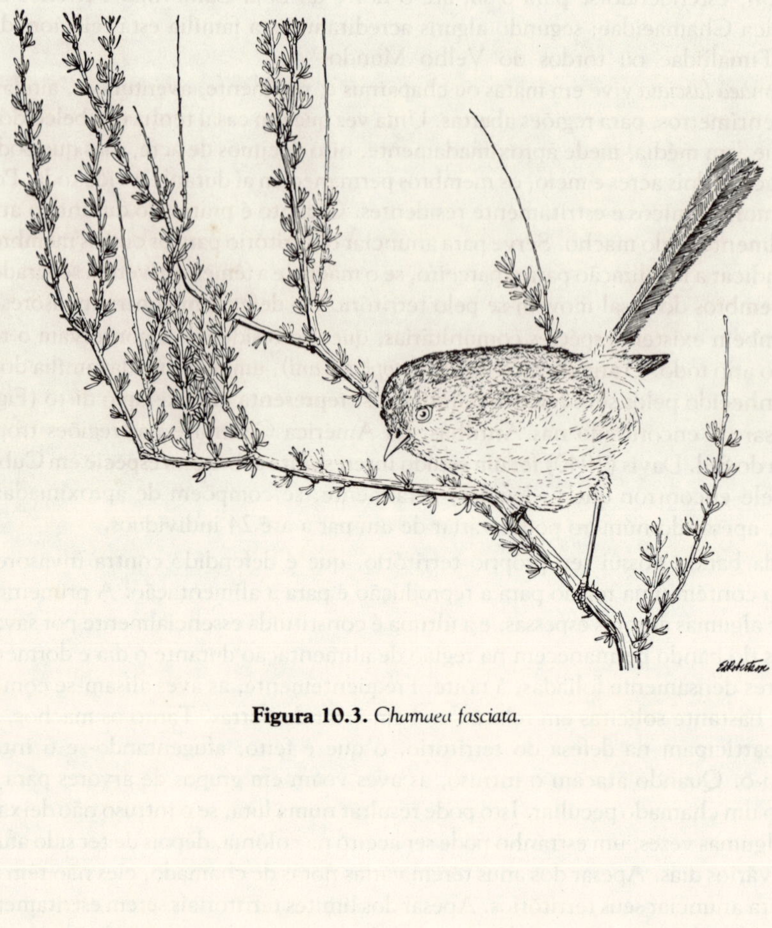

Figura 10.3. *Chamaea fasciata.*

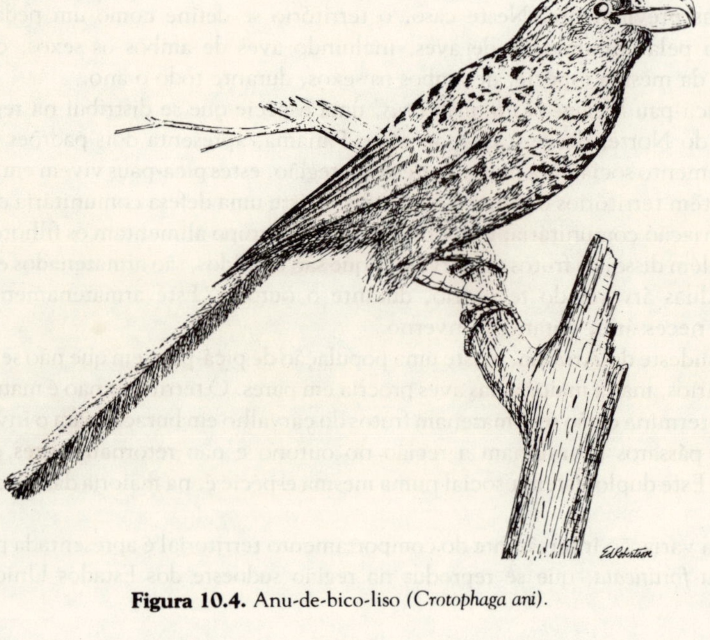

Figura 10.4. Anu-de-bico-liso (*Crotophaga ani*).

inverno na América Central (Fitch, 1950). Durante o dia, o macho é estritamente territorial e defende seu território de procriação contra a invasão por outros machos. Durante a noite, entretanto, todos os machos de uma região se unem às fêmeas sem companheiro e aos filhotes num poleiro comunitário, que consiste de uma árvore específica. Foram observados até 250 indivíduos virem para um único poleiro, antes do anoitecer. Pela manhã os machos retornam a seus respectivos territórios e o defendem durante todo o dia.

Emlen (1954) mostrou que duas alterações de comportamento parecem estar envolvidas com o estabelecimento do território. Estas alterações são a localização da atividade e uma maior intolerância com os companheiros. Em muitas aves coloniais, apenas a primeira modificação é aparente. Isto é especialmente verdadeiro, em relação a aves, como o albatroz, certas andorinhas-do-mar e gaivotas, atobás e algumas outras aves marinhas. Muitas aves deste tipo apresentam uma distribuição ampla, fora da estação de reprodução, visto que dispõem de um abastecimento abundante de alimento no mar; mas elas se limitam a determinadas ilhas ou regiões da costa para a formação de ninhos (Figs. 10.5 e 10.6). Em conseqüência, tornam-se coloniais nesta época. Como foi demonstrado por Summers-Smith (1954), isto apresenta vantagens e desvantagens. Apesar de parecer que uma colônia de reprodução seja mais facilmente localizada por predadores, a maioria das espécies coloniais forma seus ninhos em locais bastante inacessíveis (Fig. 10.7). Muitas aves marinhas coloniais formam seus ninhos em ilhas distantes da praia, onde não existem predadores mamíferos, exceto os introduzidos pelo homem. Pode-se obter maior proteção contra aves predadoras, como gaivotas, se todos os indivíduos participarem. Muitas aves não marinhas coloniais, como as andorinhas e andorinhões, dispõem seus ninhos em locais inacessíveis ao ataque de predadores terrestres.

Figura 10.5. Aves marinhas coloniais em reprodução, como o mergulhão *(Phalacrocorax penicillatus)* desta fotografia, tendem a se distribuir em todo o habitat limitado disponível (Fotografia tirada nas ilhas Farallon, Califórnia por O.J. Heinemann. Cortesia da Academia de Ciências da Califórnia.)

Figura 10.6. As andorinhas-do-mar (*Thalasseus elegans*) distribuem-se, de modo que cada indivíduo fique fora do alcance do bico do vizinho (Fotografado na ilha Raza, mar de Cortez, México.)

O fato de que certas espécies procriem em colônias não exclui o estabelecimento de áreas defendidas. Em andorinhas (*Petrochelidon pyrrhonota*), que são bastante coloniais, o território escolhido pelo macho é o local do ninho (Fig. 10.8). Quando o ninho está construído, suas paredes de barro oferecem proteção em cinco faces e apenas a sexta, ou a extremidade aberta, precisa ser defendida. Segundo Emlen (*op. cit.*), "a extensão do

Figura 10.7. Atobás (*Morus bassunus*) incubando ovos em bordas de penhascos, um acima do outro, na ilha de Knoss, ilhas Shetland.

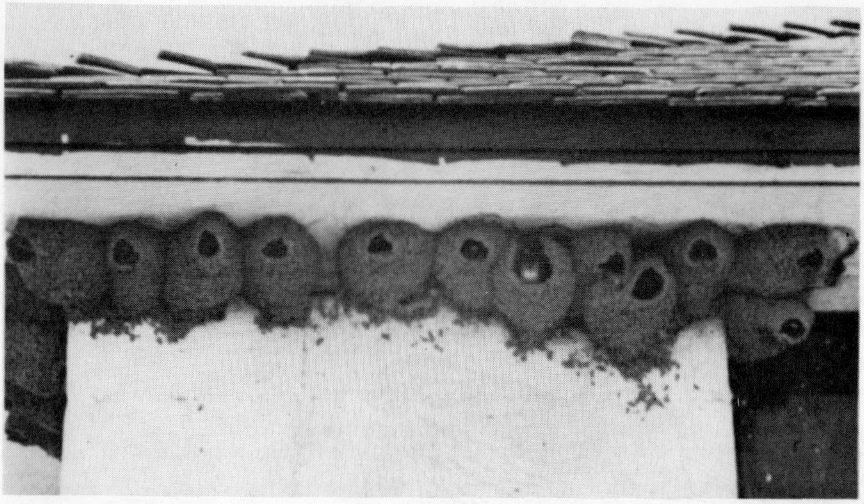

Figura 10.8. Os ninhos de barro da andorinha (*Petrochelidon pyrrhonota*) localizam-se freqüentemente sob as bordas dos telhados. As cabeças de alguns dos ocupantes podem ser vistas na entrada dos ninhos, nesta fotografia (Fotografia de Allan Cruickshank.)

território defendido, ao redor do ninho, foi determinada aparentemente pelo alcance do bico, a partir da borda do ninho, uma distância de aproximadamente dez centímetros". Nesta espécie, assim como em muitas outras espécies, os membros da colônia compartilham a área de alimentação, que pode alcançar até muitas milhas, a partir do local do ninho.

Uma das maiores contribuições para o nosso conhecimento sobre o território das aves foi dada por Nice (1943), como resultado de seus estudos sobre *Melospiza melodia*, em Ohio. Este pássaro tem uma distribuição ampla na América do Norte, do Alasca até o México (Fig. 10.9). Seu comportamento varia, pelo menos, em parte, nas diferentes regiões de sua distribuição. Algumas das populações do norte são migratórias, voando para o sul, para alcançar regiões temperadas, durante o inverno. Na região sul das áreas em que existem pássaros desta espécie, em geral, eles são residentes. Em Columbus, Ohio, onde Nice fez seus estudos, alguns pássaros permaneciam residentes e não coloniais durante o ano, enquanto outros se tornaram migradores e voavam em grupos durante o outono. A mudança do comprimento do dia e o clima são considerados os fatores mais importantes para a determinação do comportamento destas aves.

Estes pássaros são bastante territoriais durante 7 a 8 meses. Entretanto, a defesa territorial assim como a defesa de sua companheira e do ninho estão sob a responsabilidade do macho. À fêmea, cabem a construção do ninho, a incubação e o cuidado com os filhotes, apesar do macho colaborar nesta última tarefa. Aproximadamente quatro quintos das fêmeas, na fase de reprodução, em Columbus, migram durante o inverno; metade dos machos também o fazem. Os machos residentes tendem a permanecer no território estabelecido ou próximo a ele, apesar deles não o defenderem durante o inverno. Entretanto, o clima desempenha um importante papel; o tempo frio, no outono, estimula a migração e também estimula o vôo em bandos das aves não migradoras, durante o outono e inverno. O tempo quente exerce o efeito oposto.

O fringilídeo *Plectophenax nivalis*, estudado por Tinbergen (1939b), na Groenlândia, representa uma espécie que é territorial apenas no verão; fora da estação de reprodução, torna-se migradora e voa em bando (Fig. 10.10). Na região leste da Groenlândia estes passarinhos machos, ainda durante o processo de aquisição da plumagem de verão, chegam aos bandos nos fins de março. Nos fins de abril, os bandos se desfazem. Os machos tornam-

Figura 10.9. O fringilídeo *Melospiza melodia.*

se solitários e estabelecem seu território. Os machos anunciam seus territórios pelo canto em lugares especiais como rochas, de onde podem ver o território adjacente. Cada macho dorme em seu território, que é recoberto de neve nesta época do ano, e ataca qualquer outro macho que invada seu território. Os machos, quando defendem o território, cantam enquanto voam, perseguindo os invadores. As fêmeas não chegam antes do fim de abril e primeiro voam em bandos. Subseqüentemente, ocorre a formação dos casais e as atividades para a procriação prosseguem.

Figura 10.10. O fringilídeo *Plectrophenax nivalis.*

Como já foi citado previamente, Tinbergen considera o território como uma área em que ocorre a luta sexual. No caso de *Plectrophenax nivalis*, a fêmea constrói o ninho, mas não sempre dentro do território defendido pelo macho. Freqüentemente, o alimento é conseguido fora do território. Algumas vezes, isto ocorre numa região neutra, mas, ocasionalmente, o alimento é obtido no território de um outro macho, em que a ave invasora pode ser tolerada, se não estiver cantando.

Nos vários exemplos dados de territorialidade entre aves com ninhos abertos, a seleção do território precede a construção do ninho, tenha ele algumas polegadas ou acres. Nas aves, cujos ninhos são primariamente buracos, como foi mostrado por von Haartmann (1957), a seleção do local do ninho se dá em primeiro lugar. Depois desta escolha, é que a defesa do território se manifesta.

As aves foram consideradas, inicialmente, na discussão sobre território por várias razões. Sabe-se mais sobre seu comportamento do que sobre outros grupos de vertebrados. Elas são mais adequadas para o estudo de campo, porque vivem na terra e água, são diurnas, na maior parte das vezes, sobressaem-se de seu meio e, em geral, anunciam sua presença por emissões vocais, freqüentemente, na forma de canto.

Mamíferos

Como a maioria dos mamíferos pequenos tem hábitos noturnos e crípticos, é difícil estabelecer se eles têm um comportamento territorial, no sentido de defender uma área definida. Para determinar experimentalmente se os camundongos usam pistas olfativas para reconhecer os limites territoriais, foram colocados machos num recinto de plástico, com o chão móvel. Depois que os territórios foram estabelecidos, o chão foi mudado de posição, de modo a alterar a forma dos territórios. Os camundongos reagiram como se os limites tivessem sido mudados, indicando que o odor é um fator determinante.

Os estudos feitos com gambás *(Didelphis marsupialis)* por Fitch e Sandidge (1953), em Kansas, não conseguiram demonstrar nenhuma evidência de comportamento territorial. Indivíduos de diversas idades e de ambos os sexos ocupavam juntos a mesma área.

Em certos grupos de roedores, notavelmente, nos membros da família Heteromyidae (ratos-canguru e espécies aparentadas) e da família Geomyidae, muitas espécies, pelo menos, parecem ser solitárias durante a maior parte do ano. Se eles mantêm territórios comparáveis aos de algumas aves é assunto para investigações posteriores.

Linsdale e Tevis (1951), no seu estudo com o roedor *Neotoma fuscipes*, mostraram que estes animais dependem de suas casas para sua existência; estas consistem de pilhas cônicas de gravetos, situados no solo ou em árvores. Cada rato guarda sua casa durante a maior parte de sua vida e a defende por intermédio de lutas. Fitch (1958) verificou o mesmo, estudando *Neotoma floridana* e afirmou que "A casa pode ser considerada como constituindo um pequeno território". Apesar da área de alimentação, próxima à casa, também ser defendida, parece não haver nenhum limite territorial definido com precisão.

A organização em colônias é muito mais comum em mamíferos diurnos, especialmente naqueles que vivem em áreas abertas. Existem várias espécies de esquilos-do-chão (família Sciuridae), tanto no Velho Mundo, como no Novo Mundo, que vivem em "colônias". Em geral, estas colônias consistem de muitas tocas, concentradas numa área pequena; cada toca é ocupada por um único indivíduo que a defende, incluindo a área imediatamente adjacente a ela. As áreas de alimentação são comuns e são compartilhadas por vários indivíduos.

Entre as espécies do gênero *Cynomys*, um outro grupo pertencente à família Sciuridae, encontra-se um sistema colonial mais abrangente, na região oeste da América do Norte. Podem existir agregações de mais de mil indivíduos em assim chamadas "cidades". Estas são subdivididas em unidades básicas menores de até 30 animais ou mais. Nesta unidade, há um macho dominante e, freqüentemente, um macho subdominante, duas ou três fêmeas adultas e muitos filhotes. Os membros de cada unidade básica defendem seu território contra os membros das unidades vizinhas.

A maioria dos primatas é organizada em grupos sociais, constituídos de um ou mais machos, um dos quais é dominante, muitas fêmeas, jovens e filhotes. Os primatas Neotropicais habitam as florestas. As observações feitas por Altmann (1959) e outros sobre os bugios *(Alouatta palliata)*, nas regiões tropicais da América, mostraram que grupos pequenos e permanentes destes animais ocupam territórios definidos. A defesa consiste, primariamente, de vocalizações emitidas pelos machos, quando invasores se aproximam dos limites territoriais.

Nos últimos anos, foram feitos muitos estudos sobre o comportamento de primatas do Velho Mundo, tanto em condições naturais, como em condições controladas. Muitas espécies são sociais e permanecem em grupos definidos, que são relativamente estáveis. Qualquer indivíduo estranho, que tente entrar num grupo social, é desafiado e recebido com agressão. A intensidade da agressão e a composição dos que tentam expulsar o intruso dependem da idade e do sexo deste. Entre os grupos de babuínos, por exemplo, uma fêmea adulta, que tente entrar no grupo, representa uma ameaça para as outras fêmeas adultas, que a desafiam. Do mesmo modo, os adultos machos são ameaçados, com maior freqüência, por outros adultos machos. Entretanto, todos os membros de um grupo podem desafiar qualquer intruso. Os animais mais jovens têm menos probabilidades de serem desafiados, desde que não queiram alcançar uma posição social.

O *display* de agressão entre os mandris machos e os babuínos, geralmente, consiste num bocejo para exibir seus caninos acentuadamente longos e pontudos, acompanhado por um fechamento dos olhos para mostrar suas pálpebras esbranquiçadas, o que pode ser seguido pelo contato físico e luta acentuada. Esta ação agressiva tem o papel não apenas de auxiliar a manutenção das unidades sociais isoladas, mas também de manter a estabilidade dentro dos grupos individuais e organizações sociais, com um macho como líder, seguido por machos subdominantes, fêmeas e filhotes.

Em algumas espécies de primatas, os movimentos dos grupos sociais não são estritamente restritos, mas, em outras, parece haver territórios definidos. Schaller (1963) concluiu que o raio de ação de grupos de gorilas das montanhas em Kabara, é de aproximadamente 10 a 15 milhas quadradas para cada grupo.

Entre os pinipédios, existem exemplos notáveis de espécies territoriais; entre elas, encontra-se a foca *Callorhinus ursinus* (Fig. 10.11). Na América do Norte, estes animais se reproduzem nas ilhas de Saint Paul e Saint George, no mar de Bering. Fora da estação de reprodução, estas focas são pelágicas e se distribuem amplamente no norte do Oceano Pacífico. Em abril ou maio, os adultos machos migram para as colônias da costa de Pribilof e demarcam os territórios, que variam de 3 a 9 metros de diâmetro.

Uma vez que os machos tenham vindo para a costa e estabelecido os territórios, eles permanecem lá durante um período de tempo considerável e são chamados de mestres do harém. Como as fêmeas só chegam entre o início de junho e o meio de julho, o mestre do harém pode ter de defender seu território, durante um mês, ou mais, antes da chegada das fêmeas. Apesar da defesa consistir, na maioria das vezes, em correr do centro do território para a periferia, pode ocorrer uma luta. Os machos com territórios adjacentes podem unir-se para expulsar um intruso.

Quando as fêmeas começam a chegar, os machos, que estão mais próximos da água, são os primeiros a formar o harém. Em média, no harém, existem de 40 a 50 fêmeas. Cada fêmea dá à luz a um filhote, poucos dias após a sua chegada, e se acasala novamente logo depois.

Como os machos têm de estabelecer seus territórios e mantê-los antes da chegada das fêmeas e, posteriormente, manter e defender seus haréns, eles devem permanecer sem alimento e água durante muitos dias, vivendo da gordura acumulada. O período médio de

Figura 10.11. Machos de focas *(Callorhinus ursinus)* com seus haréns de fêmeas e filhotes. (Fotografado na ilha de St. Paul, mar de Bering, Alasca.)

obrigações para cada dono de harém é de 31 dias, apesar de alguns permanecerem em guarda por mais de dois meses.

Pode ocorrer que alguns machos não sejam bem sucedidos para manter o território. Estes indivíduos inativos reúnem-se nos cantos das colônias e, freqüentemente, tentam apossar-se dos haréns de outros machos. À medida que a estação progride e os donos dos haréns tornam-se mais fracos e debilitados em decorrência das muitas semanas de vigilância, os outros machos tornam-se melhor sucedidos. Por volta de agosto, a defesa territorial diminui e os machos sem territórios e os subadultos podem assumir as fêmeas, que chegam mais tarde.

Territórios semelhantes, que consistem principalmente de haréns de fêmeas, são mantidos durante a estação de reprodução por alguns outros pinipédios, especialmente o leão-marinho de Steller *(Eumetopias jubata)* (Fig. 10.12) e o leão-marinho da Califórnia *(Zalophus californianus)* da América do Norte.

O comportamento do elefante-marinho *(Mirounga angustirostris)*, durante a estação de reprodução, difere do da maioria dos outros pinipédios do hemisfério norte (Fig. 10.13). Nesta espécie, os machos dominantes não mantêm um território espacial, mas existe uma hierarquia social, essencialmente como nas aves domésticas; neste caso, os machos, que ocupam as posições sociais mais altas, podem ficar com as fêmeas reprodutoras. Os locais específicos não são defendidos, mas os machos se dirigem para onde houver o maior número de fêmeas e não permitem que outros machos invadam seu harém. Em conseqüência disto, a maioria das fêmeas é fecundada por um número relativamente pequeno de machos.

Os estudos, feitos recentemente pelo Dr. Roger S. Payne, da Universidade de Rockefeller, indicam que as baleias podem ter territórios marinhos, do mesmo modo que certos animais terrestres. Ele registrou sons subaquáticos da baleia *Megaptera novaeangliae* e encontrou um padrão definido de vocalização. Uma "canção" simples pode durar de 5 a 30 minutos e ser repetida uma vez por hora. Foi sugerido que isto possa ser a declaração do território, do mesmo modo que o canto das aves. Foi registrada na mesma localidade de Bermuda, há dois anos, uma canção que parece ter sido produzida por esta baleia.

Figura 10.12. Um leão-marinho de Steller (*Eumetopias jubata*), ligeiramente à esquerda, com um harém de fêmeas, algumas das quais com filhotes. Esta espécie é encontrada no norte do oceano Pacífico.

Os grandes mamíferos com cascos, especialmente na região leste da África, onde existem muitos herbívoros, apresentam muitos tipos de comportamento territorial, que variam desde espécies que são essencialmente solitárias até espécies que são muito gregárias.

O rinoceronte preto (*Diceros bicornis*) é uma espécie, que não parece ter um território, mas que possui um raio de ação bem definido. Um macho apresentará um comportamento

Figura 10.13. Um elefante marinho (*Mirounga angustirostris*), com seu harém de fêmeas e filhotes. O macho está emitindo um som, como desafio à presença de seres humanos. A fêmea do primeiro plano acabou de jogar areia no ar com sua nadadeira anterior direita. Esta espécie reproduz-se nas ilhas costeiras, desde o centro da Califórnia até o nordeste do México.

bastante agressivo e atacará violentamente se um outro macho entrar na área alimentar. Isto, raramente, ocorre entre machos vizinhos que são familiares. Dois machos podem, até mesmo alimentar-se em conjunto ou deitar-se um perto do outro. A zebra (*Equus burchelli*), como o rinoceronte preto, também não é verdadeiramente territorial, mas cada rebanho é dominado por um garanhão e mantém um raio de ação, que pode ser muito amplo e sobreposto a de outros rebanhos. Contudo, raramente, ocorrem agressões entre os rebanhos.

No impala (*Aepyceros melampus*), um dos antílopes de tamanho médio mais bonitos do leste da África, as fêmeas não apresentam cornos. Os machos adultos defendem os territórios por algum tempo. Os machos não-reprodutores e os imaturos formam rebanhos de solteiros em que existe um sistema hierárquico definido. Os machos de seis meses de idade são subordinados aos de um ano e estes, aos machos adultos. Entre estes últimos, a dominância é determinada por lutas. O macho dominante, que passou pelos vários estágios de subordinação, é o que pode desafiar o macho de um território e derrotá-lo. As fêmeas permanecem em bandos. Quando o bando entra no território estabelecido por um macho, ele tenta mantê-las neste território, mas dedica mais tempo às fêmeas, que estão no cio. Se o bando começa a andar, o macho permanece no seu território.

Walther (1978) realizou um estudo completo sobre o comportamento territorial e outras atividades da gazela de Thomson (*Gazella thomsoni*) no Parque Nacional de Serengeti, na Tanzânia, onde sua população é estimada em aproximadamente 600.000 animais. Ambos os sexos possuem cornos. Os machos reprodutores estabelecem territórios e exibem vários comportamentos agressivos em relação a outros indivíduos da mesma espécie (Fig. 10.14). Os territórios são marcados com urina e fezes, além da secreção proveniente das glândulas pré-orbitais. Os *encontros agonísticos* (interação entre dois ou mais indivíduos em que, pelo menos, um exibe um comportamento agressivo) entre o macho de um território e um outro macho adulto, geralmente, têm três seqüências. Inicialmente, ocorre uma ameaça recíproca com os cornos, em que um ou ambos os animais ameaçam. A isto, segue-se o contato direto entre os cornos, que pode terminar num ritual de pastagem ou retirada de um dos combatentes. Este pode andar ou correr, se o macho vencedor o perseguir.

No gerenuk (*Litocranius walleri*), um antílope gracioso, com um longo pescoço, a fêmea não apresenta cornos e todos os machos adultos possuem territórios, que são essencialmente os mesmos que seus raios de ação. Não existem grupos de solteiros. A defesa territorial e o comportamento agonístico são semelhantes aos de outros antílopes.

A grande maioria dos carnívoros maiores é solitária e mantém territórios durante o ano todo (Fig. 10.15). Apesar de poder ocorrer sobreposição dos territórios de vários indivíduos, eles, geralmente, organizam suas atividades de tal modo que eles não se encontrem nos

Figura 10.14. Primeira fase do comportamento agressivo entre adultos machos de gazelas de Thomson (*Gazella thomsoni*). (Fotografado no Quênia, África oriental.)

Figura 10.15. Em geral, os ursos são solitários, com exceção das fêmeas e dos filhotes. Esta fotografia ilustra uma postura agressiva de um urso pardo fêmea *(Ursus arctos)* com o filhote. Fotografado em Revelstoke, Britsh Columbia, onde um guarda-florestal havia sido morto duas semanas antes por um urso pardo fêmea e seu filhote.

territórios comuns. Entre os felinos, o leão *(Panthera leo)* constitui uma exceção em relação ao fato de ser um animal social, que vive em grupos, que podem ser constituídos por mais de 30 indivíduos, mas que, em geral, são menores. Neste grupo, existem de um a quatro machos adultos, várias fêmeas adultas, subadultos e filhotes. Estes grupos, geralmente, se subdividem em grupos menores dentro do território, mas todos os membros do grupo maior são aceitos nestes subgrupos. Apesar da composição dos grupos maiores ser bastante constante, a composição dos subgrupos podem mudar diariamente. As fêmeas nunca abandonam o grupo, mas os machos o fazem depois de alguns anos. A dominância não é nitidamente definida entre os leões. Os machos são consideravelmente maiores que as fêmeas, mas estas, geralmente, iniciam as caçadas em que, freqüentemente, vários indivíduos participam (veja capítulo 15). Existem poucos sinais de submissão entre os membros de qualquer grupo.

Encontra-se um tipo muito interessante de comportamento social entre alguns membros da família Canidae, como os lobos do hemisfério Norte, o dhole da Ásia e o cão selvagem da África. Estes animais vivem em grupos sociais, comumente chamados de *matilhas*, e desenvolvem a caça cooperativa, compartilhando o alimento. A caça é realizada, principalmente, pelos machos, que agem em conjunto, mas o alimento é repartido com as fêmeas e os filhotes. Os cães selvagens *(Lycaon pictus)*, que vivem em savanas, na África, diferem dos cães verdadeiros por apresentarem quatro dedos nos pés, em vez de cinco. Têm hábitos diurnos e vivem em grupos de 6 a 20, ou mais; comunicam-se através de muitos tipos diferentes de vocalização. Nas planícies de Serengeti, na Tanzânia, cada matilha caça numa área de aproximadamente 1.700 quilômetros quadrados. A matilha é dominada por machos adultos, que excedem as fêmeas em número de um ou dois. Estes machos não abandonam a matilha, de modo que são todos aparentados entre si, ao contrário das fêmeas que abandonam as matilhas em que nasceram. O tamanho médio de uma ninhada é de 10 filhotes, mas pode chegar a ser de 16, de modo que é suficiente apenas uma fêmea, que se reproduza. Uma vez que a fêmea obtenha dominância sobre suas rivais, raramente, ela é afastada. Quando os machos de uma matilha estão caçando, eles escolhem uma presa, que pode ser uma zebra, um gnu ou um antílope, e iniciam a caça, sendo que o cão líder pode correr a até 90 quilômetros por hora. Quando ele se cansa, um outro cão, que tenha corrido por caminhos mais curtos, toma o seu lugar. Quando a presa é alcançada, eles rasgam-na em pedaços até que ela caia. Um impala ou um antílope pode ser consumidos em apenas alguns minutos e todos participam. Na volta à matilha, cada um deles regurgita a carne semidigerida para as fêmeas e os filhotes.

Um tipo mais singular de território é encontrado entre os lagomorfos do gênero *Ochotona* (Fig. 10.16). Existem aproximadamente 14 espécies viventes deste gênero. Duas delas ocorrem no leste da América do Norte; o restante vive na região norte e central da Ásia. As espécies americanas restringem-se às rochas, em montanhas mais altas, aventurando-se a curtas distâncias até a vegetação adjacente para se alimentarem. Não hibernam e surgem tão logo a neve comece a desaparecer na primavera. Os indivíduos tendem a estar bastante separados numa rocha ocupada, mas manifestam um pequeno comportamento territorial até o verão, quando os filhotes começam a deixar as fêmeas. O comportamento territorial se intensifica no fim do verão e outono e associa-se ao ajuntamento de vegetais, que cada indivíduo guarda em sua toca, no seu próprio território (Fig. 10.17). Qualquer intruso é perseguido e expulso da área pelo proprietário. O feno é deixado ao sol para secar e, mais tarde, levado para debaixo de rochas como fonte de alimento para o inverno, quando a neve recobre o chão. *Ochotona* anuncia seu território por intermédio de vocalização e odores. A fricção da bochecha é comum e deixa uma secreção sobre as rochas, proveniente de glândulas apócrinas, localizadas nesta região do corpo. Isto também pode fornecer informações ao sexo oposto. Os territórios também são marcados por urina e pela deposição de fezes em certos pontos (Fig. 10.18) (Orr, 1977).

Figura 10.16. Um lagomorfo norte-americano (*Ochotona princeps*) transportando alimento para sua toca. (Fotografado por Douglas B. Herr.)

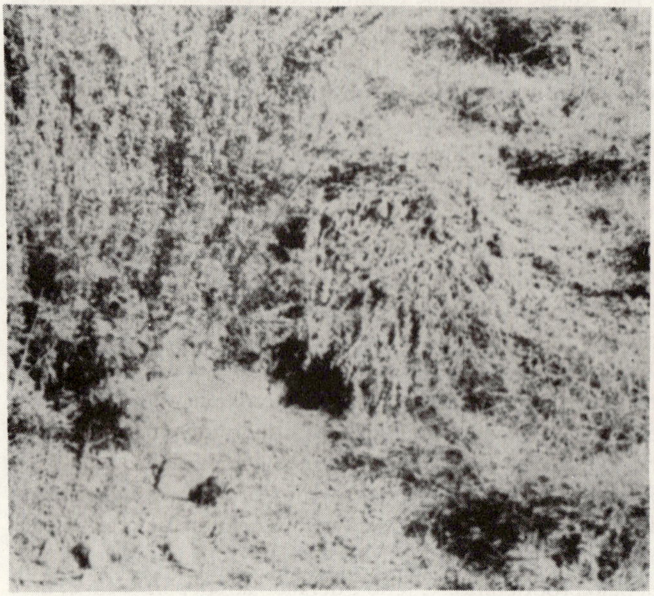

Figura 10.17. *Ochotona daurica* da Mongólia, vive em tocas neste país de estepes. O feno é localizado perto da entrada da toca e ao longo de trilhas, dentro do território de cada animal (Fotografado nas montanhas Altai, People's Republic of Outer Mongolia.)

Répteis e Anfíbios

Dispõe-se de relativamente poucas informações sobre territórios em répteis e anfíbios. Alguns lacertílios que foram estudados, notavelmente o *Anolis sagrei* e alguns membros do gênero *Sceloporus*, encontrados na América do Norte, defendem agressivamente certas áreas, durante a estação de reprodução.

Fitch (1940), em estudos sobre o lagarto *Sceloporus occidentalis*, marcou 366 indivíduos de modo que cada um pudesse, subseqüentemente, ser reconhecido. Ele observou que existia apenas um macho para cada toco ou pedra, embora os territórios não fossem defen-

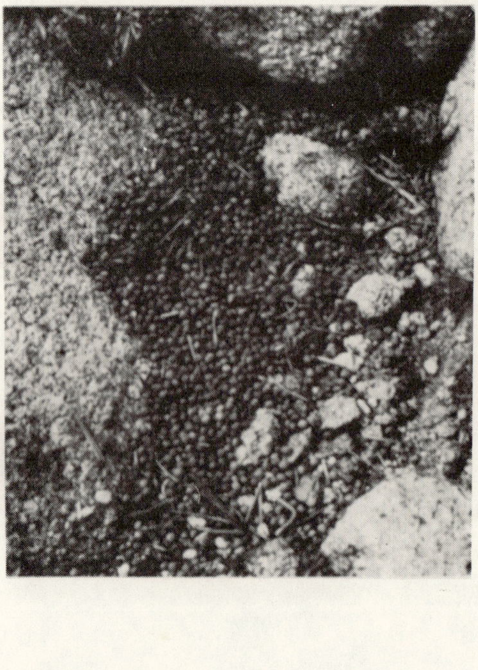

Figura 10.18. *Ochotona princeps* da região Neártica vive em escarpas. Cada indivíduo parece depositar suas fezes num local definido, entre as rochas.

didos acentuadamente. Cada macho defendia seu território de aquecimento ao sol, mas a defesa tornava-se progressivamente mais frágil, à medida que a distância até a área de aquecimento aumentava.

Martof (1953) realizou observações interessantes sobre a rã verde (*Rana clamitans*), nas vizinhanças de Ann Arbor, Michigan, que indicavam que parecia existir um tipo de território entre os machos desta espécie, durante a estação de reprodução. As rãs foram capturadas e marcadas pelo método de corte dos dedos. Durante a estação de reprodução, o macho adulto mudava-se dos habitats à beira dos rios para poças e lagoas. Nas lagoas de reprodução, os machos se distribuíam uniformemente, a uns dois ou três metros de distância de outro macho. Emitiam vocalizações à noite e permaneciam assim durante aproximadamente dois meses. Apesar dos grupos poderem movimentar-se por mais de 100 metros, de uma poça para outra, durante a estação, os indivíduos tenderam a manter suas posições em relação aos outros. Mesmo o movimento de muitas rãs parecia sincronizado. Foi sugerido que esta distância representasse num tipo de comportamento territorial por parte dos machos, que auxiliava a conservação de sua energia e a detecção mais fácil das fêmeas, que vinham às lagoas por curtos períodos de tempo.

O trabalho de Zweifel (1969) sobre rãs da Nova Guiné (*Platymantis papuensis*) indica que a vocalização, nesta espécie, é uma forma de defesa territorial. Quando a gravação de um chamado é tocada novamente para um indivíduo a distâncias de 3 a 9 m, ele responde com vocalizações, movendo-se em direção ao alto-falante.

Alguns anfíbios caudados exibem algumas evidências de territorialidade. Grant (1955) encontrou que, quando salamandras (*Eurycea bislineata*) eram postas num aquário em que foi simulado o habitat natural de musgos, casca de árvore e palha, cada indivíduo caminhava de 15 a 20 cm para longe de um pedaço de casca de árvore colocado centralmente. Entretanto, quando um outro indivíduo se aproximava a 4 cm deste local, o ocupante vinha e colocava seu focinho contra o intruso. Este método de intimidação foi a defesa habitual, apesar de, ocasionalmente, o residente morder a cauda ou o focinho do intruso.

Foram feitas observações similares, observando-se salamandras (*Hemidactylum scutatum*) num aquário, que mostraram que esta espécie tinha um território, com aproximadamente o mesmo tamanho que o da salamandra *Eurycea bislineata*. Entretanto, a defesa raramente era feita por contato corporal, mas antes por intimidação: o residente apenas avançava em direção ao intruso.

Peixes

O comportamento territorial é muito mais marcado em peixes do que em outras espécies poiquilotérmicas (Fig. 10.19). Qualquer um que tenha criado peixes-de-briga (*Betta*) sabe que não se pode manter mais do que um macho num tanque. Apesar dos machos serem compatíveis com as fêmeas, eles defendem seu território contra outros machos. As fêmeas do salmão guardam seus ovos cuidadosamente durante algum tempo após a desova. Por outro lado, a truta apresenta pouco comportamento territorial.

Um dos tipos mais interessantes de comportamento territorial é encontrado em *Rhodeus amarus*, que foi introduzido, localmente, no leste dos Estados Unidos, em 1925. Esta espécie deposita seus ovos nas brânquias de um bivalve de água doce. Durante a estação de reprodução, cada macho escolhe um bivalve e luta com qualquer outro macho que se aproxime. O bivalve, como é capaz de locomover-se, torna-se, em certo sentido, um território móvel.

Os machos de *Hemichromis bimaculatus*, um ciclídio tropical, proveniente da África, que, comumente, é mantido em aquários, comporta-se, em alguns aspectos, como muitas aves. O macho assume a coloração nupcial no início da estação de reprodução e escolhe,

Figura 10.19. O macho da tilápia de Moçambique *(Tilapia mossambica)* "assopra" uma depressão na areia, que ele defende contra outros machos. A fêmea deposita seus ovos nesta depressão, e, depois deles terem sido fertilizados, ela os coloca na boca onde eles permanecem, até que os filhotes eclodam em duas semanas. O macho, no primeiro plano, é visto "assoprando" a areia para formar uma depressão, enquanto o macho, ao fundo, está vigiando a sua depressão.

então, um território, que ele defende. O território consiste de um substrato adequado para a deposição de ovos. Quaisquer outros peixes, que se aproximem, numa distância de 20 a 35 cm deste local são atacados.

O ciclídio da América do Central *(Herotilapia multispinosa)* mostra um tipo diferente de comportamento territorial. Os sexos são relativamente semelhantes e formam um vínculo duradouro. Ambos os membros do casal defendem o território, que é bastante pequeno.

O *Rhinichtys atratulus*, do centro e leste dos Estados Unidos, apresenta uma variação geográfica interessante quanto à resposta territorial. Raney (1940a), em seu estudo sobre *R. a. meleagris* no estado de Nova Iorque, encontrou que na estação de reprodução, os machos podiam guardar uma área de desova potencial, com um diâmetro de aproximadamente 60 cm, ou menos. Freqüentemente, a área era defendida por lutas, apesar de serem atacados apenas os machos invasores. Schwartz (1958), entretanto, não encontrou nenhuma indicação de defesa territorial em *R. a. obtusus*, uma subespécie do sul.

Os membros da família do esgana-gato (Gasterosteidae) são muito territoriais, durante a estação de reprodução. Os machos escolhem territórios em que existe uma vegetação adequada para fornecer o material para o ninho e proteção contra correntes e inimigos. O material do ninho é tecido, juntamente com um muco filiforme, produzido por túbulos renais especiais. O macho guarda o ninho tanto antes dele conquistar a fêmea, que vai depositar os ovos, como depois, até que os filhotes estejam aptos para deixar o ninho. A visão de um outro macho serve como estímulo visual, desencadeando o comportamento agressivo. Se houver rochas ou outros objetos, que limitem a visibilidade, os territórios podem situar-se bastante próximos uns dos outros.

Em seus estudos sobre espécies da família Percidae, Winn (1953) encontrou que os machos tinham um território específico, que eles defendiam durante o dia, mas não à noite. As fêmeas entravam nestes territórios apenas para a desova.

Muitos outros exemplos de comportamento territorial entre os peixes são conhecidos. Alguns deles serão considerados no tópico "Reprodução".

RAIO DE AÇÃO

O conceito de raio de ação foi confundido, repetidamente, com o conceito de território por muitas pessoas. Provavelmente, isto provém do fato dos dois serem inter-relacionados e, em algumas espécies, serem sinônimos. Entretanto, o raio de ação, como foi definido por Burt (1943) "é a área, geralmente, ao redor do local onde o animal habita, que ele, normalmente, atravessa na busca de alimento". Também foi definido como a área ao redor do "lar" estabelecido ou ninho, que é atravessada por um animal nas suas atividades normais de busca de alimento, acasalamento ou cuidado com os filhotes. Não existe nenhuma implicação que a área deva ser defendida, como é necessário no caso do território.

Apesar de todos os vertebrados serem capazes de locomover-se e mover-se ao redor, em busca de alimento, o termo raio de ação implica um certo grau de permanência. Portanto, não pode ser aplicado adequadamente às espécies nômades. Entretanto, a maioria dos vertebrados parece limitar suas atividades a uma área definida, pelo menos, durante a estação de reprodução.

Existem poucas espécies, como *Chamaea fasciata*, discutidas previamente, em que os indivíduos fiquem permanentemente dentro do território defendido, depois desta área ter sido estabelecida. O alimento é obtido dentro desta área bastante circunscrita, durante o ano. Em tal exemplo, o raio de ação coincide com o território. Entretanto, a maioria das espécies territoriais aventura-se fora dos limites territoriais, mesmo durante a estação de reprodução. Deste modo, o raio de ação, geralmente, é maior do que o território.

O tamanho do raio de ação varia muito, dependendo da espécie envolvida. Um leão-da-montanha macho adulto, segundo se soube, se locomovia por mais de 250 quilômetros quadrados, apesar deste número ultrapassar bastante a média para esta espécie. A marta do pinheiro pode andar até 37,5 quilômetros em busca de alimento.

Leopold *et al.* (1951), em seu estudo sobre cervídeos, na região leste da Serra Nevada, na Califórnia, verificou que o raio de ação de cada animal compreendia uma área de aproximadamente 1,5 a 2 quilômetros, em média, durante o verão. As fêmeas prenhes ou com filhotes pequenos pareciam ter raios de ação um pouco menores do que a média, enquanto alguns machos possuíam raios de ação maiores que a média. Nesta área, devia haver alimento, água, proteção e áreas para dormir. Durante o inverno, o raio de ação destes cervídeos tinha um tamanho inferior à metade do tamanho encontrado durante o verão.

Muitos estudos foram feitos sobre o raio de ação de pequenos mamíferos. Este empreendimento envolve a captura viva em armadilhas e a marcação de indivíduos, com o registro do local exato em que cada animal foi capturado, o que, geralmente, é feito, usando-se o método de grades ou de quadrantes (Fig. 10.20). Como ilustração, suponha que desejamos estudar o raio de ação dos ratos silvestres do prado. Uma área conveniente, habitada por estes animais, é escolhida e marcada com quadrados de 15 m. Coloca-se armadilhas para a captura viva no centro de cada quadrado ou nos cantos, uma vez por semana, durante o ano todo. Cada animal recebe uma marca distinta, quando é capturado pela primeira vez, de modo que possa ser reconhecido nas capturas subseqüentes. Quando os vários pontos de captura de qualquer indivíduo, que tenha sido capturado várias vezes, forem colocados no gráfico e unidos entre si, eles mostram um polígono, que pode ser considerado como o raio de ação mínimo. Talvez, isto seja uma supersimplificação do método de estudo do raio de ação, mas ilustra os princípios básicos envolvidos. Vários estudantes desenvolveram diferentes métodos de interpretação dos dados obtidos desta forma. Freqüentemente, os registros marginais podem representar meramente as caminhadas ocasionais de um animal, fora de seu raio ordinário. Em contraposição, é mais provável que um animal seja capturado nas proximidades de sua toca ou ninho do que na periferia de seu raio de ação. Hayne (1949) apresenta aspectos interessantes a este respeito, cuja leitura é recomendada aos leitores.

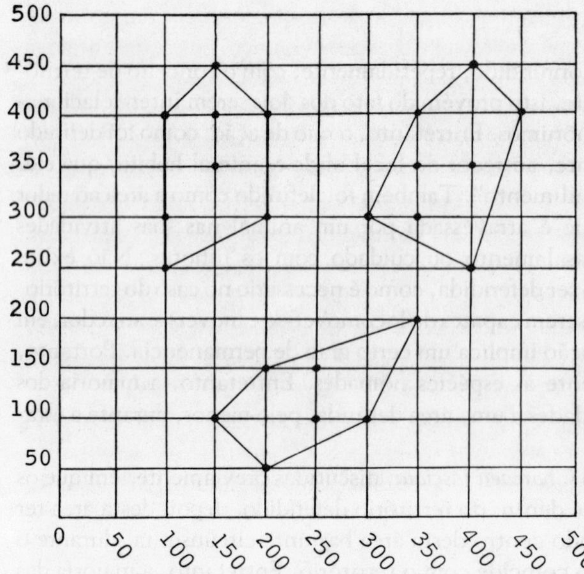

Figura 10.20. Diagrama que ilustra um método de representar graficamente os raios de ação de pequenos mamíferos. Os pontos negros representam os locais de captura de indivíduos como resultado do uso repetido de armadilhas, sendo as armadilhas colocadas a uma distância de 15 metros umas das outras, numa área de aproximadamente 75.000 metros quadrados. Os polígonos representam as linhas que conectam os pontos periféricos de captura de três indivíduos diferentes.

Adams (1959), em seu estudo sobre lebres *(Lepus americanus)*, no nordeste de Montana, encontrou que os raios de ação mínimos para os machos desta espécie eram de 25 acres, usando a captura viva em armadilhas e a marcação das orelhas com etiquetas. Para as fêmeas era de 19 acres, e para lebres imaturas, de 14 acres.

Blair (1940 *a, b, c, d,*) realizou estudos detalhados sobre os raios de ação de várias espécies de pequenos mamíferos no sul de Michigan. Ele encontrou que o tamanho médio do raio de ação das fêmeas dos ratos silvestres do prado *(Microtus pennsylvanicus)*, tanto em regiões secas como úmidas, variou de 1/5 a 1/4 de acre. Por outro lado, o raio de ação dos machos era ligeiramente inferior a 1/3 de acre nos terrenos úmidos e ligeiramente inferior a meio acre em terrenos secos. Ocorria uma sobreposição considerável entre os vários raios de ação. Não foi observado nenhuma diferença de tamanho dos raios de ação entre machos e fêmeas de camundongos *Zapus hudsonius hudsonius* ou *Peromyscus maniculatus bairdii*. Na primeira espécie, a média do raio de ação foi de aproximadamente 9/10 de acre; na última espécie, a média foi ligeiramente superior a 1/2 acre. O musaranho *(Blarina brevicauda talpoides)* parece ter um raio de ação de aproximadamente um acre, mas existe uma diferença acentuada no que se refere à distância percorrida por machos e fêmeas. O maior raio de ação de fêmeas foi de 0,88 acre, enquanto o maior raio de ação de machos foi de 4,43 acres.

Pelo emprego sistemático da captura viva de pequenos mamíferos para determinar os raios de ação, podem ser obtidos muitos outros dados importantes da história de vida, especialmente no que se refere a proporção de sexos, velocidade de crescimento, reprodução, movimento dos filhotes, ectoparasitas, muda e longevidade.

Os raios de ação de muitos carnívoros, como raposas, coiotes e lobos, freqüentemente, podem ser determinados com bastante precisão pelo estudo das pegadas. Isto é especialmente verdade no inverno, quando o chão está coberto de neve.

Foram feitos estudos sobre raios de ação de muitos tipos de vertebrados de sangue frio. Stickel (1950), em seu estudo sobre a tartaruga *Terrapene c. carolina*, em Patuxent Research Refuge, em Maryland, encontrou que os adultos ocupavam e mantinham o mesmo raio de ação, de ano para ano. Eram mantidos, ainda que tivessem sido inundados. A média para os machos adultos foi aproximadamente 100 metros e para as fêmeas adultas, 110 metros. A diferença entre o tamanho dos raios de ação de machos e fêmeas não foi considerado estatisticamente significantes. Um dos métodos interessantes para o acompanhamento das atividades diárias destas tartarugas consiste na colocação de rastreadores em seu dorso. O rastreador consiste de uma caixa, que contém uma bobina de fio branco, que se desenrola, à medida que a tartaruga se move; deste modo, pode-se conhecer a rota exata.

O raio de ação da tartaruga do deserto *(Gopherus agassizi)* do sudoeste dos Estados Unidos foi estudado por Woodbury e Hardy (1948) e variava de aproximadamente 10 a 100 acres.

Várias espécies de répteis e anfíbios mantidas sob observação por Fitch (1958) na "University of Kansas Natural History Reservation" apresentaram raios de ação definidos, mas havia outras espécies que pareciam vaguear indefinidamente, como era o caso da rã *Rana pipiens* e da cascavel *Crotalus horridus.*

Um estudo sobre salamandras pletodontídeas *(Ensatina eschscholtzi)* na Califórnia, feito por Stebbins (1954), indicou que o raio de ação de machos variava de 9 a 40 metros de largura e o das fêmeas variava de 6 a 22 metros.

Freqüentemente, somos inclinados a visualizar um raio de ação como circular ou, pelo menos, com um formato amebóide. Entretanto, muito freqüentemente, ele é linear ou retilíneo, como foi encontrado por Pearson (1955) em relação ao anuro *Scaphiopus h. holbrooki,* do leste da América do Norte. Nesta espécie, a média do raio de ação é ligeiramente superior a 30 metros quadrados.

O estudo dos raios de ação em peixes, especialmente nas espécies marinhas, apresenta muito mais dificuldades do que no caso dos vertebrados terrestres. Apesar disso, muitas espécies têm sido estudadas e parecem apresentar áreas definidas de alimentação e de descanso às quais, geralmente, eles limitam suas atividades diárias. Winn (1958), em seu trabalho sobre o comportamento de peixes da família Percidae, emprega o termo raio de ação alimentar e raio de ação de fuga, além do territorial e de reprodução. Os machos se moviam para a área de alimentação, quando não havia outros machos por perto. Comumente, a área de refúgio é compartilhada por machos e fêmeas, quando há perigo.

MÉTODOS DE MARCAÇÃO DE VERTEBRADOS

Em qualquer estudo sobre territórios ou raios de ação, é necessário identificar-se os animais de algum modo, de maneira que possam ser reconhecidos. Durante muito tempo, os ornitologistas usaram fitas de alumínio numeradas em série, que eram colocadas nas patas das aves para se estudar os movimentos migratórios. Entretanto, estas fitas de alumínio não são práticas, quando se deve realizar observações durante o dia sobre as atividades e movimentos locais dos indivíduos, visto que a ave precisa ser capturada cada vez, para se determinar a identidade do indivíduo. Conseqüentemente, pareceu mais prático colocar fitas coloridas em várias combinações nas pernas das aves cujo comportamento territorial ou raios de ação estavam sendo estudados. Geralmente, estas fitas são de celulóide colorido ou de plástico e têm um tamanho suficiente para serem visíveis para o observador, situado a uma certa distância.

Outros métodos que são, ocasionalmente, empregados para a marcação de aves para o reconhecimento posterior em campo consistem na colocação de penas coloridas na cauda e na colocação de fitas de nylon coloridas no tarsometatarso, com uma extremidade livre pendente.

Como os mamíferos são mais diversos do que as aves no que se refere à estrutura, tamanho e hábitos, foram desenvolvidos muitos métodos de marcação para estudá-los. A maioria deles foi resumida por Taber (1956) e Fitch e Sandidge (1953). Algumas espécies de mamíferos também podem ser marcadas, de modo a serem facilmente reconhecíveis à distância, mas as espécies noturnas precisam ser capturadas e examinadas para sua identificação.

Os principais métodos empregados para a marcação de mamíferos são a mutilação, uso de etiquetas ou marcas coloridas. O primeiro deles envolve a mutilação permanente ou semipermanente de uma ou de várias regiões do corpo. Geralmente, os pequenos mamíferos são marcados pelo corte das unhas em várias combinações ou pelo corte de marcas distintas nas orelhas, ou ainda por uma combinação dos dois métodos. Quando as orelhas são marcadas, elas são entalhadas ou picadas. Outros tipos de mutilação envolvem o corte da pele, a tatuagem e o corte da cauda. A marcação com fogo foi usada com sucesso em focas e como um meio de se marcar as caudas de castores.

O emprego de etiquetas envolve a fixação de fitas de metal ou de plástico ou até fitas de nylon a várias partes do corpo. As fitas de alumínio, semelhantes às usadas pelos anilhadores de aves, com números em série inscritos, são fixadas aos membros anteriores de morcegos como um meio de identificá-los. Estas fitas também podem ser fixadas às pernas de pequenos mamíferos terrestres. Alguns pesquisadores incorporaram até mesmo substâncias radiativas a estas fitas, de modo que os movimentos dos indivíduos marcados pudessem ser seguidos com um contador Geiger. Kaye descreveu um método com arames marcados, com dez milímetros de comprimento, com uma atividade de 0,7 a 4,5 megaciclos, para estudar os movimentos do camundongo silvestre *Reithrodontomys humilis.* Estes eram colocados sob a pele do abdome, por intermédio de uma agulha hipodérmica.

Um método muito prático para seguir certos tipos de mamíferos envolve o uso de pequenos radiotransmissores, que são colocados nestes animais. Estes aparelhos, juntamente com a bateria, podem ser recobertos com epóxi e, deste modo, tornam-se impermeáveis à água ou à fricção, quando o animal se esfrega em árvores ou rochas. Pequenos transmissores amarrados com fitas ou colocados ao redor do pescoço, como se fossem um colar, mostraram-se os mais úteis para seguir cervídeos, raposas, guaxinins, jaritatacas e coelhos. Receptores portáteis, do tipo direcional, capacitam o operador a registrar a atividade de localizar a área de descanso, tocas ou covas dos animais com transmissores. Uma baleia com um rádio, implantado na gordura, foi seguida durante 27 horas e quarenta e cinco minutos no golfo de St. Lawrence. O transmissor foi "atirado" no indivíduo com uma espingarda de calibre 12 e puderam ser obtidos dados a respeito da respiração e dos movimentos do animal.

As etiquetas em tiras e os discos de plástico, freqüentemente, são presos às orelhas dos mamíferos maiores. Estas etiquetas podem ser costuradas com fio de nylon ou ser rebitadas. Fitas coloridas de nylon podem ser presas às orelhas de coelhos para marcá-los individualmente. As etiquetas de metal, presas aos chifres de cervídeos, são usadas para identificar estas estruturas, depois delas terem sido desprendidas. Mesmo as baleias foram marcadas com tubos de aço inoxidável, atirados na gordura. Se estes animais fossem capturados mais tarde, os tubos seriam encontrados, quando se removesse a gordura do corpo.

Um grupo de cientistas americanos, que estudava os golfinhos ao longo da costa da Argentina, encontraram que, fotografando-se a margem da nadadeira dorsal dos membros de uma população, eles eram capazes de distinguir os animais individualmente. Esta margem posterior e fina da nadadeira é sujeita à cicatrização, e o tecido não se regenera. Este método de reconhecimento requer lentes com focos de longo alcance, filmes em quantidade considerável e tempo, mas deve ser muito útil para se estudar a composição da população de pequenos cetáceos gregários, que não podem ser capturados facilmente, marcados, soltos e recapturados posteriormente.

Alguns biólogos usaram vários tipos de corantes, incluindo a tinta comercial para couros, para marcar mamíferos pequenos e grandes. No caso dos mamíferos pequenos, geralmente, o corante é aplicado à mão no animal, depois dele ter sido capturado. Para os mamíferos maiores, foram desenvolvidos vários aparelhos por meio dos quais os animais desencadeiam um mecanismo colocado ao longo de uma trilha, de modo que a tinta é disparada ou gotejada sobre ele. O uso de pequenas bolinhas de tinta, inseridas subcutaneamente, mostrou-se útil para seguir os movimentos dos coelhos na neve. Brown (1961) usou corantes, que davam uma coloração diferente à urina durante um período de 4 a 7 dias. Alguns corantes também coram as fezes.

Como muitos dos métodos usados para se estudar os movimentos de pequenos mamíferos podem influenciar suas atividades, uma outra técnica, recentemente desenvolvida, tem considerável mérito. Este método envolve a captura viva de uma população, a marcação de cada indivíduo por intermédio da remoção de uma ou mais unhas em combinação, antes dos animais serem liberados. Os dados subseqüentes sobre os movimentos de cada indivíduo são obtidos pelo uso de cartões enfumaçados que são distribuídos na área de estudo. Cada cartão é colocado numa pequena cobertura e verificado diariamente para se detectar as pegadas. Se houver pegadas, o cartão é substituído por um outro. Deste modo, podem ser obtidos dados precisos no que se refere aos movimentos diários de pequenos mamíferos, sem nenhuma outra captura ou perturbação.

A maioria dos lacertílios, rãs, sapos e salamandras pode ser marcada por algum sistema de corte de unhas, em que a parte distal de uma ou mais unhas é removida. Martof (1953) trabalhou com um método satisfatório para marcar rãs, como é ilustrado na figura 10.21. As unhas da pata posterior esquerda são numeradas de 1 a 5; as da pata posterior direita, de 10 a 50; as da pata anterior esquerda, de 100 a 400; e as da pata anterior direita de 800 a 3200. Removendo-se duas unhas em cada pata, pode-se marcar 6399 indivíduos em séries. Este número é obtido pela remoção das duas unhas mais externas de cada pata.

As cobras e os lacertílios podem ser marcados pela retirada de escamas específicas ou de conjuntos de escamas em várias combinações. Um outro método de marcação envolve a fixação de faixas coloridas no corpo.

Os peixes são marcados tanto por mutilação, como por etiquetas. A remoção de parte da nadadeira ou de toda ela é um dos métodos empregados. Entretanto, isto não permite o reconhecimento de um número grande de indivíduos. A mutilação natural também deve ser levada em conta e, em certos peixes, como o salmão, sua ocorrência é alta.

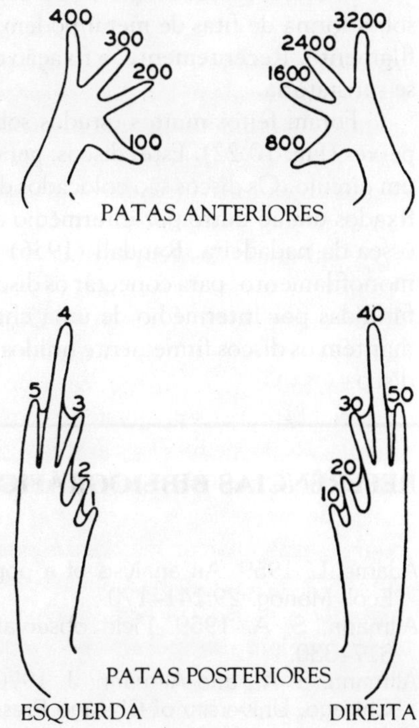

Figura 10.21. Desenho esquemático das patas para mostrar o sistema de designação de números em séries. (De Martof, B.S.: Ecology *34*:165-174, 1953.)

Figura 10.22. O disco de Petersen, usado para etiquetar uma espécie de peixe, nas ilhas do Havaí. As extremidades dos fios de nylon (monofilamento) conectam os dois discos e foram fundidas em bolas. O calor provocou o escurecimento de uma das bolas, a que é visível. (De Randall, J.E.: California Fish and Game *42*:63-67, 1956.)

A colocação de etiquetas é a mais satisfatória e é realizada de vários modos. Etiquetas sob a forma de fitas de metal podem ser presas a várias partes do corpo por um arame ou filamento. Recentemente, a fixação de um tubo plástico oco em peixes marinhos mostrou-se satisfatória.

Foram feitos muitos estudos sobre o uso dos discos de Petersen para a marcação de peixes (Fig. 10.22). Estes discos, geralmente, são feitos de nitrato de celulose, na forma de um círculo. Os discos são colocados de cada lado da base superior da nadadeira caudal e são fixados um ao outro por intermédio de um arame ou filamento, que passa através da base óssea da nadadeira. Randall (1956) recomendou o uso de um fio de nylon, na forma de monofilamento, para conectar os discos ao corpo. As extremidades não são amarradas, mas fundidas por intermédio de uma chama, assumindo a forma de uma pequena bola, que mantém os discos firmemente unidos contra o corpo. Os dados necessários são inscritos no disco.

REFERÊNCIAS BIBLIOGRÁFICAS

Adams, L. 1959. An analysis of a population of snowshoe hares in northwestern Montana. Ecol. Monog. *29*:141–170.

Altmann, S. A. 1959. Field observations on a howling monkey society. J. Mamm. *40*: 317–330.

Altmann, S. A., and Altmann, J. 1970. Baboon ecology. Bibliotheca Primatologica, no. 12. Chicago, University of Chicago Press.

Baldwin, P. H. 1953. Annual cycles, environment and evolution in the Hawaiian honeycreepers (Aves, Drepaniidae). Univ. Calif. Publ. Zool. *52:*285–398.

Baptista, L. F. 1975. Song dialects and demes in sedentary populations of the white-crowned sparrow *(Zonotrichia leucophrys nuttalli)*. Univ. Calif. Publ. Zool. *105:*1–52.

Baylis, J. R. 1974. The behavior and ecology of *Herotilapia multispinosa* (Teleostei, Cichlidae). Z. Tierpsychol. *34:*115–146.

Beer, J. R., Frenzel, L. D., and Hansen, N. 1956. Minimum space requirements of some nesting passerine birds. Wilson Bull. *68:*200–209.

Bellrose, F. C. 1967. Radar in Orientation Research. Proc. XIV Internat. Ornith. Congr. Oxford and Edinburgh, Blackwell Scientific Publications.

Bellrose, F. C., and Graber, R. R. 1963. A Radar Study of the Flight Directions of Nocturnal Migrants. Proc. XIII Internat. Ornith. Congr., Vol. 1.

Bernstein, I. S., and Gordon, T. P. 1974. The function of aggression in primate societies. Am. Scientist *62:*304–311.

Blair, W. F. 1940*a*. Home ranges and populations of the jumping mouse. Am. Mid. Nat. *23:*244–250.

Blair, W. F. 1940*b*. A study of prairie deer mouse populations in southern Michigan. Am. Mid. Nat. *24:*273–305.

Blair, W. F. 1940*c*. Notes on home ranges and populations of the short-tailed shrew. Ecology *21:*285–288.

Blair, W. F. 1940*d*. Home ranges and populations of the meadow vole in southern Michigan. J. Wildlife Mgmt. *4:*149–161.

Blair, W. F. 1951. Population structure, social behavior, and environmental relations in a natural population of the beach mouse *(Peromyscus polionotus leucocephalus)*. Univ. Mich., Contrib. Lab. Vert. Biol. *48:*1–47

Bogert, C. M. 1947. A field study of homing in the Carolina toad. Am. Mus. Novitates *1355:*1–24.

Bole, B. P. 1939. The quadrat method of studying small mammal populations. Scientific Publ. Cleveland Mus. Nat. Hist. *5:*15–77.

Briggs, J. C. 1955. Behavior pattern in migratory fishes. Science *122:*240.

Brown, J. 1975. The evolution of behavior. New York, W. W. Norton and Co.

Brown, L. N. 1961. Excreted dyes used to determine movements of cottontail rabbits. J. Wildlife Mgmt. *25:*199–202.

Burt, W. H. 1940. Territorial behavior and populations of some small mammals in southern Michigan. Misc. Publ. No. 45, Mus. Zool., Univ. Mich.

Burt, W. H. 1943. Territoriality and home range concepts as applied to mammals. J. Mamm. *24:*346–352.

Burt, W. H. 1949. Territoriality. J. Mamm. *30:*25–27.

Carr, A. 1965. The navigation of the green turtle. Sci. Am. *212*(5):78–86.

Carr, A. 1967. Adaptive aspects of the scheduled travel of *Chelonia*. *In* Storm, R. M., Ed. Animal Orientation and Navigation. Proc. 27th Ann. Biol. Coll. Corvallis, Oregon State University Press.

Catchpole, C. K. 1979. Vocal communication in birds. Institute of Biology. Studies in Biology, no. 115. London, Edward Arnold.

Cochran, W. W., and Lord, R. D., Jr. 1963. A radio-tracking system for wild animals. J. Wildlife Mgmt. *27:*9–24.

Collias, N. E. 1944. Aggressive behavior among vertebrate animals. Phys. Zool. *17:*83–123.

Collias, E. C., and Collias, N. E. 1978. Nest building and nesting behavior of the sociable weaver *Philetairus socius*. Ibis, *120:*1–15.

Collias, N. E., and Collias, E. C. 1977. Weaverbird nest aggregation and evolution of the compound nest. Auk *94:*50–64.

Cupp, P. V., Jr. 1980. Territoriality in the green salamander, *Aneides aeneus*. Copeia *1980:*463–468.

Davis, D. E. 1940. Social nesting habits of the smooth-billed ani. Auk *57:*179–218.

Duellman, W. E. 1966. Aggressive behavior in dendrobatid frogs. Herpetologica *22:* 217–221.

Emlen, J. T., Jr. 1954. Territory, nest building, and pair formation in the cliff swallow. Auk *71:*16–35.

Erickson, M. M. 1938. Territory, annual cycle, and numbers in a population of wrentits *(Chamaea fasciata)*. Univ. Calif. Publ. Zool. *42:*247–334.

Estes, R. D. 1969. Territorial behavior of the wildebeest *(Connochaetes taurinus* Burchell, 1823). Z. Tierpsychol. *26:*284–370.

Evans, W. E., Hall, J. D., Irvine, A. B., and Leatherwood, J. S. 1972. Methods for tagging small cetaceans. Fisheries Bull. *70:*61–65.

Ewer, R. F. 1968. Ethology of Mammals. London, Elek Science.

Fisler, G. F. 1962. Homing in the California vole, *Microtus californicus*. Am. Mid. Nat. *68:*357–368.

Fitch, F. W., Jr. 1950. Life history and ecology of the scissor-tailed flycatcher, *Muscivora forficata.* Auk *67:*145–167.

Fitch, H. S. 1940. A field study of the behavior of the fence lizard. Univ. Calif. Publ. Zool. *44:*151–172.

Fitch, H. S. 1958. Home ranges, territories and seasonal movements of vertebrates of the Natural History Reservation. Univ. Kansas Publ., Mus. Nat. Hist. *11:*63–326.

Fitch, H. S., and Sandidge, L. L. 1953. Ecology of the opossum on a natural area in northeastern Kansas. Univ. Kansas Publ., Mus. Nat. Hist. *7:*305–338.

Friedmann, H. 1933. Size and measurement of territory in birds. Bird-Banding *4:*41–45.

Garcea, E., and Gorman, G. 1968. A difference in male territorial display behavior in two sibling species of *Anolis*. Copeia *1968:*419–420.

Gordon, R. E. 1952. A contribution to the life history and ecology of the plethodontid salamander *Aneides aeneus* (Cope and Packard). Am. Mid. Nat. *47:*666–701.

Grant, W. C., Jr. 1955. Territorialism in two species of salamanders. Science *121:*137–138.

Gullion, G. W. 1953. Territorial behavior of the American coot. Condor *55:*169–186.

Hansen, C. M., and Fleharty, E. D. 1974. Structural ecological parameters of a population of *Peromyscus maniculatus* in west-central Kansas. S. W. Naturalist *19:*293–303.

Harrington, J. E. 1976. Recognition of territorial boundaries by olfactory cues in mice *(Mus musculus L.).* Z. Tierpsychol. *41:*295–306.

Harris, M. A., and Lemon, R. E. 1974. Songs of song sparrows: Reactions of males to songs of different localities. Condor *76:*33–44.

Hayne, D. W. 1949. Calculation of size of home range. J. Mamm. *30:*1–18.

Hinde, R. A. 1956. The biological significance of the territories of birds. Ibis *98:*340–369.

Hinde, R. A. (Ed.) 1969. Bird vocalizations: Their relation to current problems in biology and psychology. London, New York, Cambridge University Press.

Hinde, R. A. 1970. Animal Behavior: A Synthesis of Ethology and Comparative Psychology. 2nd Ed. New York, McGraw-Hill Book Co.

Howard, H. E. 1920. Territory in Bird Life. London, John Murray.

Howard, H. E. 1929. An Introduction to the Study of Bird Behaviour. London. Cambridge University Press.

Justice, K. E. 1961. A new method for measuring home ranges of small mammals. J. Mamm. *42:*462–470.

Kaye, S. V. 1960. Gold–198 wires used to study movements of small mammals. Science *131:*824.

Kenyon, K. W., and Scheffer, V. B. 1954. A Population Study of the Alaska Fur-seal Herd. U. S. Fish and Wildlife Service, Special Scientific Report-Wildlife, No. 12.

Koeppl, J. W., Slade, N. A., and Hoffmann, R. S. 1975. A bivariate home range model with possible application to ethological data analysis. J. Mamm. *56:*81–90.

Krebs, J. R. 1971. Territory and breeding density in the Great Tit, *Parus major* L. Ecology *52:*2–22.

Krebs, J. R., and Kroodsma, D. E. 1980. Repertoires and geographical variation in bird song. *In* Advances in the Study of Behavior, Vol. 2. New York, Academic Press, pp. 143–177.

Lack, D. 1968. Ecological Adaptations from Breeding in Birds. New York, Halsted Press.

Leopold, A. S., Riney, T., McCain, R., and Tevis, L., Jr. 1951. The Jawbone Deer-Herd. Calif. Div. Fish and Game, Game Bull., No. 4.

Leuthold, W. 1978. On social organization and behavior of the gerenuk *Litocranius walleri* (Brooke 1878). Z. Tierpsychol. *47:*194–216.

Linsdale, J. M., and Tevis, L. P., Jr. 1951. The Dusky-footed Wood Rat. Berkeley, University of California Press.

Marler, P. 1959. Developments in the study of animal communication, pp. 150–206. *In* Bell, P. R., Ed. Darwin's Biological Work. London, Cambridge University Press.

Marler, P. 1967. Comparative study of song development in sparrows. Proc. XIV International Ornith. Congress:231–244.

Marler, P., and Tamura, M. 1962. Song dialects in three populations of white-crowned sparrows. Condor *64:*368–377.

Marler, P., and Tamura, M. 1964. Culturally transmitted patterns of vocal behavior in sparrows. Science *146:*1483–1486.

Martof, B. S. 1953. Territoriality in the green frog, *Rana clamitans*. Ecology *34:*165–174.

Mayr, E. 1935. Bernard Altum and the Territory Theory. Proc. Linn. Soc. N. Y., Nos. 45 and 46, pp. 24–38.

Maza, B. G., French, N. R., and Aschwanden, A. P. 1973. Home range dynamics in a population of heteromyid rodents. J. Mamm. *54:*405–425.

Metzgar, L. H. 1972. The measurement of home range shape. J. Wildlife Mgmt. *36:*643–645.

Moss, C. M. 1975. Portraits in the Wild: Behavior Studies of East African Mammals. Boston, Houghton Mifflin Co.

Murray, B. G., Jr. 1971. The ecological consequences of interspecific territorial behavior in birds. Ecology *52:*414–423.

Nice, M. M. 1933. The theory of territorialism and its development. *In* Fifty Years Progress of American Ornithology. American Ornithologists' Union, pp. 89–100.

Nice, M. M. 1937. Studies in the Life History of the Song Sparrow. I. A Population Study of the Song Sparrow. Trans. Linn. Soc. N. Y., Vol. 4.

Nice, M. M. 1941. The role of territory in bird life. Am. Mid. Nat. *26:*441–487.

Nice, M. M. 1943. Studies in the Life History of the Song Sparrow. II. The Behavior of the Song Sparrow and Other Passerines. Trans. Linn. Soc. N. Y., Vol. 6.

Noble, G. K. 1939. The role of dominance in the social life of birds. Auk *56:*263–273.

Norris, K. S., and Pryor, K. W. 1970. A tagging method for small cetaceans. J. Mamm. *51:*609–610.

Odum, E. P., and Kuenzler, E. J. 1955. Measurement of territory and home range size in birds. Auk *72:*128–137.

Orr, R. T. 1965. Interspecific behavior among pinnipeds. Z. Saügetierkunde *30:*163–171

Orr, R. T. 1977. The Little Known Pika. New York, Macmillan Publishing Co.

Parson, J., and Baptista, L. F. 1980. Crown color and dominance in the white-crowned sparrow. Auk, *97:*807–815.

Pearson, P. G. 1955. Population ecology of the spadefoot toad, *Scaphiopus h. holbrooki* (Harlan). Ecol. Monog. *25:*233–267.

Petrinovich, L., Patterson, T., and Baptista, L. 1981. Song dialects as barriers to dispersal: a re-evaluation. Evolution *35:*180–188.

Pettingill, O. S., Jr. 1946. A Laboratory and Field Manual of Ornithology. Minneapolis, Burgess Publishing Co.

Pitelka, F. A. 1942. Territoriality and related problems in North American hummingbirds. Condor *44:*189–204.

Randall, J. E. 1956. A new method of attaching Petersen disk tags with monofilament nylon. Calif. Fish and Game *42:*63–67.

Raney, E. C. 1940*a*. Comparison of the breeding habits of two subspecies of blacknosed dace, *Rhinichthys atratulus* (Hermann). Am. Mid. Nat. *23:*399–403.

Raney, E. C. 1940*b*. Summer movements of the bullfrog, *Rana catesbeiana* Shaw, as determined by the jaw-tag method. Am. Mid. Nat. *23:*733–745.

Ray, G. C. *et al.* 1978. Radio tracking of a fin whale *(Balaenoptera physalis)*. Science *202:*521–524.

Schaller, G. B. 1963. The Mountain Gorilla: Ecology and Behavior. Chicago, University of Chicago Press.

Schwartz, F. J. 1958. The breeding behavior of the southern black-nosed dace, *Rhinichthys atratulus obtusus* Agassiz. Copeia *1958:*141–143.

Seidensticker, J. C., IV, Hornocker, M. G., Knight, R. R., and Judd, S. L. 1970. Equipment and Techniques for Radiotracking Mountain Lions and Elk. Forest, Wildlife and Range Exper. Sta. (Idaho), Bull. No. 6.

Shaw, E. 1978. Schooling fishes. Am. Scientist *66:*166–175.

Sheppe, W. A. 1965. Characteristics and uses of *Peromyscus* tracking data. Ecology *45:* 630–634.

Snapp, B. D. 1976. Colonial breeding in the barn swallow *(Hirundo rustica)* and its adaptive significance. Condor *78:*471–480.

Sock, D. 1940. Pair-formation in birds. Condor *42:*269–286.

Stacey, P. B., and Bock, C. E. 1978. Social plasticity in the acorn woodpecker. Science *202:*1298–1300.

Stebbins, R. C. 1954. Natural history of the salamanders of the plethodontid genus *Ensatina*. Univ. Calif. Publ. Zool. *54:*47–124.

Stickel, L. F. 1950. Populations and home range relationships of the box turtle, *Terrapene c. carolina* (Linnaeus). Ecol. Monog. *20:*351–378.

Stickel, L. F. 1954. A comparison of certain methods of measuring ranges of small mammals. J. Mamm. *35:*1–15.

Storm, G. L. 1965. Movements and activities of foxes as determined by radio-tracking. J. Wildlife Mgmt. *29:*1–13.

Stout, J. F., Wilcox, C. R., and Creitz, L. E. 1969. Aggressive communication by *Larus glaucescens*. Part I. Sound communication. Behaviour *34:*29–41.

Stout, J. F., and Brass, M. E. 1969. Aggressive communication by *Larus glaucescens*. Part II. Visual communication. Behaviour *34:*42–54.

Summers-Smith, D. 1954. Colonial behavior in the house sparrow. British Birds *47:*249–265.

Taber, R. D. 1956. Marking of mammals; standard methods and new developments. Ecology *37:*681–685.

Thielcke, G. 1969. Geographic variation in bird vocalizations. *In* R. A. Hinde, Ed. Bird Vocalizations. Their Relation to Current Problems in Biology and Psychology. London, Cambridge University Press.

Thielcke, G. 1973. On the origin of divergence of learned signals (songs) in isolated populations. Ibis *115:*511–516.

Thorpe, W. H. 1961. Bird song. London, Cambridge University Press.

Thorpe, W. H. 1963. Learning and instinct in animals. Cambridge, Massachusetts, Harvard University Press.

Thorpe, W. H. 1973. Duet-singing birds. Sci. Am. *299*(2):70–79.

Tinbergen, N. 1936. The function of sexual fighting in birds; and the problems of the origin of "territory." Bird-Banding *7:*1–8.

Tinbergen, N. 1939*a*. On the analysis of social organization among vertebrates, with special reference to birds. Am. Mid. Nat. *21:*210–234.

Tinbergen, N. 1939*b*. The behavior of the snow bunting in spring. Trans. Linn. Soc. N. Y. *5:*1–94.

Tinbergen, N. 1951. The Study of Instinct. Oxford, Clarendon Press.

Tinbergen, N. 1953. The Herring Gull's World. London, Collins.

Van Lawick-Goodall, J. 1971. In the Shadow of Man. Boston, Houghton Mifflin Co.

Verts, B. J. 1963. Equipment and techniques for radio-tracking striped skunks. J. Wildlife Mgmt. *27:*325–339.

von Haartmann, L. 1957. Adaptation in hole-nesting birds. Evolution *11:*339–347.

Walther, F. R. 1978. Forms of aggression in Thomson's gazelle; their situational motivation and their relative frequency in different sex, age, and social classes. Z. Tierpsychol. *47:* 113–172.

Washburn, S. L., and De Vore, I. 1961. The social life of baboons. Sci. Am. *204:*62–71.

Winn, H. E. 1958. Comparative reproductive behavior and ecology of fourteen species of darters (Pisces-Percidae). Ecol. Monog. *28:*155–191.

Woodbury, A. M. 1955. Ecology of Disease Transmission in Native Animals. Semi-annual Report, 1 June to 30 November, 1954. Ecological Research, University of Utah.

Woodbury, A. M., and Hardy, R. 1948. Studies of the desert tortoise, *Gopherus agassizii*. Ecol. Monog. *18:*145–200.

Würsung, B., and Würsung, M. 1977. The photographic determination of group size, composition, and stability of coastal porpoises. Science *198:*755–756.

Zweifel, R. G. 1969. Frogs of the genus *Platymantis* (Ranidae) in New Guinea, with the description of a new species. Amer. Mus., Nov., No. 2374.

Capítulo 11

Deslocamentos Populacionais

Os deslocamentos das populações de vertebrados enquadram-se em várias categorias. Alguns são estacionais ou anuais. Outros deslocamentos são empreendidos apenas uma vez na vida. Alguns ocorrem tão irregularmente, que podem não ocorrer na vida de muitos membros da espécie envolvida. Estes deslocamentos podem ser influenciados por fatores ambientais, por fatores fisiológicos, idade e sexo. Em geral, os deslocamentos populacionais são conhecidos como migrações, irrupções, deslocamentos dispersos e nomadismo.

MIGRAÇÃO

O termo "migração", no sentido biológico, refere-se aos deslocamentos periódicos dos animais para longe de uma região e seu retorno posterior a esta mesma região. Isto implica uma viagem de ida e volta, que pode ser realizada anualmente, como ocorre com as migrações de alguns tipos de aves e mamíferos, ou pode durar a vida toda, como ocorre com alguns salmonídeos e enguias de água doce. A distância percorrida varia de acordo com a espécie. Admite-se, em geral, que a andorinha-do-mar do Ártico *(Sterna paradisaea)*, cujo circuito anual pode ser igual à circunferência da terra, recebe as honras maiores, deste ponto de vista.

Outros tipos de deslocamentos populacionais não possuem periodicidade regular de migração. Irrupções ou invasões ocorrem esporadicamente e dependem de condições ambientais fora do comum ou de mudanças cíclicas de vários anos, ou mais. Além disso, os organismos envolvidos nestes tipos de deslocamentos, geralmente, não retornam ao local de origem. Da mesma forma, os deslocamentos dispersos são de natureza permanente e envolvem a migração ou êxodo do lugar de nascimento ou incubação. O nomadismo é uma jornada irregular e imprevisível, geralmente, à procura de alimento e envolve um não-retorno ao território de origem.

A verdadeira migração é empreendida por muitos tipos de vertebrados, desde os peixes agnatos até os mamíferos superiores. Muitos peixes têm deslocamentos anuais para as áreas de alimentação e procriação, que podem ficar a alguma distância. Para algumas espécies, o deslocamento não é anual e é realizado uma vez na vida do indivíduo. Isto ocorre com alguns peixes *diádromos* — aqueles que migram entre as águas doce e salgada. A procriação acontece num ambiente e o crescimento até a maturidade, em outro. As espécies, que se reproduzem em água doce e, então, migram para o mar para desenvolver-se, são descritas como *anádromas*. Os salmões do Pacífico do gênero *Oncorhynchus* são bons exemplos. As *espécies catádromas*, por outro lado, são as que se reproduzem no mar, como as enguias de água doce do gênero *Anguilla* e, em seguida, entram nos rios e ribeirões para chegarem à maturidade.

A maioria dos anfíbios efetua deslocamentos anuais aos pequenos lagos e ribeirões de procriação, porque necessitam de ambientes molhado ou úmido, em que depositam seus ovos. Em seguida, há uma dispersão para outras áreas. Os filhotes, depois da metamorfose, geralmente, abandonam o local de incubação, retornando apenas depois de maduros.

Entre os répteis, os migrantes mais importantes são as tartarugas marinhas, das quais há duas famílias: Dermochelidae, que incluem a tartaruga *Dermochelys coriacea* e *Cheloniidae*, que representam as verdadeiras tartarugas marinhas dos gêneros *Lepidochelys, Caretta, Eretmochelys*, tartaruga terrestre e *Chelonia*, tartaruga verde. Todas parecem possuir deslocamentos migratórios entre as áreas de alimentação e de procriação. Os estudos mais vastos foram feitos sobre a tartaruga verde, que pode migrar mais de 1000 milhas para alcançar ilhas oceânicas remotas, onde põe seus ovos. O interessante é que tais deslocamentos migratórios não são feitos anualmente, mas a cada 2 ou 3 anos, pelos adultos.

Os migrantes mais conhecidos são as aves, especialmente as do Hemisfério Norte, onde ocorrem mudanças periódicas marcantes no ambiente. A maioria dos migrantes é de aves aquáticas, de rapina e pequenas espécies passeriformes insetívoras. O verão setentrional propicia um ambiente adequado para a nidificação e criação dos filhotes, mas o inverno é inóspito e falta alimento. O deslocamento para o sul à procura de um habitat mais favorável é necessário para a sobrevivência.

Os migrantes mamíferos consistem, principalmente, de certos tipos de morcegos, cetáceos, pinipédios e grandes animais ungulados herbívoros. Os mamíferos pertencentes a estes grupos são capazes de viajar longas distâncias e, por isso, podem chegar até as proximidades do Equador para passarem o inverno ou, no caso de muitos herbívoros, da tundra à floresta, ou das pastagens das altas montanhas até os vales mais baixos, até a primavera seguinte.

Fatores causais

A migração é um tipo de comportamento adaptativo, que propicia um maior campo distributivo, um suprimento alimentar mais constante e um ambiente reprodutivo adequado para muitos tipos de animais. As causas próximas de migração podem ser classificadas como alimentares, gaméticas e climáticas. Entretanto, existem poucas espécies, nas quais apenas um destes fatores está relacionado com o padrão migratório.

As necessidades alimentares de muitas espécies são tantas que a migração periódica é decididamente vantajosa e resulta num suprimento alimentar conveniente durante o ano todo. Isto não se aplica a todos os vertebrados. Muitos mamíferos ficam ativos durante todo o inverno e certas espécies armazenam alimento por este motivo. Alguns pássaros como os gaios, pica-paus cinzentos e outros passarinhos encontram suficiente alimento vegetal e animal no inverno, quando a maioria das outras espécies já partiu, de modo que podem sobreviver no norte, sem migrar. Algumas, tais como o pica-pau *Melanerpes formicivorus*, pica-pau *Asyndesmus lewis*, o quebra-nozes de Clark *Nucifraga columbiana* e o gaio cinzento *Perisoreus canadensis*, armazenam alimento para o inverno, mais isto não é uma característica comum das aves. O corvo (*Corvus frugilegus*) é uma outra ave, conhecida por acumular alimento, embora o armazenamento possa ser feito por curto período.

É espantoso como tais aves encontram este alimento armazenado. Será a recordação do lugar do esconderijo ou uma questão de procura? Um estudo sobre o quebra-nozes de

Clark, um pássaro que depende, em grande parte, das sementes armazenadas para se alimentar no inverno e na primavera, indica que a memória é o fator principal. Uma vez que a maioria dos membros dos corvídeos, armazenadores de sementes, aos quais pertencem os quebra-nozes, gralhas e gaios, armazenam seu alimento no chão, há uma grande perda para os roedores. Para compensar isto, mais sementes do que o necessário podem ser armazenadas. Um estudo sobre o quebra-nozes de Clark no norte do Arizona mostrou que um único indivíduo pode armazenar entre 22.000 e 33.000 pinhões (*Pinus edulis*), o que é 2,2 a 3,3 vezes maior que as suas necessidades energéticas. Observações semelhantes feitas no leste da Sierra Nevada, Califórnia, mostraram um quebra-nozes armazenado sozinho 32.000 pinhões do pinheiro *P. albicaulis*, no fim do verão e outono. Isto significa 3 vezes a necessidade de energia e dá uma idéia da perda em potencial do alimento para os roedores.

A maioria dos anfíbios e répteis das regiões frias resolveu o problema de alimentação de inverno, hibernando nesta estação. Os peixes de água-doce, também, podem ficar relativamente inativos no inverno, a fim de reduzir a atividade metabólica. Poucos vertebrados de sangue frio têm a capacidade de movimentos contínuos. Contudo, alguns os têm. Certos peixes migram regularmente entre a área de procriação e os locais de alimentação. A distância pode envolver várias centenas de milhas ou mais. Muitos salmões ao longo da costa do Pacífico norte-americano viajam vários milhares de milhas de seu local de incubação, nas cabeceiras dos sistemas fluviais, até o Golfo do Alasca, onde passam 2 anos ou mais alimentando-se, antes de atingir a maturidade sexual. As tartarugas verdes podem migrar centenas de milhas, das ilhas oceânicas, onde põem seus ovos, até as pastagens marinhas, onde o alimento é abundante.

Os maiores migrantes são as aves do norte eurasiano e América do Norte setentrional. Aves aquáticas, quer sejam patos, gansos ou pernaltas, não podem se alimentar em lagos congelados e pântanos. As aves, como papa-moscas, andorinhas, tordos e vireonídeos não têm acesso a alimentos à base de insetos, no frio ambiente de inverno. As áreas, que propiciam alimento suficiente no verão, ficam estéreis seis meses depois. Da mesma forma, as aves predadoras, com algumas exceções, precisam migrar para o sul com suas presas. A codorna da montanha (*Oreortyx pictus*), no oeste norte-americano muda-se para elevações mais baixas no outono. Alimentam-se no chão e sua fonte de alimento nas áreas mais altas está coberta por neve durante o inverno. O contrário ocorre com o tetraz azul (*Dendragapus obscurus*). Estas aves galináceas passam o inverno em densas moitas de abetos nos cumes de altas montanhas, acima da área de procriação costumeira. Os brotos e folhas destas coníferas são sua principal alimentação nesta estação.

O deslocamento de baleias para áreas polares, onde passam os verões árticos e antárticos, depois da procriação de inverno, em águas tropicais e subtropicais, é basicamente alimentar. Os mares polares frios são ricos em alimento, especialmente "Krill" (eufausiídeos), de que se alimentam, em grande parte, as baleias de barbatana. Alguns botos e golfinhos parecem seguir as migrações periódicas dos peixes da região, que lhe servem de alimento. Muitos morcegos insetívoros do norte hibernam no inverno, mas alguns, como os morcegos *Lasiurus borealis*, *Lasiurus cinereus* (Fig. 11.1), *Lasionycteris noctivagans* e *Tadarida brasiliensis*, não o fazem. Em lugar disto, fazem extensas migrações a áreas onde há um suprimento de insetos voadores no inverno. Até mesmo o deslocamento de certos herbívoros grandes para elevações mais baixas no outono parece ser em busca de alimento.

Existem muitos exemplos de migração por motivos gaméticos. O retorno de salmões e trutas do mar para os ribeirões, em que incubaram, dá-se somente com o propósito de reprodução. Os salmões do Pacífico, do gênero *Oncorhynchus*, não se alimentam, uma vez que tenham retornado à água doce e, depois da desova, morrem. A migração das enguias de água doce (gênero *Anguilla*) de ribeirões de água doce do leste da América do Norte e Europa para a região do Mar de Sargaço, no oeste do Oceano Atlântico, é, da mesma forma, puramente gamética. Elas também morrem depois da desova. Deslocamentos gaméticos semelhantes ocorrem com as tartarugas marinhas para as ilhas oceânicas, longe de seus

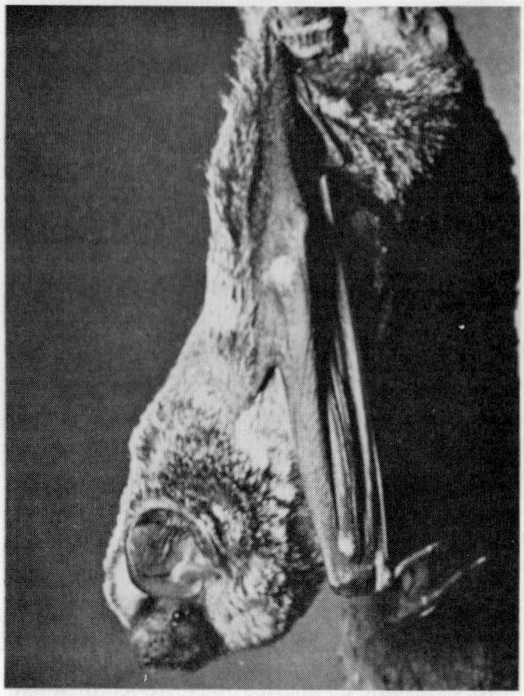

Figura 11.1. O morcego *Lasiurus cinereus*, uma espécie migratória, pelo menos, em certas regiões da América do Norte.

locais de alimentação, onde depositam seus ovos, e com muitas baleias dos mares polares frios que migram para regiões equatoriais para parir. O exame do estômago destas baleias não demonstra a presença de nenhum alimento significante durante os muitos meses, em que ficam longe de suas áreas de verão. A migração de muitos pinipédios para as áreas de reprodução a fim de procriar é gamética, enquanto o deslocamento para os locais de alimentação, depois da época de procriação, é alimentar.

O clima é, obviamente, um fator importante no deslocamento migratório de muitos vertebrados. É difícil separar este dos fatores alimentares e gaméticos, uma vez que o clima controla a produção de alimento e a maior duração do dia na primavera é um estímulo nítido para o desenvolvimento gonadal, em muitas espécies. Os dias mais curtos e as temperaturas mais baixas do outono tendem a induzir a migração para o sul. É fácil perceber porquê muitos vertebrados terrestres evitam os invernos árticos e antárticos, sejam eles aves litorâneas, aves aquáticas, pingüins ou baleias.

Fatores Ambientais

Uma vez que a migração de muitos tipos de animais é um fenômeno periódico, é lógico que mudanças do ambiente, associadas às diferentes estações, desempenhem um papel importante. Estas incluem fatores óbvios, tais como a duração mutável do dia, o clima, disponibilidade de alimento e até mesmo periodicidade lunar.

Longe do Equador, a única mudança constante, que ocorre todos os dias, durante todo o ano, é a duração do período de luz diária. Esta decresce do seu ponto máximo, que ocorre na época do solstício de verão a um ponto mínimo no solstício de inverno e a intensidade da diferença é diretamente proporcional à distância do Equador. Entre os endotermos migratórios, como certos tipos de aves, morcegos, baleias e até mesmo alguns herbívoros grandes, a menor duração de luz diária no final do verão e outono, no Hemisfério Norte, está relacionada com o deslocamento para o sul e, inversamente, a maior duração de luz diária na primavera está associada com o deslocamento para o norte dos membros da mesma espécie.

A quantidade diária de luz recebida, chamada *fotoperíodo*, foi primeiramente investigada pelo falecido Professor William Rowan, em Alberta, Canadá. Através de suas experiências, ele descobriu que, quando certas aves machos, capturados antes da migração para o sul, no outono, foram expostos a períodos diários de luz artificial no inverno, suas gônadas aumentaram de tamanho. Quando foram soltas, estas aves deixaram a área de inverno, enquanto os controles, que não foram sujeitos a este estímulo de luz, não partiram. A maior parte dos primeiros experimentos do Professor Rowan foi feita com os juncos de olhos-escuros *(Junco hyemalis)* e gralhas *(Corvus brachyrhynchos)*. Outros investigadores, mais tarde, realizaram estudos, provando que, em muitas aves do Hemisfério Norte, quanto a duração de luz diária é maior, na primavera, ocorrem uma taxa metabólica mais alta, depósito de gordura e inquietação migratória. Acredita-se que o período de vigília mais longo, resultante do aumento do fotoperíodo, aumenta a atividade hipotalâmica, que, por sua vez, estimula a produção dos hormônios gonadotrópicos. Estes provocam a *recrudescência* ou atividade gonadal e podem ser responsáveis por um aumento do depósito de lipídios.

Apesar da aparente correlação entre quantidade de luz, atividade gonadal e o deslocamento migratório de muitas espécies de aves, vários tipos não seguem este padrão. Certas aves litorâneas que nidificam no Ártico, começam sua migração para o sul, no final de junho, quando as quantidades de luz diárias máximas prevalecem. Os colibris ruivos machos *(Selasphorus rufus)*, que estão prontos para migrar para o sul, e que procriam no Alasca, são numerosos no centro da Califórnia, por volta da última semana de junho. A primeira atividade reprodutora periódica em tais espécies, no entanto, pode resultar num *período refratário precoce*, que é uma época de descanso fisiológico e regressão gonadal. Outras aves do Hemisfério Norte migram para o sul, no outono, quando a duração do dia está diminuindo, mas, quando chegam em suas áreas de inverno no Hemisfério Sul, é primavera lá e o período de duração do dia está aumentando. Entretanto, isto não induz a um deslocamento imediato para o norte. A triste-pia *(Dolichonyx oryzivorus)* é um bom exemplo disto. As triste-pias procriam nos campos da América do Norte temperada, do sudoeste canadense à Califórnia e, em direção ao leste, até a Nova Escócia e Pensilvânia, mas passam o inverno na Bolívia, oeste do Brasil, Paraguai e norte da Argentina. Seu deslocamento para o norte não ocorre, até que o período de duração esteja diminuindo no Hemisfério Sul, quando é primavera no Hemisfério Norte. O mesmo ocorre com as aves, como certas espécies de cagarras (gênero *Puffinus*), que procriam no Hemisfério Sul e passam o inverno no sul do Pacífico Norte. Seu deslocamento de volta para as áreas de nidificação ocorre em agosto e setembro, quando os dias no norte estão ficando mais curtos.

O clima tem uma influência evidente sobre os deslocamentos migratórios e acredita-se que seja um dos fatores principais, que influenciam a evolução deste tipo de comportamento. Calor e frio extremos, geralmente, criam um ambiente desfavorável, que precisam ser evitados por espécies que não entram em inatividade nestas épocas. A migração fornece uma solução para este problema. Margaret M. Nice, em seu estudo sobre *Melospiza melodia*, perto de Columbus, Ohio, concluiu que a migração de primavera desta espécie dependia tanto da duração do dia crescente, quanto da temperatura que se estava elevando. No outono, parecia que o frio ou tempo inclemente estimulava a migração em alguns indivíduos, que, em condições mais favoráveis, permaneceriam sedentários. Observações semelhantes foram feitas sobre outras espécies.

A temperatura é muito importante para a migração de alguns peixes. A truta *(Salmo gairdnerii)* e o salmão de Clark *(Salmo clarki)* são espécies de água doce, que se deslocam para as áreas de desova na primavera ou início do verão, quando a temperatura da água está subindo. A truta de Dolly Varden *(Salvelinus malma)* da costa do Pacífico e a truta comum *(Salvelinus fontinalis)* do leste norte-americano são espécies, que desovam no outono, quando as temperaturas dos ribeirões e lagos estão declinando. De forma semelhante, as mudanças periódicas na temperatura de água do oceano, ao longo dos litorais continentais, estão relacionadas com os deslocamentos de muitos tipos de peixes marinhos. O resfriamento de águas rasas no inverno provoca o deslocamento de algumas espécies para longe da costa. No verão, quando a temperatura das águas litorâneas sobe, estes peixes retornam.

Em certas regiões do país, os deslocamentos de certos anfíbios da terra para locais adequados para a estivação são estimulados, pelo menos, em parte, pela umidade declinante e temperatura alta; inversamente, seu retorno, no outono, está relacionado com a chegada da estação das chuvas e o tempo mais fresco. O deslocamento de muitos anfíbios e répteis para os seus hibernáculos de inverno está associado com as temperaturas ambientais reduzidas.

A disponibilidade de alimento, obviamente, é um fator significante, que influencia a migração de muitos vertebrados. Se o suprimento alimentar de uma espécie desaparece no inverno e os membros desta espécie também desaparecem, eles podem ter morrido, hibernados ou ido para regiões mais favoráveis, onde o alimento possa ser obtido. Muitos mamíferos pequenos, especialmente os roedores, estão em atividade sob a neve, nas altas montanhas na tundra ártica (Fig. 11.2), durante todo o inverno. Suas necessidades alimentares são satisfeitas por cascas, raízes, liquens disponíveis, outros tipos de vegetais, e até mesmo por alimentos escondidos durante o verão e outono. Estes mamíferos, por sua vez, servem de alimento para certos carnívoros, de forma que a migração é desnecessária para o predador, ou para a presa. Entretanto, outras espécies, cujas necessidades alimentares são maiores ou diferentes, precisam retirar-se destas regiões, antes do início do inverno. Na África central, o gorila montês *(Gorilla gorilla beringei)* apresenta uma migração anual entre as florestas primárias ou secundárias e as florestas de bambu, mais ou menos, na mesma época. A disponibilidade de alimento é o fator estimulante. Há bem menos plantas na floresta de bambu, mas os brotos apreciáveis surgem apenas após o início da estação das chuvas.

Figura 11.2. No inverno das altas montanhas do oeste norte-americano, os roedores do gênero *Thomomys* desenvolvem seus sistemas de galerias até a superfície da neve. Isto lhes permite, nesta época, conseguir alimento como cascas, que não são disponíveis para os animais fossoriais, durante os meses de verão. Quando a neve derrete, núcleos de terra permanecem como prova de atividade de inverno. Estes roedores não migram, nem hibernam.

Woodbury (1941) sugeriu que a migração fosse comparável a outros ritmos biológicos. Segundo a teoria da resposta periódica, os deslocamentos periódicos de alguns animais surgiram, primeiramente, com comportamento condicionado a mudanças ambientais. A seleção natural favoreceu os indivíduos, que se retiravam de lugares temporariamente hostis e a migração tornou-se hereditária, naturalmente.

Exatamente como a duração do dia, o clima e a disponibilidade de alimento parecem determinar as migrações de alguns animais, outros são influenciados pela lua. A periodicidade lunar está associada às atividades de procriação de vários invertebrados, especialmente de poliquetos e crustáceos. Parece determinar também os deslocamentos de certos peixes do sul californiano; o "grunion" (*L. tenuis*), um pequeno peixe parente das tainhas, vem ao litoral em grande número para desovar, nas três ou quatro primeiras noites, depois da lua cheia ou lua nova, do final de fevereiro até o início de setembro. A desova real é limitada a um período de uma a três horas depois da maré alta. Uma espécie estreitamente aparentada, *L. sardinia,* que existe no Golfo da Califórnia, possui hábitos de procriação muito semelhantes, exceto que a desova pode ocorrer durante o dia.

Migração de Vertebrados de Sangue Frio

Os padrões migratórios desenvolveram-se em muitas espécies de peixes, vários anfíbios e alguns répteis. Entre os peixes, os deslocamentos migratórios podem envolver milhares de milhas de viagem ou apenas a distância entre as áreas de alimentação num lago e um local de desova particular, perto da margem, que pode estar a algumas centenas de metros ou a várias milhas daquelas.

Algumas das maiores migrações marinhas são feitas pelos atuns, peixes pelágicos, que procriam nos mares tropicais. Os filhotes podem viajar milhares de milhas, em busca de alimento, antes de atingirem a maturidade e voltarem para procriar. Os membros marcados ao longo da costa do Pacífico da América do Norte foram apanhados 2 anos mais tarde perto do Japão e Iwo Jima. Eperlanos e arenques também empreendem migrações bem definidas, das águas pelágicas às águas costeiras rasas para desovar.

Os peixes migratórios mais conhecidos são os salmonídeos pertencentes aos gêneros *Oncorhyncus* e *Salmo.* O primeiro está confinado ao Oceano Pacífico Norte, onde existem cinco espécies, todas de importância comercial. Estas são *O. nerka, O. Kisutch, O. gorbuscha, O. keta* e *O. tshawytscha.* Estes peixes anádromos procriam em ribeirões de água doce ou lagos, e os filhotes migram para o mar, quando têm de algumas semanas a 2 anos de idade, dependendo da espécie. Alcançam a maturidade sexual no mar em 2 a 4 anos e, então, retornam ao ribeirão de origem, onde eclodiram para desovar e morrer. As espécies, que procriam nas cabeceiras dos rios principais, como o Yukon e o Columbia, podem viajar muitos milhares de milhas, enquanto outras, simplesmente, se deslocam das regiões de estuários para as águas costeiras próximas, onde permanecem até a época de retornar. Algumas populações de *O. nerka* sem acesso ao mar são exceções, porque permanecem em lagos de água doce ou ribeirões durante toda a vida.

O salmão *Salmo gairdnerii*, uma forma que vai para o mar, ao longo da costa do Pacífico norte-americano e o salmão do Atlântico (*Salmo salar*) do leste norte-americano, desovam em água doce e ficam adultos no mar; mas, ao contrário do Salmão do Pacífico, eles não morrem, necessariamente, depois de desovar. Eles podem retornar ao mar e desovar, novamente, no ano seguinte.

Migrações muito longas são efetuadas pelas enguias de água doce (veja Fig. 11.14). Duas espécies catádromas estreitamente aparentadas são encontradas nos dois lados do Atlântico. A espécie européia, *Anguilla vulgaris*, habita rios costeiros das Ilhas Britânicas e continentais da Europa, desde a Noruega até Portugal, enquanto a enguia americana (*A. rostrata*) vive em rios, ao longo da costa oriental da América do Norte. Ambas desovam nos arredores do Mar de Sargaço. Muitos outros peixes também migram regularmente para áreas de desova, mas seus deslocamentos são menos espetaculares do que os dos salmões e enguias.

As migrações dos anfíbios são, primeiramente, de locais de procriação e para eles. Uma vez que os membros desta classe precisam pôr seus ovos na água ou em lugares úmidos, isto acarreta uma viagem aos lagos e ribeirões para muitas espécies. Aqui, os sexos se juntam na primavera para se reproduzir. Entre a rãs e sapos, a vocalização dos machos serve para atrair as fêmeas e guiá-las para um local específico. O deslocamento para estas áreas e o retorno são, geralmente, sobre a terra para a maioria dos anuros e anfíbios caudados, embora alguns permaneçam na água durante o ano inteiro e a migração se dê dentro de um único sistema de água ou de um lago para outro próximo.

Embora alguns répteis terrestres apresentem algum comportamento migratório, como os deslocamentos das cascavéis para os abrigos de inverno, os principais migrantes são as tartarugas marinhas. Estes répteis marinhos, geralmente, depositam seus ovos em ilhas remotas. A migração mais notável é a da tartaruga verde do Atlântico Sul. As fêmeas marcadas, quando vieram à praia para depositar ovos na pequenina ilha de Ascensão, foram recuperadas ao longo do litoral brasileiro a 1.400 milhas a oeste.

Aves Migratórias

Os maiores migrantes são as aves. Conhece-se mais sobre seus deslocamentos do que sobre os de outras espécies de animais. Como salientado anteriormente, as principais aves migrantes do Hemisfério Norte são as espécies passeriformes insetívoras, aves aquáticas e aves de rapina. Isto não ocorre no Hemisfério Sul, onde a maioria dos migrantes não é de passeriformes, mas exemplos são os cucos, curiangos e andorinhões.

Tanto na América do Norte como na Europa e Ásia, a maioria das espécies de falcões se desloca para o sul, no outono. Uma vez que estas aves de rapina dependem de correntes ascendentes de ar quente e de ventos ascendentes para o vôo planado, elas são migrantes diurnas. Muitas espécies seguem os vales que margeiam as cadeias de montanhas, já que os ventos ascendentes são encontrados mais freqüentemente perto dos cumes destas cadeias. Uma das mais famosas na América do Norte é a Cordilheira de Kittatinny no leste da Pensilvânia, onde centenas de aves de rapina podem ser vistas passando diariamente, no outono. Estas aves também seguem os litorais, mas evitam o vôo sobre a água por causa da ausência de correntes ascendentes de ar quente ou de ventos ascendentes. A maioria das aves de rapina desloca-se para o sul a partir da Europa e Ásia para passar o inverno no norte da África e evita cruzar o Mediterrâneo. Sua passagem é ou ao longo de suas praias orientais ou descendo a Península Ibérica para Gibraltar, através do pequeno estreito para Marrocos. O mesmo ocorre com a cegonha *(Ciconia ciconia)* da Europa.

Muitos tipos de aves aquáticas migram. Na Antártica, a maioria das espécies de pingüins desloca-se para o norte no outono a fim de ficar em águas abertas ao norte da banquisa. Suas migrações são através da natação e de viagens em balsas de gelo. Algumas espécies, tais como o pingüim de Adélia, podem viajar até 400 milhas desta maneira. Muitos petréis e cagarras têm migrações extensas. A cagarra-de-bico-fino *(Puffinus tenuirostris)*, ou ave-carneiro, como é conhecida na Austrália e Nova Zelândia, procria em enormes colônias ao longo das praias e nas ilhas do Estreito de Bass entre a Tasmânia e o sul da Austrália. A época de nidificação estende-se do final de outubro até mais ou menos março. Aí então, os filhotes estão prontos para voar. Sua migração os conduz em direção ao nordeste, para as Novas Hébridas; depois, eles viram-se para o noroeste e passam pela costa leste do Japão e Coréia. Daí, fazem um arco através do Pacífico Norte para o Alasca e, por volta do final do verão do Hemisfério Norte, descem a costa do Pacífico da América do Norte. Então, voam diagonalmente através do Pacífico, a fim de chegar aos locais de nidificação no Estreito de

Bass por volta do final de outubro (Fig. 11.3). Os filhotes não retornam à area de nidificação, até que tenham vários anos de idade. Uma migração semelhante é feita pela cagarra cinzenta (*Puffinus griseus*).

As aves migratórias mais conspícuas são os patos e os gansos (Fig. 11.4). Na América do Norte, os principais locais de nidificação para estas aves aquáticas são as terras pantanosas do Alasca e Canadá e os açudes das pradarias canadenses e do norte dos Estados Unidos. Embora as duas espécies não tenham a mesma rota migratória, a maioria das aves aquáticas usa os quatro principais itinerários aéreos continentais, a Costa Atlântica, o Mississipi, o Central e a Costa do Pacífico (Fig. 11.5). O itinerário do Mississipi é o mais usado por vários patos. O número de indivíduos, segundo estimativas, que voam para o sul, a leste das Montanhas Rochosas, é de, mais ou menos, 17.500.000 todos os anos, sendo que os patos selvagens (*Anas platyrhynchos*) compõem cerca de 40 por cento do total. Os patos mergulhadores fazem maior uso dos itinerários do Pacífico e Atlântico.

Algumas espécies de aves aquáticas, como o ganso de Ross (*Chen rossii*) norte-americano, têm rotas migratórias as mais distintas. Este ganso nidifica na drenagem do Rio Perry, que corre para o Golfo de Queen Maud, nos Territórios do Noroeste, e passa o inverno no Vale Central da Califórnia.

Os maiores migrantes são encontrados entre as aves litorâneas, muitas das quais nidificam no Ártico e passam o inverno do Hemisfério Sul. A rota tomada pela tarambola dourada (*Pluvialis dominica*) americana é ultrapassada em distância somente pela rota da andorinha do ártico (*Sterna paradisea*), que dizem ser de cerca de 22.000 milhas. Existem duas populações desta espécie de tarambola. Uma nidifica de Point Barrow, Alasca, à Ilha de Baffin, passando pela tundra canadense, enquanto uma população mais ao oeste encontra-se, no verão, no leste da Sibéria e oeste do Alasca. As tarambolas douradas do leste migram através do Canadá ao Oceano Atlântico e, então, voam para o sul até o

Figura 11.3. Depois de viajarem milhares de milhas através do Oceano Pacífico, as cagarras-de-bico-fino (*Puffinus tenuirostris*) nidificam em tocas nas dunas costeiras das ilhas do Estreito de Bass, Austrália. Esta fotografia mostra a área de nidificação na Ilha de Felipe, Victória.

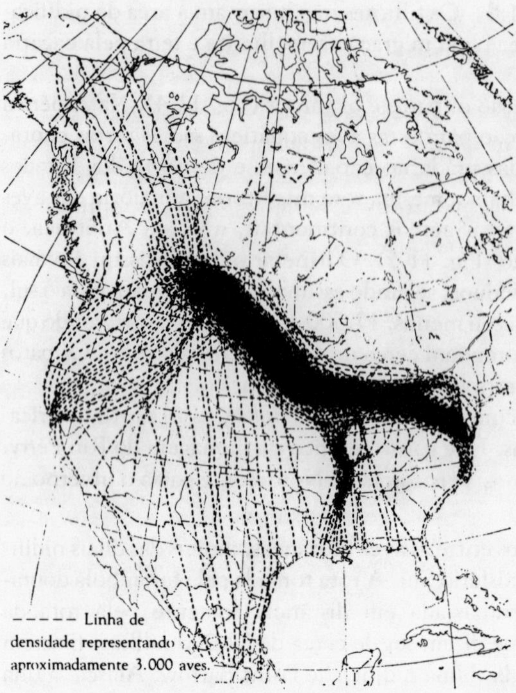

Figura 11.4. As principais rotas migratórias do pato selvagem norte-americano *(Aythya valisineria)*. (Segundo Stewart, R.E.; Geis, A.D., e Evans, C.D.: J. Wildlife Mgmt. *22*: 353, 1958.)

sudeste da América do Sul para passar o inverno, o que recebeu o nome de Itinerário do Oceano Atlântico. Ao retornar, tomam uma rota muito diferente, passando, em direção ao noroeste para a América Central e, então, para cima, pelo Itinerário Aéreo do Mississipi; daqui, continuam na direção norte para a costa ártica. Isto acarreta, numa viagem de ida e volta, pelo menos 16.000 milhas. As populações procriadoras de tarambolas douradas americanas do oeste deslocam-se para o sul, pelo chamado Itinerário Aéreo do Oceano Pacífico, indo para várias ilhas do Pacífico, algumas muito distantes como a Nova Zelândia (Fig. 11.6).

Várias batuíras menores nidificam na tundra ártica da América do Norte, Ásia e Europa e passam o inverno na América do Sul, Austrália e sul da África. A batuíra-de-rabo-branco *(Calidris fuscicollis)* do Ártico americano passa o inverno bem no sul, na Terra do Fogo e Ilha Georgia do Sul. A batuíra de Baird *(Calidris bairdii)* pode viajar para quase tão longe. A batuíra branca *(Calidris alba)*, uma espécie holártica quanto à distribuição geográfica de procriação, passa o inverno na América do Sul, Ilhas do Pacífico, Austrália e sul da África.

Embora o padrão geral de migração do Hemisfério Norte seja do norte para o sul no outono e o inverno na primavera, nem todas as espécies de aves seguem este padrão. A grande maioria de andorinhas-do-mar *(Thalasseus elegans)* e gaivotas de Heermann *(Larus heermanni)* procriam numa pequena ilha deserta chamada Isla Raza no Golfo da Califórnia, México (Fig. 11.7), depois da procriação, os deslocamentos dos membros de ambas as espécies levam-nas para o norte e sul, ao longo da costa do Pacífico. A andorinha-do-mar passa o inverno do centro da Califórnia, ao litoral do Chile, enquanto a gaivota de Heermann ocorre da Guatemala ao sul da Colúmbia Britânica.

A ordem dos Passeriformes contém o maior número de aves migratórias. Na Europa e Ásia, os principais grupos, que fazem deslocamentos periódicos, são as andorinhas, tordos, papa-moscas do Velho Mundo, e motacilídeos. A maioria é insetívora e precisa abandonar o norte da Eurásia antes do inverno. Aquelas da Europa e oeste da Ásia migram para o centro ou sul da África. Algumas do leste da Ásia fazem esta longa viagem, mas a maioria das espécies, que procriam na Sibéria, Kamchatka, Manchúria, Coréia, Japão e norte da China passam o inverno na Malásia e sul da Índia.

Na América do Norte, os principais migrantes passeriformes são os papa-moscas tiranídeos, andorinhas, tordos, vireonídeos e sanhaços. Poucos tentilhões e pardais empreendem migrações extensas, embora alguns, incluindo o pardal-raposa (*Passerella iliaca*) pardal-de-coroa-branca (*Zonotrichia leucophrys*) e o pardal-de-coroa-dourada (*Zonotrichia atricapilla*), possam passar o inverno centenas ou até mesmo milhares de milhas ao sul

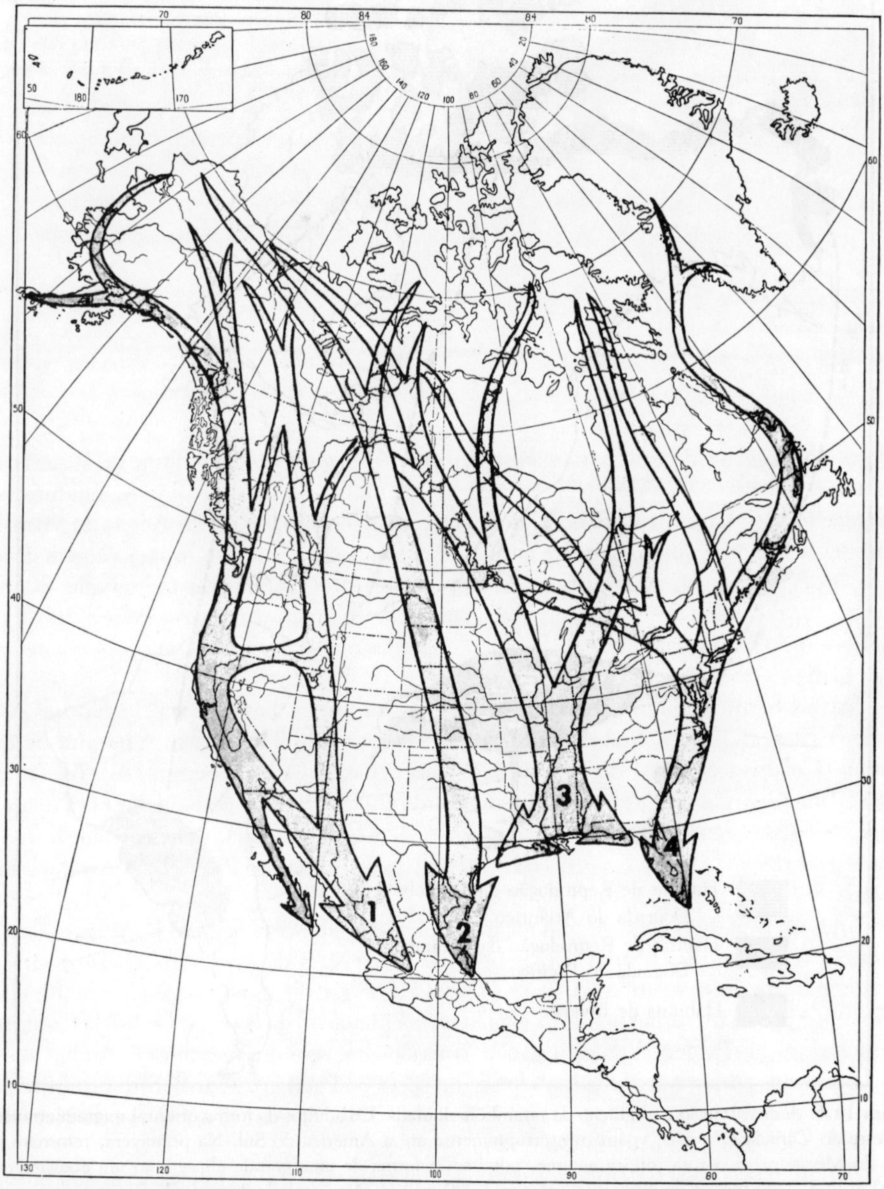

Figura 11.5. Uma ilustração muito esquemática dos quatro itinerários aéreos continentais mais importantes usados pelas aves na América do Norte: 1. Itinerário do Pacífico; 2. Itinerário Central; 3. Itinerário do Mississipi; 4. Itinerário do Atlântico. É provável que duas espécies não sigam exatamente as mesmas linhas de vôo, e, até mesmo dentro de uma única espécie, populações diferentes têm rotas diferentes.

da região mais setentrional dos locais de procriação. A maioria dos papa-moscas e das andorinhas do Novo Mundo passam o inverno desde o México ao norte da América do Sul. Alguns, como a andorinha do penhasco *(Petrochelidon pyrrhonota)*, que passa o verão em grande parte da América do Norte, migram para o sul até o centro da Argentina. A maioria dos tordos, que nidificam no Canadá e Estados Unidos, passam o inverno no México e América Central.

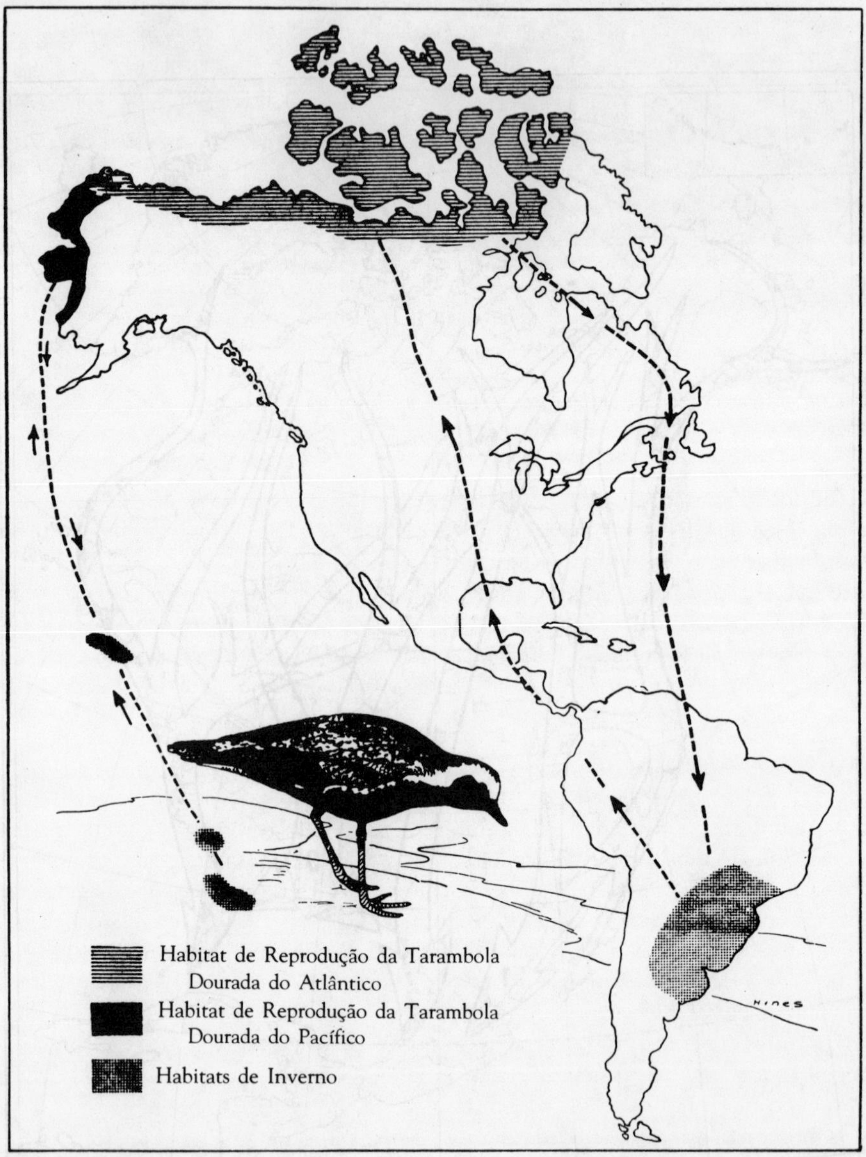

Figura 11.6. A distribuição e migração da tarambola dourada. Os adultos da forma oriental migram através do nordeste do Canadá e, então, voam ininterruptamente até a América do Sul. Na primavera, retornam pelo Vale do Mississipi. Sua rota inteira assume, por isso, a forma de uma grande elipse com um eixo maior de 8.000 milhas e um menor de aproximadamente 2.000 milhas. A tarambola dourada do Pacífico, que procria no Alasca, aparentemente, faz um vôo ininterrupto através do oceano até o Havaí, Ilhas Marquesas e Baixo Arquipélago, retornando na primavera pela mesma rota. (Lincoln, E.C., Biólogo, e Hines, B., Ilustrador: Migration of Birds. Circular 16. Washington, D.C., U.S. Government Printing Office, 1950.)

Figura 11.7. A maioria das gaivotas de Heermann *(Larus heermanni)* migra para a Isla Raza, uma pequena ilha deserta no Mar de Cortez, para nidificar. Em anos anteriores, os comerciantes colhedores de ovos limparam as áreas mais planas de rochas, que empilharam em montes para propiciar maior superfície para a nidificação.

Um dos migrantes que viaja mais longe entre os passeriformes do Novo Mundo é a triste-pia *(Dolichonyx oryzivorus)*,membro da família Icteridae. As triste-pias nidificam no sul do Canadá e norte dos Estados Unidos, desde a Colúmbia Britânica até a Nova Escócia e do leste da Califórnia à Pensilvânia. Durante a migração, a grande maioria desloca-se para o sul da Flórida; depois, passando pelo Caribe, dirigem-se para o norte da América do Sul. Daí, as triste-pias descem para a Bolívia, Brasil, Paraguai e norte da Argentina, passando o inverno a cerca de 6.000 milhas ao sul da região mais setentrional do local de procriação.

Mamíferos Migratórios

Os mamíferos, que migram, são os morcegos, cetáceos, pinipédios e grandes herbívoros. A maioria dos morcegos insectívoros, existentes nas regiões temperadas e setentrionais temperadas, hiberna. O deslocamento de colônias de verão para os hibernáculos, como cavernas, pode acarretar deslocamentos regionais, mas, às vezes, são envolvidas distâncias muito maiores. Os morcegos de Indiana *(Myotis sodalis)*, segundo registros, migram mais de 300 milhas e na Europa, o morcego *Nyctalus noctula* foi encontrado, no verão, a 470 milhas de seu local de passar o inverno. Um exemplar de *Pipistrellus pipistrellus*, marcado na União Soviética, foi recuperado na Bulgária, a 720 milhas de distância. Na América do Norte, os morcegos *Tadarida brasiliensis* marcados no verão, na Caverna de Carlsbad, Novo México, foram recapturados no inverno a 810 milhas ao sul, no centro do México.

Os morcegos lasiurinos não hibernam e fazem extensas migrações do norte ao sul entre seus locais de passar o inverno e o verão. Os vôos tanto dos morcegos *Lasiurus cinereus*, quanto dos morcegos *L. borealis* foram registrados nas Bermudas, a 600 milhas da costa leste dos Estados Unidos. Estas duas espécies e também os morcegos *Lasionycteris noctivagans* deslocam-se regularmente para o sul ao longo da costa desde o Canadá e norte dos Estados Unidos para um ambiente de inverno mais temperado.

Os maiores mamíferos migratórios são encontrados na ordem Cetacea. A maioria das grandes baleias de barbatana do mundo passa o verão em águas polares ou subpolares, onde há abundância de alimento, especialmente pequenos crustáceos, semelhantes ao camarão, chamados Krill. Depois de acumularem uma grossa camada de gordura, que não só isola contra a perda de calor, mas também fornece uma grande fonte de energia, as baleias deslocam-se em direção às águas equatoriais. Os filhotes nascem nos mares tropicais ou subtropicais, onde crescem rapidamente, alimentando-se do leite rico de suas mães e podem viajar, na primavera, para as águas árticas ou antárticas.

Uma das migrações de cetáceos mais conhecida é a da baleia-cinzenta *(Eschrichtius gibbosus)*. Esta é uma espécie, que passa o verão no Mar de Okhotsk, Mar de Bering e Oceano Ártico, alimentando-se, principalmente, de krill por cerca de 4 meses. No outono, uma pequena população desloca-se pela costa asiática para águas coreanas, mas a maioria segue a costa do Pacífico da América do Norte para as lagunas rasas, ao longo da costa oeste da Baja Califórnia, México (Figs. 11.8 e 11.9). Chegam lá em janeiro, têm seus filhotes, procriam e, mais ou menos, em março começam a retornar na direção norte para as águas árticas. Elas fazem uma viagem de ida e volta de mais de 6.000 milhas e, até onde se sabe, não se alimentam durante os 8 meses inteiros, que ficam longe de seus locais de passar o verão.

Alguns pinipédios são sedentários, mas vários leões-marinhos, algumas focas e elefantes-marinhos fazem extensas migrações. O mais conhecido e também o maior da ordem é a foca do norte *(Callorhinus ursinus)*. Sua principal área de reprodução é a das Ilhas Pribilof no Mar de Bering, com pequenas populações; habitam também as Ilhas Commander perto de Kamchatka, Ilha de Robben, perto de Sacalina, e algumas das Ilhas Curilas. As fêmeas e os imaturos passam o inverno no oceano, até a costa sul da Califórnia e Japão. Os machos adultos permanecem no Golfo do Alasca no inverno, mas se deslocam para os locais de procriação na primavera algumas semanas antes da chegada das fêmeas. As fêmeas vêm em junho e julho e juntam-se aos vários haréns guardados pelos machos dominantes e bem sucedidos, que lutaram entre si pelos seus territórios. Mais ou menos um dia depois da chegada, as fêmeas parem seu único filhote e, uma semana mais tarde, são fecundadas pelo macho do harém. Os machos imaturos e subadultos, jovens demais para comandar um harém, têm permissão de se juntar em grupos de solteiros. Os haréns se dissolvem no final do verão e os machos partem, tendo ficado sem alimento, nem água por semanas durante a vigília. As fêmeas e filhotes daquele ano não partem até o final de outubro e novembro.

Um padrão migratório um pouco semelhante é observado no leão-marinho-de-Steller *(Eumetopias jubata)*, cujo local de procriação estende-se das ilhas no Mar de Bering até a Califórnia. Nesta espécie, os machos, pelo menos, da parte sul do habitat, migram para o norte depois da época de procriação. Retornam às colônias em maio e estabelecem territórios antes da vinda das fêmeas, em junho. Logo depois de se unir ao harém, a fêmea pare seu filhote e é fecundada cerca de 2 semanas mais tarde. Os solteiros ou machos, que não estão procriando são isolados dos locais dos haréns, mas deixam as ilhas das colônias no final de julho e agosto, quando os machos partem. As fêmeas permanecem com seus filhotes por alguns meses; algumas ficam durante o ano inteiro.

Na região do Atlântico Norte, a foca *Phoca groenlandica* empreende migrações razoavelmente extensas. Os verões são passados em altas latitudes, onde o alimento é abundante. No outono, estas focas deslocam-se para o sul para as áreas de procriação, nas vizinhanças da Terra Nova, ao redor de Jan Mayan, no Mar Norueguês e no Mar Branco. Aí, os filhotes nascem entre janeiro e abril.

Muitos outros pinipédios, tanto no Hemisfério Norte, quanto no Hemisfério Sul, empreendem extensas migrações entre as áreas de alimentação e as colônias de procriação.

Notáveis padrões migratórios são encontrados em vários animais ungulados. Na América do Norte, o caribu *(Rangifer tarandus)*, o alce *(Alces alces)*, o cervo *(Cervus elaphus)* e o veado *Odocoileus hemionus* deslocam-se de seus habitats de verão, no outono, para áreas de inverno mais favoráveis e depois, retornam na primavera seguinte. No Alasca e

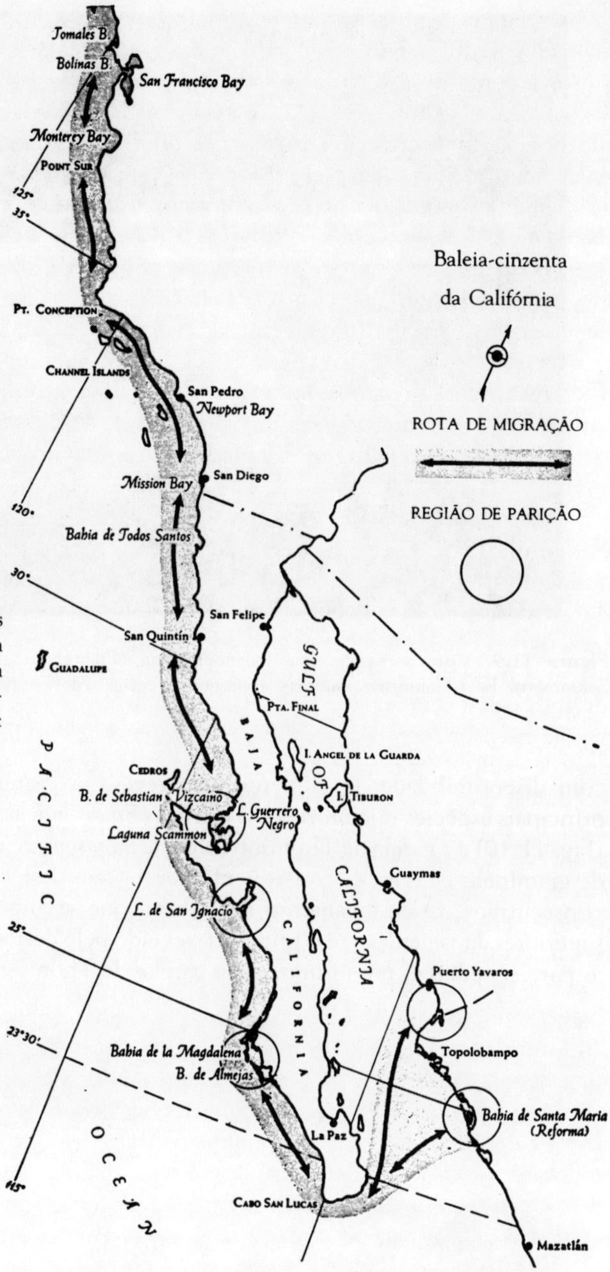

Figura 11.8. Mapa mostrando as áreas de parição e parte sul da rota migratória da baleia-cinzenta californiana *(Eschrichtius gibbosus)*. (Segundo Gilmore, R.M. e Ewing, G.C.: Pacific Discovery, vol. 2, n.º 3, 1954.)

no norte do Canadá, a distância entre as áreas de verão e de inverno do caribu pode chegar a 300 milhas.

As migrações do alce, cervo e veado, geralmente, são altitudinais. O habitat de verão em regiões mais altas de parques e florestas subalpinas fornece uma abundância de alimento, até que a primeira nevada pesada chegue. Mais ou menos em novembro, há um deslocamento para baixo, para os vales.

Em regiões da África Oriental, os grandes mamíferos, que pastam, empreendem deslocamentos periódicos notáveis, relacionados com as estações úmidas e secas e, por isso,

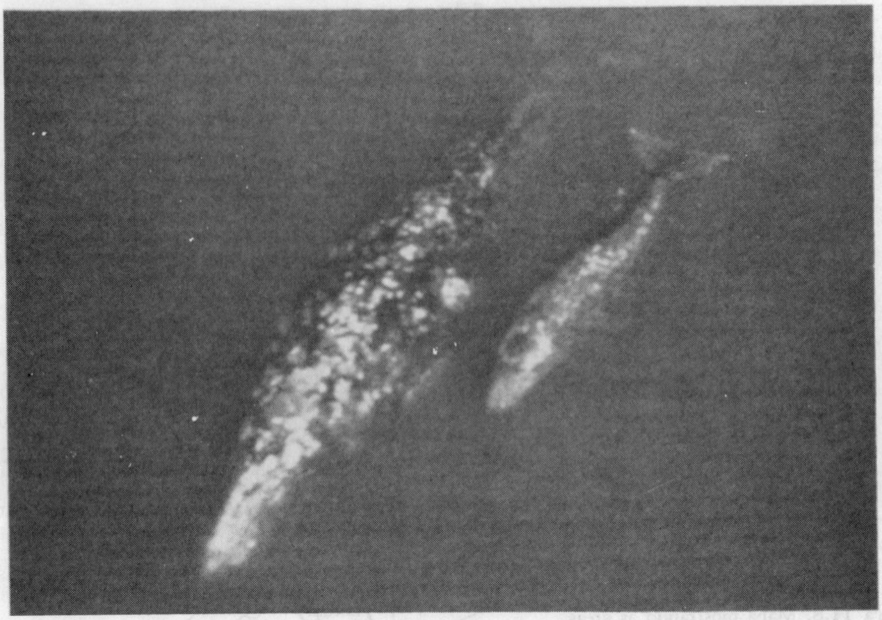

Figura 11.9. Vista aérea de uma baleia-cinzenta *(Eschrichtius gibbosus)*, mãe e filhote na Laguna de Scammons, Baja Califórnia, México. (Fotografia, cortesia de George E. Lindsay.)

com disponibilidade de alimento. Na região do Serengeti da Tanzânia e Quênia, as principais espécies migratórias são a zebra *(Equus burchelli)*, o gnu *(Connochaetes taurinus)* (Fig. 11.10) e a gazela de Thomson *(Gazella thomsoni)*. Cada espécie prefere tipos diferentes de gramíneas e ervas, e, conseqüentemente, seus deslocamentos não coincidem, mas são consecutivos. O deslocamento das zebras, que se alimentam principalmente das partes superiores da vegetação, é o primeiro, seguido pelo deslocamento dos gnus, que consomem as partes médias e, por último, pelas gazelas de Thomson, que comem as partes inferiores.

Figura 11.10. Na África Oriental, os gnus *(Connochaetes taurinus)* migram anualmente para as áreas de procriação, onde prevaleçam condições alimentares favoráveis. (Fotografia, cortesia de George E. Lindsay.)

Cada espécie, por sua vez, torna viável a alimentação para a espécie seguinte, uma utilização mais eficiente das plantas como alimentação por um grupo de grandes herbívoros. O deslocamento destas espécies no Serengeti é no sentido dos ponteiros de um grande relógio. A maior concentração de todas as espécies é nas planícies do Serengeti do sudeste, onde a precipitação de chuvas é escassa e a vegetação é baixa. Quando a estação úmida termina nesta região, o deslocamento é para o oeste de Serengeti, onde a chuva é maior e a grama, mais comprida. Perto do fim da estação seca, os migrantes deslocam-se para o norte do Serengeti, onde a precipitação é maior e a grama, mais comprida. Finalmente, quando as chuvas renovam a vegetação nas planícies do Serengeti, o deslocamento promove o retorno para lá. A rota pode envolver uma viagem de ida e volta de 200 milhas.

Diferenças de Populações, Idade e Sexo

As variações no comportamento migratório ocorrem, às vezes, entre indivíduos da mesma população. No sudoeste do Alasca, algumas lampreias árticas *(Lampetra japonica)* migram para o mar, enquanto outras, que parecem morfologicamente idênticas, passam sua vida inteira na água doce. Quase todos os salmões do Pacífico são anádromos, mas uma forma *(Oncorhynchus nerka kennerlyi)*, não tem acesso ao mar e amadurece em água doce.

Em alguns tipos de aves, as populações do norte são migratórias, enquanto os membros da mesma espécie mais ao sul são sedentários. Bons exemplos disto são os pardais canoros *(Melospiza melodia)* e os pardais-de-coroa-branca *(Zonotrichia leucophrys)* norte-americanos. Conseqüentemente, as populações, que estão passando o inverno no norte, e os sedentários mais ao sul podem misturar-se naquela estação do ano. Na costa do Pacífico da América do Norte, há várias subespécies reconhecidas do pardal-raposa, *Passerella iliaca.* Todas as raças são migratórias, pelo menos, até certo ponto, mas aquelas, que procriam mais ao norte, migram para mais longe ao sul (Fig. 11.11). Existem algumas pessoas, que atribuíram estas diferenças na intensidade da migração a variações hereditárias, que podem ser verdadeiras. Entretanto, o fato permanece; as áreas ocupadas pelos membros das raças mais setentrionais são inabitáveis no inverno, e as aves durante seu deslocamento para o sul, no outono, são forçadas a passar por um território adequado, já ocupado por outros pardais-raposa. Este último comportamento, de certo modo, é algo análogo àquele observado em certas populações de peixes migratórios, que desovam em água doce. Os primeiros a chegar deslocam-se para as regiões mais altas das áreas de desova, enquanto os últimos ficam restritos às áreas mais baixas no ribeirão. Isto recebe o nome de "fenômeno de distribuição diferencial". Na Europa, os papa-moscas *(Erithacus rubecula)* da Alemanha podem migrar para a África do Norte para passar o inverno, enquanto os da França são basicamente sedentários. Da mesma forma, a garça *(Ardea cinerea)* é sedentária na Grã-Bretanha, mas migratória na maior parte do continente europeu.

A idade, freqüentemente, é um fator determinante no comportamento migratório. Em muitas aves, os filhotes migram antes dos adultos. Isto foi observado em diversas espécies, como nos pingüins de Adélie *(Pygoscelis adeliae)* da Antártica e em migrantes passeriformes, do Hemisfério Norte. A marcação efetuada por muitos anos, em Wisconsin, mostrou que existem dois picos para o deslocamento para o sul dos falcões *Accipiter striatus* no outono. O primeiro destes é no meio de setembro, quando os migrantes são, em sua maioria, imaturos. O segundo pico ocorre no meio de outubro e consiste, em grande parte, de adultos.

Os filhotes não são sempre os primeiros a migrar. No norte do Alasca, os machos dos patos *Somateria spectabilis* e *S. mollissina* são os primeiros a começar a migração, a partir do Mar de Beaufort para o Mar de Chukchi. Isto começa no princípio de julho.

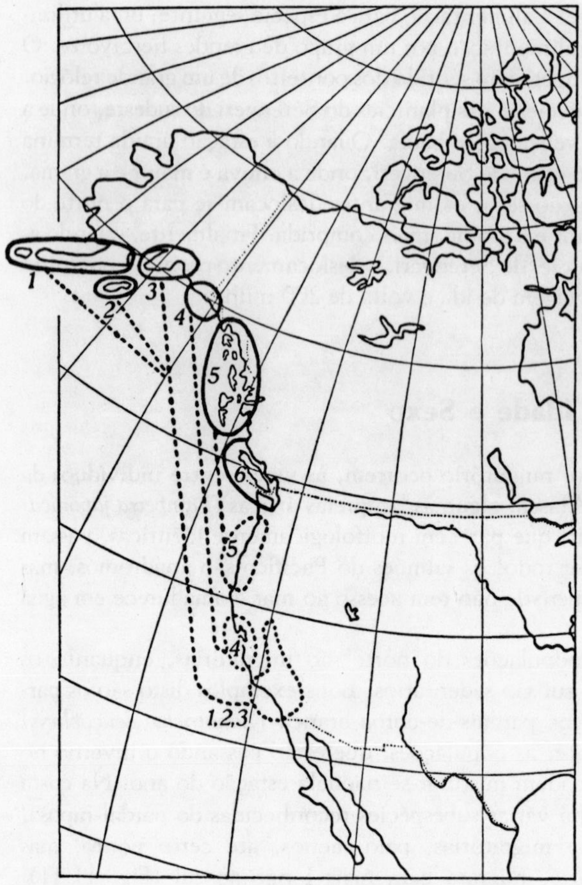

Figura 11.11. Mapa mostrando de forma convencional a natureza das migrações realizadas pelas subespécies setentrionais dos pardais-raposa: 1. *unalaschcensis*; 2. *insularis*; 3. *sinuosa*; 4. *annectens*; 5. *townsendi*; 6. *fuliginosa*. Uma linha sólida circunda o habitat de verão; uma linha pontilhada circunda o principal habitat de inverno. As linhas quebradas ligam os habitats de verão e inverno e não indicam necessariamente as rotas migratórias; elas são inseridas para enfatizar as características sobrepostas dos deslocamentos periódicos. As subespécies, que ocupam os habitats de verão mais ao norte (*unalaschcensis, insularis* e *sinuosa*), viajam para bem mais ao sul. A subespécie, que ocupa o habitat de verão mais ao sul (*fuliginosa*), é praticamente residente. (Swarth, H.S.: University of California Publications in Zoology, Vol. 21, n.º 4, 1920.)

Mais ou menos no meio de agosto, as fêmeas começam a ultrapassar em número dos machos, que migram é, em setembro, os filhotes do ano começam sua migração.

Os estudos de marcação ao longo da costa do centro californiano mostraram que, durante a migração, as batuíras-do-oeste *(Calidris mauri)* seguem um padrão de sexo e idade definido. No outono, os adultos chegam cerca de um mês antes dos imaturos. Aparentemente, uma grande proporção de machos adultos e imaturos passa o inverno na América do Norte, enquanto a maioria das fêmeas desloca-se mais para o sul. Na primavera, os machos dirigem-se para o norte antes da maioria das fêmeas.

Muitas outras espécies de vertebrados diferem nas épocas de migração em relação ao sexo e idade. Isto é notado, especialmente, nos mamíferos marinhos, como foi indicado na descrição dos deslocamentos migratórios das focas-do-norte e leões-marinhos-de-Steller. No leão-marinho-da-Califórnia *(Zalophus californianus)*, que procria nas ilhas ao longo da costa oeste da Baja Califórnia e sul da Califórnia, os machos deixam os locais das colônias e deslocam-se para o norte no final de julho e agosto. Chegam em grande número ao longo da costa do centro da Califórnia, mais ou menos, no dia primeiro de setembro (Fig. 11.12) e muitos continuam para o norte em direção às águas de Oregon, Washington e Colúmbia Britânica. As fêmeas são, na maior parte, sedentárias. Pelo menos 80 por cento dos machos migratórios são adultos.

Os deslocamentos periódicos dos elefantes-marinhos do norte *(Mirounga angustirostris)* variam com o sexo e a idade. Os machos adultos chegam às ilhas de procriação perto da costa da Baja Califórnia e Califórnia em dezembro, seguidos pelas fêmeas. Os filhotes nascem em janeiro e fevereiro, e os adultos deixam as ilhas em março e vão para

Figura 11.12. Um grande agrupamento de machos de leões-marinhos californianos *(Zalophus californianus)*, depois da procriação, que acabaram de chegar à Ilha Año Nuevo, que fica a aproximadamente 250 milhas ao norte da colônia de procriação mais setentrional desta espécie, ao longo da costa da Califórnia.

o mar. Mais tarde, naquele mês e durante abril, há um influxo de animais imaturos para as ilhas (Fig. 11.13) e, em maio, os filhotes do ano partem. Por volta de junho ou julho, a maioria dos imaturos parte e os machos adultos e subadultos retornam para a muda dos pêlos. Permanecem até o fim do verão e são, novamente, substituídos pelos imaturos, que permanecem até o retorno dos machos em dezembro.

O deslocamento para o sul das baleias cinzentas *(Eschrichtius gibbosus)* das áreas de verão nas águas árticas e subárticas para os locais de parição da Baja Califórnia é conduzido pelas fêmeas prenhes, seguidas pelas fêmeas não-prenhes, machos adultos e imaturos. Na viagem de retorno, começando em fevereiro e março, as fêmeas recentemente prenhes vão à frente, seguidas pelos machos e imaturos; as fêmeas com filhotes recém-nascidos são as últimas a iniciar a viagem para o norte.

Mudanças Fisiológicas

Muitas mudanças fisiológicas estão associadas com a migração. Algumas destas estão associadas com a reprodução. Os ciclos reprodutivos de peixes, anfíbios, tartarugas marinhas, baleias, pinipédios e muitas aves migradoras estão estreitamente relacionados com o deslocamento anual para suas áreas de procriação.

Em muitos vertebrados, a migração é precedida por um aumento da gordura do corpo. Os arenques, salmões, enguias e outros peixes, que empreendem longas migrações, acumulam grandes quantidades de gordura, antes de partir para os locais de desova. Também as baleias e os pinpédios fazem o mesmo. Foram feitos mais estudos

Figura 11.13. Na primavera, depois que os elefantes-marinhos adultos *(Mirounga angustirostris)* deixam as ilhas de reprodução, há um influxo de animais imaturos, como os vistos na fotografia acima, tirada em maio na Ilha Año Nuevo, Califórnia.

sobre o aumento da taxa de lipídios nas aves migradoras que em quaisquer outros vertebrados. Em alguns migrantes de longa distância, tais como a triste-pia *(Dolichonyx oryzivorus)* e os piranga-saíras *(Piranga olivacea)*, a taxa de lipídios pode chegar a 50 por cento do peso total do corpo. Esta gordura é, na maioria das vezes, subcutânea e interperitonial. Chegou-se à conclusão de que qualquer ave pequena, cuja taxa de gordura chegue a 27 por cento do peso úmido (não-dessecado) do corpo, pode fazer um vôo ininterrupto de 600 milhas em condições de vôo médias. O pequenino colibri-de-pescoço-de-rubi *(Archilochus colubris)* adquire uma média de 2 gramas de gordura pré-migratória antes de fazer seu vôo ininterrupto de 500 milhas através do Golfo do México, entre seu habitat de verão, no leste dos Estados Unidos e Canadá, e seu local de inverno, na América Central. Um indivíduo desta espécie poderia viajar 800 milhas com a energia fornecida por 2,1 gramas.

Algumas espécies de aves adquirem a gordura migratória durante a primeira parte de sua migração, em vez de antes dela. Muitas espécies de passarinhos, que nidificam no nordeste da Inglaterra, partem para o sul no outono, sem qualquer aumento de peso corporal visível. Entretanto, param no sul da Inglaterra e regiões continentais da Europa, onde as frutas estão maduras e lá desenvolvem suas reservas de gordura, antes de continuarem para o norte da África.

Parece haver uma mudança periódica na função da glândula tireóide em alguns vertebrados, que está relacionada com seus padrões migratórios. Filhotes do salmão *Oncorhynchus kisutch,* geralmente, permanecem um ano ou mais na água doce, antes de migrarem para o mar. Quando se tornam maiores e estão prontos para migrar para a água salgada, há um aumento da atividade da tireóide, que também está associada com o aumento da duração do dia. Depois da chegada ao oceano, a atividade da tireóide decresce. No caso de algumas aves migradoras, cujo ciclo da tireóide foi estudado, há um aumento semelhante no nível de tiroxina, antes da migração. Pode ser que a tiroxina estimule o aumento da utilização da gordura na época em que é mais necessária.

Nas aves, a muda anual de penas está estreitamente relacionada à migração de outono. Uma vez que utiliza muita energia, a muda, geralmente, precede o depósito de gordura pré-migratória e também, no caso dos migrantes noturnos, o desenvolvimento da inquietação noturna. Todas estão associadas à diminuição do fotoperíodo. Naquelas espécies, em que a muda é terminada no final do verão ou princípio do outono, antes da migração, não existe nenhum conflito nas necessidades energéticas. Isto é muito importante para os migrantes de longas distâncias. Nas espécies, que viajam uma distância relativamente curta do habitat de verão para o local de inverno, a taxa, freqüentemente, continua durante e depois da migração. Algumas espécies, notadamente dos migrantes de longas distâncias, tais como a cagarra-de-bico-delgado *(Puffinus tenuirostris)*, a gaivota-de-Sabine *(Xema sabini)*, o falaropo do norte *(Lobipes lobatus)*, a andorinha-de-celeiro *(Hirundo rustica)* e algumas outras, não mudam as penas de suas asas até que cheguem às regiões onde passam o inverno.

Os filhotes da maioria das aves migradoras fazem sua primeira migração de outono com suas novas penas das asas.

Orientação

Um dos aspectos mais notáveis da migração é a capacidade dos organismos para retornarem a lugares específicos. A marcação mostrou que os salmões retornam do mar para desovar no mesmo ribeirão em que foram incubados e a marcação com anilhas provou que as aves de inverno, tais como os pardais canoros *(Melospiza melodia)* e os pardais-de-coroa-dourada *(Zonotrichia atricapilla)*, freqüentemente, retornam ao mesmo jardim para passar o inverno, ano após ano. Outros vertebrados mostram a mesma exatidão nos seus deslocamentos periódicos. Como isto é efetuado foi tema de muita pesquisa nos últimos anos.

Peixes. Os estudos sobre os salmões mostraram que o olfato é um fator importante para a orientação. Os peixes pequenos aparentemente têm o odor do ribeirão de origem imprimido neles numa idade precoce. Este odor é o resultado de produtos químicos da água, que se filtram para dentro do ribeirão através do solo e da vegetação do sistema de drenagem e diferem ligeiramente daqueles de outros riachos. Depois de vários anos no mar, a mais de mil milhas de distância de onde incubaram, a lembrança daquele odor ainda é retida por estes peixes e serve para guiá-los pelos grandes rios, como o Yukon e o Columbia para onde seus progenitores desovaram.

Este sistema notável de orientação foi demonstrado há alguns anos por Wisby e Hasler (1954). Os salmões prateados *(Oncorhynchus kisutch)* foram capturados em duas bifurcações de um ribeirão no Estado de Washington, quando estavam subindo para desovar. Cada peixe foi marcado e as cavidades olfatórias de mais ou menos metade dos peixes capturados foram fechadas. Todos os salmões foram, então, soltos uma meia milha abaixo da bifurcação. Aqueles com as cavidades olfatórias não ocluídas selecionaram a mesma bifurcação para subir , quando chegaram à junção, enquanto os outros não puderam diferenciar este ponto e mostraram uma distribuição ao acaso.

Uma outra experiência interessante do papel do olfato neste salmão criado em incubadora foi conduzida no meio dos anos 70 em Wisconsin, onde não é nativo. Um grande grupo de filhotes marcados foi exposto a concentrações de 2-feniletanol por 6 semanas. Quando estes salmões tinham 16 meses de idade, que é a época em que aconteceriam as migrações normais rio-abaixo, foram levados para o Lago de Michigan e soltos. Durante sua migração de desova, 18 meses mais tarde, os mesmos produtos químicos foram colocados em dois ribeirões separados, que desembocavam no lago. Estes e outros 17 cursos d'água sem odores foram observados para os peixes marcados, que estavam retornando. Os resultados mostraram que aproximadamente 95 por cento dos indivíduos tratados com a substância foram levados para os ribeirões tratados com ela e mais de 90 por cento daqueles imprimidos com 2-feniletanol foram capturados nos ribeirões tratados com este produto químico. Os peixes do grupo controle, que não tinham sido tratados quimicamente, mostraram um deslocamento ao acaso para os 19 ribeirões envolvidos.

As experiências com o salmão *Oncorhynchus nerka kennerlyi*, um tipo de salmão não-anádromo, mostraram que até ele se utiliza do olfato em seus deslocamentos regionais. Este salmão, quando migra, deixa os lagos, em que está, em acesso ao mar, e desloca-se para seus ribeirões de origem para desovar em agosto e setembro, seguindo a margem, até que alcance a desembocadura de seu ribeirão natal. Aqui, faz uma pausa até que esteja pronto para subir para o local de desova. Quando estes salmões são capturados ao subirem o ribeirão natal e soltos com o aparelho nasal ileso no lago, perto da desembocadura deste tributário, uma porcentagem razoável retorna novamente à área de desova. Entretanto, se os salmões soltos tiverem seus receptores nasais destruídos, são aparentemente incapazes de encontrar seu caminho de volta. Os estudos sobre a percepção olfativa das enguias mostraram que elas podem detectar diluições de álcool equivalentes a uma meia colher de chá em um volume de água igual ao Lago Constância, que possui uma área de 207 milhas quadradas.

Outros fatores desempenham um papel importante na orientação dos salmões jovens, que migram para o mar. Alguns salmões do Pacífico, como *Oncorhynchus keta* e *O. gorbuscha*, desovam nas partes mais baixas dos ribeirões, geralmente, dentro de 100 milhas do oceano. Os filhotes destas espécies, depois da eclosão, são atraídos tanto pela luz, quanto pela corrente rápida. Embora possam estabilizar suas posições durante as horas do dia, eles são levados com a correnteza à noite e, com isso, alcançam o mar com uma idade precoce. O comportamento de outras espécies de salmões do Pacífico é bem diferente. *O. tschawytscha*, *O. Kisutch* e *O. nerka* desovam muito mais longe no interior. Isto também ocorre com os salmões do Atlântico *(Salmo salar)*. Como no caso de *O. keta* e *O. gorbuscha*, os filhotes tendem a ficar escondidos durante as horas do dia, evitando a luz e, então, viajando com a corrente, à noite. Isto continua, até que alcancem um lago. Aí permanecem um ano ou mais, até que atinjam o que é chamado de estágio juvenil. Estudos cuidadosos sobre seus deslocamentos através destes lagos, que podem ser muito longos e complicados, indicam que eles se utilizam da orientação solar a fim de chegar ao escoadouro.

Existe alguma evidência, em conseqüência de estudos sobre os filhotes de salmões, de que eles utilizam a luz polarizada do céu. A maioria de seus deslocamentos ocorre durante o crepúsculo, quando nem estrelas, nem o sol são visíveis, mas quando a polarização da luz é mais pronunciada. Quando um filtro Polaróide é colocado ao crepúsculo sobre um tanque com filhotes de salmão, estes tendem a se orientar diretamente pela luz polarizada.

Um trabalho sobre a perca branca *(Roccus chrysops)* feito pelo Dr. Arthur D. Hasler e seus associados, no Lago Mendota, Wisconsin, mostrou que a migração feita por esta espécie para as duas áreas de desova na extremidade norte do lago é efetuada por meio da orientação solar. Peixes adultos, capturados nestes locais de desova em maio e princípio de junho foram marcados e soltos a 2,4 quilômetros de distância. Cada um tinha uma bóia atada à parte posterior do dorso com uma longa linha de nylon, para que o curso do peixe pudesse ser traçado. Depois de serem soltas, as percas seguiam em direção norte, se seus olhos não estivessem cobertos e o céu não estivesse nublado. Se uma das duas situações prevalecesse, não haveria uma orientação direcional em seu deslocamento. A visibilidade solar parecia ser essencial para a orientação migratória nesta espécie. A orientação visual no deslocamento para a área de desova ocorre em outros tipos de peixes de água doce, embora não dependa necessariamente do sol.

As migrações mais notáveis são efetuadas pelas enguias de água doce (Fig. 11.14). Duas espécies estreitamente relacionadas são encontradas nos dois lados do

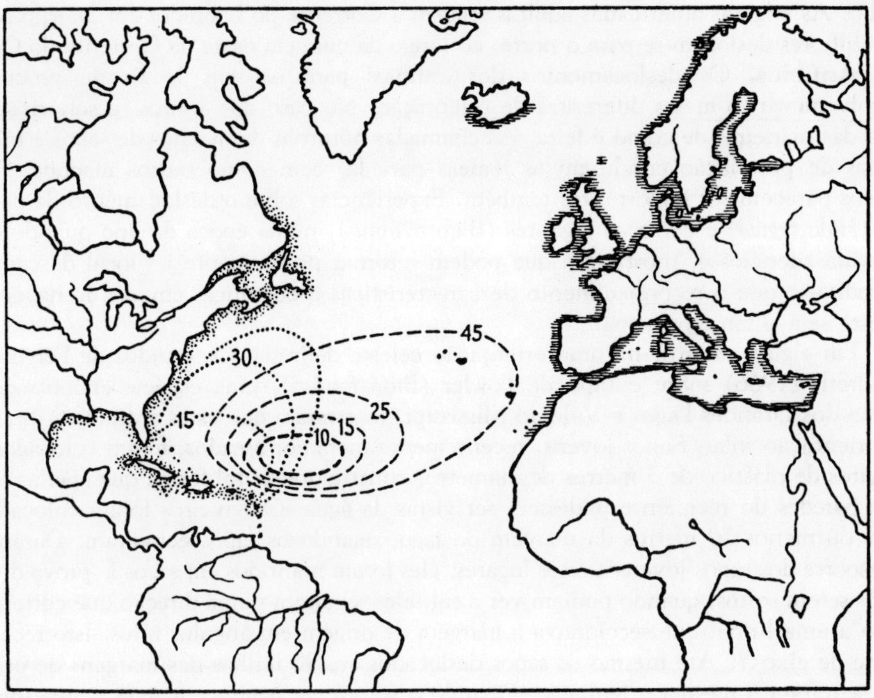

Figura 11.14. Migração das enguias. A espécie européia *(Anguilla vulgaris)* ocorre ao longo das costas salientadas com linhas, a espécie americana *(A. rostrata)*, onde há pontos. As linhas curvas mostram onde as larvas dos comprimentos indicados (em milímetros) são levadas. (Segundo Norman. In Young, J.Z.: The life of Vertebrates. Oxford, Clarendon Press, 1950.)

Atlântico. A espécie européia, *Anguilla vulgaris,* habita as correntes costeiras das Ilhas Britânicas e Europa continental, da Noruega a Portugal. Precisa de 5 a mais de 20 anos para atingir a maturidade, época em que migra para o oceano e cruza uma parte importante do Atlântico para a região do Mar de Sargaço. Aqui, a grandes profundidades, as enguias sexualmente maduras desovam e morrem. Os ovos eclodem e os filhotes, conhecidos como *leptocéfalos*, gradualmente sobem à superfície e começam a ser carregados com a Corrente do Golfo durante seu primeiro verão. No entanto, só depois do terceiro outono e inverno, eles se aproximam das praias da Europa e desenvolvem-se em juvenis. Na primavera seguinte, deslocam-se para o interior de lagos e lagoas, onde permanecem por alguns anos. Finalmente, quando maduros, começam a descer os ribeirões e rios para a costa e começam sua migração de volta, através do Atlântico, para a área de desova. Embora anos sejam envolvidos, muitos milhares de milhas são percorridas por cada enguia bem-sucedida.

As enguias americanas *(Anguilla rostrata)* desovam ligeiramente para o sul e oeste das enguias européias, mas seu desenvolvimento larval até a fase juvenil requer apenas um ano, quando, então, chegam às desembocaduras de vários ribeirões ao longo da costa leste da América do Norte. Depois de subir estes cursos d'água, como seus parentes europeus, precisam de alguns anos para alcançar a maturidade. Quando isto ocorre, eles também retornam ao oceano e vão para os locais de desova, no Mar de Sargaço.

As correntes parecem desempenhar um importante papel na orientação das enguias tanto européias, quanto americanas. As enguias européias adultas, que se deslocam para o sul, podem seguir a Corrente Equatorial Norte através do Atlântico para o Mar de Sargaço e os filhotes alcançam seus cursos d'água, ao serem levados com a Corrente do

Golfo. As enguias americanas adultas seguem a Corrente do Labrador em direção ao sul e os filhotes deslocam-se para o norte, ao longo da margem oeste da Corrente do Golfo.

Anfíbios. Os deslocamentos dos anfíbios para os seus locais de procriação envolvem vários meios diferentes de orientação. No caso dos anuros, a sonorização é uma das maneiras de como é feita. As chamadas noturnas de machos de sapos e rãs nas lagoas de procriação conduzem as fêmeas para lá, bem como outros machos. Pistas visuais parecem ser importantes também. Experiências sobre o deslocamento de pererecas *(Hyla regilla)* e de sapos gigantes *(Bufo marinus)*, numa época do ano quando estes estavam silenciosos, mostraram que podem retornar prontamente ao local da captura. Acredita-se que o reconhecimento de características topográficas em vez de navegação celeste seja o fator principal.

Em alguns anuros, há uma orientação celeste definida. Os estudos de Ferguson e Landreth (1966) sobre o sapo de Fowler *(Bufo fowleri)*, uma espécie encontrada na região dos Grandes Lagos e Vale do Mississipi, mostraram que estes anfíbios utilizam-se da orientação solar. Sapos jovens, recentemente metamorfoseados, foram colocados em viveiros de plástico de 3 metros de diâmetro, construídos de tal forma que apenas o céu e as paredes do recipiente pudessem ser vistas da água. Os viveiros foram colocados a mais ou menos 70 metros da margem do lago, quando os sapos eclodiram. Durante o transporte dos sapos jovens a estes lugares, eles foram mantidos em sacos à prova de luz. Após serem soltos, quando podiam ver o sol, eles seguiram numa direção que corresponderia a uma linha, que seccionava a margem de origem em ângulos retos. Isto recebe o nome de eixo Y. Até mesmo os sapos deslocados até 90 milhas das margens de origem apresentaram a mesma orientação. Quando o sol estava oculto por uma tampa sobre o viveiro, não havia absolutamente nenhuma orientação. Orientação solar semelhante, como também orientação em noites, quando havia lua cheia, e em noites escuras, quando apenas estrelas podiam ser vistas foram observadas nos estudos sobre rãs *Acris gryllus* e *Acris crepitans.*

Os mais vastos estudos sobre a orientação em anfíbios caudados foram realizados pelo falecido Victor C. Twitty da Universidade de Stanford, usando o tritão de barriga-vermelha *(Taricha rivularis)*, uma espécie da zona de sequóias do noroeste californiano. Os tritões foram capturados depois das primeiras chuvas de outono, quando emergiam de seus esconderijos de verão e foram marcados para futuro reconhecimento. Alguns foram deslocados até $2^1/_2$ milhas, ou rio abaixo, ou entrando em outros cursos d'água separados do ribeirão de origem por uma serra. A grande maioria dos indivíduos deslocados foi recapturado no local da captura, durante as épocas de procriação seguintes. O fato de alguns dos que retornaram, terem sido vendados, tende a excluir a orientação visual e foi sugerido que o olfato desempenhasse um papel importante nos deslocamentos destes anfíbios. No entanto, outras experiências mostraram que as salamandras também podiam orientar-se pelo céu, tanto de dia, como de noite (Fig. 11.15).

Répteis. Grande parte de nosso conhecimento da orientação migratória das tartarugas marinhas é resultado de estudos feitos pelo Dr. Archie Carr da Universidade de Flórida e seus associados. Uma pesquisa importante foi feita sobre a tartaruga marinha verde *(Chelonia mydas)*, uma espécie encontrada nos oceanos tropicais e subtropicais do mundo. Nesta espécie, os ovos são depositados em praias arenosas de remotas ilhas oceânicas, freqüentemente, muito longe dos locais de alimentação. Isto implica a migração extensa por centenas de milhas de mar aberto, onde não existem guias topográficos. As fêmeas põem ovos a cada 2 ou 3 anos.

Um dos projetos mais importantes do Dr. Carr envolve a marcação das tartarugas da pequenina Ilha de Ascensão, no centro do Atlântico Sul. A Ilha de Ascensão está a 1.400 milhas ao leste do Brasil e ninguém sabia de onde vinham as tartarugas, que punham ovos lá. O projeto de marcação foi iniciado em 1960, na estação de postura de ovos de fevereiro a julho. Em 1962, algumas das tartarugas marcadas em 1960 foram

Figura 11.15. Acredita-se que os tritões *Taricha granulosa* e *T. rivularis* usem indícios celestes e também olfativos para a orientação migratória.

recapturadas na ilha. Em 1963, outras foram recuperadas durante a operação de marcação e, em 1964, duas tartarugas, que tinham sido marcadas em 1960 e recapturadas em 1962, foram apanhadas de novo. Estas várias recapturas mostraram um retorno de fêmeas em via de pôr ovos às praias, a cada 2 ou 3 anos. Em 1965, contudo, nove tartarugas marinhas verdes, que tinham sido marcadas, anos antes, na Ilha de Ascensão, foram apanhadas por pescadores ao longo da costa do Brasil. A evidência indica intensamente uma rota migratória entre a ilha do meio do Atlântico e a costa sul-americana.

A Ilha de Ascenção está na trajetória da Corrente Equatorial Sul, que vai em direção à costa brasileira a uma velocidade de $4^1/_2$ milhas por hora. Isto tornaria possível que os filhotes e também os adultos depois da postura chegassem às pastagens marinhas, perto da América do Sul, onde estas tartarugas se alimentam. A viagem de volta é um assunto diferente. Existe a remota possibilidade de que a direção olfativa possa ser fornecida por produtos químicos que exsudem desta ilha e sejam carregados para o oeste, mas isto parece muito improvável. A própria corrente dá a direção, uma vez que uma tartaruga adulta que pesa até 250 kg, pode nadar mais de $4^1/_2$ milhas por hora para avançar em direção à Ilha de Ascensão. Parece mais provável que as tartarugas verdes naveguem através da orientação solar, porém isto ainda tem de ser provado.

Aves. Muitas aves migram por rotas paralelas aos eixos das serras montanhosas, vales ou mesmo sistemas fluviais, como se estas características geográficas marcassem seu caminho. Entre as espécies, que formam bandos, quando os adultos e filhotes migram em grupos compactos, como os gansos, patos ou mesmo certas aves passeriformes, os filhotes podem aprender a rota através de aves mais velhas. O treinamento de pombos-correio mostra que a memória e a familiaridade, combinadas com o desejo de retornar a um lugar específico, são importantes para estas aves voltarem a seus habitats de origem. As aves novas ficam familiarizadas com seus arredores e, então, são levadas a distâncias progressivamente maiores, quando são soltas. Apesar de várias teorias contrárias, parece que o treinamento e a memória são fatores significantes envolvidos aqui.

No entanto, treinamento e memória não podem ser responsáveis pelas migrações de muitos outros tipos de aves. Em algumas espécies, os filhotes deixam o território de nidificação sozinhos e não são acompanhados pelos adultos. Outras espécies são migrantes solitários e muitos tipos de aves migram à noite, em direção ao sul, vindo do Ártico para os trópicos pela primeira vez, devendo contar com outras fontes além da memória ou a guia de outros membros da mesma espécie para a orientação. O mesmo parece ocorrer com os migrantes pelágicos. Não há nenhum ponto de referência familiar do oceano aberto.

Alguns sugeriram que o pécten, uma estrutura singular em forma de leque, que se estende até a câmara posterior do olho da ave, possa ser de alguma importância para a orientação. Não se sabe, se é uma ajuda na determinação da direção em relação ao sol ou se suas linhas produzem um padrão em forma de rede, que ajuda na navegação. Entretanto, uma estrutura semelhante ocorre em certos répteis, que não fazem nenhuma viagem longa.

Matthews (1955) concluiu que algumas aves navegam através do sol. De acordo com esta teoria, a ave está familiarizada com a trajetória do sol através do céu e com as posições do sol neste arco em tempos diferentes. Durante a migração para novos lugares, a ave terá de reconstruir o arco através de observações feitas sobre o movimento do sol em uma pequena porção do arco. Isto significa que ela tem de extrapolar para obter o ponto mais alto. O conhecimento deste ponto, mais o ângulo da horizontal e o conhecimento dos mesmos valores do dia anterior, darão a mudança na latitude.

Nos últimos anos, um trabalho de Kramer, Sauer e de vários outros investigadores mostrou que algumas aves se utilizam do padrão de estrelas no céu para navegar. Durante algum tempo, soube-se que certas espécies de aves passeriformes migradoras, quando mantidas em cativeiro, mostram clara inquietação à noite, a *Zugunruhe*. Quando estas aves são mantidas ao ar livre, para que possam observar o céu, esta inquietação mostra uma orientação definida. Migrantes cativo, na primavera, tendem a olhar para o norte à noite, enquanto, no outono, a direção é para o sul no hemisfério norte. A direção, na qual as aves se orientam nestas oportunidades, corresponde à direção, na qual migrariam, geralmente, se não estivessem presas. O fato destas espécies passeriformes, embora diurnas durante a maior parte do ano, realmente migrarem à noite, sugere que a posição das estrelas ou das constelações poderia ser o guia de navegação. Para verificar isto, foram realizadas experiências na estação apropriada em um planetário, onde o padrão celeste projetado sobre uma cúpula pode ser alterado. Os instrumentos usados permitem a rotação da posição das estrelas e planetas, de forma que poder-se-ia realmente olhar para o sul verdadeiro, mas pareceria ser o norte. Além disso, o padrão celeste de qualquer hora da noite, passado, presente ou futuro, em qualquer ponto da terra, pode ser apresentado através do uso adequado do projetor. As aves, que foram observadas sob tais céus artificiais, segundo observações, orientavam-se pelo céu como o viam, não como ele realmente era lá fora. Isto é, se estivessem sob o céu verdadeiro, sua orientação noturna seria para o norte; como elas foram colocadas num planetário, onde o padrão celeste foi rodado de 180°, elas se dirigiriam para o norte artificial, que era realmente o sul. Significante também é o fato de que céus nublados ou encobertos à noite interferem na orientação definida das aves cativas nestas épocas (Fig. 11.16).

A navegação solar e celeste é um campo novo e interessante, em que muitos progressos em nosso conhecimento sobre a orientação de aves estão sendo feitos. O Dr. Frank C. Bellrose, ao estudar os patos selvagens (*Anas platyrhynchos*) em Illinois, descobriu que, quando eles foram deslocados a algumas milhas de seu lugar de origem e soltos em noites claras, dirigiam-se diretamente para o seu lugar de origem, mas, em noites nubladas, seus deslocamentos pareciam ser casuais. Observou-se que os gansos do Canadá (*Branta canadensis*), capturados ao sul de suas áreas de procriação durante sua migração para o norte, na primavera, continuaram a viajar para o norte a pé, depois que suas asas foram cortadas nas pontas. Um ganso, segundo registro, caminhou quase 25 milhas depois de solto.

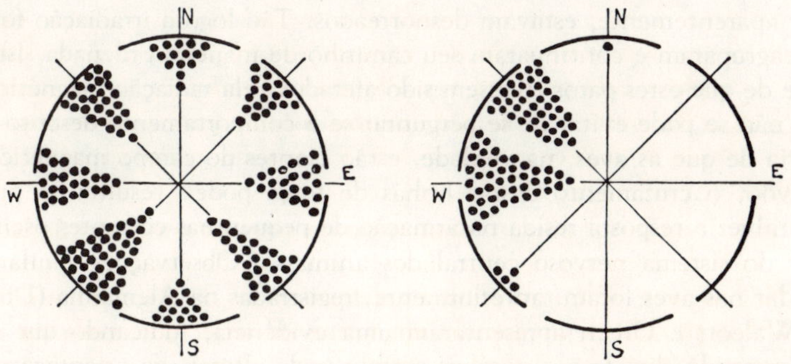

Figura 11.16. A influência das nuvens na capacidade de orientação de estorninhos cativos. *Esquerda,* nuvens densas; o estorninho viaja ao acaso. *Direita,* poucas nuvens; o estorninho adquire imediatamente seu rumo na direção em que está voando. (Segundo Kramer. In Dorst, J.: The Migration of Birds. Boston, Houghton Mifflin Co., 1962.)

Interessantes experiências sobre a orientação dos pardais coroados do gênero *Zonotrichia* foram feitas pelo Dr. L. Richard Mewaldt da Universidade Estadual de San José, Califórnia, e alguns de seus colaboradores. As formas estudadas incluíam duas raças do pardal-de-coroa-branca: *Z. leucophrys pugetensis*, uma subespécie costeira do Pacífico, que procria desde a Columbia Britânica, ao sul, até o noroeste da Califórnia; e *Z. l. gambelii,* que procria do Alasca até a Baía de Hudson. O pardal-de-coroa-dourada *(Z. atricapillus)*, que procria no oeste canadense e Alasca e o pardal-de-pescoço-branco *(Z. albicollis)*, que passa o verão no Canadá e nordeste dos Estados Unidos, foram também usados. As aves estudadas foram capturadas nos arredores de San José, onde as populações de todas estas aves passam o inverno. As gaiolas experimentais eram circulares; cada uma tinha oito poleiros sensíveis a atividades, distribuídos ao redor de sua periferia para formar um tipo de octógono. Cada poleiro tinha um microinterruptor, ligado a um gravador Esteriline-Angus, de forma que o uso do poleiro por uma ave era indicado num tambor giratório. As gaiolas foram usadas ao ar livre à noite, a fim de determinar a resposta direcional dos pardais coroados, durante os períodos migratórios de primavera e outono. Todas as quatro populações mostraram uma forte orientação para o norte na primavera e orientação para o sul no outono, como foi indicado pela sua escolha dos poleiros.

Mais experiências foram feitas sobre a capacidade dos pardais-de-coroa-dourada e as duas espécies de pardais-de-coroa-branca para retornar aos seus locais de inverno em San José, depois de extensos deslocamentos geográficos. Quatrocentas e doze aves foram transportadas de avião a Baton Rouge, Louisiana, no inverno de 1961-1962 e soltas. No inverno de 1962-1963, 26 destas aves deslocadas foram recapturadas em San José. Novamente, durante o inverno de 1962-1963, um total de 660 aves capturadas em armadilhas e marcadas em San José, incluindo 22 daquelas que tinham retornado de Baton Rouge, foram levadas para Laurel, Maryland e soltas. No inverno seguinte, 15 foram recapturadas em San José, incluindo 6 das 22 que havaim sido anteriormente deslocadas para Louisiana e tinham retornado a San José.

Nos últimos cem anos, mais ou menos, tem existido a teoria segundo a qual as aves possuem um sexto sentido, que lhes permite detectar a polaridade da terra. Mais recentemente, desenvolveu-se a idéia de que elas conhecem os campos magnéticos da terra. Um relato de Knorr (1954) narra sobre as observações feitas durante a 2.ª Guerra Mundial a respeito do efeito do radar sobre as revoadas de patos marinhos. Repetidas experiências, nas quais um feixe de irradiação de radar foi dirigido a bandos destas aves, que voavam paralelas à linha litorânea, resultaram em indivíduos que saíam fora da formação e, aparentemente, estavam desnorteados. Tão logo a irradiação foi desviada, as aves se reagruparam e continuaram seu caminho de maneira ordenada. Isto coloca a possibilidade de que estes patos tivessem sido afetados pela radiação magnética. O autor sugere que "não se pode evitar de se perguntar se o comportamento descrito acima não apóia a teoria de que as aves, na verdade, estão cientes do campo magnético da terra. Durante o vôo, o cruzamento destas linhas de força pode resultar na produção de fosfenos ou talvez a resposta resida na armação de pequeninas correntes oscilatórias em algum lugar do sistema nervoso central dos animais". Observações similares sobre o efeito do radar nas aves foram, anteriormente, registradas na Alemanha (Drost, 1949). Em 1974, Walcott e Green apresentaram uma evidência, indicando que um campo magnético invertido, ligado aos pombos-correio pode alterar sua orientação, quando o sol está obscurecido por uma coberta de nuvens. Mais tarde, Larkin e Sutherland (1977) mostraram que as aves migratórias noturnas, quando voam por um grande sistema de corrente alternada, mudam sua orientação mais freqüentemente, quando o sistema está operando do que quando não está. Isto sugeriu a possibilidade de que as aves pudessem sentir os campos eletromagnéticos de corrente alternada de baixa intensidade. Mais ou menos nessa mesma época, as observações de Moore (1977) sobre os migrantes passeriformes de vôo livre mostraram que eles estavam cientes das flutuações naturais do campo magnético terrestre. Existe uma relação positiva entre a variabilidade na direção do vôo dos migrantes noturnos e os distúrbios geomagnéticos elevados, medidos pelo índice K e os vários componentes do campo magnético da terra.

Embora exista evidência de que as aves conheçam os campos magnéticos acumulados durante as últimas décadas, não havia explicação do mecanismo através do qual isto ocorria. Em 1980, Presti e Pettigrew apresentaram dados demonstrando que o material permanentemente magnético, provavelmente composto de magnetita (Fe_3O_4), concentrado na musculatura do pescoço dos pombos *(Columba livia)* e dos pardais-de-coroa-branca *(Zonotrichia leucophrys)*, bem como de outras espécies de aves migradoras, pode ser acomplado ao receptor muscular de sensibilidade magnética, tal como um fuso. Acredita-se que o movimento muscular seja, basicamente, para a percepção dos estímulos magnéticos. Esta necessidade de mobilidade pode ser responsável pelas dificuldades no condicionamento, de pombos presos, às mudanças num campo magnético. A descoberta de prováveis receptores magnéticos na musculatura do pescoço de aves migratórias, que lhes permitiria extrair informações de navegação do campo geomagnético, será sem dúvida, o assunto de muitas pesquisas no futuro.

Sugeriu-se que as aves migradoras podem utilizar ondas infra-sonoras. Estas têm, freqüências menores de 10 Hertz, que é o limite mais baixo de audição humana. Tais sons, geralmente, são produzidos por frentes de mau tempo, tempestades, distúrbios sísmicos e até mesmo por alguns aparelhos feitos pelo homem. A prova para esta teoria surge de experiências com pombos-correio, que mostraram que eles poderiam ser condicionados a antecipar o início de um suave choque elétrico, quando era imediatamente precedido pela sua exposição ao infra-som. Pareciam poder detectar as freqüências sonoras abaixo de 1 Hertz e dentro do alcance de infra-sons produzidos naturalmente. Uma vez que os sons de freqüência muito baixa podem viajar grandes distâncias com perda de intensidade muito pequena, eles poderiam fornecer aos migrantes informações a respeito de tempestades distantes ao longo de sua rota.

Mamíferos. Existem bem menos mamíferos migratórios que aves, mas, mesmo assim, conhece-se menos sobre seus meios de orientação durante seus deslocamentos periódicos. Parece provável, no entanto, que os indícios olfativos, visuais e auditivos sejam empregados. Sabemos que os morcegos, cetáceos e pinipédios se utilizam da ecolocação em sua vida diária, mas o uso de tal sistema sensorial sonar na navegação tem de ser comprovado. Parece provável que este mecanismo seja uma grande vantagem para as baleias migradoras na determinação da profundidade e da conformação do fundo do mar, das linhas litorâneas e da proximidade de outros migrantes da mesma espécie. As baleias não podem usar a olfação, nem a percepção visual, pode ser muito útil debaixo da água. Entretanto, algumas espécies, realmente, levantam sua cabeça para fora da água periodicamente. Esta é uma característica da baleia-cinzenta, que migra bastante perto do litoral. Acredita-se que isto seja um meio de localização de marcos costeiros bem conhecidos.

Existem observações ocasionais sobre a migração de morcegos do gênero *Lasiurus* durante as horas do dia, mas, de acordo com o melhor de nosso conhecimento, a maioria dos morcegos, que migram, fazem-no à noite. Por causa da alta freqüência de pulsos sonoros que emitem, parece um tanto questionável que estes sejam muito úteis em viagens de longa distância, embora sejam uma ajuda vital para a navegação no que diz respeito à aquisição do conhecimento do ambiente próximo. Existem algumas indicações de que a familiaridade com as características topográficas principais, tais como sistemas fluviais e vales possam ser de grande importância para a orientação migratória.

Numerosas experiências de deslocamentos foram feitas com morcegos tanto na América do Norte, como na Europa, para determinar a capacidade deles retornarem ao local de origem. Numa destas ocasiões, 155 morcegos castanhos *(Eptesicus fuscus)* apanhados em Cincinnati, Ohio, no dia 20 de junho, foram soltos a 450 milhas ao norte em Pilgrim, Michigan, na noite seguinte. Três dos morcegos deslocados foram encontrados no local de origem no dia 24 de agosto e mais quatro foram descobertos lá no dia 26 de outubro. Todos eram fêmeas adultas, embora a maioria dos morcegos deslocados fossem jovens. Na Europa, morcegos *Myotis myotis* retornaram de locais cuja distância chegava a 165 milhas. Observou-se, geralmente, que o retorno dos morcegos deslocados ao seu poleiro de origem é maior nas espécies migradoras que naqueles que se deslocam apenas dentro de uma pequena região.

A temperatura e as correntes oceânicas podem ser fatores, que indicam a direção para os deslocamentos dos mamíferos marinhos. Há marcantes diferenças na temperatura oceânica entre as áreas de verão e as de inverno ocupadas pelas baleias e por certos pinipédios. Mesmo dentro da mesma espécie, as diferenças sexuais na temperatura da água habitada podem ser marcantes. As focas machos do norte, por exemplo, não ultrapassam o Golfo do Alasca no inverno, enquanto as fêmeas e filhotes alcançam o sul do oceano, ao largo do sul da Califórnia.

A olfação, bem como a visão, é importante para as migrações dos grandes herbívoros. A maioria destes animais possui glândulas interdigitais e tarsais bem desenvolvidas, cuja secreção produz um odor de longa duração, nas trilhas. Os deslocamentos de primavera e outono de certas espécies de cervos, como também de alces e caribus, são ao longo de trilhas definidas, usadas ano após ano.

Mecânica da Migração

À parte os métodos de orientação, existem outras características migratórias, que devem ser examinadas nesta seção de mecânica. Os vertebrados migram através da natação, flutuação pela corrente, do caminhar e do vôo. Algumas espécies são migrantes solitárias, enquanto outras deslocam-se em grupos, pequenos ou grandes. Alguns viajam rapidamente, outros fazem uma viagem lentamente. A migração pode ocorrer à noite ou de dia. As espécies voadoras podem viajar a grandes alturas ou podem voar baixo. Podem pairar a grandes alturas, planar ou bater as asas.

A migração dos peixes e dos mamíferos marinhos é feita através da natação. Os pingüins também podem utilizar este método, mas, além disso, fazem uso de blocos de gelo para serem carregados para o norte no final do verão antártico (Fig. 11.17). Já foi salientado que as correntes desempenham um importante papel nos deslocamentos dos

Figura 11.17. Pingüins de Adélia *(Pygoscelis adeliae)* sendo carregados para o norte sobre blocos de gelo, após deixarem sua área de procriação, perto da Estação do Cabo Hallett, Antártica. (Fotografia, cortesia de Dietland Müller-Schwartze.)

salmões novos nos ribeirões e das enguias de água doce e até mesmo dos filhotes das tartarugas marinhas no oceano. Os mamíferos terrestres dependem inteiramente do caminhar durante a migração, como também certas aves galináceas, como as codornas e os galos silvestres. A maioria das aves, como todos os morcegos, migra através do vôo.

O deslocamento em grupo ocorre na maioria das espécies migradoras de peixes, mas não é característico dos anfíbios e répteis. Muitos mamíferos são gregários durante a migração. Os alces, caribus e gnus são exemplos de mamíferos, que viajam em manadas variando de centenas a centenas de milhares (Fig. 11.18).

As aves apresentam grande variação em relação aos deslocamentos solitários e sociais. Em geral, a maioria dos migrantes diurnos, como também as espécies que viajam ou de dia ou de noite, como as aves aquáticas, voam em bandos. Alguns bandos são compactos, como os dos âmpelis e dos melros; outros são esparsos, como os das andorinhas, em que os indivíduos podem separar-se bastante, durante o vôo, mas, ainda assim, deslocam-se em grupo.

As aves de rapina tendem a se deslocar em grupos esparsos, freqüentemente, compreendendo várias espécies. Este modelo é, em grande parte, determinado pelas correntes de ar e correntes ascendentes de ar quente. O dia deve estar suficientemente avançado, antes que estas correntes de ar quente se desenvolvam. Então, os gaviões migradores elevam-se de uma corrente ascendente para outra, dependendo delas para ganhar altitude. Isto evita o enorme gasto de energia que o bater de asas exigiria e explica por que a maioria das espécies que voam alto e planam evitam viajar sobre grandes extensões de água, como os Grandes Lagos norte-americanos ou o Mar Mediterrâneo.

A maioria dos migrantes noturnos, exceto as aves litorâneas e as aves aquáticas, parece voar em pequenos grupos, em que os indivíduos ficam bem separados. Isto foi demonstrado por observações de radar, como também pela observação dos migrantes por meio de telescópios dirigidos para a lua cheia. Tais grupos parecem manter sua entidade por meio de pios ou chamados curtos. Parecem existir vantagens inegáveis para reunir o bando. As chances de sucesso para uma única ave, que realiza seu primeiro vôo migratório sozinha, parecem bem menores do que se fosse membro de um bando, onde outros tiveram a experiência anterior de percorrer a rota.

Figura 11.18. Vista aérea do alce durante a migração. (Fotografia, cortesia do Departamento de Pesca e Caça de Idaho.)

Entre as aves, a hora do dia, em que ocorre a migração, está estreitamente associada com os hábitos alimentares das espécies. As aves de rapina migram durante o dia, quando podem conseguir alimento enquanto viajam. Isto também ocorre com os andorinhões e as andorinhas, que se alimentam durante o vôo. Certos passarinhos precisam parar para se alimentar, uma vez que seu alimento está, em grande parte, associado com a vegetação e deve ser obtido nas folhas, galhos ou no chão, durante o dia. Isto requer uma migração noturna destas aves, que, em outras épocas do ano, são estritamente diurnas. Para a maioria dos migrantes noturnos, a viagem começa ao escurecer, alcança seu ponto máximo pouco antes da meia-noite e termina entre o amanhecer e o nascer do sol.

Os salmões e as trutas tendem a se deslocar para os ribeirões de procriação sob a capa da escuridão. Os salmões jovens em seus deslocamentos rio-abaixo em direção ao mar, migram principalmente à noite e de madrugada e escondem-se de vários predadores durante o dia.

O tempo total envolvido em qualquer migração, bem como a velocidade de viagem, está sujeito à grande variação. Algumas espécies de anfíbios deslocam-se para seus lagos ou ribeirões de procriação em questão de horas, enquanto algumas baleias levam até 8 meses para completar sua viagem entre as águas árticas e subtropicais. As andorinhas-do-mar do Ártico estão quase continuamente migrando entre as áreas polares do norte e do sul, exceto na breve estação de procriação de verão. Os jovens das enguias de água doce européias levam quase 3 anos para viajar do local de sua eclosão para os ribeirões de água doce, onde se desenvolverão até a maturidade. Acredita-se que a albacora do Pacífico Norte se desloque entre as águas continentais dos Estados Unidos e do Japão. Uma albacora marcada perto da costa californiana, foi recuperada, 3 anos mais tarde, perto de Tóquio. Uma outra, marcada a cerca de 1.300 milhas ao norte do Havaí, foi capturada, 471 dias mais tarde, perto do Japão, a 2.370 milhas de distância.

A maioria dos vertebrados, que empreendem extensas migrações, fazem-no de uma maneira lenta. Muitas aves terrestres, segundo estimativas, viajam não mais que 1.000 milhas por mês, durante a migração. Isto, obviamente, não implica necessariamente que se desloquem numa velocidade relativamente uniforme durante todos os dias. Após um vôo prolongado, podem descansar alguns dias e desenvolver uma reserva de gordura suficiente para fornecer energia para o próximo vôo (Fig. 11.19). Estudos recentes sobre os deslocamentos migratórios dos pardais-de-coroa-branca *(Zonotrichia leucophrys)* da América do Norte sugerem uma velocidade migratória de aproximadamente 100 milhas por dia na primavera. Isto parece ser mais rápido do que o deslocamento para o sul no outono. Os três tempos de recuperação mais curtos foram de 310 milhas num dia, 175 milhas em dois dias e 520 milhas em seis dias.

Observou-se que as baleias-cinzentas, que se deslocam para o sul aos seus locais de procriação, viajam aproximadamente 5 milhas por hora. As enguias, que se deslocam para o sul ao longo da costa do norte europeu, segundo registros, viajam a uma velocidade de 9 milhas por dia. No entanto, existem algumas migrações, que são feitas rapidamente de outras, que são necessariamente ininterruptas. Os gansos azuis *(Chen caerulescens)*, que passam o inverno nos pântanos ao longo da costa de Louisiana, voam para o norte no final de março ou princípio de abril para a Baía de James, Canadá. Na maior parte, este é um vôo ininterrupto, pelo menos, através de toda extensão dos Estados Unidos. Depois de sua chegada à Baía de James, eles descansam por várias semanas antes de se deslocarem para o norte para as ilhas de Baffin e Southampton. As aves terrestres, que cruzam grandes extensões de água devem necessariamente fazê-lo sem parar. Colocando um minúsculo radiotransmissor, que pesa 2,5 gramas, no dorso de um tordo *(Catharus minimus)*, o Dr. Richard R. Graber pôde acompanhar o vôo noturno desta ave na sua migração para o norte. A ave foi capturada ao meio-dia do dia 25 de maio de 1965, perto de Urbana, Illinois, e solta às 7h55 daquela noite. Seguindo os sinais de rádio com um avião, observou que o tordo voava diretamente para Chicago e para a margem noroeste do Lago Michigan; ficou 8 horas no ar e voou perto de 400 milhas, mais da metade destas sobre a água. Tinha um vento de cauda, de forma que, enquanto sua velocidade verdadeira era de 50 milhas por hora, sua velocidade em relação ao ar era de apenas 33 milhas por hora.

Figura 11.19. Maçaricos-de-bico-torto *(Limosa fedoa)* descansando sobre uma barreira de cascalhos, durante migração de primavera.

Em geral, a velocidade verdadeira da maioria das pequenas aves migradoras noturnas é aproximadamente de 40 milhas por hora, enquanto a das aves de rapina, mais freqüentemente, situa-se entre 45 a 50 milhas por hora. Os morcegos são voadores mais lentos que as aves. Calcula-se que o morcego *Tadarida brasiliensis* faça sua migração para o sul, partindo do oeste da América do Norte, a uma velocidade de pouco mais de 20 milhas por noite.

Dizem que o salmão O. *nerka* migra no mar a uma velocidade média de 30 milhas por dia. O salmão O. *gorbuscha* viaja 24 milhas por dia e O. *keta*, 16 milhas por dia.

A altura a que as aves migradoras voam depende do tipo de vôo e hora do dia, bem como do terreno abaixo. A maioria dos migrantes passeriformes diurnos voa muito mais baixo do que aqueles que viajam à noite. Os estudos com radar sobre os migrantes noturnos mostram que a maioria voa entre 450 e 750 metros de altitude, com um pico ligeiramente superior a 600 metros. Muitos migrantes diurnos voam a várias centenas de metros do chão, mas a altitude média para a maioria é de 540 metros. As cegonhas e aves de rapina, geralmente, migram a altitudes maiores que a maioria das aves terrestres, porque dependem do ar ascendente, embora percam altitude entre correntes ascendentes de ar quente sucessivas. A maioria das aves marinhas, como alcas, mergulhões e cagarras, voa a baixa altitude sobre o mar, quando estão migrando.

Riscos da Migração

Viajar é arriscado. Quer se trate de um membro da espécie humana, dirigindo-se de Nova Iorque a São Francisco, quer se trate de uma ave voando do Alasca à Patagônia, o elemento do perigo está sempre presente. Muitos destes riscos são naturais aos migrantes mas vários são criados pelo homem. Os inimigos naturais tendem a tirar vantagem dos animais migrantes. Nesta época a ação destruidora pelos predadores está, freqüentemente, no seu ponto máximo. Um exemplo disto é observado nos hábitos do falcão de Eleonora (*Falco eleonorae*) do Mediterrâneo, que tem seu período de nidificação nas ilhas, escolhido de tal forma que coincida com a migração de outono dos passeriformes da Europa para a África. Calcula-se que, durante este período, ele capture aproximadamente um milhão de aves pequenas durante o vôo. É claro que isto representa apenas uma pequena porcentagem de um bilhão de migrantes passeriformes, que se deslocam através do Mediterrâneo, durante este período.

Pode-se, freqüentemente, localizar um cardume de peixes marinhos, deslocando-se para as áreas de desova através da reunião de gaivotas, cormorões e outras aves marinhas, que se alimentam vorazmente dos migrantes ou de seus ovos. Os salmões, que se deslocam rio acima para as áreas de desova, freqüentemente estão sujeitos à predação concentrada de águias, ursos (Fig. 11.20) e, obviamente, do homem. Em alguns rios, os salmões, trutas e lampréias têm sempre de lutar contra as quedas d'água e forçar sua passagem pelas cachoeiras. No entanto, as represas, estações de bombeamento e a poluição são os riscos mais recentes, com os quais eles se confrontam, em muitas vias navegáveis.

Muitas aves são jogadas para fora de seu curso por tempestades e morrem por causa de quedas súbitas de temperatura, ou se perdem em nevoeiros. Em áreas litorâneas, é comum durante o período de migração observar-se pequenas aves terrestres à grande distância no mar. Estes indivíduos, freqüentemente, pousarão em estado de exaustão em navios que estejam passando. Sabe-se que súbitas quedas de temperatura, que resultam em neve e gelo, geram conseqüências catastróficas. Em 1907, em conseqüência de uma forte nevada, segundo estimativas 750.000 de fringilídeos da Lapônia (*Calcarius lapponicus*) foram encontrados mortos sobre o gelo em dois pequenos lagos em Minnesota. Isto, provavelmente, representava uma pequena porcentagem da mortalidade desta espécie

Figura 11.20. Um grande urso marrom, *Ursus middendorfii* (considerado uma grande forma costeira do urso pardo, *U. arctos*), com um salmão migrante, que apanhou. (Fotografado no rio Brooks, Alasca.)

nesta ocasião específica, quando aves mortas foram registradas numa área de mais de 1.500 milhas quadradas. Catástrofes deste tipo, embora, geralmente, não deste tamanho, não são incomuns.

Os migrantes noturnos freqüentemente são atraídos por faróis ou luzes de altos edifícios e torres e, conseqüentemente, colidem contra estes objetos e morrem. O Monumento de Washington em Washington, D.C., e vários arranha-céus das cidades ao longo da costa leste dos Estados Unidos foram responsáveis pela morte de um grande número de aves. A maioria dos desastres ocorre, quando há nuvens baixas e uma precipitação pluvial, que force as aves a voarem a alturas mais baixas. Mais recentemente, desenvolveu-se um novo risco para as aves, que migram; são certos aparelhos nos aeroportos. Estes instrumentos dirigem um raio de luz para cima à noite para determinar a altura do teto de nuvens. Entretanto, as luzes, sob certas condições climáticas, podem confundir os migrantes noturnos e fazem-nos colidir com os edifícios ou uns com os outros, ou eles se espatifam no chão. Os primeiros acidentes com estes aparelhos foram registrados no outono de 1948. O maior ocorreu durante três noites consecutivas no princípio de outubro de 1954, na metade leste dos Estados Unidos. Ocorreu que o deslocamento para o sul de uma frente fria, com conseqüentes nuvens baixas e chuva, coincidiu com a migração para o sul de muitas espécies de pequenas aves, incluindo tordos, vireonídeos, sanhaços e pardais. Cada noite, mais e mais pássaros que íam para o sul, ficavam confusos na proximidade destes aparelhos dos aeroportos, com resultados fatais. Na última noite apenas, 75.000 aves foram mortas, e as vítimas totais deste tipo de perigo durante as três noites ultrapassaram 100.000. Desde então, através da cooperação de muitos indivíduos e agências foram feitos esforços para se usar filtros que produzem uma luz azul ou roxa, que, aparentemente, as aves vêem muito mal ou não verão de modo algum.

Métodos de Estudo da Migração

As rotas migratórias de muitos vertebrados foram determinadas exatamente por observação e por marcação dos indivíduos. Este último método, empregando fitas ou anilhas usado com sucesso por vários anos no estudo da migração de aves nos Estados Unidos e em muitos outros países. Desde 1920, nos Estados Unidos, o uso deste método está sob a direção da U.S. Biological Survey e de seu sucessor, o U.S. Fish and Wildlife Service, em cooperação com muitos outros órgãos federais, estaduais e privados, assim como com milhares de indivíduos particulares.

A marcação das aves envolve a captura de aves selvagens e a colocação de uma anilha de metal numerada em série, de tamanho apropriado, na perna de cada ave, depois do que ela é solta. Vários métodos são empregados para a captura das aves. Estes, geralmente, envolvem o uso de armadilhas de arame ou vários tipos de rede. Nos últimos anos, as redes de neblina japonesas tornaram-se muito populares entre os muitos marcadores de aves. Estas redes são feitas de uma única malha fina e são quase invisíveis a qualquer distância. Bergstrom e Drury (1956) apresentaram um excelente resumo das técnicas atuais usadas neste trabalho.

A anilha, além de ter um número, pede que qualquer pessoa que encontre uma ave marcada desta maneira, avise o U.S. Fish and Wildlife Service, Washington, D.C. (Fig. 11.21). O descobridor deve enviar a esta organização o número da anilha e também a data e o local onde a ave marcada foi encontrada ou, se a ave estiver morta, enviar a própria anilha. Os resultados de tais atividades de marcação feitas em muitas regiões do país forneceram um vasto volume de informações, que tornou possível traçar as rotas migratórias de muitas espécies e determinar os padrões gerais dos itinerários aéreos.

A marcação e o anilhamento de indivíduos para se determinar os deslocamentos e rotas migratórios não foram restritos de maneira alguma às aves. Nos últimos anos muitas pessoas empreenderam a marcação de morcegos para se estudar os deslocamentos populacionais de várias espécies. As anilhas usadas são, principalmente, as usadas para

Figura 11.21. Anilhas de vários tamanhos, feitas de metal leve e maleável, são fornecidas pelo U.S. Fish and Wildlife Service para a marcação de aves a fim de determinar os deslocamentos migratórios de várias espécies.

aves e, geralmente, são ligadas ao antebraço do morcego, de tal forma que não danifiquem a membrana da asa. Vários métodos de marcação também foram empregados para o estudo dos deslocamentos de grandes animais selvagens. Estes incluem corte de orelha, colocação de discos de plástico nas orelhas e o uso de lacres com número de série, presos aos chifres. O disco de Petersen (veja Fig. 10.22) foi muito usado para a marcação de peixes para se determinar suas rotas migratórias. As migrações de outros animais, como o caribu e as baleias, foram determinadas, primeiramente, pela observação, sem o uso de aparelhos especiais de marcação. Um método bastante recente de marcação dos salmões jovens envolve a remoção da nadadeira adiposa e a injeção de uma microetiqueta dentro da cartilagem nasal através de uma agulha hipodérmica, controlada eletronicamente. A colocação da microetiqueta leva apenas 3 segundos, e a própria etiqueta é um minúsculo cilindro de aço inoxidável, de 1 centímetro de comprimento, com quatro fileiras longitudinais de informações codificadas, inscritas na sua superfície externa. Um operador competente pode colocar etiquetas em até 4.000 peixes em um único dia. Quando os salmões são capturados mais tarde, a ausência da nadadeira adiposa é uma indicação de que pode haver uma etiqueta no nariz, que irradia um fraco campo magnético, facilmente localizado por um equipamento de detecção. A etiqueta é removida e lida num microscópio e os dados são decodificados.

Os métodos, que envolvem pequenas mutilações, tais como a remoção de partes dos artelhos em anfíbios, remoção de algumas escamas de répteis e peixes, ou amputação de parte ou de toda a nadadeira de peixes, foram descritas no capítulo anterior. A marcação a fogo é um outro meio que tem sido usado com sucesso nos mamíferos (Fig. 11.22). Uma técnica prática de marcação a fogo permanente no caso de grandes mamíferos utiliza uma espoleta instantânea e explosiva, revestida de chumbo, colocada num molde na extremidade de um arpão modificado e detonado com um detonador de percussão. Uma vez que este método é essencialmente instantâneo, não há necessidade alguma de se anestesiar os animais.

Figura 11.22. Uma marcação elétrica sendo aplicada em um elefante-marinho subadulto. (*Mirounga angustirostris*). (Fotografia, cortesia de Richard Jennings.)

Recentemente, o uso de pequenos radiotransmissores, que possam ser colocados nos migrantes mostrou-se extremamente útil, especialmente, no acompanhamento de grandes animais selvagens. Para se fazer isto, geralmente é necessário tranqüilizar o animal, antes que o transmissor seja colocado. Minúsculos transmissores foram desenvolvidos, que podem ser colocados em pequenas aves; outros que foram disparados para dentro de baleias. O uso de radiotransmissores para o acompanhamento de baleias, no entanto, apresenta certos problemas. Estes instrumentos devem ser capazes de suportar não apenas os efeitos corrosivos da água salgada, mas também as grandes mudanças de pressão e devem transmitir durante o tempo muito breve em que um cetáceo vem à superfície.

O sonar está sendo usado no momento para o acompanhamento da migração de certos peixes e gravações audíveis são empregadas para a pesquisa sobre a migração de aves. Este último sistema, empregando um refletor parabólico com um microfone no centro para captar o som, é muito útil em noites escuras para a detecção de migrantes, que voam relativamente baixo e que vocalizam durante o vôo. Também permite uma identificação específica em muitos exemplos.

Por alguns anos, os blipes ou ecos que aparecem nas telas de radares foram chamados de "anjos". Mais tarde, foi descoberto que estes eram aves. A densidade e a altura do vôo podem ser gravadas, mas a identidade específica, não.

Embora fosse sabido há anos que, se alguém olhasse para a lua cheia por um telescópio de baixa potência, as aves seriam ocasionalmente vistas voando no campo de visão, coube ao Dr. George H. Lowery Jr. e Dr. Robert J. Newman da Universidade Estadual de Louisiana utilizarem este conhecimento no estudo da migração das aves. A técnica, que desenvolveram, envolve o uso de um telescópio de 20 potências durante as quatro ou cinco noites de lua cheia na primavera e outono. A lua é vista como um relógio e a direção e linha de deslocamento de todos os migrantes em frente da sua face é registrada. Naturalmente, quando a lua sobe, a distância entre o observador e o plano de vôo, enquanto observada, diminui, como acontece com o cone de observação. Usando fórmulas matemáticas, os dados originados de tais observações fornecem um índice para o total de migrantes que passam por uma região e as tendências direcionais de seu vôo (Fig. 11.23).

IRRUPÇÕES, INVASÕES E DISPERSÃO

Como já foi salientado, a migração é um fenômeno rítmico, que envolve deslocamentos populacionais sincronizados, em algumas espécies, com vários estágios de desenvolvimento e, em outras, com a estação do ano. Geralmente, também comprometido com este tipo de comportamento existe o desejo por parte do organismo individual de retornar à região de seu nascimento ou origem com o propósito de se reproduzir.

Há outros tipos de deslocamentos populacionais, no entanto, que não são rítmicos, pelo menos, no que diz respeito ao indivíduo e não incluem um retorno. Um destes, que envolve o deslocamento repentino de uma grande parte de uma população animal para fora de seu habitat normal, é, em geral, chamado de irrupção. As irrupções estão, em sua maior parte, associadas a áreas de extremos climáticos, como as regiões ártica e de desertos. Nas áreas temperadas e tropicais, as condições são mais uniformes e as flutuações cíclicas raramente são notadas. Estas diferenças são devidas às poucas plantas e animais dos ecossistemas setentrionais, quando contrastados com aqueles mais ao sul. Nas comunidades árticas, uma mudança em uma espécie pode afetar muitas outras, enquanto, nos trópicos, o número de espécies vegetais e animais é tão grande que uma mudança numa delas, tem pouca ou nenhuma influência sobre as muitas outras existentes. Isto está bem ilustrado através do comportamento da coruja branca (*Nyctea*

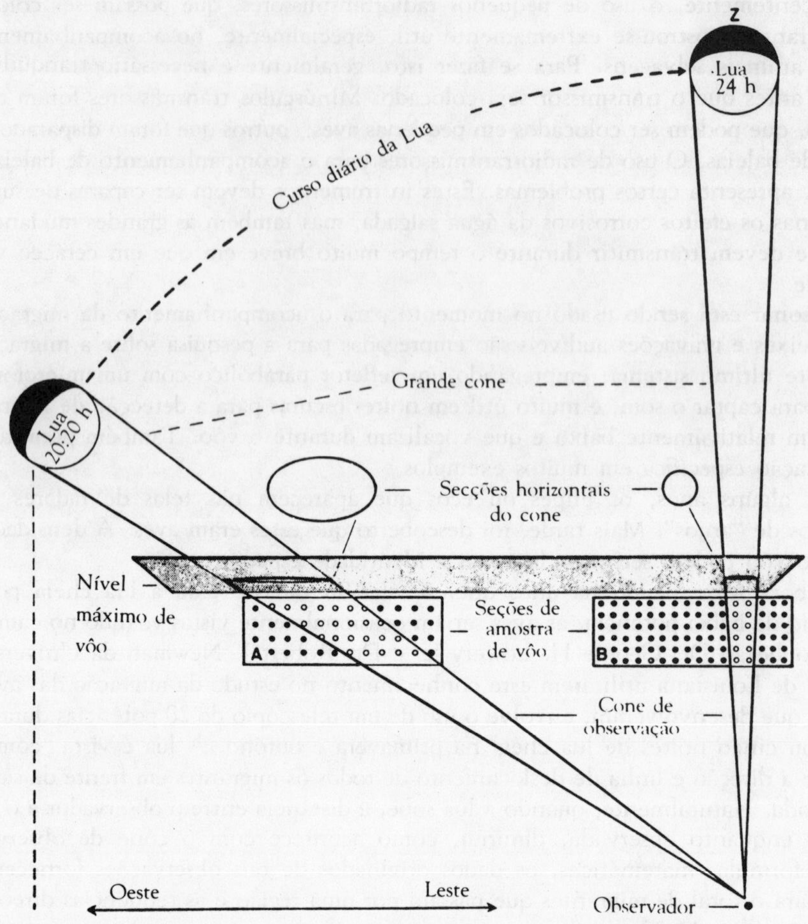

Figura 11.23. Mudança temporal no tamanho efetivo do campo durante a observação lunar. As secções de amostras, *A* e *B*, representam as densidades de vôo teóricas às 20:20 e 24:00 horas, respectivamente. Embora se suponha que duas vezes mais aves estejam no ar à meia-noite, quando a lua está no seu zênite (Z), do que na hora anterior, apenas metade delas é visível por causa da diminuição de tamanho do cone de observação. (Lowery, G.H., Jr.: University of Kansas Publications, Museum of Natural History, 3:365, 1951.)

scandiaca), uma espécie que procria na tundra ártica da América do Norte (Fig. 11.24) e passa, regularmente, o inverno bem distante no sul do Canadá. No entanto, as corujas brancas deslocam-se periodicamente para muito mais longe em direção ao sul e invadem muitas partes dos Estados Unidos (Fig. 11.25). Elas foram até mesmo registradas nas Bermudas. Estas invasões sulinas parecem ocorrer quando a alimentação, na forma de pequenos mamíferos, tais como lemingues e lebres, é escassa no norte. Elas não ocorrem anualmente como as migrações de muitas outras aves procriadoras do Ártico e podem não ocorrer durante a vida inteira de muitas corujas.

Existem outras aves, como os cruza-bicos vermelhos *(Loxia curvirostra)*, que saem para longe de seu habitat normal em anos, quando o alimento é escasso. Às vezes, permanecem nas regiões invadidas recentemente por um ano, mais ou menos. Os papagaios de bico-grosso *(Rhynchopsitta pachyrhyncha)* das mesetas do México invadem, ocasionalmente, as montanhas do sul do Arizona. Sabe-se que ficaram lá, durante a época de procriação, embora não se tenha observado nidificação em tais circunstâncias.

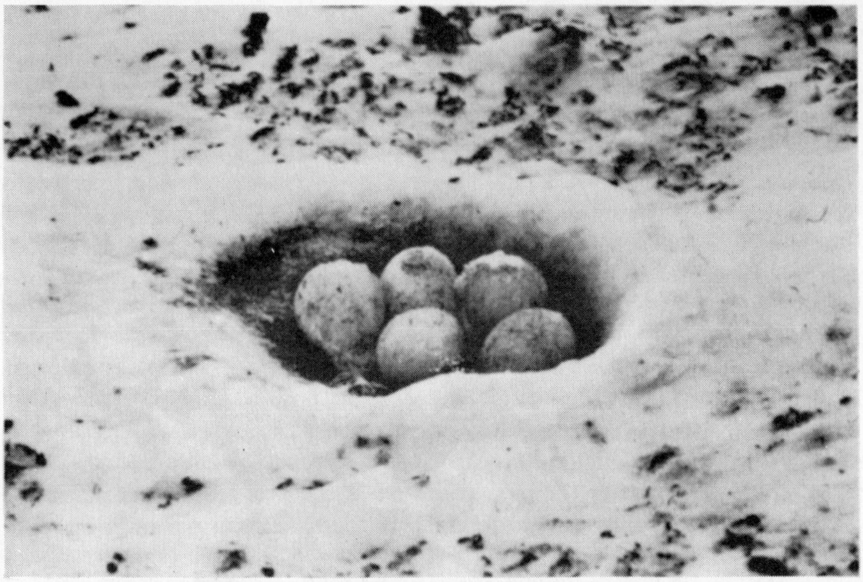

Figura 11.24. As corujas-brancas *(Nyctea scandiaca)*, que são circumpolares, nidificam na tundra e podem pôr seus ovos antes da neve acabar. (Fotografia de John Koranda.)

Estes deslocamentos nômades, provavelmente estimulados pela escassez de alimento dentro do habitat normal da espécie envolvida, não são migrações no sentido ordinário da palavra, nem são de natureza permanente, que geralmente está associada com a emigração.

No Velho Mundo, as invasões esporádicas da galinha-anã de Pallas *(Syrrhaptes paradoxus)* são bem conhecidas. Esta é uma espécie, que normalmente habita as estepes da Ásia Central. No entanto, em maio e junho de 1863, grande número destas aves estabeleceu-se suficientemente para procriar no norte europeu. Uma outra invasão ainda maior ocorreu em 1888, quando se estimou que quase 2.000 tinham alcançado a Escócia. A última invasão da Europa pelas galinhas-anãs, ocorreu em 1908.

As irrupções deste tipo foram atribuídas à pressão populacional vinda de dentro, combinada com a necessidade de um suprimento alimentar maior para a sobrevivência. Muitas espécies de vertebrados mantêm números razoavelmente bem equilibrados, flutuando até certo ponto de ano para ano, mas, geralmente, seus números não ultrapassam o suprimento alimentar. Entretanto, outros não o fazem. Talvez o exemplo mais conhecido de um vertebrado sujeito a flutuações cíclicas marcantes, que resultam, às vezes, em migrações, é o do lemingue norueguês *(Lemmus lemmus)*. Estes pequenos roedores alcançam um pico populacional, mais ou menos, a cada 4 anos. Se seus números são suficientemente altos no norte europeu, eles podem, na região, sofrer deslocamentos em massa para longe de seus habitats de origem. Muitos morrem nestas épocas em conseqüência de predação, doença, acidente e fome, e alguns deixam de participar destes deslocamentos. Se todos permanecessem, a espécie poderia estar em perigo de completo desastre em relação à fome e doença. Contudo, como apenas alguns permanecem, podem sobreviver com o suprimento alimentar limitado e há ainda um núcleo para perpetuar a população. Além disso, tais emigrações periódicas propiciam um meio para uma possível expansão ou mudança de distribuição da espécie, se habitats novos, adequados, previamente desocupados, são encontrados. Embora os lemingues norte-americanos estejam sujeitos a flutuações cíclicas semelhantes, não se observou neles emigrações como aquelas do norte europeu.

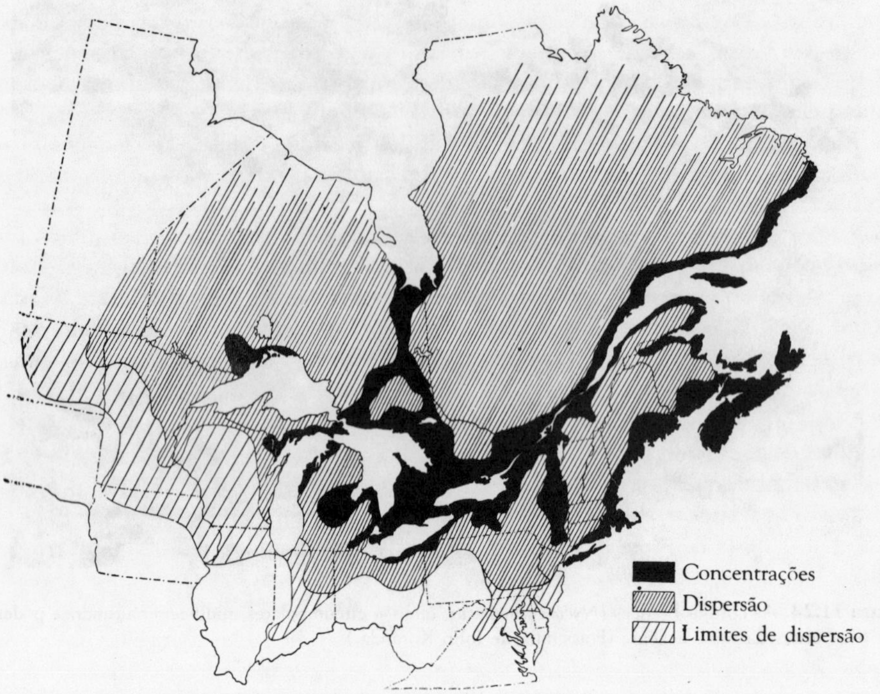

Figura 11.25. O grande "vôo" da coruja-branca *(Nyctea scandiaca)* para o norte dos Estados Unidos em 1941-1942. (Cortesia de L.L. Snyder.)

O quebra-nozes de Clark *(Nucifraga columbiana)* é um membro da família da gralha, que geralmente é sedentário e vive nas altas regiões montanhosas do oeste norte-americano. Sua alimentação de inverno consiste, principalmente, de sementes das coníferas. Estas sementes são armazenadas para o uso de inverno, no outono do ano, quando as pinhas se abrem. No entanto, em certos anos, ocorrem irrupções notáveis de quebra-nozes e deslocamentos em grande escala para as baixadas. Pelo menos seis irrupções ocorreram no oeste dos Estados Unidos entre 1898 e 1961. Tais deslocamentos não parecem ser regionais. Deslocamentos simultâneos foram registrados na Califórnia, Arizona e Novo México, com aves viajando até o leste do Missouri. Provas consideráveis indicam que as irrupções do quebra-nozes de Clark coincidem com as baixas produções de pinhas. Na Califórnia, onde se mantiveram registros exatos da produção de pinhas de coníferas nos últimos anos, cada irrupção de quebra-nozes ocorreu durante um inverno assim. No entanto, as irrupções nem sempre ocorreram, quando a produção de pinhas era baixa, possivelmente porque as populações de quebra-nozes eram baixas também nestas épocas e, por isso, o suprimento alimentar, embora reduzido, ainda era adequado.

O quebra-nozes do Velho Mundo, da Ásia, *Nucifraga caryocatactes,* também apresenta irrupções populacionais ocasionais, quando, depois de alguns anos de aumento, relacionado com uma estocagem de produção de coníferas pelos pinheiros *(Pinus cembra)*, o alimento principal desta ave, há um declínio drástico na produção. Nestas épocas, os quebra-nozes invadem a Europa, atingindo até mesmo as Ilhas Britânicas. Tais irrupções também são características do Âmpelis Boêmio *(Bombycilla garrula)*, uma espécie holártica.

Na Austrália, o periquito *(Melopsittacus undulatus)*, um habitante do deserto, que vive em grandes grupos, pode invadir as áreas litorâneas, quando o suprimento alimentar torna-se baixo.

As invasões representam tipos mais lentos de deslocamentos populacionais, que podem provocar mudanças na distribuição das espécies e freqüentemente estão relacionadas com mudanças ambientais de vários tipos. Algumas destas podem até ser feitas pelo homem. Um exemplo muito bom é demonstrado pela invasão da lampréia marítima *(Petromyzon marinus)* na região dos Grandes Lagos. As lampréias sempre tiveram acesso ao lago Ontário através do Rio Saint Lawrence. No entanto, não podiam estender seu habitat além disso, por causa da barreira apresentada pelas cataratas de Niágara. Em 1829, com o término do Canal de Welland, estes ciclóstomos tiveram acesso ao Lago Erie e, por fim, a todos os outros Grandes Lagos. O Lago Erie, porque é raso e quente, não apresenta um ambiente favorável para as lampréias, nem há ribeirões de procriação adequados correndo para o lago. Conseqüentemente, foi quase 100 anos antes de alcançarem o Lago Huron. Uma vez realizado isto, no entanto, a emigração destes animais continuou rapidamente. Eles estavam bem estabelecidos no Lago Huron por volta do fim dos anos 30. Em poucos anos, deslocaram-se para o Lago Michigan e por volta do meio dos anos 50 estavam no Lago Superior. A velocidade de sua invasão é evidenciada pelo declínio surpreendente da pesca comercial da truta. A pesca anual da truta no Lago Huron em 1939 montou a 1.372.000 libras, enquanto, em 1951, tinha caído para 25 libras. A pesca anual no Lago Michigan foi de 5.650.000 libras em 1945 e apenas 400 libras em 1954.

A expansão da garça-do-gado *(Bubulcus ibis)* da África para a América do Sul (mais ou menos em 1930) e daí para a América do Norte (em 1948) é atribuída, em parte, à expansão da indústria pecuária, que propiciou locais adequados para estas aves. Um estudo cuidadoso sobre a expansão do habitat desta espécie na Flórida mostrou que os indivíduos migram para o norte com outros grupos de garças migrantes. Os locais de reprodução destas últimas parecem fornecer o estímulo necessário para que pequenas quantidades de garças-do-gado procriem e logo se estabeleçam. Atualmente, as garças-do-gado alcançaram a costa oeste norte-americana e foram registradas nas ilhas de Cocos e Clipperton no leste do Pacífico. Invadiram também a Nova Guiné e Austrália a partir das Molucas.

Embora muitas espécies de vertebrados tenham sido levadas à extinção no Pleistoceno, várias espécies puderam alcançar a América do Norte por terra ou pontes de gelo da Ásia. Incluem-se mamíferos como o caribu, o alce americano, o alce e os ursos-pardos. Inversamente, os camelos invadiram o Velho Mundo. Não se sabe quanto tempo foi envolvido em tais deslocamentos, mas é provável que o processo fosse demorado e lento e estivesse relacionado com as mudanças graduais nos habitats de muitas espécies em nosso próprio país. Na última metade do século, houve uma grande ampliação para o norte dos habitats dos passarinhos *Mimus polyglottos* e *Icterus cucullatus*, na Califórnia. De forma semelhante, a raposa cinzenta *(Urocyon cinereoargenteus)* deslocou-se para o norte, na região das Grandes Planícies nos últimos anos, invadindo Dakota do Norte e foi até mesmo registrada em Alberta. Muitos outros exemplos poderiam ser citados. Invasões setentrionais graduais deste tipo podem, em parte, estar associadas com o início de um clima mais árido e mais quente, embora as mudanças causadas pelo homem sejam, indubitavelmente, fatores significantes.

Muitas das invasões graduais feitas por espécies de vertebrados para territórios recentemente desenvolvidos ou não-ocupados anteriormente são o resultado da dispersão dos filhotes e sua escolha dos territórios de procriação pela primeira vez. Entre a maioria das espécies de aves e mamíferos sedentários, que não formam colôniais, os filhotes, quando atingem uma certa idade, abandonam o território de origem por vontade própria ou são forçados a fazê-lo por um dos pais ou ambos. Este é um meio natural de se evitar a superpopulação e de se manter a densidade populacional num nível compatível com o suprimento alimentar.

Mencionou-se, no Capítulo 10, o deslocamento voluntário de *Chamaea* do território paterno, quando tem 9 ou 10 semanas de idade. Os estudos feitos sobre filhotes de roedores do gênero *Thomomys* indicam que estes são expulsos da toca da mãe com uma idade relativamente baixa. Observou-se que, em cativeiro, as fêmeas desenvolvem uma atitude belicosa contra seus filhotes, quando estes têm cerca de 6 semanas de idade. Os filhotes, por sua vez, tornam-se intolerantes uns com os outros nesta mesma época. Observações feitas sobre roedores, e outros pequenos mamíferos mostraram que os filhotes, após atingirem uma certa idade, tendem a viajar. Estes deslocamentos são, em grande parte, responsáveis pela invasão de certas comunidades em sucessão pela fauna de vertebrados. A destruição de uma floresta em clímax pelo fogo pode resultar numa comunidade de pastagem por vários anos. Embora temporária na natureza e meramente representante do primeiro estágio, que conduz ao redesenvolvimento da floresta de clímax, será invadida pelas espécies de pequenos mamíferos que freqüentam as pastagens. Esta invasão não será realizada primeiramente pelo deslocamento dos adultos com territórios previamente estabelecidos, mas por sucessivas ondas de filhotes à procura de territórios desocupados e adequados.

Este desejo aparentemente inato da parte dos filhotes de viajar, quando alcançam uma certa idade, não apenas evita a superpopulação, mas desempenha outros serviços, que beneficiam a espécie. Os territórios, que não estão ocupados por causa da mortalidade, não ficam muito tempo sem uso. As áreas que, normalmente, servem de barreiras de impedimento da expansão populacional, podem ser percorridas nestas épocas. Além disso, a possibilidade de endogamia, o que poderia mostrar-se prejudicial, é, em parte, reduzida.

REFERÊNCIAS BIBLIOGRÁFICAS

Adler, H. E. 1971. Orientation: Sensory basis. Ann. N.Y. Acad. Sci. *188:*1–408.

Allen, G. M. 1939. Bats. Cambridge, Mass., Harvard University Press.

Bell, R. H. V. 1971. A grazing ecosystem in the Serengeti. Sci. Amer. *225* (1):86–93.

Bellrose, F. C. 1958*a*. The orientation of displaced waterfowl in migration. Wilson Bull. *70:*20–40.

Bellrose, F. C. 1958*b*. Celestiai orientation by wild mallards. Bird-Banding *29:*75–90.

Bellrose, F. C. 1967. Radar in Orientation Research. Proc. XIV Internat. Ornith. Congr.

Bellrose, F. C. 1968. Waterfowl Migration Corridors East of the Rocky Mountains in the United States. Biol. Notes, No. 61, Illinois Nat. Hist. Surv.

Bergstrom, E. A., and Drury, W. H., Jr., 1956. Migration sampling by trapping: A brief review. Bird-Banding *27:*107–120.

Bingman, V. P. 1981. Savannah sparrows have a magnetic compass. Animal Behavior *29:*962–963.

Brattstrom, B. H. 1962. Homing in the giant toad, *Bufo marinus.* Herpetologica *18:*176–180.

Briggs, J. C. 1955. Behavior pattern in migratory fishes. Science *122:*240.

Burt, W. H. 1940. Territorial Behavior and Populations of Some Small Mammals in Southern Michigan. Misc. Publ. Mus. Zool., University of Michigan, No. 45.

Carr, A. 1962. Guideposts of Animal Navigation. Amer. Inst. Biol. Sci., BSCS Pam. No. 1.

Carr, A. 1965. The navigation of the green turtle. Sci. Amer. *212*(5):78–86.

Carr, A. 1967. Adaptive aspects of the scheduled travel of *Chelonia. In* Storm, R. M., Ed. Animal Orientation and Navigation. Proc. 27th Ann. Biol. Colloq. Corvallis, Oregon State University Press.

Casimir, M. J., and Butenandt, E. 1973. Migration and core area shifting in relation to some ecological factors in a mountain gorilla *(Gorilla gorilla beringei)* in the Mt. Kahuzi region (République du Zaire). Z. Tierpsychol. *33:*514–522.

Casteret, N. 1938. Observations sur une colonie de chauves-souris migratrices. Mammalia *2:*29–34.

Cockrum, E. L. 1956. Homing, movements, and longevity of bats. J. Mamm. *37:*48–57.

Cortopassi, A. J., and Mewaldt, L. R. 1965. The circumannual distribution of white-crowned sparrows. Bird-Banding *36:*141–169.

Davis, J., and Williams, L. 1964. The 1961 irruption of the Clark's nutcracker in California. Wilson Bull. *76:*10–18.

Delvingt, W., and Leclercq, J. 1963. The sense of direction in migratory birds. Endeavor *22*(85):27–30.

Dennis, J. W. 1954. Meteorological analysis of occurrence of grounded migrants at Smith Point, Texas, April 17–May 17, 1951. Wilson Bull. *66:*102–111.

Devlin, J. M. 1954. Effects of weather on nocturnal migration as seen from one observation point at Philadelphia. Wilson Bull. *66:*93–101.

Dorst, J. 1962. The Migration of Birds. Boston, Houghton Mifflin Co.

Drost, R. 1949. Zugvogel perzipieren ultrakurzwellen. Vogelwarte *15:*57–59.

Drury, W. H., and Nisbet, I. C. T. 1964. Radar studies of orientation of songbird migrants in southeastern New England. Bird-Banding *35:*69–119.

Eastwood, E. 1967. Radar Ornithology. London, Methuen.

Eastwood, E., and Rider, G. C. 1964. The influence of radio waves upon birds. British Birds *57:*445–458.

Eastwood, E., and Rider, G. C. 1965. Some radar measurements of the altitude of bird flight. British Birds *58:*393–426.

Eisentraut, M. 1943. Zehn Jahre Fledermausberingung. Zool. Anz. *143:*20–32.

Emlen, S. T. 1969. Bird migration: Influence of physiological state upon celestial orientation. Science *165:*716–718.

Engels, W. E. 1962. Day-length and termination of photorefractoriness in the annual testicular cycle of the transequatorial migrant *Dolichonyx* (the Bobolink). Biol. Bull. *123:*94–104.

Evans, P. R. 1966. Migration and orientation of passerine night migrants in northeast England. J. Zool. *150:*319–369.

Evans, W. E., Hall, J. D., Irvine, A. B., and Leatherwood, J. S. 1972. Methods for tagging small cetaceans. Fishery Bull. *70:*61–65.

Farner, D. S. 1955. The annual stimulus for migration: Experimental and physiological aspects. *In* Wolfson, A., Ed. Recent Studies in Avian Biology. Urbana, Ill., University of Illinois Press.

Ferguson, D. E., and Landreth, H. F. 1966. Celestial orientation of Fowler's toad, *Bufo fowleri.* Behaviour *26:*105–123.

Ferguson, D. E., Landreth, H. F., and Turnipseed, M. R. 1965. Astronomical orientation of the southern cricket frog, *Acris gryllus.* Copeia *1965:*58–66.

Fluharty, S. L., Taylor, D. H., and Barrett, G. 1976. Sun-compass orientation in the meadow vole, *Microtus pennsylvanicus.* J. Mamm. *57:*1–9.

Gilmore, R. M., and Ewing, G. 1954. Calving of the California grays. Pacific Discovery 7(3):13–15, 30.

Gould, J. L. 1980. The case for magnetic sensitivity in birds and bees (such as it is). Amer. Scientist *68:*256–267.

Graber, R. R. 1965. Night flight with a thrush. Audubon *67:*368–374.

Graber, R. R. 1968. Nocturnal migration in Illinois—different points of view. Wilson Bull. *80:*36–71.

Graber, R. R., and Cochran, W. W. 1959. An audio technique for the study of nocturnal migration of birds. Wilson Bull. *71:*220–236.

Graber, R. R., and Cochran, W. W. 1960. Evaluation of an aural record of nocturnal migration. Wilson Bull. *72:*253–273.

Grant, D., Anderson, O., and Twitty, V. 1968. Homing orientation by olfaction in newts *(Taricha rivularis).* Science *160:*1354–1356.

Griffin, D. R. 1945. Travels of banded cave bats. J. Mamm. *26:*15–23.

Griffin, D. R. 1952. Bird navigation. Biol. Rev. *27:*359–393.

Griffin, D. R. 1955. Bird navigation. *In* Wolfson, A., Ed. Recent Studies in Avian Biology. Urbana, Ill., University of Illinois Press.

Griffin, D. R. 1958. Listening in the Dark. New Haven, Conn., Yale University Press.

Griffin, D. R. 1964. Bird Migration. Garden City, New York, Doubleday and Co., Inc.

Groot, C., and Wiley, W. L. 1965. Time-lapse photography of an ASDIC echo-sounder PPI-Scope as a technique for recording fish movements during migration. J. Fish. Res. Bd. Canada *22:*1025–1034.

Hager, W., Jr. 1953. Pacific Salmon. Hatchery Propagation and Its Role in Fishery Management. U.S. Department of Interior, Fish and Wildlife Service, Circular 24.

Hamilton, W. J., III, and Hammond, M. C. 1960. Oriented overland spring migration of pinioned Canada geese. Wilson Bull. *72:*385–391.

Hasler, A. D. 1960. Guideposts of migrating fishes. Science *132:*785–792.

Hasler, A. D. 1966. Underwater Guideposts. Madison, Wisc., University of Wisconsin Press.

Hasler, A. D., Horall, R. M., Wisby, W. J., and Braemer, W. 1958. Sun-orientation and homing in fishes. Limnology and Oceanography *3:*353–361.

Hasler, A. D., Scholz, A. T., and Horrall, R. M. 1978. Olfactory imprinting and homing in salmon. Amer. Scientist *66:*347–355.

Hassler, S. S., Graber, R. R., and Bellrose, F. C. 1963. Fall migration and weather. Wilson Bull.*75:*56–77.

Heape, W. 1931. Emigration, Migration and Nomadism. Cambridge, England, Cambridge University Press.

Homestead, R., Beck, B., and Sergeant, D. E. 1972. A portable instantaneous branding device for permanent identification of wildlife. J. Wildlife Mgmt. *36:*947–949.

Johnson, W. E., and Groot, C. 1963. Observations on the migration of young sockeye salmon *(Oncorhynchus nerka)* through a large, complex lake system. J. Fish. Res. Bd. Canada *20:*919–938.

Kalmijn, A. 1978. Experimental evidence of geomagnetic orientation in elasmobranch fishes. *In* Schmidt-Koenig, K., and Keeton, W. T., Eds. Animal Migration, Navigation, and Homing. Berlin, Springer-Verlag, pp. 345–353.

Keast, A., and Morton, E. S., Eds. 1980. Migrant Birds in the Neotropics: Ecology, Behavior, Distribution, and Conservation. Washington, D.C., Smithsonian Institution Press.

Keeton, W. T. 1969. Orientation by pigeons: Is the sun necessary? Science *165:*922–928.

Kemper, C. A. 1964. A tower for TV: 30,000 dead birds. Audubon *66:*86–90.

Kenyon, K. W. 1960. Territorial behavior and homing in the Alaska fur seal. Mammalia *24:*431–444.

Kenyon, K. W., and Wilke, F. 1953. Migration of the northern fur seal, *Callorhinus ursinus*. J. Mamm. *34:*86–98.

King, J. R., and Farner, D. S. 1963. The relationship of fat deposition to *Zugunruhe* and migration. Condor *65:*200–223.

King, J. R., Farner, D. S., and Mewaldt, L. R. 1965. Seasonal sex and age ratios in populations of the white-crowned sparrows of the race *gambelii*. Condor *67:*489–504.

Knorr, O. A. 1954. The effect of radar on birds. Wilson Bull. *66:*264.

Kramer, G. 1957. Experiments on bird orientation and their interpretation. Ibis *99:*196–227.

Kramer, G. 1959. Recent experiments in bird orientation. Ibis *101:*399–416.

Lack, D. 1954. The Natural Regulation of Animal Numbers. Oxford, Clarendon Press.

Lack, D. 1958. Watching migrant birds by radar. Listener *60*(1544):691, 694.

Lack, D. 1962. Radar evidence on migratory orientation. British Birds *55:*139–158.

Landreth, H. F., and Ferguson, D. E. 1967. Newts: Sun-compass orientation. Science *158:*1459–1461.

Larkin, R. P., and Sutherland, P. J. 1977. Migrating birds respond to Project Seafarer's electromagnetic field. Science *195:*777–779.

Lidicker, W. Z., Jr. 1962. Emigration as a possible mechanism permitting the regulation of population density below carrying capacity. Amer. Nat. *96:*29–33.

Lincoln, F. C. 1939. The Migrations of American Birds. New York, Doubleday, Doran and Co., Inc.

Lincoln, F. C. 1950. Migration of Birds. U.S. Department of Interior, Fish and Wildlife Service, Circular 16.

Lorz, H. W., and Northcote, T. G. 1965. Factors affecting stream location, and timing and intensity of entry by spawning kokanee (*Oncorhynchus nerka*) into an inlet of Nicola Lake, British Columbia. J. Fish. Res. Bd. Canada *22:*665–687.

Lowery, G. H., Jr. 1951. A quantitative study of the nocturnal migration of birds. University of Kansas Publ. Mus. Nat. Hist. *3:*361–472.

Lowery, G. H., Jr., and Newman, R. J. 1955. Direct studies of nocturnal bird migration. *In* Wolfson, A., Ed. Recent Studies in Avian Biology. Urbana, Ill., University of Illinois Press.

Lowery, G. H., Jr., and Newman, R. J. 1966. A continentwide view of bird migration on four nights in October. Auk *83:*547–586.

MacGinitie, G. E., and MacGinitie, N. 1949. Natural History of Marine Animals. New York, McGraw-Hill Book Co., Inc.

Matthews, G. V. T. 1955. Bird Navigation. Cambridge, England, Cambridge University Press.

Medway, Lord, and Nisbet, I. C. T. 1968. Bird report: 1966. Malayan Nature J. *21*:34–50.
Mewaldt, L. R. 1964. California sparrows return from displacement to Maryland. Science *146*:941–942.
Mewaldt, L. R., Kibby, S. S., and Morton, M. L. 1968. Comparative biology of Pacific Coastal white-crowned sparrows. Condor *70*:14–30.
Mewaldt, L. R., Morton, M. L., and Brown, I. L. 1964. Orientation of migratory restlessness in *Zonotrichia*. Condor *66*:377–417.
Mewaldt, L. R., and Rose, R. G. 1960. Orientation of migratory restlessness in the white-crowned sparrow. Science *131*:105–106.
Miskimen, M. 1955. Meteorological and social factors in autumnal migration of ducks. Condor *57*:179–184.
Moore, F. C. 1977. Geomagnetic disturbance and the orientation of nocturnally migrating birds. Science *196*:682–684.
Moreau, R. E. 1966. The Bird Faunas of Africa and Its Islands. New York, Academic Press, Inc.
Moreau, R. E. 1967. Water-birds over the Sahara. Ibis *109*:232–259.
Moreau, R. E. 1972. The Palaearctic-African Bird Migration Systems. New York, Academic Press, Inc.
Mueller, H. C., and Berger, D. D. 1967. Fall migration of sharp-shinned hawks. Wilson Bull. *79*:397–415.
Murie, O. J. 1935. Alaska-Yukon Caribou. U.S. Dept. Agric., Bur. Biol. Surv., N. Am. Fauna, 54.
Murie, O. J. 1951. The Elk of North America. Harrisburg, Pa., The Stackpole Co., and Washington, D.C., Wildlife Management Institute.
Murray, B. G., Jr. 1965. On the autumn migration of the blackpoll warbler. Wilson Bull. *77*:122–133.
Murray, B. G., Jr. 1966. Blackpoll warbler migration in Michigan. Jack-Pine Warbler *44*:23–29.
Murray, B. G., Jr. 1967. Dispersal in vertebrates. Ecology *48*:975–978.
Myers, G. S. 1951. Fresh-water fishes and East Indian zoogeography. Stanford Ichthyol. Bull. *4*:11–21.
Neave, F., Ishida, T., and Murai, S. 1967. Salmon of the North Pacific Ocean. Part VII. Pink salmon in offshore waters. Internat. N. Pac. Fish. Comm. Bull. *22*:1
Nice, M. M. 1937. Studies in the life history of the song sparrow. I. A population study of the song sparrow. Trans. Linn. Soc. New York *4*:1–247.
Nisbet, I. C. T., and Drury, W. H., Jr. 1967. Orientation of spring migrants studied by radar. Bird-Banding *38*:173–186.
Norris, K. S., Evans, W. E., and Ray, C. G. 1974. New tagging and tracking methods for the study of marine mammal biology and migration. *In* Schevill, W. E., Ed. The Whale Problem. Cambridge, Massachusetts, Harvard University Press.
Odum, E. P. 1960. Lipid Deposition in Nocturnal Migrant Birds. Proc. XII Internat. Ornith. Congr., Vol. 2.
Odum, E. P., and Connell, C. E. 1956. Lipid levels in migrating birds. Science *123*:892–894.
Orr, R. T. 1970. Animals in Migration. New York, Macmillan Co.
Orr, R. T. 1979. Animal guidance systems. Yearbook of Science and the Future. Encyclopaedia Britannica, Inc., University of Chicago, pp. 62–81.
Orr, R. T., and Poulter, T. C. 1965. The pinniped population of Año Nuevo Island, California. Proc. Calif. Acad. Sci. (4) *32*:377–404.
Page, G., Fearis, B., and Jurek, R. M. 1972. Age and sex composition of western sandpipers on Bolinas Lagoon. California Birds *3*:79–86.
Pearson, O. P. 1961. Flight speeds of some small birds. Condor *63*:506–507.
Presti, D., and Pettigrew, J. D. 1980. Ferromagnetic coupling to muscle receptors as a basis for geomagnetic field sensitivity in animals. Nature *285*:99–101.
Rice, D. W. 1956. Dynamics of range expansion of cattle egrets in Florida. Auk *73*:259–266.
Robson, R. W. 1974. Food-burying and recovery by rook. British Birds *67*:214–215.
Rowan, W. 1925. Relation of light to bird migration and developmental changes. Nature *115*:494–495.
Rowan, W. 1926. On photoperiodism, reproductive periodicity, and the annual migrations of birds and certain fishes. Proc. Boston Soc. Nat. Hist. *38*:147–189.
Rowan, W. 1929. Experiments in bird migration. I. Manipulation of the reproductive cycle: Seasonal histological changes in the gonads. Proc. Boston Soc. Nat. Hist. *39*:151–208.

Rowan, W. 1932. Experiments in bird migration. III. The effects of artificial light, castration and certain extracts on the autumn movements of the American crow *(Corvus brachyrhynchos)*. Proc. Nat. Acad. Sci. *18*:639–654.

Ryder, J. P. 1967. The Breeding Biology of Ross' Goose in the Perry River Region, Northwest Territories. Canadian Wildl. Serv. Rept. Ser., 3, Ottawa.

Sauer, E. G. F. 1958. Celestial navigation by birds. Sci. Amer. *199*(2):42–47.

Sauer, E. G. F. 1963. Golden Plover Migration, Its Evolution and Orientation. Proc. XVI Internat. Congr. Zool., Vol. 4.

Schevill, W. E., and Watkins, W. A. 1965. Underwater calls of *Trichechus* (manatee). Nature *205*:373–374.

Schmidt-Koenig, K. 1960. The sun azimuth compass: One factor in the orientation of homing pigeons. Science *131*:826–828.

Schmidt-Koenig, K. 1980. Avian Orientation and Navigation. New York, Academic Press.

Schmidt-Koenig, K., and Keeton, W. T., Eds. 1978. Animal Migration, Navigation, and Homing. Berlin, Springer-Verlag.

Smith, E., and Goodpaster, W. 1958. Homing in nonmigratory bats. Science *127*:644.

Stoddard, H. L., Sr. 1962. Bird Casualties at a Leon County, Florida TV Tower, 1955–1961. Tall Timber Research Sta., Tallahassee, Fla., Bull. 1.

Stoddard, H. L., and Norris, R. A. 1967. Bird Casualties at a Leon County, Florida TV Tower: An Eleven-Year Study. Tall Timbers Research Sta., Tallahassee, Fla., Bull. 8.

Swarth, H. S. 1920. Revision of the avian genus *Passerella*, with special reference to the distribution and migration of the races in California. Univ. Calif. Publ. Zool. *21*:75–224.

Talbot, L. M., and Stewart, D. R. 1964. First wildlife census of the entire Serengeti-Mara region, East Africa. J. Wildlife Mgmt. *28*:815–827.

Tedd, J. G., and Lack, D. 1958. The detection of bird migration by high-power radar. Proc. Royal Soc. (B) *149*:503–510.

Terres, J. K. 1956. Death in the night. Audubon *58*:18–20.

Tomback, D. F. 1980. How nutcrackers find their seed stores. Condor *82*:10–19.

Twitty, V. C. 1959. Migration and speciation in newts. Science *130*:1735–1743.

Twitty, V., Grant, D., and Anderson, O. 1964. Long distance homing in the newt *Taricha rivularis*. Proc. Nat. Acad. Sci. *51*:51–58.

Walcott, C., and Green, R. P. 1974. Orientation of homing pigeons altered by a change in the direction of an applied magnetic field. Science *184*:180–182.

Walter, H. 1968. Falcons of a princess. Pacific Discovery *21*(3):2–9.

Wisby, W. J., and Hasler, A. D. 1954. Effect of olfactory occlusion on migrating silver salmon *(O. kisutch)*. J. Fish. Res. Bd. Canada *11*:472–478.

Wolfson, A. 1942. Regulation of spring migration in juncos. Condor *44*:237–263.

Wolfson, A. 1952*a*. Day length, migration, and breeding cycles in birds. Scientific Monthly *74*:191–200.

Wolfson, A. 1952*b*. The occurrence and regulation of the refractory period in the gonadal and fat cycles of the junco. J. Exper. Zool. *121*:311–325.

Woodbury, A. M. 1941. Animal migration—periodic response theory. Auk *58*:463–505.

Yeagley, H. L. 1951. A preliminary study of a physical basis of bird navigation. Part II. J. Appl. Physics *22*:746–760.

Capítulo 12

Dormência

DEFINIÇÃO

A capacidade de alguns seres vivos de diminuir os processos normais do metabolismo e crescimento em certas circunstâncias e, por meio disto, tornarem-se dormentes é um fenômeno comum. Em geral, este fenômeno associa-se a condições ambientais desfavoráveis de natureza sazonal ou temporária, como o frio, a seca ou a aridez e, por esta razão, representa um meio de sobrevivência para o organismo. Entre os vertebrados, a dormência tem sido observada em peixes de água doce, muitos anfíbios e répteis, duas espécies de aves e num certo número de mamíferos.

O fato de existirem animais endotérmicos e ectotérmicos, que hibernam periodicamente, levou a confusões quanto à terminologia. Por esta razão, o termo heterotérmico, freqüentemente, é usado para os vertebrados de "sangue quente" que, às vezes, se comportam como vertebrados de "sangue frio" e perdem sua capacidade de termorregulação.

Como a dormência ocorre mais freqüentemente no inverno, é comum o uso do termo hibernação para designar a dormência que ocorre durante esta estação. Há não muito tempo, este termo teria sido definido simplesmente como um "sono de inverno", que é a tradução literal do termo alemão equivalente *Winterschlaf.* Entretanto, com os conhecimentos recentemente adquiridos, surgiram problemas semânticos e vemo-nos diante de várias interpretações de uma palavra que, antigamente, parecia não apresentar maiores problemas.

Durante muitas gerações, o urso foi citado como exemplo clássico de um animal, que hibernava; sabe-se que, em muitas regiões do mundo onde faz frio no inverno, estes grandes carnívoros vão para tocas de um ou outro tipo e dormem durante esta estação. Entretanto, alguns fisiologistas complicaram consideravelmente as coisas, ao concluir que a *hibernação* envolvia um estado de torpor em que o metabolismo era reduzido de modo tão intenso, que a temperatura do corpo se aproximava da temperatura ambiental baixa. Este tipo de definição excluía os ursos da categoria de animais hibernantes, porque, como se sabe, sua temperatura do corpo não cai acentuadamente, durante o período de inatividade, no inverno. Esta definição não só exclui os ursos, mas também torna necessária uma reavaliação da palavra hibernação. Esta palavra origina-se do latim, *hibernare*, que significa "passar o inverno". Entretanto, alguns animais retiram-se para lugares frescos durante o calor do verão, tornam-se adormecidos, e apresentam uma redução da temperatura do corpo e do metabolismo, preenchendo, deste modo, todos os requisitos fisiológicos necessários para a hibernação (apesar do termo *estivação* ser usado para designar este estado durante o verão). Pode-se afirmar que outros animais, como certos tipos de morcegos das regiões temperadas, hibernam parcialmente durante muitos dias, no verão, ainda que permaneçam ativos à noite. Nas horas frescas da manhã, depois deles terem retornado às pousadas, que ocupam durante o dia, podem tornar-se semitórpidos, com uma freqüência respiratória bastante reduzida e uma temperatura do corpo bastante próxima da temperatura ambiental. Existem, portanto, vários tipos de dormência.

No inverno, quando o alimento é escasso e as temperaturas são baixas, as vantagens da hibernação são óbvias. No verão, as temperaturas elevadas da superfície do solo e os períodos de escassez de alimento podem ser evitados pela estivação, ou sono de verão, em locais subterrâneos mais frescos. Em relação aos morcegos, cujo metabolismo é bastante alto durante os períodos de atividade, a redução da temperatura do corpo e da freqüência respiratória durante o dia representam, certamente, um meio de conservação de energia.

Os estudos sobre filhotes de ursos no Alasca (Svihla e Bowman, 1954) mostraram que eles dormiam, enrolados, de novembro a fevereiro, enquanto a temperatura ambiental esteve baixa (Fig. 12.1). O urso era sensível ao barulho e, se perturbado, levantava lentamente sua cabeça, mas parecia que não via nada. Apesar de sua temperatura do corpo não ter baixado acentuadamente (retal: 35-35, 5ºC; oral: 35ºC), a freqüência respiratória reduziu-se a dois ou três movimentos por minuto. Nenhum alimento foi ingerido durante estes três meses, e a excreção urinária e a defecação cessaram completamente. A perda de peso do corpo durante este período de 90 dias chegou a alcançar 25% do peso, aproximadamente. Os autores concluíram, baseando-se em suas observações, que os ursos hibernam de fato, porque suas atividades metabólicas se reduzem,

Figura 12.1. O urso preto *(Ursus americanus)* hiberna parcialmente no inverno.

ainda que eles percam apenas parcialmente as funções de locomoção e sensibilidade. Por isso, eles sugeriram o reconhecimento de dois tipos de hibernação: "dormência ou torpor parcial", como ocorre em ursos, e "dormência ou torpor completo", como ocorre em certos esquilos-do-chão.

Poder-se-ia sugerir uma classificação um pouco diferente e mais abrangente em que fossem reconhecidos três tipos: dormência do inverno (hibernação), que pode ser completa ou parcial; dormência do verão (estivação); e a dormência durante o dia ("diurnação").

HIBERNÁCULOS

No sentido restrito, a palavra *hibernáculo* refere-se a um local de descanso no inverno. Entretanto, na falta de um termo mais simples e abrangente, ele foi usado, neste texto, num sentido mais amplo, para englobar todas as situações dos vertebrados durante os períodos de dormência. Como os animais ficam à mercê de seus inimigos durante estes períodos, é necessário que a maioria dos hibernáculos dê uma proteção adequada contra os predadores e agressões.

Peixes

Ainda que *Dallia pectoralis*, um peixe de água doce que habita a região ártica da América do Norte, tenha sido objeto de muitas discussões, o fato é que ele passa muitos meses submerso, estando a água acima quase completamente congelada. Ainda que estes peixes possam não ser envolvidos completamente por um meio congelado, certamente o gelo, que está acima deles, lhes dá proteção contra muitas agressões.

É bem conhecida a estivação, no lodo, dos peixes dipnóicos, em certas regiões em que ocorrem períodos de seca. Existem alguns indícios de que *Amia calva* da América do Norte, em certas condições, pode recorrer ao mesmo método para sobreviver durante períodos de seca. Existe um registro de um exemplar encontrado, a aproximadamente 400 metros do rio Savannah, num pântano da Georgia. A área mostrava sinais de ter sido inundada algum tempo antes, apesar de sua superfície se mostrar seca e fendida. A câmara em que se encontrava o peixe situava-se a 10 cm da superfície do solo e tinha 20 cm de diâmetro. Suas paredes estavam úmidas, e o peixe estava ativo, quando foi encontrado. Na verdade, o barulho de seus movimentos levou à sua descoberta.

Anfíbios e Répteis

Como muitos répteis e anfíbios da América do Norte passam o inverno hibernando e algumas espécies estivam durante o verão, especialmente nas regiões quentes e áridas, não é surpreendente que tenham sido usados locais bastante diversos para a hibernação. Muitas rãs hibernam na água, freqüentemente no lodo ou em entulho, no fundo de lagoas e lagos. Outros permanecem em tocas subterrâneas. Observou-se a rã verde (*Rana clamitans*) em ambas as circunstâncias no inverno. Muitos sapos e salamandras usam tocas abandonadas de roedores para este fim. Alguns sapos (*Scaphiopus*), pelo menos em muitos casos, parecem cavar suas próprias tocas, fazendo uso dos membros posteriores e, literalmente ficam enterrados no solo, onde permanecem por alguns meses. No inverno, quando a temperatura do solo é muito baixa, ou no verão, quando a umidade é baixa, muitas salamandras movem-se abaixo da superfície do solo ou recorrem a outras situações que lhe ofereçam proteção contra o congelamento ou dessecação. Algumas servem-se de fissuras ou fendas do solo ou de tocas de outros animais; outras entram em troncos podres ou ficam embaixo da casca de árvores; outras, ainda, foram encontradas em cavernas ou túneis de minas. Membros do gênero *Ensatina*, freqüentemente, encontram refúgio dentro de ninhos de ratos silvestres (*Neotoma fuscipes*) ou embaixo deles.

Tocas de animais, fendas de rochas, cavernas, túneis de minas e até formigueiros abandonados freqüentemente são usados por cobras durante os períodos de quiescência, no inverno ou verão. Foi sugerido que a presença de locais disponíveis para a hibernação possa ser um fator crítico, que controlaria a abundância de ectotérmicos em certas regiões. A ocupação de cavernas por vários indivíduos, em tais situações, é uma ocorrência bastante comum.

Algumas vezes, a ocupação de cavernas não se limita a membros de uma espécie ou uma classe. Existe um registro de 257 cobras, sendo 8 *Thamnophis radix*, 101 *Storeria occipitomaculata*, e 148 *Opheodrys vernalis*, que foram encontradas num único formigueiro, em Manitoba. Num outro formigueiro, escavado em Michigan, em fevereiro, foram encontradas 62 cobras, representando sete espécies, e 15 anfíbios, pertencendo a três espécies. Durante uma escavação em Mercer County, em Pensilvânia, nos meados de janeiro de 1939, foi descoberto um hibernáculo com 21 indivíduos, representando sete espécies de répteis e duas espécies de anfíbios. Estudos mais extensos durante um período de vários anos mostraram que os répteis freqüentemente retornam ao mesmo local para hibernar, ano após ano.

Muitas tartarugas hibernam na água. Os estudos recentes, feitos num pântano em Michigan, também revelaram cobras não venenosas, hibernando em tocas de lagostins de água doce; elas pareciam estar completamente submersas.

Aves

Apesar dos estudos laboratoriais terem mostrado que o curiango *Chordeiles acutipennis* pode hibernar, apenas o curiango *Phalaenoptilus nuttallii* tem sido encontrado em hibernação completa, em condições naturais. Num caso, foi encontrado um exemplar durante três anos sucessivos, num estado de dormência, durante o inverno, nas montanhas de Chuckawalla do deserto de Colorado, na Califórnia; supõe-se que seja o mesmo indivíduo, apesar de que ele não tivesse sido marcado até o segundo ano. O local de hibernação consistia numa cripta, na face sul de um matacão de granito (Fig 12.2). A parte inferior da cavidade, em que o pássaro estava, recebia sol durante três horas e meia por dia, apesar da rocha permanecer mais fria do que o ar, durante a maior parte do dia. Foi encontrado um outro exemplar, no meio do inverno, hibernando na região noroeste de Tucson, Arizona. Este pássaro estava na terra, sob as folhas inferiores de uma piteira. Existem, pelo menos, dois outros registros de exemplares desta espécie, que foram encontrados num estado de hibernação. Um estava meio enterrado sob um galho de pinheiro e o outro estava num pequeno regato lodoso.

Os beija-flores são membros de uma família do Novo Mundo e têm uma distribuição principalmente tropical e subtropical. Eles têm um batimento de asas muito rápido e um pequeno corpo, que, num animal de sangue quente, significa um metabolismo alto. Nas regiões equatorial e subequatorial, em que a temperatura ambiental é alta, o problema da perda de calor é pequeno. Entretanto, algumas espécies ocorrem em regiões temperadas da América do Norte, e, na América do Sul, algumas espécies ocorrem nas regiões elevadas dos Andes. Estes pássaros podem reduzir sua temperatura do corpo, quando as noites são frias, e entrar em hibernação noturna, o que reduz muito o gasto de energia, impedindo que eles morram de fome durante o jejum noturno. Existe uma espécie de beija-flor, *Oreotrochilus estella*, no Altiplano do Peru, um planalto nos Andes, em que a maior parte das elevações ultrapassam 3.750 m. Para evitar as temperaturas

Figura 12.2. Curiango *(Phalaenoptilus nuttallii)* em hibernação, numa cripta numa face de uma rocha de granito. Chuckawalla Mountains, Riverside County, Califórnia (Fotografia de Kenneth Middleham. De Jaeger, E.C.: Condor *51*:106, 1949.)

muito baixas durante a noite, este pássaro dorme em tocas onde as temperaturas são mais altas e constantes. A dormência num meio com temperaturas muito baixas seria fatal para um pássaro pequeno. Esta dormência noturna parece ser controlada fotoperiodicamente. Ocorre em ambos os sexos, dura mais tempo durante as noites de inverno e não se relaciona com nenhuma situação de emergência detectável.

Mamíferos

Os ursos pretos, freqüentemente, escolhem suas tocas em bases de árvores, cepos destruídos por incêndios, fendas sob grandes rochas ou montes de pedras, para passar seu período de hibernação parcial, durante o inverno. Nenhum tipo de forro para dormir é trazido para estes locais.

Por outro lado, os esquilos-do-chão, geralmente, têm tocas mais elaboradas em que passam o período de hibernação (Fig. 12.3). Os estudos detalhados sobre *Citellus columbianus* mostraram que a abertura do local de hibernação é tampado com lodo. A toca, uma câmara esférica, é revestida com vegetais secos e outros materiais em tiras e é feita uma drenagem na parte inferior desta. O lodo da drenagem é usado para bloquear a entrada do hibernáculo.

Foi descrito que a marmota *(Marmota monax)* abandona os prados no outono para dirigir-se para tocas ou outros locais, como fileiras de cerca-viva, árvores ou rochas com declive que permita uma exposição para o sul. Foram observados alguns indivíduos, hibernando em montes de feno, em vez de tocas.

O camundongo do campo *(Zapus hudsonius)* parece mostrar uma preferência para situações elevadas em que passa o inverno. Foram encontrados hibernáculos do

Figura 12.3. Um esquilo-do-chão *(Citellus columbianus)* no fim da primavera.

tamanho de uma bola de beisebol aproximadamente, com a forma de ninhos redondos, em outeiros e, em muitos casos, em montes de madeira de freixo. A escolha destes locais parece reduzir o perigo de inundações.

Foram encontrados roedores da espécie *Tamias striatus* enrolados em ninhos de folhas em tocas subterrâneas ou sob seixos, quando estavam hibernando. Algumas vezes, pode-se encontrar um armazenamento de alimento nas suas proximidades. Como estes animais não se tornam acentuadamente gordos durante o outono e também não armazenam alimento nesta estação, é possível que, apesar deles hibernarem em certas regiões, durante o inverno, eles também se alimentem durante os períodos de vigília.

Existem relativamente poucas informações sobre os aspectos da hibernação de roedores do gênero *Eutamias*, ainda que alguns ninhos tenham sido encontrados ocupados. Os hibernáculos das espécies arborícolas, que têm sido encontrados, geralmente são bolas de vegetais secos, folhas, musgos ou líquens, situados em buracos nos troncos. Os animais, que hibernavam, estavam enrolados nos centros destes materiais de ninhos.

Muito se aprendeu nos últimos anos a respeito da hibernação de certas espécies de morcegos da América do Norte. Na região leste do continente, a maioria das colônias dos morcegos se agrega em cavernas ou túneis durante o inverno, ainda que as necessidades de umidade e temperatura pareçam variar com a espécie. *Eptesicus fuscus* é mais tolerante ao frio e à seca. Nas cavernas ou túneis de hibernação, estes morcegos freqüentemente são encontrados agrupados em fendas próximas à entrada das cavernas onde existe um movimento considerável de ar. A temperatura do ar, perto dos morcegos que estavam hibernando, foi registrada e encontraram-se valores de até −5°C.

O morcego *Myotis subulatus* é quase tão tolerante ao frio e à seca quanto *Eptesicus fuscus*, enquanto o morcego *Myotis keenii* mostra preferência por fendas protegidas em que haja frio e umidade. Os morcegos *Myotis lucifugus* e *Pipistrellus subflavus* escolhem situações que sejam relativamente quentes, úmidas e sem vento. A maioria das cavernas e túneis mostra um aumento da temperatura e umidade, quando se passa da entrada para dentro. Conseqüentemente, isto regula, com freqüência, as posições relativas das diferentes espécies de morcegos, que estão hibernando. O fato de que os morcegos se possam mover periodicamente nas diversas regiões de uma mesma caverna, ou para outras cavernas, durante o inverno, pode ser o resultado de alterações da temperatura e umidade.

Com exceção do morcego *Plecotus townsendii* (Fig. 12.4), pouco se sabe sobre os locais de hibernação das colônias de morcegos no oeste da América do Norte. Indivíduos esparsos ou mesmo pequenos grupos da maioria das espécies têm sido encontrados em cavernas, túneis de minas, fendas de rochas, porões e embaixo de tábuas ou outros objetos pendurados em construções abandonadas. Em todas estas situações, a temperatura geralmente é baixa, mas acima do ponto de congelação, e a atmosfera não é muito seca. Situações quentes e secas como estas são freqüentemente escolhidas, visto que os poleiros do verão raramente são ocupados. Foram encontrados morcegos hibernando em grupos de até 201 indivíduos numa única caverna, na Califórnia. A temperatura das cavernas ocupadas por estas espécies varia de −2,5 a 12,7°C, segundo se tem observado. Os indivíduos desta espécie, às vezes, estão pendurados sozinhos, mas, mais freqüentemente, são encontrados em grupos, pendurando-se pelos pés, nos tetos ou paredes. As grandes orelhas, geralmente, estão enroladas, quando estes animais estão pendurados sozinhos, apesar delas estarem eretas, quando estão em grupos.

Não foi encontrado nenhum grande grupo de morcegos como este na costa do Pacífico. Das evidências que temos até hoje, parece provável que, depois do verão, no outono, as colônias se desfazem nesta região e os membros movem-se sozinhos ou em pequenos grupos para situações esparsas, em que o inverno é passado.

Figura 12.4. Um grupo de morcegos (*Plecotus townsendii*) na caverna Jewel, Dacota do Sul. O termômetro indica uma temperatua de cerda de 2°C (Fotografia, cortesia de Charles E. Mohr).

Ectotérmicos

Alguns ectotérmicos terrestres parecem ser consideravelmente mais tolerantes a temperaturas baixas do que outros, apesar disto ser, numa análise cuidadosa, em grande parte, o resultado da capacidade de tal organismo para controlar seu meio. Algumas salamandras permanecem ativas, quando a temperatura se aproxima do ponto de congelação. Entretanto, estas espécies, geralmente, habitam locais em que há substâncias orgânicas em decomposição, que teriam uma influência moderadora na temperatura ambiental e também abrigariam insetos como alimento. Alguns lacertílios de montanhas altas, que são capazes de se mover a temperaturas acentuadamente baixas, podem aparecer no começo da manhã, quando a temperatura ainda está abaixo do ponto de congelação. Orientando-se adequadamente em relação ao sol, e, deste modo, tendo a vantagem da radiação solar e também do calor refletido do substrato, eles podem elevar sua temperatura do corpo rapidamente a muitos graus acima da temperatura ambiente. Entretanto, geralmente a maioria dos ectotérmicos terrestres são inativos, quando a temperatura do meio se aproxima do ponto de congelação.

Muito ainda deve ser descoberto no que se refere às temperaturas mínimas que os animais ectotérmicos podem suportar, continuando ainda a viver. Existem muitas descrições de peixes *(Dallia pectoralis)* congelados, encontrados durante o outono, no Alasca, e mantidos a temperaturas baixas durante semanas ou meses, que mostravam sinais acentuados de vida, quando descongelados. L.M. Turner (1886) descreveu o uso da congelação destes peixes como alimento para cães pelos nativos e a vitalidade surpreendente do peixe para resistir a este tratamento. O autor deste livro manteve contato com pessoas de confiança que moraram no Alasca e atestaram a veracidade de tais descrições. Entretanto, os estudos experimentais não conseguiram comprovar a capacidade deste peixe de resistir ao congelamento, apesar de, em sua maior parte, os resultados não terem sido inteiramente conclusivos, por causa das técnicas usadas. Vários fatores importantes devem ser considerados em relação a isto. O protoplasma tem um ponto de congelação mais baixo do que a água, de modo que o envolvimento por gelo não significa necessariamente que o organismo vivo esteja congelado. O autor viu rãs *(Rana pipiens)*, que foram mantidas por vários dias num refrigerador no laboratório, sobreviverem ao envolvimento com uma camada fina de gelo. Deve-se lembrar que a atividade metabólica, ainda que seja bastante reduzida nos animais ectotérmicos, que estão hibernando, não cessa. Sabe-se que cobras não peçonhentas suportam temperaturas de $-2^{o}C$ por períodos prolongados, mas a temperatura cloacal de cobras em hibernação é mais elevada que a do ambiente. Um outro fator que deve ser considerado é, talvez, a necessidade de um condicionamento fisiológico gradual a temperaturas baixas em muitas espécies. Foi demonstrado que isto é necessário para os animais endotérmicos, que permanecem ativos durante o frio, no inverno. Os experimentos com gaivotas mostraram que as aves que saem de um meio quente e são colocadas subitamente ao ar livre, expostas a uma temperatura muito baixa, vão sofrer de congelamento das extremidades, ao passo que os animais condicionados ao frio não.

Estudos posteriores vão esclarecer, sem dúvida, o problema desconcertante, apresentado por um peixe interessante do Alasca, que foi tema de acampamentos dos pioneiros e até de conclaves científicos, durante várias gerações.

O calor do verão e a aridez podem levar muitos animais ectotérmicos terrestres a estivarem ou, pelo menos, a se tornarem quiescentes em tocas subterrâneas. Foram descobertos recentemente sapos *(Scaphiopus couchi)* no deserto de Colorado, na Califórnia, onde a temperatura chega a alcançar até $50^{o}C$ no verão, e a pluviosidade média é de 5 a 7 centímetros. Durante as épocas secas do ano, acredita-se que eles permaneçam enterrados em camadas de areia permanentemente úmidas próximas das poças potenciais. A perda de água, nos adultos, é parcialmente reduzida por sua retenção pela pele. A perda de água também é reduzida pelo desenvolvimento de concentrações osmóticas elevadas no sangue e linfa, durante a hibernação destes anfíbios.

As cascavéis podem ser bastante abundantes em certas áreas do deserto, na primavera, mas, quando chega o verão e as temperaturas sobem, cada vez menos indivíduos podem ser encontrados. Isto também é válido para muitas outras cobras e certas espécies de lacertílios. A diminuição da umidade e a escassez de alimento no verão, particularmente na região oeste da América do Norte, também estão correlacionadas com o desaparecimento de muitas salamandras da superfície terrestre. Para evitar a dessecação, assim como a fome, muitas espécies entram para dentro do solo a vários pés de profundidade ou se refugiam embaixo de pilhas de entulho ou ninhos de rato e não reaparecem, até que as chuvas de outono recomecem. Durante estes períodos de estivação, pode haver uma perda considerável de água do corpo, que parece ser reposta rapidamente em situações de emergência, num clima úmido. Observou-se uma salamandra do gênero *Ensatina* aumentar seu peso em 40% em poucas horas, como resultado da absorção de água pela pele, quando colocada num meio úmido, mas não molhado.

Existem certos vertebrados que podem ser melhor descritos como hibernadores obrigatórios. Por exemplo, os estudos sobre sapo-de-chifre *(Phrynosoma m'calli)*, um réptil do deserto do sudoeste dos Estados Unidos, mostraram que esta espécie se torna hibernante no inverno até mesmo sob temperaturas laboratoriais. No verão, dos indivíduos desta espécie não conseguem hibernar, mesmo quando a temperatura ambiente é diminuída para 15°C (Mayhew, 1965*b*). Alguns esquilos também se tornam hibernantes parciais no inverno, em temperaturas laboratoriais.

A elevação da temperatura no fim do inverno e primavera é, indubitavelmente, importante, como um estímulo para tirar muitos animais ectotérmicos da hibernação. Existem outros ectotérmicos em que as alterações de temperatura não têm nenhum efeito aparente sobre a hibernação. Os estudos de Mayhew (1963) sobre o lagarto *Sceloporus orcutti* da região oeste da América do Norte mostraram que, uma vez que estes lacertílios comecem a hibernar no outono, eles permanecem neste estado até que comece a primavera. Isto sugere que outros fatores possam desencadear a sua volta a um estado ativo.

A água também pode ter algumas relações com o aparecimento de certos anfíbios como *Scaphiopus* na primavera. Existe uma correlação direta entre o surgimento de muitas salamandras e as primerias chuvas do outono na região oeste da América do Norte. Ainda que algumas espécies possam estivar a vários centímetros da superfície, uma chuva leve, que penetre não mais de um centímetro, freqüentemente é um estímulo suficiente para que muitos indivíduos venham à superfície. Foi sugerido que a sensibilidade à umidade aumentada possa ser responsável por estes movimentos para cima, após a primeira chuva leve.

Heterotérmicos

Apesar do meio, isoladamente, não representar uma razão satisfatória para que os heterotérmicos se tornem hibernantes, não existem dúvidas de que ele aja como um fator desencadeante. Entretanto, é impossível assumir qualquer fator isoladamente como estímulo até para a mesma espécie. Sob condições externas essencialmente idênticas, alguns animais hibernam, enquanto outros da mesma espécie não. Isto foi apontado por Linsdale (1946) num estudo sobre o esquilo-do-chão da Califórnia *(Citellus beecheyi)*.

Em vista do mecanismo termorregulador pouco desenvolvido dos heterotérmicos, a temperatura baixa do meio deve ser considerada de importância crucial para o início e manutenção da hibernação. É verdade que alguns animais entram em hibernação no calor do verão, e que o frio acentuado pode matar ou despertar os hibernantes. Não obstante, os animais que estivam durante o verão, geralmente, dirigem-se para tocas ou cavernas em que a temperatura ambiente é decididamente baixa em comparação com a temperatura acima do solo. A temperatura das tocas dos animais hibernantes raramente é superior a 22°C, o que é baixo em comparação com a temperatura média do corpo dos animais heterotérmicos ativos. Além disso, foi demonstrado que os mamíferos, geralmente, morrem, se a temperatura do corpo cair abaixo de 0°C. É óbvio que, sendo a temperatura ambiental muito baixa, ocorrerá a morte, se o animal não acordar.

Acredita-se que, em hibernantes, como esquilos e outros roedores, existe um ritmo endógeno por meio do qual a seleção natural programou a fisiologia do animal e seu comportamento, para que haja coincidência com os ciclos das plantas. Este ritmo circanual pode ser diminuído ou aumentado por fatores ambientais, como temperatura, chuvas e provisão de alimento.

A hibernação foi induzida artificialmente em esquilos-do-chão em todas as épocas do ano, mas é mais difícil induzi-la na primavera e no começo do verão do que em outras estações do ano, e a mortalidade é maior. No outono, o resfriamento progressivo do solo parece ser um fator adicional na preparação dos esquilos para a hibernação.

Certos mamíferos, como jaritatacas e esquilos, são menos ativos durante períodos de frio extremo, mas parece simplesmente que eles dormem, até que o clima se torne mais favorável. Em outros grupos, como *Tamias* e *Eutamias*, existe uma variação considerável em relação à hibernação, de acordo com as espécies e localidades. Nas regiões em que o clima é temperado, estes roedores permanecem ativos durante todo o inverno Mesmo em certas regiões, em que a neve cobre o solo, pode-se observar a presença de alguns indivíduos nos dias mais quentes. Nos locais, em que a atividade não é aparente durante o inverno, pode-se observar, escavando-se o solo, alguns animais despertos, que têm provisões de alimento em suas tocas. Outros são completamente dormentes e nenhum alimento guardado foi observado nas proximidades. Os estudos sobre espécies asiáticas mostraram que elas não são hibernantes verdadeiras. Apesar delas apresentarem períodos de letargia, sua temperatura do corpo não cai para valores semelhantes da temperatura ambiental, no inverno, e estes animais freqüentemente estão despertos e ativos.

Alguns estudiosos atribuíram um maior significado à falta de alimento do que à temperatura como fator desencadeante da hibernação. É verdade que, para algumas espécies, a estivação no verão ocorre, depois do calor ter secado a maior parte do alimento, e a hibernação começa no outono ou início do inverno, quando ocorre nova escassez de alimento. Existem outras espécies, como as marmotas, que hibernam, quando o alimento ainda é abundante.

O papel do alimento como um fator que influencia a hibernação parece ser significativo apenas quando o estado do animal é levado em consideração. A gordura é um fator predisponente, e a falta de gordura suplementar no corpo tem uma ação retardadora. A maioria dos roedores e morcegos, que hibernam, apresenta um aumento acentuado do peso do corpo, em decorrência do acúmulo de gordura que ocorre no outono, período imediatamente anterior ao da hibernação, que ocorre no inverno. Esquilos-do-chão que estão ativos na fase final do outono, quando outros membros da mesma espécie já entraram em hibernação, geralmente são magros e, aparentemente, tentam adquirir um suplemento adicional de gordura, que é necessário como reserva para o sono prolongado de inverno.

Já em 1807, foi sugerida a possibilidade de que o ar confinado, isto é, o ar em que há um excesso de dióxido de carbono e deficiência de oxigênio, poderia ser um fator que induzisse a hibernação. O fato é que a grande maioria dos animais que hibernam vive em tocas subterrâneas onde existe ar confinado e, como se pode ver, a menor atividade metabólica dos animais em hibernações reduz acentuadamente o consumo de oxigênio.

A escuridão, geralmente, é associada ao meio de animais dormentes, mas isto provavelmente tem poucos efeitos na sua fisiologia e resulta meramente da seleção de refúgios seguros durante estes períodos vulneráveis. Os experimentos com esquilos-do-chão, que estão hibernando, mostraram que eles não despertam, se a iluminação for aumentada. Certos morcegos insetívoros em cativeiro se tornam tórpidos durante o dia num meio frio e sem perturbações, a despeito da luz, apesar deles tentarem selecionar a parte mais escura do viveiro. O barulho e outras perturbações tendem a despertar os animais em hibernação, mas isto raramente ocorre na natureza, visto que a maioria dos animais seleciona situações em que eles provavelmente não são perturbados por tais fatores ambientais, enquanto hibernam.

FATORES FISIOLÓGICOS ASSOCIADOS À HIBERNAÇÃO

Temperatura

A alteração fisiológica mais óbvia na hibernação ,completa dos animais endotérmicos é a redução da temperatura do corpo para valores essencialmente idênticos aos do meio. Em outras palavras, eles se comportam como ectotérmicos. Isto é válido não apenas para os morcegos insetívoros e roedores, mas também para duas espécies de aves que hibernam completamente, os curiangos *Phalaenoptilus nuttallii* e uma espécie de *Chordeiles*. Além disso, quase todos os vertebrados de sangue quente, que hibernam completamente, apresentam uma variação diária considerável da temperatura do corpo, fora dos períodos de hibernação.

A inadequação do mecanismo termorregulador é mais marcada em certos morcegos microquirópteros nos quais a temperatura diária, quando sem atividade, se aproxima da temperatura ambiental. Tanto quanto se sabe, a "diurnação" não ocorre em outros mamíferos, apesar da temperatura do corpo de esquilos ativos variar de 35 a 39°C num quarto quente e de 31 a 36°C, quando expostos ao frio. Os extremos registrados em marmotas ativas são 34,9°C e 40°C. As flutuações da temperatura do corpo destes animais são produzidas não apenas por alterações na temperatura à sua volta, mas também pela atividade.

Entre as aves, a "diurnação" foi observada em certas espécies de beija-flores. Pearson (1950) mostrou que tanto *Calypte anna* como *Selasphorus sasin* apresentam uma redução acentuada da temperatura do corpo e do metabolismo à noite (Fig. 12.5). Quando em cativeiro, a recuperação do torpor noturno ocorre antes do início do dia. Carpenter (1974) encontrou que a temperatura do corpo em beija-flores, da espécie *Oreotrochilus estella,* que apresentam torpor noturno, em cavernas, em altas elevações, pode baixar até 6,5°C. Marshall (1955) mostrou que curiangos em inatividade podem apresentar temperaturas de 37,5°C, mas, após cinco minutos de vôo, ela se eleva para 40,5°C.

A intensidade com que a temperatura se reduz correlaciona-se com o grau de torpor. Os morcegos em hibernação profunda apresentam temperaturas do corpo que variam de 2 a 10°C, enquanto as temperaturas do corpo variam de 10 a 28°C, quando o torpor é menos acentuado.

A velocidade com que a temperatura do corpo dos animais cai, enquanto eles estão hibernando, é muito menor do que a velocidade de elevação, quando eles estão acordando. Os morcegos, colocados num meio frio, podem necessitar de algumas horas antes deles se tornarem tórpidos e de sua temperatura do corpo se aproximar da temperatura ambiental. Entretanto, eles despertam e elevam sua temperatura do corpo até o ponto em que eles possam voar, em questão de minutos. A temperatura do corpo dos esquilos, segundo observações, cai 0,07°C por minuto, durante o ínico da hibernação. Entretanto, ela se eleva numa velocidade de quatro a cinco vezes maior, quando eles estão acordando.

Figura 12.5. Beija-flores têm um metabolismo elevado durante os períodos de atividade, mas, à noite, ele se reduz com tal intensidade em algumas espécies, que elas se tornam tórpidas. Fotografia de uma fêmea alimentando seus filhotes *(Selasphorus sasin)*.

Durante o processo de resfriamento em esquilos-do-chão, a queda da temperatura do corpo é menor no início do que durante as fases finais de hibernação. Por outro lado durante o despertar, a elevação da temperatura do corpo, freqüência cardíaca e freqüência respiratória inicia-se lentamente e aumenta após 40 a 60 minutos, seja num meio frio ou moderadamente quente, seja o processo de despertar iniciado espontaneamente ou por estímulos externos. Em temperaturas ambientais elevadas, a temperatura do corpo se eleva mais rapidamente do que a freqüência cardíaca. Além disso, os animais grandes se aquecem mais lentamente do que os animais pequenos.

Apesar de se dizer geralmente que a temperatura do corpo de animais heterotérmicos em hibernação completa ser aproximadamente igual à do ambiente, o fato é que, em geral, ela é um pouco mais elevada. Em esquilos-do-chão, geralmente, ela situa-se entre 1 a 3°C acima da temperatura ambiental. A temperatura do corpo de morcegos situa-se 0,5°C acima de uma temperatura ambiental de 1,3°C e 2°C acima de uma temperatura ambiental de 35,5°C.

Metabolismo

A termorregulação inadequada dos heterotérmicos implica uma deficiência na capacidade de regular o metabolismo, de modo a manter uma temperatura do corpo constante. Por esta razão, em temperaturas externas reduzidas, estes animais são incapazes de acelerar ou manter a velocidade de seu metabolismo num nível suficiente para compensar a perda de calor. Esta redução do metabolismo reflete-se na redução do consumo de oxigênio.

Em morcegos hibernantes, encontrou-se que a exalação de dióxido de carbono e o consumo de oxigênio são pouco mais de 1% das quantidades registradas, quando os animais estão ativos. Os experimentos realizados com morcegos sujeitos a uma redução da temperatura ambiental de 41,5 para 2,0ºC, mostraram que a maior redução no consumo de oxigênio ocorreu entre 20 e 10ºC. Entretanto, à medida que a temperatura se aproxima do ponto de congelação, o metabolismo se acelera. Deste modo, o consumo de oxigênio dos morcegos, que estão hibernando, a 0,5ºC, é quatro vezes maior do que a 2,0ºC.

Os animais heterotérmicos gastam uma quantidade comparativamente grande de energia, durante o processo de despertar da hibernação. Foi demonstrado que os esquilos do-chão gastam 70 por cento de energia a mais num mesmo período de tempo, durante o processo de despertar da hibernação do que quando eles acordam. A rápida elevação da temperatura dos morcegos, que estão acordando, geralmente tem sido atribuída a contrações do coração e músculos torácicos e movimentos de tremores.

O quociente respiratório (CO_2/O_2) dos mamíferos em hibernação é muito baixo, apesar de alguns pesquisadores terem sido contra o uso dos valores obtidos como índice preciso da atividade metabólica por causa da maior solubilidade do dióxido de carbono no sangue a baixas temperaturas. Entretanto, os experimentos conduzidos de modo a permitir que os gases sangüíneos alcancem o equilíbrio mostraram que os quocientes baixos não são resultantes da maior solubilidade, porque é impossível que o sangue retenha quantidades suficientes de dióxido de carbono que respondam por estes quocientes. Como a maior solubilidade do sangue não é suficiente para compensar a quantidade extra prevista de dióxido de carbono, a quantidade reduzida deste último deve ser devida à uma diminuição real na produção. Um quociente respiratório baixo sugere uma oxidação parcial, provavelmente de gorduras, porque elas contêm menos oxigênio que os carboidratos.

A redução da troca de gases respiratórios em mamíferos, que estão hibernando, é feita por movimentos respiratórios mais lentos e irregulares. Foram observados esquilos-do-chão hibernando, que apresentavam uma freqüência respiratória de 30 a 83 vezes por hora. Esta última freqüência foi registrada em *Citellus lateralis* em cativeiro (Fig. 12.6), com uma temperatura ambiente de 4ºC, enquanto o animal apresentava uma temperatura retal de 5,2ºC. Neste caso, a respiração era irregular. Por outro lado, *Eutamias speciosus*, com uma temperatura retal de 4,8ºC, estando a temperatura ambiental por volta de 4ºC, respirava regularmente numa freqüência de 138 vezes por hora. Foram registrados períodos de apnéia de até 4 minutos em morcegos, que estavam hibernando. Entretanto, o centro respiratório permanecia suficientemente sensível para controlar os movimentos respiratórios para manter a concentração sangüínea de dióxido de carbono dentro dos limites necessários para a vida. Em animais em hibernação, a maior solubilidade do sangue por oxigênio a baixas temperaturas e o menor metabolismo reduzem a necessidade inspiratória deste gás. Isto é reduzido em tal grau que uma capacidade notável para resistir à privação de oxigênio ou à exposição a gases nocivos foi observada. Foi registrado o fato de morcegos em hibernação terem sido despertados e terem usado todo o oxigênio de uma câmara fechada sem se asfixiar, apesar de que indivíduos ativos se asfixiavam numa atmosfera com um conteúdo reduzido de oxigênio. Do mesmo modo, foi demonstrado que alguns mamíferos em hibernação podem sobreviver em atmosferas com dióxido de carbono apenas ou com nitrogênio puro, por curtos períodos de tempo. Parece que, em tais circunstâncias, existe uma quantidade suficiente de oxigênio dissolvido no sangue dos animais para que eles sobrevivam.

Na maioria dos mamíferos, que se tornam tórpidos periodicamente, existe um acúmulo de gordura durante o outono, principalmente sob a pele, nos mesentérios,

Figura 12.6. Fotografia de um esquilo-do-chão (*Citellus lateralis*) hibernando em cativeiro. Observe como a cabeça se coloca sob o corpo e a pata se coloca sobre a cabeça. Quando esta fotografia foi feita, a temperatura ambiental era de 0ºC e a temperatura do corpo do animal, 2.ºC. A temperatura do corpo destes esquilos-do-chão, quando ativos, é aproximadamente de 37ºC (Cortesia de Dr. E. T. Pengelley.)

mesovário e mesórquio. Esta gordura fornece uma fonte de energia para o corpo, durante seu longo período de quiescência. A quantidade de gordura acumulada e a época exata, são aparentemente dependentes do grau de hibernação e da época em que esta se inicia. Nos esquilos-do-chão da espécie *Citellus lateralis* de Serra Nevada, na Califórnia, existe um aumento da gordura total do corpo da ordem de três vezes, de agosto até setembro, um aumento da gordura total do corpo da ordem de três vezes, de agosto até setembro, antes do início da hibernação. *Eutamias speciosus* e *Eutamias amoenus*, que habitam a mesma região, não apresentam nenhum aumento da gordura do corpo até outubro; este aumento é proporcionalmente menos em relação ao peso básico do corpo do que nos esquilos-do-chão. *Eutamias* começa a hibernar mais tarde do que os esquilos-do-chão e também armazena alimento para o inverno. Acredita-se que elas acordem freqüentemente e consumam o alimento armazenado e, deste modo, não necessitem tanto de acumular gordura durante o outono.

Foi calculado que os esquilos-do-chão possam perder 30 a 45% de seu peso, durante os 5 meses de hibernação. A perda de peso das marmotas, durante os 4 a 5 meses de hibernação, é estimada em um terço ou metade do peso que elas têm no outono.

Foi observado que morcegos perdem aproximadamente 25% de seu peso, durante os 4 meses de hibernação. Nestes animais, os níveis de glicemia são consideravelmente mais baixos durante a hibernação do que quando eles estão despertos. Além disso, ainda que seja provável que a gordura seja convertida em glicose, existem poucas evidências de que esta seja armazenada como glicogênio. Os estudos recentes sobre esquilos-do-chão em hibernação da região ártica mostraram que, com exceção do músculo cardíaco, a maioria dos tecidos do corpo é caracterizada por uma diminuição do conteúdo de glicogênio.

O fato da hipoglicemia ser uma ocorrência comum na maioria dos mamíferos, durante a hibernação, levou alguns autores a sugerir que a diminuição dos níveis de glicemia desempenhasse um papel importante para o início e manutenção da hibernação. Entretanto, isto parece duvidoso em vista do fato de injeções de glicose em esquilos hibernantes não terem apresentado nenhum efeito diferente do que o produzido pela administração de solução salina normal.

O hamster, que foi objeto de experimentação considerável, é peculiar em relação aos roedores que hibernam, estudados no que se refere ao fato dele exibir um aumento, em vez de diminuição, dos níveis de glicemia, durante seus curtos períodos de hibernação. Diferentemente dos roedores, que acumulam um suprimento adicional de gordura, durante o outono, para abastecê-los durante o longo período de hibernação no inverno, o hamster renova suas fontes de energia em intervalos de poucos dias, despertando e alimentando-se dos alimentos armazenados. De fato, se os hamsters, que estão hibernando, forem privados de alimento durante os pequenos intervalos em que estão despertos, eles morrem.

Sistema Circulatório

O mesmo gasto de energia durante a hibernação é acompanhado por uma diminuição da freqüência cardíaca e, portanto, a circulação sangüínea. Foi observado que o pulso das marmotas se reduz de 90 batimentos por minuto, quando despertas, numa temperatura ambiente de 19°C, para 10 a 12 batimentos por minuto, quando em hibernação. O pulso de um esquilo-do-chão bastante ativo, que foi registrado, foi de 506 batimentos por minuto, em contraposição a 5,5 batimentos por minutos, quando em hibernação.

Parece que o coração dos mamíferos, que hibernam, tem uma capacidade notável de manter seu batimento. Após a decapitação, o coração de uma marmota em hibernação continuou a bater durante 3 horas, segundo observações, e, em esquilos-do-chão, o coração continuou a bater após uma hora depois da respiração ter cessado.

Apesar da diminuição da circulação em animais heterotérmicos em hibernação, não ocorre a cessação completa do fluxo vascular periférico. Para impedir a coagulação do fluxo sangüíneo mais lento, existe uma diminuição considerável do conteúdo de protrombina do sangue, o que, naturalmente, prolonga o tempo de coagulação.

Ocorrem várias outras alterações acentuadas no sangue de mamíferos, que estão hibernando. Existe uma diminuição do conteúdo plasmático e uma concentração de eritrócitos. Foram encontradas contagens de eritrócitos de 12.000.000 por cm^3 em esquilos-do-chão, que estavam hibernando, em contraposição a contagens de 6.700.000 em indivíduos ativos. Acredita-se que este fator seja o responsável pela maior capacidade de transporte de oxigênio durante a hibernação. Parece também que a vida média dos eritrócitos se prolonga. Muitos deles são armazenados no baço, em tais épocas; este órgão torna-se maior, em virtude dos eritrócitos, durante a hibernação.

A redução das atividades fisiológicas dos heterotérmicos durante a hibernação também se reflete na redução do número de leucócitos circulantes. Aparentemente, existe uma necessidade mínima destas células, durante estes períodos.

Os estudos recentes, feitos por Dawe e Spurrier (1969), com esquilos-do-chão *(Citellus tridecemlineatus)*, mostraram que, transfundindo-se sangue de animais hibernantes para indivíduos que não estavam hibernando na primavera e no verão, os últimos começavam a hibernar numa câmara escura, silenciosa e mantida a 7°C. Isto sugere que o fator "desencadeante" para a hibernação possa ser transportado pelo sangue.

Sistemas Nervoso e Endócrino

Em virtude da importância funcional do sistema endócrino na regulação do meio interno e da atividade metabólica, foram feitas várias tentativas para se relacionar a hibernação com certas alterações observadas, em particular, das glândulas endócrinas. Entretanto, como foi observado, estas alterações parecem ser resultantes da diminuição das atividades do corpo e não representariam uma causa. Foi sugerido que a hipofunção da tireóide fosse um fator causal de dormência, ainda que a tiroxina administrada por via oral ou intraperitoneal em esquilos-do-chão não iniba a hibernação. Parece que a atividade gonadal inibe a dormência durante a fase de reprodução, enquanto a castração não o faz. Entretanto, isto não parece ser significante, quando se considera que a estivação e a hibernação normalmente ocorrem durante as estações do ano em que a atividade gonadal, cessa, e que existem muitos animais que nunca se tornam dormentes em tais ocasiões. Alguns morcegos insetívoros copulam ocasionalmente durante os períodos breves em que estão despertos, no inverno, mas a espermatogênese ocorre antes da hibernação e a ovulação ocorre, em geral, depois da mesma.

É possível que a hipófise tenha alguma importância na hibernação. Foi observada uma redução acentuada do número de células cianófilas, com uma redução do tamanho do lobo anterior em marmotas que estavam hibernando. As injeções de extrato de hipófise anterior mostraram-se capazes de despertar marmotas, que estavam hibernando, e de inibir a hibernação em esquilos-do-chão. Por esta razão, parece que a hipofunção da hipófise se correlaciona com o torpor em animais heterotérmicos. Entretanto, o fato de que animais em hibernação possam despertar e reassumir suas atividades num curto período de tempo indica que não ocorre nenhuma alteração profunda em qualquer uma das glândulas endócrinas, ainda que sua capacidade funcional possa estar bastante reduzida, durante os períodos de dormência.

Foi demonstrado que extratos de tecido cerebral subcortical de esquilos-do-chão em hibernação provocam uma diminuição média do consumo de oxigênio, da ordem de 35%, e uma diminuição da temperatura do corpo, da ordem de 5°C, quando injetados por via intravenosa em ratos. Este efeito dura de 75 minutos a 3 horas e sugere que o extrato ativo, chamado antabolona, produzido no tecido cerebral subcortical suprima diretamente tanto o metabolismo quanto a resposta termorreguladora.

As modificações fisiológicas que envolvem o sistema nervoso de animais heterotérmicos em hibernação, descobertas deste modo, parecem indicar uma predominância dos reflexos espinais e da atividade parassimpática, com os efeitos subseqüentes de perda da capacidade de realização de movimentos coordenados e redução da ação cardíaca e respiratória.

REFERÊNCIAS BIBLIOGRÁFICAS

Adolph, E. F., and Lawrow, J. W. 1951. Acclimatization to cold air: Hypothermia and heat production in the golden hamster. Am. J. Physiol. *166:*62–74.

Alcorn, J. R. 1940. Life history notes on the Piute ground squirrel. J. Mamm. *21:*160–170.

Bailey, R. M. 1949. Temperature toleration of garter snakes in hibernation. Ecology *30:* 238–242.

Baldwin, F. M., and Johnson, K. L. 1941. Effects of hibernation on the rate of oxygen consumption in the thirteen-lined ground squirrel. J. Mamm. *22:*180–182.

Bartholomew, G. A., and Cade, T. J. 1957. Temperature regulation, hibernation, and aestivation in the little pocket mouse, *Perognathus longimembris*. J. Mamm. *38:*60–72.

Bartholomew, G. A., and Hudson, J. W. 1960. Aestivation in the Mohave ground squirrel *Citellus mohavensis*. Bull. Mus. Comp. Zool. *124:*193–208.

Bartholomew, G. A., and Hudson, J. W. 1962. Hibernation, estivation, temperature regulation, evaporative water loss, and heart rate of the pigmy possum, *Cercaertus nanus*. Physiol. Zool. *35:*94–107.

Benson, S. B. 1947. Comments on migration and hibernation in *Tadarida mexicana*. J. Mamm. *28:*407–408.

Bogert, C. M. 1949. Thermoregulation in reptiles, a factor in evolution. Evolution *3:*195–211.

Bohnsack, K. K. 1951. Temperature data on the terrestrial hibernation of the green frog, *Rana clamitans.* Copeia *1951:*236–239.

Burbank, R. C., and Young, J. Z. 1934. Temperature changes and winter sleep of bats. J. Physiol. *82:*459–467.

Carpenter, C. C. 1953. A study of hibernacula and hibernating associations of snakes and amphibians in Michigan. Ecology *34:*74–80.

Carpenter, F. L. 1974. Torpor in an Andean hummingbird: Its ecological significance. Science *183:*545–547.

Chute, R. M. 1964. Hibernation and parasitism: Recent developments and some theoretical considerations. Ann. Acad. Sci. Fennicae, Ser. A, IV, Biologica, *71*(7):115–122.

Criddle, S. 1937. Snakes from an ant hill. Copeia *1937:*142.

Dawe, A. R., and Spurrier, W. A. 1969. Hibernation induced in ground squirrels by blood transfusion. Science *163:*298–299.

Dodgen, C. L., and Blood, F. R. 1953. Blood sugar and energy relationships in the bat during hibernation. Federation of Am. Soc. Exper. Biol., Fed. Proc. *104:*34.

Eadie, W. R. 1949. Hibernating meadow jumping mouse. J. Mamm. *30:*307–308.

Eisentraut, M. 1933. Winterstarre, Winterschlaf und Winterruhe. Mitt. Zool. Mus. Berlin *19:*48–63.

Evans, C. P. 1938. Observations on hibernating bats with especial reference to reproduction and splenic adaptation. Am. Naturalist *72:*480–484.

Feist, D. D., and Quay, W. B. 1969. Effects of cold acclimation and arousal from hibernation on brown fat lipid and protein in the golden hamster *(Mesocricetus auratus).* Comp. Biochem. Physiol. *31:*111–119.

Folk, G. E., Jr. 1940. Shift of population among hibernating bats. J. Mamm. *21:*306–315.

Folk, G. E., Jr., Larson, A., and Folk, M. A. 1976. Physiology of hibernating bears. *In* Pelton, M. R., Lentfer, J. W., and Folk, G. E., Jr., Eds. Bears—Their Biology and Management. UCN New Ser. Publ. 40, Internat. Union Conser. Nat. Resources, Morges, Switzerland, pp. 373–380.

French, A. R., 1977. Circannual rhythmicity and entrainment of surface activity in the hibernator, *Perognathus longimembris.* J. Mamm. *58:*37–43.

Gorer, P. A. 1930. The physiology of hibernation. Biol. Revs. Cambridge Philos. Soc. *5:* 213–230.

Hamilton, W. J., Jr. 1934. The life history of the rufescent woodchuck, *Marmota monax rufescens* Howell. Ann. Carnegie Mus. *23:*85–178.

Hendrickson, J. R. 1954. Ecology and systematics of salamanders of the genus *Batrachoseps.* Univ. Calif. Publ. Zool. *54:*1–46.

Hitchcock, H. B. 1949. Hibernation of bats in southeastern Ontario and adjacent Quebec. Canadian Field-Naturalist *63:*47–59.

Hock, R. J. 1951. The metabolic rates and body temperatures of bats. Biol. Bull. *101:* 289–299.

Howell, A. H. 1929. Revision of the American Chipmunks (Genera *Tamias and Eutamias*). U.S. Dept. Agric., Bur. Biol. Surv., North American Fauna, 52.

Howell, T. R. 1961. An early reference to torpidity in a tropical swift. Condor *63:*505.

Hudson, J. W. 1962. The role of water in the biology of the antelope ground squirrel *Citellus leucurus.* Univ. Calif. Publ. Zool. *64:*1–56.

Hudson, J. W. 1964. Temperature regulation in the round-tailed ground squirrel, *Citellus tereticaudus.* Ann. Acad. Sci. Fennicae, Ser. A, IV, Biologica, *71*(15):219–233.

Hudson, J. W. 1965. Temperature regulation and torpidity in the pigmy mouse, *Baiomys taylori.* Physiol. Zool. *38:*243–254.

Hudson, J. W. 1973. Torpidity in mammals. *In* Whittow, G. C., Ed. Comparative Physiology of Thermoregulation. Vol. 3. Special Aspects of Thermoregulation. New York, Academic Press.

Irving, L. 1960. Birds of Anaktuvuk Pass, Kobuk, and Old Crow: A study in arctic adaptation. U.S. Nat. Mus. Bull. 217.

Irving, L., Krog, H., and Monson, M. 1955. The metabolism of some Alaskan animals in winter and summer. Physiol. Zool. *28:*173–185.

Irving, L., Schmidt-Nielsen, K., and Abrahamsen, D. N. 1957. On the melting points of animal fats in cold climates. Physiol. Zool. *30:*93–105.

Jaeger, E. C. 1949. Further observations on the hibernation of the poor-will. Condor *51:*105–109.

Jaeger, R. 1974. Die unterschiedliche Dauer von Schlaf- und Wachphasen während einer Winterschlaf-periode des Burunduk, *Tamias (Eutamias) sibericus* Laxmann, 1796. Z. Säugetierkunde *39:*10–15.

Jameson, E. W., Jr. 1964. Patterns of hibernation of captive *Citellus lateralis* and *Eutamias speciosus*. J. Mamm. *45:*455–460.

Jameson, E. W., Jr., and Mead, R. A. 1964. Seasonal changes in body fat, water and basic weight in *Citellus lateralis, Eutamias speciosus* and *E. amoenus*. J. Mamm. *45:*359–365.

Johnson, G. E. 1931. Hibernation in mammals. Quart. Rev. Biol. *6:*439–461.

Kayser, C. 1961. The Physiology of Natural Hibernation. South Bridge, Edinburgh, Scotland, James Thin.

Kayser, C. 1965. Hibernation. *In* Mayer, W., and Van Gelder, R., Eds. Physiological Mammalogy. Vol. 2. Mammalian Reactions to Stressful Environments. New York, Academic Press, pp. 179–296.

Lachner, E. A. 1942. An aggregation of snakes and salamanders during hibernation. Copeia *142:*262–263.

Lasiewski, R. C. 1963. Oxygen consumption of torpid, resting, active, and flying hummingbirds. Physiol. Zool. *36:*122–140.

Linsdale, J. M. 1946. The California Ground Squirrel: A Record of Observations Made on the Hastings Natural History Reservation. Berkeley, University of California Press.

Lyman, C. P. 1948. The oxygen consumption and temperature regulation of hibernating hamsters. J. Exper. Zool. *109:*55–78.

Lyman, C. P. 1951. Effect of increased CO_2 on respiration and heart rate of hibernating hamsters and ground squirrels. Am. J. Physiol. *167:*638–643.

Lyman, C. P., and Chatfield, P. C. 1950. Mechanisms of arousal in the hibernating hamster. J. Exper. Zool. *114:*491–516.

Lyman, C. P., and Chatfield, P. C. 1953. Changes in blood sugar and tissue glycogen in the hamster during arousal from hibernation. J. Cell. and Comp. Physiol. *41:*471–491.

Lyman, C. P., and Dawe, A. R., Eds. 1960. Mammalian Hibernation. (Symposium.) Bull. Mus. Comp. Zool. *124:*1–549.

Lyman, R. A., Jr. 1943. The blood sugar concentration in active and hibernating ground squirrels. J. Mamm. *24:*467–474.

Mann, F. C. 1916. The ductless glands and hibernation. Am. J. Physiol. *41:*173–188.

Mann, F. C., and Drips, D. 1917. The spleen during hibernation. J. Exper. Zool. *23:* 277–285.

Marshall, J. T., Jr. 1955. Hibernation in captive goatsuckers. Condor *57:*129–134.

Mayhew, W. W. 1963. Temperature preferences of *Sceloporus orcutti*. Herpetologica *18:*217–233.

Mayhew, W. W. 1965*a*. Adaptations of the amphibian, *Scaphiopus couchi*, to desert conditions. Am. Mid. Nat. *74:*95–109.

Mayhew, W. W. 1965*b*. Hibernation in the horned lizard, *Phrynosoma m'calli*. Comp. Biochem. Physiol. *16:*103–119.

McClanahan, L. 1964. Osmotic tolerance of the muscles of two desert-inhabiting toads, *Bufo cognatus* and *Scaphiopus couchi*. Comp. Biochem. Physiol. *12:*501–508.

Neill, W. T. 1950. An estivating bowfin. Copeia *1950:*240.

Noble, G. K. 1931. The Biology of the Amphibia. New York, McGraw-Hill Book Co.

Orr, R. T. 1954. Natural history of the pallid bat, *Antrozous pallidus* (Le Conte). Proc. Calif. Acad. Sci. (4) *28:*165–246.

Pearson, O. P. 1950. The metabolism of hummingbirds. Condor *52:*145–152.

Pearson, O. P. 1953. Use of caves by hummingbirds and other species at high altitudes in Peru. Condor *55:*17–20.

Pearson, O. P. 1960. Torpidity in birds. Bull. Mus. Comp. Zool. Harvard *124:*93–103.

Pearson, O. P., Koford, M. R., and Pearson, A. K. 1952. Reproduction of the lump-nosed bat (*Corynorhinus rafinesquei*) in California. J. Mamm. *33:*273–320.

Pengelley, E. T., and Fisher, K. C. 1961. Rhythmical arousal from hibernation in the golden-mantled ground squirrel, *Citellus lateralis tescorum*. Can. J. Zool. *39:*105–120.

Rasmussen, A. T. 1915. The oxygen and carbon dioxide content of the blood during hibernation in the woodchuck *(Marmota monax)*. Am. J. Physiol. *39:*20–30.

Rasmussen, A. T. 1916*a*. Theories of hibernation. Am. Nat. *50:*609–625.

Rasmussen, A. T. 1916*b*. A further study of the blood gases during hibernation in the woodchuck *(Marmota monax)*. The respiratory capacity of the blood. Am. J. Physiol. *41:* 162–172.

Rasmussen, A. T. 1916*c*. The corpuscles, hemoglobin content, and specific gravity of the blood during hibernation in the woodchuck *(Marmota monax)*. Am. J. Physiol. *41:* 464–482.

Rasmussen, A. T. 1918. Cyclic changes in the interstitial cells of the ovary and testis in the woodchuck *(Marmota monax)*. Endocrinol. *2:*353–404.

Rasmussen, A. T. 1921. The hypophysis cerebri of the woodchuck *(Marmota monax)* with special reference to hibernation and inanition. Endocrinol. *5:*33–66.

Reeder, W. G. 1949. Hibernating temperature of the bat *Myotis californicus pallidus*. J. Mamm. *30:*51–53.

Reeder, W. G., and Cowles, R. B. 1951. Aspects of thermoregulation in bats. J. Mamm. *32:*389.

Scholander, P. F., Flagg, W., Hock, R. J., and Irving, L. 1953. Studies on the physiology of frozen plants and animals in the Arctic. J. Cell. Comp. Physiol. *42* (Suppl. 1):1–56.

Schwartz, C. W. 1951. A new record of *Zapus hudsonius* in Missouri and notes on its hibernation. J. Mamm. *32:*227–228.

Shaw, W. T. 1925*a*. Duration of the aestivation and hibernation of the Columbian ground squirrel (*Citellus columbianus*) and sex relation of the same. Ecology *6:*75–81.

Shaw, W. T. 1925*b*. Observations on the hibernation of ground squirrels. J. Agric. Research *31:*761–769.

South, F. E., et al., Eds. 1972. Hibernation and Hypothermia, Perspectives and Challenges. New York, Elsevier Publ. Co.

Stebbins, R. C. 1954. Natural history of the salamanders of the plethodontid genus *Ensatina*. Univ. Calif. Publ. Zool. *54:*47–124.

Svihla, A. 1951. Relation of Water to Dormancy in Mammals. Proc. Second Alaskan Science Conference, McKinley Nat. Park, Alaska, Sept. 5.

Svihla, A., and Bowman, H. 1952. Oxygen carrying capacity of the blood of dormant ground squirrels. Am. J. Physiol. *171:*479–481.

Svihla, A., and Bowman, H. 1954. Hibernation in the American black bear. Am. Mid. Nat. *52:*248–252.

Svihla, A., Bowman, H., and Ritenour, R. 1951. Prolongation of clotting time in dormant estivating mammals. Science *114:*298.

Svihla, A., Bowman, H., and Ritenour, R. 1952. Relation of prothrombin to the prolongation of clotting time in aestivating ground squirrels. Science *115:*306–307.

Swan, H., and Schätte, C. 1977. Antimetabolic extract from the brain of the hibernating ground squirrel *Citellus tridecemlineatus*. Science *195:*84–85.

Thorburg, F. 1953. Another hibernating poor-will. Condor *55:*274.

Tinkle, D. W., and Milstead, W. W. 1960. Sex ratios and population density in hibernating *Myotis*. Am. Mid. Nat. *63:*327–334.

Tucker, V. A. 1962. Diurnal torpidity in the California pocket mouse. Science *136:*380–381.

Turner, L. M. 1886. Contributions to the Natural History of Alaska. Arctic Ser. Publ., 2, Signal Service, U.S. Army, 226 pp.

Wade, O. 1930. The behavior of certain spermophiles with special reference to aestivation and hibernation. J. Mamm. *2:*160–188.

Woodbury, A. M. 1951. Introduction—a ten year study. *In* Symposium: A Snake Den in Tooele County, Utah. Herpetologica 7:4–14.

Capítulo 13

Reprodução

Nos vertebrados, a reprodução é um fenômeno complexo, que envolve muitos fatores; alguns deles serão abordados neste capítulo. Em geral, a reprodução é cíclica, e o ciclo é estabelecido de tal forma que os filhotes nascem ou os ovos eclodem durante a época do ano, que for mais favorável para a sua sobrevivência.

CONTROLE HORMONAL

Como será visto, o ciclo reprodutor pode ser influenciado por vários estímulos ambientais diferentes, mas, basicamente, ele está sob controle hormonal (Fig. 13.1). Os hormônios envolvidos são produzidos, principalmente, no lobo anterior da hipófise *(hormônios gonadotróficos)* e nas gônadas *(hormônios gonodais)*.

Sabe-se mais sobre o controle endócrino do ciclo reprodutor dos mamíferos do que o de outros grupos de vertebrados, embora as evidências disponíveis pareçam indicar que hormônios semelhantes também controlam este ciclo nas aves, répteis, anfíbios e peixes. Nos mamíferos placentários do sexo feminino, o desenvolvimento do óvulo e, subseqüentemente, do folículo é causado pelo *hormônio folículo-estimulante (FSH)*, produzido na hipófise. Durante o seu desenvolvimento, o próprio folículo produz o *estrogênio.* À medida que a concentração sangüínea de estrogênios se eleva, a hipófise diminui sua produção de FSH e aumenta a secreção do *hormônio luteinizante (LH)*. Quando a concentração de LH atinge uma determinada relação com a de FSH, ocorre a ovulação. Depois disto, o LH estimula a formação do *corpo lúteo*, ou corpo amarelo, no folículo rompido. As gonadotrofinas agem sobre o corpo lúteo levando-o a produzir *progesterona.* Este hormônio promove o desenvolvimento necessário da mucosa do útero para que ocorra a implantação, caso tenha ocorrido a fertilização. Fisiologicamente, o ciclo estral é controlado pela ação e interação de ambos os hormônios, o gonadotrófico e o gonadal. Nos seres humanos, a ação secretora do corpo lúteo diminui depois do quarto mês de gravidez, e a placenta torna-se a principal fonte de progesterona e estrogênio durante os últimos cinco meses de gestação.

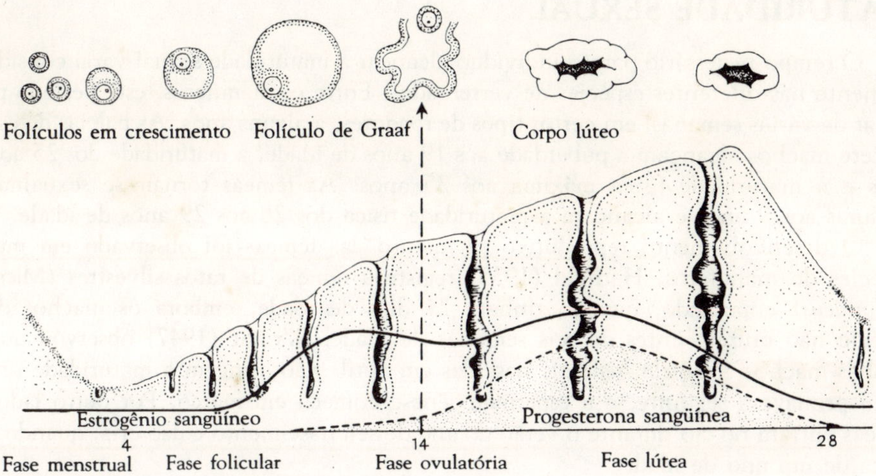

Figura 13.1. Esquema que mostra as fases do endométrio e dos ovários e os hormônios ovarianos envolvidos no ciclo menstrual. (Turner, C.D. e Bagnara, J.T.: General Endocrinology. 5th Ed., Philadelphia, W.B. Saunders Co., 1971.)

Dos vertebrados, apenas os primatas apresentam mudanças cíclicas acentuadas do *endométrio,* ou mucosa uterina, que são controladas por hormônios. A isto, dá-se o nome de ciclo menstrual. Sua duração é variável. Em média, é de 35 dias no chimpanzé, 28 dias nas mulheres e é menor em primatas menores. Durante o período de *proliferação*, quando o folículo ovariano está crescendo sob influência do FSH e está produzindo, ele próprio, o estrogênio, o endométrio espessa-se, torna-se glandular e muito vascularizado. Depois da ovulação e durante a *fase progestacional,* a ação combinada de estrogênio e progesterona estimula ainda mais o desenvolvimento da mucosa uterina, como preparação para a recepção do blastocisto, no caso de ter ocorrido a fertilização. Se a fertilização não tiver ocorrido no final da *fase lútea,* que dura cerca de duas semanas no ser humano, ocorrem alterações necróticas, que resultam no desprendimento da camada externa do endométrio, acompanhado de hemorragia. Esta fase menstrual dura de 4 a 7 dias no ser humano, depois da qual recomeça a fase proliferativa.

No macho, o FSH estimula os túbulos seminíferos e a espermatogênese, mas o desenvolvimento das células intersticiais dos testículos depende do LH. Por este motivo, o LH no macho é chamado de *hormônio estimulante das células intersticiais (ICSH).* As próprias células intersticiais produzem a *testosterona,* um hormônio gonadal, que é responsável pelas características sexuais secundárias masculinas.

Um outro hormônio produzido pelo lobo anterior da hipófise é a *prolactina*, ou hormônio lactogênico, que estimula a produção de leite nos mamíferos. Nas aves, ocorre um aumento de prolactina durante a fase final da postura de ovos. Está associada também com o desenvolvimento de uma mancha de incubação e com a incubação. Em condições laboratoriais, foi demonstrado que se pode induzir a formação de uma mancha de incubação pela administração de benzoato de estradiol isoladamente ou associado à progesterona ou prolactina, tanto em machos como em fêmeas de algumas espécies passeriformes. Nos galiformes, como, por exemplo, nas codornas, a progesterona leva à perda de penas na mancha de incubação, mas não provoca nenhuma outra alteração histológica; já a prolactina leva ao desenvolvimento completo da mancha de incubação. A produção de leite de pombo no papo dos pombos também parece ser controlada pela prolactina.

MATURIDADE SEXUAL

O tempo necessário para o indivíduo alcançar a maturidade sexual varia consideravelmente nas diferentes espécies de vertebrados. Entre os mamíferos, este período pode variar de várias semanas, em certos tipos de roedores, a alguns anos. As baleias de espermacete machos alcançam a puberdade aos 19 anos de idade, a maturidade dos 25 aos 27 anos e a maturidade física máxima aos 35 anos. As fêmeas tornam-se sexualmente maduras aos 9 anos e alcançam a maturidade física dos 28 aos 29 anos de idade.

O desenvolvimento reprodutivo prematuro das fêmeas foi observado em muitas espécies de mamíferos. Hatfield (1935) registrou fêmeas de ratos silvestres *(Microtus californicus)* copulando, quando tinham 21 dias de idade, embora os machos desta espécie não cruzem antes de seis semanas de idade. Wright (1947) observou que as fuinhas-machos *(Mustela frenata)*, nascidas em abril, não atingem a maturidade sexual até a primavera seguinte, e a espermatogênese começa em março. Por outro lado, as fêmeas entram no cio durante o verão do ano de seu nascimento e dão cria, quando têm cerca de um ano de idade.

Entre os grandes herbívoros da América do Norte, sabe-se mais sobre a idade reprodutiva das fêmeas que sobre a dos machos. Pimlott (1959) observou que 37 por cento dos alces americanos *(Alces alces)*, que ele estudou em Newfoundland, estavam prenhes durante seu primeiro ano de vida. Olaus J. Murie (1951) concluiu que cervos machos *(Cervus elaphus)*, de três anos de idade, eram sexualmente maduros, mas duvidava que pudessem manter um grupo de fêmeas, quando em competição com outros machos mais velhos. As fêmeas desta espécie procriam no terceiro período de cio depois do nascimento, quando, então, têm dois anos e quatro meses de idade. Adolph Murie (1944) observou que os cordeiros das ovelhas de Dall *(Ovis dalli)*, na região do Monte McKinley, Alasca, dão cria, pela primeira vez, quando têm $2^1/_2$ anos de idade.

Provavelmente, a disponibilidade de alimento desempenha um importante papel na determinação das idades reprodutivas de muitos mamíferos e de outros vertebrados. Os estudos de Taber e Dasmann (1957) sobre veados *(Odocoileus hemionus)* mostraram que, em áreas favoráveis, as fêmeas procriam aos 17 meses, mas, em regiões mais pobres, algumas fêmeas não procriam até os 29 ou mesmo 41 meses de idade.

As fêmeas de focas do norte *(Callorhinus ursinus)* podem ficar prenhes no seu terceiro ano de vida, porém o maior número de fêmeas que se reproduz, tem mais de cinco anos. Os machos podem produzir espermatozóides aos 3 ou 4 anos, mas não são considerados sexualmente maduros até o quinto ou sexto ano de idade. Eles começam a procriar aos 7 anos, mas não atingem seu apogeu até os 12 ou 15 anos de idade e podem chegar a alcançar uma idade de 30 anos.

A maioria das aves passeriformes de regiões temperadas fica sexualmente madura e está apta a procriar na primavera do ano em que nasceram. Parece, que, em certas aves equatoriais, que não possuem uma estação de procriação específica, a maturidade sexual pode, às vezes, ser atingida até em cinco meses (Miller, 1959).

A maioria das gaivotas não procria até ter vários anos de idade. O estudo detalhado de Johnston (1956*a*, 1956*b*) sobre as gaivotas da Califórnia *(Larus californicus)* mostrou que nem as aves de primeiro ano, nem as de segundo procriam. Por volta do quarto ano, os membros de ambos os sexos alcançam a maturidade reprodutiva.

É provável que o condor californiano *(Gymnogyps californianus)* necessite de mais tempo para atingir a maturidade sexual do que qualquer outra ave norte-americana. Koford (1953) calculou que o condor tem, pelo menos, 5 anos de idade antes de se envolver com atividades de procriação. Nesta espécie, a plumagem do adulto não é adquirida até o quinto ano de vida. Foi descrito que o albatroz real *(Diomedea epomophora)* da Antártica faz seu ninho, pela primeira vez, no seu nono ano de vida.

Alguns répteis e anfíbios atingem a maturidade sexual em 1 ano, mas há outros que necessitam de vários anos. Na maioria dos répteis, a maturidade é alcançada mais rapidamente nos trópicos do que em climas temperados, onde o período de crescimento pode chegar a ser de apenas 4 meses. Certos lagartos da Zona Temperada, como os membros dos gêneros *Anguis* e *Ophiosaurus*, podem precisar de 4 ou 5 anos para se tornarem sexualmente maduros. Pequenos lagartos e serpentes amadurecem mais rapidamente do que as espécies grandes; o tamanho também é um fator implicado no tempo de amadurecimento sexual. Aligátores e crocodilos parecem necessitar de 10 anos ou mais para atingir a maturidade sexual, e os cágados do brejo *(Clemmys muhlenbergii)* necessitam de 6 a 8 anos. Em regiões temperadas e quentes, a maturidade pode ser alcançada no primeiro ano. Fitch (1940) concluiu que os lagartos *Sceloporus occidentalis* se tornam sexualmente maduros após sua segunda hibernação, época em que têm cerca de 2 anos de idade. Mayhew (1971) observou que o lagarto do deserto *(Dipsosaurus dorsalis)* não alcança a maturidade sexual até o quinto verão ou mais tarde. Blair (1953), a partir de dados obtidos da marcação de mais de 350 sapos mexicanos *(Bufo valliceps)* recém-nascidos, observou que a maturidade sexual, tanto nos machos como nas fêmeas, foi atingida no ano seguinte ao do nascimento. A maturidade é alcançada mais lentamente em certas salamandras. Stebbins (1954) calculou que as salamandras de Eschscholtz *(Ensatina eschscholtzi)* não se tornam sexualmente ativas até o terceiro ou quarto ano após a eclosão.

Há alguns anfíbios caudados que deixam de se metamorfosear completamente e atingem a maturidade sexual no estado larval. Isto é conhecido por *neotenia*. A salamandra aquática comum *(Necturus)*, amplamente usada para dissecação de laboratório, é um exemplo de espécie neotônica. Ela retém suas brânquias permanentemente e fica na água. Um dos exemplos clássicos de neotenia é apresentado pela salamandra rajada *(Ambystoma tigrinum)*, encontrada desde o Canadá até o México (Fig. 13.2). Na maioria das regiões em que é encontrada, ela sofre uma metamorfose completa. No extremo sul, contudo, reproduz-se na forma larval. Por muitos anos, esta forma larval, que é capaz de se reproduzir, foi considerada uma espécie distinta e conhecida no México como *axolote*.

Figura 13.2. Uma salamandra rajada *(Ambystoma tigrinum)* adulta. Esta espécie é neotênica na parte sul de sua distribuição geográfica. (Fotografia de Nathan W. Cohen.)

Como resultado da transferência de *axolotes* cativos para ambientes diferentes, descobriu-se acidentalmente que eles eram capazes de se metamorfosear em salamandras rajadas adultas.

A maturidade sexual pode ocorrer muito precocemente em alguns peixes. Em outros, não é atingido até que o período de vida esteja quase no fim. Os jovens machos de várias espécies de percas vivíparas (família Embiotocidae), incluindo as percas de recife *(Micrometrus aurora)*, as percas-anãs *(Micrometrus minimus)* e *Cymatogaster aggregata*, são sexualmente maduras logo após o nascimento (Hubbs, 1921). Os machos de muitas outras espécies atingem a maturidade sexual mais cedo do que as fêmeas. Isto é bem demonstrado pelo salmão do Atlântico *(Salmo salar)*, que procria em rios e certos lagos, desde a Groenlândia até a Nova Inglaterra. Machos desta espécie podem tornar-se sexualmente maduros antes de migrar para o mar e, quando têm apenas 10 centímetros de comprimento, cruzam-se com as fêmeas adultas, muitas vezes maiores, que retornaram do Oceano Atlântico para a água doce.

Os peixes, que procriam apenas uma vez na vida, como os salmões do gênero *Oncorhynchus* e as enguias do gênero *Anguilla*, são migradores. O retorno à região da procriação é uma parte do ciclo reprodutivo. Foi demonstrado que as enguias européias *(Anguilla anguilla)*, que foram impedidas de migrar, puderam sobreviver mais de 50 anos, sem atingir a maturidade sexual.

A maioria dos salmões *(Oncorhynchus kisutch)* retorna para procriar, quando têm 3 ou 4 anos de idade. Os salmões *O. tshawytscha* podem ter entre 2 e 7 anos de idade, quando procriam, embora a maioria deles o faça no quarto ou quinto ano de vida.

A truta *(Salmo gairdnerii)*, geralmente, atinge a maturidade sexual, quando tem cerca de 4 anos de idade, tendo passado 2 anos na água doce e 2 anos no mar. Ao contrário do salmão do gênero *Oncorhynchus*, elas não morrem necessariamente, mas podem retornar ao mar. Podem sobreviver durante vários ciclos de procriação.

HERMAFRODITISMO E PARTENOGÊNESE

O hermafroditismo é comum entre muitos organismos invertebrados, mas, até há pouco tempo, era considerado como uma ocorrência rara em vertebrados, com exceção de certos ciclóstomos (ver Capítulo 3, em "Sistema Urogenital"). Entretanto, atualmente, sabe-se de vários tipos de peixes marinhos e de algumas espécies de água doce, que exibem inter-sexualidade. Os indivíduos de algumas espécies funcionam apenas como um sexo de cada vez, mas existem outras espécies que podem fertilizar seus próprios ovos, às vezes, dentro do próprio ovoteste.

Espécies *protândricas* são as que sofrem uma mudança de macho para fêmea, enquanto as espécies *protóginas* mudam de fêmeas para macho. Os hermafroditas *sincrônicos* podem tanto produzir óvulos, como fertilizá-los. Além disso, há alguns peixes, como certos tipos de percas do mar, que podem ser hermafroditas sincrônicos e comportar-se como macho ou fêmea e envolver-se com corte. Isto também ocorre com o *Serranus subligarius*. A inversão repentina dos papéis sexuais também pode ocorrer nesta espécie.

Existem poucas informações disponíveis até o momento sobre o tempo necessário para vários tipos de hermafroditas protândricos e protóginos sofrerem uma inversão sexual. Nos simbranquídeos do gênero *Monopterus*, a mudança de fêmea para macho ocorre por volta dos três anos de idade. Na garoupa vermelha *(Epinephelus morio)* do Atlântico, uma outra espécie protógina, a mudança de fêmea para macho não ocorre até que ela tenha 12 anos de idade.

Pouco se sabe a respeito da vantagem seletiva do hermafroditismo, apesar do potencial reprodutor nas espécies que exibem hermafroditismo sincrônico parecer ser consideravelmente maior do que nas espécies com sexos separados.

Até bem recentemente, a partenogênese só era conhecida nos invertebrados. Ocorre, contudo, em alguns lagartos, notadamente nos membros da família *Teiidae* do Novo Mundo. Em certas populações do gênero *Cnemidophorus*, que se distribuem do norte dos Estados Unidos até a América do Sul, os machos são raros ou parecem inexistir totalmente. *Cnemidophorus cozumelus cozumelus* da Península de Yucatán e *C. exsanguis*, que vive em Chihuahua, México, são espécies partenogenéticas. Não se encontrou nenhum macho ainda destas espécies.

PERIODICIDADE

A natureza cíclica da atividade reprodutiva é mais notável nos vertebrados de regiões não-equatoriais e é mais marcante nas fêmeas do que nos machos. Mesmo em regiões equatoriais, onde muitas espécies parecem procriar o ano inteiro, parece provável que a atividade gonadal é cíclica, quando se considera o indivíduo.

Entre os mamíferos, os termos *monéstrico* e *poliéstrico*, freqüentemente, são usados para descrever a freqüência de ocorrência do ciclo estral. As espécies monéstricas são as que possuem um ciclo anual. As espécies poliéstricas possuem dois ou mais ciclos por ano. A maioria dos pequenos roedores e lagomorfos é poliéstrico. Nas espécies permanentemente poliéstricas, um ciclo sucede o outro, sem nenhum período prolongado de inatividade sexual. Um bom exemplo disto é encontrado no rato de laboratório (*Rattus norvegicus*), que ovula a cada 4 ou 5 dias, a não ser que ocorra a prenhez. Espécies poliéstricas, sazonalmente, têm um período de inatividade sexual entre os ciclos.

A fêmea adulta do elefante africano (*Loxodonta africana*), cujo período gestacional é de aproximadamente 22 meses, como o do elefante indiano (*Elephas maximus*), gera um filhote a cada 4 anos. O filhote é amamentado por dois anos aproximadamente. Os machos, em certa época do ano, apresentam marcantes diferenças individuais na produção de testosterona. Acredita-se que a expectativa de vida máxima nesta espécie seja de 70 anos.

A maioria dos morcegos norte-americanos de zona temperada, carnívoros, grandes herbívoros e pinipédios, que foram estudados, é monéstrica. O estado monéstrico, freqüentemente, é associado às espécies cujos filhotes necessitam de um longo período de cuidado materno, ou a espécies que apresentam extensivas migrações ou hibernam. Em várias espécies monéstricas, como as focas e os leões-marinhos, o acasalamento segue-se ao nascimento dos filhotes, após alguns dias. Embora as fêmeas destes mamíferos marinhos estejam quase sempre prenhes durante sua vida reprodutiva, elas apresentam uma implantação retardada. O óvulo fertilizado se desenvolve até o estágio de blastocisto e torna-se quiescente por vários meses.

Os padrões reprodutivos dos morcegos podem ser subdivididos em quatro categorias. A maior parte dos membros da família Vespertilionidae tem sua prole em maio, junho ou julho. Os morcegos neotropicais, que são frugívoros, são poliéstricos sazonais, gerando filhotes por volta do fim da estação de seca e, novamente, no meio da estação das chuvas, quando as frutas são abundantes. Alguns morcegos paleotropicais possuem duas épocas de procriação sincronizadas e *Myotis nigricans*, um vespertilionídeo neotropical, procria durante cerca de 9 meses e torna-se, então, reprodutivamente quiescente por cerca de 3 meses durante o fim da estação das chuvas.

A maioria das aves norte-americanas apresenta uma periodicidade reprodutora definida. Em geral, a época de procriação para as espécies não-equatoriais é a primavera, apesar de haver muitas exceções. Na realidade, nos Estados Unidos, existem certas espécies, como os colibris, que começam a fazer o ninho em dezembro, e outras, como certos pombos, que podem ainda estar ocupados em outubro. Embora a maioria das espécies crie uma ou duas ninhadas por ano, existem algumas que, ocasionalmente, têm três, e, possivelmente, mais. O extremo oposto é representado pelos condores californianos, que, segundo registros, põem um único ovo a cada dois anos.

A maior parte dos répteis e anfíbios norte-americanos, que vivem longe dos trópicos, apresentam periodicidade reprodutora, com ovulação na primavera. Em algumas espécies, que hibernam, parece que o ciclo estral pode ser bem prolongado. O crescimento folicular, geralmente, começa durante as semanas ou meses, que precedem o período de repouso, de modo que a ovulação possa ocorrer logo depois do início da primavera. É o que prevalece comumente na maioria das espécies de anfíbios que hibernam e, provavelmente, em vários tipos de répteis. Contudo, nas salamandras de dorso vermelho *(Plethodon cinereus)* do leste da América do Norte, as fêmeas maduras precisam de 2 anos para acumular vitelo suficiente em seus ovos para a deposição. Portanto, a ovulação ocorre apenas a cada dois anos.

O estudo muito interessante de Rahn (1942) sobre as cascavéis *(Crotalus v. viridis)* sugere que, pelo menos em certas regiões de sua distribuição geográfica, esta espécie vivípara ovula a cada dois anos. As fêmeas adultas, que não dão cria durante o ano, desenvolvem grandes folículos ovarianos, no outono. A cópula precede a hibernação e os espermatozóides permanecem viáveis até a primavera seguinte. Quando estas fêmeas emergem da hibernação, estão prontas para ovular. Durante o longo período de gestação, que se segue, os corpos lúteos do ovário inibem o desenvolvimento de novos folículos antes do início do período de hibernação subseqüente. Estas fêmeas não copulam no outono. Durante o verão e o outono seguintes, o crescimento folicular ocorre mais uma vez e a inseminação tem lugar antes do início do inverno. Conseqüentemente, o exame do sistema reprodutor das fêmeas adultas, que hibernam, revela um grupo com folículos bem desenvolvidos e espermatozóides presentes e um outro grupo com ovários regredidos, num estado de pós-parto, sem espermatozóides.

Há uma grande variação na freqüência do ciclo reprodutor, assim como na época ou epócas do ano em que ele ocorre em vários grupos de peixes. Como já foi observado, os salmões do gênero *Oncorhynchus*, as enguias do gênero *Anguilla* e as lampréias procriam apenas uma vez durante a vida e depois morrem. A maioria dos salmões entra nos riachos de procriação no final do outono ou início do inverno e deposita seus ovos no inverno. Em rios maiores, contudo, pode haver postura durante a primavera; porém, estes peixes, normalmente, não procriam até algum tempo entre agosto e novembro. A maioria das trutas *(Salmo gairdnerii)* deixa o oceano e entra nos riachos de procriação no final do outono ou inverno e procria no princípio da primavera. Entretanto, como nos salmões, ocorrem posturas durante a primavera, no caso destes peixes que entram na água doce num estado sexualmente imaturo e procriam no outono. Algumas espécies de truta de água doce procriam na primavera; outras, no outono.

O bacalhau verdadeiro do Oceano Pacífico *(Gadus macrocephalus)* procria em águas rasas próximas da costa, no inverno e no início da primavera. Muitas outras espécies marinhas, como os eperlanos e as percas marinhas, procriam durante os meses de verão. Um dos exemplos mais interessantes de periodicidade reprodutiva é apresentado por *Leuresthes tenuis*, uma espécie que habita as águas costeiras do sul da Califórnia e o norte da Baja Califórnia. Estes peixes, que atingem a média de 12 a 14 centímetros de comprimento, apresentam a estação de reprodução num período que vai desde o fim de fevereiro até o princípio de setembro. Contudo, a procriação real só ocorre nas três ou quatro noites que se seguem à lua cheia ou lua nova e limita-se a um período de uma a três horas imediatamente após a maré alta (Fig. 13.3). As fêmeas adultas podem procriar de quatro a seis vezes por estação. Uma espécie estreitamente aparentada, *Leuresthes sardinia*, que habita o Golfo da Califórnia, possui hábitos de reprodução muito semelhantes, exceto que a procriação pode ocorrer durante o dia.

Foi descrito que o cação *(Squalis acanthias)* se reproduz a cada dois anos.

Figura 13.3. Duas fêmeas de *Leuresthes tenuis*, circundadas por machos, começando a se enterrar na areia. (Fotografia de Joseph Brauner.)

FATORES AMBIENTAIS

Embora se saiba que o ciclo reprodutivo dos vertebrados esteja basicamente sob controle hormonal, ele apresenta uma periodicidade sazonal tão definida em muitas espécies que inúmeros estudos foram feitos sobre os vários fatores ambientais, que poderiam, possivelmente, funcionar como reguladores. Muito do que conhecemos hoje, neste campo, originou-se destas investigações sobre as aves.

Sabe-se há muito tempo que a maioria das aves de regiões distantes do Equador fazem ninho na primavera, quando as temperaturas ambientais estão aumentando e os dias ficando mais longos. A temperatura, todavia, geralmente, era considerada como um fator crítico. O professor William Rowan (1929) foi o primeiro a apresentar evidências de que a *recrudescência* gonadal (atividade renovada) poderia ser induzida nos juncos *(Junco hyemalis)* no final do outono e princípio do inverno, expondo-os a maiores quantidades diárias de luz. Os resultados foram muito conclusivos para as aves machos.

Desde o primeiro trabalho de Rowan, resultados semelhantes envolvendo recrudescência testicular após a exposição a maiores períodos diários de luz durante o fim do outono e início do inverno foram obtidos em várias outras espécies de aves, assim como em alguns mamíferos, répteis e peixes. Contudo, a estimulação artificial pela luz deixa de aumentar a atividade gonadal no final do verão e princípio do outono. A isto, deu-se o nome de *período refratário*. Na natureza, representa uma época de descanso fisiológico e regressão gonadal após a árdua estação de reprodução. O término deste período refratário varia nas diferentes espécies. Miller (1948) observou que, nos pardais de coroa-dourada *(Zonotrichia atricapilla)*, este período terminava entre 5 a 20 de novembro, na Califórnia central. O mesmo autor (1954) observou que o período refratário findava em várias espécies de pardais de coroa-branca *(Zonotrichia leucophrys)* no final de outubro. Wolfson (1954) e outros, todavia, mostraram que o período refratário poderia ser reduzido pela exposição diária das aves a períodos de iluminação muito curtos, após a atividade gonadal. Até cinco ciclos gonadais no período de um ano foram induzidos pela manipulação de luz artificial no junco de olhos-escuros.

A importância da luz, como regulador da periodicidade sexual, é óbvia, já que ela é um fator ambiental que tem periodicidade anual regular. A duração do período da luz do dia em qualquer dia é essencialmente a mesma a cada ano e aumenta regularmente do solstício de inverno ao solstício de verão, após o que diminui regularmente até o solstício de inverno seguinte. Está estabelecido que, em certos vertebrados, o estímulo de luz, transmitido através do nervo óptico para o hipotálamo, de alguma forma induz a hipófise a produzir gonadotrofinas, que, por sua vez, agem nas gônadas. Foi demonstrado que o olho é um fator importante. Os patos, cujo corpo tenha sido coberto de forma que apenas os olhos ficassem expostos, reagiam a grandes quantidades da luz do mesmo modo que os patos cujo corpo não havia sido coberto. Por outro lado, as lebres e doninhas, cujos olhos foram cobertos, não apresentaram recrudescência testicular, quando expostos a períodos maiores de iluminação, embora, quando expostas a grandes quantidades de luz com os olhos descobertos, ambas as espécies de mamíferos mostrassem notável atividade gonadal (Bissonnette, 1936; Lyman, 1943).

Lyman *(op. cit.)* mostrou que tanto a cor da pele quanto a atividade gonadal podiam ser modificadas na lebre *(Lepus americanus)* ao se aumentar e diminuir o período de iluminação diário. Observou também que havia um ritmo reprodutor inato, independente da luz. As lebres mantidas sob quantidades constantes e mínimas de luz mostraram sinais de atividade gonadal periódica. Já as lebres mantidas sob constante iluminação durante 18 horas por dia sofreram períodos de regressão gonadal.

Há muito tempo, foi sugerido que a recrudescência gonadal em animais expostos à iluminação elevada poderia ser o resultado do aumento de atividade e não um efeito direto da maior iluminação. Isto, obviamente, não ocorre em mamíferos noturnos, como a lebre. O período diário de atividade em lebres expostas a iluminações máximas é muito menor do que naqueles que recebem quantidades mínimas de luz. Foram feitas observações semelhantes sobre o racum *(Procyon lotor)*, um outro mamífero noturno.

Também foram feitos vários estudos experimentais sobre aves para determinar se a recrudescência gonadal, relacionada com períodos elevados de iluminação diária, não poderia ser o resultado do aumento de atividade em espécies diurnas. Um método interessante de se testar isto foi empregado por Farner e Mewaldt (1953). Eles expuseram um grupo de pardais-de-coroa-branca migratórios *(Zenotrichia leucophrys gambelli)* a altas temperaturas ambientais no meio do inverno, para que as aves ficassem mais ativas à noite. De fato, sua atividade foi quase igual à das aves mantidas ao ar livre, mas expostas à iluminação intensa. Os testículos do primeiro grupo não recrudesceram, enquanto os do segundo grupo o fizeram.

Não se deve concluir que a luz seja o único fator regulador ambiental da periodicidade gonadal. A atividade gonadal, artificialmente induzida fora do período normal de reprodução, resultante de maiores períodos diários de iluminação, ocorreu em machos de várias espécies de vertebrados. Os resultados de experiências semelhantes com fêmeas foram muito menos conclusivos. A este respeito, é importante ressaltar o fato de que a periodicidade gonadal não é, de modo algum, tão definida na maioria dos machos, como o é nas fêmeas. A espermatogênese, freqüentemente, começa muito tempo antes do início da época da reprodução e pode até estar completa semanas ou meses antes da época da ovulação.

Em regiões equatoriais, onde a duração da luz do dia é essencialmente a mesma todos os dias, durante o ano inteiro, a fotoperiodicidade, obviamente, não pode controlar o ciclo reprodutivo. Se o ambiente desempenha algum papel, parece que deve ser de qualquer outra forma.

Nos estudos sobre o pardal andino *(Zonotrichia capensis)*, em um ambiente equatorial constante, na Colômbia, Miller (1959) observou que as aves tinham dois ciclos de reprodução por ano. Cada um durava 4 meses, seguido de dois meses de descanso. Isto, contudo, era um ritmo individual. Dentro de um grupo local, as aves podiam ser observadas, reproduzindo-se a qualquer época do ano. A região em que estas observações foram feitas, não possuía ciclos de iluminação anual e de temperatura significantes, nem apresentava estações de seca e de chuva bem definidas. Davis (1971), mais tarde, sugeriu que o fator primário que levava estes pardais, de ambos os sexos ao estado de reprodução, no Peru, parecia ser a incidência elevada de luz solar, sendo a temperatura, provavelmente, de importância secundária. Este padrão de reprodução acíclica não é característico da maioria das aves de regiões equatoriais e tropicais, onde há uma ou, ocasionalmente, duas estações de chuvas. O início do período de chuvas, freqüentemente, está relacionado com a atividade reprodutiva.

Estudos feitos sobre o melro-tricolor *(Angelaius tricolor)* por Robert B. Payne (1969) mostraram que esta espécie, ao contrário do melro-de-asa-vermelha *(A. phoeniceus)*, tem duas épocas de reprodução por ano. Esta espécie é bastante gregária e nômade e pertence à família Icteridae do Novo Mundo, estando restrita aos vales da Califórnia. Embora o melro-de-asa-vermelha tenha uma estação de reprodução um tanto ampliada na primavera e os machos tenham territórios de várias centenas de metros quadrados, o tricolor tem uma estação de reprodução menor e territórios muito pequenos, mantidos apenas para uma única ninhada. No melro-de-asa-vermelha, o macho tem vários acasalamentos sucessivos com fêmeas, ou seja, são polígamos, dentro de um território semipermanente. Os testículos do macho tricolor regridem durante o período de alimentação dos filhotes, permitindo um período refratário precoce e uma muda de verão. Em muitos tricolores, contudo, há uma recrudescência outonal, quando os dias se tornam mais curtos. A atividade reprodutora outonal alcança seu pico em outubro. A chuva parece estimular isto, embora não seja essencial. A eficácia da reprodução no outono é baixa. Em geral, a reprodução outonal parece estar associada aos indivíduos que possuem um período de reprodução de primavera precoce e curto e, até certo ponto, associa-se com a disponibilidade de alimento e com as chuvas precoces do outono.

No Novo México, Ligon (1971) mostrou que, em 1969, os gaios-do-pinhão *(Gymnorhinus cyanocephalus)* reproduziram-se em agosto e setembro quando uma grande safra de pinhões estava amadurecendo e os insetos eram abundantes, como resultado das chuvas de verão. Foi sugerido que os gaios-do-pinhão, como os cruza-bicos *(Loxia curvirostra)*, poderiam reproduzir-se em resposta a certas condições ambientais, como o alimento, e não eram, portanto, influenciados diretamente pelo clima.

Há alguma evidência de que a resposta gonadal à luz possa ser inata em algumas aves que vivem perto do Equador. As aves passeriformes, que habitam as ilhas de Galápagos, fazem ninho durante a estação da chuva, que se estende de dezembro a abril. Isto parece ser vantajoso, visto que é a época do ano em que o alimento é mais abundante. As experiências, que envolvem o transporte de várias espécies de tentilhões nativos destas ilhas equatoriais, para a Califórnia central, resultaram na mudança do principal período de atividade reprodutora para a primavera e verão, nesta última região, o que está de acordo com a estação de reprodução da maioria das aves passeriformes locais da Califórnia (Orr, 1945).

Embora a relação entre a duração do dia e a atividade gonadal seja muito marcante em muitas aves que habitam as regiões temperadas, há outras espécies que começam a fazer ninho no meio do inverno. Um bom exemplo destas é apresentado pelos colibris *(Calypte anna)* da Califórnia. Um estudo desta espécie, feito por Williamson (1956), mostrou que os testículos não ficam completamente inativos em nenhuma época do ano. Em geral, a recrudescência dos testículos está bem desenvolvida por volta de agosto e, por volta de dezembro, as aves se encontram na estação de reprodução e prontas para fazer ninho. Foi sugerido que a recrudescência possa ser influenciada, nesta espécie, por fatores como o nível pluviométrico elevado, que aumenta o suprimento de alimento, término da muda de penas, que ocorre entre junho e janeiro, e presença de fêmeas.

Embora as experiências de Farner e Mewaldt *(op cit.)* com pardais-de-coroa-branca tenham mostrado que as temperaturas elevadas e os conseqüentes períodos de maior atividade não estimulam a atividade gonadal em condições de luz mínima, a temperatura torna-se um fator importante, quando o período de iluminação diária é aumentado para 11 ou 12 horas. Engels e Jenner (1956) expuseram juncos a estas condições por 6 semanas e observaram que a recrudescência testicular era muito mais desenvolvida nos pássaros mantidos num ambiente quente do que nos pássaros mantidos num ambiente frio. Mesmo em condições naturais, o frio, na primavera, parece retardar a atividade reprodutora em muitos tipos de aves, enquanto o calor exerce o efeito oposto.

Em várias espécies de morcegos insetívoros do hemisfério Norte, observou-se que a espermatogênese começa no princípio do verão, mas não é completada até o início do outono. Entretanto, a copulação, nestas espécies, não ocorre até outubro e novembro, mas pode ocorrer, esporadicamente, durante os períodos de despertar durante a hibernação, no inverno ou mesmo na primavera. Quando começa a copulação, os testículos sofrem involução, e os espermatozóides são armazenados no epidídimo.

A ovulação em tais morcegos não é sincronizada com a inseminação. O esperma pode ficar armazenado no sistema reprodutor das fêmeas durante todo o inverno e continuar viável até que as fêmeas despertem da hibernação na primavera, quando a ovulação e a fertilização ocorrem. A atividade gonadal máxima nos machos e nas fêmeas ocorre, portanto, em épocas opostas do ano. As evidências experimentais indicam que nestes morcegos, a temperatura é um fator crucial. As fêmeas, despertadas da hibernação no meio do inverno e colocadas num ambiente quente, podem ser induzidas a ovular em alguns dias (Orr, 1954). Em seus estudos sobre os morcegos de frutas da Malaia, *Eonycteris spelacea,* Beck e Linn (1973) não observaram nenhum padrão sazonal de atividades para os machos; observaram também que mais de 50 por cento das fêmeas adultas estavam prenhes ou no período de lactação em qualquer época. Os picos de ocorrência de prenhez ocorreram cerca de 6 a 7 meses depois dos picos de precipitação pluvial. Contudo, não há uma estação seca verdadeira e aproximadamente 25% das fêmeas adultas estavam fora de sincronia com o resto da população.

Observou-se que um ciclo reprodutivo semelhante ocorre no lagarto da Austrália *Hemiergis peronii.* Nestes répteis, as fêmeas ovulam na primavera, quando, então, os machos estão inativos do ponto de vista da reprodução. Os testículos atingem o tamanho máximo no fim do verão e diminuem por volta do inverno. A inseminação ocorre no outono e o esperma pode ser encontrado no oviduto durante todo o inverno.

Relativamente poucos estudos experimentais foram feitos sobre os efeitos da luz e da temperatura em vertebrados de sangue frio. Bartholomew (1953) observou que os lagartos noturnos *Xantusia vigilis* do sudoeste dos Estados Unidos e noroeste do México responderam a estes estímulos como muitas aves. Os machos expostos a 16 horas de iluminação diariamente no final do outono e inverno apresentaram uma resposta testicular consideravelmente maior, quando mantidos a temperaturas de 20 ou 32ºC, do que a 8ºC. Períodos elevados de iluminação e temperatura tiveram apenas um efeito discreto nos ovários das fêmeas.

No lagarto *Anolis carolinensis*, a resposta dos testículos à fotoperiodicidade depende da temperatura. Para que longos períodos de luz do dia estimulem a recrudescência testicular, a temperatura do corpo deve ser elevada para cerca de 32ºC durante, pelo menos parte do tempo de exposição à luz. Dias frios com temperaturas elevadas durante a noite retardam ainda mais o crescimento testicular do que baixas temperaturas contínuas. Em algumas salamandras, observou-se, experimentalmente, que tanto a temperatura elevada quanto os períodos elevados de iluminação diária servem para estimular a atividade na primavera, em condições naturais; é provável que a temperatura seja o fator mais importante para estes animais, que são principalmente noturnos.

Hoover e Hubbard (1937) observaram que, ao expor trutas de riacho *(Salvelinus fontinalis)* a quantidades elevadas de iluminação diária no final do inverno e início da primavera, seguidas de uma diminuição gradual do período diário de iluminação para 7 horas por dia, a procriação podia ser induzida em julho, 4 meses antes da época de procriação natural. Medlen (1951), como resultado de experiências com peixes-mosquito *(Gambusia affinis)* do Texas, concluiu que a temperatura elevada da água estimula a atividade reprodutora, e que a luz desempenha um papel de menor importância.

Muitos estudos sobre comportamento e fisiologia foram feitos com os esgana-gatas por causa de sua disponibilidade, tamanho pequeno e capacidade de viver em aquários. Estes são pequenos peixes de água doce ou do mar, da família Gasterosteidae, encontrados no Hemisfério Norte. Os machos são territoriais e defendem os ninhos que constroem para os ovos. Em dois gêneros, *Gasterosteus* e *Culaea*, a duração maior do dia na primavera parece ser um fator importante para a estimulação da atividade gonadal. A temperatura também é um fator importante para esta estimulação. *Gasterosteus* tolera altas temperaturas durante a estação de reprodução, de três meses, mas *Culaea*, não. O esgana-gatas de riacho ou de cinco-espinhos *(C. constans)* é uma das espécies de peixes de água doce do extremo norte e é encontrado desde o norte da Bristish Columbia (leste das Montanhas Rochosas) até a costa Atlântica, até o norte dos Estados Unidos. A reprodução ocorre em maio, junho e julho, quando a temperatura da água é inferior a 19ºC. A fotoestimulação no outono e inverno (14 a 16 horas de luz na água com temperatura inferior a 19ºC) estimula artificialmente a atividade gonadal e o comportamento territorial nos machos.

Neste capítulo, foi dada ênfase à importância da luz e da temperatura em relação à periodicidade da reprodução, visto que estas podem ser controladas em estudos experimentais e que informações consideráveis foram obtidas sobre seus efeitos. Entretanto, há muitos outros fatores, que influenciam a atividade gonadal. Foram mencionados, brevemente, a precipitação pluviométrica, o suprimento alimentar e a estação de reprodução de muitas aves tropicais. Estes são importantes também para muitos vertebrados, especialmente as espécies aquáticas, distantes dos trópicos. Os períodos de seca e a escassez de alimento podem inibir a reprodução.

Os ratos do gênero *Microtus*, que vivem em regiões onde a temperatura é baixa no inverno e a terra fica coberta de neve, começam a atividade reprodutora na primavera, quando a nova vegetação, especialmente a grama, aparece. O trabalho experimental com *Microtus montanus*, uma espécie montês do oeste norte-americano, mostrou que os alimentos verdes (hortaliças) podem estimular a reprodução no meio do inverno. Ao se dar a uma população não-reprodutora suplementos de grama de trigo verde fresco por um período de 2 semanas no inverno, observou-se que todas as fêmeas da experiência ficaram prenhes, enquanto as fêmeas da região-controle não mostraram sinais de reprodução. Isto parece indicar que, nesta espécie, a atividade reprodutora é estimulada por substâncias químicas provenientes das plantas que servem de alimento.

Os estímulos tácteis e visuais influenciam a ovulação em algumas espécies. O desenvolvimento do folículo e a ovulação seguem-se à copulação, em coelhos. A copulação é necessária também para a ovulação em doninhas e em gatos. Nas aves, o estímulo táctil (através dos pés) ou visual dos ovos no ninho podem inibir ou prolongar a ovulação. A maior parte das espécies põe um número de ovos bastante definido. Quando o número de ovos é completado, a ovulação cessa. Todavia, em algumas espécies, a remoção de alguns dos ovos antes que a incubação esteja terminada pode prolongar o período de ovulação. Há um registro de um pica-pau comum *(Colaptes auratus)* que pôs 71 ovos em 73 dias, quando apenas um ovo foi deixado no ninho e os outros foram removidos diariamente após terem sido postos.

A visão do material do ninho é um pré-requisito para a ovulação, em algumas aves. Em outras, a presença ou, pelo menos a visão de um macho parece estimular a produção de gonadotrofinas nas fêmeas. Isto ocorre com o pombo doméstico. Mesmo o estímulo auditivo pode induzir a ovulação. Sabe-se que as fêmeas de periquitos mantidas na escuridão, põem ovos quando são capazes de ouvir outros pares procriando. Há vários tipos de peixes, que produzem som, inclusive os peixes-sapo, cavalos-marinhos e outros. Sugeriu-se que, em algumas destas espécies, o som atue como um estímulo sexual.

RECONHECIMENTO SEXUAL, CORTE E FORMAÇÃO DE CASAIS

O reconhecimento sexual é essencial para a reprodução dos vertebrados. A corte e a formação de casais representam tipos especiais de comportamento de reprodução, que são altamente evoluídos em certos grupos de vertebrados, notadamente entre as aves, e pouco desenvolvidos ou inexistentes em outros grupos.

Os estímulos visuais, olfativos, auditivos e até mesmo os tácteis podem participar do reconhecimento sexual. O reconhecimento visual pode resultar do dimorfismo sexual ou de diferenças do comportamento entre machos e fêmeas de uma mesma espécie. Muitos tipos de aves exibem um dimorfismo sexual secundário acentuado (Fig. 13.4). Em grupos como patos, aves galináceas, melros, surucuás, icterídeos e tentilhões, os machos freqüentemente são muito mais coloridos do que as fêmeas. A plumagem, freqüentemente, desempenha um papel importante na corte. Cristas, barbilhões, esporas, bolsas gulares e até mesmo a cor dos olhos podem ser características masculinas secundárias extras, em algumas espécies.

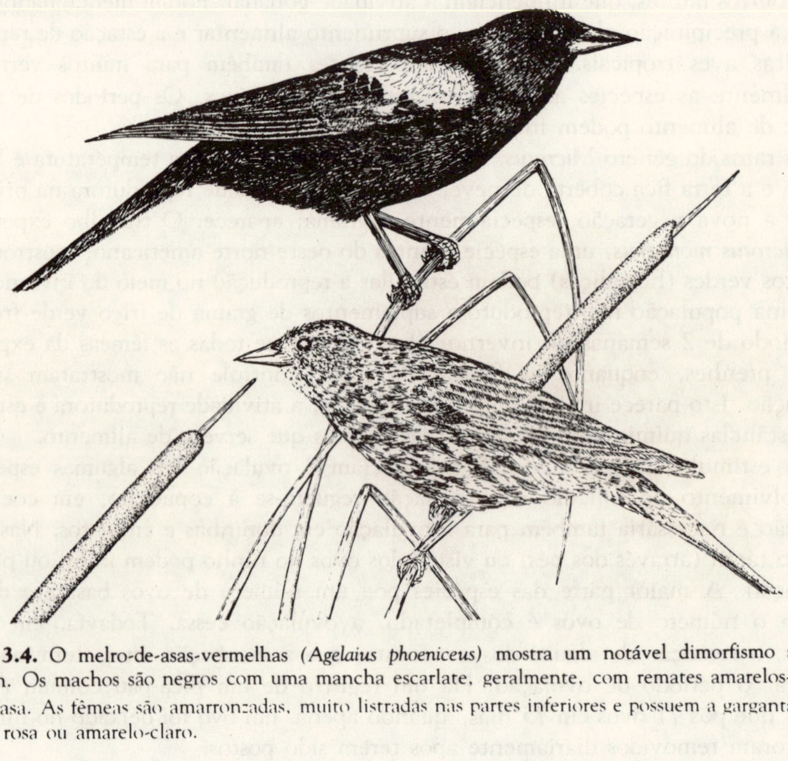

Figura 13.4. O melro-de-asas-vermelhas *(Agelaius phoeniceus)* mostra um notável dimorfismo sexual na plumagem. Os machos são negros com uma mancha escarlate, geralmente, com remates amarelos-claro, na curva da asa. As fêmeas são amarronzadas, muito listradas nas partes inferiores e possuem a garganta com um toque de rosa ou amarelo-claro.

Diferenças sexuais secundárias pronunciadas são menos freqüentes na maioria dos outros vertebrados, embora possam ser encontrados exemplos em cada um dos grupos mais importantes. Em alguns mamíferos existe uma diferença marcante de tamanho entre os machos e as fêmeas. Isto ocorre especialmente em certos pinipédios. O macho adulto da foca do norte, por exemplo, pesa de 200 a 350 kg, enquanto as fêmeas adultas pesam de 38 a 65 kg. Na maioria das espécies carnívoras, baleias com dentes e animais ungulados, os machos são maiores que as fêmeas. Entre os membros norte-americanos da família dos veados (Cervidae), os chifres representam uma característica sexual secundária do macho, exceto no gênero *Rangifer*, em que eles existem em ambos os sexos. Nos artiodáctilos com cornos, estes, geralmente, mostram um maior desenvolvimento nos machos do que nas fêmeas. Diferenças sexuais secundárias óbvias inexistem na maioria dos insectívoros, morcegos e roedores norte-americanos.

Os machos de alguns lagartos são muito mais coloridos do que as fêmeas. Embora isto seja uma característica sexual secundária, sua função primária parece ser um meio de intimidação de outros machos. Existe um dimorfismo sexual secundário relativamente pequeno nas serpentes. Há algumas tartarugas e cágados em que a cor dos machos é diferente da das fêmeas.

Em muitas salamandras, os machos e as fêmeas têm cores discretamente diferentes; além disso, a forma da cauda e forma da cabeça também diferem nos dois sexos. Entre os anuros norte-americanos, o dimorfismo sexual mais acentuado é visto no sapo *Bufo canorus* da Sierra Nevada, Califórnia (Fig. 13.5). Nesta espécie, a fêmea não apenas é muito maior do que o macho, mas também é muito mais colorida. Estudos experimentais sobre o tritão *(Triturus alpestris)* mostraram que o comportamento do macho no que se refere à corte pode ser estimulado por modelos da fêmea. Entretanto, os modelos, que apresentavam a face ventral vermelha, característica desta espécie, eram os preferidos. Isto indica que a cor é importante para o reconhecimento sexual nesta espécie.

Embora haja poucas diferenças externas, ou nenhuma diferença óbvia, entre os sexos em alguns peixes, os exemplos mais acentuados de dimorfismo sexual secundário são encontrados neste grupo. Há certos peixes de águas profundas cujo macho é muitas vezes menor que a fêmea. O diabo-marinho, *Photocorynus spiniceps*, é um exemplo clássico disto. Embora minúsculos machos nadem livremente por algum tempo, cada

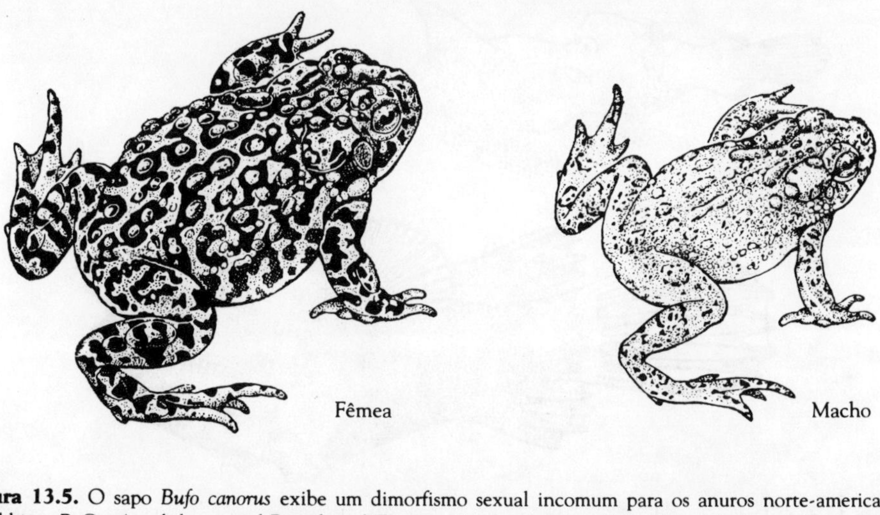

Figura 13.5. O sapo *Bufo canorus* exibe um dimorfismo sexual incomum para os anuros norte-americanos. (Stebbins, R.C.: Amphibians and Reptiles of Western North America, New York, McGraw-Hill Book Co., Inc., 1954.)

um, em última análise, acaba fixando-se à fêmea pela boca. Subseqüentemente, a conexão torna-se permanente e o macho recebe toda sua alimentação através da corrente sangüínea da fêmea (Fig. 13.6). Foi sugerido (Regan, 1925) até mesmo que a fêmea pudesse controlar as atividades reprodutoras do macho. Os machos parasitas são encontrados em outros membros deste grupo de peixes que habitam as profundezas oceânicas (de 450 m até mais de 1350 m). O parasitismo parece ser uma adaptação à vida num ambiente permanentemente escuro.

As diferenças de tamanho, embora não tão extremas quanto nos diabos-marinhos, as de cor e as diferenças na forma das nadadeiras, especialmente as anais e pélvicas freqüentemente servem para distinguir os sexos em algumas espécies de peixes. Menos distintiva, embora ainda seja uma característica sexual secundária, é a mandíbula inferior saliente dois salmões machos adultos.

Parece provável que o reconhecimento visual do sexo em muitos animais vertebrados, ainda que alguns possam até mesmo apresentar características sexuais secundárias diversas, é, freqüentemente, resultado de diferenças comportamentais. A ave macho, que tenha estabelecido território no início da estação de reprodução, pode atacar qualquer outro membro da mesma espécie que entre em seu território, independentemente do sexo do invasor. Caso o invasor seja do sexo masculino, ele pode recuar ou contra-atacar. Uma fêmea receptiva, contudo, nao exibirá nenhum destes dois comportamentos, mas ficará passiva e assim será identificada.

Tal comportamento passivo ou receptivo da fêmea parece ser importante para o reconhecimento sexual em alguns mamíferos, muitos répteis, anfíbios e peixes. Embora o reconhecimento sexual possa resultar de vários tipos de estímulos, o comportamento da fêmea, freqüentemente, indica se ela é, ou não, receptiva. Por exemplo, a maioria dos mamíferos fêmeas repelirá os avanços dos machos, exceto se estiverem no cio.

O comportamento do macho pode ser igualmente importante para o reconhecimento sexual. Estudos de Noble e Curtis (1939) e outros sobre o comportamento social dos peixes-jóia *(Hemichromis bimaculatus)*, um ciclídeo tropical da África, bastante conhecido, mostraram que a seleção sexual, nesta espécie, é comparável à que ocorre em muitos tipos de aves (Fig. 13.7). Na estação de reprodução, os membros de ambos sexos assumem uma coloração avermelhada. Embora as fêmeas sejam mais inclinadas a

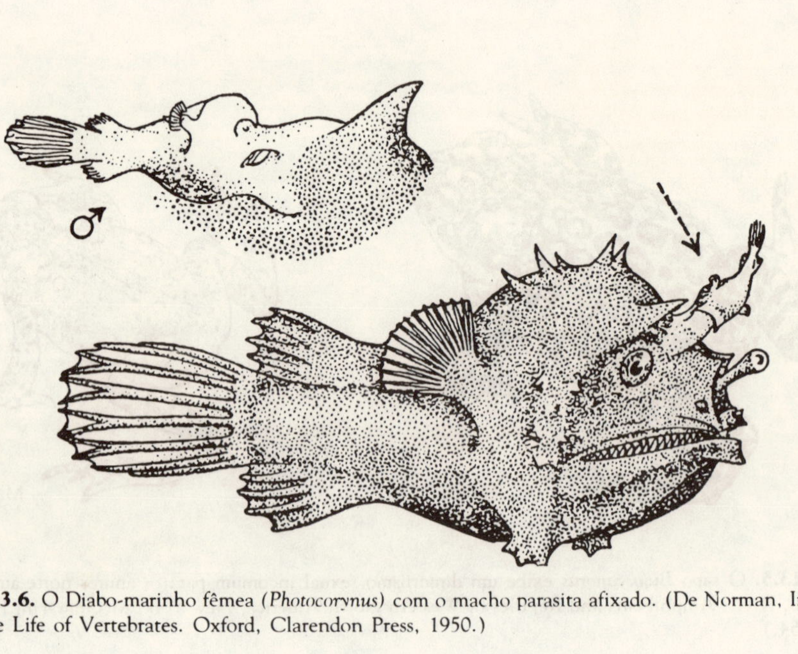

Figura 13.6. O Diabo-marinho fêmea *(Photocorynus)* com o macho parasita afixado. (De Norman, In Young, J.Z.: The Life of Vertebrates. Oxford, Clarendon Press, 1950.)

Figura 13.7. Um peixe-jóia macho *(Hemichromis bimaculatus)* guardando os ovos, que foram depositados pela fêmea sobre uma rocha. (Fotografia de New York Zoological Society.)

aceitar os machos mais coloridos, o reconhecimento sexual parece resultar da identificação de movimentos específicos. Uma fêmea preferirá um macho pálido que for ativo e que desempenhe movimentos sexuais estimulantes a um macho de colorido vivo que for lerdo em seu comportamento.

Os órgãos olfativos desempenham um papel muito importante no reconhecimento sexual entre os mamíferos. Já foram mencionados, no Capítulo 7, os muitos tipos de glândulas odoríferas, tão desenvolvidas nos membros desta classe de vertebrados. Embora algumas destas glândulas tenham exclusivamente uma função de defesa ou de reconhecimento da espécie, outras estão associadas com a atividade reprodutora, aumentando e tornando-se ativas durante a estação de reprodução. As glândulas castóreas do castor, que secretam uma substância chamada castóreo, incluem-se nesta categoria. O tamanho destas glândulas aumenta muito durante a estação de reprodução, e sua secreção é depositada em vários lugares pelos castores. Supõe-se que auxilie estes animais a encontrarem companheiros. Entre muitos carnívoros, os machos podem detectar o odor de uma fêmea no cio a uma distância considerável.

Visto que as aves têm um órgão olfativo pouco desenvolvido, é muito improvável que estes desempenhem qualquer papel no reconhecimento sexual. Tanto o odor como o comportamento parecem ser importantes para muitas serpentes machos reconhecerem as fêmeas receptivas. Embora as glândulas odoríferas não sejam bem desenvolvidas nos répteis, os crocodilianos possuem glândulas de almíscar na garganta e na região cloacal, que se expandem durante a estação de reprodução. Algumas tartarugas também possuem glândulas de almíscar. Suspeitou-se que glândulas femorais e pré-anais, em lagartos, auxiliem o reconhecimento sexual. O órgão olfativo também parece auxiliar o reconhecimento sexual em alguns anfíbios caudados e certos peixes. Como foi mostrado anteriormente, os machos de *Triturus* parecem reconhecer os modelos das fêmeas pela cor, porém as fêmeas orientam-se pelas ondulações da cauda do macho que está fazendo a corte. Os ovários da savelha *(Alosa alosa)* produzem um produto químico que, quando secretado dentro da água e recebido pelos órgãos olfativos do macho, estimula o comportamento sexual.

O som é importante para o reconhecimento do sexo em certos animais. Entre os mamíferos, o soar de corneta do cervo macho e o chamar de um alce macho durante a época do cio são bons exemplos disto. Embora a canção, em algumas aves, sirva primariamente para o macho anunciar território, não há dúvidas de que possa também servir como um meio de reconhecimento sexual. Em aves não-canoras, o som também pode funcionar para o reconhecimento sexual. Entre os membros da família dos galos silvestres, a produção de som pelo macho, o que pode ser feito de várias maneiras, parece ser um meio de atrair as fêmeas. A vocalização noturna dos machos de muitas espécies de rãs e sapos nas lagoas de reprodução, durante a primavera, parece ser um modo de atrair as fêmeas para estas áreas.

A corte representa uma fase do ciclo reprodutor e é mais desenvolvida entre as aves. Há relativamente poucas espécies de outros grupos de vertebrados, que tenham desenvolvido um tipo tão elaborado de comportamento sexual. Sugeriu-se que a função da corte fosse a de produzir um elo estreito entre os membros do casal. Tal elo é decididamente vantajoso para os vertebrados, que precisam construir um ninho para guardar os ovos, incubá-los e cuidar dos filhotes, até que cresçam o bastante para ficarem sozinhos. Quando ambos os membros do casal participam destas atividades, as chances de sobrevivência da prole, especialmente nas espécies nidícolas, são consideravelmente elevadas. Em muitas espécies de aves passeriformes e em algumas não-passeriformes, o macho não só estabelece e defende o território do ninho, mas também assiste à fêmea na construção do ninho, na incubação dos ovos e na alimentação da prole. Esta última atividade, freqüentemente, requer um grande consumo de energia por parte de ambos os membros do casal. Nas espécies nidífugas, o cuidado com os filhotes, que são ensinados a se alimentarem sozinhos, geralmente é da responsabilidade da fêmea e a cerimônia de corte, executada pelos machos, serve primariamente para atrair as fêmeas durante o breve período necessário para a copulação.

Figura 13.8. O macho de *Ptilonorhynchus violaceus* decora a área ao redor e, especialmente, a entrada para seu caramanchão com objetos coloridos e até mesmo com pedaços de plástico perto das habitações humanas. Ele, geralmente, traz flores frescas para a entrada toda manhã.

Algumas aves são monógamas, enquanto outras são polígamas. Foi sugerido que, em muitas espécies passeriformes, isto esteja relacionado com as exigências de habitat e alimentação. A maioria das aves insetívoras é monógama, e as espécies polígamas são, em sua maioria, graminívoras. As aves insectívoras vivem em florestas ou bosques, mas as graminívoras, geralmente, vivem em savanas ou pradarias. As graminívoras são menos limitadas no que se refere a áreas de procriação e, geralmente, fazem seus ninhos em locais em que o alimento seja abundante. Além disso, os ninhos, freqüentemente, são cupuliformes e localizam-se em locais ensolarados, de forma que os filhotes necessitem de menor incubação, diminuindo, talvez, a necessidade da presença dos dois pais. Este raciocínio, contudo, tem sido questionado por alguns autores.

Lack (1940) fez um excelente resumo sobre a formação de casais nas aves. Ele descreve cinco categorias principais: (1) sexos que se encontram apenas para copular; (2) sexos que permanecem juntos por alguns dias, na época da copulação; (3) formação de casal algum tempo antes da copulação, que se desfaz logo depois; (4) sexos que permanecem juntos durante a estação de reprodução; (5) aves acasaladas por toda a vida. Exemplos de cada um destes cinco tipos são encontrados entre as aves norte-americanas.

Centrocercus urophasianus representa um bom exemplo do tipo 1. Nesta espécie, os machos juntam-se em áreas de pavoneio de manhã cedo e à noite, durante a época de reprodução (Fig. 13.9), onde eles realizam *display*, exibem-se e lutam com os machos próximos. Parte da exibição envolve a produção de sons, produzidos pelo roçar das asas contra o peito rijo e pela ação dos sacos aéreos inflados acima do peito. As fêmeas entram nas áreas de pavoneio, principalmente, para copular.

Um outro grupo de aves, que poderia ser incluído nesta categoria, é a dos pássaros de caramanchão, do gênero *Ptilonorhynchus* do norte da Austrália e Nova Guiné. São estreitamente aparentados com as aves-do-paraíso (família *Paradisaeidae*), que vivem na mesma região em geral. Embora os machos desta última espécie executem exibições de corte muito elaborados para atrair as fêmeas, os de *Ptilonorhynchus* machos o fazem,

Figura 13.9. Machos de *Controcercus urophasianus* exibindo-se na área de pavoneio. (Fotografia, cortesia da Wyoming Game and Fish Commission.)

construindo caramanchões ornamentados, que eles decoram com objetos coloridos. O caramanchão serve apenas para atrair as fêmeas e estimulá-las para o acasalamento. O macho não tem nenhum outro interesse pela fêmea e não participa na construção do ninho, que não tem nenhuma relação com o caramanchão nem participa da incubação ou do cuidado dos filhotes.

Os colibris norte-americanos enquadraram-se na segunda categoria. Os machos e as fêmeas permanecem juntos por alguns dias, mas os primeiros não participam de outras atividades de reprodução e são expulsos para longe pelas fêmeas.

Muitas espécies de patos são do tipo 3. A formação do casal pode ocorrer na área de hibernação, semanas ou até mesmo meses antes da construção do ninho. Na área do ninho, contudo, o macho freqüentemente abandona a fêmea, depois dela ter terminado de pôr ovos. Isto, obviamente, não ocorre com todas as aves aquáticas. Falaropídeos podem também estar na categoria 3. Os estudos sobre o falaropídeo vermelho indicam que a corte começa durante a migração para o norte e a reprodução se principia tão logo as aves cheguem na região ártica de procriação. A união do casal termina, quando o macho começa a incubar.

O tipo 4 é característico da maioria das aves passeriformes norte-americanas. Os machos escolhem os territórios antes da época de fazer ninho, entregam-se a canções, conquistam uma companheira, freqüentemente se exibem e podem, ou não, auxiliar na construção do ninho, na incubação e alimentação da prole. Os membros de um casal permanecem juntos por algum tempo antes da construção do ninho e depois, até que os filhotes não dependam de ninguém. O mesmo casal pode até mesmo gerar mais ninhadas numa mesma estação.

Chamaea fasciata, cujo comportamento foi descrito no Capítulo 10, representa um execelente exemplo do tipo 5. Uma vez que a união entre o macho e a fêmea tenha sido estabelecida, as aves permanecem juntas por toda a vida e ambas defendem o território durante todo o ano. Nesta espécie, não há diferenças óbvias entre machos e fêmeas no que se refere à aparência externa. Para a maioria das espécies passeriformes norte-americanas, demonstrou-se que há maior participação do macho nas atividades de procriação nas espécies que não apresentam um dimorfismo sexual acentuado do que nas espécies não-monomórficas.

O Dr. Ingemar Hjorth (1970) apresentou uma série interessante dos estágios evolutivos de acasalamento e sistemas de *display*, vistos na família dos galos silvestres (Tetraonidae). Estes estão divididos em quatro grupos: (1) monógamos com *display* de machos solitários (*Lagopus* e *Tetrastes*); (2) promíscuos, com display de machos solitários (*Dendragapus, Bonasa, Canachites* e *Falcipennis*); (3) promíscuos, com *display* coletivo de machos pouco organizado (*Tetrao* e *Lyrurus mlokosiewczi*); (4) promíscuos com *display* coletivo bem organizado (*Centrocercus*). Pensa-se que o desenvolvimento do *lek*, uma representação coletiva na área de *display* tradicional conhecida como arena, e do dimorfismo sexual na plumagem tenham incentivado o reconhecimento sexual e o acasalamento, e tenham reduzido a predação contra as fêmeas, que não se juntam conspicuamente e possuem uma coloração críptica. Além disso, as áreas de *display* do macho ficam longe dos locais de nidificação.

Na maioria dos mamíferos, o macho tem pouco ou nenhum papel no que se refere aos cuidados com a prole. Após a atração mútua durante a estação de reprodução, necessária para efetuar a fertilização, o macho na maioria das espécies de vertebrados, completou seus deveres familiares. Os filhotes desenvolvem-se dentro da fêmea, que fornece leite para sua alimentação durante algum tempo depois do nascimento e que, freqüentemente, toma conta deles por um período longo, dependendo da velocidade de crescimento. A corte elaborada, se é para estabelecer uma união entre os sexos que deva durar algum tempo, é desnecessária. Há, é claro, exceções, especialmente entre os que poderíamos chamar de animais de colônias ou rebanhos, como certos pinipédios e animais ungulados. Como foi salientado, os machos adultos de certas espécies de focas e leões-marinhos estabelecem haréns de fêmeas e lutam para defendê-las. Pode haver dúvidas, contudo, no que diz respeito a este comportamento ser uma corte verdadeira. Nas espécies de pinipédios, em que o macho mantém um harém, há um considerável dimorfismo sexual em relação ao tamanho; o peso do macho, às vezes, excede várias vezes o peso das fêmeas. Bartholomew (1952) sugeriu que isto servisse para o comportamento agressivo do macho, que, por si mesmo, "determina se será capaz de participar, ou não, nas atividades reprodutoras da população". O cervo macho, da mesma forma, luta para estabelecer haréns de fêmeas. O mesmo ocorre com o antílope antilocapra. Estas uniões, contudo, são puramente sexuais, não estando os machos preocupados com o nascimento ou cuidado da prole.

Exceções à regra geral de que o macho tem pouco ou nenhum papel no cuidado dos filhotes, são vistas nos primatas. Estudos sobre os babuínos e chimpanzés feitos por Jane Goodall e Hugo van Lawick mostram que os machos de um grupo não só defendem os filhotes, mas também desempenham um papel no treinamento e condução deles. Do mesmo modo, os estudos de Dian Fossey sobre os gorilas mostraram que o macho desempenha um papel significante na criação da prole.

Entre os leões africanos, que são muito mais sociáveis que os outros membros dos *Felidae*, os adultos e filhotes, geralmente, se juntam em pequenos grupos, cujo número de indivíduos varia de 2 até talvez 40. Os grupos geralmente são compostos de vários machos adultos, várias fêmeas adultas e vários subadultos e filhotes. Os machos podem ser bem tolerantes quanto às brincadeiras dos filhotes, que possuem o benefício de sua proteção.

Talvez a corte de mamíferos mais longa e elaborada, num esforço para assegurar uma união permanente, seja mantida, nem sempre com sucesso, pelo homem.

Nos répteis e anfíbios, a corte, se o termo pode ser usado apropriadamente, é geralmente breve, embora o período reprodutor possa ser razoavelmente prolongado. Os machos dos lagartos do gênero *Sceloporus*, exibem-se na presença das fêmeas, achatando o corpo e levantando-se e abaixando-se ritmicamente com as patas dianteiras. As placas ventrais azuis são, às vezes, expostas. Tanto o movimento, quanto a cor parecem estar envolvidos. Ao se aproximar da fêmea, os movimentos para cima e para baixo tornam-se mais freqüentes.

Stebbins (1954) descreve uma série de movimentos do corpo envolvidos na corte das salamandras do gênero *Ensatina* (Fig. 13.10). O macho, ao se aproximar da fêmea, esfrega, inicialmente, o focinho na cabeça e pescoço dela, passa seu corpo por debaixo dela de forma que a garganta da fêmea fique sobre sua região sacral. A região sacral do macho acaricia a garganta da fêmea, com movimentos rotatórios. Os dois indivíduos participantes da corte caminham até que o macho pare e deposite um espermatóforo, uma massa gelatinosa com espermatozóides, sobre o substrato. Durante este ato e subseqüentemente, a fêmea afaga a parte inferior das costas do macho com seu queixo. Eles, então, movem-se para a frente, até que a cloaca dela esteja sobre o espermatóforo, que ela apanha e leva para dentro da cloaca. Depois de um movimento contorcido por parte do macho, durante o qual ele alisa a parte inferior das costas e a base da cauda da fêmea, eles se separam.

Entre muitas rãs e sapos, o macho, após ter entrado em contato com uma fêmea, agarra-a segurando-a firmemente por detrás dos membros dianteiros. As almofadas glandulares inchadas dos polegares do macho auxiliam este processo e a pressão aplicada no corpo da fêmea auxilia a extrusão dos ovos. Esta união, conhecida como *amplexo*, pode durar várias semanas ou mais. Em algumas espécies primitivas, o abraço é pélvico. Na maioria dos anuros, a fertilização é externa e o macho deposita os espermatozóides sobre os óvulos, quando estes saem da cloaca da fêmea. Tão logo isto tenha ocorrido, os membros de um casal se separam.

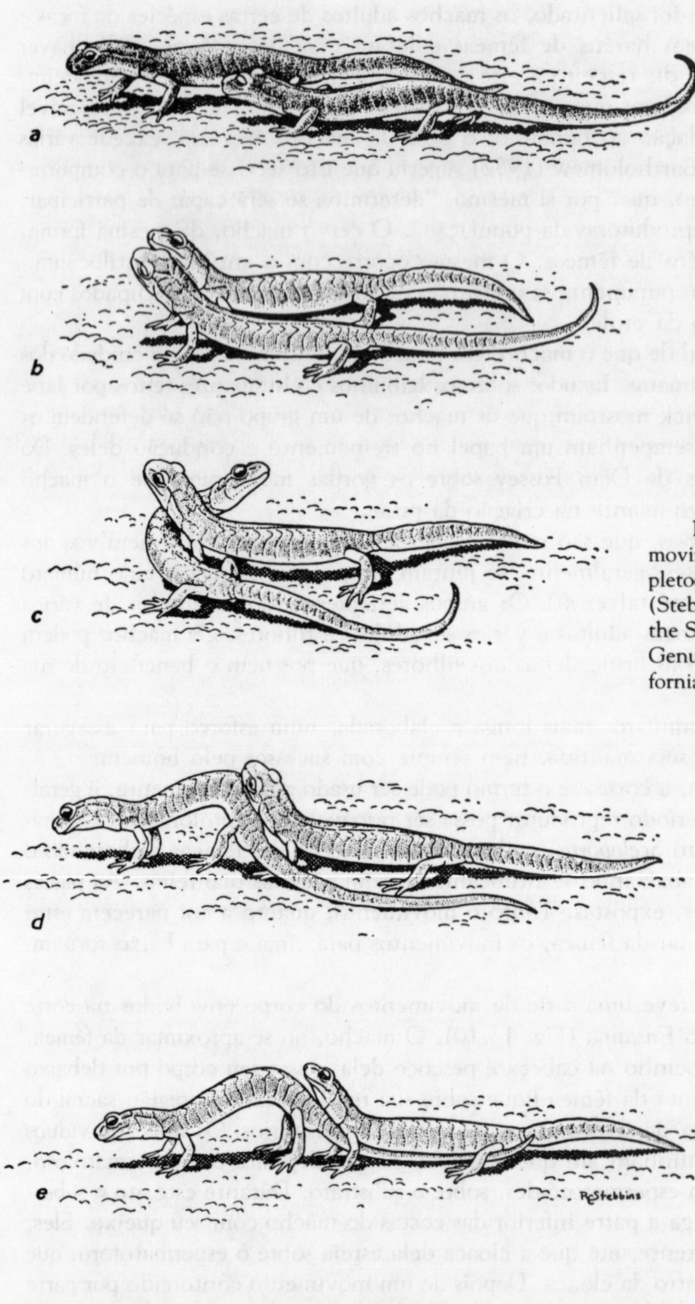

Figura 13.10. Parte do movimento da corte da salamandra pletodontídea (*Ensatina eschscholtzi*). (Stebbins, R.C.: Natural History of the Salamanders of the Plethodontid Genus *Ensatina*. University of California Publ. Zool. No. 54, 1954.)

Já foi salientado num capítulo anterior que a produção de som, em muitos anuros, parece servir como um meio de defesa territorial. Contudo, a produção de som pelo macho também é usada como um meio de atrair fêmeas. Em algumas espécies de rãs e sapos, parece haver machos "satélites" que não chamam e que ficam em estreita associação com os machos que vocalizam. Estudos recentes mostram que estes machos satélites, geralmente, interceptam as fêmeas prenhes, que se movem em direção dos machos que estão chamando, e dão-lhes um amplexo antes que elas alcancem os machos pretendidos, conservando com isso a energia necessária para o chamado. Os machos que sonorizam tentam afugentar os machos que não chamam, porém estes continuam retornando para tirar vantagem dos primeiros.

Em algumas espécies de peixes, a união entre os sexos é muito breve, durando apenas o tempo suficiente para assegurar a fertilização dos ovos; em outras, pode haver cerimônias de corte elaboradas. Um exemplo da primeira é vista no gênero *Leuresthes*, cuja periodicidade já foi discutida. Quando os peixes vêm à praia para a desova, permitem que a ação das ondas os carreguem para uma praia arenosa. Dentro de um período de mais ou menos meio minuto, a fêmea enterra seu corpo na areia, expele de 1000 a 3000 óvulos e está pronta para voltar ao mar com a próxima onda. Enquanto a fêmea está pondo os óvulos, o macho ou machos depositam esperma sobre o corpo dela, pelo qual escorrem para os óvulos, onde a fertilização é efetuada. Não existe nenhuma corte e a união sexual é apenas uma questão de segundos.

Trichogaster tricopterus, por outro lado, representa uma espécie cuja corte é razoavelmente complicada. Este peixe pertence à família Anabantidae, a maioria dos quais são construtores de ninhos de espuma. Os estudos de Hodges e Behre (1953) mostraram que parte do comportamento reprodutor preliminar envolve a construção de um ninho flutuante de bolhas, presumivelmente, pelo macho. A construção de um ninho é uma indicação de estado de reprodução. Parte da cerimônia da corte envolve a expansão das nadadeiras e o uso da boca no cutucar de um parceiro em perspectiva. Considerável perseguir e beliscar de nadadeiras ocorre até que a fêmea se torne passiva. Às vezes, o ninho é destruído durante estas atividades, momento em que é reconstruído pelo macho. Finalmente, a fêmea nada espontaneamente ou é conduzida pelo macho sob o ninho. O macho, então, curva seu corpo ao redor dela de maneira que sua cabeça e cauda se encontrem na face dorsal dela. O corpo do macho vibra e aperta a fêmea, enquanto ela expele os óvulos e ele deposita o espermatozóide. Quando a postura termina, ambos sobem à superfície, e a fêmea é solta e afugentada. O cuidado com os ovos e filhotes é responsabilidade do macho.

Embora o *display* da corte sirva primeiramente para estimular a fisiologia do sexo oposto, tem sido demonstrado em gaivotas e em certos peixes que ela também pode ter um valor protetor, reduzindo a probabilidade de ataque. No ciclídeo *Etroplus maculatus*, os machos fazem a corte em frente das companheiras, que são maiores que eles, mais freqüentemente do que diante de fêmeas menores do que eles. Isto reduz a probabilidade de ataque contra o menor dos dois.

REFERÊNCIAS BIBLIOGRÁFICAS

Allen, G. M. 1925. Birds and Their Attributes. Boston, Marshall Jones Co.

Armstrong, E. A. 1965. Bird Display and Behavior. An Introduction to the Study of Bird Psychology. New York, Dover Publications, Inc.

Arnold, S. J. 1976. Sexual behavior, sexual interference and sexual defense in the salamanders *Ambystoma maculatum, Ambystoma tigrinum* and *Plethodon jordani*. Z. Tierpsychol. *42*:247–300.

Arnold, S. J. 1977. The evolution of courtship behavior in New World salamandrids. *In* Taylor, D. H., and Guttman, S. I. Eds. The Reproductive Biology of Amphibians. New York, Plenum Press, pp. 141–183.

Asdell, S. A. 1964. Patterns of Mammalian Reproduction. 2nd ed. Ithaca, N.Y., Comstock Publishing Co.

Atz, J. W. 1965. Hermaphroditic fish. Science *150*:789–797.

Barlow, G. W. 1968. Effect of size of mate on courtship in a cichlid fish, *Etroplus maculatus*. Commun. Behav. Biol. (A) *2*:149–160.

Bartholomew, G. A. 1952. Reproductive and social behavior of the northern elephant seal. Univ. Calif. Publ. Zool. *47*:369–472.

Bartholomew, G. A. 1953. The modification by temperature of the photo-periodic control of gonadal development in the lizard *Xantusia vigilis*. Copeia *1953*:45–50.

Beck, A. J., and Lim, B. L. 1973. Reproductive biology of *Eonycteris spelaea,* Dobson (Megachiroptera) in West Malaysia. Acta Tropica *30:*251–260.

Best, P. B. 1970. The Sperm Whale *(Physeter catodon)* off the West Coast of South Africa. 5. Age, Growth and Mortality. Republic of South Africa, Div. Sea Fisheries, Report No. 79.

Bissonnette, T. H. 1936. Modification of mammalian sexual cycles. V. J. Comp. Psych. *22:*93–103.

Blair, W. F. 1953. Growth, dispersal and age at sexual maturity of the Mexican toad (*Bufo valliceps* Wiegmann). Copeia *1953:*208–212.

Blair, W. F., and Pettus, D. 1954. The mating call and its significance in the Colorado River toad (*Bufo alvarius* Girard). Texas J. Sci. *6:*72–77.

Briggs, J. C. 1953. The behavior and reproduction of salmonid fishes in a small coastal stream. Calif. Dept. Fish and Game, Fish Bull. *94:*1–62.

Brown, M. E., Ed. 1957. The Physiology of Fishes. New York, Academic Press, Inc., 2 Vols.

Bury, R. B. 1979. Review of the ecology and conservation of the bog turtle, *Clemmys muhlenbergii.* Special Scientific Report—Wildlife No. 219, U. S. Dept. Interior, Fish and Wildlife Service, Washington D. C.

Collias, N. E., and Collias, E. E. 1964. Evolution of nest-building in the weaverbirds (Ploceidae). Univ. Calif. Publ. Zool. *73:*1–162.

Cott, H. B. 1961. Scientific results of an inquiry into the ecology and economic status of the Nile crocodile (*Crocodilus niloticus*) in Uganda and Northern Rhodesia. Trans. Zool. Soc. London *29:*211–356.

Cuellar, O. 1974. On the origin of parthenogenesis in vertebrates: the cytogenetic factors. Amer. Naturalist *108:*625–645.

Darevsky, I. S. 1966. Natural parthenogenesis in a polymorphic group of caucasian rock lizards related to *Lacerta saxicola* Eversmann. J. Ohio Herp. Soc. *5:*115–152.

Davis, J. 1971. Breeding and molt schedules of the rufous-collared sparrow in coastal Perú. Condor *73:*127–146.

Enders, A. C. 1963. Delayed Implantation. Published for William Marsh, Rice University, by University of Chicago Press.

Engels, W. L., and Jenner, C. E. 1956. The effect of temperature on testicular recrudescence in juncos at different photoperiods. Biol. Bull. *110:*129–137.

Farner, D. S., and Mewaldt, L. R. 1953. The relative roles of diurnal periods of activity and diurnal photoperiods in gonadal activation in male *Zonotrichia leucophrys gambelii* (Nuttall). Experimentia *9:*219.

Fitch, H. S. 1940. A field study of the growth and behavior of the fence lizard. Univ. Calif. Publ. Zool. *44:*151–172.

Fleming, T. H., Hooper, E. T., and Wilson, D. E. 1972. Three Central American bat communities: structure, reproductive cycles, and movement patterns. Ecology *53:*555–569.

Harrington, R. W., Jr. 1961. Oviparous hermaphroditic fish with internal self-fertilization. Science *134:*1749–1750.

Hatfield, D. M. 1935. A natural history study of *Microtus californicus.* J. Mamm. *16:*261–271.

Hirnstedt, W. 1977. The significance of color signals in partner recognition of the newt *Triturus alpestris.* Copeia *1979:*40–43.

Hjorth, I. 1970. Reproductive behavior in Tetraonidae with special reference to males. Viltrevy (Swedish Wildlife) *7:*183–596.

Hjorth, I. 1974. The lek of the black grouse. British Birds *67:*116–120.

Hodges, W. R., and Behre, E. H. 1953. Breeding behavior, early embryology, and melanophore development in the anabantid fish, *Trichogaster trichopterus.* Copeia *1953:* 100–107.

Hoover, E. E., and Hubbard, H. E. 1937. Modification of sexual cycle in trout by control of light. Copeia *1937:*206–210.

Hubbs, C. L. 1921. The ecology and life-history of *Amphigonopterus aurora* and other viviparous perches of California. Biol. Bull. *40:*181–209.

Jackson, A. W. 1952. The effect of temperature, humidity, and barometric pressure on the rate of call in *Acris crepitans* Baird in Brazos County, Texas. Herpetologica *8:*18–20.

Johnston, D. W. 1956*a.* The annual reproductive cycle of the California gull. I. Criteria of age and the testis cycle. Condor *58:*134–162.

Johnston, D. W. 1956*b.* The annual reproductive cycle of the California gull. II. Histology and female reproductive system. Condor *58:*206–221.

Jones, R. E. 1969. Hormonal control of incubation patch development in the California quail *Lophortyx californicus.* General and Comparative Endocrinology *13:*1–13.

Koford, C. B. 1953. The California Condor. Research Report 4, National Audubon Society, New York.

Kunkel, P. 1974. Mating systems of tropical birds: the effects of weakness or absence of external reproduction-timing factors, with special reference to prolonged pair bonds. Z. Tierpsychol. *34:*265–307.

Lack, D. 1940. Pair-formation in birds. Condor *42:*269–286.

Lack, D. 1954. The Natural Regulation of Animal Numbers. Oxford, The Clarendon Press.

Lehrman, D. S. 1959. Hormonal responses to external stimuli in birds. Ibis *101:*478–496.

Licht, P. 1966. Reproduction in lizards: influence of temperature on photoperiodism in testicular recrudescence. Science *154:*1668–1670.

Licht, P., and Gorman, G. C. 1970. Reproductive and fat cycles in Caribbean anolis lizards. Univ. Calif. Publ. Zool. *95:*1–52.

Ligon, J. D. 1971. Late summer-autumnal breeding of the piñon jay in New Mexico. Condor *73:*147–153.

Lowe, C. H., and Wright, J. W. 1966. Evolution of parthenogenic species of *Cnemidophorus* (whiptail lizards) in Western North America. J. Arizona Acad. Sci. *4:*81–87.

Lyman, C. P. 1943. Control of coat color in the varying hare *Lepus americanus* Erxleben. Bull. Mus. Comp. Zool. *43:*394–461.

Marshall, A. J. 1959. Internal and environmental control of breeding. Ibis *101:*456–478.

Marshall, F. H. A. 1936. Sexual periodicity and the causes which determine it. Philos. Trans. Roy. Soc. London *226:*423–456.

Maslin, T. P. 1962. All-female species of the lizard genus *Cnemidophorus*, Teiidae. Science *135:*212–213.

Mayhew, W. W. 1971. Reproduction in the desert lizard, *Dipsosaurus dorsalis.* Herpetologica *27:*57–77.

Medlen, A. B. 1951. Preliminary observations on the effects of temperature and light upon reproduction in *Gambusia affinis.* Copeia *1951:*148–152.

Miller, A. H. 1948. The refractory period in light-induced reproductive development of golden-crowned sparrows. J. Exper. Zool. *109:*1–11.

Miller, A. H. 1954. The occurrence and maintenance of the refractory period in crowned sparrows. Condor *56:*13–20.

Miller, A. H. 1959. Reproductive cycles in an equatorial sparrow. Proc. Nat. Acad. Sci. *45:*1095–1100.

Murie, A. 1944. The Wolves of Mount McKinley. U.S. Department of Interior, National Park Service, Fauna Ser. 5.

Murie, O. J. 1951. The Elk of North America. The Stackpole Co., Harrisburg, Pennsylvania, and the Wildlife Management Institute, Washington, D.C.

Negus, N. C., and Burger, P. J. 1977. Experimental triggering of reproduction in a natural population of *Microtus montanus.* Science *196:*1230–1231.

Noble, G. K., and Bradley, H. T. 1933. The mating behavior of lizards; its bearing on the theory of sexual selection. Ann. N.Y. Acad. Sci. *35:*25–100.

Noble, G. K., and Curtis, B. 1939. The social behavior of the jewel fish, *Hemichromis bimaculatus* Gill. Bull. Am. Mus. Nat. Hist. *76:*1–46.

Orr, R. T. 1945. A study of captive Galápagos finches of the genus *Geospiza.* Condor *47:*177–201.

Orr, R. T. 1954. Natural history of the pallid bat, *Antrozous pallidus* (Le Conte). Proc. Calif. Acad. Sci. (4) *28:*165–246.

Parkes, A. S., and Bruce, H. M. 1961. Olfactory stimuli in mammalian reproduction. Science *134:*1049–1054.

Payne, R. B. 1969. Breeding Seasons and Reproductive Physiology of Tricolored Blackbirds and Redwinged Blackbirds. Univ. Calif. Publ. Zool. No. 90.

Pearson, O. P., Koford, M. R., and Pearson, A. K. 1952. Reproduction of the lump-nosed bat (*Corynorhinus rafinesquei*) in California. J. Mamm. *33:*273–320.

Perrill, S. A., Gerhardt, H. C., and Daniel, R. 1978. Sexual parasitism in the green tree frog (*Hyla cinerea*). Science *200:*1179–1180.

Pimlott, D. H. 1959. Reproduction and productivity of Newfoundland moose. J. Wildlife Mgmt. *23:*381–401.

Rahn, H. 1942. The reproductive cycle of the prairie rattler. Copeia *1942:*233–240.

Regan, C. T. 1925. Dwarfed males parasitic on the females in oceanic angler-fishes (Pediculati Ceratioidea). Proc. Roy. Soc., Ser. B *97:*386–400.

Reisman, H. M., and Cade, T. J. 1967. Physiological and behavioral aspects of reproduction in the brook stickleback, *Culaea inconstans*. Amer. Midl. Nat. *77*:257–295.

Rowan, W. 1929. Experiments in bird migration. I. Manipulation of the reproductive cycle: seasonal histological changes in the gonads. Proc. Boston Soc. Nat. Hist. *39*:151–208.

Salthe, S. N. 1967. Courtship patterns and phylogeny of the urodeles. Copeia *1967*:100–117.

Sayler, A. 1966. The reproductive ecology of the red-backed salamander, *Plethodon cinereus*, in Maryland. Copeia *1966*:183–193.

Selander, R. K., and Kuich, L. L. 1963. Hormonal control and development of the incubation patch in icterids, with notes on behavior of cowbirds. Condor *65*:73–90.

Shank, M. C. 1959. The natural termination of the refractory period in the slate-colored junco and the white-throated sparrow. Auk *76*:44–54.

Sherrod, L. 1974. The role of sibling associations in the formation of social and sexual companion preferences in ducks (*Anas platyrhynchos*): an investigation of the 'Primacy vs. Recency' question. Z. Tierpsychol. *34*:247–264.

Shine, R. 1979. Sexual selection and sexual dimorphism in the Amphibia. Copeia *1979*: 297–306.

Smyth, M., and Smith, M. J. 1968. Obligatory sperm storage in the skink *Hemiergis peronii*. Science *161*:575–576.

Stebbins, R. C. 1949. Courtship of the plethodontid salamander *Ensatina eschscholtzii*. Copeia *1949*:274–281.

Stebbins, R. C. 1954. Natural history of the salamanders of the plethodontid genus *Ensatina*. Univ. Calif. Publ. Zool. *54*:47–124.

Stuart, G. R. 1954. Observations on reproduction in the tortoise *Gopherus agassizi* in captivity. Copeia *1954*:61–62.

Taber, R. D., and Dasmann, R. F. 1957. The dynamics of three natural populations of the deer *Odocoileus hemionus hemionus*. Ecology *38*:233–246.

Tinbergen, N. 1959. Comparative studies of the behavior of gulls (Laridae): a progress report. Behaviour *15*:1–70.

Verner, J., and Willson, M. F. 1969. Mating Systems, Sexual Dimorphism, and the Role of Male North American Passerine Birds in the Nesting Cycle. Ornith. Monog. 9, Amer. Ornith. Union.

Walker, B. W. 1952. A guide to the grunion. Calif. Fish and Game *38*:409–420.

Werner, J. K. 1969. Temperature-photoperiod effects on spermatogenesis in the salamander *Plethodon cinereus*. Copeia *1969*:592–602.

Williamson, F. S. L. 1956. The molt and testis cycle of the Anna hummingbird. Condor *58*:342–366.

Wilson, D. E., and Findley, J. S. 1970. Reproductive cycle of a neotropical insectivorous bat, *Myotis nigricans*. Nature 225:1155.

Wolfson, A. 1954. Production of repeated gonadal, fat and molt cycles within one year in the junco and white-crowned sparrow by manipulation of day length. J. Exper. Zool. *125*: 353–376.

Wright, P. L. 1947. The sexual cycle of the long-tailed weasel (*Mustela frenata*). J. Mamm. *28*:343–352.

Capítulo **14**

Crescimento e Desenvolvimento

O processo de crescimento inicia-se, quando o óvulo é fertilizado, e pode durar a vida toda, em algumas espécies. Além disso, do nascimento, ou eclosão, até a maturidade, o indivíduo, que está crescendo, ocorre modificações em seu comportamento, associadas ao processo de crescimento.

A relação entre os pais e a prole é muito variável nos vertebrados. Em algumas aves, na maioria dos répteis e anfíbios e em muitos peixes, não existe o cuidado dos pais com os filhotes. A fêmea completa suas obrigações familiares, quando põe o óvulo, e o macho as termina com a fertilização. Em outros vertebrados, especialmente nos mamíferos e na maioria das aves, assim como em algumas espécies inferiores, o cuidado parental é essencial para a sobrevivência dos filhotes. O grau de dependência dos filhotes em relação a um dos pais ou a ambos e o tempo, que esta dependência dura, variam muito.

Os termos ovíparo, ovovivíparo e vivíparo são usados para designar as diferentes relações entre a fêmea e os filhotes durante os estágios iniciais de desenvolvimento da prole. Como será visto, algumas vezes, é difícil dizer em que categoria uma espécie se situa. Os animais, que põem ovos, e que se desenvolvem, conseqüentemente, fora do corpo, são chamados de *ovíparos*. Os animais, que retêm os ovos dentro do corpo, onde eles são incubados antes da eclosão, são chamados de *ovovivíparos*. Finalmente, os animais, cujos filhotes em desenvolvimento permanecem ligados ao trato reprodutor da fêmea, de quem eles recebem oxigênio e alimento, são chamados de *vivíparos*. A oviparidade parece evidente em peixes, como as trutas, que põem ovos, que são até mesmo fecundados fora do corpo da fêmea e que se desenvolvem por si. Em aves, verifica-se que a divisão celular que leva ao desenvolvimento do embrião, ocorre num grau considerável durante algumas horas entre a fertilização e a postura. Alguns répteis podem reter seus ovos no trato reprodutor, até que a incubação já esteja bastante avançada; outros os retêm até a eclosão. Deste modo, encontram-se exemplos de vertebrados, que representam todos os estágios entre a oviparidade e a ovoviviparidade. Do mesmo modo, existem espécies cujos filhotes se desenvolvem dentro do corpo de um dos pais; o vínculo entre o filhote e um dos pais pode dar-se por mero contato ou ser extremamente complicado. O simples contato entre uma cauda larval vascularizada e o epitélio uterino, como um meio de se obter oxigênio, pode representar um dos extremos, e o outro pode ser representado pela complicada placenta dos mamíferos e as membranas fetais associadas, que unem mãe e filhote.

Para complicar ainda mais, existem vertebrados cujos filhotes se desenvolvem dentro de outras regiões do corpo, que não o trato reprodutor feminino, ou sobre elas; podem até mesmo desenvolver-se dentro de regiões do corpo do macho. Entretanto, por conveniência, os termos ovíparo, ovovivíparo e vivíparo serão usados neste texto e os exemplos das variações serão mencionados.

PERÍODO PRÉ-NATAL OU PRÉ-ECLOSÃO: ESPÉCIES OVÍPARAS E OVOVIVÍPARAS

Os mamíferos monotremados e as aves são classificados como ovíparos, ainda que, como foi mencionado anteriormente, possa ocorrer algum desenvolvimento, antes da postura. Além disso, com algumas exceções, o desenvolvimento dos filhotes até a eclosão depende do calor proveniente do corpo de um dos pais ou de ambos, durante o período de incubação. Muitos dos répteis, anfíbios e peixes são ovíparos ou ovovivíparos. Os ovos das espécies ovovivíparas são, necessariamente, fertilizados dentro do corpo das fêmeas. A fertilização pode ser externa ou interna nas espécies ovíparas. A fertilização externa ocorre na maioria das espécies marinhas e aquáticas, cujos ovos não têm casca. Nos mamíferos, que põem ovos, nas aves e répteis e em algumas espécies de anfíbios e peixes, os ovos são fertilizados internamente. Na maioria destas espécies, ainda que não em todas, os ovos, quando postos, são recobertos por cascas coriáceas ou calcárias, que impedem a fertilização subseqüente. Ocorre uma exceção em *Ascaphus truei* da região oeste da América do Norte. Apesar dos ovos deste anfíbio não terem casca, freqüentemente, eles são depositados em riachos das montanhas, cujo fluxo é rápido, e onde seria muito difícil ocorrer a fertilização externa.

Mamíferos

Os únicos mamíferos, que põem ovos, encontrados atualmente são o ornitorrinco *(Ornithorhyncus anatinus)* da Austrália e as équidnas, que pertencem aos gêneros *Tachyglossus* e *Zaglossus*; são encontradas em regiões da Nova Guiné, Austrália e Tasmânia. A fêmea do ornitorrinco constrói um ninho de vegetação numa câmara com um túnel de reprodução. Os ovos esbranquiçados, de casca mole, variam de um a três e exigem aproximadamente 14 dias de incubação antes da eclosão, segundo se acredita (Burrell, 1927).

Aves

Todas as aves são ovíparas e a maioria delas constrói ninhos de um tipo ou de outro, em que os ovos são postos. Entretanto, existem algumas espécies que não põem seus ovos em ninhos, e outras que não incubam seus próprios ovos.

A andorinha-do-mar *(Gygis alba)* do sul do oceano Atlântico e oceano Pacífico põe apenas um ovo sobre rochas ou ramos horizontais, sem usar nenhum material para fazer o ninho (Fig. 14.2). Muitas aves, que pertencem à ordem Caprimulgiformes, como os curiangos e os bacuraus, põem seus ovos sobre o solo, diretamente. Ainda que os ovos de muitos membros deste grupo sejam brancos, a coloração protetora dos adultos, que estão incubando, torna difícil achá-los. O maçarico *(Charadrius vociferus)* é uma ave norte-americana muito conhecida, que, freqüentemente, põe seus ovos diretamente

Figura 14.1. A gaivota *(Larus occidentalis)* do oeste da América do Norte constrói um ninho simples com vegetais e penas disponíveis.

Figura 14.2. A andorinha-do-mar *(Gygis alba)* incuba seu único ovo num ramo horizontal desnudo (Fotografado nas ilhas Seychelles.)

Figura 14.3. O ninho do maçarico (*Charadrius vociferus*), freqüentemente, é feito apenas de pedras.

sobre o chão. Ocasionalmente, são usadas pequenas quantidades de material para a feitura do ninho, como pedaços de vegetais e pedras (Fig. 14.3). Os ovos desta espécie são coloridos, com manchas escuras sobre um fundo amarelado, o que desempenha um papel protetor. Eles se misturam tão bem com o substrato que, freqüentemente, é difícil distingui-los a uma pequena distância. Isto também acontece com a maioria das aves costeiras.

Existem poucas aves parasitas, que põem seus ovos nos ninhos de outras aves e deixam o problema da incubação e do cuidado com os filhotes para o hospedeiro. O molotro (*Molothrus ater*) é uma espécie norte-americana bem conhecida, que apresenta este hábito. Em relação aos hábitos de procriação, são notáveis os megapodídeos, que vivem em regiões da Austrália e Índias Orientais. Estas aves enterram seus ovos em morros de vegetais em decomposição ou em cinzas vulcânicas quentes; é o calor do próprio ninho, que incuba os ovos (Fig. 14.4).

Figura 14.4. Um morro desocupado, construído por um megapodídeo (*Leipoa ocellata*, família Megapodiidae), onde os ovos haviam sido incubados anteriormente pelo calor proveniente da vegetação em decomposição.

Entretanto, a maioria das aves constrói algum tipo de ninho, em que os ovos são postos e incubados por um dos pais ou por ambos. Os locais dos ninhos são bastante variados. A maioria das procelárias e cagarras constrói seus ninhos em buracos no chão ou sob rochas (Fig. 14.5). Alguns martins-pescadores e andorinhas fazem seus ninhos em buracos à margem de rios. Alguns andorinhões e andorinhas prendem seus ninhos a rochedos verticais ou em estruturas feitas pelo homem (Fig. 14.6). Muitas aves, incluindo a maioria dos pica-paus, fazem seus ninhos em buracos de árvores (Fig. 14.7). Outras espécies o fazem no chão, na vegetação rasteira ou em árvores. Os mergulhões fazem ninhos flutuantes na água.

Tanto os locais escolhidos pelas aves para fazer seus ninhos, como também o material usado na construção dos ninhos, sua forma e tamanho variam muito conforme a espécie. Muitas espécies passeriformes pequenas constroem um ninho aberto, em forma de taça, com talos de gramas, fibras de plantas e raízes ou outros materiais como penas e pêlos de animais, freqüentemente, incorporados ao ninho. As aves maiores, que constroem ninhos em forma de taça, usam materiais maiores. Os gaios e os corvos constroem os ninhos com gravetos (Fig. 14.8). As águias-douradas usam pequenos galhos para construir seus grandes ninhos, que, às vezes, são usados, repetidamente, ano após ano. A maioria dos membros da família dos chapins (Paridae) constrói ninhos e buracos, mas alguns não o fazem, como *Psaltriparus mimimus,* que constrói um ninho pendente, longo e coberto, com um buraco em um dos lados. O pisco-de-peito-ruivo *(Turdus migratorius)* fortalece seu ninho, também em forma de taça, com barro. Algumas andorinhas constroem ninhos em forma de taça, ou de retorta, quase que inteiramente com barro. A maioria dos andorinhões cola o material do ninho com

Figura 14.5. Entrada da toca de um ninho de uma cagarra *(Puffinus tenuirostris)*, na ilha Phillip, estreito de Bass, Austrália.

Figura 14.6

Figura 14.7

Figura 14.8

Figura 14.6. O ninho da andorinha *(Hirundo rustica)* é feita de barro com palha, penas e, algumas vezes, pêlos de cavalo.

Figura 14.7. Ninho de *Sitta canadensis*, numa faia preta *(Populus tremuloides)*. Foi removida uma secção do tronco.

Figura 14.8. Um ninho aberto, em forma de taça, de *Cyanocitta stelleri* num abeto *(Pseudotsuga menziesii)*.

saliva, mas algumas espécies pertencentes ao gênero *Collocalia* da Ásia e leste do Pacífico constroem seus ninhos inteiramente com secreções salivares. É destes ninhos que se faz a sopa de ninhos, um prato típico do Oriente.

Em geral, entre as aves, tende a existir uma correlação entre o tamanho do corpo e o tamanho dos ovos. Os beija-flores produzem os menores ovos e o avestruz, os maiores. Entretanto, os ovos das espécies, cujos filhotes eclodem em estágios avançados de desenvolvimento, geralmente são maiores que os de outras espécies, de tamanhos semelhantes, cujos filhotes dependem inteiramente de seus pais, quando nascem. Os ovos das aves, que fazem seus ninhos em buracos, geralmente, são brancos ou esbranquiçados. A maioria das aves, mas não todas, que fazem ninhos abertos, tendem a ter ovos coloridos. Os ovos podem ter uma cor única ou serem decorados com manchas, pintas ou linhas.

O número de ovos postos pelas aves pode variar desde um a cada dois anos no condor da Califórnia, chegando até 20 por ninhada ou mais, no caso de alguns galináceos. O período de incubação varia de 11 dias em algumas espécies passeriformes até 11 a 12 semanas no albatroz real *(Diomedea epomophora)*. Rahn e Ar (1974) estimaram que o tempo de incubação para 475 espécies é proporcional ao peso do ovo elevado à potência 0,22. Em algumas espécies, como os beija-flores, apenas as fêmeas incubam. Em outras, como os falaropos, apenas os machos incubam. Entretanto, na maioria das espécies, ambos os sexos participam da incubação.

Entre as aves, que incubam seus próprios ovos, um dos adultos mantém-se presente em quase todos os instantes para manter os ovos aquecidos, com exceção da ordem dos Procellariformes. Algumas destas espécies oceânicas, como a procelária, podem deixar os ovos sozinhos por até uma semana, sem que o embrião morra. Parece que isto é uma adaptação à vida oceânica, onde a busca de alimento pode dar-se a uma distância considerável do ninho, e os fatores climáticos podem impedir o pronto retorno ao ninho. A negligência deste tipo pode prolongar o período de incubação, proporcionalmente ao número de dias em que os ovos foram negligenciados.

Répteis

As tartarugas marinhas e terrestres são ovíparas e geralmente enterram seus ovos na areia, barro ou solo (Fig. 14.9). Os ovos tendem a ser esféricos ou ovais, e seu número varia com a espécie, idade e tamanho da fêmea. Geralmente, eles são envoltos por uma casca dura, mas, em algumas espécies, a casca pode ser bastante fina.

A fêmea da tartaruga comum *(Chelydra serpentina)* pode atravessar mais de uma milha a partir da lagoa ou rio onde vive até encontrar um local disponível para pôr seus ovos. Eles são depositados numa cavidade, que ela cava com seus membros posteriores. Depois de cobrir os ovos, ela volta para a água. Os ovos eclodem em 12 a 16 semanas.

O cágado *(Clemmys marmorata)* põe de 5 a 11 ovos, que são enterrados num buraco que a fêmea cava com seus membros posteriores. Para isso, são escolhidos locais ensolarados e abertos.

A tartaruga *Caretta caretta*, geralmente, vem até a praia à noite para pôr seus ovos. Os ovos, em número de 50 a 100, são depositados num buraco cavado com os membros posteriores na areia, acima da maré alta. Imediatamente depois dos ovos terem sido cobertos, a fêmea retorna para o mar. Os ovos eclodem em aproximadamente 2 meses ou um pouco mais.

As observações feitas por Stuart (1954) sobre a tartaruga do deserto *(Gopherus agassizi)* em cativeiro mostraram que a fêmea cava um buraco com seus pés, usando um de cada vez, durante um a quatro dias antes da postura. Depois de dois a nove ovos terem sido postos, os membros posteriores são novamente empregados para cobrir o

Figura 14.9. Uma tartaruga *(Chelonia mydas)* que está voltando para o mar, depois de ter posto seus ovos (Fotografado por Fritz Goro, Time-Life Picture Agency © Time Inc.)

buraco. A escavação e a postura foram observadas no fim da tarde e algumas vezes, até durante a noite. Os ovos incubados artificialmente eclodiram em 80 a 118 dias, após a postura.

As fêmeas de algumas espécies de tartarugas são capazes de manter espermatozóides viáveis em seu trato reprodutor durante muito tempo. Foi descrito que a tartaruga *Malaclemys terrapin* põe ovos férteis durante quatro anos, após um único acasalamento.

Todos os crocodilianos põem ovos, que são depositados num buraco ou num ninho. O ninho de um aligátor americano *(Alligator mississipiensis)*, descrito por Ditmars (1922), consistia de um montículo de ramos úmidos, musgos e entulho, de aproximadamente 1,5 m de diâmetro por 60 cm de altura. Nele, havia 38 ovos brancos e ovais, com casca dura, que mediam 8 cm por 4,5 cm. Estavam dispostos em duas camadas na superfície do ninho. O período de incubação foi de aproximadamente 9 a 10 semanas. Algumas vezes, as fêmeas retornavam ao ninho durante a incubação.

Apesar da maioria dos lacertílios e cobras serem ovíparas, existem algumas que são ovovivíparas e até mesmo algumas que são definidamente vivíparas (veja pág. 466). Os ovos dos lacertílios ovíparos são brancos ou cor de creme e, geralmente, têm uma casca flexível, mas resistente. Em algumas lagartixas, a casca dos ovos é dura.

O tamanho dos répteis parece ser um fator determinante no que se refere ao número de filhotes de uma ninhada. As grandes cobras e os lacertílios tendem a ter mais filhotes do que as espécies pequenas. Além disso, os filhotes são relativamente maiores em ninhadas pequenas do que nas grandes. As cobras são mais prolíficas do que os lacertílios; geralmente, têm 2 a 16 filhotes de uma só vez, enquanto a maioria dos lacertílios, segundo Fitch (1970) tem apenas 2 filhotes por ninhada. Entretanto, sempre existem exceções: algumas cobras, especialmente as jibóias e pítons, põem de 80 a 100 ovos, segundo se sabe; e alguns lacertílios iguanídeos grandes podem produzir ninhadas de 30 a até 60 filhotes. A idade também é um fator importante; as fêmeas mais velhas produzem mais ovos ou filhotes que as primíparas. As fêmeas da espécie *Python reticulatus*, cujo comprimento varia de 3 a 3,5 cm, têm ninhadas com 14 a 16 ovos, enquanto as fêmeas com mais de 7,5 m podem ter até 100 filhotes numa só ninhada.

Muitos lacertílios enterram seus ovos na terra ou areia. Alguns depositam-nos em pedaços de madeira podre, sob rochas ou em fendas. As fêmeas de várias espécies norte-americanas de lagartos do gênero *Eumeces* guardam seus ovos em câmaras subterrâneas até que os filhotes tenham eclodido, o que requer de 5 a 6 semanas. O monstro-de-gila *(Heloderma suspectum)* põe quatro ou cinco ovos muito grandes, cujo comprimento varia de 6 a 7 cm. São depositados num buraco, de 7 a 10 cm de profundidade; a fêmea cava-o na areia úmida, num local ensolarado. O período de incubação para esta espécie é de aproximadamente 1 mês. Os ovos de *Cnemidophorus tigris* , em cativeiro, eclodem após 80 a 82 dias. O período de incubação para lagarto do deserto *(Dipsosaurus dorsalis)* é de aproximadamente 75 dias e, para as espécies ovíparas do gênero *Phrynosoma*, este período é de aproximadamente 2 meses ou mais.

Os ovos das cobras, como os dos lacertílios, são brancos ou cor de creme. Geralmente, eles possuem cascas flexíveis e são bastante alongados (Fig. 14.11). O número de ovos postos varia de um a mais de 100, dependendo da espécie. Algumas vezes, os ovos aderem entre si. Muitas cobras enterram seus ovos em terrenos macios, freqüentemente úmidos. Algumas vezes, eles são depositados em pedaços de madeira podre ou sob pedras. Os ovos da cobra *Masticophis flagellum* do sul dos Estados Unidos e México foram encontrados enterrados a uma profundidade de 28 cm.

Poucas cobras cuidam de seus ovos, depois da postura. Mas, a fêmea da píton arruma os ovos como uma pirâmide, em volta da qual ela se enrola, depois da postura. A cabeça é colocada sobre o ápice da pirâmide de modo a recobri-los parcialmente. A temperatura do corpo da fêmea aumenta de alguns graus centígrados durante a incubação. Durante o período de incubação (6 meses), ocasionalmente, ela sai para beber. A

Figura 14.10. A lagartixa *(Gecko gecko)* do sudeste da Ásia pode fixar seus ovos a rochas. Nesta fotografia, são mostrados três destes ovos; um deles está em processo de eclosão.(Fotografia de Steven C. Anderson.)

cobra *Farancia abacura* da América do Norte enrola-se ao redor de seus ovos, apesar de não se saber se ela é capaz de elevar sua temperatura do corpo.

O período de incubação para os ovos de muitas espécies de cobras varia de 2 a 3 meses em condições naturais. No cativeiro, este período pode ser menor. Os ovos de *Diadophis amabilis*, em cativeiro, eclodem em seis semanas. Existem registros de ovos

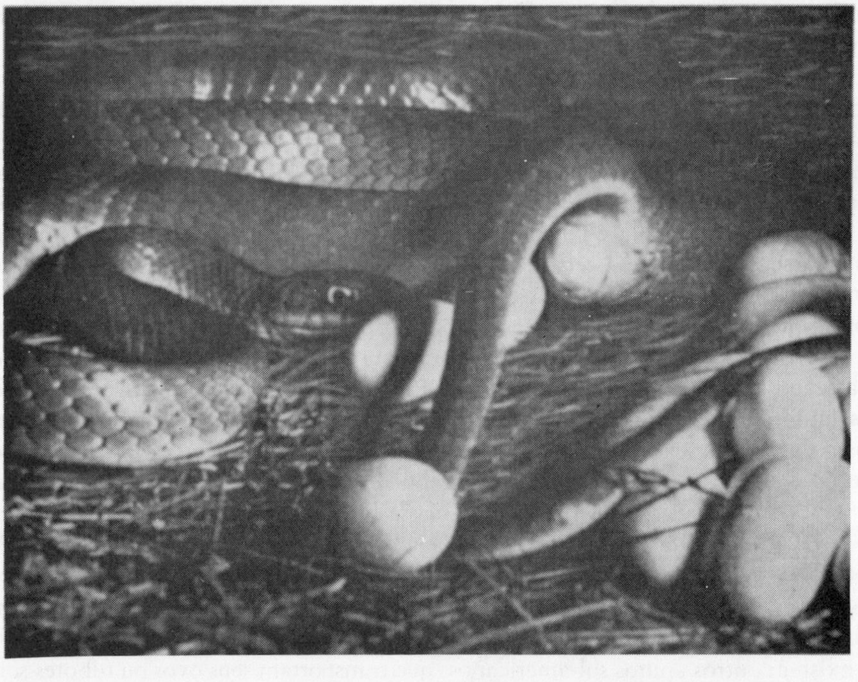

Figura 14.11. A cobra *Coluber constrictor* pondo ovos (Fotografia de Fritz Goro, Time-Life Picture Agency, © Time Inc.)

de *Opheodrys vernalis*, que eclodiram num período de 4 a 23 dias, apesar disto sugerir que a incubação estivesse bastante adiantada antes dos ovos serem postos (Stebbins, 1954).

Todas as cascavéis da América do Norte são ovovivíparas. Os ovos são recobertos por uma estrutura semelhante ao pergaminho e são mantidos dentro do trato reprodutor das fêmeas, até que estejam prontos para a eclosão.

Anfíbios

Apesar da maioria dos anfíbios ser ovípara, existem alguns, que são ovovivíparos e umas poucas espécies, que podem ser classificadas como vivíparas.

Geralmente, os ovos dos anfíbios são recobertos por uma ou mais cascas gelatinosas. Algumas vezes, a camada externa é bastante viscosa, de modo que os ovos podem permanecer unidos uns aos outros ou a objetos. O número de ovos postos por uma fêmea varia muito com a espécie. A diminuta rã de Cuba *(Sminthillus limbatus)* põe apenas um ovo. A salamandra de dorso vermelho *(Plethodon cinereus)* do oeste da América do Norte pode pôr tão somente três ovos. O extremo oposto é encontrado no sapo *Bufo woodhousei*, que põe até 25.000 ovos, conforme relatos. Em geral, os anuros tendem a produzir mais ovos que os caudados.

Os ovos dos anfíbios podem ser postos isoladamente, em cachos de vários tamanhos, em massas planas, em cordões ou unidos como contas de rosário. Podem flutuar livremente na água; podem fixar-se a pedras, plantas aquáticas ou outros objetos submersos. Podem, ainda, ser enterrados no solo, colocados em buracos do chão ou em cavidades das árvores. Os ovos em desenvolvimento podem até manter-se fixados às várias regiões do corpo dos animais de ambos os sexos ou estar contidos no interior de algumas destas regiões do corpo. Os ovos, que são depositados num meio claro e bem iluminado, geralmente, apresentam alguma pigmentação, enquanto os ovos, que são postos em meios escuros ou mantidos no interior do corpo, geralmente não apresentam pigmentação.

Algumas adaptações notáveis foram desenvolvidas nesta classe de vertebrados para a proteção dos ovos e dos filhotes. Em algumas pererecas sulamericanas do gênero *Hyla*, o macho constrói um cerco circular de lama, ao longo das margens rasas dos lagos. A fêmea põe os ovos nestes cercos, ou células, e eles ficam protegidos do ataque de predadores aquáticos deste modo. Existem pererecas asiáticas do gênero *Rhacophorus*, que constroem ninhos de espuma; para isto, o macho e a fêmea batem nas massas de ovos com seus membros posteriores. Quando a camada externa da espuma seca, forma-se uma crosta protetora, mas o ar mantido dentro das bolhas provê o oxigênio para os filhotes, que se está desenvolvendo. Um outro tipo interessante de ninho é o construído pela perereca *Phyllomedusa sauvagei* do Paraguai. A fêmea desta espécie, inicialmente, põe as cápsulas dos ovos vazias, que ela usa para colar as extremidades de várias folhas vivas juntas, formando assim uma câmara em forma de taça, suspensa num ramo. Os ovos são postos nestes ninhos e recobertos com cápsulas também vazias, o que lhes dá proteção em relação à face superior do ninho. O leptodactilídeo sul-americano *Engystomops pustulosus* deposita seus ovos numa massa branca e espumosa, que flutua na água, mas que, geralmente, se fixa a algum objeto acima da superfície. Sexton e Ortleb (1966) descobriram, como resultado de uma série de experimentos, que, nesta espécie, o local de postura dos ovos parece depender da presença de uma superfície vertical sólida, que se intersecte com a água.

Existem outros anuros sul-americanos, que transportam seus ovos ou filhotes sobre o corpo ou dentro dele (Figs. 14.12 a 14.15). Um exemplo bem conhecido é o do cururu-pé-de-pato *(Pipa pipa)*. Nesta espécie, a fêmea tem um ovipositor alongado, que lhe

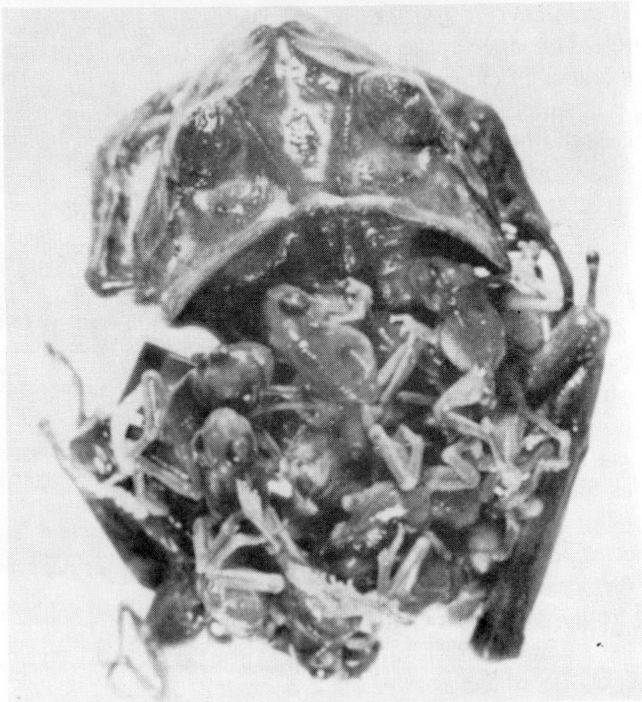

Figura 14.12. Uma fêmea da espécie *Ceratohyla bubalus* com os filhotes em seu dorso (Fotografia de um espécime do American Museum of Natural History, feita por Alan Leviton.)

permite colocar os ovos no seu dorso. O macho os fertiliza e os empurra para baixo, para dentro da pele dorsal da fêmea. Forma-se logo uma crosta sobre cada ovo, de modo que ele fica contido numa pequena célula. No hilídeo *Ceratohyla bubalus*, os ovos e os filhotes também são transportados no dorso das fêmeas (Fig. 14.12). A fêmea *Gastro-*

Figura 14.13. Em algumas rãs braquicefalídeas sul-americanas, os machos guardam os ovos e transportam os girinos em seu dorso. A fotografia acima é de uma rã macho *(Phyllobates bicolor)* com as larvas (Fotografia tirada próximo a Tingo Maria, Peru, por Edward S. Ross.)

Figura 14.14. Uma fêmea de *Gastrotheca riobamae*. As saliências do dorso são causadas por ovos na bolsa. (Fotografado no Equador, por Edward S. Ross.)

theca riobamae da América do Sul tem uma bolsa no seu dorso, com uma pequena abertura, dirigida para trás. Os ovos são incubados nesta bolsa (Fig. 14.14). A rã do Chile *(Rhinoderma darwini)* é singular no que se refere ao macho incubar os ovos na sua bolsa vocal, até que os filhotes nasçam como pequenas rãs, completamente formadas, depois da metamorfose estar completa.

Figura 14.15. Vista dorsal de um hilídeo do Equador *(Amphignathodon guntheri)*, que mostra a entrada, semelhante a uma fenda, para a bolsa no dorso, onde os ovos são incubados. Esta é a única rã com dentes verdadeiros em ambas as maxilas (Fotografado por Alan Leviton.)

A grande maioria dos anfíbios da América do Norte põe seus ovos na água, onde os filhotes se desenvolvem sozinhos, sem a presença de nenhum dos pais. A salamandra arborícola *(Aneides lugubris)* da Califórnia, por exemplo, põe seus ovos em cavidades de árvores ou de troncos de árvores podres, ou em buracos no chão e um ou ambos os pais os incubam. Os ovos da salamandra de Eschscholtz *(Ensatina eschscholtzi)* são guardados pela fêmea sob cascas de árvores podres ou numa toca de algum animal. Na salamandra vermelha *(Plethodon cinereus)*, uma outra espécie de pletodontídeo, em que o desenvolvimento da larva ocorre antes da eclosão, a fêmea guarda seus ovos da postura (que ocorre em junho) até que os filhotes nasçam, em agosto. Ela pode permanecer com os filhotes, até que eles deixem o ninho, duas ou três semanas mais tarde. Algumas outras espécies têm hábitos semelhantes.

O período de incubação para os anfíbios caudados, geralmente, é maior do que para os anuros. Os ovos de *Amphiuma* requerem aproximadamente 4 meses para eclodirem. Os ovos de *Necturus* eclodem em 2 a 2 meses e meio. O tritão *(Triton cristatus)* da Europa tem um período de incubação relativamente curto (13 dias). Os ovos da rã *(Rana aurora)* da América do Norte eclodem em aproximadamente 6 semanas, depois de terem sido postos, enquanto os de *Scaphiopus* podem eclodir em 36 horas. Os ovos de *Atelopus* do Uruguai eclodem em 24 horas.

Peixes

Os peixes exibem uma diversidade ainda maior do que os anfíbios em relação aos ovos e cuidados durante o período de desenvolvimento.

A maioria dos peixes é ovípara, e seus ovos são postos na água ou, pelo menos, são mantidos úmidos pela ação das ondas. Algumas espécies põem ovos, que têm um peso específico, relativamente baixo e flutuam livremente. São chamados de ovos pelágicos. Outros produzem ovos de um peso específico maior e afundam. São chamados de ovos demersais. Geralmente, os ovos demersais são postos na superfície e, com freqüência, têm uma camada externa viscosa, que promove sua adesão a objetos ou a outros ovos.

Geralmente, os ovos dos peixes ovíparos têm alguma camada externa protetora. Por exemplo, os do salmão são envoltos por uma membrana resistente, mas permeável, chamada córion. Os ovos de alguns tubarões são envoltos não apenas por camadas de albumina, mas também por uma casca. Em geral, os peixes, que põem seus ovos em algum tipo de ninho ou que os guardam, produzem menos ovos do que os peixes que não o fazem. O esgana-gata *(Gasterosteus)* põe menos de 100 ovos. Os cavalos-marinhos podem produzir de 100 a 600 ovos. Em contraposição, o esturjão e o bacalhau, segundo se estima, põem vários milhões de ovos durante uma estação de reprodução. O número de ovos postos também varia com a idade; as fêmeas mais velhas produzem mais ovos do que as fêmeas mais jovens.

Existe uma grande variação em relação ao tamanho dos ovos de vários peixes. Os ovos de alguns tubarões ovíparos podem ter vários centímetros de comprimento, enquanto se estima que seria necessário de meio a um milhão de ovos de *Roccus chrysops* da região central dos Estados Unidos, para encher uma jarra de 1 litro.

Apesar de existirem muitos tipos de peixes ovíparos, que não cuidam de seus ovos depois deles terem sido postos e fertilizados, existem outros, que desenvolveram vários métodos de dar proteção a seus ovos. Eles podem ser guardados por um dos pais ou por ambos, podem ser enterrados, podem ser postos em ninhos ou podem ser transportados sobre as regiões do corpo ou dentro delas.

Os ovos de *Ophiodon elongatus* são depositados em massas adesivas em locais rochosos protegidos, abaixo do nível da maré baixa e guardados cuidadosamente pelo macho. *Pimephales notatus* põe seus ovos sob pedras ou outros objetos na água, onde são guardados pelos machos. O macho de *Amia calva* limpa uma área circular numa região de água calma e guarda os ovos, que a fêmea deposita ali. Os machos de *Micropterus dolomieui* e de *M. salmoides* cavam uma depressão circular com a cauda para guardar os ovos. Os últimos são colocados na superfície do ninho e guardados pelo macho (Fig. 14.16). Os ovos de *Gobius minutus* são guardados pelos machos e aerados como resultado de seus movimentos.

Existem outros peixes que enterram seus ovos. O salmão e a truta entram nesta categoria. Neste grupo, uma depressão, ou ninho, é cavada pela fêmea no cascalho ou na areia. Depois dos ovos terem sido fertilizados, a fêmea se move um pouco para cima, no rio, e agita a areia e o cascalho, de modo que eles sejam levados pela corrente e cubram os ovos. As lampréias também enterram seus ovos no cascalho. Alguns peixes da América do Sul e África vivem em lagoas pequenas e separadas, que podem secar durante os períodos de seca. Entretanto, antes disto acontecer, os adultos desovam e os ovos, com uma cobertura resistente, são capazes de sobreviver na lama, até a chegada da estação das chuvas.

O esgana-gata (*Gasterosteus)* constrói um ninho elaborado, um pouco parecido com os ninhos das aves, em que a fêmea põe menos de 100 ovos. O ninho e os ovos são guardados pelo macho. O macho de *Trichogaster trichopterus* constrói um ninho de bolhas. Isto é feito da seguinte maneira: o macho sobe até a superfície, enche a boca de ar, onde este é envolvido por muco, e solta as bolhas, soprando-as de modo que elas fiquem fixadas a algum vegetal aquático flutuante. Depois da fêmea ter posto os ovos, o macho pega-os, sopra-os juntamente com as numerosas bolhas do ninho e passa a guardar o ninho. Existem várias famílias de peixes, que são conhecidas como incubadores bucais. Nestas espécies algumas vezes, um dos pais ou ambos incubam os ovos em sua boca (Fig. 14.17).

Como foi observado no capítulo 10, *Rhodeus amarus* desenvolveu um hábito singular de pôr seus ovos num sifão de um bivalve, onde eles se desenvolvem (Fig. 14.18). Para isto, a fêmea, sob influência hormonal, desenvolve um ovipositor alongado e tubular.

Figura 14.16. O macho de *Micropterus dolomieui* guarda seus ovos, até que eles eclodam.

Figura 14.17. Um macho de *Opisthognathus*; sua cabeça projeta-se da toca. A boca está cheia de ovos. Esta é uma das poucas espécies marinhas, que são incubadoras bucais. (Fotografado no Steinhart Aquarium, São Francisco.)

Existem peixes, que desenvolveram métodos de transportar seus ovos no corpo, de forma muito semelhante aos anfíbios. Eles podem aderir à face inferior do corpo ou da cauda ou serem mantidos dentro de uma espécie de bolsa. A bolsa pode ser abdominal ou subcaudal. Pode consistir de pregas laterais situadas em ambas as faces, que podem estar unidas, ou não. Se unidas, podem ou não estar fundidas. No cavalo-marinho macho (Fig. 14.19), as pregas abdominais laterais fundem-se completamente, na maior parte de sua extensão, deixando uma pequena abertura na região frontal para a inserção dos ovos.

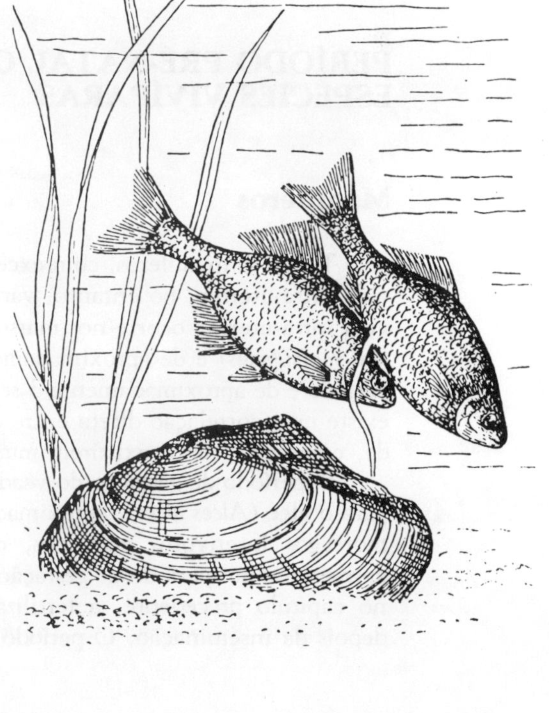

Figura 14.18. Macho e fêmea de *Rhodeus amarus*; o ovipositor da fêmea está inserido num bivalve. (Segundo Norman, In Young, J.Z.: The life of vertebrates. Oxford, Clarendon Press, 1950.)

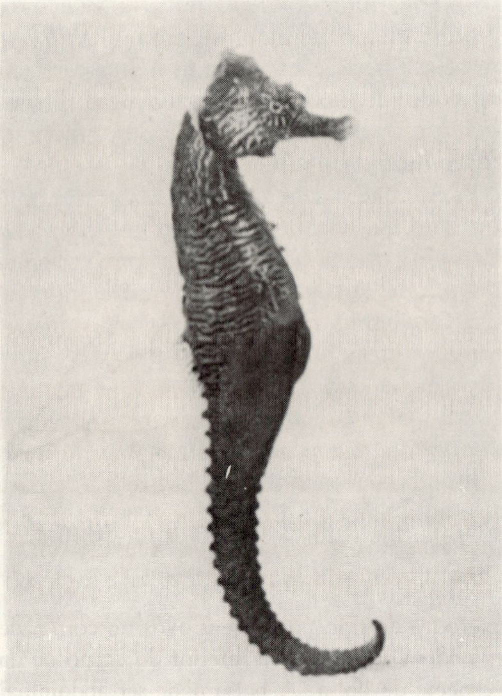

Figura 14.19. Um cavalo-marinho macho *(Hippocampus hudsonius)*, mostrando a abertura, em forma de fenda, da bolsa abdominal, em que os ovos são incubados.

O período de incubação para os ovos dos peixes varia com as espécies. Os ovos de certas espécies eclodem depois de 22 a 24 horas após a fertilização. Os ovos de outras espécies requerem aproximadamente 2 dias. Os ovos do lúcio (gênero *Esox*) eclodem em uma a duas semanas. Os ovos da truta arco-íris, exigem aproximadamente 35 dias. Os ovos do salmão do Atlântico requerem aproximadamente 68 dias de incubação. Os cavalos-marinhos incubam seus ovos durante 4 a 6 semanas.

PERÍODO PRÉ-NATAL OU PRÉ-ECLOSÃO: ESPÉCIES VIVÍPARAS

Mamíferos

Todos os mamíferos, com exceção dos monotremados, são vivíparos. O período de vida intra-uterina, no entanto, varia muito nos diferentes grupos. O menor período de vida intra-uterina ocorre nos marsupiais. O período de gestação para os gambás *(Didelphis marsupialis)* é de aproximadamente 13 dias. Para a maioria dos camundongos, este período é de aproximadamente 3 semanas e para o coelho doméstico, 32 dias. Em geral, existe uma correlação direta entre o tamanho do corpo e a duração da gestação, apesar de, como será visto, existirem muitas exceções a esta regra.

O período de gestação do veado *Odocoileus virginianus* é aproximadamente 200 dias; para o alce *(Alces alces)*, aproximadamente 8 meses e para o elefante, 20 meses. Alguns morcegos insetívoros pequenos, cujo corpo pesa menos de que um camundongo, apresentam um período de gestação de vários meses e, como foi mostrado anteriormente no capítulo precedente, a fertilização em certas espécies pode ocorrer alguns meses depois da inseminação. O período de desenvolvimento proporcionalmente longo pode associar-se à heterotermia, característica destes animais. Parece provável que o desenvolvimento embrionário seja retardado, quando a temperatura do corpo da fêmea seja aproximadamente a mesma do meio ambiente, durante os períodos diários de repouso, como acontece com alguns morcegos insetívoros.

Existem alguns mamíferos, em que ocorre a implantação retardada, que prolonga muito o período de gestação. Os estudos de Wright (1942) e Wright e Rausch (1955) mostraram que alguns mustelídeos, doninhas, martas e outros geram durante os meses de verão e o embrião se desenvolve até o período de blastocisto. O desenvolvimento interrompe-se até o meio do inverno, ou um pouco mais tarde, quando o blastocisto se implanta na parede uterina e o crescimento prossegue; o filhote nasce na primavera. Aparentemente, o período de gestação pareceria ser de $^3/_4$ do ano, mas o crescimento embrionário real ocorre durante menos da metade deste tempo.

A maioria dos grandes herbívoros, como os cetáceos, os pinipédios e muitas espécies de morcegos têm um ou, menos comumente, dois filhotes de cada vez. O número de filhotes por parto é bastante variável nos insectívoros, carnívoros e roedores. A maioria dos musaranhos tem de três a sete filhotes, os carcajus têm de 2 a 4; as doninhas chegam a ter nove filhotes; os lobos, geralmente, têm de 5 a 8 filhotes, os ursos de 2 a 4; os ratos silvestres de 5 a 7 e ocasionalmente mais; alguns esquilos-do-chão podem ter até 10 filhotes numa ninhada. O gambá pode criar até 12 filhotes.

O número de filhotes numa ninhada, assim como o número de ninhadas por ano, é maior nas espécies, que apresentam um maior índice de mortalidade. Os ratos e os camundongos silvestres são prolíferos em muitas regiões da América do Norte. As fêmeas podem produzir várias ninhadas de um bom número por ano. Entretanto, estes pequenos roedores sofrem a predação dos carnívoros, falcões, corujas e cobras, constantemente, o que exige um alto potencial reprodutivo.

Um outro fator, que pode influenciar o número de ninhadas por ano e onúmerode filhotes por ninhada, é a duração da estação de reprodução. As espécies, que vivem em regiões onde as condições climáticas amenas permitem uma estação de reprodução longa, freqüentemente, têm pequenas ninhadas, mas, em contraposição, apresentam mais ninhadas por ano do que as espécies estreitamente aparentadas, que vivem em áreas onde a estação de reprodução é curta em decorrência de condições climáticas desfavoráveis, durante a maior parte do ano. Como exemplo, o coelho *(Sylvilagus audubonii)*, que vive nas regiões baixas áridas ou semi-áridas do oeste da América do Norte, onde os invernos são relativamente brandos, reproduzem-se durante todo o ano, apesar de haver picos locais (Ingles, 1941). Na Califórnia, onde as evidências indicam que muitas fêmeas têm mais de duas ninhadas por ano, o número médio de filhotes por ninhada é ligeiramente superior a três. O coelho *Sylvilagus muttallii*, uma outra espécie do oeste da América do Norte, que vive em regiões da Grande Bacia e Montanhas Rochosas, onde os verões são relativamente curtos e os invernos longos e rigorosos, apresenta uma ou, no máximo, duas ninhadas por ano, mas o número de filhotes por ninhada é aproximadamente seis (Orr, 1940).

O musaranho ártico *(Sorex arcticus)*, cuja distribuição se restringe principalmente ao Canadá e Alasca, parece ter 4 a 10 filhotes por ninhada (Asdell, 1964). Por outro lado, o musaranho *Sorex trowbridgii*, uma espécie da costa do Pacífico, segundo Jameson (1955), tem de 3 a 6 filhotes por ninhada na Califórnia e duas a três ninhadas por ano.

Assim como em muitas outras espécies de vertebrados, parece que a idade influencia a fertilidade. Hatfield (1935) encontrou que os jovens de ratos silvestres *(Microtus californicus)* têm de dois a quatro filhotes por vez, enquanto as fêmeas mais velhas podem ter de 5 a 7 filhotes por ninhada.

Répteis e Anfíbios

Não existem aves vivíparas, mas a viviparidade verdadeira foi encontrada em alguns lacertílios e cobras e existem anfíbios em que o embrião depende do tecido materno para a respiração. A presença de uma placenta com cório-alantóide e saco vitelino em alguns répteis é significativo por sugerir, possivelmente, a maneira como a placentação dos mamíferos se desenvolveu.

Weekes (1935), no seu estudo compreensivo sobre esta fase da reprodução dos répteis, divide a placentação em três tipos nesta classe de vertebrados. No primeiro tipo, o mais simples, os ovos não apresentam redução do conteúdo do vitelo. Durante o desenvolvimento do oviduto, existe uma certa quantidade de degeneração do epitélio materno e fetal para permitir a aposição íntima dos sistemas sangüíneos da mãe e do embrião. No segundo tipo, os vasos sangüíneos maternos são contidos dentro de pregas com tecido glandular entre as pregas. O córion do embrião, que mantém contato com a parede uterina, freqüentemente também é espesso e glandular. Nos tipos mais desenvolvidos de placenta dos répteis, uma região especializada do oviduto desenvolve pregas vasculares e glandulares, que se interdigitam com pregas comparáveis de tecido embrionário. O contato da placenta pode ser do tipo alantóide ou vitelino, do mesmo modo que ocorre em muitos mamíferos com *placentas indecíduas.* Este último termo implica que não existe nenhuma perda de tecido materno por ocasião do nascimento. A maioria dos répteis vivíparos desta terceira categoria apresenta uma marcada redução do conteúdo de vitelo dos ovos, o que sugere que a maior parte da nutrição do embrião se derive da fêmea.

A viviparidade é melhor conhecida em alguns lacertílios australianos da família Scincidae e cobras do gênero *Denisonia.* Entretanto, isto não é, de modo algum, restrito aos répteis australianos. A víbora *(Vipera berus)* da Europa, assim como certos répteis da América do Sul e África são vivíparos. Na América do Norte, os filhotes da cobra *Thamnophis s. sirtalis*, que se estão desenvolvendo, mantêm-se ligados ao trato reprodutor da fêmea. Clark, Florio e Heerowitz (1955) concluíram que, nesta espécie, a placenta serve não apenas para a respiração, mas também para o transporte de aminoácidos provenientes da mãe para o feto. Geralmente, estas cobras acasalam-se entre o meio de março e o fim de maio e os filhotes nascem entre julho e início de setembro. Em Michigan, o período de desenvolvimento embrionário varia de 87 a 116 dias. Existe um registro de uma fêmea, que deu à luz 73 filhotes. Uma outra cobra *(Thamnophis ordinoides)* gera de 3 a 15 filhotes, mas o período de desenvolvimento intra-uterino é de apenas 9 semanas. A maioria dos lagartos do gênero *Phrynosoma* é ovípara, uma característica primitiva conservada por muitos répteis. Entretanto, duas espécies *(P. douglassii* e *P. orbiculare)* são vivíparas. Sabe-se que houve *Phrynosoma douglassii*, que produziu 31 filhotes numa ninhada, mas a média é de aproximadamente 15. *P. douglassii* apresenta uma distribuição mais ao norte e em montanhas e *P. orbiculare* ocorre nas montanhas. Outros lacertílios iguanídeos, que são vivíparos, também ocorrem em montanhas ou ao norte, em geral, o que se reveste de um significado adaptativo para as espécies, que vivem em regiões, onde a estação de reprodução é curta. O valor da viviparidade para os répteis também inclui a eliminação da necessidade de se encontrar um local adequado para a deposição dos ovos e de se proteger os ovos vulneráveis de numerosos predadores.

Apesar de não existir uma formação placentária verdadeira nos anfíbios, o sapo *Nectophrynoides vivipara* pode ser considerado vivíparo. Os filhotes, que alcançam, algumas vezes, um número superior a cem, desenvolvem-se dentro do trato reprodutor das fêmeas. As caudas das larvas embrionárias são muito vascularizadas e são mantidas em contato com a parede uterina, por intermédio da qual elas obtêm seu oxigênio.

Peixes

Como nos répteis e anfíbios, existem alguns peixes, que se situam entre as situações de ovoviviparidade e viviparidade. Entretanto, outros são definidamente vivíparos, existindo um contato íntimo entre o embrião e a fêmea. Em certos peixes cartilaginosos, assim como em alguns peixes ósseos, existe uma ligação placentária entre o saco vitelino do embrião e a parede do oviduto, o que permite aos embriões obter alimento e oxigênio da mãe. O período de gestação do cação *Mustelus canis* do Atlântico é de 10 meses. Em algumas raias, não existe uma ligação placentária, mas a parede uterina torna-se glandular e secreta uma secreção albuminosa para a alimentação do embrião.

Em certos peixes ósseos, o embrião obtém alimento por intermédio de muitas ligações com a parede do ovário. As pregas ovarianas podem crescer para dentro da boca ou se ligarem à região urogenital ou à nadadeira dorsal do embrião. Esta última condição ocorre em algumas percas vivíparas da família Embiotocidae, ao longo das praias do Pacífico norte.

Existem outras espécies de peixes em que os ovos são fertilizados, enquanto ainda estão dentro do folículo ovariano. O ovo pode ser liberado do folículo depois de ter-se completados os estágios iniciais de clivagem, ou pode permanecer ali e sofrer seu desenvolvimento completo, ocorrendo a ruptura, quando os filhotes estão aptos para nascer.

ECLOSÃO E NASCIMENTO

O processo durante o qual o filhote emerge da cápsula do ovo é chamado de eclosão. Em alguns vertebrados, isto pode ocorrer durante os estágios iniciais de desenvolvimento; em outros, os filhotes eclodem numa fase avançada. Isto pode resultar da ação química ou mecânica. Acredita-se que o ornitorrinco jovem quebre a casca fina, exercendo pressão com as patas dianteiras e a carúncula ou protuberância, situada na extremidade do bico.

Os filhotes, quando estão aptos a eclodir, apresentam uma protuberância córnea chamada "dente do ovo", presente na extremidade da maxila superior. Por intermédio deste dente do ovo, eles são capazes de fraturar a casca em qualquer lugar, durante várias horas até vários dias, antes da eclosão. O enfraquecimento da casca, como resultado desta ação combinada com a pressão aplicada pelos filhotes, resulta em sua emergência. Algumas vezes, os pais prestam alguma assistência. Em espécies, cujos filhotes permanecem no ninho durante um tempo, um dos pais remove a casca imediatamente depois da eclosão. Provavelmente, isto serve para remover os odores, que poderiam atrair os predadores. O dente do ovo geralmente se perde alguns dias depois da eclosão.

Os filhotes dos répteis ovíparos também desenvolvem um dente do ovo ou uma projeção córnea na face frontal de suas cabeças para auxiliar a ruptura da casca. O dente do ovo dos lacertílios e cobras é um dente verdadeiro, que está preso ao pré-maxilar, apesar de, geralmente, ser perdido poucos dias depois da eclosão. Os filhotes de tartarugas e aligátores têm um espinho na frente da boca, que é eliminado, quando eles têm de uma a várias semanas de idade (Fig. 14.20).

Na maioria dos répteis ovovivíparos, o dente do ovo é pouco desenvolvido ou está ausente, porque a membrana do ovo é muito fina e facilmente rompida pela pressão exercida pelo filhote. Em algumas espécies, a fêmea o auxilia neste processo. Cowles (1944) observou que a fêmea do lagarto *Xantusia vigilis* rompe a membrana do ovo, quando eles se projetam pela cloaca. Depois dos filhotes terem eclodido, a fêmea começa a engolir as membranas vazias.

Figura 14.20. Um filhote de tartaruga *(Chelydra serpentina)*,emergindo da casca (Fotografado por Hal H. Harrison, National Audubon Society.)

Alguns anfíbios, cujos ovos não são postos na água, desenvolvem um dente do ovo, um pouco comparável ao das aves e certos répteis, que ajuda os filhotes a romperem a cápsula dos ovos. Entretanto, a maioria dos anfíbios, antes da eclosão, desenvolve glândulas no focinho, que secretam uma substância química, que digere a cápsula do ovo, liberando, deste modo, o filhote. Em algumas rãs, estas glândulas também ocorrem no dorso. Provavelmente, a ação mecânica da pressão também é um fator importante para auxiliar a liberação dos filhotes de muitos anfíbios.

Em muitos tipos de peixes ovíparos, a cápsula do ovo torna-se mole e é facilmente rompida por ocasião da eclosão, como resultado da ação de enzimas secretadas pelas glândulas localizadas principalmente na cabeça do embrião. As enzimas se misturam com o líquido perivitelino abaixo da cápsula e, quando esta última está suficientemente enfraquecida, a ação muscular do filhote resulta em sua liberação.

Ainda que alguns vertebrados de sangue frio sejam vivíparos, como foi indicado anteriormente, a viviparidade é principalmente uma característica dos mamíferos, com exceção dos poucos monotremados. No fim do período de gestação, o processo de nascimento ou parto resulta na emergência dos filhotes do trato genital da fêmea. Para facilitar este processo, um hormônio hidrossolúvel, conhecido como relaxina, surge nos ovários, placenta e útero dos mamíferos. Sua função é induzir o relaxamento dos ligamentos pélvicos, de modo a provocar a separação da sínfise púbica e, deste modo, aumentar o diâmebro do canal de parto. O nascimento é acompanhado por contrações uterinas, que resultam na ruptura de algumas membranas fetais. Durante este processo, a fêmea, geralmente, morde o cordão umbilical. Depois do nascimento dos filhotes, a placenta e as membranas associadas são expelidas.

O nascimento de apenas relativamente poucos mamíferos selvagens foi observado. Na maioria dos casos, a cabeça dos filhotes emerge primeiramente, mas há exceções. A posição pélvica parece ser normal entre os morcegos. Golfinhos, assim como alguns roedores e carnívoros também têm uma posição pélvica. As fêmeas da maioria dos vertebrados terrestres, que foram observados cuidadosamente durante o parto, lambem os filhotes, quando eles nascem e comem a placenta e as membranas fetais, o que reduz as chances dos predadores encontrarem os filhotes e preserva a limpeza do ninho ou toca em espécies, que têm locais especiais para ter a prole. É provável também que a placenta e as membranas fetais forneçam hormônios para as fêmeas, que estimulem a lactação.

PERÍODO PÓS-NATAL OU PÓS-ECLOSÃO

Mamíferos

Os monotremados jovens são muito imaturos por ocasião da eclosão. Ainda que sejam capazes de alguns movimentos, eles são cegos, nus e inteiramente dependentes de sua mãe. Diz-se que o ornitorrinco atinge seis semanas de idade, antes dele abrir os olhos, quando seu pêlo tem aproximadamente 0,8 cm de comprimento.

Entre os mamíferos vivíparos, existe uma grande diversidade em relação ao grau de desenvolvimento dos filhotes por ocasião do nascimento. Os termos nidícola e nidífugo, algumas vezes, são usados para expressar isto. Os animais nidícolas são os que necessitam do cuidado parental por algum tempo por serem desamparados por ocasião do nascimento ou da eclosão. Os animais nidífugos são os que são capazes de mover-se e cuidar de si, pelo menos, em parte, imediatamente depois do nascimento ou da eclosão.

Os mamíferos marsupiais são definidamente nidícolas. Os gambás jovens *(Didelphis marsupialis)* nascem num estado muito primitivo. Apenas seus membros anteriores mostram um desenvolvimento acentuado. Por intermédio destes apêndices, associado a um geotactismo negativo, eles são capazes de trepar, por conta própria, para dentro da bolsa da mãe, ou marsúpio. Quando o filhote de gambá tem 50 dias de idade apresenta pêlos esparsos, tendo aproximadamente o tamanho de um camundongo. Com aproximadamente 70 dias, ele se aventura a fazer pequenas excursões fora da bolsa (McCrady, 1938).

Figura 14.21. Uma fêmea de *Thylogale thetis*, com o filhote em sua bolsa, alimentando-se de vegetais (Fotografado no sul de Queensland, Austrália.)

Os filhotes de canguru *(Megaleia rufa)* começam a aventurar-se fora da bolsa da mãe durante períodos variáveis, quando eles têm de 6 a 8 meses de idade.

A maioria dos insectívoros, morcegos, carnívoros e roedores é nidícola (Fig. 14.22). Os filhotes de algumas espécies nascem sem pêlos. Os olhos e os ouvidos podem não ser funcionais durante alguns dias. As observações de Hatfield sobre ratos silvestres da Califórnia *(Microtus californicus)* mostraram que os olhos dos filhotes não se abrem, até que eles tenham 10 dias de idade. Os ouvidos estavam fechados ao nascimento e os filhotes, que nasceram no cativeiro, não reagiam a sons, até que eles alcançassem a idade de 5 a 7 dias. A pigmentação dérmica apareceu, inicialmente, na extremidade da cabeça, 8 horas depois do nascimento. Mais tarde, ela se espalhou para outras regiões do corpo, e os pêlos surgiram na cabeça após 36 horas. A pelagem juvenil estava completa por volta do quinto dia e foi mantida até o fim da terceira semana, quando foi reposta pela pelagem pós-juvenil. Esta última foi sucedida pela pelagem adulta por volta da oitava a nona semana após o nascimento.

A velocidade de crescimento de alguns roedores pode variar com a estação em que eles nascem. O rato silvestre *(Microtus arvalis)*, no oeste da França, que foi tema de inúmeras pesquisas, mostrou um ciclo sazonal acentuado em relação à velocidade de crescimento. Os filhotes nascidos na primavera (de março a maio) mostraram um crescimento muito mais rápido durante os primeiros 3 a 4 meses do que os filhotes nascidos em outras épocas do ano. Os filhotes nascidos no outono (de setembro a outubro) alcançaram um platô baixo de crescimento em um a dois meses e aceleraram, então, seu crescimento em janeiro, de modo que, em 6 a 7 meses, o tamanho de seu corpo era igual ao de um rato silvestre de 2 a 3 meses de idade, nascido durante a primavera. Esta variação em relação ao crescimento do corpo parece ser dependente, primariamente, do fotoperíodo e da qualidade do alimento.

Nem todos os roedores são nidícolas. Na realidade, o porco-espinho *(Erethizon dorsatum)* é um dos mamíferos mais nidífugos da América do Norte. O período de gestação, nesta espécie, é longo, durando, em média, aproximadamente 30 semanas. Além disso, o filhote único (raramente dois) é proporcionalmente grande ao nascimento.

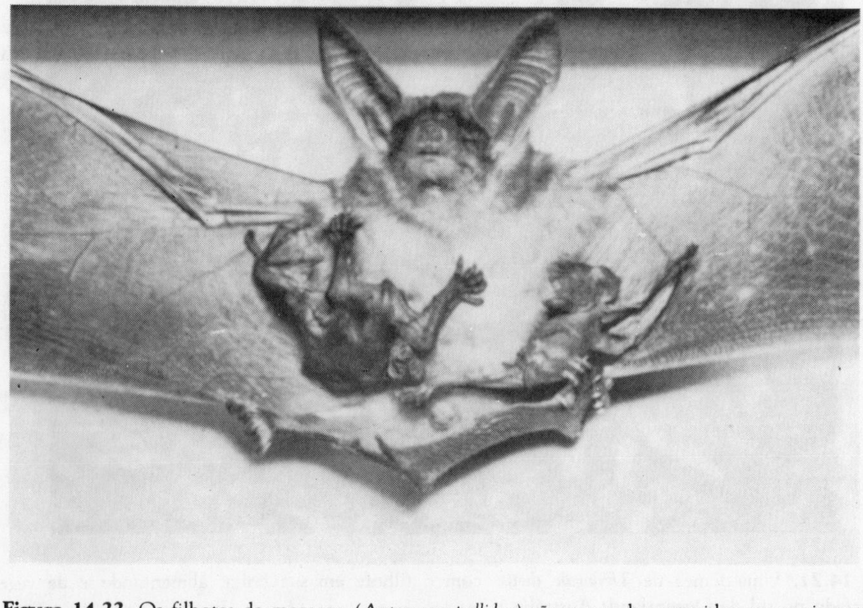

Figura 14.22. Os filhotes de morcego *(Antrozous pallidus)* são nus e desprotegidos ao nascimento.

Uma fêmea adulta com 5,5 kg pode dar à luz a um filhote de 0,5 kg, que, na verdade, é proporcionalmente maior do que um filhote de urso preto. O período de lactação, se é que existe, é questão de alguns dias e o filhote com cerdas, órgãos dos sentidos e dentes bem desenvolvidos, está preparado para defender-se e assegurar seu próprio alimento.

Existem apenas duas espécies de roedores murídeos, que dão à luz a filhotes nidífugos. São os camundongos do gênero *Acomys* (*A. cahirinus* e *A. russatus*), que vivem no sudoeste da Ásia e Norte da África.

Os filhotes de pinipédios são ativos imediatamente após o nascimento e são até mesmo capazes de nadar, ainda que não sejam capazes de sobreviver durante muito tempo na água, nesta fase inicial do desenvolvimento. Em muitas espécies da família Phocidae, os filhotes são desmamados quando têm apenas algumas semanas de idade. Já em muitas espécies da família Otariidae, os filhotes podem depender do leite materno durante aproximadamente um ano.

Nos mamíferos coloniais, como algumas focas e leões-marinhos, que se agrupam em grande número nas colônias, durante a estação de reprodução, o reconhecimento dos pais e da prole é muito importante, porque as fêmeas só amamentam seus próprios filhotes. A localização dos filhotes por uma fêmea, que está voltando do mar, parece se dar principalmente através de emissões vocais. Entre os leões-marinhos-de-Steller, por exemplo, a fêmea, depois de se ter afastado durante algum tempo, retorna para a área da colônia e chama. Logo, ela é respondida por seus próprios filhotes que dirigem-se para o local onde ele está, depois de ter saído da água. A confirmação final é efetuada, quando ela cheira os filhotes. Portanto, o som e o cheiro desempenham o principal papel no reconhecimento entre os pais e a prole. À medida que o filhote cresce e junta-se a grupos, este método de reconhecimento torna-se mais importante.

Algumas vezes, o crescimento acentuado é essencial para a sobrevivência. Mayer (1953) encontrou que os filhotes de esquilos-do-chão árticos (*Citellus undulatus*) alcançam o peso dos adultos em menos de dois meses e estão preparados para hibernar antes de outubro, quando têm menos de 4 meses de idade (Fig. 14.23).

Figura 14.23. Os filhotes de esquilo-do-chão ártico (*Citellus undulatus*) crescem muito rapidamente. (Fotografia de John Koranda.)

Entre os lagomorfos da América do Norte, os coelhos do gênero *Sylvilagus* são nidícolas. Os filhotes de lebres nascem no que se chama de forma, que consiste essencialmente de uma depressão no chão, que pode, ou não, ser protegida por matagal. Eles são completamente cobertos por pêlos, têm seus olhos e ouvidos abertos e são capazes de saltar logo depois do nascimento. Os filhotes de coelhos nascem em ninhos que, freqüentemente, são cobertos com pêlos de sua mãe. São essencialmente nus, quando nascem, e seus olhos e ouvidos não funcionam durante alguns dias.

Os filhotes dos grandes herbívoros são bastante desenvolvidos, quando nascem, e alguns podem seguir sua mãe por um curto período de tempo. Em alguns membros da família dos cervídeos, os filhotes são manchados (Figura 14.25). Provavelmente, isto serve para torná-los menos visíveis durante a fase inicial e vulnerável da vida. Entretanto, o crescimento é bastante rápido. Os filhotes de alce *(Alce alces)* parecem ganhar de 0,5 a 1 kg por dia, durante o primeiro mês, e, durante o segundo mês, a velocidade de crescimento aumenta para 1,4 a 2,3 kg por dia. Os filhotes de cervo *(Odocoileus virginianus)* dobram de peso, quando eles têm aproximadamente 15 dias de idade e podem quadriplicá-lo, quando eles alcançam a idade de 30 a 40 dias.

Os filhotes de alguns pinipédios crescem muito rapidamente e podem aumentar seu peso numa velocidade bastante acentuada, o que se correlaciona com um conteúdo de gordura bastante alto, que pode exceder a 50% em algumas espécies. Os filhotes de elefante-marinho *(Mirounga angustirostris)* podem ganhar 90 kg durante as primeiras quatro a seis semanas após o nascimento (Fig. 14.26). O elefante-marinho *Mirounga leonica* parece ganhar até 9 kg por dia durante a fase final do período de aleitamento, que é menor do que um mês.

Diferentemente dos elefantes-marinhos, os leões-marinhos crescem bastante lentamente. Na maioria das espécies, os filhotes amamentam por quase um ano, e, bastante freqüentemente, pode-se ver fêmeas do leão-marinho da Califórnia *(Zalophus californianus)* assim como fêmeas do leão-marinho-de-Steller *(Eumetopias jubata)* amamentando filhotes nos haréns.

Figura 14.24. Os filhotes de lebre *(Lepus americanus)* são completamente cobertos de pêlos, quando nascem. (Fotografia de Gayle Pickwell.)

Figura 14.25. Um filhote de cervo *(Odocoileus virginianus)*, mostrando como a pelagem juvenil manchada apresenta a ilusão de luminosidade solar e sombra (Fotografia, cortesia do U.S. Forest Service.)

Figura 14.26. Os elefantes-marinhos pesam de 22 a 27 kg quando nascem. Quando atingem de 4 a 6 semanas, seu peso pode exceder 115 kg, como é visto aqui.

Nos primatas superiores, os filhotes podem ter um longo período de dependência da mãe. Os estudos de Dian Fossey sobre os gorilas mostraram que os filhotes amamentam e compartilham o ninho da mãe até os 3 a 4 anos. Uma relação entre pais e prole mais duradoura ocorre entre os chimpanzés. Jane Goodall encontrou que, em média, o chimpanzé não abandona a mãe até o oitavo ou nono ano e não é considerado sexualmente maturo até os 13 ou 14 anos de idade.

Aves

As aves, como os mamíferos, podem ser nidícolas ou nidífugas. Entretanto, isto é relativo no que se refere ao tipo e grau de dependência dos filhotes em relação aos pais, que pode variar de nenhuma dependência à completa dependência.

A maioria das aves é desprotegida, quando eclode do ovo e permanece no ninho durante dias, semanas ou até meses, dependendo da espécie. O período de permanência no ninho é menor que 2 semanas para muitas espécies passeriformes pequenas. Para alguns beija-flores, é ligeiramente maior que 3 semanas. Os filhotes da águia-dourada (*Aquila chrysaëtos*) permanecem no ninho de 9 a 10 semanas; os condores da Califórnia (*Gymnogyps californianus*) apresentam um período de permanência no ninho de 5 meses. Os filhotes de aves nidícolas podem ser inteiramente nus ao nascer, como ocorre na maioria dos pica-paus, pombos, pelicanos e espécies correlatas; eles podem apresentar uma penugem esparsa, como acontece com os pardais e tentilhões; eles podem ser densamente recobertos com penugem, como ocorre com as aves de rapina, albatrozes e procelárias.

Durante a fase inicial do período de permanência no ninho, a maioria dos filhotes das aves não é capaz de controlar a temperatura do corpo e, portanto, deve ser aquecida pelos adultos. A termorregulação advém com o desenvolvimento de penas e de outros sistemas do corpo. Nice (1937), em seus estudos sobre os pardais *Melospiza melodia*, encontrou que os filhotes eram aquecidos mais da metade do tempo durante os dois primeiros dias de vida, ainda que eles estivessem aptos a deixar o ninho aos 10 dias de

Figura 14.27. Um filhote do cormorão de Galápagos (*Nannopterum harrisi*), incapaz de voar, sendo protegido do sol equatorial por um adulto, quando ambos os pássaros arfam com a boca aberta para reduzir a temperatura do corpo.

idade, tendo aumentado seu peso corporal em 10 vezes, desde a eclosão. Os filhotes de andorinhas *Riparia riparia* e *Iridoprocne bicolor*, começam a desenvolver a termorregulação, quando têm 5 a 6 dias de idade e estão aptos a controlar sua temperatura do corpo por ocasião do décimo dia depois da eclosão. Nas aves maiores, como nas corujas, o desenvolvimento da termorregulação dos filhotes parece estar relacionado com o peso do corpo. As espécies maiores tornam-se independentes da temperatura ambiental mais rapidamente do que as espécies pequenas. Foi sugerido que isto pode ser responsável pelos ninhos abertos das grandes corujas, em contraste com os ninhos fechados das espécies menores.

Os resultados dos estudos sobre o desenvolvimento dos pombos e codornizes indicam que a tireóide dos primeiros é menor e muito menos ativa do que a da cordoniz por ocasião da eclosão. Como as codornizes são nidífugas, o maior desenvolvimento da tireóide facilitaria as respostas endotérmicas precoces, não necessárias aos pombos nidícolas que são ectotérmicos durante seu período pós-natal inicial.

Uma vez que os filhotes tenham deixado o ninho, sua dependência dos pais continua durante algum tempo. Em *Melospiza melodia*, os pais cuidam dos filhotes mais uns 18 a 20 dias. Erickson (1938), em seu estudo sobre *Chamaea fasciata*, encontrou que os filhotes deixados no ninho com aproximadamente 16 dias de idade não se tornavam completamente independentes dos pais, até que alcançassem 9 a 10 semanas de idade, quando eles finalmente começavam a abandonar o território paterno. Segundo Richdale (1942), o albatroz real *(Diomedea epomophora)* pode ser incapaz de voar e, portanto, incapaz de obter seu próprio alimento até a idade de 243 dias.

Nas espécies comunais, como o anu-de-bico-liso *(Crotophaga ani)*, a maioria dos membros de um bando ou colônia podem ajudar no cuidado com os filhotes, e os filhotes da primeira ninhada pode ajudar a alimentar os filhotes da segunda ninhada.

Mergulhões, patos, gansos, cisnes e espécies correlatas, assim como saracuras e galináceos, estão entre os principais grupos de aves nidífugas (Fig. 14.28). Os filhotes

Figura 14.28. Filhotes de avoceta *(Recurvirostra americana)*, como os filhotes de saracura, são capazes de andar e buscar alimento logo depois da eclosão.

são bem recobertos com penugem, que, freqüentemente, têm uma coloração protetora. Geralmente, eles são capazes de deixar o ninho logo depois da eclosão e são, portanto, chamados de nidífugos, em contraposição às espécies nidícolas, que permanecem no ninho por algum tempo. A maioria das aves deste tipo permanece com um ou ambos os pais em grupos familiares durante semanas ou até mesmo meses. Os filhotes da codorniz da Califórnia *(Lophortyx californicus)*, por exemplo, são capazes de andar poucos minutos depois da eclosão. Durante uns poucos dias, eles dependem de sua coloração protetora e da capacidade para agachar-se e permanecer imóvel para evitar que sejam detectados, quando o perigo os ameaça. Eles são capazes de voar com aproximadamente 10 dias de idade. No meio da primavera, vários grupos de famílias podem unir-se para formar um bando, que pode permanecer intacto até a estação de reprodução seguinte.

A existência de uma adaptação muito interessante para prover a água para os filhotes do tipo nidífugo de aves foi verificada, recentemente, em aves do gênero *Pterocles,* das regiões desérticas do Velho Mundo, que parecem ser relacionadas com os pombos. Os estudos feitos por Cade e Maclean (1967) sobre estas aves, que se reproduzem no deserto de Kalahari, região do sul da África, mostraram que os machos são capazes de transportar água para os filhotes por intermédio das penas do abdome. Estas penas apresentam propriedades incomuns para reter água. Depois de embebê-las com água, o macho pode transportar a água por até 36 km para os filhotes, que a retiram das penas com seu bico. Isto foi descrito no final do século passado, mas, raramente, mereceu crédito, durante muitos anos.

Muitos filhotes de aves deste tipo desenvolvem fixações durante as primeiras horas após a eclosão. A isto, dá-se o nome de *imprinting*, o que pode ser definido como um processo de aprendizado rápido e irreversível de determinados estímulos visuais, olfativos ou auditivos, que ocorrem durante um certo período sensível, no decorrer do desenvolvimento. Os filhotes de aves aquáticas, galináceos e outras espécies, incubados em incubadora, freqüentemente desenvolvem o hábito de seguir o indivíduo que os alimenta ou que cuida deles. Podem até ligar-se a objetos inanimados. Sem dúvida, em condições naturais, o *imprinting* serve a muitos propósitos, incluindo o reconhecimento dos pais e o reconhecimento precoce de alimentos comidos ou apresentados pelos pais.

Em muitas espécies, o surgimento de um dos pais no ninho desencadeia a extensão do pescoço e a abertura da boca, realizadas pelos filhotes. Nas espécies nidífugas, os movimentos do ninho ou a presença de qualquer objeto acima dele desencadeiam a mesma reação durante os primeiros poucos dias após a eclosão. Estudando-se gaivotas, foi demonstrado que o reconhecimento pelo bico e contato é mais importante durante o processo de alimentação. Em algumas espécies, os adultos têm manchas vermelhas ou pretas em seu bico. Quando um dos pais retorna ao ninho com alimento no seu trato digestivo, os filhotes reconhecem o bico e bicam as manchas. Por sua vez, isto estimula o adulto a regurgitar o alimento do qual o filhote se nutre. Em muitos passeriformes, os filhotes têm uma boca bastante colorida, que, quando aberta em resposta à presença dos pais, estimula o adulto a colocar o alimento, que eles estão transportando; aqueles cuja abertura é maior geralmente recebem mais alimentos.

Muitas aves oceânicas reproduzem-se em grandes colônias; o número dos filhotes, algumas vezes, ultrapassa centenas de milhares. Poder-se-ia indagar como um pai, que está voltando do mar, reconhece seu próprio filhote. Parece que tanto o reconhecimento visual como o auditivo são empregados para isto, o que é bem ilustrado nas colônias ou creches de pingüins. Um adulto, que está retornando, se aproxima dos filhotes, dependendo da visão para determinar o local. Ele, então, chama o filhote e este é capaz de distinguir a voz de seus próprios pais da voz de outros pingüins.

As gaivotas e espécies correlatas, ainda que bem recobertas com penas coloridas e apesar de abandonarem o ninho alguns dias depois da eclosão, dependem dos adultos no que se refere à alimentação, até que sejam capazes de voar (Fig. 14.29). As aves mais

Figura 14.29. Filhotes de gaivotas deixam o ninho poucos dias depois da eclosão, mas dependem de seus pais no que se refere à alimentação até que estejam aptos a voar (Fotografia de O.J. Heinemann. Cortesia de California Academy of Sciences.)

nidífugas conhecidas são os megapodídeos da Austrália, cujos hábitos peculiares de reprodução já foram mencionados. Os filhotes são inteiramente auto-suficientes e não recebem nenhum cuidado dos pais.

Répteis e Anfíbios

Alguns répteis e anfíbios cuidam dos filhotes. Entre os répteis da América do Norte, o aligátor *(Alligator mississipiensis)* é a única espécie conhecida em que a fêmea cuida dos filhotes. Segundo Oliver (1955), os aligátores recém-eclodidos podem ser auxiliados pela mãe para sair do ninho; esta é atraída pelos sons. Ela pode ficar com seus filhotes por 1 a 3 anos. Entretanto, a maioria dos répteis está entregue a si próprio quando nasce ou eclode. Geralmente, eles procuram uma cobertura imediatamente. Os filhotes de *Phrynosoma* enterram-se no chão.

Alguns filhotes de répteis dependem do saco vitelino não absorvido, durante um tempo considerável. Os estudos feitos por Bellairs, Griffiths e Bellairs (1955) mostraram que, na víbora *(Vipera berus)*, que é uma espécie vivípara, o saco vitelino ainda é grande por ocasião do nascimento e representa 8% do peso do corpo. Ainda que mantido dentro da cavidade do corpo, acredita-se que ele forneça alimento para os filhotes durante aproximadamente 4 semanas, período de atividades no outono antes da hibernação, e durante os meses de inverno subseqüentes, quando eles estão hibernando.

Ainda que alguns anfíbios das regiões tropicais do Novo e Velho Mundo cuidem de seus filhotes, nenhuma espécie da América do Norte o faz. Diferentemente dos mamíferos, répteis e aves, a maioria dos anfíbios recém-eclodidos difere acentuadamente dos adultos e são chamados de larvas até completarem a metamorfose. O grau de diferenças entre a forma larval e o adulto não é tão grande nas salamandras quanto nos sapos e rãs. As larvas das salamandras assemelham-se aos adultos em muitos aspectos, com exceção das brânquias externas. Como foi mencionado anteriormente, existem algumas salamandras que permanecem no estado larval. As larvas de sapos e rãs diferem tanto dos adultos, que comumente são chamados de girinos.

O tempo necessário entre a eclosão e a metamorfose, quando a forma adulta é assumida, varia muito com a espécie e pode variar até mesmo dentro da mesma espécie, possivelmente por causa da temperatura. Parece que a temperatura mais elevada acelera o desenvolvimento. A rã *Rana catesbiana* tem um período larval de 1 ano na Luisiânia. Em Nova Iorque, este período é de 2 anos e em Nova Escócia pode estender-se durante três verões. O menor período larval dos anfíbios da América do Norte é encontrado em anuros do gênero *Scaphiopus*. Diz-se que *S. holbrooki* tem um período larval de aproximadamente 12 dias e que os filhotes de *S. couchi* desenvolveram pernas em 10 dias após a eclosão, em condições laboratoriais. O rápido desenvolvimento larval destes anfíbios é uma adaptação a um meio árido ou semi-árido, onde as lagoas de reprodução têm uma ocorrência irregular e duram pouco tempo, na maioria das vezes. Os filhotes de algumas salamandras pletodontídeas, como *Plethodon cinereus*, têm o seu primeiro contato com o mundo exterior duas a três semanas após a eclosão, mas não alcançam a maturidade até o início do seu terceiro ano.

Peixes

A maioria dos peixes não cuida de seus filhotes. Isto é especialmente verdadeiro em relação às espécies, que colocam um grande número de ovos livres, ou que enterram seus ovos. Entretanto, as espécies, que guardam os ovos, cuidam de seus filhotes durante algum tempo depois da eclosão. Freqüentemente, esta tarefa cabe ao macho.

O macho de *Trichogaster trichopterus* tenta manter os filhotes no ninho de bolhas, depois deles eclodirem. A maior parte do seu tempo é gasta soprando os filhotes de volta para o ninho. Os machos de *Micropterus dolomieui* e *M. salmoides* guardam os filhotes. O macho de *Amia calva* cuida dos filhotes até o final do primeiro verão deles.

Muitos filhotes de peixes ainda possuem um grande saco vitelino por ocasião da eclosão, que fornece o alimento necessário para o crescimento durante seus primeiros dias ou semanas. Gradualmente, o saco vitelino é absorvido. Nos lúcios *(Esox masquinongy)*, isto requer aproximadamente duas semanas.

Alguns peixes passam por um estado larval, de modo semelhante aos anfíbios. Os filhotes de lampréias diferem tão acentuadamente dos adultos, que, antigamente, acreditava-se que fossem espécies diferentes. Ainda hoje, são chamadas de larvas amocetes. Como os ovos das lampréias são enterrados em areia e cascalho, as larvas devem esforçar-se para subir até a superfície. Depois disto feito, elas vagueiam com as correntes até alcançarem um substrato mole no qual se enterram e permanecem no estado larval por um ano ou mais, dependendo da espécie.

Os filhotes de enguias do gênero *Anguilla* eclodem como formas larvais, chamadas leptocéfalos. As enguias americanas exigem 1 ano para se desenvolverem em jovens, enquanto as enguias européias só o fazem no seu terceiro outono ou inverno.

CRITÉRIOS DE IDADE

O crescimento nos vertebrados pode ser determinado ou indeterminado. O crescimento *determinado* implica um crescimento constante em relação ao tamanho, até a maturidade, depois da qual o processo diminui e cessa durante o resto da vida. O crescimento *indeterminado* implica um crescimento constante em relação ao tamanho, durante toda a vida.

Em geral, as aves e os mamíferos têm um crescimento determinado, enquanto muitos répteis, anfíbios e peixes têm um crescimento indeterminado. Até em espécies de crescimento indeterminado, a velocidade de crescimento não é necessariamente constante. Pode haver épocas em que as condições favoráveis de clima e alimento acelerem o crescimento e, em outras épocas, este diminui ou cessa completamente, como resultado da escassez de alimento, seca, ou durante a hibernação. Além disso, o processo de crescimento, geralmente, diminui, quando o animal se torna mais velho.

Existem muitas maneiras diferentes de se determinar a velocidade de crescimento e a idade. Alguns destes métodos são aplicáveis a todos os vertebrados; outros são específicos para certos grupos. O método mais preciso consiste na captura, marcação e tomada de medidas padronizadas dos indivíduos recém-nascidos. Subseqüentemente, são feitas medidas semelhantes como resultado de recapturas repetidas durante dias, semanas, meses ou anos sucessivos, que fornecem um registro preciso do crescimento em condições naturais. Naturalmente, este procedimento não é somente difícil, mas demora muito tempo para ser realizado. É menos difícil, mas também menos preciso obter-se dados a partir de observações e medidas feitas em animais mantidos em cativeiro.

O método de comprimento e freqüência, comumente, é empregado, especialmente no estudo de animais que têm crescimento indeterminado. Isto baseia-se na teoria de que, se uma amostra adequada e representativa de uma população inteira de uma espécie é estudada, alguns indivíduos da mesma idade vão tender a aproximar-se do comprimento-médio. Conseqüentemente, quando os dados são colocados num gráfico, vai haver agregações de indivíduos de idades sucessivas em sucessivos grupos de comprimento. Deste modo, os grupos etários podem ser segregados.

Freqüentemente, os dentes fornecem muitas informações sobre a idade dos mamíferos. Os dentes decíduos podem surgir numa seqüência definida e em épocas definidas após o nascimento. Isto também é válido para os dentes permanentes. Além disso, o grau de uso dos últimos em algumas espécies fornecem dados bastante precisos sobre a idade dos adultos.

Os estudos de Scheffer (1950) feitos com focas marcadas (*Callorhinus ursinus*) mostraram que as cristas de crescimento anual nas raízes dos dentes caninos eram indicadores precisos da idade para os primeiros anos de vida (Fig. 14.30). Estas cristas decorrem do fato da deposição da dentina ser muito mais rápida durante os meses de

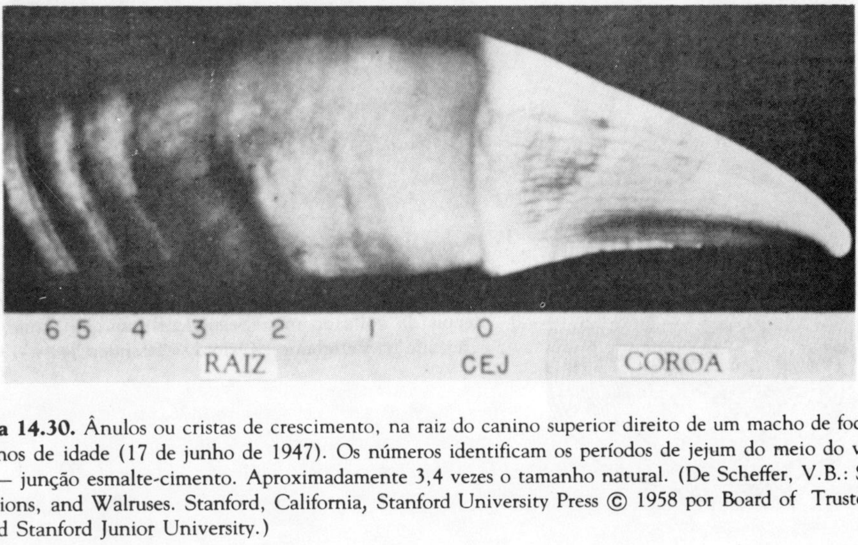

Figura 14.30. Ânulos ou cristas de crescimento, na raiz do canino superior direito de um macho de foca, de seis anos de idade (17 de junho de 1947). Os números identificam os períodos de jejum do meio do verão. *CEJ* — junção esmalte-cimento. Aproximadamente 3,4 vezes o tamanho natural. (De Scheffer, V.B.: Seals, Sea Lions, and Walruses. Stanford, California, Stanford University Press © 1958 por Board of Trustees of Leland Stanford Junior University.)

inverno, quando os animais estão no mar, onde existe abundância de alimento, do que durante os verões, nas colônias de reprodução. Foram observados anéis de crescimento anual semelhantes nos dentes de alguns outros pinipédios, nas garras da foca da Groenlândia e nos cornos do carneiro-montês.

Chittleborough (1959) resumiu os métodos mais recentes, que foram desenvolvidos para determinar a idade das baleias.Estes incluem contagens do número de *corpora albicantia* no ovário, estudo da camada cortical das barbatanas, que mostram uma variação sazonal na velocidade de crescimento e determinação do número de laminações, que aumentam a cada dois anos na rolha do ouvido.

Foi demonstrado que o peso do cristalino, que aumenta até uma certa idade, é um outro meio de se determinar a idade em alguns mamíferos.

Em muitos peixes, que vivem na água, onde as variações sazonais acentuadas no que se refere à temperatura ocorrem, o crescimento pode ser bastante retardado no inverno. Freqüentemente, isto reflete-se nos anéis de crescimento, ou ânulos das escamas, e servem como um meio imediato para se determinar a idade (Fig. 14.31). Também existem alguns ossos de peixes, especialmente o centro das vértebras, os otólitos ou ossículos do ouvido e os operculares, que mostram zonas de deposição óssea, que podem ser correlacionadas com o crescimento anual (Fig. 14.32). Outras características osteológicas também são úteis para se determinar a idade. Através de cortes transversais do espinho dorsal, preparados com KOH a 1%, pode-se estudar os anéis de crescimento em peixes como as carpas (*Cyprinus carpio*).

Em um ciclídeo, uma espécie policromática da Nicarágua, os filhotes são todos semelhantes entre si e coloridos cripticamente. Em algumas populações, surgem, com a idade, algumas formas de coloração acentuada. Uma destas é dourada. Barlow (1973) encontrou que, quando formas normais e douradas são criadas separadamente, eles crescem na mesma velocidade, mas, quando juntos, os dourados crescem mais rapidamente e os normais mais lentamente. O fator responsável por isto é a dominação dos dourados na busca de alimento.

Em mamíferos e, em certo grau, em répteis, a separação das placas epifisárias de muitos ossos é uma indicação de imaturidade. Entre os morcegos da América do Norte, as articulações dos ossos da asa permanecem inchadas, até que a ossificação esteja completa durante o primeiro outono da vida. Alguns mamíferos, especialmente, certos carnívoros e pinipédios, desenvolvem marcas e cristas proeminentes no crânio, com a idade. Geralmente, isto é mais acentuado em machos do que em fêmeas. Os estudos

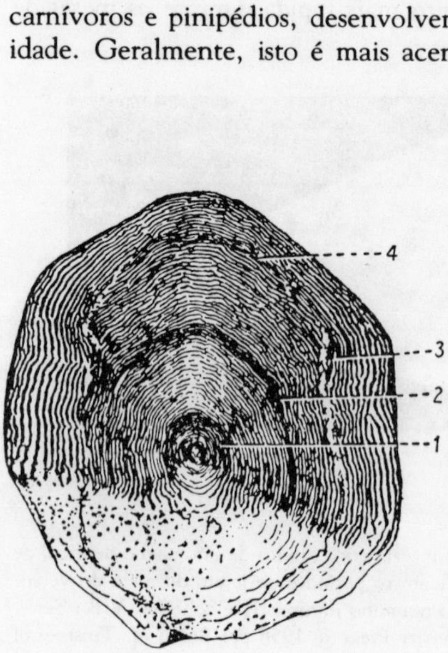

Figura 14.31. Escama de salmão: *1.* margem da escama do filhote; *2,* primeira zona de inverno formada no mar; *3,* marca de desova; *4,* segunda marca de inverno formada depois da volta ao mar (Segundo Regan. In Young, J.Z.; The Life of Vertebrates. Oxford, Clarendon Press, 1950.)

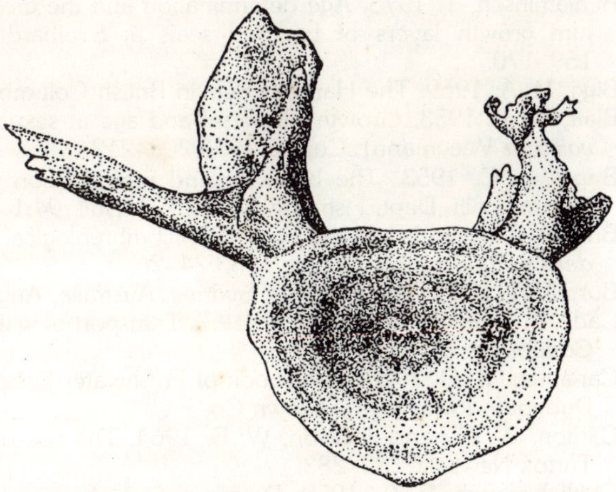

Figura 14.32. Centro de uma vértebra do tronco de um espécime de *Schilbeodes mollis*, 92 mm, em comprimento padrão, mostrando duas faixas escuras (×24) (Hooper, F.E.: Copeia. No. 1. 15 de abril de 1949.)

recentes sobre o leão-marinho da Califórnia (*Zalophus californianus*) demonstraram que a crista sagital, que é tão proeminente no crânio dos machos adultos, não se manifesta até o quinto ano de vida e não alcança seu desenvolvimento completo até o décimo ano. A idade nesta espécie pode ser determinada pela deposição anual de dentina. Na foca *Erignathus barbatus*, que também alcança o pico de desenvolvimento craniano aos 10 anos, as coroas dos dentes tendem a gastar-se numa idade precoce e, deste modo, as adições anuais de cimento são usadas para determinar a idade.

A pelagem dos mamíferos, assim como a plumagem das aves, também fornece informações sobre a idade. A maioria dos filhotes de mamíferos possui uma pelagem juvenil por ocasião do nascimento ou logo depois, que é facilmente distinguível das pelagens sucessivas por sua cor e pelo menor número de pêlos de guarda, proporcionalmente. Isto é seguido por uma pelagem pós-juvenil, que é mais parecida com a do adulto, mas ainda é reconhecível. Estas pelagens são usadas por períodos bastante definidos pelos filhotes de todas as espécies. O mesmo se aplica às várias plumagens das aves, descritas no Capítulo 6. Ainda que alguns filhotes de aves possam adquirir uma plumagem idêntica à do adulto no primeiro inverno, existem outras espécies, que requerem 2, 3 ou até mesmo 5 anos para alcançar a plumagem adulta. Cada uma das plumagens subadultas pode ser reconhecida e serve para indicar uma idade particular.

REFERÊNCIAS BIBLIOGRÁFICAS

Angel, F. 1947. Vie et Moeurs des Amphibiens. Paris, Payot.

Angel, F. 1950. Vie et Moeurs des Serpents. Paris, Payot.

Asdell, S. A. 1964. Patterns of Mammalian Reproduction. Ithaca, N.Y., Comstock Publishing Co., Inc.

Barlow, G. W. 1973. Competition between color morphs of the polychromatic midas cichlid *Cichlasoma citrinellum*. Science *179:*806–807.

Bateson, P. P. G. 1972. The formation of social attachments in young birds. Proc. XV Internat. Ornith. Congr.

Bellairs, R., Griffiths, I., and Bellairs, A. d'A. 1955. Placentation in the adder, *Vipera berus*. Nature *176:*657–658.

Benjaminsen, T. 1973. Age determination and the growth and age distribution from cementum growth layers of bearded seals at Svalbard. FiskDir. Skr. Ser. HavUnders. *16:* 159–170.

Bigg, M. A. 1969. The Harbour Seal in British Columbia. Fish. Res. Bd. Canada, Ottawa.

Blair, W. F. 1953. Growth, dispersal and age at sexual maturity of the Mexican toad *(Bufo valliceps* Wiegmann). Copeia *1953:*208–212.

Briggs, J. C. 1953. The behavior and reproduction of salmonid fishes in a small coastal stream. Calif. Dept. Fish and Game, Fish Bull. *94:*1–62.

Brinley, F. J., and Eulberg, F. J. 1953. Embryological head glands of the cichlid fish *Aequidens portalegrensis.* Copeia *1953:*24–26.

Burrell, H. 1927. The Platypus. Sydney, Australia, Angus and Robertson, Limited.

Cade, T. J., and Maclean, G. L. 1967. Transport of water by adult sandgrouse to their young. Condor *69:*323–343.

Carlander, K. D. 1953. Handbook of Freshwater Fishery Biology with the First Supplement. Dubuque, Iowa, W. C. Brown Co.

Carlton, W. G., and Jackson, W. B. 1964. The use of spines for age determination of fish. Turtox News *42:*282–283.

Chittleborough, R. G. 1959. Determination of age in the humpback whale, *Megaptera nodosa* (Bonnaterre). Australian J. Marine and Freshwater Res. *10:*125–143.

Christensen, I. 1973. Age determination, age distribution and growth of bottlenose whales, *Hyperoodon ampullatus* (Forster), in the Labrador Sea. Norwegian J. Zool. *21:*331–340.

Clark, H., Florio, B., and Heerowitz, R. 1955. Embryonic growth of *Thamnophis s. sirtalis* in relation to fertilization date and placental function. Copeia *1955:*9–13.

Cole, J. E., and Ward, J. A. 1970. An analysis of parental recognition by the young of the cichlid fish, *Etroplus maculatus* (Block). Z. Tierpsychol. *27:*156–176.

Cooper, E. L. 1951. Validation of the use of scales of brook trout, *Salvelinus fontinalis,* for age determination. Copeia *1951:*141–148.

Cowles, R. B. 1944. Parturition in the yucca night lizard. Copeia *1944:*98–100.

Ditmars, R. L. 1922. Reptiles of the World. New York, The Macmillan Co.

Erickson, M. M. 1938. Territory, annual cycle, and numbers in a population of wrentits *(Chamaea fasciata).* Univ. Calif. Publ. Zool. *42:*247–334.

Fitch, H. S. 1970. Reproductive Cycles in Lizards and Snakes. Univ. Kansas Mus. Nat. Hist. Misc. Publ. 52.

Hamilton, W. J., Jr. 1933. The weasels of New York. Am. Mid. Nat. *14:*289–344.

Hatfield, D. M. 1935. A natural history study of *Microtus californicus.* J. Mamm. *16:*261–271.

Hooper, F. E. 1949. Age analysis of a population of the ameiurid fish *Schilbeodes mollis* (Hermann). Copeia *1949:*34–38.

Hudson, J. W. 1974. The estrous cycle, reproduction, growth, and development of temperature regulation in the pygmy mouse, *Baiomys taylori.* J. Mamm. *55:*572–588.

Huxley, J. 1932. Problems of Relative Growth. New York, Dial Press, Inc.

Ingles, L. G. 1941. Natural history observations on the Audubon cottontail. J. Mamm. *22:*227–250.

Jameson, E. W., Jr. 1955. Observations on the biology of *Sorex trowbridgei* in the Sierra Nevada, California. J. Mamm. *36:*339–345.

Lagler, K. F. 1956. Freshwater Fishery Biology. Dubuque, Iowa, W. C. Brown Co.

Lindsay, S. T., and Thompson, H. 1932. Biology of the Salmon *(Salmo salar)* Taken in Newfoundland Waters in 1931. Repts. Newfoundland Fishery Res. Comm. 1, No. 2. pp. 1–80.

Longhurst, W. M. 1964. Evaluation of the eye lens technique for ageing Columbian black-tailed deer. J. Wildlife Mgmt. *28:*773–784.

Lord, R. D., Jr. 1959. The lens as an indicator of age in cottontail rabbits. J. Wildlife Mgmt. *23:*358–360.

Lord, R. D., Jr. 1961. The lens as an indicator of age in the gray fox. J. Mamm. *42:* 109–111.

Lorenz, K. 1970. Studies in Animal and Human Behavior. Vol. 1. Cambridge, Mass., Harvard Univ. Press.

Low, W. A., and Cowan, I. McT. 1963. Age determination of deer by annular structure of dental cementum. J. Wildlife Mgmt. *27:*466–471.

Martinet, L., and Spitz, F. 1971. Variations saisonnières de la croissance et de la mortalité du campagnol des champs, *Microtus arvalis.* Rôle du photopériodisme et de la vegetation sur ces variations. Mammalia *35:*38–84.

Mayer, W. V. 1953. Some aspects of the ecology of the barrow ground squirrel, *Citellus parryi barrowensis*. Stanford University Publ., Univ. Ser. *11*:48–55.

McCrady, E., Jr. 1938. The Embryology of the Opossum. Am. Anat. Memoirs, 16. Philadelphia. Wistar Institute of Anat. and Biol.

McNabb, F. M., and McNabb, R. A. 1977. Thyroid development in precocial and altricial avian embryos. Auk *94:* 736–742.

Miller, L. 1955. Further observations on the desert tortoise, *Gopherus agassizi,* of California. Copeia *1955:*113–118.

Nice, M. M. 1937. Studies in the Life History of the Song Sparrow. I. Trans. Linnaean Soc. N.Y., Vol. 4.

Oliver, J. A. 1955. The Natural History of North American Amphibians and Reptiles. Princeton, N.J., D. Van Nostrand Co., Inc.

Oppenheimer, J. R., and Barlow, G. W. 1968. Dynamics of parental behavior in the black-chinned mouthbreeder, *Tilapia melanotheron* (Pisces: Cichlidae). Z. Tierpsychol. *25:* 889–914.

Orr, R. T. 1940. The rabbits of California. Calif. Acad. Sci., Occasional Paper 19.

Orr, R. T., Schonewald, J., and Kenyon, K. W. 1970. The California sea lion: skull growth and a comparison of two populations. Proc. Calif. Acad. Sci. (4) *37:*381–394.

Payne, R. B. 1961. Growth rate of the lens of the eye of house sparrows. Condor *63:* 338–340.

Porter, R. H., and Doane, H. M. 1978. Studies of maternal behavior in spiny mice *(Acomys cahirinus)*. Z. Tierpsychol. *47:*225–235.

Rahn, H., and Ar, A. 1974. The avian egg: incubation time and water loss. Condor *76:* 147–152.

Richdale, L. E. 1942. Post-egg Period in Albatrosses. Dunedin. Biol. Monog. No. 4 (Otago Daily Times and Witness Newspapers Co., Ltd.)

Rongstad, O. J. 1966. A cottontail rabbit lens-growth curve from southern Wisconsin. J. Wildlife Mgmt. *30:*114–121.

Saunders, A. A. 1956. Descriptions of newly hatched passerine birds. Bird-Banding *27:* 121–128.

Scheffer, V. B. 1950. Growth layers on the teeth of pinnipedia as an indication of age. Science *112:*309–311.

Sexton, O. J., and Ortleb, E. P. 1966. Some cues used by the leptodactylid frog, *Engystomops pustulosus,* in selection of the oviposition site. Copeia *1966:*225–230.

Shadle, A. R. 1951. Laboratory copulations and gestations of porcupine, *Erethizon dorsatum*. J. Mamm. *32:*219–221.

Stebbins, R. C. 1954. Amphibians and Reptiles of Western North America. New York, McGraw-Hill Book Co., Inc.

Stuart, G. R. 1954. Observations on reproduction of the tortoise *Gopherus agassizi* in captivity. Copeia *1954:*61–62.

Turner, D. A., and Gerhart, J. 1971. 'Foot-wetting' by incubating African skimmers *Rynchops flavirostris*. Ibis *113:*244.

Van Tyne, J., and Berger, A. J. 1976. Fundamentals of Ornithology. 2nd Ed. New York, John Wiley & Sons, Inc.

Weekes, H. C. 1935. A review of placentation among reptiles with particular regard to the function and evolution of the placenta. Proc. Zool. Soc. London *1935:*625–645.

Wright, P. L. 1942. Delayed implantation in the long-tailed weasel *(Mustela frenata)*, the short-tailed weasel *(Mustela cicognani)* and the marten *(Martes americana)*. Anat. Rec. *83:*341–353.

Wright, P. L., and Rausch, R. 1955. Reproduction in the wolverine, *Gulo gulo*. J. Mamm. *36:*346–355.

Wyman, R. L., and Ward, J. A. 1973. The development of behavior in the cichlid fish *Etroplus maculatus* (Bloch). Z. Tierpsychol. *33:*461–491.

Zimmermann, A. A., and Pope, C. H. 1948. Development and growth of the rattle of rattlesnakes. Fieldiana, Zool. *32:*355–413.

Capítulo **15**

Dinâmica Populacional

Teoricamente, se os índices de reprodução e mortalidade de populações não-móveis fossem iguais e constantes, o número de indivíduos, que constituem uma população, também permaneceria constante. Entretanto, as populações naturais de animais não são estáticas, mas estão sujeitas, constantemente, a mudanças e movimentos por causa de muitos fatores variáveis, incluindo fatores ambientais e fatores do próprio organismo. Estas mudanças agregadas, que ocorrem durante a vida de uma população, são chamadas de *dinâmica populacional.*

Ao se estudar uma população animal, é importante saber não apenas sua densidade, mas também sua composição. A maioria das populações de vertebrados mostra flutuações acentuadas em relação ao número de indivíduos e composição de idade, de estação a estação. Estas são o resultado de fatores, como: reprodução, invasão, emigração, migração e mortalidade. Além disso, pode haver flutuações cíclicas de duração e magnitude consideravelmente maiores, envolvendo vários anos ou mais.

Para se obter dados sobre uma população, são usadas muitas técnicas de captura com armadilha, marcação ou outros métodos de identificação dos indivíduos, anteriormente descritos no Capítulo 10. Às vezes, são usados métodos especiais para determinadas espécies para se obter informações sobre seu número. As fotografias aéreas, freqüentemente, mostram-se utéis para a obtenção de estimativas populacionais de alguns mamíferos, que vivem em colônias, como as focas e os leões-marinhos. A fotografia também é útil para a determinação do número de aves de água doce, que hibernam, e de aves marinhas, que fazem ninho em grandes agregações. A contagem de pelotas fecais pode fornecer dados quanto ao número de cervos, alces ou lagomorfos de uma determinada área. Os peixes podem ser pescados com traineiras ou atordoados com rotenona, em lagoas ou riachos, para se obter dados populacionais.

Para muitas espécies, contudo, é difícil ou mesmo impossível obter-se dados numéricos diretos sobre a população. Isto, realmente, ocorre com os organismos marinhos, como os peixes, quando estes conhecimentos se tornam vitais para a regulação das atividades pesqueiras. Os *modelos*, ou conceitos mentais sobre o tema, baseados em hipóteses de trabalhos anteriores ou novas idéias, freqüentemente, mostram-se extremamente úteis, especialmente, para se predizer as tendências.

CAPACIDADE DE REPRODUÇÃO

Um aumento populacional pode resultar da imigração ou migração, mas depende, basicamente, da reprodução. A fim de evitar a extinção, uma determinada espécie precisa produzir novos indivíduos em nümmero suficiente para substituir os que morrem. Isto aplica-se também às populações dentro de uma mesma espécie.

Os biólogos, freqüentemente, usam o termo *potencial reprodutivo*, que, no sentido absoluto, refere-se ao número máximo de indivíduos, que uma população poderia produzir. Entretanto, em qualquer grupo de animais, o número de novos indivíduos, que poderiam ser gerados, excede o número que realmente é gerado. Para algumas espécies, esta capacidade reprodutora real não é muito diferente da capacidade reprodutora potencial, mas, em outras, representa apenas uma porcentagem muito pequena. Por exemplo, o índice de sobrevivência do filho único, gerado por certos mamíferos grandes, uma vez por ano e, às vezes, menos freqüentemente, é alto, enquanto a porcentagem de indivíduos, que se desenvolvem até a maturidade, em relação aos vários milhões de ovos gerados anualmente por uma fêmea de esturjão ou bacalhau é extremamente pequena. Estes últimos possuem um potencial reprodutivo alto, mas o índice de sobrevivência dos ovos e filhotes é baixo por causa da *resistência ambiental.*

Exatamente como uma espécie atinge um índice reprodutivo adequado para compensar a mortalidade, durante sua evolução, tem sido tema de considerável especulação. Entre as aves, o índice reprodutivo é determinado pelo tamanho da ninhada e pelo número de ninhadas produzidas anualmente. Em qualquer espécie, o número de ovos, que compõem uma ninhada, tende a ser razoavelmente uniforme. Isto não significa que todas as fêmeas ponham exatamente o mesmo número. Para citar um exemplo específico, quatro é, habitualmente, o número de ovos postos por um maçarico *(Charadrius vociferus)*, mas, ocasionalmente, encontram-se ninhadas de três ou cinco ovos. Além disso, pode haver variações geográficas em relação ao número médio de ovos postos, em algumas espécies.

Lack (1954*b*) resumiu as quatro teorias principais, apresentadas para justificar o tamanho da ninhada. A primeira admite que as aves produzam tantos ovos quantos elas sejam capazes de produzir, fisiologicamente. Isto, contudo, é contestado pelo fato da remoção dos ovos do ninho de um pássaro, que esteja pondo, freqüentemente, estimular a produção de mais ovos para completar a ninhada. A segunda teoria pressupõe que o tamanho da ninhada seja determinado pelos números de ovos, que podem ser incubados, satisfatoriamente, por uma ave no choco. Entretanto, parece não haver nenhuma razão para que um pombo não possa incubar três ou quatro ovos, em vez de dois, apesar dele não poder, eventualmente, arranjar alimento suficiente para os filhotes adicionais. A terceira teoria é que o tamanho da ninhada tenha sido ajustado para compensar a mortalidade, como resultado da seleção natural. Um dos argumentos, apresentados por Lack, em oposição a isto é que, dentro de uma determinada população, é difícil ver como a seleção natural favoreceria os indivíduos, que geraram menos filhotes, em relação aos que geraram mais filhotes. Esta objeção é válida, contudo, apenas se se admitir que a seleção diz respeito aos indivíduos e não às populações inteiras. Parece razoável acreditar que as espécies, que aumentam além da capacidade de suporte de seu ambiente, tenham, possivelmente, menos oportunidade de sobrevivência por longos períodos de tempo, que aquelas que não aumentam. Isto também poderia ser aplicado às populações de uma mesma espécie, que são isoladas umas das outras. Esperar-se-ia que a seleção favorecesse às populações cujo índice reprodutivo foi ajustado para compensar a mortalidade, em relação às que possuem um índice reprodutivo alto demais ou baixo demais.

A quarta hipótese, incluída na lista por Lack, a que ele prefere, é que, como resultado da seleção natural, em média, as aves gerem tantos filhotes quanto os pais possam alimentar satisfatoriamente. Há vários pontos fracos nesta teoria. A mortalidade é considerada, primeiramente, à medida que afeta os filhotes dos indivíduos, que geram mais do que podem alimentar apropriadamente. Da mesma forma, não justifica o tamanho da ninhada em espécies nidífugas, ou espécies que não alimentam seus filhotes.

Como será notado mais adiante neste capítulo, há vários fatores ambientais, que podem afetar o índice reprodutivo, e fazem-no flutuar ano após ano. Além disso, em algumas espécies de vertebrados, o número de ovos ou de filhotes gerados varia com a idade.

REPRODUÇÃO E MORTALIDADE

Uma espécie com um alto índice de mortalidade precisa, do mesmo modo, ter um alto índice de reprodução, se quiser sobreviver. Os animais de vida longa, geralmente, reproduzem-se lentamente; já os animais, cujo período de vida é breve, geralmente, são prolíficos. A maioria dos grandes mamíferos herbívoros, bem como os pinipédios e os cetáceos, gera um ou, ocasionalmente, dois filhotes por ano. Poucos destes animais atingem a maturidade sexual no primeiro ano de vida e alguns necessitam de vários anos para alcançar o pico de atividade sexual. Sua expectativa de vida é relativamente longa.

Muitos morcegos insetívoros do norte da América do Norte geram um ou dois filhotes por ano, mas a marcação com anilhas mostrou que alguns indivíduos, em condições naturais, podem atingir uma idade superior a 20 anos. Isto, obviamente, ultrapassa a expectativa de vida média de um morcego, porém indica uma longevidade potencial neste grupo.

Os condores californianos *(Gymnogyps californianus)* não podem procriar, até que tenham 5 anos de idade, quando geram, geralmente, apenas um filhote a cada dois anos. Sabe-se que um condor cativo do Parque Zoológico Nacional de Washington, D.C., alcançou a idade de 45 anos, embora Koford (1953) tenha sugerido que a expectativa de vida média de condores selvagens fosse ao redor de 12 anos. O condor é considerado uma espécie relita, que, simplesmente, sobreviveu aos rigores do Pleistoceno. Embora seja a segunda maior ave terrestre voadora, ultrapassada apenas pelo condor andino, sua distribuição geográfica era excessivamente limitada, quando descoberto pelos primeiros exploradores americanos do oeste, no século dezenove. Ocorria, então, de Washington para o sul, ao longo da Costa do Pacífico até o norte da Baja Califórnia. Hoje, está em vias de extinção por causa de seu índice de reprodução extremamente baixo e incompatibilidade com o homem. Os 30 e poucos indivíduos sobreviventes estão em grande parte confinados às montanhas escarpadas da região centro-sul da Califórnia (Fig. 15.1).

Entre muitos mamíferos pequenos, observamos um índice de reprodução alto, associado às espécies, cuja expectativa de vida é cerca de 1 ano ou ligeiramente mais. Os ratos silvestres podem começar a procriar com 3 a 6 semanas de idade. Tanto o período de gestação quanto o período de cuidados parentais são curtos. Há um recorde, citado por Hamilton (1939), de um rato silvestre cativo, que produziu 17 ninhadas no período de um ano. Estes pequenos roedores, contudo, são presas para muitos outros vertebrados.

O estudo sobre pequenos mamíferos *(Microtus, Reithrodontomys* e *Mus)*, que habitam as pradarias do litoral da Califórnia central, feito por Pearson (1964), revelou um pico populacional entre os roedores em junho de 1961. Nesta época do ano, em que seria normalmente o pico da estação de reprodução, a reprodução cresceu e não recomeçou até a primavera seguinte. A população total foi determinada pela captura viva em armadilhas. Foi feita uma análise dos excrementos de todos os pequenos carnívoros, abrangendo os gatos domésticos selvagens, as jaritatacas nativas, racuns e

Figura 15.1. O Condor da Califórnia *(Gymnogyps californianus)* é uma espécie de ave de baixa capacidade de reprodução. (Fotografia, cortesia de Ed. N. Harrison.)

raposas que também existem lá. A predação por estas espécies isoladamente é responsável pelo extermínio de 88 por cento dos 4400 ratos silvestres, 33 por cento dos 1200 camundongos silvestres, e 8 por cento dos 7000 camundongos domésticos durante este período não-reprodutivo.

Blair (1940*b*) observou que havia um "turnover" anual quase completo na população dos camundongos da espécie *Peromyscus maniculatus*, na reserva Edwin S. George, Michigan. A maior parte dos indivíduos, que procriaram na primavera, tinha nascido no outono anterior. A população da primavera era pequena, porém o pico foi alcançado por volta do fim de julho. A isto, seguiu-se um declínio do número, até que a procriação do outono começasse. Em seguida, a população de inverno diminuiu até o mínimo na primavera.

O roedor *Tamias striatus* da América do Norte, ao contrário da maioria dos pequenos roedores, parece ter longa vida, possuindo uma expectativa de vida média de 1,29 anos para indivíduos de todas as idades, na primeira captura na natureza. Alguns animais marcados sobreviveram mais de 5 anos (Tryon e Snyder, 1975). Isto também pode ocorrer com outras espécies do mesmo gênero ou de gêneros próximos.

Entre 1939 e 1944, o autor manteve um aviário com 12 m², no telhado de alcatrão e cascalho de um dos edifícios da Academia de Ciências da Califórnia, São Francisco. A presença de alimento logo atraiu camundongos domésticos *(Mus musculus)*, que só puderam esconder-se nos viveiros, sob uma prancha estreita ou em alguns espaços sob a placa de proteção, na borda do telhado. A captura persistente com armadilhas, que, raramente, resultou na captura de menos do que um camundongo por noite, durante este período não reduziu a população de camundongos. Foi feita uma tentativa de se eliminar os ninhos em que as fêmeas tinham seus filhotes. Logo se observou que a eliminação de um ninho resultava na rápida construção de um outro no mesmo lugar ou em algum outro local, onde não poderia ser descoberto por algum tempo. Depois disto, os ninhos foram abandonados e os filhotes retirados, quando encontrados. Durante o verão e o outono de 1944, foram feitos registros do número e da idade aproximada dos filhotes, que foram retirados de alguns dos ninhos. De apenas um destes, foram apanhados 10 filhotes pertencentes a dois grupos de idades diferentes, no dia 3 de julho. Quatro eram nus e seis tinham pêlos sobre o corpo. Havia dois adultos quando o ninho foi examinado pela primeira vez. No dia 5 de julho, foram retirados quatro filhotes recém-nascidos. Mais doze filhotes recêm-nascidos foram retirados no dia 7 de julho. Quando examinados de novo, no dia 24 de julho, vinte e quatro filhotes, pertencentes a três grupos de idades diferentes, foram encontrados e dois adultos fugiram. Este era apenas um dos vários ninhos que, obviamente, foram usados simultaneamente por mais de uma fêmea para abrigar os filhotes. A surpreendente capacidade reprodutora desta espécie é uma das razões por que ela tem sido bem sucedida em tantas partes do mundo. Estudos feitos sobre o lemingue norueguês *(Lemmus lemmus)*, em condições seminaturais, durante a estação de reprodução, mostraram que as fêmeas de uma população com alta densidade param de ter territórios de ninhos e podem até mesmo compartilhar um ninho. Em tais circunstâncias, os filhotes podem mamar em qualquer fêmea lactante.

DENSIDADE E COMPOSIÇÃO ETÁRIA

Na maioria das populações naturais, a densidade e composição etária flutuam durante o ano. Para as espécies, que geram filhotes na primavera e verão, a densidade da população é baixa nos meses imediatamente precedentes e eleva-se conforme o desenrolar da estação de reprodução. Da mesma forma, a proporção de filhotes em relação aos adultos também aumenta simultaneamente.

Tanto a densidade como a composição etária também podem afetar a capacidade reprodutora de uma população. As populações, que crescem rapidamente, geralmente, têm uma porcentagem maior de indivíduos, que estão procriando filhotes, do que populações estacionárias ou em declínio. Contudo, como será discutido mais adiante neste capítulo, se a densidade da população se tornar alta demais, a reprodução pode ser inibida.

Davis (1951) observou menos gestações nas populações estacionárias de ratazanas *(Rattus norvegicus)* do que em populações crescentes ou decrescentes, embora a prevalência de lactação fosse aproximadamente a mesma nos três casos. Ele supôs que, em populações crescentes, houvesse uma maior mortalidade natal, mas um índice de sobrevivência maior em relação a filhotes desmamados. Não houve nenhuma explicação para o aumento de gestações em uma população em declínio.

Os dados, recentemente compilados, sobre o coelho *(Lepus californicus)* do oeste norte-americano indicam que, nesta espécie, quando a densidade da população aumenta, pode haver um declínio da fertilidade, resultando numa redução da estação de reprodução e do número de filhotes por ninhada. Inversamente, numa população em declínio, ocorre o contrário com a duração da estação de reprodução e tamanho da ninhada.

Blair (1957) observou que uma seca intensa reduziu, em grande parte, a população adulta de lagartos da espécie *Sceloporus olivaceus*, numa área de 10 acres em Travis County, Texas. Havia, porém, uma sobrevivência maior da prole, embora seu número fosse menor. Visto que as fêmeas de um ano de idade procriam, mas produzem menos ovos do que as fêmeas de idade superior a um ano, o número de indivíduos, que procriam, sofreu poucas alterações, embora o potencial de procriação fosse reduzido e a composição etária mudasse. As rãs *Acris crepitans*, da mesma área, geraram menos filhotes, que tiveram um índice de sobrevivência maior e ficaram adultos mais rapidamente do que em anos normais. Duas outras espécies, o lagarto *Anolis carolinensis* e a rã-gigante *(Rana catesbiana)*, foram eliminadas.

ALIMENTAÇÃO

Como foi salientado por Lack (1954*b*), o índice reprodutivo, assim como muitos outros fatores, que influenciam os números de animais, resultam de seleção natural. Isto conduz a uma distinção entre o que se chama de causas aproximadas e causas definitivas. Assim, em algumas espécies, a maior duração do dia pode estimular a atividade reprodutora na primavera, quando a alimentação é suficientemente abundante para a criação da prole. A luz pode ser considerada aqui como um outro fator, mas é o suprimento alimentar, necessário para a sobrevivência, que é o fator definitivo.

O suprimento alimentar parece, às vezes, ter um efeito muito direto sobre o comportamento reprodutor. Jameson (1955) observou que, enquanto a reprodução nos camundongos silvestres *Peromyscus maniculatus*, da Sierra Nevada, no Norte da Califórnia, era essencialmente a mesma na primavera para um período de 3 anos, a procriação de outono dependia do suprimento alimentar. Nos anos em que havia abundância de sementes de coníferas, bagas e bolotas de carvalho, a procriação continuava até dezembro, e havia, conseqüentemente, uma população grande de camundongos no ano seguinte. Na ausência destes alimentos, a procriação cessou em junho e seguiu-se um marcante declínio na população. A lentidão da reprodução — que está relacionada à escassez de alimento — em vez de mortalidade elevada, acredita-se ser responsável pelo declínio da população. Resultados semelhantes foram observados em camundongos do campo (*Apodemus sylvaticus*), em florestas mistas de carvalhos e faias, na França. A cada dois ou três anos, quando quantidades excepcionais de frutos de faia são produzidas, a população de camundongos aumenta, como resultado da extensão da estação de reprodução outonal.

Um estudo de Brooks e Barnes (1972) sobre uma explosão populacional de ratos comuns do norte da Califórnia, no inverno de 1963-1964, sugeriu que o aumento pudesse ser resultado de um suprimento de alimento inusitado, devido às pesadas chuvas prematuras de outubro de 1962, que destruíram a colheita de arroz e, subseqüentemente, a queima do restolho. Quando ocorreu o declínio da população na primavera e verão de 1964, não houve evidências de que isto tivesse sido causado por doenças ou predação. Durante este período, a reprodução não resultou em recrutamento de filhotes. Parecia provável que a alta densidade da população tinha reduzido a fertilidade e elevado a mortalidade juvenil.

As observações de Taber (1956) sobre o cervo (*Odocoileus hemionus*) da Califórnia mostraram que as fêmeas com mais de 2 anos de idade geravam, em média, 1,65 corças novas cada uma, em campo aberto de arbustos, quando o alimento era abundante, comparado com uma média de 0,77 filhotes para as fêmeas que habitavam áreas de denso chaparral, onde havia menos alimento (Fig. 15.2). Os estudos sobre o cervo *Odocoileus virginianus* do Refúgio Nacional da Vida Selvagem de Aransas (Aransas National Wildlife Refuge), ao longo do litoral texano, onde as bolotas são abundantes e boa forragem, disponíveis o ano inteiro, mostraram que as fêmeas adultas geravam, em média, 1,57 filhotes. A procriação e o nascimento de filhotes neste refúgio ocorreram um mês ou mais antes da procriação e nascimento de filhotes em áreas menos favoráveis, mais ao oeste do Texas, onde a caça é permitida.

Em algumas aves, o suprimento alimentar parece influenciar o tamanho da ninhada de ovos. Rendall (1925) fez um comentário sobre as ninhadas de ovos, anormalmente grandes, da coruja (*Asio flammeus*) durante o ano, em que os ratos silvestres tiveram seu pico numérico, no Canadá. Na Suécia, os quebra-nozes (*Nucifraga caryocatactes*), regularmente, possuem uma média de três ovos por ninhada, mas, nos anos em que as nozes são abundantes, geralmente, são postos, quatro ovos (Lack, 1954*b*).

Sugeriu-se que a alimentação fosse o mecanismo controlador das populações das aves marinhas, em águas tropicais. Visto que muitas espécies de aves oceânicas voam para muito longe, fora da estação de reprodução, só durante esta estação é que o alimento exerce um controle efetivo. Entre espécies que se agregam em grandes números durante a época de nidificação, a competição pelo alimento, nas águas circun-

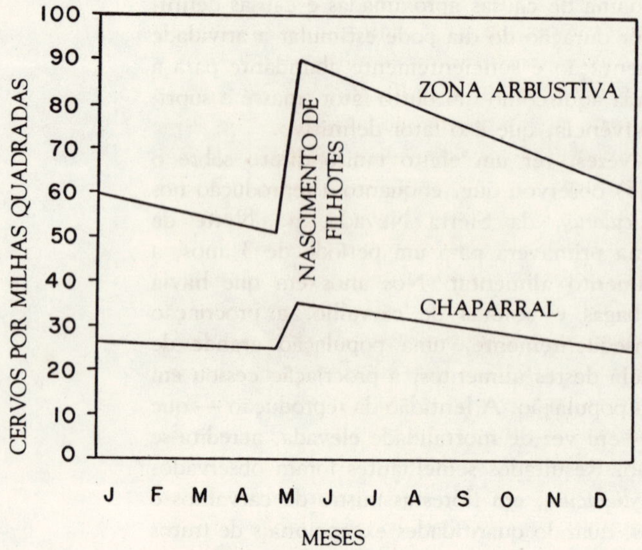

Figura 15.2. A densidade populacional do cervo durante o ano na área de chaparral e zona arbustiva (Taber, R.D.: Transactions of the Twenty-First North American Wildlife Conference, 1956.)

dantes, pode ser muito grande. Isto significa que, quando a população alcança um certo ponto máximo, muitos adultos podem ser incapazes de criar seus filhotes com sucesso.

Em contraste com a premissa de que a competição pelo alimento seja de suprema importância para o controle da população, dentro de rebanhos ou em ninhadas, Wynne-Edwards (1962) sugere que o domínio social seja de maior importância. Os indivíduos, que tenham alcançado o domínio, controlam o alimento, e os subordinados podem morrer de fome, embora o alimento seja abundante.

Não se questiona que a disponibilidade de alimento seja um fator importante para o controle das populações, ou através de competição individual, ou pelo domínio social. Contudo, como foi salientado no Capítulo 10, o território também é importante. Em espécies territoriais, como em muitas aves, os indivíduos, geralmente, tornaram-se espaçados para fornecer alimentação adequada tanto para os adultos, quanto para os filhotes, pelo menos, durante o período reprodutivo.

CLIMA

O clima também pode afetar a reprodução em muitos tipos de vertebrados. Isto foi discutido, até certo ponto, no Capítulo 13. O frio na primavera atrasa a nidificação de certas espécies de aves. A seca inibe as atividades reprodutoras de muitos tipos de anfíbios e alguns répteis. Martin (1956), em seu estudo do rato silvestre da campina *(Microtus ochrogaster)* de Kansas, observou que chuvas subnormais pareciam inibir a reprodução, enquanto pesadas chuvas matavam um grande número de filhotes jovens. Observou-se que, em certas regiões, a geração de patos selvagens *(Anas platyrhynchos)* é alta nos anos em que a precipitação pluvial da primavera é alta, e baixa nos anos em que ocorre uma seca durante a primavera. De acordo com Mayhew (1955), a umidade relativa alta e o periódico umedecimento dos ovos são essenciais para uma boa ninhada.

Rogers (1959) observou que, quando, como resultado da seca, o nível de água era drasticamente reduzido nos açudes do sudoeste de Manitoba, havia um declínio abrupto na geração de patos marinhos *(Aythya affinis)*. Isto resultou, em parte, da seca total de muitos lagos de nidificação. Contudo, a predação foi maior do que em anos úmidos, possivelmente por causa da maior acessibilidade dos ninhos para os predadores. Houve também maior perda das atividades agrícolas, inclusive o pastoreio do gado e o cortar de grama. Além disso e, possivelmente, de maior importância, foi o fato de que houve uma notável falha na renidificação por parte das aves, cujos ninhos foram destruídos.

Marcantes mudanças periódicas nas populações de mamíferos terrestres podem ocorrer nas regiões onde as mudanças anuais no ambiente são drásticas. Um bom exemplo, estudado por Sheppe (1972 *a, b*), é a situação que prevalece nos brejos do Rio Kafue, Zâmbia. Estes brejos têm cerca de 145 milhas de comprimento e são cortados pelo Rio Kafue, um tributário do Zambezi. Após a estação das chuvas, eles são cobertos por grama exuberante, durante algum tempo, quando se tornam habituados por grandes manadas de ungulados e muitos mamíferos menores, incluindo camundongos e musaranhos. Quando os brejos secam, os últimos habitam as fissuras das fendas profundas do solo argiloso e a vegetação decresce rapidamente. Mamíferos pequenos começam a procriar, por volta do fim da estação seca, e suas populações logo aumentam. Quando as chuvas começam em novembro ou dezembro, a inundação logo se inicia e, definitivamente, cerca de 2000 a 3000 milhas quadradas são inundadas por até 4,5 metros de água. Muitos mamíferos se afogam, mas a maioria dos grandes animais selvagens e até mesmo muitas das pequenas espécies vão para longe do rio. Visto que a inundação se estende, lateralmente, por cerca de 10 milhas do rio, isto envolve uma longa jornada para os camundongos e musaranhos e provoca densas populações de refugiados, ao longo das margens da planície fluvial. Quando a água recua, em maio ou junho, os animais retornam em direção ao rio, com seu número sendo continuamente diminuído. Então, o ciclo reprodutivo recomeça antes da inundação seguinte.

CAPACIDADE DE SUPORTE

A capacidade de suporte, ou número máximo de indivíduos que uma determinada área pode acomodar satisfatoriamente, é um outro fator importante, que influencia as populações. Isto é determinado primeiramente pela disponibilidade de alimento e presença de locais de abrigo e procriação. Por exemplo, Taber (1956) observou que, na Califórnia, a capacidade de suporte do denso chaparral para os cervos era consideravelmente menor que a de campos abertos de arbustos, onde plantas herbáceas crescem entre os arbustos bem espaçados (Fig. 15.2). Em dezembro, o chaparral suportava cerca de 25 cervos por milha quadrada, enquanto o campo de arbusto, que fornece mais alimento, suportava cerca de 60 indivíduos por milha quadrada. Blair (1940*a*) observou 11,9 ratos silvestres *(Microtus pennsylvanicus)* por acre, em campos úmidos, onde havia bons esconderijos, enquanto apenas 2,6 animais por acre foram observados em campos secos no Michigan.

De relatos históricos, parecia que as espécies de animais selvagens fossem muito abundantes na América do Norte, quando os colonizadores europeus chegaram pela primeira vez. Gradualmente, os animais selvagens ficaram reduzidos, até que, na última parte do século dezenove, medidas positivas foram tomadas para deter esta tendência. Infelizmente, foram necessárias décadas para se perceber todas as causas do declínio. A mais óbvia dizimação parece ter sido provocada pela caça. Os limites de predação foram um modo de refrear esta redução; o desenvolvimento dos abrigos, tanto federais, como estaduais, foi um outro. Algumas práticas, que, ora parecem biologicamente falsas, foram usadas (e até mesmo continuam a ser usadas em algumas áreas), inclusive o controle de espécies predadoras através de captura com armadilhas, de caça e de iscas envenenadas. Muitos esforços foram feitos para reabastecer as áreas esvaziadas, e, algumas vezes, estes provaram ser muito benéficos. Para muitas espécies, contudo, foi descoberto posteriormente, que a solução mais eficaz era a proteção e melhoramento do habitat. Pode-se proibir a pesca numa bacia hidrográfica, pode-se reabastecer ou mesmo reduzir várias espécies predadoras, porém, se a floresta adjacente for destruída, se a água for gravemente assoreada e se os poluentes estão correndo para dentro dela, a capacidade de suporte para peixes, tais como trutas, vai ser muito baixa. Somente a eliminação ou prevenção de tais fatores trará de volta um riacho de trutas saudáveis, com uma população normal de peixes.

Na África, mostrou-se que o ecossistema da savana tropical pode suportar uma população muito grande de animais, embora a terra não seja rica e a precipitação pluvial seja baixa e irregular. Este é o resultado da combinação da queimada pelos homens e da pastagem pelos mamíferos nativos. A primeira impede o abuso excessivo das espécies de florestas e a última permite o crescimento vigoroso de gramíneas e de outras plantas de muitos tipos. Desde que este equilíbrio seja mantido, a população animal pode permanecer grande. Se a queimada não ocorrer, os bosques substituem, definitivamente, a pastagem, e a capacidade de suporte é, em grande parte, reduzida. Da mesma forma, já que diferentes tipos de animais nativos, que pastam, selecionam espécies diferentes de plantas para a alimentação, há uma competição interespecífica relativamente pequena, ao lado da eficiente utilização do alimento disponível. A capacidade de suporte de tais áreas para o gado doméstico é muito mais baixa do que para os herbívoros nativos, visto que os primeiros são capazes de utilizar apenas uma pequena quantidade do material nutriente presente. Isto foi anteriormente discutido no Capítulo 11, em conexão com a migração de grandes animais selvagens, no Serengeti.

Um outro exemplo de espécies, que se alimentam, simultaneamente, das mesmas plantas, sem competição, é demonstrado pela girafa e o gerenuk na África Oriental (Fig. 15.3 e 15.4). A primeira espécie se alimenta da folhagem e galhos superiores de árvores, cujos ramos médios e inferiores fornecem alimento para os gerenuks menores. Estes últimos, geralmente, ficam de pé sobre suas patas traseiras para se alimentar, a um nível um pouco mais alto do que a maioria dos animais herbívoros, que se alimentam mais abaixo.

Figura 15.3. A girafa da África Oriental pasta na zona superior da vegetação do cerrado de arbustos espinhosos.

Figura 15.4. O gerenuk pasta, em grande parte, na zona intermediária da vegetação, entre as partes mais altas das árvores usadas pelas girafas e as mais baixas utilizadas por outros herbívoros. Isto é realizado, ficando ele de pé sobre suas patas posteriores. (Fotografia no norte do Quênia, África Oriental.)

Em espécies territoriais, a separação espacial de indivíduos agrupados em pares ou até mesmo em colônias é um meio de limitar as populações dentro do ambiente e tende a impedir a superpopulação. Contudo, em qualquer grupo de animais, se a capacidade de suporte da área ocupada for ultrapassada, o resultado é a superpopulação.

Já que a alimentação e os esconderijos estão, freqüentemente, sujeitos a flutuações periódicas, a capacidade de suporte do ambiente, na época mais desfavorável do ano, é de importância crítica. Um riacho pode acomodar uma grande população de trutas na primavera e início do verão, mas seu estado, no fim do verão e outono, quando a vazão alcança o ponto mínimo, pode determinar o número de peixes que podem ser acomodados satisfatoriamente como base para o ano inteiro.

Em muitas áreas, o suprimento alimentar de inverno determina a capacidade de suporte de uma área para grandes animais herbívoros, embora muito mais indivíduos possam ser acomodados durante os meses de verão.

Um dos exemplos mais conhecidos de uma população, que ultrapassou a capacidade de suporte, foi apresentado, há alguns anos atrás, pelos cervos do Planalto de Kaibab, no Arizona setentrional. Em 1906, esta área, compreendendo cerca de três quartos de um milhão de acres, foi posta de lado como refúgio para animais selvagens pelo Presidente Theodore Roosevelt. A população de cervos, na época, foi estimada em cerca de 4000. A caça, tanto pelos índios como pelos homens brancos, foi proibida e o controle de predadores prosseguiu. Seiscentos pumas foram eliminados por volta de 1917. A pequena população de lobos foi exterminada por volta de 1926 e mais de 7000 coiotes foram mortos por volta de 1939. Como resultado da redução do índice de mortalidade, a população de cervos aumentou rapidamente, até que ultrapassou a capacidade de suporte da área, o que foi determinado pelo suprimento alimentar de inverno. Por volta de 1920, estimou-se que existiam 100.000 cervos, mas a fome, durante os dois invernos seguintes, matou 60 por cento da população (Fig. 15.6).

Figura 15.5. Inúmeros pequenos lagos no norte dos Estados Unidos e províncias das campinas do Canadá fornecem áreas de reprodução para muitos tipos de aves aquáticas. (Fotografia tomada no sul de Manitoba.)

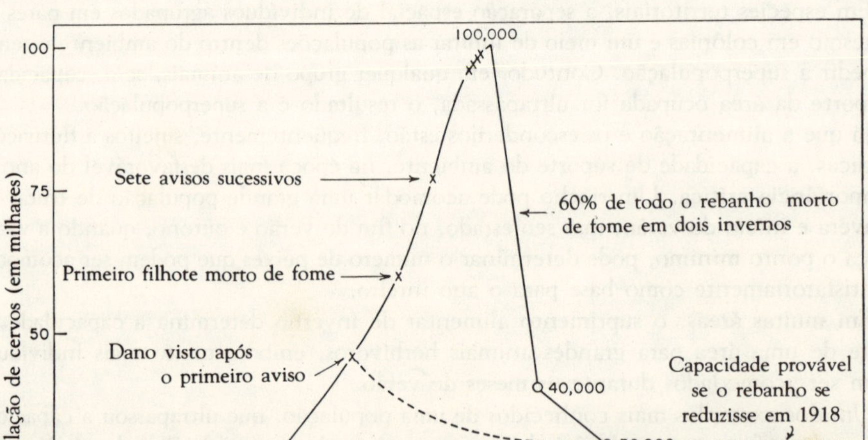

Figura 15.6. O efeito da remoção de predadores sobre as populações de cervos no Kaibab Plateau, Arizona (727.000 acres). Seiscentos pumas foram removidos em 1907-1917, 74 em 1918-1923 e 142 em 1924-1939. Onze lobos foram removidos em 1907-1923 e todos foram exterminados por volta de 1926. Três mil coiotes foram removidos em 1907-1923 e 4388 em 1923-1939. (Redesenhado de Leopold. Segundo Allee, W.C. *et al.*; Principles of Animal Ecology. Philadelphia, W.B. Saunders Co., 1949.)

O declínio continuou numa área esvaziada, até que a população alcançou 10.000, em 1939, o que se estimou ser cerca de um terço da capacidade normal de suporte da área. Situações semelhantes, embora não desta grandeza, em que os cervos aumentaram além da capacidade de suporte de sua área de inverno, ocorreram em outras partes da América do Norte.

Os estudos feitos por Stelfox (1976) sobre carneiros selvagens (*Ovis canadensis*) dos parques nacionais canadenses, nas Montanhas Rochosas, indicam que estes animais, em condições naturais, aumentaram além da capacidade de suporte de sua área. Isto é particularmente sério na área de inverno e resulta na desnutrição e também na suscetibilidade à doença, especialmente à pneumonia causada por vermes, durante os invernos rigorosos. Aproximadamente a cada 25 anos, há uma morte em massa, mais importante. Tais flutuações são influenciadas pelo tempo, predação e competição com os cervos e alces. Estas duas espécies não estão sujeitas a periódicas mortes em massa, mas são controladas em grande parte pela predação e pelo severo clima de inverno.

PREDAÇÃO

No início deste século, quando sérias tentativas de controle dos animais selvagens foram iniciadas, o principal objetivo era o de aumentar as espécies de caça. Parece que isto se realizou melhor com as restrições à caça, estabelecimento de reservas e controle dos predadores. Embora os dois primeiros métodos ainda sejam de grande importância, sabemos hoje que o melhoramento e a manutenção do habitat são básicos para o manejo adequado dos animais selvagens, e que as espécies predadoras são essenciais para a manutenção de populações fortes e saudáveis de presas.

Recentemente, foram feitos estudos sobre o importante papel desempenhado pelos pumas, hienas, leões africanos, tigres e lobos em relação a populações de grandes animais selvagens. O mais convincente é o trabalho de George B. Schaller, que passou 3 anos no Serengeti, Tanzânia, estudando os grandes predadores, especialmente o leão (*Panthera leo*). Este animal vivia, em tempos passados, na maior parte da África, Europa central e meridional, Oriente Próximo e em direção ao oriente até a Índia. Embora um pequeno vestígio da população de leões asiáticos exista hoje no Santuário de Gir, Índia, é apenas na África que grandes quantidades de leões ainda sobrevivem nas planícies e florestas, longe de áreas agrícolas desenvolvidas. Aí, junto com os leopardos, guepardos, hienas pintadas e carnívoros menores, eles desempenham um papel importante na manutenção de uma comunidade forte e viável de grandes herbívoros. Os fracos, os doentes e os velhos, bem como alguns dos filhotes das espécies de presas, geralmente são as primeiras e mais fáceis vítimas do ataque.

Cada carnívoro caça de uma maneira diferente e não há demasiada sobreposição nas espécies de presas procuradas. O leão, sendo o maior predador africano, alimenta-se principalmente da zebra e do gnu, ocasionalmente, da girafa e do búfalo (Fig. 15-7 e 15.8). Os leões, geralmente, caçam juntos e precisam fornecer alimento para um grupo. Os leopardos, contudo, são solitários e procuram uma variedade de presas menores, geralmente antílopes de tamanho médio, tais como gazelas, impalas e outros, bem como mamíferos menores e aves. Há poucos conflitos com o leão. Os guepardos, embora menos solitários, raramente são vistos em grupos de mais de dois (Fig. 15.9). Sua alimentação consiste, em grande parte, das gazelas-de-Thompson (Fig. 15.10), que são capturadas pelo cansaço após corridas velozes por uma curta distância, ao contrário do método de tocaia, empregado pelos leões e leopardos. As hienas caçam em bandos e perseguem sua presa, até que ela esteja exausta; aí, então, derrubam-na. Sua presa inclui uma grande série de herbívoros grandes e médios, mas consiste predominantemente de

Figura 15.7. O gnu e a zebra comum são as principais presas do leão, na África Oriental.

gnus e gazelas, com menos predação sobre impalas e outros antílopes africanos. Os cães selvagens africanos também caçam em matilhas e têm como presas muitas das mesmas espécies, como as hienas pintadas, porém são principalmente os filhotes das espécies maiores, que são capturados.

Em todas estas relações entre predador e presa, há mudanças periódicas, resultantes de movimentos populacionais, reprodução, clima e outros fatores. Contudo, os predadores são uma parte importante da comunidade ecológica. Diferem quanto a hábitos, métodos de caça e, num grau maior, quanto ao tipo de presa. Como resultado, ajudam a manter populações saudáveis de herbívoros, impedindo, desta forma, severas flutuações em números e os conseqüentes resultados calamitosos.

Figura 15.8. Um grupo de leões (*Panthera leo*), alimentando-se de uma zebra comum ou de Burchell (*Equus burchelli*), na África Oriental.

Figura 15.9. O guepardo *(Acinonyx jubatus)*, um importante predador, especialmente na África Oriental.

Como contraste, poder-se-ia apontar o elefante da África Oriental, como uma espécie de grande herbívoro que, por causa de seu tamanho e hábitos sociais, tem escapado dos efeitos da predação. Estes animais não possuem essencialmente nenhum predador maior, exceto o homem. Eles aumentam em número nas savanas e florestas e, por causa de sua necessidade de enormes quantidades de vegetação, causam devastação nas áreas, onde são protegidos. As árvores são derrubadas e comidas, destruindo, assim, esconderijos para muitas outras espécies (Fig. 15.11). Em última análise, grandes quantidades morrem de fome. O ambiente lentamente se recupera, mas a população de elefantes também e, uma vez mais, repete-se o ciclo (Fig. 15.12). Sem dúvida, os aborígenes foram importantes para o controle das populações de elefantes. Em 1970, estimou-se que havia 25.000 elefantes nas 8.000 milhas quadradas do Parque Nacional de Tsavo (Leste e Oeste), Quênia. Nas áreas, onde eram mais numerosos, quase todos os baobás, como também muitas outras espécies de árvores foram destruídas, perturbando toda a ecologia local (Fig. 15.13). A grave seca de 1970 e 1971 resultou numa catástrofe. A decorrente falta de proteínas provocou a morte de, pelo menos, 5000 elefantes. A maior perda era entre os filhotes, os velhos e as fêmeas em idade reprodutora. Todavia, a destruição das florestas, desta maneira, não é inteiramente sem nenhuma compensação. Como o fogo, isto resulta num aumento do campo, que é mais favorável a muitos outros herbívoros e, em última análise, as florestas aumentarão novamente — assim como os elefantes — e o ciclo repetir-se-á.

No Parque Nacional das Cataratas de Murchison, Uganda, houve um problema semelhante com elefantes. Contudo, as autoridades governamentais de lá tentaram reduzir o número destes animais, caçando unidades de famílias inteiras ou pequenos

Figura 15.10. As gazelas-de-Thomson *(Gazella thomsoni)* são a principal presa para o guepardo na África Oriental.

Figura 15.11. Em algumas partes da África Oriental, uma população excessiva de elefantes *(Loxodonta africana)* resultou na destruição de muitos tipos de árvores, inclusive os baobás fotografados aqui. (Fotografia de Margaret C. Orr.)

Figura 15.12. O habitat do elefante, em Quênia, não mostra nenhum sinal de superutilização.

rebanhos. Aqui, o homem representa o predador, embora não seja, em grande parte, seletivo. Os efeitos a longo prazo desta política ainda não são conhecidos.

A predação, por isso, pode ser natural e benéfica para a manutenção de populações estáveis em uma comunidade. Onde a predação não existe, as flutuações populacionais devem surgir e estar sujeitas a fatores, como disponibilidade de alimento e doenças. O próprio homem pode exercer o controle, funcionando como um predador. Alguns acham que isto é benéfico; outros acreditam-no nocivo. A predação feita por grandes

Figura 15.13. A superutilização pelos elefantes foi um problema sério em 1970, no Parque Nacional de Tsavo (tanto no Leste como no Oeste), Quênia. (Fotografia de Margaret C. Orr.)

carnívoros sobre grandes herbívoros, especialmente nas regiões onde são abundantes, fornece alimentação para muitas outras espécies, tais como chacais e muitos abutres (Fig. 15.14).

COMPETIÇÃO

Às vezes, a competição é um fator importante na limitação das populações dos vertebrados. Nas áreas onde os esquilos vermelhos e os cinzentos entram em contato uns com os outros, os primeiros são dominantes e tendem a expulsar os segundos. Os esquilos vermelhos não toleram igualmente os esquilos-raposa (Hatt, 1929).

Martin (1956) observou ratos silvestres da campina *(Microtus ochrogaster)*, que alcançaram um pico populacional no outono e uma baixa populacional em janeiro. A competição com os ratos-do-algodão *(Sigmodon hispidus)*, foi considerada o fator mais significante, em vez da predação. Rápidas reviravoltas nas populações, contudo, podiam ocorrer. No outono de 1951, no noroeste de Kansas, onde este estudo foi feito, uma diminuição na população dos ratos silvestres foi relacionada a um aumento do número de ratos-do-algodão. No mês de fevereiro seguinte, uma temporada de frio repentino dizimou os ratos-do-algodão, e a população dos ratos silvestres começou a crescer imediatamente.

Bardach (1951) apresenta algumas informações interessantes sobre o efeito tanto da competição, como das doenças sobre a população das percas amarelas *(Perca flavescens)*, em relação ao tamanho e quantidade de indivíduos no Lago Mendota, Wisconsin. Durante as cinco primeiras décadas deste século, houve uma notável redução da população de percas neste lago. Contudo, o tamanho e peso médios destes peixes aumentaram. Em 1916, a quantidade média apanhada por 39 metros de rede, durante a época da desova, foi de 15,5 peixes por hora, enquanto, em 1947, baixou para 3,6. O

Figura 15.14. A presença de agregações de abutres, no território africano de grandes animais selvagens, geralmente é uma indicação de uma morte por leões na noite anterior. Esses aqui apresentados na Reserva de Masai Mara são, principalmente, os abutres-de-dorso-branco *(Pseudogyps africanus)*.

comprimento médio dos indivíduos apanhados aumentou durante este tempo de 162 para 243 mm, e o peso médio subiu de 50 para 180 gramas. A pressão da pesca não foi considerada um fator importante, mas a doença e a competição de *Leucichthys artedi* foram. Em 1939, uma epizoose, causada pelo parasita mixosporídio unicelular, *Myxobolus*, foi muito grave. No ano seguinte, afetou *L. artedi*, que é um competidor da perca, causando o desaparecimento de grandes quantidades. Subseqüentemente, houve uma aceleração marcante na taxa de crescimento das percas.

CICLOS

A maioria dos vertebrados, que vivem longe do Equador, alcança uma grande população durante a época reprodutora e uma pequena durante os meses de inverno. A geração de filhotes, combinada com a mortalidade natural, é responsável por este ciclo anual. Há algumas espécies, contudo, que exibem flutuações cíclicas definidas por longos períodos de tempo com anos em alta e anos em baixa. As quantidades durante os anos em alta podem, ocasionalmente, atingir até mesmo proporções epidêmicas.

O conhecimento humano do espetacular crescimento e queda das populações de alguns destes animais remonta a vários milhares de anos. Pragas ou explosões populacionais de pequenos roedores estão documentadas no Velho Testamento, são descritas em detalhes por Aristóteles e fazem parte da história da Europa. Um resumo destes relatos históricos foi compilado por Charles Elton (1942).

Na América do Norte, flutuações semelhantes nas populações de certos mamíferos e aves têm sido conhecidas nos últimos 200 anos. Não foi senão até o presente século que sua natureza cíclica foi percebida. Um dos primeiros relatos completos dos ciclos populacionais foi apresentado por Elton (1924). Desde então, muitos estudos detalhados sobre o assunto foram feitos, embora saibamos pouco ainda sobre os fatores causados.

Os ciclos mais pronunciados são observados em certos animais que habitam a tundra e as florestas boreais setentrionais. Os principais grupos que apresentam tal periodicidade cíclica são: (1) os lemingues (tanto *Lemmus* como *Dicrostonyx*), os ratos silvestres *(Microtus)* e as lebres *(Lepus americanus)*; (2) aves e mamíferos predadores, notadamente as ptármigas e os galos silvestres. Nas espécies habitantes da tundra ou do ecótono de florestas de tundra e coníferas, o ciclo tende a ser relativamente curto, de 3 a 4 anos, enquanto as espécies das florestas de coníferas setentrionais têm um ciclo longo, de quase 10 anos. Muitas teorias foram apresentadas para explicar estas flutuações rítmicas nas populações. Foram atribuídas aos ciclos das manchas solares, ciclos climáticos, suprimento alimentar, doenças e parasitas, apenas para mencionar alguns. A alimentação, obviamente, desempenha um papel importante na regulação dos predadores, que se alimentam de outras aves ou mamíferos, cujas quantidades estão sujeitas às flutuações cíclicas. Assim que as presas se tornam mais abundantes, os predadores aumentam. Um declínio dos primeiros resulta num declínio dos últimos. O ciclo predatório dos mamíferos carnívoros, geralmente, segue o ciclo das presas, retardando por cerca de um ano. Contudo, estudos recentes sobre as aves de rapina que dependem de um pequeno número de espécies de presas nas tundras ou áreas desertas mostram que as flutuações dos números populacionais de aves predadores e espécies de presas são um tanto sincrônicas.

Os fatores controladores das espécies não-predadoras são muito menos claramente compreendidos. Na América do Norte ártica, o lemingue pardo *(Lemmus trimucronatus)* possui um ciclo de 3 a 4 anos (Fig. 15.15). Rauch (1950) comenta rapidamente sobre o rápido declínio destes lemingues do ponto máximo, da região de Pt. Barrow, Alasca, na primavera de 1949. Estes animais são severamente caçados por corujas brancas, gaivotas de rapina e raposas árticas. Grandes quantidades, contudo, morreram por outras causas,

Figura 15.15. Lemingues pardos *(Lemmus trimucronatus)* cativos, fotografados em Pt. Barrow, Alasca. (Fotografia de G. Dallas e Margaret M. Hanna.)

e a atividade reprodutora cessou. Por volta do início de junho daquele ano, os lemingues tinham, essencialmente, desaparecido, embora as corujas brancas fossem ainda numerosas em outubro. Nenhuma infecção parasítica óbvia foi notada nos lemingues mortos e, embora a vegetação da tundra fosse reduzida, não havia razão para concluir que a fome real fosse responsável pelo declínio. Mais recentemente, os estudos de Pitelka (1973), por um período de duas décadas, sobre os lemingues perto de Barrow, Alasca, mostraram que o principal desenvolvimento para um ponto alto cíclico resulta da sobrevivência e do recrutamento no inverno do ano-pico. O ano-pico representa o inverno mais o verão seguinte. Durante o inverno, a maior parte da vegetação quiescente é cortada ao nível do chão, expondo, desta forma, os lemingues pardos às aves predadoras, quando a neve derrete.

O exemplo mais clássico de um mamífero norte-americano sujeito a flutuações periódicas a longo prazo é apresentado pela lebre. A pele deste animal tem tido valor comercial por muitas gerações e os dados mantidos pela Companhia da Baía de Hudson sobre a captura anual feita pelos caçadores de peles desde o final do século dezoito mostram que esta espécie tem um ciclo de pouco menos de 10 anos de duração (Fig. 15.16). MacLulich (1937) resumiu estas informações e complementou-as com dados obtidos da literatura, questionários e trabalho de campo pessoal. Os resultados mostraram que os anos de pico variavam em diferentes partes do Canadá e que não havia relação entre o ciclo da lebre e o ciclo das manchas solares. Durante os anos de pico, as lebres ocupavam quase todo o habitat disponível, mas, quando as populações eram pequenas, restringiam-se ao seu habitat favorito. A taxa de reprodução declinava à medida que a população diminuía, mas isto não era considerado responsável pelo ciclo. Epidemias inespecíficas pareciam ser a causa do rápido desaparecimento ou desastre, que ocorreu após um pico populacional. O fato de que as doenças possam variar com os diferentes declínios, contudo, sugere que elas possam ser um fator secundário. O ciclo do lince canadense *(Lynx canadensis)* foi definitivamente relacionado com o da lebre (Fig. 15.16). Esta fornece a principal alimentação para esse carnívoro.

Na América do Norte ocidental, na parte setentrional da Grande Bacia, sabe-se que os ratos silvestres monteses *(Microtus montanus)* possuem um ciclo populacional de

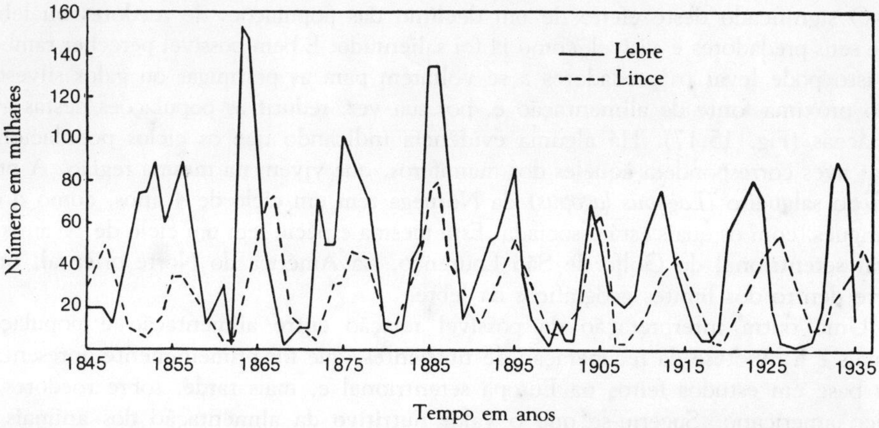

Figura 15.16. Mudanças na abundância dos linces e lebres, como indicado pelos números de peles recebidas pela companhia da Baía de Hudson. Este é um caso clássico de oscilação cíclica na densidade populacional. (Segundo MacLulich, 1937. De Ville, C.A.: Biology. 7th Ed., Philadelphia, W.B. Saunders Co., 1977.)

3 a 4 anos. Ocasionalmente, picos muito altos são atingidos localmente (Kartman, Prince e Quan, 1959). Uma explosão destes ratos silvestres ocorreu em Humboldt County, Nevada, em 1908-1909. Após as altas populacionais de 1949 e 1954, ocorreu uma irrupção, no final de 1957 e na primavera de 1958, em partes de Washington, Oregon, Idaho, Nevada e Califórnia. Esta foi, sem dúvida, a maior explosão de ratos silvestres registrada na América do Norte. As estimativas populacionais (Spencer, 1959) indicaram que as quantidades máximas, em localidades favoráveis, podem ter sido tão altas quanto 2000 a 3000 indivíduos por acre, embora a média fosse consideravelmente menor. Quando o declínio começou, tanto os estudos laboratoriais quanto os de campo mostraram uma alta incidência de tularemia, que é causada pela *Pasteurella tularensis.* Aproximadamente 30 por cento dos ratos silvestres capturados em várias localidades dentro desta área morreram de tularemia, no laboratório, num período de 25 dias. Outros 40 por cento daqueles capturados também morreram, porém não por qualquer doença de roedores identificável (Kartman, Prince e Quan, 1959).

Há considerável evidência indicando que, mesmo se a doença estiver presente nas populações, que diminuem rapidamente, não é esta a causa direta do declínio. Chitty (1954), num estudo sobre ratos silvestres *(Microtus agrestis)* da Inglaterra, observou que, embora a incidência da tuberculose fosse maior que o normal durante os períodos de mortalidade elevada, a tuberculose avançada era, comparativamente, rara. Ele sugeriu que as chances de sobrevivência dos indivíduos durante um ano desfavorável fossem reduzidas, porque a maioria deles era anormal desde o nascimento. Isto pode ser influenciado pelo estado fisiológico dos pais, conseqüência da competição durante a época de procriação anterior. Os dados obtidos por Godfrey (1955) sobre a mesma espécie tendem a apoiar este ponto de vista. Esta idéia foi apresentada bem anteriormente por Christian (1950), que sugeriu que os declínios entre os roedores pudessem ser o resultado da exaustão do sistema adreno-hipofisário, a qual, por sua vez, é causada pela pressão de um nível populacional alto.

Lack (1954*a*) sugeriu que a causa básica dos ciclos nestes três grupos mais importantes "é o roedor dominante, interagindo com sua alimentação vegetal para produzir uma oscilação predador-presa. Quando os roedores diminuem em número, seus predadores mamíferos e aves ficam sem alimento, caçam e provocam a diminuição das aves galináceas da mesma região e eles próprios morrem de fome e/ou emigram".

O significado deste efeito de um declínio das populações de roedores ou lebres sobre seus predadores é visível, como já foi salientado. É bem possível perceber também que isto pode levar os predadores a se voltarem para as ptármigas ou galos silvestres como próxima fonte de alimentação e, por sua vez, reduzir as populações destas aves galináceas (Fig. 15.17). Há alguma evidência indicando que os ciclos populacionais destas aves correspondem àqueles dos mamíferos, que vivem na mesma região. A ptármiga do salgueiro *(Lagopus lagopus)* da Noruega tem um ciclo de 4 anos, como o dos lemingues, com os quais está associada. Esta mesma espécie tem um ciclo de 10 anos no litoral setentrional do Golfo de São Lourenço, na América do Norte oriental, onde ocorre dentro dos limites geográficos da lebre.

Uma outra interpretação da possível relação entre alimentação e populações animais é a hipótese da recuperação de nutrientes, que foi primeiramente apresentada com base em estudos feitos na Europa setentrional e, mais tarde, sobre roedores do Ártico americano. Sugeriu-se que o valor nutritivo da alimentação dos animais do norte, mais que sua quantidade real, fosse um fator importante. Observou-se que muitas plantas do norte possuem ciclos de sementes. É necessário um certo número de anos para uma planta desenvolver o material nutritivo suficiente para produzir as sementes; as plantas estão esgotadas e precisam, uma vez mais, acumular gradualmente o material nutriente para o próximo ciclo de sementes. A maior parte dos ciclos de sementes tem cerca de 3½ anos, o que é muito semelhante ao ciclo populacional de muitos mamíferos pequenos.

Como foi salientado, esperava-se que os animais, que se alimentam de folhagem ou ervas, tivessem um pico populacional de mais ou menos um ano mais cedo que os espermófilos, já que a produção de sementes retira os nutrientes de outras partes da planta bem antes que as sementes amadureçam. As observações feitas na Finlândia mostraram que as populações dos galos silvestres, que dependem em grande parte de brotos como alimento, alcançam seu ponto máximo um ano antes do pico dos roedores que se alimentam de sementes, como os esquilos.

Poucos biólogos acreditam que as manchas solares ou outras influências extraterrenas controlem os ciclos populacionais dos animais. A maioria está a favor da idéia de

Figura 15.17. O galo silvestre *(Canachites canadensis)* da América do Norte setentrional é raro nos anos em que a população das lebres é pequena.

que estas oscilações estão relacionadas às variáveis ambientais. O fato destas relações ambientais ainda não terem sido descobertas para muitas espécies, que sofrem flutuações periódicas regulares, ainda deixa a possibilidade de que elas não existam de fato. Isto levou à proposta de uma nova idéia, apresentada por Palmgren, em 1949, e desenvolvida posteriormente por Cole (1951, 1954); segundo esta, estes ciclos "são essencialmente flutuações fortuitas com relações em série entre as populações de anos sucessivos". Esta teoria não desconsidera as variáveis ambientais, nem desencoraja mais investigações neste campo, como seríamos primeiramente levados a crer. Ao contrário, sugere que, por causa dos muitos fatores variáveis, que afetam as populações animais, resultem oscilações causais necessariamente e, como Cole (1954) diz, "produzem um curto ciclo básico, sobreposto a um ciclo mais longo, com uma duração três vezes maior que a do ciclo básico".

Ao se rever todas as várias teorias que foram apresentadas para explicar os ciclos populacionais dos vertebrados de sangue quente do norte, especialmente de roedores e lebres, observamos que elas podem ser agrupadas em três categorias importantes: (1) teorias baseadas numa causa ambiental externa, (2) teorias baseadas numa interação entre a população e seu ambiente biológico e (3) teorias baseadas na auto-regulação inerente dentro da própria população.

A primeira categoria de teoria, se pudesse ser provada, mostraria a relação entre os números populacionais e algum fator ambiental, biológico ou físico, regularmente flutuante, como temperatura, chuvas, manchas solares, parasitas ou organismos que provoquem doenças. A segunda supõe que a população, ao atingir um certo pico, afetaria adversamente seu ambiente, por exemplo, seu suprimento alimentar, e, com isso, produziria um declínio no seu número. A terceira teoria pressupõe um mecanismo inato auto-regulador, que mantenha ciclos regulares dentro das populações.

Há defensores das três teorias, embora a segunda e a terceira sejam mais fortemente apoiadas no momento. Parece provável que, na maioria dos exemplos, pelo menos, os ciclos populacionais representem o resultado de vários fatores, em vez de serem atribuídos a um único.

REFERÊNCIAS BIBLIOGRÁFICAS

Allee, W. C., Emerson, A. E., Park, O., Park, T., and Schmidt, K. P. 1949. Principles of Animal Ecology. Philadelphia, W. B. Saunders Co.

Ashmole, N. P. 1963. The regulation of numbers of tropical oceanic birds. Ibis *103b:*458–473.

Bardach, J. E. 1951. Changes in the yellow perch population of Lake Mendota, Wisconsin, between 1916 and 1948. Ecology *32:*719–728.

Barnaby, J. T. 1944. Fluctuations in abundance of red salmon, *Oncorhynchus nerka* (Walbaum), of the Karluk River, Alaska. U.S. Fish and Wildlife Ser., Fishery Bull. *50:*237–295.

Bell. R. H. V. 1971. A grazing system in the Serengeti. Sci. Am. *225: 86–93.*

Beverton, R. J. H., and Holt, S. J. 1957. On the Dynamics of Exploited Fish Populations. London, Ministry of Agriculture, Fisheries and Food. Fisheries Invest., Ser. 2, Vol. 19.

Blair, W. F. 1940a. Home ranges and populations of the meadow vole in southern Michigan. J. Wildlife Mgmt. *4:*149–161.

Blair, W. F. 1940*b*. A study of prairie deer-mouse populations in southern Michigan. Am. Mid. Nat. *24:*273–305.

Blair, W. F. 1941. Techniques for the study of mammal populations. J. Mamm. *22:*148–157.

Blair, W. F. 1957. Changes in vertebrate populations under conditions of drought. Cold Spring Harbor Symposia on Quantitative Biology *22:*273–275.

Brooks, J. E., and Barnes, A. M. 1972, An outbreak and decline of Norway rat populations in California rice fields. Calif. Vector Views *19:*5–14.

Chitty, D. 1954. Tuberculosis among wild voles: with a discussion of other pathological conditions among certain mammals and birds. Ecology *35:*227–237.

Chitty, D. 1960. Population processes in the voles and their relevance to general theory. Canadian J. Zool. *38:*99–113.

Christian, J. J. 1950. The adreno-pituitary system and population cycles in mammals. J. Mamm. *31:*247–259.

Christian, J. J., and Davis, D. E. 1964. Endocrines, behavior, and population. Science *146:*1550–1560.

Clarke, C. H. D. 1949. Fluctuations in populations. J. Mamm. *30:*21–25.

Clough, G. C. 1965. Lemmings and population problems. Am. Scientist *53:*199–212.

Cole, L. C. 1951. Population cycles and random oscillations. J. Wildlife Mgmt. *15:*233–252.

Cole, L. C. 1954. Some features of random population cycles. J. Wildlife Mgmt. *18:*2–24.

Davis, D. E. 1951. The relation between level of population and pregnancy of Norway rats. Ecology *32:*459–461.

Davis, J., and Williams, L. 1964. The 1961 irruption of Clark's nutcrackers in California. Wilson Bull. *76:*10–18.

deKock, L. L., and Rohn, I. 1972. Intra-specific behaviour during the up-swing of groups of Norway lemmings, kept under semi-natural conditions. Z. Tierpsychol. *30:*405–415.

Dice, L. R. 1952. Natural Communities. Ann Arbor, University of Michigan Press.

Elder, W. H., and Rodgers, D. H. 1968. Age and growth of elephants: a study in the Luangwa Valley, 1965–1967. African Wildlife *22:*281–293.

Elton, C. S. 1924. Fluctuations in the numbers of animals: their cause and effect. J. Exp. Biol. *2:*119–163.

Elton, C. S. 1942. Voles, Mice and Lemmings: Problems in Population Dynamics. Oxford, The Clarendon Press.

Elton, C., and Nicholson, M. 1942. The ten-year cycle in numbers of the lynx in Canada. J. Animal Ecol. *11:*215–244.

Emlen, J. T., Jr., Hine, R. L., Fuller, W. R., and Alfonso, P. 1957. Dropping boards for population studies of small mammals. J. Wildlife Mgmt. *21:*300–314.

Errington, P. L. 1951. Concerning fluctuations in populations of the prolific and widely distributed muskrat. Am. Nat. *85:*273–292.

Errington, P. L. 1954. On the hazards of overemphasizing numerical fluctuations in studies of "cyclic" phenomena in muskrat populations. J. Wildlife Mgmt. *18:*66–90.

Errington, P. L. 1956. Factors limiting higher vertebrate populations. Science *124:*304–307.

Errington, P. L. 1957. Of population cycles and unknowns. Cold Spring Harbor Symposia on Quantitative Biology *22:*287–300.

Evans, F. C. 1960. Population dispersion. *In* McGraw-Hill Encyclopedia of Science and Technology. New York, McGraw-Hill Book Co., Inc., pp. 500–503.

Frank, F. 1957. The causality of microtine cycles in Germany. J. Wildlife Mgmt. *21:*113–121.

French, N. R., McBride, R., and Detmer, J. 1965. Fertility and population density of the black-tailed jackrabbit. J. Wildlife Mgmt. *29:*14–26.

Galushin, V. M. 1974. Synchronous fluctuations in populations of some raptors and their prey. Ibis *116:*127–134.

Glaser, H. S. R. 1973. A surfeit of elephants. Pacific Discovery *26*(2):20–24.

Godfrey, G. K. 1955. Observations on the nature of the decline in numbers of two *Microtus* populations. J. Mamm. *36:*209–214.

Green, R. G., and Evans, C. A. 1940. Studies on a population cycle of snowshoe hares on the Lake Alexander area. III. Effects of reproduction and mortality of young hares on the cycle. J. Wildlife Mgmt. *4:*347–358.

Hairstrom, N. G., Smith, F. E., and Slobodkin, L. B. 1962. Community structure, population control, and competition. Am. Nat., Vol. 94, No. 879.

Hall, E. R. 1927. An outbreak of house mice in Kern County, California. Univ. Calif. Publ. Zool. *30:*189–203.

Hamilton, W. J., Jr. 1937. The biology of microtine cycles. J. Agric. Research *54:*779–790.

Hamilton, W. J., Jr. 1939. American Mammals. New York, McGraw-Hill Book Co., Inc.

Hatt, R. T. 1929. The Red Squirrel: Its Life History and Habits, with Special Reference to the Adirondacks of New York and the Harvard Forest. Roosevelt Wild Life Annals, Vol. 2, No. 1.

Hoffman, R. S. 1958. The role of reproduction and mortality in population fluctuations of voles *(Microtus)*. Ecol. Monog. *28:*79–109.

Hornocker, M. 1970. An Analysis of Mountain Lion Predation upon Mule Deer and Elk in the Idaho Primitive Area. Wildlife Monograph 21, The Wildlife Society.

Jameson, E. W., Jr. 1955. Some factors affecting fluctuations of *Microtus* and *Peromyscus*. J. Mamm. *36:*206–209.

Kartman, L., Prince, F. M., and Quan, S. F. 1959. Epizootiologic aspects. *In* The Oregon Meadow Mouse Irruption of 1957–1958. Fed. Coop. Ext. Serv. Corvallis, Oregon State University Press, pp. 43–54.

Kendeigh, S. C. 1944. Measurement of bird populations. Ecol. Monog. *14:*67–106.

Klein, D. R. 1968. The introduction, increase, and crash of reindeer on St. Matthew Island. J. Wildlife Mgmt. *32:*350–367.

Koford, C. B. 1953. The California Condor. Res. Rept. No. 4, National Audubon Society, New York.

Krebs, C. J. 1964. The Lemming Cycle at Baker Lake, Northwest Territories, During 1959–62. Arctic Inst. N. Am., Tech. Pap. 15.

Krebs, C. J., Gaines, M. S., Keller, B. L., Myers, J. H., and Tamarin, R. H. 1973. Population cycles in small rodents. Science *179:*35–41.

Krebs, J. R. 1970. Regulation of numbers in the Great Tit (Aves: Passeriformes). J. Zool. *162:*317–333.

Kruuk, H. 1972. The Spotted Hyena: A Study of Predation and Social Behavior. Chicago, University of Chicago Press.

Lack, D. 1954*a*. Cyclic mortality. J. Wildlife Mgmt. *18:*25–37.

Lack, D. 1954*b*. The Natural Regulation of Animal Numbers, Oxford, Clarendon Press.

Lauckhart, J. B. 1957. Animal cycles and food. J. Wildlife Mgmt. *21:*230–234.

Le Louarn, H., and Schmitt, A. 1972. Relations observées entre la production de faînes et la dynamique de population du Mulot, *Apodemus sylvaticus* L. en Forêt de Fontainebleau. Ann. Sci. Forest. *30:*205–214.

Lidicker, W. Z., Jr. 1973. Regulation of numbers in an island population of the California vole: a problem in community dynamics. Ecological Monographs *43:*271–302.

MacLulich, D. A. 1937. Fluctuations in the numbers of the varying hare *(Lepus americanus)*. Univ. Toronto Studies in Biol. Ser. *43:*1–136.

MacLulich, D. A. 1957. The place of chance in population processes. J. Wildlife Mgmt. *21:*293–299.

Martin, E. P. 1956. A population study of the prairie vole *(Microtus ochrogaster)* in northeastern Kansas. Univ. Kansas Publ. Mus. Nat. Hist. *8:*361–416.

Mayhew, W. W. 1955. Spring rainfall in relation to mallard production in the Sacramento Valley, California. J. Wildlife Mgmt. *19:*36–47.

Myers, N. 1973. National parks in savannah Africa. Science *178:*1255–1263.

Odum, E. P. 1971. Fundamentals of Ecology. 3rd Ed. Philadelphia, W. B. Saunders Co.

Orr, R. T. 1944. Communal nests of the house mouse (*Mus musculus* Linnaeus). Wasmann Collector *9:*35–37.

Palmgren, P. 1949. Some remarks on the short-term fluctuations in the numbers of northern birds and mammals. Oikos *1:*114–121.

Pearson, O. P. 1960. A mechanical model for the study of population dynamics. Ecology *41:*494–508.

Pearson, O. P. 1963. History of two local outbreaks of feral house mice. Ecology *44:*540–549.

Pearson, O. P. 1964. Carnivore-mouse predation: an example of its intensity and bioenergetics. J. Mamm. *45:*177–188.

Pitelka, F. A. 1957. Some characteristics of microtine cycles in the Arctic. *In* Hansen, H. P., Ed. Arctic Biology. 18th Ann. Biol. Colloq., Corvallis, Oregon State Univ. Press.

Pitelka, F. A. 1964. The nutrient-recovery hypothesis for arctic microtine cycles. *In* Grazing in Terrestrial and Marine Environments. Oxford. Blackwell Scientific Publications.

Pitelka, F. A. 1973. Cyclic pattern in lemming populations near Barrow, Alaska. *In* Britton, M. E., Ed. Alaskan Arctic Tundra. Tech. Pap. 25, Arctic Inst. N. Am.

Rausch, R. 1950. Observations on a cyclic decline of lemmings *(Lemmus)* on the Arctic Coast of Alaska during the spring of 1949. Arctic *3:*166–177.

Rendall, T. E. 1925. Abnormally large clutches of eggs of short-eared owl *(Asio flammeus)*. Canadian Field Nat. *39:*194.

Robins, J. D. 1970. The relationship of food supply to the timing of breeding in aerial foragers. Kansas Ornith. Soc. Bull. *21:*9–15.

Rogers, J. P. 1959. Low water and lesser scaup reproduction near Erickson, Manitoba. Trans. N. Am. Wildlife Conference *24*:216–224. Washington, Wildlife Mgmt. Inst.

Rogers, J. P. 1964. Effect of drought on reproduction of the lesser scaup. J. Wildlife Mgmt. *28*:213–222.

Rowan, M. K. 1965. Regulation of sea bird numbers. Ibis *107*:54–59.

Schaller, G. B. 1972. The Serengeti Lion: A Study in Predator-Prey Relations. Chicago, University of Chicago Press.

Shelford, V. E. 1951. Fluctuations of non-forest animal populations in the Upper Mississippi Basin. Ecol. Monog. *21*:149–181.

Sheppe, W. 1972*a*. The annual cycle of small mammal populations on a Zambian floodplain. J. Mamm. *53*:445–460.

Sheppe, W. 1972*b*. The floods of the Kafue. Pacific Discovery *25* (4):28–33.

Siivonin, L. 1948. Structure of Short-cycle Fluctuations in Numbers of Mammals and Birds in the Northern Parts of the Northern Hemisphere. Helsinki, Finnish Foundation for Game Preservation, Papers on Game Research, No. 1.

Slobodkin, L. B. 1954. Cycles in animal populations. Am. Scientist *42*:658–660.

Solomon, M. E. 1949. The natural control of animal populations. J. Animal Ecol. *18*:1–35.

Spencer, D. A. 1959. Biological and control aspects in The Oregon Meadow Mouse Irruption of 1957–1958. Fed. Coop. Ext. Serv., Corvallis, Oregon State Coll.

Stelfox, J. G. 1976. Range ecology of Rocky Mountain bighorn sheep in Canadian national parks. Canadian Wildlife Service Report Ser. 39.

Taber, R. D. 1956. Deer nutrition and population dynamics in the North Coast Range of California. Trans. N. Am. Wildlife Conference *21*:159–172. Washington, Wildlife Mgmt. Inst.

Taber, R. D., and Dasmann, R. F. 1957. The dynamics of three natural populations of the deer *Odocoileus hemionus hemionus*. Ecology *38*:233–246.

Talbot, L. M. 1964. The biological productivity of the tropical savanna ecosystem. *In* Ecosystems and Biological Productivity. IUCN Publ.. New Ser. No. 4. Pt. 2. pp. 88–97.

Tryon, C. A., and Snyder, D. P. 1973. Biology of the eastern chipmunk, *Tamias striatus:* life tables, age distributions, and trends in population numbers. J. Mamm. *54*:145–168.

Vorhies, C. T., and Taylor, W. P. 1933. The life histories and ecology of jack rabbits, *Lepus alleni* and *Lepus californicus* spp., in relation to grazing in Arizona. Univ. Arizona College Agric. Exp. Sta., Tech. Bull. *49*:471–587.

Watson, A. 1973. A review of population dynamics in birds. British Birds *66*:417–437.

White, M. 1973. The whitetail deer of the Aransas National Wildlife Refuge. Texas J. Sci. *24*:457–489.

Wynne-Edwards, V. C. 1962. Animal dispersion in relation to social behavior. New York, Hafner Publishing Co., Inc.

Impresso pelo Depto Gráfico do
CENTRO DE ESTUDOS VIDA E CONSCIÊNCIA EDITORA LTDA
R. Santo Irineu, 170 / F.: 549-8344

Impresso pelo Depto Gráfico do
CENTRO DE ESTUDOS VIDA E CONSCIÊNCIA EDITORA LTDA
Santo Amaro [illegible]